全国农业专业学位研究生教育指导委员会立项教材

农业专业学位研究生核心课程配套教材

普通高等教育农业农村部"十四五"规划教材

食品加工
与贮运

徐幸莲　李春保　主编

中国轻工业出版社

图书在版编目（CIP）数据

食品加工与贮运 / 徐幸莲, 李春保主编 . —北京：
中国轻工业出版社，2024.11
ISBN 978-7-5184-4636-0

Ⅰ.①食… Ⅱ.①徐… ②李… Ⅲ.①食品加工②食
品贮藏 Ⅳ.①TS205

中国国家版本馆 CIP 数据核字（2024）第 093623 号

责任编辑：马 妍 责任终审：许春英
文字编辑：黄小艳 责任校对：朱燕春 封面设计：锋尚设计
策划编辑：马 妍 版式设计：砚祥志远 责任监印：张 可

出版发行：中国轻工业出版社（北京鲁谷东街 5 号，邮编：100040）
印 刷：三河市万龙印装有限公司
经 销：各地新华书店
版 次：2024 年 11 月第 1 版第 1 次印刷
开 本：787×1092 1/16 印张：27.5
字 数：721 千字
书 号：ISBN 978-7-5184-4636-0 定价：75.00 元
邮购电话：010-85119873
发行电话：010-85119832 010-85119912
网 址：http://www.chlip.com.cn
Email：club@ chlip.com.cn

农业专业学位研究生食品加工与安全领域核心课程配套教材编委会名单

本书编写人员

主　编　徐幸莲　南京农业大学
　　　　　李春保　南京农业大学

副主编　刘元法　江南大学
　　　　　谢　晶　上海海洋大学
　　　　　吴海涛　大连工业大学
　　　　　陈永福　内蒙古农业大学
　　　　　雷红涛　华南农业大学
　　　　　曹建康　中国农业大学
　　　　　张　婷　吉林大学
　　　　　赵　雪　南京农业大学

参　编（按姓氏笔画排序）
　　　　　叶　展　江南大学
　　　　　叶志伟　华南农业大学
　　　　　刘轩廷　吉林大学
　　　　　刘静波　吉林大学
　　　　　李　诚　四川农业大学
　　　　　李　斌　沈阳农业大学
　　　　　李胜杰　大连工业大学
　　　　　吴正国　南京农业大学
　　　　　金　鹏　南京农业大学
　　　　　单　锴　南京农业大学
　　　　　单媛媛　西北农林科技大学
　　　　　赵　雷　华南农业大学
　　　　　秦　磊　大连工业大学
　　　　　屠　康　南京农业大学
　　　　　粘颖群　南京农业大学
　　　　　曾凯芳　西南大学
　　　　　谢　翀　南京农业大学
　　　　　黎　攀　华南农业大学

农业专业学位研究生食品加工
与安全领域核心课程配套教材
序　　言

国务院学位委员会《专业学位研究生教育发展方案（2020—2025）》指出，到 2025 年，将硕士专业学位研究生招生规模扩大到硕士研究生招生总规模的三分之二左右。这意味着未来我国的硕士研究生教育将从以学术型为主向以专业型为主转变，体现了新时期研究生培养改革主动服务国家战略需求、坚持问题导向和全面提高质量的重要内涵。

对比传统的学术型研究生教育，专业学位研究生教育尤为强调培养研究生"解决实际问题"的能力。全国农业专业学位研究生教育指导委员会（以下简称农业教指委）食品加工与安全领域分委员会（以下简称领域分委员会）历来重视教学教法体系的创新与实践。在教育部、农业教指委的指导下，领域分委员会在指导性培养方案制定过程中将"食品安全案例""食品产业信息与网络技术""食品质量与安全控制""食品加工与贮运"四门课程确定为领域核心课程，并组建了专家组开展领域核心课程指南制定、课程建设、教材规划、案例教学教法研究等相关工作。

课程配套教材对研究生知识结构和综合素养的构建具有重要作用。2020 年，农业教指委发布《关于开展全国农业专业学位研究生课程教材立项建设的通知》，领域分委员会即刻组建了由专家组和教指委秘书处专家组成的领域教材编委会，并按照"组建具有代表性的跨校教材编写团队"的要求，邀请对所申请立项建设的教材内容具有充分教学实践和研究积累的专家学者组成编写团队，确定四个领域核心课程教材的主编、副主编以及参编人员。该系列教材集全国食品学科权威、具有代表性院校师资智慧和经验编写而成，反映该领域全面的基础知识、前沿研究进展和应用成果，有助于食品领域专业学位研究生搭建专业知识体系，各高校可根据本校研究生培养情况，积极选用该系列教材。我们也将倾听各高校师生意见，根据领域发展情况，进一步完善该系列教材。

本次教材建设内容，汇聚了领域专家的大量心血，为提升专业学位研究生培养质量，促进食品类专业学位向前发展奠定了重要基础。在此对参与编写教材的所有专家表示感谢。

郭顺堂

2023 年 1 月

前　言

党的二十大报告指出，"加强教材建设和管理""加快建设教育强国、科技强国、人才强国"。食品加工与贮运技术涉及生物、物理、化学、工程等诸多学科专业知识，是食品科学技术的重要组成部分，其先进性直接决定了我国居民的日常生活水平，关系国计民生。近几十年来，随着社会经济和工业水平的不断发展，我国食品加工与贮运技术迅速提升，新型非热及热加工技术、现代发酵技术、电磁技术、辐照技术、包装技术、贮藏技术和快速无损检测技术等新技术的广泛应用发展，使得食品行业在减损降耗、提质增效方面取得长足进步，亟须面向食品相关专业研究生系统更新相关知识。为满足国家食品行业发展大局和教育教学的需求，需要出版和建设符合新时代要求的食品加工与贮运教材。

本教材为农业专业学位研究生食品加工与安全领域核心课程"食品加工与贮运"配套教材，适用于食品类各专业研究生教学，包括食品加工与安全、食品工程、粮食工程等专业，也可供本科生参考学习。在本书编写过程中，编者始终牢记"培养什么人、怎样培养人、为谁培养人"的教育根本问题，以立德树人为根本任务，坚持育人立德。本教材围绕食品加工与贮运发展现状、农产品贮藏期间品质变化及其调控技术、食品加工技术及其应用现状、食品加工与贮运的安全保障四篇展开，涵盖粮油制品、果蔬制品、肉制品、乳制品、蛋制品、水产品以及食品安全七大类方向。

本教材由徐幸莲、李春保主编，刘元法、谢晶、吴海涛、陈永福、雷红涛、曹建康、张婷、赵雪任本教材副主编。全书共四篇十七章，由来自南京农业大学、中国农业大学、江南大学、西北农林科技大学、大连工业大学、内蒙古农业大学、华南农业大学、西南大学、沈阳农业大学、上海海洋大学、四川农业大学、吉林大学的 28 位食品领域专家进行共同编写，望满足食品行业研究生和科研人员之需求。

由于编者学识有限、经验不足，缺点错误在所难免，欢迎批评指正。

编　者

2024 年 3 月

目 录

第三篇　食品加工技术及其应用现状

第四篇　食品加工与贮运的安全保障

1

第一篇
食品加工
与贮运发展现状

第一章

粮油及果蔬产品加工与贮运发展现状

学习指导：本章主要分为两部分，在第一部分中，先系统介绍了稻米、小麦、玉米、大豆、薯类5种粮食产品的发展现状，重点介绍了大豆及豆类产品的生产新工艺。之后聚焦我国植物油料与植物油加工进展，深入剖析了草本植物、木本植物以及农产品加工副产品等主要油料的市场现状。第二部分介绍了果蔬加工的发展情况，探讨了果蔬干、果蔬汁以及果蔬贮运等方面的新技术和商品化现状。通过本章的学习，应当深入了解我国农产品加工与贮运方向的发展情况，初步掌握农产品加工及贮运方向的新理论和新技术。

知识点：豆制品生产工艺，油脂精炼，果蔬采后商品化处理，果蔬冷链运输

关键词：粮食加工现状，油料加工现状，果蔬加工新技术

第一节　粮油加工与储运发展现状

粮食和油料是农产品的重要组成部分，是人类赖以生存的基础。粮油原料主要是农作物的籽粒，也包括富含淀粉和蛋白质的植物根茎组织，如稻谷、小麦、玉米、大豆、杂粮、花生、油菜籽、甘薯、马铃薯等。粮油原料经过加工成为粮油食品，是人们膳食的重要组成。粮油食品中的主要成分有碳水化合物（糖类）、蛋白质、脂肪、维生素、无机盐（矿物质）、水、膳食纤维等，其营养价值和食用品质，主要取决于所含营养素的种类和含量，不同种类的粮油食品营养成分差异很大，一般情况下，各类粮食食品以含碳水化合物为主，豆类富含蛋白质，油料类则富含油脂。粮油食品原料经过加工、贮运流通等环节，被人们消费。不同粮油食品原料，其加工方式不同，而粮油食品的成分、加工和储存方式对其营养品质和食用安全性产生重要影响。随着社会经济和工业水平的不断发展，国内粮油食品加工和贮运技术得到显著提升。

一、粮食加工与储运国内外发展现状

粮食是供给人体热能的最主要来源，在我国居民膳食中有80%左右的热能和50%左右的蛋白质由粮食供给，同时由粮食供给的B族维生素和无机盐也在膳食中占有相当的比例。但由于粮食种类、品种、地区生产条件、加工、储藏的方法不同，其营养成分含量有很大区别。粮食加工应该遵循"注意纯度、控制精度"的原则。

粮食过度加工不仅导致资源浪费、能耗增加、产品营养价值降低、成本增高，还可能引入新的有害伴随物。不同加工精度的粮食的组成、感官品质、营养特性等容易受到环境（如温度、湿度、氧气和微生物的种类及数量等）的影响。粮食产品在储藏运输过程中，储运方式不当也会对粮食产品的品质产生影响。以油料为例，脂肪酸败是品质劣变的主要表现之一，会产生哈喇味，影响感官品质和食用安全。粮食原料中的不同组分也会相互影响，例如，脂质与蛋白质、氨基酸等发生共氧化，进一步影响其营养品质和食用安全性。

（一）稻米

大米是稻谷的胚乳部分。按照粒形和粒质的不同，可以分为籼米、粳米和糯米三类。大米

中主要成分为淀粉，其含量在 80% 以上；其次为蛋白质，一般大米中蛋白质含量为 7%～10%，此外还含有少量脂肪、维生素和矿物质元素。大米胚乳蛋白由清蛋白、盐溶性球蛋白、醇溶性蛋白、碱溶性谷蛋白等构成，其消化度可超过 90%，具有良好的营养特性，适合作为婴幼儿辅食、老年人配餐食品、食疗药膳，以及牛乳蛋白不耐症等特殊人群食用。

1. 普通大米加工技术

稻谷去壳成糙米，糙米经过研磨加工除去皮层、胚芽和部分胚层即为大米。稻谷碾米时脱去颖壳的工艺过程称为脱壳，俗称为砻谷。脱壳后的产物（砻下物）是包括已脱壳的糙米、稻壳和尚未脱壳的稻谷等的混合物。砻下物进行分离之后，糙米送往碾米机研磨加工，未脱壳的稻谷返回到砻谷机再次脱壳，而稻壳整理后，作为副产物加以利用。稻谷脱壳前必须经过清理、分级处理，清理后的稻谷称净谷。净谷含杂量应不超过 0.6%，其中含砂石应不超过 1 粒/kg，含稗应不超过 130 粒/kg。目前，国内外一般脱壳工艺流程如图 1-1 所示。

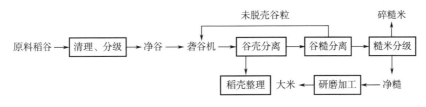

图 1-1　一般脱壳工艺流程

2. 特种米加工技术

相对普通大米而言，特种大米是以稻谷、糙米或普通大米为原料，经过再次加工制成的稻米产品。特种大米的种类较多，主要分为营养型（蒸谷米、留胚米、强化米），方便型（免淘米、易熟米），功能型（低变应原米、低蛋白质米），混合型（胚米）和原料型（酿酒用米）等。

不同的特种米生产加工工艺不同，随着我国食品工业大发展，建设小康社会步伐的不断推进，国民对主食大米的需求是食用时"安全、放心、好吃"，烹调时"简便、方便"，还有"天然食品、功能性食品"的诉求，这就需要与之相适应的碾米技术。目前，国内新型的制米技术不断突破，"食味碾米技术""免淘米加工技术"以及保留糙米胚芽和糠层功能性成分的"功能性碾米技术"等相继开发研制成功。

3. 国内外大米产品新品种

目前，日本、意大利、美国、韩国等国家，已开发出多种功能性大米新品种。日本市场上的功能性大米产品种类繁多，新品种主要有胚芽米、水磨米、强化米、发芽糙米和发芽留胚米、防动脉硬化米、功能肽米、低磷化米等。美国市场上的功能性大米新品种则主要有美国苹果大米、美国强化米和叶绿素米等。韩国研发并投入市面上营养功能性大米新品种主要是韩国人参大米、韩国防治酒精中毒大米、韩国防治贫血大米等。世界其他国家的大米新品种还有瑞士富含维生素 A 的大米、印度免煮即食大米等。

国内大米市场上的大米产品也有多种，按照种植地域分类，有五常大米、盘锦大米、广东丝苗米、天津小站米、河南原阳大米等。我国社会经济快速发展带来的健康风险，成为近年来社会面临的重大公共卫生挑战，基于改善人群健康状态的目的，采用现代化水稻育种技术而开发的多种多样的大米新品种受到消费者欢迎。这些新品种大米包括富硒大米、低血糖指数（GI）大米、葡聚糖大米、巨胚稻米、有色稻米、低水溶性蛋白稻米、富含铁-低植酸稻米、高抗性淀粉稻米等。随着人们对营养保健认识的不断提升，功能性稻米越来越受到消费者的认可，通过诱变技术和生物技术手段培育出有益于人体健康的功能性稻米产品，将逐渐成为当前多种慢性疾病预防的有效途径之一。

4. 稻谷储藏

稻谷在储藏期间，容易受到自身呼吸作用和外界环境的影响，导致稻谷发热、霉变、生芽，以及品质劣变。随着稻谷储藏时间的延长，容易产生陈化变质现象，逐渐失去新米特有的香味而产生陈米的臭味，酸度增高，烧熟的米饭松散、黏性降低。储藏时间较长的陈米，将基本丧失新大米饭香、黏、软的食用品质。

稻谷的储存原则是干燥、低温、密闭，应做到控制稻谷水分，使其符合安全水分标准；清除稻谷杂质，入库前通过风扬、过筛或机械除杂，降低杂质含量，提升储藏稳定性；稻谷分级储藏，需按品种、好次、新陈、干湿、有虫无虫分开堆放，分仓储藏；稻谷通风降温，稻谷入库后及时通风降温，防止结露发霉；防治稻谷害虫，稻谷入库后及时通过防护剂或熏蒸剂等有效措施，进行害虫防治；密闭稻谷粮堆，在冬末春初，气温回升以前在粮温最低时，采取措施压盖粮面密闭储藏，以保持稻谷堆处于低温，改善储存条件。

一般而言，稻谷在水分低于13%条件下可长期储存，而糙米的储藏需考虑温度和湿度，相对湿度为75%以下的低温条件可以抑制微生物的活动和稻米呼吸作用的进行。精白米由于米粒一般直接与空气和空气中的水分接触，其储藏较为不易，一般开袋后应尽快用完。

（二）小麦

小麦是世界三大谷物之一，两河流域是世界上最早栽培小麦的地区，中国是世界较早种植小麦的国家之一。小麦是小麦属植物的统称，代表种为普通小麦，是一年生禾本科植物，在世界各地广泛种植。小麦的颖果是人类的主食之一，磨成面粉后可制作面包、馒头、饼干、面条等食物，发酵后可制成啤酒、酒精、白酒或生物质燃料。

1. 小麦制粉工艺

小麦主要消费途径（90%以上）是经由小麦制粉后，再加工成各种面制食品。由于小麦面粉中含有特有的面筋，从而赋予了小麦广泛而又无可替代的用途，所以小麦制粉也是关乎国计民生的重要粮食加工行业。

根据小麦籽粒的结构特点，小麦制粉是先对小麦进行清理除杂，调整好入磨水分和品种搭配比例，再通过逐步碾磨、筛理，按照成品标准要求，获得面粉的过程。完整的小麦制粉工艺流程包括"麦路"和"粉路"两大部分，如图1-2所示。

为保证面粉的纯度，经过清理、调质的原料小麦应该达到如下要求：

①尘芥杂质不超过0.3%，其中砂石不超过0.02%；粮谷杂质不超过0.5%（已脱壳的异种粮粒在目前阶段暂不计入）；基本不含磁性金属杂质。

②灰分降低不应少于0.06%。

③入磨小麦水分应符合制粉工艺的面粉质量标准。

④小麦搭配比例合理、调质效果理想。

2. 食品专用小麦粉

食品专用小麦粉在国外发展至今已有50余年的历史，其品种已发展到有20多种。随着我国粮油食品工业的发展，新产品不断涌现，已研制出各种专用小麦粉，并且不同产品需满足相应的国家或行业标准。主要产品如下。

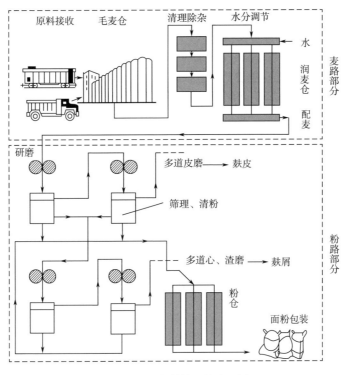

图 1-2　小麦制粉工艺流程图

　　①按照面粉的筋力：可分为高筋小麦粉和低筋小麦粉。高筋小麦粉选用硬质小麦加工，是生产面包等高筋质食品的主要原料，低筋小麦粉选用软质小麦加工，是生产饼干、糕点等低筋质食品的主要原料。

　　②按照食品种类：有面包粉、饺子粉、面条粉、馒头粉、饼干粉、糕点粉以及家用自发粉，又称为食品专用小麦粉，是制粉厂为适应生产和销售的需要，配制的适用于某种产品或某种特定用途的小麦粉。

　　③按照面粉的营养特性不同：分为富铁小麦粉、增钙小麦粉、营养强化小麦粉、谷朊粉等。

3. 营养强化型小麦粉

　　我国是世界上营养不良绝对人口数量最多的国家，食品专家们认为通过面粉营养强化可以有效改善公众营养不良。我国参照国际营养强化标准，针对中国人群的特点确定了我国营养强化面粉的配方。我国一些面粉加工厂按照该科学配方，生产出了各种营养强化小麦粉。中国国家公众营养改善项目（RFTA）首批市场供应的营养强化面粉于 2003 年年初上市，使不少公众从中受益。我国已制定了相关的面粉营养强化标准，通过添加某些营养素，以弥补谷类本身某些营养素的不足，降低在加工、烹调过程中营养素的损失，提高公众营养水平，促进身体健康。在我国现行标准 GB/T 21122—2007《营养强化小麦粉》中，营养强化小麦粉是指采用符合 GB/T 1355—2021《小麦粉》要求的小麦粉为原料，按照 GB 14880—2012《食品安全国家标准　食品营养强化剂使用标准》规定的营养强化剂品种和使用量，添加一种或多种营养素的小麦粉。标准还对此类小麦粉在保质期内，规定维生素类、氨基酸及含氮化合物类营养强化剂的损失率不大于标称值的 20%，且实测含量在 GB 14880—2012《食品安全国家标准　食品营养强化剂使用标准》规定范围内。此外，还对卫生指标、检验方法等作了规定。对于营养强化小麦粉中可用的各类营养强化剂的用量范围，GB 14880—2012《食品安全国家标准　食品营养强化剂使用标准》进行了具体而详细的限量规定，例如，维生素 A 限定使用量为 600~1200μg/kg，矿物质钙限定使用量为 1600~3200mg/kg，L-赖氨酸限定使用量为 1~2g/kg。

目前，我国生产的营养强化小麦粉种类繁多，主要有富铁小麦粉、增钙小麦粉、植物钙源强化面粉、富硒小麦粉、高蛋白小麦粉、花生蛋白营养面粉、学生小麦粉、"7+1"营养强化面粉、南瓜面粉、低糖小麦面粉、糖尿病人专用面粉、麦麸天然面粉、全麦粉等。这些特种营养小麦粉往往通过如下手段实现：①改变现有的加工工艺方法，或者操作条件参数，从而实现小麦中原有营养成分的高保留；②通过额外添加外源营养素和微量有益元素，使得产品具备某些特定营养功能，满足特定人群需求；③通过使普通小麦粉与其他食品原料进行复配混合，达到营养强化的目的。

国外营养强化面粉的生产，同样围绕上述三种方式进行设计，只是针对不同的人群需求、不同应用场景，所开发的产品种类不同，所添加的营养素成分和含量不同，例如西方国家生产的比萨专用面粉、婴幼儿食品专用面粉等。加拿大强化面粉的标准见表 1-1，在每 100g 面粉中，还允许任选的营养素包括：维生素 B_6（0.25~0.31mg），叶酸（0.4~0.5mg），泛酸（0.1~1.3mg），镁（150~190mg），碳酸钙和食用骨粉要提供足量的钙（110~140mg）。

表 1-1　加拿大面粉强化标准　　　　　　　　　　　　　单位：mg

成分	最低	最高
维生素 B_1	0.44	0.77
维生素 B_2	0.27	0.48
烟酸	3.50	6.40
铁	2.90	4.30

注：表中数据为 100g 面粉中的添加量。

4. 小麦的深度加工

小麦是我国的主要粮食品种之一，传统上大多是加工成小麦粉，用于制作大众化的面制主食，如馒头、面包、挂面等。近年来，国内外食品加工行业相继研出了许多新的科技成果产品、新的应用途径，有力地提高了小麦的食用价值。

从小麦的深度加工入手，研发小麦加工转化增值新产品，主要集中在：①开发食品添加剂及调味品，如有机甜味剂、抗酶解小麦淀粉、谷氨酸钠（味精）、谷胱甘肽（GSH）、二十八烷醇和小麦低聚糖等；②开发小麦芽及其制品，如小麦芽、啤酒、麦精与麦香食品、小麦绿素（粉）等。从小麦副产物麸皮深度加工入手，研发相应的加工转化增值新产品，主要集中在：提取戊聚糖、提取总黄酮、碱解小麦麦麸制备阿魏酸、生产木聚糖、生产麸皮蛋白、生产维生素、生产低聚木糖（木寡糖）、提取高活力 β-淀粉酶，以及开发小麦膳食纤维及其制品，如小麦膳食纤维、高纤维麦粉和小麦膳食纤维系列食品等。小麦麸皮的深度开发也能获得较高的经济效益，同时减少资源浪费。

目前，国际市场上已有多种商品化的膳食纤维产品，其中膳食纤维的含量可高达 30%~45%。日本将 3%~5% 的膳食纤维添加在面包、面条、果酱、糕点等食品中，以补充这些食品中膳食纤维的不足，或添加 20% 的膳食纤维作为高血压、肥胖等代谢疾病病人的健康食品。

5. 小麦和小麦粉的储藏

小麦的国家标准 GB 1351—2023《小麦》规定，各类小麦按容重分为 6 个等级。杂质总量≤1.0%、其中无机杂质≤0.5%，水分≤12.5%，色泽和气味正常的小麦，容重≥790g/L，为 1 级，容重每降低 20g/L，则等级降低 1 级。一级和二级小麦的不完善粒≤6.0%，三级和四级小麦的不完善粒≤8.0%，五级小麦不完善粒≤10.0%。容重（g/L）为定等指标，不完善粒（%）为辅助定等指标。当容重<710g/L 时，小麦为等外品，不完善粒不作要求。

小麦的储藏性质较好，适当条件下可以储存 10 年以上。收割之后应及时干燥，同时入库之前保证水分含量 12.5%以下，保证干燥防潮。多采用暴晒的方式达到杀菌杀虫的效果，但是光照条件应在最合适范围内，处理温度过高会使面筋蛋白变性。储藏过程中可以袋装或者散装，长期储藏以大库散装为主，库房多采用厚墙壁、山洞或者气调库。

小麦粉蛋白质中含有半胱氨酸，会导致面团发黏，结构性质不好，而且面团的保气能力下降。面粉储藏一段时间后，半胱氨酸转化为胱氨酸，该过程称为面粉的熟成（陈化），也可以使用面粉改良剂（熟成剂）如溴化钾、二氧化氯、氯气等。面粉具有吸湿性，因而水分含量会随着周围大气的相对湿度变化，因此袋装面粉水化速度低于散装储存的面粉，相对湿度 70%时面粉的水分基本保持不变，超过 75%会较多地吸收水分。因此面粉储藏条件以相对湿度为55%~65%，温度 8~24℃较为适宜。

（三）玉米

玉米属于禾本科一年生草本植物，又名苞谷、苞米等，原产于中美洲，由印第安人培育驯化，已有 4000 年栽培历史，于 16 世纪初传入我国，在我国已有近 500 年的栽培历史，是谷物中单产最高的作物。其生长适应性强，据国家统计局数据，2018 年我国玉米产量高达 2.573×10^8t，产量仅次于美国，玉米是食品、医药等行业重要原料。玉米一般分为硬粒型、马齿型、粉质型、爆裂型、甜质型、糯质型，专用玉米类型有高赖氨酸玉米、高油玉米、爆裂玉米、甜玉米（蔬菜玉米）、笋玉米（嫩穗玉米）、糯玉米、青贮玉米。普通玉米的碳水化合物含量约为 70%，普通玉米和糯质玉米的淀粉颗粒比马铃薯、木薯、小麦淀粉颗粒小，其富含蛋白质、脂质、纤维类，如中性膳食纤维、酸性膳食纤维，还含有多种有效抗衰老物质，如维生素 E 和植物甾醇等。

玉米加工的工艺方法很多，根据加工过程中的用水情况，分为干法加工和湿法加工两类，在玉米加工过程中未使用大量的水作为介质的加工工艺统称为玉米干法加工。玉米干法加工又可按照是否进行水汽调质处理分为半湿法加工和完全干法加工。此外，按照生产的产品类型可以分为饲用联产加工、食用产品联产加工、湿法淀粉加工、玉米发酵及其深加工、玉米食品加工和副产品综合利用等。

1. 玉米干法加工

玉米干法加工主要生产玉米糁、玉米粗粉、玉米粉、玉米胚和玉米皮，主要工序包括清理、水分调节、脱胚、干燥与冷却、分级与磨粉。玉米湿法加工主要是生产玉米淀粉，同时生产胚、玉米浆、蛋白粉和饲料等副产品，主要工序包括清理、浸泡、破碎和胚芽分离、研磨、皮渣的筛分与洗涤、淀粉与蛋白质的分离、淀粉的洗涤与干燥。与湿法加工相比，干法加工规模更大、产品种类更多，因此下面主要针对玉米干法加工进行介绍。

（1）玉米干法加工工艺与产品 玉米干法加工又称玉米干磨加工，它通过对玉米原料进行清理（湿润）、去皮脱胚、筛选、粉碎、筛选分级等处理，生产出一系列粗细不等的玉米制品。玉米的干法加工工艺路线长而复杂，其主要包含如下工艺环节：玉米清理，玉米水汽调质，玉米脱皮，玉米脱胚与破糁，分级选胚与提糁，研磨、筛分与精选等，每个工艺环节中又包含不同加工处理过程。

玉米干法加工工艺生产的产品主要有玉米糁、玉米细粉、玉米米、玉米胚芽、玉米皮及多种玉米混合制品等。通过改良或调整加工工艺，可以生产出无胚无皮的大小玉米糁并能够开发出多种营养食品的精制玉米粉。玉米制品的用途或要求不同，其各自的质量标准也不相同，如GB/T 22496—2008《玉米糁》和 GB/T 10463—2008《玉米粉》。可以从卫生指标、储藏性能指标、食品专用粉的食用品质指标等方面，详细制定出精制玉米粉标准、啤酒用低脂玉米粉标准、挤压膨化用玉米粉标准、糕点用玉米粉标准等食品专用玉米粉的质量标准。和小麦专用粉一样，适合制作某一类食品的玉米专用粉在物理特性、加工特性方面均有其内在的要求，如制品的粒度、均匀度、纯度等。例如，LS/T 3303—2014《方便玉米粉》规定了产品的冲调性质量指标。

（2）玉米干法加工技术发展状况　20世纪80年代以前，我国玉米加工企业采用的设备多为国产设备，如 SM 型平面回转筛、比重去石机、T-215 型玉米脱皮机、P-215 型玉米破渣机、FSP4×12 及 FSP6×11 型玉米联产分级挑担平筛、比重选胚机、FMV 型液压磨粉机等；在工艺方面，除了少数加工厂采用以生产玉米面为主的干法脱胚技术外，大部分加工厂采用传统的"润水润气、升温软化、脱皮、破渣、渣中选胚、压胚磨粉、筛粉提胚、成品降水"的联产工艺，主要产品有玉米糁、粗细玉米粉、工业用玉米粉、玉米胚等，部分厂家对玉米胚进行综合利用而得到玉米胚芽油和胚饼粕等副产品。

随着玉米加工技术和设备的不断发展，目前，现代干法加工呈现出以下特点。

①设备专用化：如瑞士的 MHXG-B 型和 MHXK 型去皮脱胚机、意大利和美国的锥形撞击脱胚机，国外采用性能良好的重力分级机进行提胚，我国在"九五"期间研发了针对玉米脱胚的专用设备；

②原料专用化：用于干法玉米加工的玉米原料主要是马齿型玉米，以及介于马齿型和硬粒型之间的中间型玉米，欧美一些国家在干法玉米加工方面已实行原料专用化，如意大利某公司一般选择普拉搭硬质玉米来加工生产玉米糁，选择白玉米来生产玉米面粉，选择三号杂交黄色顶陷玉米来生产玉米胚芽；

③产品系列化：玉米富含营养成分，国内外开发研制玉米制品的努力已经持续了数十年，对玉米的利用越来越细，玉米及玉米制品已经成为人们生活中的主食和多种工业的重要原料，玉米干法加工制品可以笼统地分为粉、糁、胚和皮四类，具体包括玉米糁、玉米粗粉、玉米细粉、玉米米、玉米胚芽、玉米皮及多种玉米混合制品等。

2. 玉米食品

玉米有"黄金作物"之称，是人体所需能量、蛋白质和矿物质的重要来源，它富含维生素 B_1、维生素 B_2、烟酸、谷氨酸等。现代科学认为，玉米含有大量的纤维素，比精制米面高 6~8 倍，常食玉米食品具有健脑及预防某些疾病的功效等。随着生活水平的提高，人们对食品的品质要求越来越高，而玉米等杂粮食品具有丰富的营养和保健作用，受到越来越多的关注。玉米是原产地美洲的印第安人的主要食粮，但是在我国，玉米作为主食的消耗量逐年减少，由于玉米制作的食品口感差，不如大米、小麦面粉食品的口感佳，被认为是一种"粗粮"，所以玉米食品行业的发展受到一定的限制。

经长期饮食文化沉淀，在全球已形成众多具有民族特色的玉米加工食品，其中美洲和非洲玉米食品种类多、风味独特。在美洲,玉米制品包括玉米片类食品、玉米膨化食品、玉米汽蒸食品、玉米饮料等传统食品。在美国,以玉米为原料制作的食品种类高达 1000 多种,美国食用玉米的方式大多是以湿法加工成淀粉(或变性淀粉)、玉米糖浆、果葡糖浆等形式,再按照配方添加入面包、糕点、饮料、罐头等食品中,或通过干法加工成大、中、小糁和玉米粉等,再制成早餐食品(如玉米片)、快餐食品、婴儿食品、啤酒等食用;少量的有将玉米籽粒通过膨化、烘烤、油炸等处理方法加工成小吃食品。在亚洲和非洲,以颗粒粉、粗粉、细粉为原料,制成外形复杂、质地多样的成品或半成品,例如玉米饼、面团等。近年来,我国玉米食品工业迅速发展,由玉米为主要原料制成的食品样式也从一种粗粮"窝窝头"形式走向了多样化,像玉米片、玉米锅巴、爆玉米花、玉米面条、玉米饼干、玉米饮料等。

3. 玉米深度开发利用新途径

玉米在世界粮食作物生产中仅次于小麦,居第二位。在我国粮食生产中,玉米的产量仅次于稻谷和小麦,居第三位,具有重要的食用价值和经济价值。玉米营养成分丰富,除食用外,还可加工转化增值。全方位、多层次对玉米深度开发利用,全面提升玉米深加工产业化水平,已成为提高我国农产品深加工水平的当务之急。玉米可进行深度开发,生产新型食品或食品添加剂,如玉米多肽、玉米黄色素、玉米变性淀粉、糯玉米淀粉、麦芽低聚糖、乳化剂等产品。

每吨玉米可生产淀粉 650kg,除直接利用外,还可通过不同工艺处理生产食品、医药、纺织、造纸、包装等工业中所需的加工原材料,如玉米淀粉经酸碱催化,可生产淀粉糖,如葡萄糖、果糖、麦芽糖、高果糖浆等,广泛应用于食品和饮料行业中。玉米淀粉深加工所得的山梨醇,是一种重要的添加剂,添加在面包、蛋糕中,可改善食品干裂,保持柔软新鲜,延长货架期;山梨醇不引起血糖值升高,可作为糖尿病人的特需食品;在口腔中山梨醇不会引起 pH 降低,因此可作为防龋齿食品的原辅料,此外,山梨醇还是生产维生素 C 的起始原料。玉米淀粉也可通过改性生产变性淀粉,玉米变性淀粉广泛应用于食品行业中,其对于提升方便面食的韧性、弹性和口感具有重要作用。

当前玉米深度开发利用主要集中于如下方面:①开发玉米淀粉;②生产麦芽低聚糖;③制备玉米蛋白粉;④生产玉米多肽;⑤玉米淀粉液化糖化,直接制备饴糖;⑥开发玉米膳食纤维;⑦发酵生产玉米酒精;⑧制备山梨醇、柠檬酸和味精;⑨开发新型玉米胶原蛋白;⑩开发玉米醇溶蛋白粉;⑪生产玉米精油,作为天然香料。

(四) 大豆及大豆制品

豆类食品营养丰富,豆类蛋白中含有人体所需的必需氨基酸,其含量与 FAO 建议的理想值相符,其富含谷氨酸、丙氨酸和天冬氨酸,还有较高含量的赖氨酸,但甲硫氨酸和色氨酸含量较低。因此,在食用豆类的同时可以适当搭配一些谷物食品,这样可以起到氨基酸互补的作用。此外,豆类本身含有一些抗营养因子,这些物质有的可降低其生物利用率,有的甚至会引起食品安全问题。蛋白酶抑制剂主要存在大豆、菜豆等豆类中,能抑制胰蛋白酶、糜蛋白酶、胃蛋白酶的活性,其中以抑制胰蛋白酶活性最普遍。凝集素存在于大豆、蚕豆、绿豆、菜豆等豆类中,能使红细胞凝集,在未经加热使之破坏之前就食用,会引起进食者恶心、呕吐等症状,严重者甚至会引起死亡。大豆及其制品具有固有的豆腥味,这主要是因为其含有脂肪氧化酶,在工业生产中可通过适当工艺技术将其钝化,降低豆腥味,提升产品感官品质。

以大豆为主要原料经过加工制作或精炼提取而得到的产品均为大豆制品,简称豆品。豆制品在我国历史悠久、种类丰富，包括有豆腐、豆浆、腐竹、豆皮等各种形式，它们在人们繁衍生息过程中起了极其重要的作用。据统计，到目前为止，大豆制品已有几千种之多，包括有几千年生产历史的中国传统豆制品和采用现代技术生产的新兴豆制品。

　　传统大豆制品包括发酵豆制品和非发酵豆制品，发酵豆制品的生产均需经过一个或几个特殊的生物发酵过程，产品具有特定的形态和风味；非发酵豆制品的生产基本上都经过清选、浸泡、磨浆、除渣、煮浆及成型工序。新兴大豆制品包括蛋白类制品、功能保健类制品及全豆类制品。蛋白类产品，是以脱脂大豆为原料，充分利用了大豆蛋白质的物化特性，其产品应用于食品加工中，不仅可以改变产品的工艺性能，而且可以提高产品的营养价值；功能类制品是利用现代分离技术从大豆中分离提取的具有调节生理功能促进人体健康的一类产品；全豆类制品主要是指以整粒大豆为原料，而生产出的豆乳类产品及其派生产品，其均可直接食用。

1. 传统非发酵豆制品的加工

（1）传统豆制品生产工艺　我国传统非发酵豆制品种类繁多，这些产品的生产工艺也各有特色。非发酵豆制品的生产就是制取不同性质的蛋白质胶体的过程。大豆蛋白质存在于大豆子叶的蛋白体中，大豆经过浸泡，蛋白体膜破坏以后，蛋白质即可分散于水中，形成蛋白质溶液，即生豆浆。生豆浆是大豆蛋白质溶胶，由于蛋白质胶粒的水化作用和蛋白质胶粒表面的双电层，使大豆蛋白质溶胶保持相对稳定。然而一旦有外加因素作用，这种相对稳定就可能受到破坏。

　　生豆浆加热后，蛋白质分子热运动加剧，维持蛋白质分子的二、三、四级结构的次级键断裂，蛋白质的空间结构改变，多肽链舒展，分子内部的某些疏水基团（如—SH）所在的疏水性氨基酸侧链趋向分子表面，使蛋白质的水化作用减弱，溶解度降低，分子之间容易接近而形成聚集体，形成新的相对稳定的体系——前凝胶体系，即熟豆浆。

　　在熟豆浆形成过程中蛋白质发生了一定的变性，在形成前凝胶的同时，还能与少量脂肪结合形成脂蛋白，脂蛋白的形成使豆浆产生香气。脂蛋白的形成随煮沸时间的延长而增加。同时，借助煮浆还能消除大豆中的胰蛋白酶抑制素、红细胞凝集素、皂苷等对人体有害的物质，减少生豆浆的豆腥味，使豆浆特有的香气散发出来，并达到消毒灭菌、提高风味和卫生质量的作用。

　　前凝胶形成后必须借助无机盐、电解质的作用使蛋白质进一步变性转变成凝胶。常见的电解质有石膏、卤水、δ-葡萄糖酸内酯及 $CaCl$ 等盐类。它们在豆浆中解离出的 Ca^{2+} 或 Mg^{2+} 不但可以破坏蛋白质的水化膜和双电层，而且有"搭桥"作用，蛋白质分子间通过 Mg 桥或 Ca 桥相互连接起来，形成立体网状结构，并将水分子包容在网络中，形成豆腐脑。

　　豆腐脑形成较快，但是蛋白质主体网络形成需要一定时间，所以在一定温度下保温静置一段时间使蛋白质凝胶网络进一步形成，这就是"蹲脑"的过程。将强化凝胶中水分加压排出，即可得到豆制品。传统豆制品生产工艺流程图，如图 1-3 所示。

图 1-3　传统豆制品生产工艺流程图

（2）传统豆制品生产的原辅料　传统豆制品生产的原料主要是大豆，辅料包括凝固剂、消泡剂和防腐剂。

　　凝固剂主要有：①熟石膏（$CaSO_4$），其添加量为大豆蛋白的 0.04%（按 $CaSO_4$ 计算）左右，石膏的合理使用，可以生产出保水性好、光滑细嫩的豆腐；②卤水，其主要成分为 $MgCl_2$，由于其保水性较差，其主要适合制作豆腐干、干豆腐等低水分的豆制品，其添加量一般为 $2 \sim 5kg/100kg$ 大豆；③δ-葡萄糖酸内酯，其为一种新型酸类凝固剂，适合于做原浆豆腐，添加量一般为 $25 \sim 35g/L$（以豆浆计），但采用 δ-葡萄糖酸内酯制作的豆腐，口味平淡偏酸，可以通过添加一定量的保护剂，从而改善产品的风味，还可改善凝固质量；④复合凝固剂，其是两种或两种以上的成分加工成的凝固剂，是为了适应豆制品生产工业化、机械化和自动化的发展而产生的。

消泡剂的目的是降低豆制品生产的制浆工序中产生的大量泡沫，方便后续产品加工。消泡剂主要有：①油脚，其主要适合于作坊式生产使用；②油脚膏，其是由酸败的油脂与 $Ca(OH)_2$ 混合制成的膏状物（配比为 $10:1$），使用量为 1.0%；③硅有机树脂，豆制品生产中使用水溶性的乳剂型，其使用量为 $0.05g/kg$ 食品；④脂肪酸甘油酯，分为蒸馏品（纯度 90% 以上）和未蒸馏品（纯度 $40\% \sim 50\%$），豆制品加工中蒸馏品使用量为 1.0%。

防腐剂，豆制品生产中采用的防腐剂主要有丙烯酸、硝基呋喃系化合物等。丙烯酸具有抗菌强、热稳定性高等特点，允许使用量为豆浆的 $5mg/kg$ 以内，主要用于包装豆腐中。

（3）传统非发酵豆制品　我国传统非发酵豆制品可以分为如下几种类型，水豆腐（嫩、老豆腐，南、北豆腐），半脱水制品（豆腐干、百叶、千张），油炸制品（油豆腐），卤制品（卤豆干、五香豆干），炸卤制品（花干、素鸡等），熏制品（熏干），烘干制品（腐竹、竹片），豆浆和豆乳等。

2. 传统发酵豆制品的加工

以大豆或其他杂豆为原料经发酵制成的腐乳、豆豉、纳豆（natto）等食品，称为发酵性豆制品。发酵豆制品以其营养、健康的特性备受人们的关注与喜爱，传统发酵豆制品含有功能肽、异黄酮、卵磷脂、低聚糖、皂苷、B 族维生素、维生素 E 等保健成分，被认为是营养与保健成分最集中、最合理、最丰富的食品。我国以大豆为原料制作酱油、豆豉、腐乳、豆酱等传统发酵豆制品的历史已有 2000 多年，现在已推广到朝鲜、日本及东南亚等国家和地区。近年来，我国传统发酵豆制品的生产规模不断扩大，消费总量也在不断增长。

（1）腐乳　腐乳又称豆腐乳，是以大豆为主要原料，经加工磨浆、制坯、培菌、发酵而制成的调味、佐餐制品，是我国独特的传统调味品。它主要以豆腐坯为培养基培养微生物，使菌丝长满坯子表面，形成腐乳特征，同时分泌大量以蛋白酶为主的酶系，为后发酵创造催化成熟条件，从而进行腐乳制备。腐乳加工工艺流程主要包括：①豆腐坯制作；②前期发酵，包括菌种接种、培养和腌坯等步骤；③后期发酵，包括装坛、灌汤和储藏等步骤。

（2）酱类与酱油　酱类与酱油属于我国传统发酵食品，该类产品不仅有丰富的营养价值，还由于酶解作用，产品具有独特的鲜味和肉样风味。酱类与酱油酿造的原料包括蛋白质原料、淀粉类原料、食盐和水。目前，酱油的制作工艺包括：原料预处理、蒸煮、种曲制备、制曲、发酵和浸出淋油等步骤。豆酱种类很多，有大豆酱、蚕豆酱、面酱和豆瓣酱等。酱类和酱油酿造工艺流程，如图 1-4 所示。

（3）豆豉　豆豉以黑豆或黄豆为主要原料，利用毛霉、曲霉或者细菌蛋白酶的作用，分解大豆蛋白质，达到一定程度时，通过加盐、加酒、干燥等方法，抑制酶的活力，延缓发酵过程而制成，是我国的传统食品。一般豆豉加工工艺与其他发酵类豆制品类似，主要包括原料处理、制曲、发酵等步骤，发酵制备的产品最后通过晾晒，即为成品。

图 1-4　酱类和酱油酿造工艺流程

（4）其他发酵类豆制品　纳豆是一种日本传统发酵食品，它是以煮熟的大豆接种纳豆芽孢杆菌（Bacillus natto）经短期发酵而成。随着目前世界食品加工技术的进步，纳豆也被制成许多不同的口味。纳豆营养丰富，是高蛋白滋养食品，纳豆中含有酵素和纳豆激酶，对于维持正常血脂平衡、维持心血管健康具有显著作用。纳豆加工工艺主要包括原料预处理、蒸煮、菌种接种、发酵等步骤。

丹贝（tempeh）是一种发源于印度尼西亚的发酵食品，传统丹贝是接种根霉属真菌至煮过的脱皮大豆，再以香蕉叶包覆接种过的大豆，经过 1~2d 发酵所得到的白色饼状食品。根霉属寡孢根霉（Rhizopus oligosporus）是制作丹贝的主要菌种。目前，也有其他五谷杂粮被用为原料来制作丹贝，丹贝的生产工艺主要包括原料大豆的精选和清洁、脱皮、浸泡和酸发酵、煮豆、接种和发酵等步骤。

3. 新兴豆制品

新兴豆制品包括油脂类制品、蛋白类制品及全豆类制品。这些产品基本上都是 20 世纪 50 年代兴起的，其大多采用较为先进的生产技术，生产工艺合理，机械化、自动化程度高，这些新兴豆制品主要有豆乳、豆乳粉及豆浆晶、大豆低聚糖、大豆中生物活性成分，包括大豆异黄酮、大豆皂苷等。

4. 大豆加工副产物利用

在大豆加工产业中会产生多种加工副产物，如大豆皮、大豆渣等，为了满足原料的全利用，降低生产消耗，提升加工效益，目前，越来越多的企业关注这些副产物的综合利用。主要在于如下几个方面：①通过大豆皮渣制取膳食纤维；②利用豆渣发酵生产核黄素；③浆水的综合利用，例如浆水可以发酵生产面包酵母和药用酵母，生产维生素 B_{12}、白地霉粉等，这些副产物也可以直接用于饲料工业中。其中，大豆皮渣提取膳食纤维是最典型的利用方式，其加工工艺流程如图 1-5 所示。

图 1-5　大豆皮渣提取膳食纤维工艺流程

（五）薯类

薯类食品是指以马铃薯、甘薯、木薯、山药、芋头、凉薯、荸荠和菱角等薯类为主要原料，经过一定的加工工艺制作而成的食品。按加工原料不同，主要分为马铃薯食品、甘薯食品及其他薯类食品；按加工工艺不同，分为干制薯类、冷冻薯类、薯泥（酱）类、薯粉类、其他薯类。薯类种类繁多，因此目前市场上的薯类产品也有多种。

1. 马铃薯

马铃薯（*Solanum tuberosum*）属于茄科多年生草本植物，又称地蛋、土豆、洋山芋等，块茎可供食用。马铃薯是全球仅次于小麦、稻谷和玉米的第四大重要粮食作物。2015 年，中国启动马铃薯主粮化战略，推进把马铃薯加工成馒头、面条、米粉等主食，马铃薯将成为除稻米、小麦、玉米之外的又一主粮。目前，国内马铃薯加工主要集中于马铃薯全粉加工和马铃薯脆片加工。

（1）马铃薯全粉　马铃薯全粉是脱水马铃薯制品中的一种。以新鲜马铃薯为原料，经清洗、去皮、挑选、切片、漂洗、预煮、冷却、蒸煮、捣泥等工艺过程，脱水干燥而得的细颗粒状、片屑状或糊末状产品统称之为马铃薯全粉。制作工艺流程如图 1-6 所示。

图 1-6　马铃薯全粉制作工艺流程

（2）马铃薯脆片　马铃薯脆片加工主要包括原料预处理、水烫、渍制、油炸、冷却、包装等步骤，其中预处理、水烫、渍制、油炸是关键。制作工艺流程如图 1-7 所示。

图 1-7　马铃薯脆片制作工艺流程

2. 甘薯

甘薯又称红苕、红薯、白薯、山芋、地瓜等，又因它从国外引入，人们也称其为番薯。甘薯属一年生或多年生蔓生草本，块根可作为粮食、饲料和工业原料，是人类最早栽培作物之一，其营养丰富，目前，甘薯主要加工成甘薯全粉、薯香酥片、甘薯茎尖罐头等食品。

（1）甘薯全粉　甘薯全粉是甘薯脱水制品中的一种，其主要以新鲜甘薯为原料，经清洗、去皮、挑选、切片、漂洗、预煮、冷却、蒸煮、捣泥等工艺过程，经脱水干燥而得的细颗粒状、片屑状或粉末状产品，统称为甘薯全粉。甘薯全粉与甘薯淀粉的主要区别在于甘薯全粉是新鲜甘薯的脱水制品，它包含了新鲜甘薯中除薯皮以外的全部干物质，包括淀粉、蛋白质、糖、脂肪、纤维、灰分、维生素、矿物质等。其制作工艺流程如图 1-8 所示。

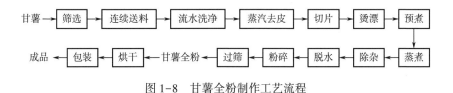

图 1-8　甘薯全粉制作工艺流程

（2）甘薯薯香酥片　甘薯薯香酥片是甘薯制作休闲食品的一种最常用加工工艺，其以新鲜甘薯和马铃薯依次进行清洗、预煮、去皮、复煮、打浆、拌料、加酵母发酵、干燥、压片、切片、烘烤、摊冷、油炸和沥油、冷却包装等工序制作而成。其制作工艺流程如图 1-9 所示。

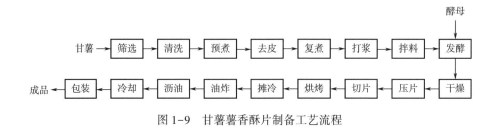

图1-9　甘薯薯香酥片制备工艺流程

（3）甘薯-胡萝卜复合脯　甘薯-胡萝卜复合脯属于果脯蜜饯类休闲食品，其加工工艺一般包含选料、清洗、上笼、打浆、调配、蒸煮、烘烤和包装等过程。

（4）速冻甘薯茎尖　速冻甘薯茎尖是速冻蔬菜的又一新品种，它较好地保持了新鲜甘薯茎尖原有的色泽、风味和维生素，可长期储藏，且食用方便，是一种不可多得的天然绿色保健食品。其加工工艺一般分为原料采摘、清洗、漂烫、冷却、速冻、包装和冷藏。

（5）甘薯茎尖罐头　甘薯茎尖因为组织幼嫩，营养丰富，味道鲜美，也通常用于加工成罐头类食品。加工工艺一般分为原料预处理（含护色处理和汤料制备）、排气装罐、杀菌冷却、检验包装等过程。

3. 其他薯类

薯类除了甘薯、马铃薯、木薯以外，还包括芋头、凉薯、山药、荸荠和菱角等。这些薯类因为成分和营养特性不同，加工方式和应用途径不同，它们主要特点是淀粉含量丰富，还含有某些特定的微量营养元素，其利用方式主要从这两方面出发，进行产品开发。

二、油料加工与贮运国内外发展现状

在油脂工业通常将含油率高于10%的植物性原料称为油料。油料作物多以一年生为主，包括大豆（有时也将大豆列为粮食作物）、花生、油菜、向日葵、芝麻等，另外，棉籽、亚麻籽、大麻籽也是油料；多年生油料植物（如油橄榄、油棕、椰子和油桐等）占次要地位。世界上产油料产量最多的国家是美国（大豆、棉籽、花生等），俄罗斯（向日葵、棉籽），印度尼西亚（油棕）和印度（芝麻、花生、油菜籽和棉籽）等。中国是菜籽、棉籽、花生和芝麻生产大国，产量排名均居世界之冠，大豆产量居世界第四位。我国黄河流域主要种植花生、芝麻等，长江流域种植油菜较多，东北地区大豆生产集中，西北部地区产亚麻籽、葵花籽较多，南部较温暖的山区种植油茶树，西北、西南、华北等地区还普遍生长野生油料作物。

植物油料种类繁多，分类方法也很多。根据植物油料的植物学属性，可将植物油料分成三类：草本油料（常见的有大豆、油菜籽、棉籽、花生、芝麻、葵花籽等），木本油料（常见的有棕榈、椰子、油茶籽等），农产品加工副产品油料（常见的有米糠、玉米胚、小麦胚芽）。根据植物油料的含油率高低，可将植物油料分成两类：高含油率油料（菜籽、棉籽、花生、芝麻等含油率大于30%的油料）和低含油率油料（大豆、米糠等含油率低于30%的油料）。

（一）我国植物油料与植物油加工现状

随着我国经济的快速发展，城市居民生活水平的提高，我国居民食物结构出现显著变化，植物油消费需求进入快速增长时期。近些年，我国食用油消费量均超过3800万t（2018年3849.6万t，2019年3978万t），2020年我国食用油总消费量达到4071万t。在所有消费食用油中，大豆油占国内食用油消费的一半以上，其次是棕榈油，每年的消费量在 600 万 t 左右，花生油每年的消费量基本稳定在 200 万~300 万 t。2020 年我国人均消耗食用油 29.1kg，较 2019 年的 28.4kg，增加了 0.7kg，远超世界人均食用油消费平均水平。

2020 年我国油籽油料（含大豆、棉籽）总产量达到 6564 万 t，同比增加 202 万 t，连续 4 年创历史纪录。其中，大豆产量达到 1960 万 t，已连续 2 年创历史新高，较 2015 年的 1237 万 t 累计增加 723 万 t，增幅高达 58.4%。2020 年我国进口食用植物油（含棕榈油硬脂）1168 万 t，同比增加 15 万 t，连续 2 年创历史纪录；全年国内大豆压榨量 9520 万 t，同比增加 1125 万 t，豆油产量相应增加 208 万 t；进口油菜籽和其他食用油籽（不含大豆）584 万 t，同比增加 104 万 t，折算食用植物油产量增加 37 万 t。在不考虑国产油籽油料榨油量增加的情况下，2020 年我国食用植物油供应量同比增加 260 万 t 左右。但是，按照目前的数据，我国食用油产业仍然存在自给不足，进口依存度增高的现象，2020 年食用植物油进口量同比增加 260 万 t，预计主要国产油料折油将保持 1000 万 t 左右，基本稳定。

我国食用植物油因品种、产地不同，其所含营养和各种脂肪酸的结构也有所差异，几乎没有一种食用植物油脂能满足人体对脂肪酸需求的最佳比例，所以应经常调剂、更换食用植物油的种类。花生油、大豆油、葵花籽油、玉米胚芽油、芝麻油等有较高含量的 $n-6$ 系多不饱和脂肪酸，可以降低人体内低密度脂蛋白胆固醇，有益于人体心脑血管系统的健康。亚麻籽油、紫苏油等含有较高含量的 $n-3$ 系多不饱和脂肪酸。我国民众在 $n-3$ 系多不饱和脂肪酸方面相对缺乏，如有条件，推荐在日常烹调时选择亚麻籽油和紫苏油。油茶籽油、芝麻油、橄榄油等植物油中单不饱和脂肪酸含量较高，能够降低人体中低密度脂蛋白胆固醇的含量，并可升高高密度脂蛋白胆固醇的含量。

（二）主要的植物油料

1. 草本油料

一年生草本油料主要有大豆、花生、菜籽、芝麻、棉籽、葵花籽、亚麻籽、大麻籽、蓖麻籽、玉米胚、小麦胚、米糠等，其中大豆、花生、菜籽、芝麻是我国四大油料作物，在我国的种植面积占油料作物总播种面积 70% 以上。

（1）大豆　大豆又名黄豆，属豆科，一年生草本植物。大豆是重要的粮油兼用作物，具有重要的营养价值和经济价值。大豆属于高蛋白油料，其湿基的蛋白质含量为 30%~45%，含油量为 15.5%~22.7%。大豆主要用于制取油脂和蛋白质，工业上提油后的大豆饼粕常加工为饲料，或进行深加工制取大豆浓缩蛋白、分离蛋白、纤维状蛋白等农副产品。大豆油呈黄色或棕绿黄色，是一种半干性油。全世界大豆年总产量约占植物油料的 50% 左右，在我国，大豆既是七大粮食作物之一，又是四大油料之一。大豆原产于我国，中国有"大豆王国"之称，在我国分布极广，北起黑龙江，南至海南岛，东起山东半岛，西至伊犁盆地。但主要产区在东北松辽平原和黄淮平原。其中以黑龙江的种植面积和总产量居首位，其次是吉林、河南、山东、江苏、四川等地区。随着新兴食品工业的发展，大豆在工业上的制品已达数百种之多，在我国粮油生产中处于十分重要的地位。2020 年，我国大豆年种植面积约为 933 万 hm^2，年产量为 1960 万 t。目前，我国油脂工业的制油能力已位居世界前列，技术的发展为大豆和大豆油的综合利用和开发奠定了坚实的基础。

（2）菜籽　油菜是世界性的油料作物，属十字花科，一年生草本植物。菜籽含油量一般为 37%~42%，含蛋白质 20%~26%（氮含量×6.25，干基）。油菜籽由种皮和仁组成，种皮占全籽的 12%~19%，种皮中虽然含有少量的油脂（8%~10%）和蛋白质（19%~22%），但其粗纤维的含量高达 31%~34%。另外，油菜籽中还含有一些抗营养物质如硫苷、植酸和单宁等。菜籽油中的甘油三酯结构有较大的特殊性，其中，芥酸主要分布在 sn-1，3 位，sn-2 位含量小于 5%，95%油酸和亚油酸分布于 sn-2 位。同时，菜籽油中维生素 E 含量很低（毛油中仅有 0.06%左右），多不饱和脂肪酸含量较低，氧化稳定性比较好。油菜籽是我国最主要的油料资源之一，2020 年全球油菜籽产量为 6772 万 t，其中中国产量为 1495 万 t，中国产量占比达到 19.34%，2019 年中国油菜籽产量仅次于加拿大。在国家政策的扶持下，近两年我国油菜种植面积出现恢复性增加，油菜籽产量不断提高。双低菜籽是 1950 年代由加拿大率先培育出的新型菜籽，并于 1980 年正式命名为卡诺拉菜籽。根据 FAO 的标准，双低油菜籽即指油中芥酸含量低于 5%，饼粕中硫苷含量低于 40μmol/g 的一种优质油菜籽。目前，我国正在大面积推广双低油菜的种植，据统计，2020 年我国现有油菜种植面积 667 万 hm²，还有冬闲田约 1333 万 hm²。因此，我国在发展油菜种植，提高油菜籽产量方面具有很大的潜力。

（3）花生　花生又名落花生、长生果等，属蔷薇目、蝶形花科花生属，豆科一年生草本植物，是我国产量丰富、食用广泛的一种坚果。花生喜温喜干燥，适于砂质土壤，在世界六大洲都有种植，主要生产国家有中国、印度、美国、苏丹等。我国花生的产量居世界第二位。花生在我国的分布较广，北方大花生区以种植普通型大花生为主，产量占全国花生总产量的 50% 以上，是我国最主要花生产区和出口花生基地。广东、广西、湖北、四川、江西、安徽、福建等省（自治区），也是我国花生主要产区。目前，我国花生产量占全国油料总产量的一半左右，占世界花生总产量的 40%左右，一直稳居全球第一位，据统计，2019 年中国花生产量 1752 万 t，同比增长 1.1%，但是 2020 年有所下降。2020 年全球花生油产量为 611 万 t，同比下降 2.2%；全球花生油消费量为 615 万 t，同比下降 3.3%。花生是我国产量最多的大宗油料之一，花生仁的含油量一般可达 40%~55%。花生油淡黄透明，色泽清亮，是一种比较容易消化的食用油。花生油中不饱和脂肪酸高达 80%以上（其中含油酸 41.2%，亚油酸 37.6%），另外还含有软脂酸、硬脂酸和花生酸等饱和脂肪酸，其脂肪酸构成易于人体消化吸收。另外，花生油中还含有甾醇、麦胚酚、磷脂、维生素 E 等对人体有益的物质，可以保护血管壁，防止血栓形成，有助于预防动脉硬化。

（4）葵花籽　向日葵为菊科一年生草本植物，起源于美洲。世界向日葵产量较高的地区中，苏联地区居首位，约占世界总产量的 40%，其次是美国、阿根廷、罗马尼亚。葵花籽油在世界范围内的消费量在所有植物油中排在棕榈油、豆油和菜籽油之后，居第四位。2020 年全球葵花籽油产量为 1942 万 t，全球葵花籽油消费量为 1911 万 t，由于新冠肺炎疫情影响，葵花籽和葵花籽油产量分别同比下降约 10%和 3%。2020 年中国葵花籽产量为 330 万 t，同比增长 1.5%。2020 年中国葵花籽油产量为 89.2 万 t，同比增长 11.6%。葵花籽分为食用葵花籽和油用葵花籽，食用葵花籽含壳率 40%~60%，籽仁含油 22%~35%，含蛋白质 26%~30.4%；油用葵花籽含壳率 29%~30%，籽仁含油 40%~50%。葵花籽油中 90%是不饱和脂肪酸，其中亚油酸可达 70%左右，不含胆固醇。葵花籽油还含有植物甾醇、维生素 E、多酚等多种对人类有益的物质，是所有主要植物油中天然维生素 E 含量最高的油种之一。

（5）芝麻　芝麻为胡麻科一年生草本植物，是世界上最古老的食用油料之一，素有"油料皇后"之美称。芝麻主要种植于亚洲、地中海、南非的一些热带和亚热带地区，亚洲是芝麻最大的产区，其种植面积占世界的 70%以上，非洲国家占 20%。中国、印度、缅甸、苏丹、墨西哥是芝麻的主要生产国。近三年，我国芝麻产量一直维持在 45 万 t 左右，2020 年我国芝麻产量为45.69万t，主要用来生产芝麻油和芝麻酱类产品。芝麻含油量高达45%~63%，蛋白质含量19%~31%，其含油量居食用植物油料之首，芝麻油是天然的色拉油，是极少数不需要任何精炼即可直接食用的植物油。芝麻油含亚油酸36.9%~47.9%、油酸34.4%~45.5%、花生酸0.3%~0.7%。芝麻中含有独特的不皂化物成分，如芝麻酚、芝麻素和芝麻酚林，这些内源性抗氧化剂使芝麻油对氧化变质具有不同寻常的稳定性。芝麻的油脂制取工艺多为压榨法、预榨浸出法和水代法，水代法制取的芝麻油，常称为小磨香油，味香可口，一般作为冷调油使用。

2. 木本油料

油茶、油棕、油橄榄、椰子并称为世界四大木本油料植物，而油茶、核桃、油桐、乌桕并称为我国四大木本油料植物。木本油料产业是我国的传统产业，也是健康优质食用植物油的重要来源。这四种油料中，桐油和乌桕油不可食用，一般用来作为染料、涂料、医药和制革等，其他两种均可作为食用油。近年来，我国食用植物油消费量持续增长，需求缺口不断扩大，对外依存度明显上升，发展木本油料产业，提高我国食用油脂的自给能力是当务之急。

（1）油茶　油茶属山茶科，多年生长绿灌木，起源于中国，主要分布在我国西南、中南、华东等地区，是我国最具特色的乡土木本油料树种。油茶籽是油茶的蒴果，呈球形，其占油茶果的38.7%~40.0%，油茶籽由种皮（茶籽壳）和种仁（茶籽仁）构成，茶籽壳占茶果中的30%~34%，主要由半纤维素（多缩戊糖）、纤维素和木质素组成，含油极少，含有较多皂素（达5.4%左右）。油茶籽整籽含油30%~40%，含仁66%~72%，仁中含油40%~60%，含粗蛋白9%，粗纤维3.3%~4.9%，皂素8%~16%。油茶籽中的皂素，易溶于水，会引起红细胞溶解导致动物中毒，因此，未经处理过的茶饼粕不能用作饲料。油茶籽油中油酸含量高达74%~87%，其次是亚油酸，含量为7%~14%，其与橄榄油在脂肪酸组成上极其相似，被誉为"东方橄榄油"，同时也被FAO大力推荐为健康食用油。油茶籽油中还含有丰富的植物甾醇、脂溶性维生素（如维生素E和维生素D）、类胡萝卜素、茶多酚、山茶苷和角鲨烯等功能性微量营养成分。

（2）核桃　核桃又名胡桃，为胡桃科植物胡桃的种果，其树木为落叶乔木，主产于我国的云南、陕西、山西、河北、甘肃、山东、浙江、河南、四川等地。统计数据显示，2020年我国核桃产量为479.59万t，目前中国的核桃产量占世界的60%，种植面积800万hm^2位居世界第一，年产量超过400万t，核桃产业已成为木本油料中产量最高的和最具发展潜力的树种。

核桃含65%~70%的油和15%~23%的蛋白质。核桃油中不饱和脂肪酸含量达到90%左右，主要由油酸（11.5%~25%）、亚油酸（50%~69%）、亚麻酸（6.5%~18%）组成。核桃仁的油脂中中性脂质含量约93.05%（甘油三酯82.05%、甾醇酯3.86%、游离脂肪酸4.80%），核桃油的甾醇酯中非皂化部分主要为β-谷甾醇，并有少量菜油甾醇、豆甾醇、燕麦甾-5-烯醇、豆甾-7-烯醇，糖类13%。

（3）椰子　椰子为棕榈科热带木本油料，适宜生长在赤道北纬20°的热带海滩地区，主要生长地区位于亚洲、太平洋中的热带岛屿、非洲及美洲的中南部，我国福建、广东、云南和台湾地区也有种植，其中52%主要集中分布在海南各地，以文昌市郊为多。

椰子即椰子树的果实，是由外层为纤维的壳组成，提供椰子皮纤维和内含可食厚肉质的大坚果，果实新鲜时，有清澈的液体，称作椰汁。成熟的椰子包括椰子衣35%、椰壳12%、椰肉28%及椰汁25%。椰子果肉的主要成分为水分50%，脂肪34%，蛋白质3.5%，碳水化合物7.3%，纤维3.0%，灰分2.2%。椰子果肉干燥后就是椰子干，含水量降至6%~10%的椰子干中含有脂肪 57%~75%，其可以用传统压榨法制取椰子油，提取椰子油后的椰子饼粕可用作动物饲料。果肉还可以加工成椰子干、椰子脱脂乳、椰子乳、椰子粉、蛋白粉等产品。椰子油中饱和脂肪酸高达 92%，以中短链脂肪酸为主，如月桂酸 51%，肉豆蔻酸 18.5%，辛酸 9.5%，棕榈酸 7.5%；不饱和脂肪酸含量较少，其中亚油酸 1%，油酸 5%。椰子油中月桂酸、豆蔻酸、棕榈酸熔点相差较小，导致椰子油塑形范围很窄。由于其饱和脂肪酸含量较高，其氧化稳定性较好。

3. 农产品加工副产品油料

（1）米糠　从米糠中提取的油脂称为米糠油或稻米油，俗称糠油。20 世纪 50 年代，日本首先开始生产精炼米糠油供人食用。现在以大米为主食的国家大都积极开展综合利用米糠生产米糠油。20 世纪 50 年代以来，我国米糠榨油发展很快，主要产区在长江流域和珠江流域的稻谷主产区，以湖南省产量最多。据统计，2020 年中国稻米油产量约为 67.5 万 t。我国是世界上最大的稻米生产国家，有着十分丰富的米糠资源。利用米糠制油可充分利用谷物加工副产物，提升资源利用率，而米糠油是一种高级保健养生油，具有广阔的市场前景。

目前，我国粮油工业所生产的米糠油主要有压榨成品米糠油、浸出成品米糠油。米糠含油一般为 16%~21%，加工出油率为 10%~13%，米糠油呈淡黄色油液，略有青菜味。米糠油包含中性脂质 88%~89%，糖脂 6%~7%，磷脂 4.5%~5%，精炼过程中经脱酸后，磷脂含量会明显降低。毛糠油中植物甾醇含量为 2.55%~3.06%。米糠油含油酸 40%~50%、亚油酸 29%~42%，棕榈酸 12%~18%，从脂肪酸组成上看，米糠油是一种典型的油酸-亚油酸型油脂，米糠油中的脂肪酸比例接近人类的膳食推荐标准模式。米糠油还富含微量活性成分，包括 2%~3% 的阿魏酸酯，2.0%~2.5% 谷维素，91~168mg/100g 油的维生素 E，特别是其还含有相对较高含量的抗氧化性强的生育三烯酚和 0.3% 左右的角鲨烯。

（2）玉米胚芽　玉米油是由玉米胚加工制得的植物油脂，又称玉米胚芽油，玉米胚芽油营养价值较高，除了富含油酸和亚油酸等人体必需的脂肪酸外，还富含植物固醇和维生素 E 等，是一种营养功能性谷物油脂，也是国内外公认的高端健康食用油，曾是 WHO 推荐的最佳食用油。我国玉米产量占世界第二，具有充足的玉米胚芽原料资源优势，我国"十二五"规划已经把玉米油列入了重点发展和培养的油种，目前我国玉米油消费量约为 140 万 t，但已有数据显示 2018 年玉米油产量为 130 万 t，因此玉米油市场前景仍然十分广阔。

培育的高油玉米品种，籽粒粗脂肪含量 6%~8.5%，平均为 7.5%，出油率较高，而玉米胚集中了玉米粒中 84% 的脂肪、83% 的无机盐、65% 的糖和 22% 的蛋白质。玉米油含油酸 20%~42.2%、亚油酸 34%~65.6%，脂肪酸构成较为合理，而且还含有丰富的胡萝卜素、磷脂、维生素 E 等营养素，其人体消化吸收率可达到 97%，营养价值较高，是一种优良的食用谷物油脂。

（3）小麦胚芽　小麦胚芽作为面粉加工业提高综合效益的主要食品资源，提炼小麦胚芽油是提高小麦附加值的有效途径。我国小麦种植面积居世界第二位，每年可供利用的小麦胚芽资源蕴藏量十分可观。小麦胚制油工艺与玉米胚相同，饼粕可作饲料或食品添加剂以强化营养。

小麦胚芽占小麦总重的 1%~3%，小麦胚芽中含蛋白质 17%~35%，含油率 9.5%，含维生素 E 为 270~305mg/kg，部分品种高达 500mg/kg。小麦胚芽油含亚油酸 57%、油酸 17.3%、棕榈酸 18.5%，不饱和脂肪酸占总量的 82%，磷脂含量为 1.3%。小麦胚芽油中还含有丰富的维生素 E 和植物甾醇，其中主要是 α-生育酚 55%~60%，β-生育酚 25%~35%，γ-生育酚 8%~

10%；而植物甾醇中 β-谷甾醇 67%，菜油甾醇 22%、5-麦角甾醇 6%。小麦胚芽油中维生素 E 含量可以达到 0.2%~0.55%，其是各类天然油脂中含维生素 E 最多的一种。

（三）油料预处理

油料预处理即在油料取油之前，对油料进行的清理、水分调节、剥壳、脱皮、破碎、软化、轧坯、膨化、干燥等一系列处理过程，其目的是除去杂质，将其制成具有一定结构性能的物料，以符合不同取油工艺的要求。根据油料品种和油脂制取工艺的不同，所选用的预处理工艺和方法也有差异。在油脂生产中，油料预处理不仅能够改善油料的结构性能而提高出油的速度和深度，还能对油料中各种成分产生作用而影响产品和副产品的质量。目前，在现代油脂工业中，油料的预处理主要包括油料清理、油料水分调节、油料剥壳与去皮、油料生坯制备和油料挤压膨化等主要步骤。

1. 油料清理

油料清理即为除去油料中所含杂质的工序。油籽在收获、曝晒、运输和储藏过程中，虽然经过初步除杂，但在送入油脂加工厂加工时，油籽中仍然夹带着部分杂质，并有再次混入杂质的可能，这样进入油脂加工厂的油料实际是由油籽及各种杂质组成的混合物。油料中所含杂质可分无机杂质、有机杂质和含油杂质三类，其含量一般在 1%~6%，这些杂质对制油极为不利，必须及时进行清理。

现代油脂制取工艺中，清理工段必不可少。在清理工段，除一般要求设置的清理筛、去石机、磁选器、打麦机等设备外，现在还要求配备两级除尘系统，充分去除杂质，提高后序工段的生产率。清理方法主要有筛选法、风选法、筛选风选联合法、磁选法、水选法、密度去石法、撞击法等；以除去油料中的无机杂质，如灰尘、泥土、砂粒、石子、瓦块、金属等；有机杂质，包括茎叶、皮壳、蒿草、麻绳、布片、纸屑等；含油杂质，包括病虫害粒、不完善粒、异种油料等。现在通常采用的油料清理机械设备有多种，例如平面回转筛、风选机、比重去石机、磁选机、离心除尘器等。

2. 油料水分调节

油料的水分对油料的储藏及加工的各工艺过程都存在着不同程度的影响。这是因为水分几乎对油料的所有物理性质都产生影响，同时也在一定程度上对油籽的某些化学过程存在影响，所以水分的控制与调节将直接影响油脂及相关产品的产量和质量。水分的调节与油料的储藏、剥壳、破碎、轧坯、蒸炒，乃至压榨等工艺过程均有密切联系。它们在调节中的许多方面是相同的，同时也存在着不同的特点和要求，因而在植物油的生产过程中，必须根据工艺过程的工艺要求及油料的水分进行调节，使油籽水分达到适宜的范围。

油脂加工厂使用的油料因其来源、气候条件等各种因素均不同，因此每批油料的水分也不相同，加工时须对油料进行水分调节，以保证良好、稳定的生产效果。一般油料水分的调节常包含从油料中除去水分（即干燥作用）或将必要的水分加入油料中（即增湿作用）。在油脂加工厂，干燥设备较多，单独应用的湿润设备较少，油料或半成品的湿润通常在生产设备中结合工艺操作进行，油料湿润后的水分均匀分布的过程可以在中间储器中进行。目前，在现代化油脂加工工业中，常用的油料水分调节设备有塔式热风干燥机、回转式干燥机、振动流化床干燥机、生坯干燥机、膨化料冷却干燥箱等。

3. 油料剥壳与去皮

油料的剥壳及脱皮是带皮壳油料在取油之前的一道重要生产工序。对于花生、棉籽、葵花籽等一些带壳油料，必须经过剥壳才能用于制油。而对于大豆、菜籽含皮量较高的油料，当生产高质量蛋白质时，需要预先脱皮再取油。剥壳是利用机械方法，将棉籽、花生果、向日葵籽等带壳油料的外壳破碎并使仁壳分离的过程。

油料剥壳的目的主要在于：①剥壳有利于生产，可以提高出油率、提高毛油和饼粕的质量；②带壳生产将降低轧坯、蒸炒、压榨设备的生产能力，增加动力消耗和机件磨损；③剥壳后的皮壳可以进一步利用，有利于饼粕及皮壳的综合利用。油料剥壳的要求是：剥壳率高，漏籽少，粉末度小，利于剥壳后的仁、壳分离。当前油料剥壳的主要方法有挤压法、撞击法（适合于脆而仁韧的物料，如采用离心式剥壳机剥松子壳）、剪切法和碾搓法（适用于皮壳较脆的物料）。目前，油料剥壳的设备有圆盘剥壳机（适用于棉籽、油茶籽、花生果），刀板剥壳机（适用于棉籽），齿辊剥壳机（适用于棉籽、大豆、花生果），离心剥壳机（适用于葵花籽、油桐籽、油茶籽、核桃），锤石剥壳机（适用于花生果），以及轧辊剥壳机（适用于蓖麻子）。

油料去皮又称脱皮。油料去皮的目的是：①提高饼粕的蛋白质含量，减少纤维素含量，提高饼粕的利用价值；②提高浸出毛油的质量（降低浸出毛油的色素浓度、含蜡量）；③提高制油设备的处理量，降低饼粕的残油量；④减少生产过程中的能量消耗。油料含水量高低是去皮工艺中非常关键的因素。脱皮的方法是通过调节油料的水分，然后利用搓碾、挤压、剪切和撞击的方法，使油料破碎成若干瓣，籽仁外边的种皮也同时被破碎并从籽仁上脱落，然后用风选或筛选的方法将仁、皮分离。脱皮的要求是脱皮率高，粉末度小，油料损失尽量小，脱皮及皮仁分离工艺要尽量简短，设备投资低，能量消耗小等。目前，油脂加工企业主要是对大豆进行脱皮，以生产低温豆粕和高蛋白饲用豆粕。此外，还可以根据市场需求，将豆皮粉碎后按照不同比例添加到豆粕中生产不同蛋白质含量的豆粕。有时也对花生、菜籽、芝麻等进行脱皮，以满足不同生产工艺的要求。

4. 油料生坯制备

（1）破碎　在提取油脂前，油料必须先被制成适合于提油的料坯。料坯的制备通常包括油料的破碎、软化和轧坯等工序。破碎常用于大豆、花生仁、油棕仁、椰子干、油桐籽和油茶籽等颗粒较大的油料或预榨饼，小油籽如菜籽、芝麻不需要破碎。油料破碎后表面积增大，利于软化时温度和水分的传递；使饼块大小适中，为浸出或第二次压榨创造良好的出油条件，但油料破碎需要适度进行。

油料破碎的总体要求是：①不出油，不成团，少出粉，出油成团不仅造成油脂损耗，还影响破碎正常进行；②破碎后粒度均匀，符合规定要求，对于大豆、花生仁，宜破碎为三、四瓣，破碎出粉严重，将影响后续蒸炒透气性和浸出溶剂渗透性。破碎方法包括撞击、剪切、挤压和碾磨等几种形式。通常采用剥壳或轧坯设备进行破碎，专用设备有齿辊破碎机。

（2）软化　软化是通过对油料水分和温度的调节，改善油料的弹塑性，使之具备轧坯的最佳条件。轧坯主要应用于含油量低、含水低、含壳量高、物性可塑性差、质地坚硬的油料。通过对油料温度和水分的调节，使油料具有适宜的弹塑性，减少轧坯时的粉末度和黏辊现象，保证坯片质量。软化还可以减少轧坯时油料对轧辊的磨损和机器的振动，以利于轧坯操作的正常进行。含水量较低的大豆、棉籽，以及陈年菜籽，应当进行软化后再进行轧坯。目前油脂加工工业中，油料软化的设备主要是滚筒软化锅。

（3）轧坯　把油料整籽或含油的籽仁进行处理，使其成为片状，这个处理过程称为轧坯，所得到的产品称为生坯。轧坯的目的在于破坏油料的细胞组织，形成薄片增大表面积，有利于蒸炒时凝聚油脂，缩短出油距离，提高取油速度。通常在一次压榨取油或生坯一次浸出取油前，采用一次轧坯；而在二次压榨或预榨浸出取油时，不仅要对籽、仁进行轧坯，有时需对一次压榨或预榨后的加工产品（饼）进行二次轧坯。当然，后者（即饼）的轧坯是轧坯的特殊形式。目前，油脂工厂使用的轧坯设备是轧坯机，按照轧辊排列方式可分为平列式轧坯机及直列式轧坯机两类，平列式轧坯机有单对辊、双对辊轧坯机及液压辊对辊轧坯机；直列式轧坯机有三辊轧坯机及五辊轧坯机。

5. 油料的挤压膨化

油料的挤压膨化主要应用于大豆生坯的膨化浸出工艺，在菜籽生坯、棉籽生坯，以及米糠的膨化浸出工艺中也得到了应用。油料经挤压膨化后，膨化料粒的容重增大（较生坯增大约50%），油料细胞组织被彻底破坏，内部具有更多的空隙度，外表面具有更多的游离油脂，粒度及机械强度增大，在浸出时溶剂对料层的渗透性大为改善（渗透速度较生坯提高约4倍），浸出速率提高，浸出时间缩短，因此可使浸出器的产量增加30%～50%。

（四）油脂制取

1. 压榨法制油

（1）料坯的蒸炒　油料生坯经过湿润、蒸坯、炒坯等处理转变为熟坯的过程称为蒸炒。蒸炒是压榨取油生产中一道十分重要的工序，它对最终产品（油脂、饼或粕）的数量和质量有着决定性的影响，被蒸炒的物料可以是供预榨或一次压榨的生坯，也可以是供完成压榨的轻碾轧的预榨饼。在蒸炒过程中，通过温度和水的共同作用，使料坯在微观形态、化学组成及物理状态等方面发生变化，提高其压榨出油率。蒸炒过程可彻底破坏油料细胞组织，减小油脂与油料颗粒或坯片表面的结合力，使蛋白质充分变性、油脂产生聚集、油脂黏度和表面张力降低，调整料坯的弹性和塑性以适宜于压榨，改善油脂和饼粕的质量。

（2）压榨法取油　利用机械外力的挤压作用，将榨料中油脂提取出来的方法称为机械压榨制油法，有静态水压法、螺旋挤压法、偏心轮回转挤压法等，其中主要是螺旋挤压法。压榨法动力消耗大，出油率低，且油饼利用受到蛋白质变性的限制，但其工艺简单灵活，适应性强，广泛应用于小批量、多品种或特殊油料的加工。压榨法取油的一般工艺流程如图1-10所示。

油料 → 清理 → 剥壳 → 脱皮 → 破碎 → 制坯 → 蒸炒 → 压榨 → 毛油 → 悬浮物分离 → 毛油

图1-10　压榨法取油一般工艺流程

压榨法适用于中高含油油料，具体按压榨时榨料所受压力的大小及压榨取油的深度，压榨法取油可分为一次压榨和预榨。按压榨法取油的原理分为原始压榨、液压压榨、螺旋榨油机压榨等。目前国内外油料加工企业中，关于大宗油料的压榨设备主要是使用螺旋榨油机、液压榨油机（立式和卧式），二者工作压力传递方式不同。螺旋榨油机的主要工作部件是螺旋轴和榨笼，而喂料装置、调饼装置及传动变速装置是辅助部件。

2. 浸出法制油

浸出法制油是应用固-液萃取的原理，选用能够溶解油脂的有机溶剂，对油料进行喷淋和浸泡用，使油料中的油脂被萃取出来的一种取油方法。

（1）浸出溶剂　目前在油脂制取工业上普遍采用的浸出溶剂是6#抽提溶剂油，俗称浸出轻汽油，可以与大多数油脂在常温下以任意比例相溶，毒性低，对设备腐蚀性低。其次是工业己烷，它对油脂的溶解性与6#抽提溶剂油无大差别，但其选择性比6#抽提溶剂油要好，而且其沸点范围小，容易回收，浸出生产中的溶剂消耗小。但是工业己烷蒸汽同样具有毒性，对人的神经系统产生影响。

（2）浸出制油工艺 浸出法制油的优点是出油率可高达99%，同时能实现连续化、自动化生产，劳动强度低，生产效率高，相对动力消耗低。缺点是萃取得到的油成分复杂，毛油质量较差。采用的溶剂易燃易爆，有一定毒性，需保证使用规范安全。油脂浸出的过程可划分为三个阶段：①油脂从料坯内部到它外表面的分子扩散；②通过介面层的分子扩散；③油脂从介面层到混合油主流体的对流扩散。油料浸出（预榨-浸出）制油一般工艺流程如图1-11所示。

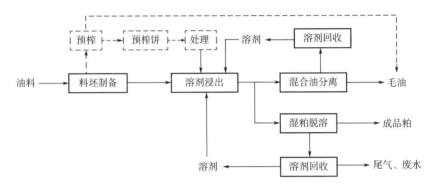

图1-11 油料浸出（预榨-浸出）制油一般工艺流程

理论上浸出是一个连续过程，但是在实际生产过程中，料坯与溶剂（混合油）的接触一般分为数次或数阶段，每次溶剂与料坯混合达到平衡，只能提取一部分油脂，浸出阶段数为3~6次时可以使干粕残油1%以下。

（3）浸出制油方式与新进展 油脂浸出工艺按照操作方式可以分为间歇式浸出和连续式浸出；按照溶剂对油料接触方式可以分为浸泡式浸出、喷淋式浸出、混合式浸出；按照生产方法可以分为直接浸出和预榨浸出。浸出的主要影响因素有料坯的结构与性质、浸出温度、溶剂用量、浸出和滴干时间等。近年来，随着人们环保意识的增强和生产水平的提高，植物油浸出技术也有了新的进展，混合溶剂浸出、异丙醇浸出、4#溶剂浸出、超临界流体萃取、膨化浸出、物理场强化浸出等逐渐出现并且投入使用，提高生产的安全性，降低环境污染，提高生产效率，得到了更高品质的成品油。

（4）浸出制油操作系统 浸出制油操作系统分为浸出系统、混油处理系统、湿粕蒸脱系统和溶剂回收系统。把油料料坯、预榨饼或膨化料坯浸于选定的溶剂中，使油脂溶解在溶剂中形成混合油，然后将混合油与浸出后的固体粕分离，这是浸出系统，浸出可以从油料中提取出油脂，是取油重要的工艺过程。而混合油处理是为了提纯油脂并回收溶剂。湿粕蒸脱是为了纯化粕并回收溶剂。溶剂回收是进一步回收各处的溶剂。

①浸出系统：在浸出法取油生产工艺中，油料浸出工序是最重要的工艺过程，无论是生坯直接浸出、预榨饼浸出、还是膨化物料浸出，其浸出机制相同。但由于这些入浸原料的前处理工艺不同，油脂在其中的存在状态及物料性状不尽相同，因此，在浸出工艺条件的选择和浸出设备的选型上有所差别。目前，国内已有不少自主研发的不同类型油料浸出器，浸出效率提高、溶剂损耗和能耗得到显著降低。

②混合油处理系统：由植物油料浸出所得的混合油是一种复杂的溶液，它由浸出溶剂、油脂和类脂物及伴随物组成混合物，同时有0.4%~1.0%的固体悬浮粕末。混合油处理的目的是

去除混合油中的粕末并分离出溶剂，从而得到比较纯净的浸出原油。一般经过混合油预处理、预热、蒸发、汽提等操作过程。目前，油脂工业中混合油处理设备有升膜式蒸发器、降膜式蒸发器、层叠式汽提塔、管式汽提塔、斜板式汽提塔、填料式汽提塔等。

③湿粕蒸脱系统：油料浸出后的湿粕一般含有 25% 左右的溶剂。湿粕蒸脱的目的是对湿粕进行脱溶、干燥和冷却处理，脱除溶剂，以保证浸出生产中最低的溶剂损耗及粕的安全使用。最终粕的储存温度不应超过 35℃，安全水分一般在 12% 以下，粕中残留溶剂量不超过 0.07%。为了强化粕中溶剂的蒸脱过程，往往采用直接蒸汽、真空和搅拌等措施。用于湿粕蒸脱的设备主要是多层脱溶机、DT 型蒸脱机、DTDC 蒸脱机、高料层蒸脱机；用于粕烘干设备主要有卧式烘干机、卧式滚筒脱溶机等。

④溶剂回收系统：溶剂回收的意义不仅在于降低溶剂消耗，更重要的是保证安全生产和减少环境污染。在浸出生产中，努力提高溶剂的回收率对于降低生产过程的溶剂损耗，保证安全生产，保持良好工作条件，提高产品质量及环境保护等都非常重要。溶剂回收的内容主要包括以下几个方面：a. 溶剂蒸气、混合蒸气的冷凝冷却；b. 溶剂-水混合液中溶剂的回收；c. 废水中溶剂的回收；d. 自由气体中溶剂的回收。溶剂蒸气冷却设备有立式列管冷凝器、卧式列管冷凝器、喷淋式冷凝器、板式冷凝器；溶剂和水混合液分离设备主要有分水器，此外，废水中溶剂的回收设备有蒸煮罐、水封池等。

3. 水剂法制油

水剂法是利用油料中非油成分对油和水亲和力的差异，同时利用油、水密度不同，而将油脂与蛋白质等杂质分离的方法。用水作溶剂是以水溶解、胶凝蛋白质等亲水性物质，并不是直接萃取油脂。水剂法包括水代法、水浸法、水酶法，它们一般适用于高含油的油料。

水代法取油同压榨法或浸出法取油均不相同，此法利用的是油料中非油成分对油和水的亲和力不同，以及油水之间比重的差异。把油料与适量水混合，经过一系列的工艺程序，将油脂和亲水性的蛋白质、碳水化合物等分离。水代法取油的基本原理：油料中非油成分对水及油的亲和力不同，工艺流程包括筛选、漂洗、炒籽、扬烟、吹净、磨籽、兑浆、搅油、振荡分油等操作。

水浸法是通过利用水或稀碱液溶解调节体系 pH，达到蛋白质的等电点后，对蛋白质进行沉降分离，得到蛋白质和乳化油，后者破乳分离制取油脂的一种方法。

水酶法取油是一种新兴的提取油脂的方法，它以机械和酶解为手段降解植物细胞壁，使油脂与其他成分分离。其最大优势是在提取油的同时，能有效回收植物原料中的蛋白质（或其水解产物）及碳水化合物。与传统工艺相比，水酶法提油技术设备简单、操作安全，不仅可以提高效率，而且所得的毛油质量高、色泽浅、易于精炼。该技术处理条件温和，能生产出脱毒的蛋白质产品，生产过程相对能耗低，污染少，易于处理。但是，该法的出油率低，残渣提取蛋白质能耗较大。

水剂法虽然获得的产品质量好，生产安全，工艺流程较简单，生产总成本也较低，但是其缺点是加工能力小，出油效率显著低于浸出法，而且目前相关的专用设备还不成熟。

（五）油脂精炼

油脂精炼是指对制取的毛油（又称原油）进行精制。毛油是指经浸出、压榨或水剂法工序从油料中提取的未经精炼的植物油脂。毛油不能直接用于人类食用，只能作为成品油的原料。毛油的主要成分是混甘油三酯的混合物，或称中性油。毛油中还含有除中性油外的物质，统称杂质，按照其原始分散状态，大致可分为机械杂质、脂溶性杂质和水溶性杂质三大类。这些杂质不仅影响油脂的食用价值和安全储藏，而且给油脂加工带来困难，精炼的目的是去除对食用、生产、储藏无益处的杂质。

1. 油脂精炼方法

根据炼油时所用工艺、设备、辅料、操作过程的不同可以分为三种基本方法：

（1）机械方法　包括沉降、过滤、离心分离等，主要分离悬浮在油脂中的胶溶性杂质。

（2）化学方法　包括酸炼、碱炼、氧化、酯化等，去除色素、游离脂肪酸（free fatty acid，FFA）等。

（3）物理方法　包括水化、吸附、水蒸气蒸馏及液–液萃取法。水化主要是去除磷脂，吸附主要去除色素，水蒸气蒸馏用于脱去臭味物质和游离脂肪酸，液–液萃取法适合于高酸价深色油脂的脱酸，是一种具有发展前景的脱酸方法。

2. 毛油预处理

经压榨、浸出或水代法等方法制取的原油，由于油渣或粕粒分离不净，加上输送及储运过程中其他杂物的混入，原油中仍含有一定量的固体杂质，其含量占毛油的 0.5%~1.5%，它们影响毛油的质量和副产品的质量，不利于油脂精炼工艺的顺利进行，因此，精炼前必须将其脱除。脱除毛油中固体杂质的过程称为原油的预处理，这道工序往往不安排在精炼车间，通常结合压榨或浸出工艺一并考虑。毛油悬浮物分离通常采用沉降和过滤两种方法，根据重力进行悬浮物沉降的相关的设备有沉降池、暂存罐、澄油箱，根据设备离心，去除悬浮杂质的设备主要是卧式螺旋卸料沉降式离心机。

3. 水化脱胶

脱除油脂中严重影响品质的磷脂、糖脂、蛋白质等胶溶性杂质的过程称为脱胶。具体方法有水化、酸炼、吸附、热聚，以及化学试剂脱胶等，较常使用的为水化法。水化脱胶的原理是使用一定数量的热水、稀碱、盐溶液加入毛油中，使水溶性杂质凝聚沉淀后与油脂分离，水溶性杂质以亲水性磷脂为主，但还有约10%非亲水性磷脂需要加入无机酸、有机酸，使其转化为亲水性磷脂再采用离心去除。影响水化脱胶的因素有水分、操作温度、混合强度与作用时间、电解质等。随着油脂加工技术的发展，把脱胶过程的能耗降低、减少在脱胶过程中对油脂、磷脂的损害是更高的目标，此外，物理精炼技术对油脂脱胶效果的要求更高。常用的脱胶工艺有间歇式水化脱胶工艺和连续式脱胶工艺，间歇式水化设备主要是水化罐（锅），通称炼油锅，它与水化结束后用于沉降分离水化油脚的沉降罐结构相似，主要由罐体、搅拌装置、加热盘管、传动装置、进油管、油脚出口管等组成；连续水化工艺所用的主要设备有碟式离心机、桨式混合器、真空脱水器等。目前，国内大型现代化油脂加工企业多用连续式脱胶工艺。连续式水化脱胶工艺流程如图 1-12 所示。

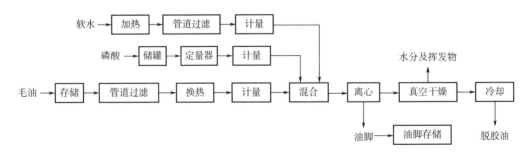

图 1-12　连续式水化脱胶工艺流程

4. 脱酸

未经精炼的各种毛油中，均含有一定量的游离脂肪酸，脱除油脂中游离脂肪酸的过程称之为脱酸。脱酸的方法有碱炼、蒸馏、溶剂萃取及酯化等方法。其中应用最广泛的为碱炼法和蒸馏法。

（1）碱炼脱酸 脱酸是整个精炼过程中最关键的阶段，游离脂肪酸的存在会导致油脂酸价提高，对成品油的最终质量影响很大。碱炼脱酸是用碱中和游离脂肪酸，生成脂肪酸盐和水，并与中性油分离。碱炼同时，可除去部分其他杂质。国内应用最广泛的是烧碱（NaOH），烧碱可将游离脂肪酸降至 0.01%～0.03%，形成的沉淀称皂脚。皂脚具有极强的吸附能力，相当数量的蛋白质、色素等杂质被其吸附而一起沉淀。

碱溶液主要与毛油中的游离脂肪酸发生中和反应。反应式如下：

$$R—COOH+NaOH \longrightarrow R—COONa+H_2O$$

同时，发生中性油皂化、水解等副反应，如皂化反应式如下：

$$R—COOR+NaOH \longrightarrow R—COONa+ROH$$

碱炼能皂化部分磷脂，对于酸价较高而含磷量较少的毛油，可用一步碱炼法同时脱磷和脱酸。影响碱炼脱酸的主要因素有碱的种类和用量、碱液浓度、碱炼脱酸温度、脱酸时间、搅拌与混合作用、皂脚分离、洗涤与干燥等。碱炼方法按照设备可以分为连续式和间歇式两种，间歇式又可分为低温浓碱法和高温淡碱法两种操作方法，而碱炼脱酸主要设备有皂脚调和罐、油–碱比配装置、混合机、超速离心机。连续式脱酸工艺可分为长混碱炼工艺、短混碱炼工艺和混合油碱炼工艺。"长混"技术是目前油脂加工企业应用最广泛的一种脱酸方式，在美国，将长混碱炼过程称为标准过程，常用于加工品质高、游离脂肪酸含量较低的油品，连续长混碱炼脱酸工艺流程如图 1-13 所示。

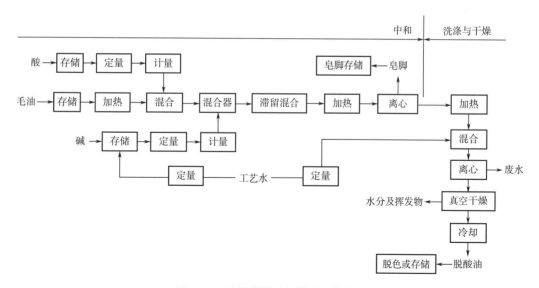

图 1-13 连续长混碱炼脱酸工艺流程

（2）蒸馏脱酸 蒸馏脱酸法又称为物理精炼法，即毛油中的游离脂肪酸不是用碱类进行中和反应，而是采用真空水蒸气蒸馏达到脱酸目的的一种精炼方法。物理精炼是近代发展的油脂精炼新技术，它与离心机连续碱炼、混合油碱炼、泽尼斯碱炼并列为当今四大先进的食用油精炼技术。其原理为：油脂中游离脂肪酸和其他挥发物在保持气液平衡时，遵循道尔顿分压定律和拉乌尔定律，根据甘油三酯与游离脂肪酸挥发度差异显著的特点，在较高真空（残压600Pa以下）和较高温度下（240~260℃）进行水蒸气蒸馏，可达到脱除油中游离脂肪酸和其他挥发性物质的目的。在蒸馏脱酸工艺中，较高真空度可以减少蒸汽用量，并且防止油脂高温氧化和水解。油脂的物理精炼适合于处理低胶质、高酸价油脂的脱酸，如米糠油、椰子油和棕榈油等。毛油的品质及其预处理质量是蒸馏脱酸工艺的前提条件，瑞典某公司提出的工艺设计原则是：如果油脂中非亲水磷脂含量超过0.5%，含铁量大于2mg/kg一般不适合于蒸馏脱酸，只能用碱炼法脱酸。

5. 脱色

纯净的甘油三酯是无色的，而常见的各种油料制得的天然动植物油脂，均带有一定的色泽，这是因为其中含有一定量不同的有色杂质——色素。绝大多数的色素是无毒的，但它们的存在直接影响油脂产品的外观、储存稳定性和用途。对于普通食用油，一般经过脱胶或碱炼脱酸即可达到食用标准，故无须专门的脱色操作，而对于一级油、二级油及高档用途油脂制品的原料油脂，则必须设法除去这些色素。

脱除油脂色素的工艺过程称为脱色。但是脱色的目的并非要脱尽色素，而是要根据产品用途的要求，尽量改善产品的色泽，或为脱臭等后续加工操作提供合格的原料油脂。依据脱色原理的不同，脱色方法大致分为吸附法、加热法、试剂法、光能脱色法和液-液萃取法等。目前工业上广泛采用的是吸附法。

用于油脂脱色的吸附剂主要有天然漂土、活性白土、活性炭、沸石、凹凸棒土、硅藻土、硅胶和其他吸附剂，如活性氧化铝以及亚硫酸处理的氧化铝。吸附剂的选择依据是：①对油脂中的色素具有强的吸附能力，即用少量吸附剂就能达到吸附脱色工艺效果；②对油脂中色素具有显著的选择吸附作用，即能大量吸附色素而吸油少；③化学性质稳定，不与油脂发生化学作用，不使油脂带上异味；④方便使用，能以简便的方法与油脂分离；⑤来源广、价廉、使用经济。影响吸附脱色效果的因素主要是吸附剂的种类和用量、操作压力、操作温度、脱色时间、搅拌强度、原油的品质和前处理。

目前，油脂工业中吸附脱色工艺主要是间歇式脱色工艺和连续式脱色工艺，后者又分为常规连续式脱色工艺和管道式连续式脱色工艺。最常用的即为常规连续式脱色工艺，其工艺流程如图1-14所示。

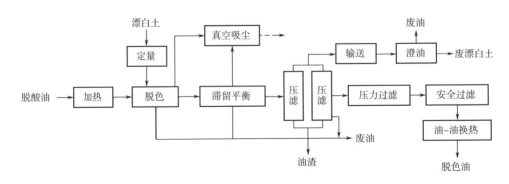

图1-14　连续式脱色工艺流程

用于油脂脱色的设备主要有脱色罐、脱色塔、管式脱色器、吸附剂定量器等。

6. 脱臭

纯净的甘油三酯是无味的，而各种天然油脂均带有不同的气味，这是因为其内含有一定的有气味的杂质组分。天然油脂的气味统称为臭味，带有气味的组分则统称为臭味组分。天然油脂的气味，有些是人们习惯并喜爱的，不影响油脂的品质，可以保留，而有些是为人们所厌恶的，且影响油脂的食用安全性和储存稳定性，则必须除去。脱除油脂中臭味组分的工艺过程称为脱臭。脱臭不仅可除去油脂中的臭味组分，提高油脂的烟点，改善油脂的风味，而且还能脱除油脂中的一些有毒、有害物质，如多环芳烃、残留农药等。另外，脱臭的同时还可以破坏一些色素，进一步改善油脂的色泽。因此，脱臭是油脂精炼过程中极其重要的一环，对提高油脂质量、扩大油脂用途有着重要的意义。

油脂脱臭采用真空水蒸气蒸馏的方法进行操作。天然油脂中的臭味组分主要是一些低分子质量的醛、酮、酸及其衍生物，与中性油相比有极强的挥发性，即相同温度下臭味组分的蒸气压远大于甘油三酯的蒸气压。真空下进行既可降低溶液的沸点，脱除这些臭味成分，又可以有效地防止油脂氧化，此外还可进一步降低溶液的沸点，提高臭味组分的汽化速率，缩短完成脱臭所需的时间。

影响脱臭操作的因素有操作温度、操作压力、通气速率与时间、脱臭器的结构、油脂中的微量金属含量、油脂品质，以及其他因素，如蒸汽品质、管路密封性等。目前脱臭工艺分为间歇式脱臭工艺、半连续式脱臭工艺和连续式脱臭工艺。脱臭工艺分为：①脱臭前处理；②汽提蒸汽的处理；③汽提脱臭；④脂肪酸捕集；⑤热量回收；⑥冷却过滤；⑦真空系统运行这七个板块。脱臭设备有脱臭器、析气器、换热器、脂肪酸捕集器、屏蔽泵、真空装置等。连续薄膜式脱臭工艺流程如图1-15所示。

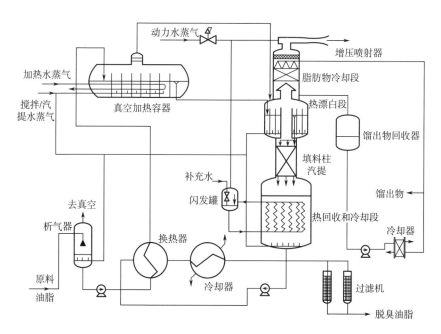

图1-15 连续薄膜式脱臭工艺流程

7. 脱蜡

各种天然油脂中均含有一定量的蜡和脂，它们的存在对普通食用油影响不大，可不予脱除，但影响高级食用油的风味、烟点和低温时的透明度，故须视具体情况予以脱除。脱蜡和脱脂的方法是：在一定条件下通过降温促使蜡或脂结晶析出，再利用机械方法将其从油中分出。

植物油中的蜡主要来自油料的皮壳，其含蜡量随制油原料中皮壳含蜡量的增加而增加。蜡存在于油脂中，主要影响油脂在低温条件下的透明度，降低油脂的烟点，不利于油脂的消化吸收。大多数油脂含蜡量极少而无须脱除，只有少数含蜡量高的油脂，如米糠油、葵花籽油、玉米胚芽油等用作高级食用油时需要脱除。脱除油脂中蜡的工艺过程称为脱蜡，通过脱蜡操作，可提高这些油脂的烟点，增加油脂在低温时的透明度，改善风味，提高消化吸收率，改善油脂的使用性能，扩大油脂的用途。

影响油脂脱蜡的因素主要有脱蜡温度、降温速率、养晶速率、养晶温度、搅拌速率、辅助剂、油脂品质及前处理、输送及分离方式。

第二节　果蔬加工与贮运发展现状

一、果蔬加工国内外发展现状

我国果蔬加工历史源远流长，传统的水果加工制品包括果干、果粉、果酱、果酒、果饼和蜜饯等，蔬菜加工制品则有干菜、泡菜、腌菜、酱菜等。自20世纪80年代以来，我国现代果蔬加工业迅速发展，在脱水果蔬、果蔬汁及果蔬饮料、果蔬罐头、速冻果蔬加工等领域都取得了重要进展。尤其在浓缩汁、浓缩浆和果浆加工方面，我国具有非常明显的优势。

（一）果蔬干制发展现状

随着科技的发展和人类快节奏生活的需求，方便食品在许多国家越来越受欢迎，这也增加了对高质量脱水蔬菜和水果的需求。脱水蔬菜的生产方法较多，其中，果蔬干制是指在自然或人工控制的条件下促使新鲜果蔬原料水分蒸发进而脱除的工艺过程。水分是果蔬组织的主要成分，在果蔬组织中占比可达70%~90%，对果蔬的风味和品质的保持起着重要作用。但是，水分也为果蔬中微生物的繁殖、酶的作用以及氧化反应等生物、理化过程提供了条件，这些过程可以降解食物成分，导致产品品质劣变甚至腐败。因此，果蔬干制技术为提高果蔬产品的贮藏稳定性及品质作出了重要贡献。

在果蔬干制品中，脱水蔬菜作为提升蔬菜产业经济，改善产业结构的产品，在蔬菜产业发展中起到重要作用。近年来，我国脱水蔬菜产量持续攀升，2021年我国脱水蔬菜产量达44万t。脱水蔬菜的品种在逐渐扩大，除了传统的胡萝卜、食用菌、洋葱、白菜、甘蓝、豆角、黄瓜、芹菜、青辣椒等，还涌现出一些新种类，如洋槐花、蒜薹、生姜、马铃薯、大蒜、竹笋、黄花菜等。常压热风干燥是蔬菜脱水最常用的方法，但真空冷冻干燥因其低温特性可广泛应用于热敏性食品的加工，是目前最受青睐的干制方法。压差膨化技术始于20世纪80年代，该法操作简便、产品品质优良，广泛应用于膨化果蔬休闲食品的加工。微波干燥和远红外干燥技术也在企业中得到较多应用。低温真空膨化技术兴起于20世纪90年代初，广泛应用在苹果、菠萝、马铃薯、橄榄等果蔬的加工中。联合干制是根据不同干燥技术特点，以优势互补原则分段进行的干燥方法，如热风-微波联合干制、热风-红外联合干制等。

（二）果蔬制汁发展现状

1. 果蔬汁及其饮料种类

果蔬汁是以水果或蔬菜为原料，采用物理方法（机械方法、水浸提等）制成的可发酵但未发酵的汁液、浆液制品，或者是由浓缩果蔬汁中加入其加工过程中除去的等量水分复原制成的汁液、浆液制品。果汁具体包括原榨果汁（非复原果汁）、果汁（复原果汁）、蔬菜汁、果浆/蔬菜浆、复合果蔬汁等。浓缩果蔬汁是以水果或蔬菜为原料，从采用物理方法榨取的果汁或蔬菜汁中除去部分水分制成，浓缩倍数通常为3~6倍。含有不少于两种浓缩果汁或浓缩蔬菜汁，或者浓缩果汁和浓缩蔬菜汁的制品为浓缩复合果蔬汁。果蔬汁饮料是以果蔬汁、浓缩果蔬汁为原料，添加或不添加其他食品原辅料和（或）食品添加剂，经过加工制成的制品。果肉饮料是在果浆或浓缩果浆中加入水、食糖和甜味剂、酸味剂等调制而成的饮料。含有两种或两种以上果浆的果肉饮料称为复合果肉饮料，一般成品中果浆含量不低于20%（质量分数）。水果饮料是在果汁或浓缩果汁中加入水、食糖和（或）甜味剂、酸味剂等调制而成，但果汁含量较低（一般5%以上）的饮料。浓缩果汁是指通过喷雾干燥制成的脱水干燥果汁粉，含水量3%左右。按照果蔬汁透明度可分为透明果汁和混浊果汁。透明果汁又称为澄清果汁，不含悬浮物质，外观呈清亮透明状态的果汁。混浊果汁又称不澄清果汁，带有悬浮的细小果蔬颗粒，能够保留水果中的营养成分。此外，还有复合果蔬汁饮料、果蔬汁饮料浓浆、发酵果蔬汁饮料等种类。

2. 果蔬汁发展现状

美国、欧洲和日本等国家和地区率先将果蔬原料精深加工成饮料产品，有效解决了果蔬生产季节性与贮藏易腐烂等问题。制汁加工使得水果与蔬菜得到了充分的利用，并有效保留了水果蔬菜的口感和营养，又易于保藏，是果蔬的一种重要的加工形式。我国果汁与蔬菜汁行业均起步于20世纪80年代初期，但生产规模和技术装备发展迅速，高效榨汁技术、高温短时杀菌技术、无菌包装技术、酶液化与澄清技术、膜分离技术等在生产中已得到了广泛应用。近几年，我国果蔬汁产量基本稳定略有增加，2022年我国果蔬汁产量约1886万t，市场发展前景可观。据美国全球行业分析公司的数据分析，目前北美和欧洲仍是果蔬汁主要的消费市场，约占全球消费总量的60%，但消费增幅最大的地区是亚太。果蔬汁类型多样，在人们日常消费市场中占有很大的份额，尤其对身体具有额外健康益处的果蔬汁产品备受欢迎。功能性果蔬汁饮料市场在所有功能性食品市场中增长最快。随着人们对果蔬汁饮品需求的日益增长，我国的果蔬加工也逐步将重点转向营养成分更加均衡的复合类果蔬汁饮料。可以预见，复合果蔬汁在充足的原料供应以及不断增加的市场需求下，拥有着巨大的发展潜力。

（三）速冻果蔬发展现状

20世纪80年代初，我国的速冻蔬菜开始起步；20世纪90年代，我国速冻蔬菜出口量、种类和品质、速冻设备生产等迅速发展；进入21世纪以来，随着我国冷冻冷藏技术水平的日益提高，城乡冷链建设的逐步完善，速冻果蔬消费市场日趋成熟，并以速冻蔬菜为主，占总量的80%以上。当前市场上常见的速冻蔬菜主要有豆类（包括菜豆、青刀豆、荷兰豆、毛豆、蚕豆、豌豆、四季豆等）、甜玉米、胡萝卜、菜花、蘑菇等60余种。速冻水果（果块）有草莓、蓝莓、树莓、樱桃、黄桃、菠萝、芒果等。速冻果蔬的生产集中在山东、浙江、江苏、广东、福建等省，但是许多地方的速冻产品结构大致相同，大多以速冻豆类、甜玉米、菠菜等为主要产品。

我国是速冻果蔬加工出口大国。据海关总署统计，2023 年，中国冷冻蔬菜出口金额 14.97 亿美元，冷冻水果（及坚果）出口金额 2.07 亿美元，主要出口冷冻果蔬产品情况见表 1-2。中国冷冻果蔬主要销往 28 个国家和地区，主要出口日本，约占总出口额的 41%，其次韩国占 20.7%，再次美国占 9.6%。从中国冷冻蔬菜出口细分种类来看，冷冻蔬菜、豆类、甜玉米为主要出口产品。

表 1-2　2023 年中国冷冻果蔬产品出口数量及金额

名称	细分产品种类	出口数量/t	出口金额/万美元
甜玉米	冷冻甜玉米	79049.391	7090.7409
豆类	冷冻豌豆	14129.892	2110.1910
	冷冻红小豆（赤豆）	103.690	16.1845
	冷冻豇豆及其他菜豆	18809.215	2683.2074
	其他冷冻豆类蔬菜	80270.579	13188.7693
蒜类	冷冻蒜薹及蒜苗（青蒜）	6504.160	1085.0152
	冷冻蒜头	523.602	157.3901
食用菌	冷冻松茸	219.354	890.5503
	冷冻牛肝菌	8577.548	4079.6591
马铃薯	冷冻马铃薯	21167.810	2217.9630
蔬菜	冷冻菠菜	86769.297	9529.0922
	冷冻什锦蔬菜	61671.404	6615.0554
	冷冻未列名蔬菜	956733.394	100040.6504
水果	冷冻草莓	44480.825	7178.2791
	冷冻木莓、黑莓、桑椹等	11669.565	2563.9477
	冷冻栗子（未去壳）	455.144	157.4091
	未列名冷冻水果及坚果	62918.358	10756.6733

速冻是指在 -30℃ 的低温条件下，迅速将果蔬个体中心温度降到 -18℃ 的加工处理方式，可有效控制果蔬的生理生化反应，抑制微生物的活动和酶的作用，从而最大限度地防止腐败，延缓果蔬色泽、风味、品质和营养的变化，使产品得以长期保存。近些年，我国果蔬速冻工艺得到不断的优化和发展。首先，制冷装置有了新的突破，如利用液氮或液态 CO_2 进行直接喷淋，能降低冻结温度，大幅度提高冻结速率，全面提升冷冻果蔬的质量。其次，冻结方式也有所改变，广泛采用了以空气为介质的鼓风式冻结装置、管架冻结装置以及可以连续生产的流态化冻结装置，使冻结的温度更加均匀，生产效益更高。再次，在冷冻果蔬包装形式上，也由整体大包装转向了切分处理后的小包装。在速冻设备方面，我国已成功开发出螺旋式速冻机、流态化速冻机等设备，满足了国内速冻行业的大量需求。

二、果蔬贮运国内外发展现状

（一）我国果蔬生产情况

由于种植产业结构的不断调整，生产方式的改进，种植技术的不断提升，我国各种农产品产量持续攀升。多年来，水果、蔬菜产量保持持续增长（表1-3），多种果蔬的产量都居于世界第一位。2022年，我国蔬菜产量高达9997.22万t，水果产量31296.24万t，有力地保障了果蔬的供给。

蔬菜在全国广泛种植、种类丰富。由于不同种类蔬菜在生产季节和地域上的差别，我国蔬菜种植区主要分布在以山东为代表的华东地区和以河南、湖北、湖南为代表的中南地区。此外，还有以四川为代表的西南地区、辽宁为代表的东北地区、新疆为代表的西北地区。山东蔬菜产量一直稳居第一，河南、江苏、河北蔬菜产量分别位居第二、三、四。

我国果树栽培地区的分布具有更加明显的地域特征。南方地区属亚热带气候区，多栽培常绿果树，盛产各种热带、亚热带水果，风味特色鲜明。北方地区属温带季风气候区，主要栽培落叶果树，生产仁果类、核果类等水果。我国水果栽培种类丰富，产量巨大（表1-3），以苹果、柑橘、梨、葡萄、香蕉等大宗水果为主，形成了不同的主产区。苹果栽培形成了环渤海湾产区、黄河故道产区、黄土高原产区、西南冷凉产区等。柑橘类栽培主要分布在长江流域及南方地区。梨和葡萄在全国南北方均有栽培，但品种差异较大。香蕉、芒果、荔枝等热带、亚热带果树在广东、广西、福建、海南广泛栽培。

表1-3　2013—2022年我国蔬菜、水果产量与主要种类水果产量　　　　单位：万t

年份	蔬菜产量	水果产量	苹果	柑橘	梨	葡萄	香蕉
2013	63197.98	22748.10	3629.81	3196.39	1544.41	1088.46	1103.00
2014	64948.65	23302.63	3735.39	3362.18	1581.91	1173.10	1062.15
2015	66425.10	24524.62	3889.90	3617.53	1652.74	1316.41	1062.70
2016	67434.16	24405.24	4039.33	3591.52	1596.30	1262.94	1094.03
2017	69192.68	25241.90	4139.00	3816.78	1641.97	1308.29	1116.98
2018	70346.72	25688.35	3923.35	4138.14	1607.80	1366.68	1122.17
2019	72102.60	27400.84	4242.54	4584.54	1731.35	1419.54	1165.57
2020	74912.90	28692.36	4406.61	5121.87	1781.53	1431.41	1151.33
2021	77548.78	29970.20	4597.34	5595.61	1887.59	1499.80	1172.42
2022	79997.22	31296.24	4757.18	6003.89	1926.53	1537.79	1177.68

（二）果蔬贮运保鲜现状

果蔬生产具有显著的季节性与地域性，果蔬含水量高，具有高度的易腐性，对果蔬的市场需求具有不均衡性，这些因素共同决定了果蔬采后必须进行贮运保鲜。目前常见的贮藏方式有埋藏、窖藏、垛藏、通风库贮藏、机械冷库和气调库贮藏等。近年来还发展了冰温贮藏和减压贮藏。低温贮藏是果蔬贮运保鲜的最主要方式，冷库是实现低温贮藏的最主要设施。我国冷库容量（包括冷冻库）呈逐年增长趋势，已在我国广泛普及。2018—2022年，全国重点企业冷库总库容量从4307万t增长至5686万t，年复合增长率为7.2%，保持了稳定的增长趋势。但是，我国果蔬产量巨大，现有的冷库容量和保鲜能力还不能满足生鲜果蔬贮运需求。

北方果蔬多为季产年销产品，采后保鲜普遍以低温贮藏为主。苹果和梨是贮藏最多的水果，贮藏量可达90%，主要采用土窑洞贮藏、冷库贮藏和气调库贮藏方式。北方大宗蔬菜以大白菜、甘蓝、莴苣、芹菜、马铃薯、蒜薹、葱、姜、蒜等为主，采后保鲜以通风库、窖藏和冷库低温贮藏方式为主。青椒、番茄、茄子、西葫芦等果菜类蔬菜对低温敏感，容易发生冷害，一般不长期冷藏。这些蔬菜往往采用大棚栽培，可实现一年两轮种植，采后以流通为主，随产随销。南方的柑橘、橙等采收期长，采后很少进行长期冷藏或气调贮藏。香蕉、芒果等许多水果由于低温贮运时容易发生冷害，多以自然通风库贮藏。南方生产的叶菜采后往往需要及时预冷和保鲜。

气调库贮藏是目前世界上最先进的贮藏保鲜方式，在多个国家已广泛应用于果蔬采后贮藏，美国、意大利、法国、波兰等国家应用气调库贮藏的果蔬可达贮藏总量的50%~70%。我国对气调贮藏技术的研究与应用相对较晚，目前只有5%~7%的生鲜农产品使用了气调库贮藏技术。实际上，薄膜保鲜包装结合冷库贮藏也能够起到气调保鲜的作用，这种自发气调保鲜技术在我国应用十分广泛。近年来，国家极为重视果蔬贮运设施与冷链物流体系的建设，各地建设了不少现代化的气调冷藏库，有望大力提高我国果蔬贮藏保鲜水平。

随着我国城镇化发展，果蔬流通主要以产地供应城市为主的运输、批发和销售。从全国范围来看，每年冬春之际的"南菜北运"影响重大，海南、广西、云南的蔬菜运往北方，保障了北方市场蔬菜的供应。南方柑橘、香蕉、芒果常年运往北方市场。北方大白菜、白萝卜、苹果的南运，在湖北、湖南、广东、广西备受欢迎，可满足南方市场的需求。新疆特色甜瓜、葡萄、香梨等运往东部及东南沿海地区。随着生鲜电商的发展，形成了由果蔬产地向区域中心仓、再向城市前置仓的运输，以及向消费者的配送等运输形式。

（三）采后商品化处理现状

随着农业科技的进步和农业生产的发展，我国农产品采收、贮运、加工产业进入快速发展期。果蔬采后商品化处理包括清洗、分级、预冷、干燥、打蜡、包装、保鲜处理、冷链运输等环节。采后商品化处理能提高产品的商品性状，最大限度地保持果蔬的营养成分、新鲜程度并延缓其新陈代谢过程，延长保质期。采后商品化处理已成为实现果蔬错峰销售、均衡上市，实现优质优价的主要手段。

1. 采收

采收成熟度对果蔬品质具有重要影响。采收过早，果蔬生长程度不够，糖分和营养物质积累不够。采收过晚，果蔬不耐贮运，容易腐烂损失。适宜采收成熟度的确定难、采收工作繁重、人工效率低下等问题一直制约着果蔬生产。国内外学者不断研发采收机器人，试图通过信息识别技术进行成熟度判断、利用机械装置部分代替人工完成采收工作。

2. 挑选、分级

果蔬分级的目的是实现标准化、商品化。分级指将收获的果蔬，根据其形状、大小、色泽、质地、成熟度、机械损伤、病虫害及其他特性等，依据相关标准，分成若干整齐的类别，使同一类别的果蔬大小、形状、色泽、成熟度一致，从而实现商品化，适应市场需求，达到分级销售，实现优质优价，满足不同层次的消费者的需要。利用分选设备对果蔬进行分级，具有分选准确、迅速、均一性高等特点。配备有近红外扫描装置的分选设备还能根据果蔬内在品质如可溶性糖含量进行分选，并对内部异物进行判别。

3. 预冷

预冷是果蔬进入冷链系统的入口。预冷的目的是及时排除果蔬田间热，尽快使产品的温度降低到预定要求，对于提高果蔬保鲜品质，延长货架期具有重要意义。预冷方式可分为水预冷、空气预冷和真空预冷。水冷却速度快、冷却均匀，对根菜类产品还兼有清洗功能。冷水预冷装置有喷雾式、洒水式、浸渍式和整体式等。流化冰预冷是当前较先进的冰水预冷方式。流化冰是一种含有悬浮冰晶粒子的水溶液，因冰粒子微小，表面积大，热传效率高等优点。空气预冷方式可分为普通冷库预冷、差压预冷等。普通冷库预冷由于受果蔬布置方式的影响，导致气流不均匀，堆码中心果蔬降温速率极大降低。差压预冷利用差压风机在包装箱的两侧造成压力差，使冷空气从包装箱内部通过，直接与箱内果蔬换热，冷却迅速、均匀，适用于各种果蔬预冷。真空预冷是在真空容器中利用果蔬表面水分的蒸发，快速吸收果蔬自身带有的田间热，使产品温度快速降低的一种方法。真空预冷的冷却时间短，一般 20~30min 即可完成，适于单位质量表面积比较大的叶菜类。

4. 洗果、打蜡

采用浸泡、冲洗、喷淋等方式水洗或用毛刷清除果实表面污物、病菌，使果面卫生、光洁，以提高果实的商品价值。清洗后应及时吹干水分，或用抛光机的毛刷辊将果面擦干。打蜡是在果实的表面涂一层薄而均匀的果蜡，又称涂膜。利用机械喷射雾化良好的蜡液，经涂蜡毛刷辊使果蜡液均匀涂于果面、抛光，及时热风吹干。果面上涂的果蜡经烘干固化后，形成一层鲜亮的半透性薄膜，可以抑制呼吸代谢，减少营养消耗和水分蒸发，延迟和防止皱皮、萎蔫，抵御病菌侵染，防止腐烂变质。打蜡可增强果面色泽，改善果实商品性状。涂蜡剂种类主要有石蜡类物质的乳化蜡、虫胶蜡、水果蜡、可食性涂膜剂等。

5. 包装

包装是保护产品和提升商品价值的重要途径。保鲜包装能抑制果实呼吸代谢和乙烯释放，减少失水萎蔫、褐变和腐烂，还能减少果实在采后贮藏、运输、销售等各流通环节的机械损伤。包装有利于贮藏堆码、整体搬运、装卸和运输操作。常用的包装材料有瓦楞纸箱、钙塑瓦楞箱、木纤维纸箱、塑料框。包装软纸、发泡网、凹窝隔板等常作为包装辅助材料使用，能有效地防止果蔬挤压损伤。塑料薄膜是目前广泛应用于新鲜水果的包装材料之一。塑料薄膜包装具有一定的气体阻隔性和水汽透过性，果蔬呼吸代谢过程中消耗包装中氧气和产生积累二氧化碳，最终在包装中形成稳定的较低浓度氧气和较高浓度二氧化碳气体组成比例，从而起到自发气调保鲜的作用。

(四) 保鲜 (防腐) 处理

采后保鲜 (防腐) 处理多种多样 (表1-4)。保鲜处理指通过物理、化学或生物的措施来保持果蔬品质，延长采后寿命的方法。防腐处理主要指利用化学杀菌剂来杀灭病原物，防止果蔬腐烂的方法。物理保鲜方法通过改变贮藏保鲜微环境条件，从而抑制果蔬采后生理进程，延缓采后衰老和品质劣变。化学保鲜方法一方面可通过信号调节剂物质改变果蔬采后生理代谢进程，另一方面可通过化学特性如酸性、强氧化性、毒性等作用于病原物或刺激果蔬产生应激反应。化学处理包括采前喷施、采后浸泡、雾化熏蒸等方式。生物保鲜方法利用微生物拮抗作用抑制病原物生长繁殖及其对果蔬的侵染。

表1-4 果蔬采后保鲜（防腐）处理技术

类别	类型	名称
物理方法	改变贮藏环境	低温贮藏、气调贮藏、冰温贮藏、减压贮藏、光照贮藏、气调包装
	采后处理	热处理、冷激处理、程序降温处理、短时高氧/高二氧化碳冲击处理、高压电磁场处理、照射处理
化学方法	生长调节剂处理	1-甲基环丙烯（1-MCP）、茉莉酸及其甲酯、水杨酸及其类似物、赤霉素、表油菜素内酯、褪黑素
	涂膜剂处理	壳聚糖及其衍生物、海藻酸钠
	化学物质处理	钙类：氯化钙、硝酸钙；有机酸：柠檬酸、草酸；醇类：乙醇；含硫物质：二氧化硫制剂；天然提取物：植物提取物、植物精油
	杀菌剂处理	咪鲜胺、苯菌灵、抑霉唑、异菌脲
	消毒剂处理	次氯酸钠、二氧化氯、过氧化氢、臭氧水
生物方法	拮抗微生物	酵母菌、枯草芽孢杆菌、合成菌落
	生物源物质	抗菌肽、ε-聚赖氨酸、溶菌酶、葡萄糖氧化酶

（五）果蔬冷链物流现状

近年来，我国冷链基础设施建设不断加快。2023年全国冷库总量达2.28亿m^3，同比增长8.3%，冷藏车保有量43.1万辆，同比增大12.8%，极大地推动了我国果蔬冷链物流发展。食品冷链细分市场呈多元化趋势，其中蔬菜、水果对冷链需求量最大，分别达到6400万t和5600万t。公路冷藏运输在网络、货源等方面具有明显优势。目前，公路冷链物流运输占比高达89.7%。

互联网电子商务的迅速发展，给果蔬冷链物流保鲜行业带来了新的发展机遇。目前，我国果蔬冷链物流率达25%，冷藏运输率35%。然而，发达国家果蔬冷链物流率高达90%。我国每年果蔬运输流通过程中采后损失高达20%~30%，而发达国家仅1.7%~5%。现阶段我国农产品冷链物流成本高，成本占比高达50%以上，严重制约着果蔬冷链物流的发展，只有极少数高附加值的水果通过冷藏车运输，还有少部分通过塑料泡沫保温箱内放置冰袋或蓄冷剂的方式来保温运输。因此，我国的生鲜冷链仓储与物流仍需大力发展，通过集成智能电子标签与5G信息传输应用技术，强化人工智能、大数据、物联网等信息技术在果蔬冷链物流保鲜上的应用，使冷链环节信息实现一体化。依托互联网技术对果蔬的采摘、加工、运输、贮存等各环节实现全面动态的监控，提高冷链物流效率和保障果蔬冷链食品的安全性。

第二章

畜禽产品加工与贮运发展现状

学习指导：本章系统介绍了国内外肉制品、乳制品以及蛋制品三种畜产品加工行业的研究现状和发展方向。在肉制品加工领域，重点探讨了肉类精深加工、全链条智能设备、全链条冷链物流保鲜、营养学研究以及质量安全五个加工发展新方向。在乳制品加工领域，重点从冷链运输、贮运卫生规范、检测技术三方面介绍了贮运发展新方向。在蛋制品加工领域，重点介绍了国内外蛋制品贮藏运输研究现状。通过本章的学习，应当深入了解我国畜禽产品加工与贮运方向的发展新方向，能够初步掌握畜禽产品加工及贮运方向的新理论和新技术。

知识点：冷鲜肉，低温肉制品，肉制品营养学，民族乳制品，乳制品贮运卫生规范，液蛋制品，干燥蛋制品

关键词：肉类加工现状，乳制品加工现状，蛋制品加工现状

第一节　肉制品加工与贮运发展现状

一、肉制品加工发展现状与发展方向

经过近 30 年的发展，我国肉类加工业取得了举世瞩目的成绩，肉类产量连续 20 年居世界第一。我国是世界肉类消费大国，也是生产大国。一直以来，肉类，尤其是猪肉在我国居民的饮食结构中都占有极高的比重。受非洲猪瘟等情况的严重影响，2019 年和 2020 年我国肉类产量仅为 7759 万 t 和 7748 万 t，2021 年重新恢复至 8887 万 t，同比增长 14.7%。2022 年，我国猪肉总产量达 5541 万 t。其中，牛肉总产量 718 万 t，羊肉总产量 525 万 t，禽肉总产量 2443 万 t。

随着生活水平提高，仅仅依靠国内肉制品产业已经无法满足国人的肉制品需求。2022 年，我国肉制品进口量达到 740 万 t，而出口量为 40 万 t。其中，猪肉作为我国最受欢迎的肉制品种类，进口量达到 176 万 t，如果包括猪杂碎，则进口量为 286 万 t。这一方面体现出我国肉制品产业的巨大体量，也反映出我国肉制品供给与消费的国际依存度正在提高。

按生产工艺中灭菌温度的高低可将肉制品分为低温肉制品和高温肉制品。在消费者需求的拉动下，我国低温肉制品产业得到发展，整体上市场规模逐渐扩大。但目前我国低温肉制品市场占有率仍较低，不足 20%，我国的肉制品市场中仍然存在较高比例的中高温肉。而日本、美国和英国等国的市场上中高温肉的占比已经低于 10%，低温肉则超过 90%。这是因为尽管低温肉制品具有风味佳、安全性好的特点，但受制于冷链运输与贮存条件，低温肉的贮运成本明显较高，因此，中小型屠宰加工企业和作坊难以保障。我国市场上生鲜猪肉的主要类型有热鲜肉、冷鲜肉和冷冻肉。目前，热鲜猪肉约占我国市场的 70%，冷冻肉占 20%，而冷鲜肉仅有 10% 左右。冷鲜肉又称保鲜肉、冷却肉，是指严格执行检验检疫制度屠宰后的畜胴体迅速进行冷却处理，使胴体温度在 24h 内降至 0~4℃，并在后续的加工、流通和销售过程中始终保持在该温度范围内的鲜肉。冷鲜肉虽然价格较高，但因其新鲜屠宰加工、充分排酸成熟、低温保存与运输等特点，兼顾热鲜肉与冷冻肉的优点并克服了它们的缺点，新鲜美味，营养价值高。随

着人们健康饮食需求的增长，低温肉制品和冷鲜肉是未来的主流方向。

过去，我国肉制品产业生产过于分散、单位规模较小、生产方式较为落后。其中肉制品加工业多为作坊式小批量生产，大型加工企业数量不多，且多以屠宰加工为主，进行精深加工及副产品综合利用的企业很少。随着科技进步，屠宰加工模式从手工、半机械化、机械化发展到高度现代化，对技术和资金的要求越来越高。因此，迫切需要将我国机械化程度较低、技术水平相对落后的企业逐渐淘汰、转型和升级。目前，我国肉制品加工业规模显著扩大，集中度明显提高，正在逐步实现从"私屠乱宰""集中定点屠宰"到"规模化机械屠宰、冷链运输、分割上市"的转变。2016—2021 年，规模以上屠宰及肉类企业总数从 11219 家下降为 5531 家。与此同时，规模以上企业屠宰量占比从 68.1% 上升至 93.2%，规模以上企业数量占比从 25.9%上升至 41.3%，表明生猪屠宰的产业集中度明显提升。除此以外，肉制品加工的升级也稳步推进，正在逐步实现中式传统肉制品加工"作坊、经验式生产"向"工厂化、机械化加工"的转型和西式低温肉制品、调理肉制品、菜肴类肉制品等新型产品的快速发展。这些为我国人民生活水平由"温饱"向"小康""富裕"的转变，以及人民体质的改善提供了重要的物质基础。

(一)　精深加工技术

肉制品的精深加工与传统加工不同，指在传统加工的基础上，对生产工艺、产品种类进行优化设计，引进先进肉制品加工设备及工艺方法，使产品种类更加多样化、口味更加丰富。例如，采用注射+滚揉的方法进行腌制，采用低温等离子技术进行杀菌等，这样不但提高了生产效率还改善了肉制品品质。在工艺方面，使用新型天然防腐剂配合气调包装技术，大大延长了肉制品保质期，并减少了传统防腐剂的用量，有助于提升食品安全性。

肉制品精深加工主要包括两方面内容。

(1) 新型包装肉制品、调理肉制品和休闲肉制品的开发与生产　例如香肠、汉堡肉饼、肉干肉脯等。随着我国居民生活水平的提高，这类肉制品因其口味独特、产品多样、食用便捷等特点越来越受到消费者欢迎，市场不断扩大，又因为其技术升级相对容易，成为中小企业的首选转型方向。

(2) 畜禽屠宰加工副产品综合利用　例如将血浆中的酶类、蛋白等作为医药制品、饲料蛋白、食品添加剂等。深加工的生猪副产品应用于医药、食品、饲料的附加值比较高。我国在资源高值利用、高效转化方面有待发展，高值化加工类型及深度、加工层次、工艺水平、标准化程度都有待提升，肉制品加工转化率仅为 5%。因此在较长时期内，有必要开展适宜国人膳食的绿色加工技术和共产物高值化利用技术。

(二)　肉制品加工全链条智能设备

目前，我国肉制品加工手工操作、半机械化、机械化生产普遍存在，智能装备仍缺乏，肉制品加工业还是典型的劳动密集型产业，因此，亟须建立智能化屠宰分级分割体系和加工装备。

1. 畜禽智能化屠宰技术

开展畜禽屠宰装备机械材料特性与安全性、数字化设计、信息感知、仿真优化等新技术、新方法、新原理和新材料研究，突破一批加工专用装备、核心装备，开发智能化、规模化、连续化、成套化的自动开膛、去头、劈半、打印章等技术和设备。

2. 智能化分割技术

建立适合中国膳食习惯的畜禽肉分割标准，开展畜禽肉品质、结构、形态的物性学数字化特征研究和机器人分割柔性控制技术研究，创制畜禽肉制品精准智能分割技术与装备。

3. 智能化分级技术

开展基于大理石花纹、生理成熟度、肉色、脂肪色、质地、胴体质量、背膘厚度等综合信息的胴体质量等级研究，建立更加丰富和完善的、适应于自动化装备的畜禽胴体分级评价体系，开发基于近红外、高光谱、超声、生物标志物、机器视觉、X射线等智能化分级技术与无损检测装备。

4. 智能化加工技术

研发针对传统肉制品的智能化机械加工设备，实现原料的自动分级、预处理、烹饪、包装和保存；根据原料的批次特点智能化改变烹饪参数，达到品质均一可控。

（三）全链条冷链物流保鲜技术

随着人们对低温肉和冷鲜肉需求的不断增长，未来低温肉制品和冷鲜肉是肉制品产业发展的重要方向，而这两者的加工和贮运高度依赖于全链条的冷链物流保鲜技术，因此，冷链对于肉制品的重要性越来越明显。目前，很多国家普遍采用全程冷链不间断技术，保障肉制品从屠宰到餐桌全程处于适宜环境条件，肉制品冷链流通率95%以上、损耗率低于5%。2020年，我国冷链物流市场规模达3729亿元，较2019年增长了338亿元，同比增长9.97%。但仍存在肉制品超快速预冷、亚过冷保藏、冷链物流精准控制技术、绿色可降解包装材料和智能包装技术、冷链环境因子动态变化在线监控技术缺乏的问题，因此，建立生鲜肉智慧物流保鲜体系势在必行。除了在观念上树立冷链意识，在装备上补充基层冷链设施还包括诸多技术，如生鲜肉高效、超快速预冷技术；生鲜肉制品质定向保持技术；生鲜肉实时动态监控网络与终端技术；冷链保鲜装备的节能减排。

（四）肉制品营养学研究

肉制品食用品质、营养品质及加工品质等是畜牧产业链各环节关注的焦点，涉及企业品牌推广、经济提升，同时关系相关产品的开发。因此，加强关于肉制品加工过程中的营养组分变化规律及其营养保持、食肉与人体健康的关系研究，对于指导生产、指导科学膳食、纠正错误舆论都具有极其重要的战略意义。目前，尚有大量肉制品营养与健康领域的前沿科学和技术问题尚未揭示，如肉制品营养学基础问题、肉类膳食与人体健康的理论基础问题、基于营养保持的肉制品加工技术问题以及基于营养增强的肉类生产技术问题。在畜牧阶段，如何通过改善饲养条件和选育新型品种获得营养组成更加符合现代人需求的肉类？通过大量的基础研究解答上述问题能够解决目前诸多产业问题。

①建立从营养角度的肉制品品质分类与分级，科学指导消费者和特定人群购买特定品质肉类产品。

②引导消费者在选购肉制品时走出"重经验、轻科学"的误区，帮助消费者认识到不同屠宰和加工方法对肉制品营养的作用。

③基于精准营养理论，研发功能成分稳态化、营养靶向设计的个性化未来食品。

④开发传统肉制品智能制造技术。在保留传统肉制品形状、色泽、风味、嫩度等品质的前提下，根据不同的原料特性，建立智能化无人工厂实现传统营养肉制品智能化制造，提高生产

效率、保障质量安全、降低能耗，促进产业转型升级。利用细胞培养肉和 3D 打印增材制造等新技术，拓展原料肉来源，开创全新肉制品形态。

（五）肉制品质量安全

虽然我国逐步建立了肉制品加工标准体系，规模企业均通过 ISO 9000、ISO 22000、危害分析与关键控制点（hazard analysis and critical control point，HACCP）认证，肉制品加工质量安全水平大幅提高，但我国肉制品加工业质量安全隐患依然存在，主要需在以下几方面做出努力：规范肉制品分级分类，统一商品分类、分等、分级标准，以保证在交易环节肉制品优质优价，提高生产者积极性，也便于消费者选购；针对违规添加违禁物质事件时有发生，生产场所条件简陋造成微生物与重金属污染等情况，需要完善肉制品供应链上的检测、监管、追溯、预警体系，建立健全标准体系，并加强过程管控、市场监控、质量安全检测、品质识别鉴伪、风险评估与预警、产品技术标准等领域的管理。而对于检测和监管成本高、全程控制与溯源体系不健全、产地和真实性鉴别方法缺失等问题，需要提高生产组织模式整合度，明确主体责任、加强信息交流，修补检验检测制度漏洞；升级检测技术和装备，建立健全的、及时的质量安全溯源和监管信息平台。

为了解决质量安全隐患，在制度上，国家先后出台或修订完善了《中华人民共和国农业法》《中华人民共和国产品质量法》《中华人民共和国食品安全法》《中华人民共和国农产品质量安全法》《兽药管理条例》《饲料和饲料添加剂管理条例》《生猪屠宰管理条例》等法律法规及配套实施办法。全国各地也正在逐渐推进畜禽的定点屠宰场整合。在技术上正在建立健全的质量安全标准体系、可追溯体系和风险评估预警体系、质量安全主动保障体系，关键技术包括：基于食品组学理论，进行非靶向的多种风险因子的高通量快速识别与检测；创制智能化监管、实时追溯等软硬件装备，在生产智能化的同时实现监管智能化。加强加工危害物智能监测预警和主动防控技术研发，开展加工危害物形成与调控机制、危害物非靶向筛查与精准识别、现场速测、危害物减控与污染物减排技术研究，建立肉制品中危害物、污染物数据库和智能预警模型，实现肉制品质量安全智能化防控；创制针对致病菌和农兽药等靶向风险因子的快速、高特异性、高灵敏度检测技术与设备，不断提高检测水平。加强新型快速检测和无损检测技术如拉曼光谱、红外光谱、激光诱导击穿光谱、太赫兹光谱、低场核磁等在过程控制中的应用；加快推进屠宰和加工装备自动化、过程中肉制品质量控制、食源性人畜共患病原菌和兽药残留检测、兽医卫生检验等方面的技术创新，提升屠宰加工技术水平，提升屠宰企业标准化生产能力。

二、肉制品贮运发展现状与发展方向

肉与肉制品是人们生活不可或缺的食品，是人体补充多种矿物质的较好来源，含有丰富的蛋白质、脂肪、维生素和无机盐等营养物质。在流通与销售的过程中，主要分为热鲜肉、冷鲜肉、冷冻肉和肉制品。其中，冷鲜肉在贮运和销售过程中始终处于 0~4℃ 的低温环境下，大多数微生物的生长繁殖被抑制，脂肪氧化也在低温条件下减弱，因此与热鲜肉和冷冻肉相比，肉制品新鲜度高、营养成分损失小，且食用方便安全，已逐渐成为目前肉制品的消费主流。

冷鲜肉富含丰富的营养物质，且含水量高，属于易腐食品，而我国的冷鲜肉大多以未经包装或经简单包装的形式进行贮运和销售，且低温条件并不能完全抑制微生物的生长，冷鲜肉会直接或间接地受氧气、光照和微生物等的影响，在短时间内产生汁液流失、肉色变暗，发黏变味等腐败变质现象，不仅降低了其商业价值，还导致了资源浪费。随着人们对生活质量和食品营养安全的追求日益提高，对冷鲜肉品质的要求也越来越高，冷鲜肉的外观、质构和风味成为直接影响消费者购买的重要评价指标。因此，研究如何采用适宜的保鲜技术对冷鲜肉进行包装或保鲜处理，阻止或延缓微生物、酶、氧气等在流通过程中对肉制品腐败的促进作用，对保证肉制品的卫生安全性并延长其货架寿命具有重要意义。另外，冷链不间断运输，以及智能冷链运输仍然是目前市场上紧缺的肉制品贮运方式，也是我国仍待开发和大范围普及的技术。

目前，国内外冷鲜肉研究现状还是在于延缓冷鲜肉的腐败变质。虽然已经有一些成熟的指标来表征肉的新鲜度，但这些指标大多还处于实验室的适用范围，对于大规模检测仍有难度，也不方便用于快速线上检测。目前，我国畜禽肉新鲜度快速检测研究多以猪肉为主，鸡肉、牛羊肉研究还相对较少，随着鸡肉、牛羊肉消费比重的不断攀升，基于快速、无损、精确的肉类新鲜度评价也将会成为研究重点。尤其应加快适合我国的畜禽肉新鲜度快速、在线监测装备的研发，通过不断强化过程控制和在线检测来提升生鲜肉品质，推动我国生鲜肉市场份额的不断壮大。另外，天然型敏感材料（如花青素、茜素、花青素纳米纤维等）的智能指示标签的制备也势在必行，结合方差分析和相关性分析，建立智能标签对肉新鲜度的预测模型，为肉类新鲜度的无损、实时及可视化检测开辟新思路。

迄今为止，冷鲜肉的贮藏条件还在不断的创新研究中。目前，在冷鲜肉零售过程中最常见的贮藏条件为冷藏；最常见的包装方法为托盘、真空、气调包装，都是通过减弱微生物生命活动、降低自身干耗、延缓脂肪和蛋白质氧化降解等方法延缓鲜肉的腐败变质速度，达到维持冷鲜肉品质的目的。托盘包装是市场销售中最为常见的包装方式，切割后的鲜肉置于聚苯乙烯托盘中，表面覆盖透气性薄膜，其优点在于操作方便、成本低，但货架期较短。真空包装一般是将切割后的鲜肉置于聚氯乙烯等混合材料构成的包装袋后，抽去袋内的空气，使袋内鲜肉与外界气体隔绝，肉制品处在无氧环境中，其优点在于能够较好的维持鲜肉的紫红色泽，但由于抽真空时对鲜肉的挤压造成形变，使鲜肉的汁液流失率增加。气调包装是指将切割后的鲜肉置于包装袋内，袋子一般是由聚氯乙烯等低透氧材料构成，在一定条件、比例下充入二氧化碳等惰性混合气体，改变袋内气体环境。其优点在于较好的维持了鲜肉的亮红色，但其操作复杂、成本较高，且贮藏后期脂肪、蛋白质氧化降解较严重。因此，为了延缓贮藏期间肉类品质下降、延长肉制品货架期、减小肉类屠宰企业及生产企业的损失，不断创新肉类保鲜的新方法十分必要。

近年来，也有一些新型的技术在逐渐应用于肉制品的保鲜中。低场核磁共振（low field-nuclear magnetic resonance，LF-NMR）技术的优点在于对于检测物质没有状态、大小等硬性要求，且能在不破坏被检样品的条件下快速地进行精准检测，其次核磁共振仪占地小、易操作，如今已被广泛应用到食品、生物及地质开采等诸多领域。在食品肉类领域中，由于检测快速、精确，核磁共振技术被广泛用于肉类品质检测、掺假注水肉的区分以及营养物质的检测等方面。通过 LF-NMR 技术研究牛肉中水的迁移规律和分布状态，弛豫时间 T_2 可以灵敏地区分多种相态的氢质子，并且能够反映牛肉内部氢质子所处环境以及氢质子所受的束缚力和自由度。气相色谱-质谱联用技术（gas chromatography-mass spectrometry，GC-MS）是利用接口装置将气相色谱仪、质谱仪连通并通过气相分离进行协同分析的技术。目前，GC-MS 技术已经在生命科学、生物技术、食品安全等领域被广泛应用，它能够准确、客观、快速地对混合物进行定性、定量分析。此方法对肉类的气味及风味成分有很好的检测能力。

当前生活节奏加快，消费者对营养丰富、食用方便的熟肉制品更加青睐。我国深加工肉制品约占总量的15%，而部分国家则达到50%左右，国内外深加工肉制品所占比例的差异与肉制品包装技术和方法存在一定的关系。根据加热温度不同，肉制品可分为高温肉制品和低温肉制品。高温肉制品约占国内肉制品市场的45%，其杀菌温度一般在115℃以上，如铁听罐头、铝箔软包装等。目前，熟肉制品传统包装方式有普通包装、真空包装、气调包装和活性包装。真空包装通过抽真空降低包装内氧气含量，并利用低透氧率的包装材料来抑制微生物生长和产品品质劣变，从而达到保持食品色香味的目的，是酱卤等熟肉制品包装最为常用的方式。气调包装在稳定肉色、提高产品外观、延长货架期等方面具有一定优势，现已成为国外肉类食品包装中最常见的方式之一。近年来，气调包装在酱卤和灌肠类肉制品中也开始有所应用，有研究者指出低氧包装可以有效地抑制酱牛肉贮藏过程中腐败菌生长、延长酱牛肉产品的货架期。活性包装在熟肉制品中的应用主要集中在脱氧包装和抗菌活性包装，即向包装中封入脱氧剂、二氧化碳生成剂和抗菌剂等。目前，有研究表明脱氧剂的使用有助于熏鱼和熏肉产品的保存，抗氧化剂和抗菌剂的使用也能抑制火腿和腊肠等熟肉制品的脂肪氧化以及腐败菌的生长。

低温肉制品杀菌温度往往在100℃以下，一般使其中心温度达到68~85℃，因此无法达到商业无菌，需要在低温（0~4℃）条件下运输、贮藏和销售，如培根、哈尔滨红肠、低湿酱卤类产品等。熟肉制品在运输、贮藏和销售过程中会受到光照、水分、氧气和微生物污染等环境因素的影响而发生褪色、脂质氧化、蛋白质降解和氧化，进而影响产品质量。不同的包装材料和包装方式影响着贮藏过程中熟肉制品的品质，适宜的包装方法可抑制或减缓熟肉制品腐败，延长其货架期。

随着社会的发展，冷链已经成为肉类食品的重要流通方式，冷链的质量与肉类食品的品质直接相关，这是因为冷链决定了食品的安全性和可获得性。因此，保证冷链的品质尤为重要，尤其是在运输环节，由于运输过程中现实条件的限制导致运输环节冷链品质不能时刻达到肉类食品保鲜的标准，这将对肉类食品的安全性造成了隐患。为了保证肉类食品在运输环节中严格的冷藏环境，可开发新型的冷链技术或智能装备。例如，基于ZigBee无线传感网络与传感器技术结合的冷链运输车实时监测系统。ZigBee是一种低成本、低速率、自组织的无线传感网络，在家庭智能化、无线传感网络等领域有着广泛的应用，具有低功耗、低成本、高安全等优点。因此将ZigBee技术融入冷链系统将更加便捷地实时监测冷链运输车的温度、湿度等冷藏环境。

第二节 乳制品加工与贮运发展现状

一、乳制品加工发展现状

我国乳业从源头发力，努力追赶世界水平。我国乳制品市场规模从2008年的2168亿元增至2020年的6385亿元，年均增速9.4%。2022年，我国大陆乳制品零售额为6599.7亿元，同比增长3.27%，近5年复合年均增长率为4%。荷兰合作银行公布的2023年度全球乳业20强名单中，中国乳制品企业分列第5位和第8位。我国乳业的提升离不开以下几点。

①规模化养殖带动机械化挤奶率、奶牛单产和生乳质量不断提升，奶牛养殖的现代化程度加快。百头以上规模化牧场（以下简称规模牧场）数量占比从 2007 年的不足 20%，提升到 2020 年的接近 70%。奶牛单产同期大幅提升：规模牧场奶牛单产高达 9.1t，抵近德国（9.873t）、法国（9.048t）、瑞士（8.724t）等欧洲国家水平。原乳质量也较以往有了明显改善。规模牧场的生乳质量不仅全面超越国标，而且也优于美国和欧盟；三大领军乳企的内控卫生标准（内测值），已经基本接近全球最优的澳新标准。

②产品品类不断丰富，健康化、高端化、零食化、功能化让乳制品市场百花齐放。欧睿国际 2020 年发布的数据总结了过去 15 年乳制品子品类的构成变化。牛乳、乳饮料、植物蛋白乳、酸奶仍然构成乳制品品类的主要版图。奶酪与黄油则是饮食观念多元化催生出的两枝"新芽"。高端化是产品矩阵丰富的另一个维度。有机、草饲、A2-β 酪蛋白等新概念不断延展高端化乳制品的商业空间。

③研发投入逐年加大，技术创新造就乳业核心竞争力。领军型乳企在激烈的市场博杀中，充分意识到自主知识产权技术对企业竞争力的重要性，不断加大研发投入。过滤和杀菌工艺、自有菌株开发、母乳活性成分研究、工艺型/功能型乳基原料等领域都成为行业研发焦点。除了原辅料和加工工艺，乳业竞争力的提升还得益于大数据、人工智能技术的广泛应用，在养殖、研发、生产、流通、消费等产业链各环节，帮助乳企更快、更好地响应消费者的差异化需求。

奶源、牧场管理、品类创新、关键技术仍然是未来我国乳业发展努力的方向。根据农业农村部官网资料显示：2020 年，全国 520 万头荷斯坦奶牛的平均单产达到 8300kg，接近世界平均单产 9000kg，但仍远低于美国（12733kg）。饲料转化率上，我国为 1.2，发达国家平均水平为 1.5。单产水平与饲料转化率的差距主要源于奶牛育种、营养、防疫与管理上的差距。除了依靠新兴科技增加牧场管理的自动化与精细化程度，中国乳业还需要探索"农-牧"结合模式，减少青贮饲料外购和环境成本压力。在乳企普遍加大创新力度的情况下，国内目前的产品品类格局与发达国家已基本接近。但在产品的细分人群、细分场景、细分功能等维度上还有较大差距。

2021 年《中国奶业"十四五"战略发展指导意见》启动编制。奶业发展将被统筹融入国家"十四五"畜牧兽医规划与 2035 年远景目标之中，推进种养结合，草畜配套的新发展模式；推动技术创新，构建现代化奶业生产体系；优化产业结构，促进国际国内双循环。

（一）奶源基地

我国内蒙古、新疆、西藏等少数民族聚居地拥有广袤的土地、丰富的自然资源和畜牧资源，具备发展畜牧业的资源优势，具备优良奶源的条件。以新疆乳制品加工业发展现状为例，新疆是中国境内仅次于内蒙古的第二大牧区。新疆草原牧场主要处于北纬45°，日照条件充足、光热资源优越，是世界公认的黄金奶源带，是中国重要的优质奶源基地，也是中国十大奶源主产区之一。据《中国统计年鉴》显示，2018 年新疆牛乳产量达到 194.85 万 t，占我国牛乳总产量的 6.34%，排名第 7 位。目前新疆乳制品加工业还有较大的发展空间。例如，可继续提升现代化养殖规模；加强龙头企业引领，健全产业利益联结机制；打造多元化产品结构等。

（二）民族乳制品

我国传统乳制品种类多样，以宫廷乳制品、西部和北部乳制品（或者蒙古族、藏族）、云南地区乳制品和广东地区乳制品为代表，包括奶皮子、奶豆腐、嚼口、希日套苏（黄油）、萨林艾日合（蒙古奶酒）、策格（酸马奶）、奶饼、乳扇、曲拉、酥油等。

传统乳制品是民族情感、个性特征和民族凝聚力的载体之一，在社会、经济、文化和政治方面有着重要的意义。然而，随着城市化进程的加快，食品安全问题的频发，很多传统乳制品工艺在现代社会的飞速发展中默默消失。传统的乳制品工艺具有不稳定性，其传承方式也比较脆弱，靠口口相传，手把手地教，代代传承。如果传承人离世，传承的线索就中断，因此整理、保护、挖掘、开发传统乳制品工艺迫在眉睫。

以蒙古族传统乳制品为例，蒙古族传统乳制品是我国传统乳制品中的重要组成部分，其制作和食用已有几千年的历史，在长期的生产实践中，摸索出了各种乳制品独特的制作方法，这些传统乳制品营养丰富、风味独特。但几乎没有作为工业化生产的产品，其主要原因是对传统乳制品食品安全标准和加工技术等基础研究工作不足。目前，内蒙古乃至全国传统乳制品制作仍处于传统手工作坊阶段，生产效率低，质量参差不齐、不稳定，产品没有统一的标准和技术操作规范，因此传统乳制品只能满足少数民族自己食用，商品化程度极低，致使牧民收入无法增加。鉴于蒙古族传统乳制品产业的现状，急需开展食品安全标准制定、工艺技术革新、操作规范、工艺参数的确定、生产机械化程度提高等基础性研究。自 2016 年起，内蒙古自治区卫生健康委员会先后颁布并开始实施了 DBS 15/005—2017《食品安全地方标准　蒙古族传统乳制品　毕希拉格》、DBS 15/006—2016《食品安全地方标准　蒙古族传统乳制品　酸酪蛋（奶干）》、DBS 15/007—2016《食品安全地方标准　蒙古族传统乳制品　楚拉》等 10 项地方标准。地方标准对传统乳制品的定义、技术要求进行详细的描述和要求，为推动和促进传统乳制品产业可持续发展提供重要基础。

（三）质量安全监测

乳制品消费安全已成为当今社会关注的重要问题，尽管国家食品安全监督管理部门不断加强食品质量控制的力度，但仍有饮用乳制品中毒事件发生。2011 年，我国甘肃省有几十人因喝下散装牛乳，出现中毒症状，致 3 名儿童死亡。2013 年以来，还发生了新西兰牛乳检出双氰胺、荷兰部分农场牛乳发现黄曲霉毒素超标等事件。这些乳制品中毒事件敲响了乳制品消费安全的警钟。由于乳制品生产供应链生产过程长，环节多，参与者众多，消费者范围大，原有质量控制过程和控制的模式存在控制漏洞，若不及时修补便会产生危害后果。保障乳制品消费安全的重中之重在于建立健全可靠的质量控制体系。由于原先的产品质量抽查检验方式存在着抽查不到的盲区，而 HACCP 系统控制下的乳制品生产供应链可以有效地保证乳制品质量，因此HACCP 质量控制体系在世界各国得到广泛推行。

为掌握乳制品质量安全监管情况，推进乳制品质量安全提升行动，国家市场监督管理总局乳制品质量安全提升工作推进会于 2020 年 12 月 27 日—29 日在西安举行。会上，国家市场监督管理总局食品生产司介绍了《乳制品质量安全提升行动方案》。2020 年 12 月 30 日，国家市场监督管理总局发布《乳制品质量安全提升行动方案》通知，通知在重点任务中指出，要"加强婴幼儿配方乳粉产品配方注册。修订《婴幼儿配方乳粉产品配方注册管理办法》，明确不予注册的情形，要求企业具有完整生产工艺，不得使用已符合食品安全国家标准的婴幼儿配方乳粉作为原料申请配方注册；进一步加强对婴幼儿配方乳粉产品配方科学性、安全性材料和研发报告的审查，对配方科学依据不足，提交材料不支持配方科学性、安全性的一律不予注册；加大现场核查和抽样检验力度，重点核查申请人是否具备与所申请配方相适应的研发能力、生产能力、检验能力，以及与申请材料的真实性、一致性"。

国内外生乳质量安全监管模式如图 2-1 所示。其中，欧盟拥有目前世界上最为完善的乳制品质量安全监管体系。该体系的构成为"政府+企业+科研机构+消费者"，实现乳制品从"农场到餐桌"的全程监管。法国是欧盟食品质量安全监管模式最具代表性的国家之一。法国依靠涉及食品质量安全的所有监管部门、产业协会、供应商和消费者等，以风险评估和管理为基础，调整食品质量安全的监管机构和管理职能，形成以预警、评估、监察为手段的监管模式。

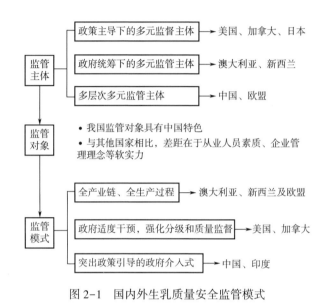

图 2-1　国内外生乳质量安全监管模式

二、乳制品贮运发展现状

低温乳制品以生牛乳为原料，采用 72~85℃ 的巴氏杀菌工艺，更好地保持了牛乳的营养物质和风味口感，已逐渐成为我国乳制品消费的主流。低温牛乳杀菌工艺和贮运环节要严控品质安全，用"新鲜、品质"说话，企业才能走得更远。从杀菌工艺来看，低温乳又称巴氏杀菌乳，主要采用巴氏杀菌工艺，在 70~85℃ 低温杀菌，不仅可以灭杀部分牛乳中的微生物，还能够减少传统高温加热带来的牛乳中活性物质的损失，留住低温乳的营养物质，保证自然风味和品质。据悉，某乳企引进巴氏杀菌机对生乳进行处理加工，确保低温乳安全和高品质。但是，需要注意的是，从牧场到餐桌，低温乳要全程保持新鲜品质。由于大多数低温乳包装较简单，产品货架期较短，对冷链保鲜有着极高要求。因此，运输过程既需要全程冷链，贮运、销售环节也要相关的制冷设备，如冷链、冷藏箱、冷藏车、冷柜等。一旦冷链环节出现问题，或将直接造成牛乳腐坏变质，使得低温乳质量安全性处于不稳定状态。冷链物流对于保证低温乳新鲜品质至关重要。因此，低温贮运仍然是未来发展方向，低温乳制品贮运分销操作的冷藏库设计与运行管理、冷藏库产品管理、出库与装车、运输与卸载、交接、销售、产品追溯等环节应进一步制定或完善相关标准并加强管理体系建设。

（一）冷链贮运

乳制品冷链物流是指原产地牛乳及加工制品在贮藏、运输、加工、分销、零售的全过程中，以冷冻工艺学为基础，以制冷技术为手段，始终保持乳制品所要求的低温条件的物流活动。

20 世纪 30 年代，欧洲和美国的食品冷链体系已经初步建立。目前，欧美等国家和地区已形成了完整的食品冷链体系。在运输的过程中全部采用冷藏车或冷藏箱，并配以先进的管理信息技术，建立了包括生产、加工、贮藏、运输、销售等在内的新鲜物品的冷冻冷藏链，使新鲜物品的冷冻冷藏运输率及运输质量完好率都得到极大的提高。我国的冷链最早产生于 50 年代的肉食品外贸出口，1982 年，我国颁布《食品卫生法》，推动了食品冷链的发展起步。40 年来，一些食品加工行业的龙头企业作为先导，已经不同程度地建立了以自身产品为核心的食品冷链体系，包括冰淇淋和乳制品企业、速冻食品行业，肉食品加工企业及大型快餐连锁企业，还有一些食品类外贸出口企业。

乳制品对温度有很高的敏感度，尤其是低温乳，相较于常温乳，最大的特点便是保鲜时间短、口感好、保留了生乳本身的一些天然活性物质，一旦温度过高，可以在短时间内让乳制品变质，需要更好的运输条件以及冷链技术，确保在运输过程中品质不会受到损坏。冷链物流是保护乳制品从牧场流通到消费者手中保质保量的重要后盾。

低温采集、低温处理、低温贮存、低温运输与配送以及低温出售这五个部分组成一条完整的乳制品冷链。而目前状态下，能够单独将采购、仓储、运载、配送等一系列综合冷链物流服务做得顺畅的企业在我国乳制品行业当中寥寥无几，"断链"现象经常出现。所以，成型且独立完整的乳制品冷链体系形成对于乳制品行业美好前景具有重大的促进作用。

（二）乳制品贮运卫生规范

由于新闻媒体的广泛报道和人们对乳制品安全的关注度的增加，乳制品从原乳收购、生产加工、贮存运输到销售等各个不同环节出现的问题也相继浮出水面。面对这些问题，国家和地方政府的乳制品安全规制机构以及相关乳业组织也都进行了积极的努力和探索，相继出台了《中华人民共和国食品安全法》《乳制品工业产业政策》《乳制品生产企业良好生产规范（GMP）认证实施规则》等法律法规、政策和措施，从制度上、从管理手段上切实在一定程度上保证了整个乳业产业的良性发展。

GB 12693—2023《食品安全国家标准 乳制品良好生产规范》中对乳制品的贮存和运输做出了以下要求：应符合 GB 14881—2013《食品安全国家标准 食品生产通用卫生规范》的相关规定。对需冷藏、冷冻的乳制品应明确规定产品贮存和运输的温度要求。

1. 养殖过程中原料乳的卫生控制

（1）预防奶牛乳房炎 奶牛乳房炎直接影响乳的产量、质量以及原料乳的贮存时间。治疗乳房炎后的抗生素残留，会影响原料乳及乳制品的质量，所以要注意挤乳环境的卫生及消毒工作，做好奶牛乳房的护理工作，每次一定要挤净乳房中的乳汁并对乳头进行药浴防止乳房炎的发生。患乳房炎的病牛放在最后挤乳并把乳房炎乳放在专用的容器内集中处理。

（2）创造良好的奶牛生产环境 搞好牛舍卫生，以防污染牛体，做好对牛舍用具和饲养人员的定期消毒工作，减少奶牛感染细菌和病毒的机会。

（3）控制饲料安全及药物残留 饲料调配严格遵守饲料卫生标准，不得添加违禁药物，不得超范围或过量使用饲料添加剂，经抗生素治疗的奶牛最后一次使用抗生素后 5d 内的乳不能送入加工环节。

2. 原料乳运输过程的卫生控制

（1）过滤、净化、冷却   在原料乳收购时，为了防止粪便、牧草、蚊蝇等的污染，将原料乳从一个地方送到另一个地方，或由一个容器转移到另一个容器时，都应进行过滤处理，过滤器具必须清洁卫生并及时清洗消毒。采用离心净化的方式除去机械杂质和细菌后的原料乳，快速冷却到40℃左右，以减少微生物的生长。

（2）长途运输   在运输过程中，必须具备隔热或制冷设备。夏季要装满盖严，防止振荡，确保原料乳在运输过程中温度不高于7℃，温度上升不超过10℃/h。冬季不能装太满，避免容器冻裂，每次运输完成后，对槽车内外彻底消毒，保持槽车的清洁卫生。

3. 原料乳贮存的卫生控制

①避免非同一天的原料乳混合，清罐后要对贮存罐进行清洗、消毒。

②经过处理后冷却的原料乳应保持低温，贮存设备要有良好的绝热保温措施，防止温度上升，一般超过24h的贮存后，乳温上升不得超过2~3℃。

③原料乳在符合贮存温度条件下，贮存时间不能超过24h。以免微生物繁殖而影响原料乳的质量。

4. 无菌包装及无菌包装系统

食品无菌包装技术，是指把被包装食品、包装材料容器分别灭菌，并在无菌环境条件下完成充填、密封，从而使食品在贮藏期间免于因微生物的繁殖而腐败变质的一种包装技术。无菌包装的技术和材料目前已经处于成熟状态，对乳制品的贮运起着至关重要的作用。

无菌包装工艺流程如图2-2所示，其工艺过程主要包括包装材料的灭菌、产品的商业无菌、无菌输送、无菌环境填充及封合工艺组成。

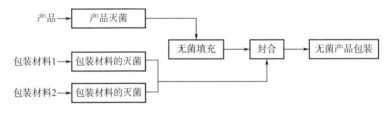

图2-2   无菌包装工艺流程

目前采用超高温瞬时杀菌（UHT）杀菌和纸塑复合材料的无菌包装产品占有较大的市场份额。食品无菌包装系统主要有纸盒无菌包装系统、预成型容器无菌包装系统、塑料瓶无菌灌装系统、衬带盒无菌包装。

（三）检测技术

频发的乳制品安全事件已经把乳制品质量安全提到了一个空前的高度。原料乳及其制品在生产、加工及贮运过程中非常容易受到致病菌的污染，因而各种致病菌等微生物检测也成为对其质量控制的关键环节。此外，乳制品中抗生素的残留危害问题也引起社会的广泛关注。随着人们对乳及乳制品高品质的需求，高效、快速、准确的检测手段在乳及乳制品生产中的应用对实现乳业生产过程的高效管理以及提高乳制品质量具有重要意义。

1. 计数法

我国传统的微生物食品检测方式主要有标准平板菌落计数法、显微镜直接计数法，主要用于检验活菌总数。具有设备要求低、资金投入成本低等优点。但也有操作较为烦琐、检验耗时长、灵敏度较低、检验效果不佳等缺点。

2. ELISA 法

酶联免疫吸附测定（enzyme-linked immunosor-bnent assay，ELISA）法是酶促反应与免疫反应相结合的方法，基于单色抗体的原理，确立了新捕捉 ELISA 法，可用于乳制品中的李斯特菌检测。

3. 流式细胞检测法

流式细胞检测技术的原理是通过检验悬浮液里的单一细胞或其他微球的标识荧光信号，实现细胞的定量剖析和筛选。

4. DNA 芯片技术

DNA 芯片技术主要是通过观察样品与固定配体之间的反应，确定样品中是否含有与底物反应的分子，并确定其成分。

第三节　蛋制品加工与贮运发展现状

一、蛋制品加工发展现状

（一）生产情况

过去 20 多年来，由于社会经济的快速增长、市场供应链的不断变化和价格的连续浮动，蛋制品产业的结构也受到了相应的影响。2019—2022 年，世界鸡蛋产量从 8348 万 t 增加到 9520 万 t，并且呈现出持续增长的趋势。中国作为世界第一的蛋制品资源大国（图 2-3），对世界蛋制品行业的发展起着举足轻重的作用。同时，随着国内居民对于食品健康化、营养化的内在消费升级，蛋制品的质量与安全受到了越来越广泛的关注，而今后蛋制品产业链的发展也将逐步集中于蛋制品的营养性、安全性和可追溯性等方面。

自 2011 年以来，中国的鸡蛋产量连续 10 年实现持续增长。平均年增长量约为 71 万 t/年，2020 年的鸡蛋年产量已达 3467 万 t。值得注意的是，中国在鲜蛋出产方面自给自足，进口的鸡蛋数量与国外相比相对较少。

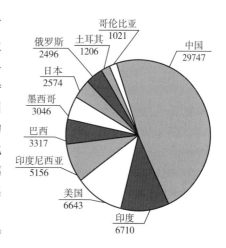

图 2-3　2021 年世界蛋制品产量（万 t）及分布图

虽然中国所有省（区、市）都生产鸡蛋，但由于当地谷物生产、进出口条件的限制等因素，我国生产省（区、市）主要集中在东北部及北部，占全国生产量的 80%，其余省（区、市）产量相对较少（表 2-1）。为了满足全国各地的需求，鸡蛋的区域间流通便成了蛋制品供应链中的重中之重，例如，广东鸡蛋供需的缺口最大，每年约有 200 万 t 鸡蛋流入，其次是上海、浙江和北京。此外，随着国内城镇化建设和居民消费升级，蛋制品资源的消费仍在持续增加。

表 2-1　中国部分省级行政区 2015—2019 年鸡蛋产量　　　　单位：×10⁴t

地区	2019 年	2018 年	2017 年	2016 年	2015 年
北京市	9.62	11.25	15.68	18.33	19.58
天津市	19.36	19.41	18.99	20.63	20.20
河北省	385.90	377.97	383.72	388.54	373.59
山西省	111.40	102.58	101.87	89.05	87.24
内蒙古自治区	58.10	55.20	53.21	58.00	56.40
辽宁省	307.90	297.20	270.43	287.60	276.50
吉林省	121.53	117.11	120.98	114.44	107.29
黑龙江省	114.25	108.50	113.81	106.25	99.92
上海市	2.89	3.16	3.38	3.50	4.89
江苏省	212.30	177.96	183.39	198.50	196.23
浙江省	33.57	31.49	35.85	30.85	33.30
安徽省	168.70	158.26	154.70	139.55	134.66
福建省	48.58	44.32	46.50	27.85	25.51
江西省	57.17	46.96	45.66	51.68	49.28
山东省	450.13	447.00	444.78	440.59	423.9
河南省	442.42	413.61	401.18	422.50	410.00
湖北省	178.75	171.53	168.17	167.77	165.29
湖南省	114.70	105.40	103.20	104.70	101.50
广东省	41.48	39.24	38.50	33.33	33.84
广西壮族自治区	25.09	22.31	24.20	23.09	22.88
海南省	4.75	4.66	4.75	4.83	4.38
重庆市	43.52	41.46	40.31	47.39	45.36
四川省	161.70	148.80	144.50	148.12	146.65
贵州省	22.95	20.03	18.69	18.30	17.33
云南省	35.80	32.72	30.32	26.44	25.98
西藏自治区	0.54	0.49	0.50	0.48	0.48
陕西省	64.11	61.58	60.08	59.32	58.05
甘肃省	15.10	14.10	13.83	15.06	15.29
青海省	2.34	2.33	2.46	2.39	2.26
宁夏回族自治区	13.86	14.38	15.27	9.66	8.78
新疆维吾尔自治区	40.46	37.27	37.37	36.13	32.64

注：表中不包括港、澳、台相关数据。

（二）产品分类

1. 鲜蛋产品

当前国内蛋制品消费仍以鲜蛋为主，产品形式主要包括普通壳蛋、清洁蛋和营养强化蛋。其中，清洁蛋也称洁蛋、净蛋（图2-4），是蛋制品产出后，经过清洗、消毒、干燥、涂膜、包装等工艺处理（图2-5）的鲜蛋类蛋制品。清洁蛋本身相对卫生，具有较长的保质期，可以极大地提高鲜蛋制品质和安全性；而营养强化蛋则是主要通过调控蛋鸡饲养条件及营养素摄入比例，定向生产符合人体健康消费需求的一种新兴鲜蛋制品。

图2-4　清洁蛋产品

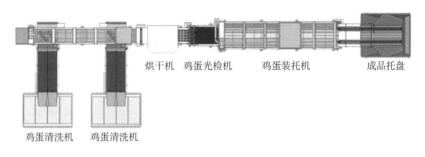

烘干机　鸡蛋光检机　鸡蛋装托机　　成品托盘

鸡蛋清洗机　鸡蛋清洗机

图2-5　鲜蛋产品生产线

2. 传统蛋制品

传统蛋制品又称腌蛋制品，在中国具有悠久的历史，是祖先遗留下来的宝贵财富。腌蛋制品主要品种有咸蛋、皮蛋、卤蛋、槽蛋、咸蛋黄等多种类型（图2-6）。由于现代食品加工业的不断发展与产业化升级，越来越多的现代先进生产加工方式被纳入传统蛋制品的研发过程之中，赋予了传统蛋制品独特的产品性能与发展方向，对我国蛋制品资源的出口与综合利用具有重要实际意义。

图2-6　典型传统蛋制品

3. 液蛋产品

液蛋指液体鲜蛋，是蛋制品经打蛋去壳，将蛋液经一定处理后包装冷藏，代替鲜蛋消费的产品。主要有全蛋液、蛋白液、蛋黄液以及烹调蛋液、功能蛋液等（图2-7）。近年来的国外液蛋产品研究报告显示，液蛋类制品的消费量将会逐渐上升，逐步成为蛋制品产业发展的主导方向。此外，美国蛋制品加工的比例在2012年就已经达到35%左右，并且基本实现了机械化、自动化和专业化的生产模式。美国的液蛋产品主要包括浓缩液蛋、全蛋液、蛋白液、蛋黄液或加糖蛋黄液等。但是对于大多数蛋业发展中的国家，鸡蛋的深加工率相对较低，并且受制于供应链体系不完善等因素，绝大部分加工类蛋制品以蛋粉为主，并且仍有90%的鸡蛋以壳蛋形式销售。

4. 干燥蛋制品

干燥蛋制品是将蛋液中水分在人工条件下除去，或保留较低的水分后所制得的蛋制品（图2-8）。由于除去水分之后的干燥蛋制品的含水量较低，能够有效阻止微生物生长，减缓化学反应速度，使蛋制品的贮藏保质期延长。目前，国内外生产的干燥蛋制品种类很多，主要包括蛋白粉、蛋白干、干蛋黄和特殊类型干蛋制品，属于蛋制品加工业的重要组成部分，并被广泛应用于化妆品、纺织、医药等多个行业。中国现代化蛋制品工业虽然起步比较晚，但自20世纪80年代以来引进了国外很多成套加工设备，产品核心技术水平也在稳步提升，为我国干燥蛋制品加工业的迅速发展打下了坚实的基础。应用于干燥蛋制品的喷雾干燥机工作原理见图2-9。

图2-7　典型液蛋制品　　　　　　　　　图2-8　干燥蛋制品

（三）加工规模和特点

我国的机械化蛋禽养殖起始于20世纪70年代初，当时城市副食品供应紧张的问题亟待解决，促使了一些大城市开始在郊区发展工厂化蛋鸡养殖。到了20世纪80年代，农村剩余劳动力增加，农业产业结构调整，使农村家庭专业化蛋禽饲养迅速兴起，直至发展成股份合作或私营大型机械化蛋禽饲养场；同时，各大中城市纷纷兴建国有和集体所有制的大中型机械化养鸡场，逐步提高中国蛋鸡饲养业的现代化水平。自1985年以来，中国蛋制品总产量已连续20多年位居世界第一，蛋制品行业的发展也促进了产品产值与附加值的逐年提升。

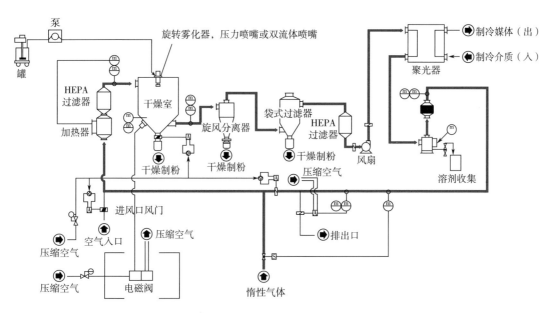

图 2-9　喷雾干燥机工作原理

目前，在我国蛋制品产品中，鸡蛋产量占比 85%，鸭蛋产量占比 12%，鹅蛋和鹌鹑蛋等其他蛋制品产量占比为 3%。我国居民鸡蛋消费结构主要以鲜蛋消费为主，其余大多作为鲜蛋产品出口外贸或损失掉。随着科学技术的持续发展和居民消费模式不断升级，鸡蛋产品结构得到不断优化且呈现多样性特点：一是对于功能性蛋制品的供给不断增加，如高碘鸡蛋、富硒鸡蛋、高能鸡蛋、低胆固醇鸡蛋等；二是部分蛋鸡养殖场已经通过国家绿色和有机鸡蛋的生产认证，相较于传统鸡蛋，安全鸡蛋的生产比例将越来越高；三是鸡蛋制品开发形式日趋多样化、营养化、休闲化、高值化，具有广阔的发展前景。

从世界范围来看，蛋制品加工产业快速发展，呈现出规模化、自动化、绿色化和深加工化的发展特点。以鸡蛋为原料并经过初级加工或深加工的半成品、再制品、精品等不断涌入市场。对于国际市场上的销量，鲜蛋销售呈现下降趋势，但在这种情况下，世界上主要发达国家的蛋制品消费却在持续增加，可见由蛋制品深加工推动的消费升级将是今后蛋制品产业发展的主导方向。

值得一提的是，国外部分国家对于蛋制品加工设备的研发与制造起步较早、发展较快、自动化程度高、呈系列化、价格高昂。而相比之下，中国的蛋制品加工设备研发起步较晚，方向较为局限。国内对蛋制品加工设备的研发方向主要针对传统产品和洁蛋加工方向，自动化程度有待提升，同时，国内研发出的机械设备主要以小型设备为主，价格也较低，生产企业之间存在差异化竞争。2013 年年底有关数据显示，我国蛋制品加工比例已达 8%～10%。其中，鸭蛋加工比例在 70% 以上，主体的鸡蛋加工比例则相对较低，为 3%～5%。根据《中国禽业导刊》报道，现阶段我国鸡蛋的加工比例上升为 5%～7%，其中 80% 是加工为传统蛋制品。我国鸡蛋的加工比例与国外仍有着极大的差距：根据《蛋制品世界》报道，美国蛋制品加工比例占 33%，欧洲占 20%～30%，日本则高达 50%。根据世界蛋制品协会预测，到 2025 年我国的蛋制品加工占比有望达到 30%，未来蛋制品加工行业市场空间广阔。

（四）面临的主要问题

近几年，由于受到一些安全因素如禽流感等一系列流行病的影响，鸡蛋市场呈现出低迷态势。蛋价的低迷下降与农业市场的生产结构、产品开发、消费者消费需求等诸多矛盾具有密切关联。尽管近年我国蛋制品加工产业飞速发展，一些蛋制品出口量大幅提升，但提升的出口量和总产量相比，占比仍很小，导致蛋制品资源产能相对过剩。要从根本上解决上述问题，不仅需要市场进行调控，还需要有关农业、畜牧业、工业、商业及研究部门集中力量，推动整个行业有序、健康、快速、平稳发展。

目前，在很多国家和地区，鸡蛋未清洁前是禁止上市流通的，而在我国，大多数的流通鲜鸡蛋依旧是未经过任何处理的原料蛋，这种情况下，在鸡蛋销售和流通的过程中，容易造成交叉感染和细菌入侵。部分鸡蛋表面尤其还残留着粪便，这无疑增加了蛋制品沙门氏菌感染的风险。这种情况不仅制约了养禽业的发展，也严重影响了我国鸡蛋的出口。相比之下，国外的蛋制品生产场地具有一整套自动化蛋制品生产设备和鲜蛋处理系统，将鲜蛋收集运输及其他环节和产品处理有机结合，形成一套既定的自动化管理系统，可以初步实现从蛋制品的产出到包装再到上市自动化操作。蛋制品产出后置于输送带，送至验蛋机，在光照或其他环境下进行检查，剔除裂纹蛋和破壳蛋，检验合格的蛋制品进入洗蛋机进行自动清洗，再送向蛋制品处理机，由蛋制品处理机进行自动涂膜、送风干燥等，最后进入选蛋机进行自动检数、分级和包装。这一系列的自动化操作生产线为鲜蛋销售和蛋制品加工提供优质原料奠定了基础。

此外，当前的鸡蛋加工过程中，加工产品仅仅利用了其可食的部分，而大量的蛋壳和蛋壳内膜被扔弃。蛋壳和蛋壳内膜的质量占到整个鸡蛋质量的11%～13%，既对环境造成污染，又浪费了资源。对废弃的蛋壳和蛋壳内膜进行产品开发，将其收集起来加以综合利用，不仅能够提高鸡蛋资源利用率，还能够在一定程度上避免环境污染，而且会很大程度地提高经济效益。对于蛋壳膜的利用，日本一直处于国际领先地位。日本在1988年和1993年分别开发的两种制造蛋膜纸的方法，可以清除水中存在的放射性元素。经过科研工作者多年的潜心研究，目前我国在鸡蛋壳膜的利用上已实现了从简单的直接利用转为提取其中重要的生物活性成分的转变，并正在逐步追赶先进的蛋制品加工水平。

我国蛋制品产业经过几十年的努力取得了一定的成绩，但与蛋制品产业发达的国家相比，我国蛋鸡产业在宏观管理、疫病防控、良种繁育技术、消费引导等层面仍存在较大的差距，也存在着一些比较突出的问题，主要表现在以下方面。

1. 门槛低，规模小，竞争严重

我国蛋制品行业长期以来缺乏明确的国家标准，蛋制品市场竞争现象严重。一些通过国际标准认证的大规模蛋鸡养殖企业，投入很高成本建立起来的高端优质蛋制品产品市场，经受不住一些"以次充好"从业者的冲击，难以为继，有的甚至不得不退出市场。走品牌化发展道路的企业要坚守高质量的生产，就必须付出高昂的成本，但市场价格的限制使企业不得不压缩利润空间，保证产品的高质量的生产成为企业最大的软肋。

2. 生产规模不统一，生产方式较落后

虽然我国蛋制品产量处于世界领先地位，但受制于各地环境设施等条件的不配套，生产规模不统一，技术水平参差不齐等诸多客观条件，导致家禽的生产方式比较落后，规模化程度不高，并且技术的成果转化率低。除此之外，疫病频发也是影响我国蛋制品产业可持续发展和效益提高的主要因素。近年，家禽疾病病原体不断变异进化，细菌感染和寄生虫病不断出现，混合感染成为疾病发生的主流，有些病原体感染和发病还可引起免疫抑制，轻的影响健康和生产性能，严重的造成死亡，危害极大。

3. 养殖效益较低，养殖户面临的市场风险大

我国蛋鸡养殖技术壁垒相对较低，导致养殖成本较高，而收益相对较低，2019 年度鸡蛋盈利为 1.30 元/kg。市场化程度的推进，以及国际市场的激烈竞争，是造成鸡蛋市场价格波动风险的原因之一；同时较低的深加工效率及产品技术优势，导致蛋制品销售仍以鲜蛋为主，容易受到疫病、饲料、气候等多因素的影响，导致生产不稳定性增强，造成鸡蛋市场价格持续波动，以上两点既不利于蛋鸡产业的稳定和发展，也不利于消费者的长远利益。

4. 蛋制品质量潜在安全问题突出

我国畜禽饲料中滥用抗生素、化学合成药物、砷制剂等生长促进剂，造成危害人畜健康和食品安全的事件屡屡发生。虽然部分地区制定了蛋鸡饲养技术规范等相关规定，但尚不完善。我国应该借鉴先进蛋鸡生产工艺及技术、有毒有害成分检测技术、产品标准等，建立我国蛋制品产品的溯源管控体系及科学化养殖规范。

二、蛋制品贮运发展现状

蛋制品是世界各国人民的重要蛋白质来源，其营养价值得到了营养学家的广泛认可。根据 FAO 统计数据库的最新数据，2009—2019 年，鸡蛋平均产量最高的国家依次是中国、美国、印度（图 2-10）。蛋制品营养品质的保证是食品加工和食品包装行业主要关注的问题。但是，蛋制品本身易碎，货架期相对较短，营养价值易损耗而难以进行物流调配。蛋制品贮运过程中的理化特性变化（蛋黄、蛋白迁移）更是直接影响蛋制品的消费体验。因此，确保蛋制品的质量是食品行业的重中之重。

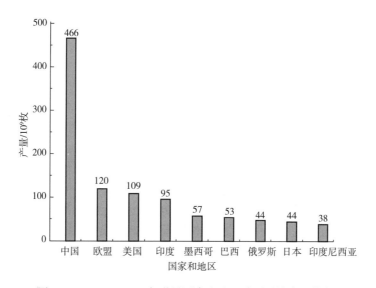

图 2-10　2009—2019 年世界国家和地区鸡蛋平均产量排名

除此之外，世界各国对零售蛋制品的贮存条件要求不尽相同，关于鸡蛋贮存的现行法律法规也存在差异。在美国，鸡蛋必须在产蛋后 36h 内于 7.2℃ 或更低的温度下保存和运输，而根据欧盟法规，鸡蛋应该最好在恒温下贮存和运输，并且在销售给最终消费者之前一般不进行冷藏处理，因为冷藏后的鸡蛋在室温下可能会被冷凝水覆盖，这会促进细菌在蛋壳上的生长。许多欧洲国家，如西班牙、比利时、荷兰和法国，并没有明确规定与零售层面鸡蛋贮存相关的时间/温度条件的具体立法要求。一些国家在整个鸡蛋链或某些阶段规定，将18℃作为蛋制品加工过程中的最高温度，而其他欧洲国家（例如德国）则规定了更严格的条件，例如从鸡蛋的第18d起的贮存温度应该控制在5~8℃。丹麦等国家则规定鸡蛋在最终到达消费者或在整个蛋制品产业链中应该保持12℃的恒定温度。

同时，在壳蛋清洗方面，蛋制品一般在包装前需要进行清洗，以去除污垢和粪便，并减少蛋壳的微生物污染。但是有研究人员表明，清洗蛋壳外表面会影响蛋壳的基本特征，例如，破坏蛋壳厚度、角质层等，导致更大程度上的微生物渗透，引起蛋制品产品污染。因此，壳蛋清洗是一个有争议的话题，不同国家的做法、建议也各不相同。

值得注意的是，微生物污染也是限制食用鸡蛋消费的另一个关键问题。各种微生物是造成鸡蛋和蛋制品污染的根本原因，而鸡蛋和蛋制品被微生物污染会增加人类患各种传染病的风险。在欧洲，90%食用蛋和蛋制品引起的食源性疾病都是由沙门氏菌（图2-11）造成的。在正常繁殖条件下，鸡蛋的内容物通常是无菌的。然而，它们可能会受到外部或内部各种微生物群的污染，这些污染主要包括内源性污染和外源性污染两大类。内污染是指蛋黄和蛋白的污染，是在受感染母鸡的输卵管或卵巢中产蛋过程中发生的，主要由沙门氏菌引起。外源污染是蛋壳的污染，比内源性污染更频繁。这种污染发生在鸡蛋生产时与家禽粪便接触后，也会由农场环境中或供应链运输过程中的细菌引起。造成外源性污染的常规细菌种类包括链球菌、葡萄球菌、气球菌属和大肠杆菌，其中大肠杆菌和葡萄球菌最为普遍。蛋制品一旦受到微生物污染后，蛋白会产生不正常的颜色，产生硫化氢等具有刺激性的气味，蛋的基础组织结构遭到破坏，蛋内的蛋白质、脂肪、碳水化合物等被微生物分解，导致营养价值的丧失。

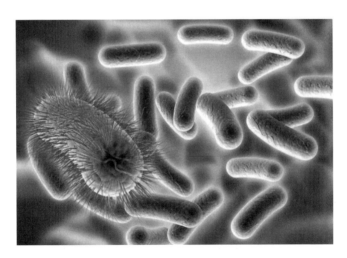

图2-11　沙门氏菌

此外，农场内破损或破裂鸡蛋的数量也与各种沙门氏菌感染有关。应适当处理破裂的鸡蛋，养殖环境应适当消毒，安装适当的通风设备，并且生产工厂的操作人员应保持良好的卫生习惯，减少鸡蛋交叉污染的风险。美国、中国、日本等一些国家都强调了适当清洗鸡蛋的重要性。在这些国家或地区，蛋壳在进行商业包装之前经过适当的清洗和分级。除此之外，其他的杀菌方法，包括巴氏杀菌、热水、干热、紫外线照射等也经常被用在蛋制品加工过程中。鸡蛋外表面涂膜作为近年来发展的新兴技术，凭借其涂层安全无毒，低厚度、高柔韧性和较高的透明度而受到青睐，目前主流的食品加工可食用涂层包括蛋白质、脂质和多糖。

（一） 品质控制技术

为了保障蛋制品产品在贮藏过程中的品质，需要控制贮藏及运输条件，改善贮藏环境，最大程度上降低蛋制品被污染的风险，使蛋制品在较长时间内保持新鲜，减少损耗。最常用的控制蛋制品品质的方法有冷藏、气调保鲜、蛋制品表面涂膜等。

冷藏的原理相对简单，实际操作也省时省力，它是利用冷库的低温条件，抑制微生物的生长繁殖，减缓蛋制品的化学变化及蛋内酶的活动，延缓蛋制品的损耗。蛋制品在进入冷库前需要对冷库进行通风消毒，并且需要对蛋制品进行预冷。控制冷库的温度适宜是保证良好冷藏效果的关键，鲜蛋的最适宜冷藏温度为$-2 \sim -1$℃，温度过低鲜蛋容易冻裂；同时，冷库内尽量避免贮藏或冷藏其他物品，以免导致蛋制品发生交叉污染。

气调包装是将包装中的气体替换成适合食品保鲜的气体，在蛋制品中常用的气体有二氧化碳、氮气等，其目的是抑制微生物生长，减缓氧化反应速度，防止酶促反应，进而延长产品的保质期。这种方法因其成本较低，操作简单而被广泛用于食品保存和延长保质期过程中。

蛋制品产品外表面涂膜作为国内外新兴的蛋制品贮藏方法而受到广泛关注。该方法是利用无毒无害的物质涂布于蛋壳外表面，使蛋制品表面的气孔处于密封的状态，既可以阻止微生物的入侵，又可以减少蛋内水分流失。国内外研究人员已经开发出多种可以用于蛋制品外表面涂层的蛋白质基材。在制备薄膜或可食用涂层时，通常也会加入增塑剂以增加其薄膜的柔韧性。此外，多糖类化合物也凭借其良好的抗菌特性而被广泛使用。

（二） 运输技术

蛋制品产品包装发展已久，尤其以欧美各国为代表，已形成了相对成熟的品牌产品及市场营销体系。以鸡蛋为例，在整个运输过程中使用的蛋托通常为 30 托，并多为一次性纸浆模型托盘，在市场上占 90% 以上的份额，其余的为塑料托盘，这种塑料托盘经过清洗及消毒可循环使用。目前，我国采用的运输包装主要是纸浆蛋托与瓦楞纸箱相结合的方式，或镂空塑料蛋托外加瓦楞纸箱两种方式，其原理是纸浆蛋托或镂空塑料蛋托将鲜鸡蛋相对固定于蛋托孔内，当上一层蛋托放置好之后，蛋托的背面形成的凹槽正好将下层的鸡蛋固定，使鸡蛋在蛋托孔内不会左右摇晃，减缓鲜蛋的散黄现象及个体之间的直接碰撞，既保证了蛋制品的品质，又对鸡蛋的破损率也起到了一定的控制作用。虽然大量使用的纸模托盘能够在防止病毒的传播的同时也免去了消毒清洗的烦琐工作，但是也存在一定的缺陷，主要表现在其防水性能差——鸡蛋一旦破损后，蛋液大量流出，渗透到下层的鸡蛋对其造成二次污染；并且纸浆蛋托容易受潮，蛋托受潮后其结构力大大下降，在搬运装卸时有一定的困难，且回收利用率低。我国台湾使用最多的为塑料托盘。

为了保证蛋制品在运输过程中的质量，需要严格控制运输时间、贮存温度、湿度等条件，并且需要注意减少蛋制品远距离运输的次数。同时，蛋制品生产企业合理的地理位置也是减少运输损耗的关键因素。因此，家禽饲养厂家在制定生产计划时要做到与市场需求相匹配，满足市场上对蛋制品种、数量的需求，减少各场地之间的调配。蛋制品在运输过程中必须十分小心且包装严密，利用纸箱和蛋托，按照一定的比例进行摆放，在包装外部注明数量、易碎、严禁倒放、防水防潮等标识。夏季运输注意防晒和防水保护，避免在阳光照射下停留过长时间，冬季注意防寒保暖，控制车厢内的温度防止蛋制品冻裂破损。

（三）面临的主要问题

我国在鲜蛋生产方面已连续多年处于世界领先地位，但对鸡蛋包装上仍有很多工作要做。虽然，目前大部分鲜蛋在各地物流仓内或销售中心都能实现冷藏贮存，但在运输途中却很难保证，如能在包装设计上完成保鲜这一功能，将大大提高蛋制品品质。此外，对于蛋托在设计上对抗震性的思考与设计也鲜有报道，主要还是体现在对蛋制品的固定上，以减少鲜蛋的破损率。而防震设计的加入，如气膜防震技术，不仅能够一定程度上减小鲜蛋的破损率，而且能够有效减少包装材料的损耗。气膜防震技术作为典型的防震材料代表，运用防水性能高的塑料膜为材料，通过热加工压制成型，形成一个具有多蛋孔的蛋托，蛋托的底部设置一个贮藏空间，用于放置冰块或冰袋，其充气后形成的空间还可以起到缓冲的作用，在设计上还可以设置盖板通过拉链与底部相边，形成一个整体相对封闭的空间，将鲜鸡蛋固定在蛋托体内，有效避免了鲜鸡蛋从蛋孔的脱落及破损蛋造成的二次污染。

随着我国电子商务的快速发展，农村电商发展迅猛，鲜蛋销售的电商平台数量较多，通过农村电商平台进行鲜蛋销售俨然成为一种新兴的蛋制品营销方式。这种线上线下相结合的蛋制品交易，既减少了中间环节，又能满足消费者个性化的需求。因此，电商形式下鲜蛋的运输包装设计，既要考虑到销售的需要，又要考虑运输的需要，在设计上还要符合审美需求。其中，从最重要的运输角度考虑，鲜蛋包装设计应着重考虑如下三个方面：一是考虑其抗震性；二是考虑其保鲜的要求；三是蛋托的重复利用率的问题。此外，加快新材料的研究和利用，提高运输包装重复利用率，加强蛋托的结构力、抗震性、保鲜需求，也是未来蛋制品产业物流领域研究的发展趋势。

第三章

水产品加工
与贮运发展现状

学习指导：我国水域辽阔，水产资源丰富，水产品加工行业发展迅速，是我国食品工业的重要组成部分。经过多年的发展，我国已跻身世界水产大国，水产品总量多年位居世界第一。本章首先对比分析了我国和世界水产品加工和贮运的现状，总结归纳了我国水产品加工和贮运发展所面临的主要问题。在此基础上，进一步说明了我国水产品加工与贮运的发展方向。通过本章的学习，了解我国水产品加工的基本情况，明确未来的发展方向。

知识点：水产品加工，主要问题，发展方向

关键词：水产品，加工与贮运，研究现状，发展方向

第一节　水产品加工发展现状

一、水产品加工的发展现状

（一）我国水产品加工发展现状

我国地大物博，海域辽阔，水产资源十分丰富，为水产品加工行业的发展奠定了良好的基础。相较于国外，我国的水产品加工行业起步较晚，但近年来发展迅速，已成为集成鲜贮、物流、制造、食品加工等行业的加工体系。经过多年来的不断发展，我国已跻身世界水产大国，其中水产品加工生产量居世界第一位。据《中国渔业年鉴》统计，近年来我国渔业经济总产值超过 2 万亿元，全国水产品总产量为 6000 余万 t。水产品加工业作为渔业的重要组成部分，其发展壮大具有显著的经济效益和社会效益，促进了渔业产业的高质量发展。同时，水产品加工业延长了产业链，提高了产品的附加价值。随着人们生活水平的不断提高，对水产品需求量的不断增加，我国水产品加工业将会继续发展。

近年来，我国的水产品加工业呈现多样性、多角度发展态势，在传统水产品加工的基础上又衍生出多种多样的精深加工水产品。目前，主要的加工水产品品类有：水产冷冻品、干制品、腌制品、熏制品、罐头制品、鱼糜制品、藻类加工品、助剂和添加剂、鱼油制品、营养和保健食品等。其中，冷冻制品是水产加工品的主要组成部分，占有很大的比重，其次为罐头制品和鱼糜制品，是近年来发展较快的产业；第三为加工程度较高的藻类加工品、鱼油制品、助剂和添加剂以及其他海洋保健品等，这些产品的附加值相对较高，能够创造更大的经济价值。

随着社会的不断进步，人们对水产品提出了更高的要求，营养、卫生、方便、美味越来越受到人们的关注。在巨大市场需求下，我国水产品产业发展十分迅速，其产业规模、技术水平都逐渐与国际接轨。除了传统水产制品的基础加工技术，利用高新技术开发精深水产加工制品也逐渐成为了水产加工的重点，例如辐照、超高压、酶技术、液熏、超微粉碎、膜分离、超临界萃取和微胶囊等高新技术。这些技术在保持水产品的鲜度、色泽，增加海洋源天然产物的开发利用，降低或消除水产品过敏原活性，提高水产品的营养价值等方面均具有良好的效用。

（二）世界水产品加工发展现状

据 FAO 统计，近年来，全世界水产品的年产量为 2 亿 t 左右，其中，鱼类约占 60%，藻类约占 28%。随着全球经济一体化的不断发展，国际交流合作日渐紧密，渔业在全球粮食和营养安全中扮演着重要角色，世界捕捞渔业和水产养殖产量逐年递增。随着水产品加工研究不断深入，形式不断创新，由传统向高新技术不断发展。

自 1928 年，世界上第一个水产品加工研究所 Torry Research Station 在英国成立以来，各国对于鱼、贝、虾、藻类等水产品的研究不断深入，形成了不同的研究理论并取得了多项重要研究成果，如表 3-1 所示。

表 3-1　水产加工方面重要研究成果

年代	国家	成果
20 世纪 70 年代	日本	相比于上层鱼类，底层鱼类盐溶性蛋白质含量较高，加热凝固后呈现明显的弹性性状。由此，利用狭鳕生产出各种鱼糜制品，并经不断研究改革形成一整套完整的鱼糜生产的基础理论
20 世纪 70 年代	日本	通过对鱼类中三磷酸腺苷的降解作用研究，确定鱼类质量指标 K，$K<10\%$ 为一级鲜度，$20\%<K<40\%$ 为二级鲜度，$60\%<K<80\%$ 则为初期腐败
20 世纪 70 年代	日本	通过对鱼肉冰点的研究，发现 -3℃ 保藏条件比冰鲜方法更有效，由此引出"微冻"保鲜方法
20 世纪 70~80 年代	丹麦	鱼油中含有大量的 n-3 多不饱和脂肪酸、二十二碳六烯酸（docosahexenoic acid，DHA）和二十碳五烯酸（eicosapentaenoic acid，EPA），有助于防治心血管疾病、抗炎、抑制过敏等
20 世纪 90 年代	日本	400MPa 压力即可有效抑制食品中的微生物，利用此原理可代替传统高温杀菌手段，节约能源并生产出口味俱佳的食品
20 世纪 90 年代	德国	"栅栏效应"通过合理结合若干强度不同的防止病原菌等微生物生长繁殖的栅栏因子，打破食品中残存微生物生长的内平衡，起到阻止微生物繁殖、避免单一高强度防腐方法劣化食品品质的效用
20 世纪 90 年代	美国	HACCP 系统经不断补充和完善，于 1995 年 12 月正式颁布，1997 年 12 月起执行。世界各国根据这一理论，制定了不同的符合自己国家国情的实施方法，可有效预防和保证水产品食用安全
20 世纪 90 年代	美国	pH-shifting 鱼糜加工工艺为鱼糜制品开辟新的生产路径，具有产率高、原料适应范围广、耗水量低、品质优良、含盐量低等优点

（三）面临的主要问题

1. 水产品原料品质控制

根据《中国居民膳食指南》，科学膳食需要改变较为单一的以猪肉为主的动物性膳食，应增加水产品类富含多不饱和脂肪酸的动物性蛋白质的摄入，推荐人均摄入 300～500g/周。但鱼、虾、贝类等水产品死亡后，会发生生化反应，导致腐败变质。因此，有必要了解水产品品质劣变的原因以及如何控制水产品品质。

（1）水产品原料品质腐败主要影响因素　水产品在捕获后很容易变质，原因在于其自身存在的内源性酶、快速的微生物生长和外界环境的污染。在水产品品质劣变过程中，会发生各种成分的分解和新化合物的形成，其中最主要的是蛋白质降解和脂肪氧化，进而导致水产品风味和质地的变化，由于挥发性物质组成及含量发生变化，导致风味变淡，不良气味出现，品质发生劣变，使人们感官上不可接受。因此，水产品捕捞后处理、保藏期间的保存温度、氧气、内源性或微生物来源蛋白酶、水分等对水产品颜色、气味、质地和风味的影响尤为重要，以下是水产品品质劣变的几个主要原因。

①微生物的生长繁殖：导致水产品品质下降的重要原因是微生物快速生长与繁殖。每种水产品都有其独特的菌群，称为特定腐败菌（specific spoilage organisms，SSOs），它是由原材料、加工参数、贮藏条件以及微生物对贮藏条件的耐受性决定的。水产品腐败机制与特定腐败菌密切相关。刚捕捞的新鲜水产品通常具有柔和、浅淡、令人愉快的风味，这时 SSOs 含量极少；在死后贮藏过程中，新鲜度下降时，SSOs 大量繁殖，同时伴有令人不愉快的生物胺（三甲胺）、吲哚、有机酸、硫化物等代谢产物产生。

②脂质氧化：在贮存和运输过程中，水产品中的脂肪发生降解产生了小分子碱性物质（生物胺等含氮化合物及含硫化合物）。这些化合物会导致水产品气味、颜色、质地劣变和营养价值降低。同时，这些物质也是微生物生长的营养素，可进一步加剧水产品品质的劣变。

③酶类的水解作用：在水产品贮藏的前期阶段，因内源酶的降解作用导致化学和生物变化，肌原纤维蛋白发生降解产生生物胺等含氮化合物等小分子物质，对水产品的质地劣化（软化）有显著影响。贮藏后期，生物胺和含氮化合物等小分子物质作为微生物生长的营养素，造成微生物大量生长与繁殖，内源酶逐渐被微生物产生的胞外酶所替代，成为后期水产品品质劣变的主要原因。

（2）水产品原料品质控制的常见方法

①冷冻：水分是水产品的主要成分，也是积极参与和加速食品质地、外观等腐败变质的主要因素。为了最大限度地减少质量损失并保持产品的安全性，多种技术包括冷藏、冷冻和冷冻干燥（freeze drying，FD）等已被用于保存产品。水产品加工中最常用的技术是冷冻。在冷冻过程中，水产品的水分转化为冰晶，抑制微生物生长，减缓降解内源酶活性，有助于控制水产品品质。在工业上较传统的冷冻方法为鼓风冷冻、浸泡冷冻、平板接触冷冻等。近几十年来，我国逐渐引入了一些辅助技术，例如高压、超声波、磁场、电场和冰重结晶抑制剂等，将辅助技术与传统的冷冻方法相结合，更好地控制水产品的品质。

②气调包装和真空包装：在气调包装中，不同于空气的气体混合物替代了水产品的周围环境。通过延迟微生物生长，延缓三甲胺和总挥发性碱性氮的形成，并部分保持理想的感官特性来控制水产原料品质。真空包装可以理解为气调包装的一种特殊情况，即去除了包装水产品中的空气。同时，真空包装可以与冷藏相结合，通过限制需氧细菌生长所需的氧气，延长产品的保质期。

③防腐涂料：尽管可以通过冷冻的方式来延长水产品的货架期，在贮藏过程中低温不足以防止脂质氧化、酸败或特定腐败菌生长。因此，在水产品的贮存过程中，应适当地添加防腐剂。随着近年对于食品安全的重视，天然防腐剂在水产品加工中应用前景广阔。天然防腐剂一

般有三种来源：微生物、动物和植物。涂料因其成本低、操作便捷而受到广泛关注。因此，防腐剂与良好的成膜材料相结合，可使复合涂料具有协同效应，逐渐成为近年来防腐涂层的研究热点。

2. 水产品质量标准体系及相关法律法规

自 20 世纪起，在经济全球化的影响下，各国之间的贸易往来逐渐增加。因此，协调并制定统一的食品标准，成为各国之间贸易往来的必然要求。世界贸易组织（World Trade Organization，WTO）认可的食品相关的国际标准化组织共有四个：国际食品法典委员会（Codex Alimentarius Commission，CAC）、国际标准化组织（International Organization for Standardization，ISO）、世界动物卫生组织（Office International des Épizooties，OIE）及国际植物保护公约（International Plant Protection Convention，IPPC）。这些组织自成立以来，为保护人类健康和维护食品贸易公平作出了巨大贡献。

在我国，国务院标准化行政主管部门统一管理全国标准化工作。国务院有关行政主管部门分工管理本部门、本行业的标准化工作。其中，水产品行业标准化工作由全国水产标准化委员会负责。全国水产委员会下设 7 个分技术委员会，分别为淡水养殖（SC1）、海水养殖（SC2）、水产品加工（SC3）、渔具（SC4）、渔具材料（SC5）、渔机（SC6）、渔业仪器（SC7）。

近年来，我国水产品标准体系逐渐完善。体系从以产品标准为主，逐步过渡，建立和完善先进检测技术的同时也加大监督管理力度，形成各方面的配套标准体系。体系以国家标准（GB）为基础，细分出水产（SC）、进出口检验检疫（SN）、农业（NY）以及国内贸易（SB）等行业标准，相关标准和计划项目的制定、修订按照标准范围的不同，由不同的标准化技术委员会或行业标准主管部门负责。围绕水产品食品质量安全，我国已形成了一套多层次、较完善的法规体系，分为法律、法规、部门规章、规范性文件和标准等。体系中包含了《中华人民共和国食品安全法》《中华人民共和国产品质量法》《中华人民共和国渔业法》《中华人民共和国农产品质量安全法》等法律及若干法规、部门规章、规范性文件和标准等。完善的法律体系，对影响水产品质量安全的多个环节进行了明确的规范，为从源头追溯水产品质量安全提供了法律依据。通过建立健全水产品质量安全追溯体系，对水产品生产中从生产养殖到加工流通的各个环节进行监管跟踪和质量管控，以便在出现水产品质量安全事件时，能够及时确定生产责任方，从而保障消费者合法权益。

水产品是我国渔业经济健康发展不可或缺的关键部分，严格的质量标准和完善的法律法规体系是保障水产品质量和安全的重要支柱。随着时代的发展和科技的进步，面对未知的风险和危机，我国仍需要采取一系列措施，进一步完善水产品质量安全管理体系。通过制定完善管理标准的具体实施办法、强化执法监督、加强同其他国家的交流学习与贸易往来等方式，建立健全法律法规体系。同时，进一步强化集中食品安全监督管理部门的职能，建立部门之间的良好合作互动机制，引导水产品行业协会在质量安全管理工作中发挥其更大的作用，从而达到完善管理体制的目的。除此之外，要加快质量标准体系的建设进程，健全完善检测体系和质量认证体系，加强规范化建设，积极组织推进水产品行业标准化生产进程。

3. 水产品加工比例和科技含量

近年来，我国水产品加工总量占水产总量的 30% 左右。与水产品加工率 50%～70% 的国家尚存在差距。值得注意的是，我国海水水产品总量与淡水水产品总量相近，但在水产品加工方面，海水水产品加工总量却远远超过淡水水产品加工总量。在海水水产品中，有超过一半的海水水产品被加工，而淡水产品的加工比例仅占约 1/8，说明我国淡水水产品的加工仍有待于进一步加强。同时，随着水产品加工科学技术的不断发展，我国的水产品的精深加工整体水平亟待快速发展。

二、水产品加工发展方向

1. 水产品开发研究的多样化和个性化发展

随着水产养殖业的发展，水产品开发研究逐渐成为我国渔业发展的重要组成部分，是渔业生产的延续。水产品开发研究对促进渔业和水产养殖的发展具有重要意义，不仅提高了资源利用的附加值，而且带动了包装材料、加工机械、调味品等相关行业的发展。目前，以水产品原料开发保健品、干制品、方便食品、速冻食品、微波食品、儿童食品、老年食品、休闲食品、健康饮料和调味品等，正朝着多样化和个性化方向发展，以满足人们对水产品品质的需求。

海洋生物中含有许多对人类健康有利的元素，脂溶性和水溶性维生素以及铁、碘、锰等元素广泛存在于海洋生物中；金枪鱼、鳕鱼、鳟鱼等海洋鱼类中含有丰富的胶原蛋白、明胶、白蛋白等成分，可用于抗衰老、预防慢性疾病，制作稳定剂和增稠剂等；大型海藻、龙虾、海参等含有多种具有抗病毒活性和抗凝血的糖类物质，如卡拉胶、琼胶、岩藻聚糖等；藻类中含有许多具有特殊功能的有益成分，如类胡萝卜素具有抗氧化、抗炎特性，海藻多酚具有抗肿瘤、抗凝血、抗肥胖等多种功能特性。海洋保健品具有广阔的发展前景，应用十分广泛。

海洋调味品生产成本较低，其原料具有多样性，极具创新开发利用价值，逐渐成为调味品市场的一类重要产品。海洋资源加工副产物包括具有独特风味的肌苷酸钠、鸟苷酸钠、谷氨酸钠、琥珀酸钠等呈鲜物质，对其进行充分开发和利用，不仅保护环境、节约资源，而且大大减少了生产成本。工业生产中，利用超临界二氧化碳萃取技术、微胶囊技术、分子筛技术分别对风味物质进行提取、分离以及包封，各种技术的联用不仅能更好地保留原料的风味，还能使海鲜调味料的风味更加独特和丰富。

2. 水产品副产物的精深加工发展

我国的水产品加工产品以冷冻水产品、干制水产品、糜类制品为主，在粗加工及深加工的过程中会产生大量副产物。其往往含有丰富的蛋白质资源，并含有大量的不饱和脂肪酸、矿物质元素和其他生物活性成分。而这些水产品加工副产物在我国尚未能得到妥善处理和利用，由此也造成了一定程度的资源浪费和环境污染。另外，国内外水产品加工技术逐步形成有明确指向的新技术和功能方向发展趋势，包括优质水产品，具有保健、美容功效的水产品，以及合成水产食品等。在水产品总体品质提高的基础上，多学科的产学研融合已成为常态，现代高新科技不断被拓展应用于水产品及其副产物的精深加工中。然而，我国在水产品及其加工副产物加工技术方面，例如液熏技术、酶技术等，掌握和应用的水平还比较低。所以，有效提高水产品加工副产物的精深加工和综合利用，对我国渔业结构的优化和产业增值增效具有重要意义。

随着水产品加工业的迅速发展，供应链增长的同时，大量皮鳞、骨刺、碎肉、内脏、甲壳等加工副产物急需妥善处理和高值化利用。很多鱼类加工副产物的水分含量很高，极易腐败变质，因接受度低或卫生法规限制一般不会被投放市场。近20年来，水产品加工副产物丰富的营养价值逐渐得到重视，利用率逐年提高的同时，其精深加工也成为很多国家的重要经济产业。水产加工副产物的精深加工迫切需要进行本土的技术革新与发展。目前，我国已实现了对鱼类、虾类、蟹类、贝类及其他水产类的部分高值化利用，除了加工成调味品或者速食食品，还致力于从中提取多种生物活性物质，用于医疗研究和疾病治疗。例如，鱼虾贝类的副产物可以作为一系列生物活性物质如硫酸软骨素和蛋白酶的重要来源以及生产生物活性肽的水解蛋白资源；从多脂鱼类的鱼皮及内脏中提取的鱼油在我国属于新资源食品，具有保健作用；鱼皮和鱼鳞胶原是明胶产品的一个重要来源；以虾蟹贝类的甲壳为原料生产的壳聚糖在食品、医药和化工领域都有广泛应用，从中提取的虾青素和类胡萝卜素等作为生物活性物质可用于药用制剂。

为畅通国际国内双循环，不断提升水产行业加工品的品质，水产品加工副产物精深加工的产业化应用不断深入。我国众多的水产品加工企业一直在不懈努力，以提升其技术水平和科技含量，开发出深海鱼精、高端鱼油等具有高附加值的精深加工水产品，不断寻找方法促进行业的盈利能力，在推动产业转型升级过程中彰显新作为。水产品加工科技创新涉及食品、生物、农学、装备和海洋科学等诸多学科门类，在发展过程中需要坚持跨学科融合与多学科交叉，充分利用大数据等信息手段，推动互联网和精深加工深度融合。目前，水产品加工副产物的精深加工发展主要有四个方向：方便、风味、模拟和保健。现阶段可以应用以及逐渐发展的水产品加工副产物精深加工技术包括生物酶技术、减压分馏技术、超微粉碎技术、超临界萃取技术、挤压技术、干燥新技术、包装杀菌新技术等。

3. 水产品传统加工技术的提升和装备改造发展

我国对于水产品加工装备技术的研发始于20世纪中期，近年来，水产品装备技术领域的主要科研成果体现在前处理加工、高值化加工以及流通与信息化等方面，但目前我国机械化、自动化水平在水产品加工方面的应用依然较低。由此，利用高新技术，有利于深度开发个性化、多样化的新型水产品，例如保健食品、方便食品以及即食食品等。

在前处理装备技术方面，我国已成功研制出切块平整且精度高的鱼类切块机；损伤程度较小的快速去鳞装置；还成功研发出高质量水产品前处理加工生产线；以及鱼类去鳞及去内脏加工生产线等。

在高值化装备技术方面，研究发现，利用新型辊筒挤压式分离装置，有助于实现螃蟹肉壳完整分离；利用新式温控系统，有助于改善海参产品在蒸煮过程中保持低硬度与高弹性；此外，对鱼类去脏技术、鱼粉加工装备技术、水产品加工刀具等进行研究，采用最新的加工技术，以及最优的制备工艺，使得水产品加工品质提高，并且有助于节能减排。

在信息流通方面，利用新型转运装置可达到自动化控制与称量精准有机结合；为保障海产品在运输过程中的质量，研制出了新型鱼类贝类保活运输车，采用冷海水喷淋保活模式，运用低温应激反应原理、品质变化等规律，适合运输量大，距离长的高值水产；利用无线电波进行解冻数值模拟，得到了鳕鱼鱼糜在加工过程中的温度变化规律。

国外水产品加工在20世纪初期就实现了机械自动化，近年来逐步实现了机械加工智能化，例如利用机器人进行成品包装、剥离蟹肉、品质测量、鱼类去骨等。国外生产线集成度高，自动化控制与精准度结合程度高，配备专业型水产加工捕捞船，大大提高了生产力，例如，在切割鱼片时，采用X射线进行透视、扫描骨骼、估重，并使用水射流进行有效切割。我国的水产品精深加工装备水平整体还有待于进一步提升，大型生产线和核心装备仍依赖进口。因此，针对水产品精深加工，在成套设备研发、装备加工效率、加工精度和稳定性，装备的信息化和自动化程度等方面需不断提升与改造。

第二节　水产品贮运发展现状

一、水产品贮运发展现状

（一）水产品贮运冷链物流规模持续扩大

水产品比农产品和畜产品更易变质腐败，同时其在海上、渔区的生产地离销地远，地区分散，季节性强。因而水产品产后贮运的保鲜保质也就成为水产品由产到销过程中亟须解决的首要问题。因此，水产品的贮运过程也就是防止其腐败变质的过程。近年来，我国的冷链物流需求量不断上升，2015 年突破 1 亿 t，且近 5 年来每年的增长率均在 10% 以上，2022 年的增长率为 18.2%，需求量达到 3.25 亿 t（图 3-1）。其中，水产品冷链物流需求占比为 16.4%。水产品贮运发展较快的是冷冻、冷藏，2022 年我国水产品冻品总量 1532.0 万 t，其中冷冻品 802.57 万 t，冷冻加工品 729.43 万 t。近些年来，在水产品冷冻、冷藏基础上，小包装的预制生、熟冷冻水产品，包括鱼片、鱼排、鱼饼、拌粉油炸制品、各种鱼糜制品、以鱼糜为原料的模拟蟹虾贝肉制品以及各种轻腌、轻干、轻熏水产制品等也得到了快速发展。这类水产品存在如下特点：一是美味、营养、质量好，依靠冷冻冷藏可以保持鱼虾贝等原有的风味特色；二是贮运销售、食用方便，有利于减轻市场流通和家庭、食堂的劳动强度；三是依靠冷冻贮藏，可以不受限制地开发各种适合于不同口味、消费习惯的产品。

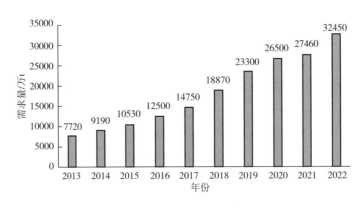

图 3-1　全国冷链物流需求总量

根据不同的运输方式，冷链运输可分为公路、船运、航空和铁路运输，采用何种运输方式取决于货架寿命、经济价值、成本和客户需求。据中物联统计（图 3-2），2018 年全国的冷链运输方式中，公路冷链运输占到 90%，船运冷链运输占 8%，航空和铁路冷链运输分别占 1%。《2022 年冷藏车行业运行情况分析报告》显示，2021 年我国的冷藏车已经达到了 34 万辆，同比增长 23.64%。

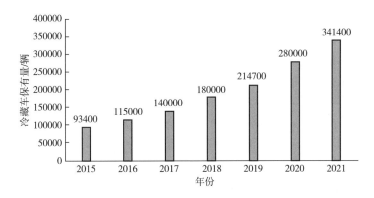

图 3-2　我国冷藏车 2015—2021 年保有量

（二）冷冻冷藏设施和冷链物流中心建设连续升温

1. 冷库总量的现状呈现发展趋势

全球冷库总量在 2010—2018 年不断增加，从 4.58 亿 m³ 增加到 6.16 亿 m³。我国冷库总量也在不断上升。由于不断上升的市场需求和各级政府大力的政策支持，近些年来我国冷库容量持续增长，涨幅均在 10% 以上，到 2019 年我国的冷库的总量达到了 6053 万 t，即折合约 1.4 亿 m³，同比增长 15.6%。人均冷库容量也从 2013 年的 443m³/万人上升到 2018 年的 1320m³/万人，但与国外相比仍有较大的差距。目前我国冷库容量的区域差异较大、发展极不平衡。全国人均冷库容量最高的是上海，其 2018 年的人均冷库容量为 3865m³/万人，基本已经达到中等发达国家水平，人均低于 1000m³/万人的省区市仍有 17 个，见图 3-3。国际冷藏协会的数据显示，发达国家人均库容积基本都超过 3000m³/万人，美国的人均库容积在 2019 年达到了 4900m³/万人。

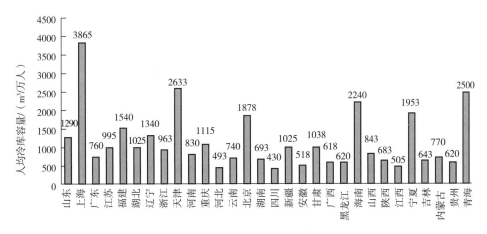

图 3-3　2018 年我国部分省区市人均冷库容量

中国物流与采购联合会冷链物流专业委员会库容总量的数据表明，2021 年冷库容量排在全国前 3 位的省份分别为山东、广东和上海，分别为 625.28 万 t，455.09 万 t 和 410.11 万 t（图 3-4）。由图 3-5 可知，2018 年前 3 名分别是山东、上海和广东，表明广东近年来库容总量发展较快。

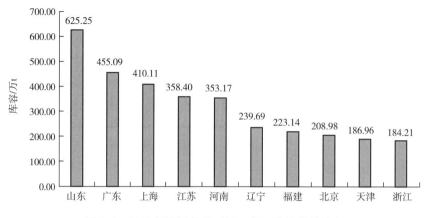

图 3-4 2021 年我国各省（区、市）冷库容量前十

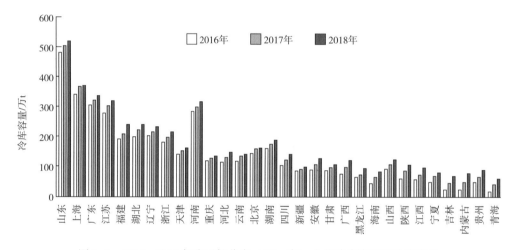

图 3-5 2016—2018 年我国部分省（区、市）人均冷库容量和冷库容量

2. 生产性冷库与冷却、冻结和制冰等生产设施不断更新

生产性冷库与冷却、冻结和制冰等生产设施是水产加工厂、肉类联合加工厂、果蔬加工厂、速冻食品厂和乳制品加工厂等食品生产加工企业生产设施的重要组成部分。

对于不适合鲜活流通及需要出口的水产品，例如对虾、带鱼、鱼片等，需要通过水产品加工厂加工；为了维持水产品原有的形态，往往需要经过多道工序，包括原料处理、冷冻、包装、入库冻藏等。由于水产品的易腐特性，在加工过程需要利用冰或冰水使其置于低温环境。生产性冷库与冷却、冻结和制冰等生产设施是水产品加工厂不可或缺的基础设施，没有这一类设施，或这一类设施的产能不足，其相应的水产品将难以满足全程冷链标准，若是从源头上的原料就品质不好，后续保鲜工作做得再好其品质也会受到很大影响。

国内在生产实践过程中发现，即使采用鲜活流通的水产品，降低温度能够减少其在终端市场的死亡率，因此这种特别的"鲜活水产冷链"技术在近年得到发展。例如大闸蟹，以往捕捞后直接分级装箱运输、销售，目前有的养殖企业或农户在捕捞后用冰水降温，再用配置冰瓶或冰袋的保温箱运输、销售，可在一定时间内保持相对的低温。这种模式虽然并不规范，但是其对冷链设施和装备的要求不高，能够与电商和快递目前的运营模式契合，是一条"中国特色"的水产保活冷链产业发展道路。

与现代肉类联合加工厂相比，目前国内水产加工厂在物料处理段的规模、工艺和设施设备的标准化和自动化程度比较低，在冷冻和冷藏段则比较接近。对于冻结生产，产品尺度较大时多采用建筑类的冻结间，鱼盘放置在搁架排管或货架车上，冷风机通过降低冷间内空气的温度使鱼体冻结，冻结的中心温度一般要达到 -15℃ 以下，多脂类产品需要达到 -18℃ 以下；产品尺度较小时多混合采用装备类的速冻机和建筑类的冻结间，由于速冻机冻结速度快、自动化程度高、卫生条件好，在水产冻结生产中使用的比例越来越高，尤其随着国内人工费用的上升，使用速冻机的综合效益往往更高。水产加工普遍需要制冰，用冰或冰水保持水产品加工过程的持续低温状态，由于和产品直接接触，因此对冰的卫生和形态都有要求，目前以片冰为主，片冰设备技术成熟，工艺能够保证其卫生要求，片冰的比表面积也比较大，既能够与产品充分接触，又不会损伤产品表面。随着技术进步，近年开发的流化冰更适合水产加工，比表面积能够达到片冰的 4 倍左右，可流动，单位制冰能耗能够降低 1/3 以上，随着装备制造逐渐成熟，日后替代片冰的可能性极大。此外，冷库中合适的湿度对于减少水产品的水分流失、维持其新鲜的感官（例如颜色和质构）很重要。为了减少水产品的干耗，冷库内的相对湿度应大于 90%。

（三）水产品冷链物流信息化、标准化建设初具规模

为了提高水产品冷链物流产业技术水平，增强冷链物流过程中水产品的质量安全，降低水产品冷链的成本和促进企业品牌化发展，发展水产品冷链物流的信息化和智能化是重要保障。在国家物流行业振兴政策的支持下，我国水产品冷链物流企业硬件资源的升级会带动行业跨越式发展，多温层控制、无线射频识别（radio frequency identification devices，RFID）及传感器技术、气调库技术开始得到应用。在水产品贮运过程中正逐步推广全程低温控制，冷链终端系统逐步得到应用，水产品冷链溯源与全程监控技术得到逐步推广。部分企业引进 HACCP、良好操作规范（good manufacturing practice，GMP）等管理体系，开始逐步实施冷链物流的国家标准GB 31605—2020《食品安全国家标准　食品冷链物流卫生规范》。

在标准化建设方面，截至 2018 年 6 月，我国冷链物流相关标准已经颁布 220 余项，这对于规范水产品行业冷链物流标准化起到了促进作用。水产品仓储保鲜和冷链物流标准体系目前还存在一些需要提升之处，例如，冷库月台温度控制、产地水产品预冷流程管理标准等方面的标准还不完善；不同标准的内容存在重复且概念矛盾等现象；水产品贮运冷链物流标准化体系建设在政府部门和各个行业中还不能形成有效的统一规划。

（四）面临的主要问题

1. 水产品贮运冷链物流的基础设施

我国水产品冷链物流起步较晚，冷链物流基础设施分布不均，主要集中在沿海地带和一线发达城市，中西部地区冷链资源匮乏，发展相对滞后，不能实现水产品在运输过程中的无缝对接与快速便捷。同时，我国水产品贮运企业的冷链车大部分为机械式速冻车皮，保温式保鲜、冷冻冷藏运输车厢的数量较少。水产品冷链物流体系目前尚未形成低温封闭的设施设备，封闭式月台、低温穿堂以及液压升降式装卸平台等设施设备未能被广泛应用。部分水产品冷链仓储和物流企业为降低经营成本，采用不达标的设备和设施，或不按照规定程序操作。由此产生了让冷链断链的动机，从而造成水产品的损耗。此外，在运输过程中的温度波动也会极大影响水产品品质。

同时，水产品由于易腐特性，其在冷链物流整个过程中的制冷能源消耗必不可少。我国对

于冷链物流车辆的淘汰更换制度完善度不够，大部分运输车辆的性能低于外国同类型车辆。路况的复杂也会增加能源的消耗，我国东西部经济发展不平衡，这会影响货物的满载率，比如东部出现货物超载现象严重，但西部满载率不高，不能有效利用能源。未来水产品冷链企业在跟踪产品从生产到消费整个过程时，也应跟踪冷链设施的寿命。

2. 水产品贮运过程中冷链物流行业发展

（1）水产品冷链物流信息化水平有待提高　因水产品具备显著地域、季节特征，要求水产品冷链物流确保由原产地至销售地这一流通环节信息的高效性与精准度，保证水产品价值与质量。水产品养殖原产地区域信息化技术运用的覆盖率会影响水产品供求、库存及销售相关数据的高效共享，不利于水产品快速流通，降低了当地水产品冷链物流协作力度。同时，在实施水产品冷链物流的过程中，物流企业的信息系统普遍处于"孤岛"状态，彼此之间未能信息共享，影响企业有效、规范的管理。部分水产品冷链物流企业在一开始构建冷链系统时，忽视了对物流计划设备设施和整体服务水平的统筹兼顾，不能全程把控冷链物流的状态。目前，大多数研究提出的基于低温物流的信息化架构仍处于理论阶段，还未能全面运用于冷链物流实践中。

（2）水产品贮运冷链物流应减少"断链"　我国水产品贮运冷链物流尚未形成一个完整的体系。水产品属于易腐食品，通过冷冻、冷藏设备的应用，可确保水产品在不同流通阶段均保持低温新鲜状态。现阶段，地市水产品批发交易场所是我国水产品贮运冷链物流主要经营地，参与对象多，包括运销商户、渔户、第三方冷链物流公司、渔民合作社、批发商与个体户、超市等。水产品贮运冷链物流运作流程相对烦琐冗杂，存在迂回性、重复性配送，加大了冷链条长度。此外，因各水产品产地冷链配送设施规格多，难以确保水产品能够在配送阶段维持低温状态。同时，水产品贮运过程存在较多的交接环节，容易发生衔接不当问题，易发生"断链"隐患。

（3）冷链物流规范化建设有待强化　水产品冷链物流得以有序运作的重点在于明确其规范体系。考虑到水产品品种多，各类水产品对贮存条件、温度等标准存在一定差异，需针对各类水产品贮运需求进行规范。我国只有部分地区建设并成功运作有水产品基地，但因冷链行业准入标准并不严格，以至于水产品贮运冷链物流缺乏统一整体的规范体系。此外，相关冷链物流公司通常以自身标准、需求为主要展开运作，整体协作力度不足，难以从基础层面优化水产品冷链物流综合服务质量。

（4）水产品贮运行业市场化程度有待提升　大多数地区水产品贮运冷链物流行业的发展仍在起步阶段，国内范围内流通的水产品冷链物流配送服务，均是通过生产商、销售商进行的。虽然部分生产企业、连锁零售企业将物流外包给第三方物流企业，但业务类别主要是水产品冷藏冷冻仓储、运输和配送。第三方冷链物流公司未与生产和零售企业形成真正的供应链关系，企业没有信心将冷链物流全部外包给第三方冷链物流公司，而且部分第三方冷链物流企业还不具备为其他企业提供一整套冷链物流服务的能力。

（5）水产品贮运行业上下游之间的联系需要加强　水产品贮运冷链物流各步骤衔接的密切程度在一定程度上直接决定了其运输效率。由于我国水产品贮运冷链物流的发展现状并不理想，造成了水产品贮运冷链物流不能与社会资源进行有效结合。近些年，由于"新零售"模式的发展和相关政策的支持，冷链物流发展较快，出现第三方冷链物流公司，生产制冷机、汽车等的厂商开始研发、生产冷链物流设施设备并加以宣传。然而，现阶段各行业对上下游之间资源的规划还应更加合理。

3. 水产品贮运技术标准与体系

（1）水产品贮运标准化水平有待提升　我国水产品贮运标准最突出的问题是现行标准与当前实际行业应用情况存在一定偏差，在水产品贮运装备标准方面，由于水产品加工的工艺流程和实际贮运装备落后，所定的标准先进性有待加强；现行有效的水产品贮运保鲜标准，大多是一些冷冻产品标准，与贮运保鲜的科研和生产衔接应加强，标准水平需跟进国外先进标准。

（2）水产品贮运覆盖面需扩展、加强基础性研究　由于水产品贮运涉及的范围较广，现有标准主要针对生产规模较大、产值高的产品进行规定，现有标准不能覆盖现有市场上销售的所有产品，标准的缺口相对较大。现有涉及水产品质量安全的标准主要针对水产食品的质量安全指标，如对水产品中重金属限量、微生物指标、生物毒素、渔药残留限量等进行规定。这些指标的规定主要是基于食品毒理学研究及安全性评估的基础上进行，对水产品贮运保鲜要求指标较少。一些标准制定、修订滞后于生产和贸易发展的需要。究其根源，是我国围绕水产品贮运过程标准的科研工作基础还需加强。

4. 水产品贮运冷链物流人才与培训机制

水产品贮运冷链物流人才供需不平衡是制约水产品冷链物流企业发展的重要因素。水产品贮运冷链物流的发展，要求相关人员具备较优综合素养，包括物流信息技术、水产品冷藏技术、物流知识、制冷知识及供应链管理等多方面要求。当前该领域急需一批具备"冷链物流"知识、熟知"水产品特性"的高端人才。

5. 监管体系与全程可追溯体系

尽管规范水产品贮运安全已引起有关部门的高度重视，但部门之间缺乏顶层设计，未能形成"全链条"监管体系。我国对于水产品贮运过程中的监管重点放在最终产品监督上，尚未实现水产品从"产地到餐桌"的全过程监控。在水产品生产地、集散地和农贸市场、批发市场和生产、加工等环节的检测力量仍很薄弱，不同监管部门"各管一段"，冷链"不冷"、冷链不"链"等乱象仍然存在。以活水产品的冷链运输为例，多个部门出台了管理标准，包括GB/T 36192—2018《活水产品运输技术规范》、GB/T 27638—2011《活鱼运输技术规范》等，导致相关企业在操作中需参考多项标准来应付不同部门的执法检查活动，不仅增加了涉渔（水产品）单位或个人的负担，也影响了政府各执法主体之间的工作关系。

同时，我国水产品生产较为分散，生产集约化程度不高，科技化、标准化水平较低。水产品产地环境、投入品、生产过程、包装标识、安全标准界定和市场准入制度等方面管理力度薄弱。各地区、各行业经济发展不均衡，使水产品贮运各环节之间的关系衔接不紧，传统的流通渠道如批发市场、集贸市场还占有相当比例，现代流通渠道如连锁超市还不够普及。

二、水产品贮运发展方向

（一）构建适合我国水产品贮运发展现状的冷链物流体系

1. 科技推动水产品贮运冷链物流体系建设

在水产品贮运冷链物流体系建设方面，注重科技升级促使冷链物流跨越式发展。大力推广应用北斗卫星导航系统、全球定位系统（GPS）、自动识别等技术，借助大数据、云计算、网络平台、信息技术等方式，发展水产品冷链物流物联网技术，将水产品生产、加工、运输、仓储、销售等环节进行串联，以实现水产品全过程监控、资源和信息共享，提高水产品贮运冷链物流经济效益、社会效益。引进并推行应用水产品贮运物流管理系统、自动化冷库、无损检测与商品化处理以及运输车温度自动控制等技术来进一步提高技术完善、更新能力。

2. 健全地方水产品贮运冷链物流系统

重点支持水产品贮运冷链核心城市及其他节点城市冷链设施建设，建立大型水产品贮运冷链仓储集散中心，拓展国内国际冷链集装箱航线。打造冷链产品线上交易平台，实现冷链产品线上交易、线下配送的融合发展。通过构建成熟、完善的水产品贮运冷链物流配送网络站点，高效对接生产地至销售地各阶段水产品流通，优化贮运冷链物流整体衔接水平。政府鼓励、支持水产品贮运冷链物流企业增加冷链运输车数量，最大限度改善、规避"断链"风险的出现。同时，依托水产品贮运龙头企业有利条件，建造具备分拣、中转功能的冷链运输站，结合市场多元化、多层次需求，优化水产品贮运冷链物流体系。打造集航运、海运、公路及铁路为一体的水产品贮运冷链布局，以及集第三方物流、超市、水产品加工为一体的互惠型冷链物流系统。

3. 充分发挥第三方冷链物流企业的作用

水产品贮运冷链物流属于基础设施、操作要求、技术含量均较高的高端物流，需要较高的技术和较大的资金投入，生产商、零售商建立专业的水产品贮运冷链物流成本过高。因此，在未来的水产品贮运冷链物流市场中，高质量的第三方冷链物流企业具有竞争优势，可以通过以下三条途径开展水产品贮运冷链物流业务：①对现有资源进行联系整合从而创建独立工作的水产品贮运冷链物流操作部门；②在重点区域范围内，实施水产品贮运冷链物流区域配送；③与生产商进行合作交流，以此来实施一些冷链物流工作，例如提供冷链运输服务等。

（二）建立、健全水产品贮运冷链物流行业标准与法律法规

1. 加强水产品贮运标准制定与科学研究相结合

加强水产品贮运标准技术研究，为保证标准制定、修订质量提供科技基础。水产品贮运标准的制定应保证其科学合理和广泛适用，同时也要注意其经济性和先进性。应紧密跟踪食品技术、生物技术、信息技术等高新技术在水产品贮运过程中的应用动态，坚持高新技术与标准的结合。水产品贮运标准要与水产品贮运的生产实际紧密结合，与当前水产品贮运技术与装备等相结合，学习借鉴国际上最新的研究成果。

2. 加大国际先进水产品贮运标准的采用力度

以市场为导向，围绕我国渔业经济结构调整和产业化发展，提高我国水产品质量水平和市场竞争力为重点，加大国际先进水产品贮运标准的采用力度，如欧盟的专家学者早在 20 世纪末就已开展水产品可追溯技术研究并付诸实施，成为欧盟建立新的法规的技术基础。为此，首先要了解国内外水产业生产、技术贸易等与其标准技术法规的协调性、配套性，再对我国水产品贮运过程的实际情况进行充分研究，从而确定科学合理的采标原则和目标，保证采用的标准符合我国水产品生产和贸易需求。其次是根据我国法规有关要求，以技术先进、经济合理、安全可靠为前提，对国际标准和国外先进标准进行适当选择。

3. 引进市场化机制，重视水产品贮运标准的经济效益

外国的标准制定遵循市场化原则，基本形成了政府监督、授权机构负责、专业机构起草、全社会征求意见的标准化工作运行机制。这种运行机制可最大限度地满足管理部门、企业、用户等各有关方的利益和要求，从而提高标准制定的效率，保障标准制定的公正性、透明度。美国的水产品 HACCP 法规实施后，就有专家学者跟随研究评估其对社会和产业的经济效益，还

建立了相应的数学模式。

4. 建立相关检验检测机构

检验检测是衡量标准体系是否有效的重要手段，也是保障合格评定程序的技术支撑。如欧盟法规规定了欧盟各国基准实验室的条件和职责。这些权威检验检测机构拥有先进的技术设备和业务水平相当高的检验人员，为标准的制定和审定提供技术支持，有的人员还直接负责或参加有关标准的制定和审定。

新时期渔业发展对水产品贮运冷链物流标准体系提出了更高的要求，努力构建符合市场经济规律和国际规则的水产品贮运冷链物流技术标准体系，把握水产品保鲜标准制定和修订、实施与监督三个关键阶段，着力构建涵盖水产品贮运全过程、统一权威的标准体系，为推进水产品贮运发展提供有力的技术支撑和保障。

（三）建立完整有效的水产品贮运可追溯性体系

建立完整有效的水产品贮运可追溯性体系是我国水产品贮运过程中需要解决的重要问题。根据我国水产品生产、加工特点，建立我国水产品贮运的一般流通链模式。可按照鱼、虾、贝类等品种分类，明确以贮运物流为主线的流通链各环节，包括养殖/捕捞、初级产品的贮藏和运输、加工、产品流通（贮藏/运输、流通分配）、市场销售等环节，明确各环节参与者。制定水产品贮运全链可追溯体系的相关制度和法规，明确各参与者的职责，根据制度和法规的要求，对各环节的内容实行记录制度。在建设中，要以水产品贮运流通链为主线，建立权责清晰、分工合理的管理体制；以全程监管为理念，完善法律体系、规范执法行为；要建立完善科学合理的标准、检验检测和认证体系；要增强信用体系的建设，加大失信处罚力度；加强关键技术研究，强化风险管理和应急预警的处理能力。

（四）加强水产品贮运冷链物流专业人才的培养

熟悉水产品贮运冷链技术的基层操作人才以及熟知水产品贮运冷链物流理念的高级管理人才的缺乏，直接阻碍了水产品贮运冷链行业的快速发展。高等院校要积极抓住国家支持冷链发展的契机，结合水产品冷链物流运作前景，开设冷链相关专业，推进高校、科研院所与企业间的交流及科研资源整合，建立联合研究中心、技术创新联盟、校企合作基地等平台，培育精通冷链物流相关技术和经营管理知识的优秀水产品贮运冷链物流人才。同时，建立水产品贮运物流实习培训中心，制定、完善相关实训要则。通过理论联系实际，培育、提高基层操作人才的实践水平。积极借鉴、吸纳国内外科学物流培育技巧，定期开展培训活动，培育出掌握冷链物流操作要则、综合素养高的员工团队。

（五）建立和完善我国水产品贮运质量监管体系

根据食品安全法的规定，建立协调统一、职责清晰的行政监管体系，明确各部门监督管理职责。制定统一的水产品质量检测机构的评审标准和水产品质量检测的合格标准，建立水产品贮运物流过程中的抽查和例行监测制度。基本建成布局合理、职能明确、专业齐全、运行高效、面向社会、资源共享的，覆盖产地环境管理、生产过程监控、市场准入三大环节，执法监督检验、社会中介检验检测机构、生产经销企业连接紧密的水产品检验检测体系。尽快建立国家、省、市、县四级水产品质量监督检验中心，以水产科研和水产技术推广机构为依托，建立水产品质量监督检验体系。

2

第二篇
农产品贮藏期间品质变化及其调控技术

第四章
粮食油料储藏技术

学习指导：本章先介绍了粮食储藏和调控技术，包括目前广泛使用的准低温储藏技术、气调储藏技术、低剂量熏蒸技术、机械通风与仓房隔热结合技术、电子测温测水测湿技术、互联网监测摄像系统六大类，重点讲解了其中应用类型、基本原理等内容。再基于油料的基本特征，介绍了油料的干燥储藏技术、通风储藏技术、低温储藏技术、密闭储藏技术、气调储藏技术、化学储藏技术、综合储藏技术七类常见的油料的储藏技术。针对不同类型油料储藏技术，从原理、方法和实际应用等方面进行了讲解。通过本章的学习，应提高对粮食油料储藏技术的了解，认识不同储藏技术的实际应用特点和区别，深刻理解粮食和油料作为保障国计民生的重要基础性战略物资，其安全规范储藏的重要性，并结合目前蓬勃发展的互联网与数字化技术，拓展对新型储藏技术的了解。

知识点：粮食储藏和调控技术，油料储藏和调控技术，粮油食品安全

关键词：粮食，油料，储藏技术，粮油安全

第一节　粮食储藏及调控技术

粮食安全是事关我国国民经济发展和社会稳定的全局性国家战略问题，"十三五"期间，党中央提出"以我为主、立足国内、确保产能、适度进口、科技支撑"和"谷物基本自给、口粮绝对安全"的目标。经过 5 年的不懈奋斗，我国粮食发展取得了历史性成就，粮食综合生产能力稳步提升，全国粮食总产量连续 6 年稳定在 6.69 亿 t 以上，口粮完全实现自给，人均粮食占有量 470kg 以上（表 4-1），远远高出国际 400kg 的平均水平。目前，我国粮食安全形势持续向好，粮食安全有保障，粮食产量高、供应稳、储备足，"中国粮食、中国饭碗"成色更足，应对风险挑战能力大幅提高。

表 4-1　2000—2020 年我国粮食总产量及人均粮食占有量

年份	粮食总产量/万 t	人均粮食占有量/kg
2000	46218	364.7
2004	46947	361.2
2008	52871	398.0
2012	58957	435.4
2016	61623	445.6
2020	66950	470.0

然而，粮食在储藏中伴随损耗。据统计，我国粮食产后损失率超过 8%，其中国家粮库储粮损失为 0.2%，农民储粮损失 8%~10%，粮食存储损耗成为我国粮食生产不可忽略的问题之一，所以做好粮食储藏工作对于维护国计民生、促进社会平稳安全发展至关重要。我国当前仍是以农业为主的大国，粮食产量接连攀升，给我国粮食储藏工作带来了非常严峻的考验。一般

来讲，入仓、储藏和出仓是粮食储藏的三个必然过程，也是粮食储藏过程中的重点工作，落实这三个过程，辅以良好的配套设施和先进的保管技术和方法，方可实现粮食的有效保护，确保粮食储藏安全。

粮食作为生命体，收获后到储藏环节与环境形成了储粮生态系统。储粮生态系统包括温度、湿度、微气流等非生物因素和微生物、虫害等生物因素，这些因素均会影响储粮生态系统的稳定。影响粮食储藏损耗的原因包括人为因素和自然因素，其中自然因素是造成粮食损耗的关键因素，包括水分减量、杂质减量、粮食呼吸作用、储粮害虫危害、粮食发热以及霉变等原因引起的损耗，其中水分含量的损耗最为显著。绿色储粮和安全储粮是粮食行业的重要课题，尤其高温高湿的储粮环境更易滋生害虫、微生物，导致储粮品质劣变快，保管难度大，管理成本高。如何通过绿色的技术措施，优化储粮生态，防止虫霉侵害，延缓粮食品质劣变，确保粮食品质良好、安全、卫生，是需要面对和亟待攻克的重要课题。多年来，我国按照"安全储粮、绿色储粮、科学储粮"的思路，在"四合一"储粮技术基础上，积极创新储粮科技，重点推进以准低温储藏、智能氮气气调、智能通风、粮面压盖、空调控温、内环流通风为主的绿色储粮技术，全面建设绿色储粮技术体系，最大限度地改善了储粮生态环境，有效解决了辖区储粮品质劣变快、虫霉易繁殖、储粮成本高等问题，绿色储粮取得明显成效。

影响储粮安全和品质的主要因素是储藏环境的生态因子，要确保储粮品质良好、食用安全，就要在储存环节改善储粮生态因子，创造绿色、适宜的储粮生态环境。储粮科技的核心就是利用科学技术手段调控影响储粮生态的温度、湿度、气体成分、杂质和微生物等因素，最大限度地保持粮食品质和安全。目前，常见的科学储粮技术有准低温储藏技术、气调储藏技术、低剂量熏蒸技术、机械通风与仓房隔热结合技术、电子测温测水测湿技术和互联网监测摄像技术等。

一、准低温储藏技术

低温储藏是一种可以提高粮食储粮稳定性的控温储粮技术。该技术主要是通过抑制粮食及其环境生命体的呼吸作用，抑制储粮害虫和微生物的滋生，预防粮食的发热、结露和霉变，进而最大限度保持粮食的新鲜度。有研究表明，15℃为低温储粮的最佳温度，可以最大限度限制粮食生命体活动而不破坏粮食内的营养物质，延缓储粮陈化速度，保持其新鲜度。准低温储藏是低温储藏的一种，它是通过采用自然或机械通风冷却、机械制冷等措施，使平均粮温常年保持在20℃及以下，局部最高粮温不超过25℃的储粮方式。其主要目的是延缓粮食品质劣变，控制有害微生物或害虫。为保证储藏效果，准低温储藏对粮仓建筑有一定的要求，通常要求仓房要满足隔热保冷、防潮隔汽和结构坚固等。

准低温储粮是通过控制温度这一关键储粮要素，使仓库中的粮食保持在20℃以下的相对低温状态，仅使用普通空调即可实现这一目的。相对于粮面专用空调，准低温储粮在低温设备的投入和运行维护方面均具有较大优势，在全国范围内推广应用相对广泛。其温度控制途径有自然通风降温和机械通风降温两种。自然通风降温一般是利用当地冬天的外界低温，通过自然机械通风的方式，使粮温达到目标温度以下，并形成冷心，最大限度地降低粮食的呼吸作用。机械通风降温一般是采用通风机和谷物冷却机配合作业，并采用地下低温等措施达到低温环境，进而实现准低温储粮的目的。采用地下低温的方式要注意采用必要的隔热和保温的处理措施。总体而言，准低温储粮可以在很大程度上抑制储粮害虫和储粮微生物的繁殖，较好地保持粮食品质，降低呼吸作用，延缓陈化速度，减少储粮化学药剂的使用，从而提高储存粮食的食用安全性。准低温储藏技术可通过自然低温、机械通风和机械制冷三种方式实现。

1. 自然低温储粮

在我国北方一些地区，冬天最低温度大多在零下十几度，夏天温度也不是很高。在粮食仓储期间，冬季低温季节到来前，将粮食放到粮库内，利用冬季低温季节自然界的自然冷源来降低粮食温度，其他季节温度不高的情况下，利用冬天低温环境形成的粮食冷心，配合外界的温度，也可以维持粮温在准低温的要求范围内，季节交替时高温稻谷粮堆与外界冷空气对流作用如图 4-1 所示。根据自然低温获来源的不同，自然低温储粮也可以分为地上低温储粮、地下低温储粮和水下低温储粮。自然低温储粮的优点是充分利用大自然的有利条件，最大限度地做到节能与环保。但是它也有自身的局限性，受制于地理位置和区域的气候条件及不同季节的温度变化的影响，适合在一定的时间范围内、区域范围内推广应用。

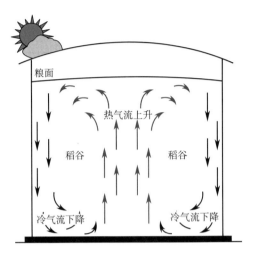

图 4-1　季节交替时高温稻谷粮堆与外界冷空气对流作用示意图

2. 机械通风低温储粮

机械通风低温储粮是利用外界的自然冷气配合通风设备的作业，通过机械通风的方式，将自然冷气强行输送到粮堆内部，降低内部粮食温度，进而保持粮食低温的储粮方式。与自然低温储粮相比，其应用地域更加广阔，适用于我国北方大部分地区。只要冬季外界气温在零度以下，对粮堆实施机械通风降温作业，形成粮堆冷心，夏季高温天气到来时，辅助粮面空调、大功率空调或谷物冷却机等设备的使用，可以有效维持粮食的低温，延缓其陈化速度，进而保证粮食加工后的产品新鲜度。然而，机械通风低温储粮需要配合外界的自然低温环境，在一定程度上受制于气候条件和季节的变化。因此，根据粮食收购季节、收购进度以及相应的气温变化情况，一般采用不同的通风降温方式。例如，在粮食收购初期，外界自然环境温度不是很低，但呈现下降趋势，可以采用持续小风量的通风。等粮食收购结束后，进入深冬季节气温最低时，抓住低温有利时机，采用强力通风的方式，强制稻谷冷却到零度左右的水平。总体而言，机械通风低温储粮，在适用范围和技术使用灵活性上要好于自然低温储粮。

3. 机械制冷低温储粮

机械制冷低温储粮是利用机械制冷设备产生冷源，并通过风机将冷源输送到粮堆内部，实现粮食低温储藏，解决粮堆发热，延缓粮食陈化速率，最大限度地保持粮食新鲜度的一种储粮技术。机械制冷低温储粮，通常采用粮面专用空调或谷物冷却机等相关设备实现。在企业的实际应用中，该技术主要有两种用途：一是将其应用于储藏有机稻谷和营养强化稻谷（例如富硒稻）等一些高档、高附加值的产品中，可以常年保持相关粮食的低温状态，抑制粮食的呼吸作用，最大限度地防止粮食的陈化，保持稻谷最初的新鲜度，进而使稻谷加工后，呈现最佳的口感。此外，在稻米加工的过程中，也要采取相关的低温措施。先降低稻谷的温度，以防止粮食的暂储仓和生产线输送管道上发生"出汗"现象，致使管道外壁水滴凝结，流入加工设备中，进而造成粮食的发热霉变和设备的堵塞。在大米加工后的成品库储藏期间，也会采取相关的低温措施，一般是加装空调。另一种情况是当正常仓储的粮食出现了发热现象，特别是在夏季或秋季高温季节，通过单管风机或通风的方式不能解决稻谷的发热问题时，往往会采用机械制冷低温储粮技术，即覆盖粮面，强行压入冷空气，利用机械制冷的强制手段，降低粮堆内的温度，防止粮食因发热产生更大的损失，确保粮食安全。因此，机械制冷是一种粮食仓储期间出现突发问题时的急救措施。

虽然机械低温制冷储粮受外界环境条件的限制小，有着良好的效果，但它也存在耗能大、费用高以及经济效益低的不足。机械制冷低温储粮技术除了会被用于储藏一些高端、高附加值的产品外，对于一般性粮食，只有在突发发热时，它才被作为一种应急措施或者储粮的安全保障措施被使用。因此，大多数企业只是将机械制冷低温储粮技术作为一种低温储粮的辅助手段，或常温储粮的一种应急手段。

采用准低温储粮技术，对粮食加工企业而言，成本增加较低。在技术运用得当的情况下，还可以省去熏蒸作业，节省仓储成本。运用准低温储粮方式，稻谷在经过一个夏季高温储藏，与未运用准低温储粮的稻谷相比，低温储粮米口感更佳，营养更好，更受消费者欢迎，更利于促进提升企业的经济效益。

二、气调储藏技术

气调储藏是通过控制粮堆内的气体成分，来达到安全储粮的一种技术。一般是在密闭的粮库内部，通过人工气调的方法，改变粮堆内的氮气、二氧化碳和氧气等气体的比例，降低粮堆内的氧含量，达到防治储粮害虫、抑制粮堆内霉菌的生长和繁殖、降低粮食的呼吸作用等新陈代谢的目的，进而延缓粮食陈化，保持粮食新鲜度，实现安全储粮。研究表明，气调储粮可以抑制虫害和霉菌的滋生，降低粮食的呼吸作用，延缓粮食的陈化速度，保持粮食良好新鲜度。当粮堆内的氧气浓度降低到一定水平，或者粮堆内的二氧化碳的浓度升高到一定的程度，又或粮堆内的气体达到一种高氮气浓度时，粮堆内霉菌的生长会由于缺氧而受到很大程度的抑制，粮堆内的已有虫害也会很快死亡，防止新的虫害的发生，并能使粮食保持较好的品质。2022年，我国更新了相关气调储藏的标准，首先，由国家粮食和物资储备局于2022年7月发布了LS/T 1213—2022《二氧化碳气调储粮技术规程》，并于2023年1月实施。这一技术规程广泛使用于散装稻谷、玉米、小麦、大米，透气包装粮可参照执行，但是不适用于小包装储粮；同年，国家粮食和物资储备局发布了LS/T 1225—2022《氮气气调储粮的技术规程》，并于2023年1月实施。这一技术规程适用于仓房或粮堆达到气密性要求，采用氮气气调储藏的玉米、稻谷、大豆和小麦。

（一）气调储藏方式

气调储粮的途径主要包括两大类：一种是通过粮食自身的呼吸作用达到自然生物降氧，即自然生物降氧；第二种，是通过人工气调干预的方式，改变粮堆内气体成分的组成。这两种途径有着不同的理论依据。

1. 生物降氧

自然生物降氧，是将粮面进行薄膜覆盖，达到一定的气密性要求，通过粮堆内的粮食自身的呼吸作用，将粮堆内的氧气消耗，释放二氧化碳，密闭的粮堆内氧气含量不断降低，同时也积累了大量的二氧化碳，达到低氧和高二氧化碳的目的，这样就可以实现有效缺氧，这种自然缺氧的机制，是以生物因素呼吸作用为理论依据的。自然生物降氧包括自然缺氧和微生物辅助降氧两种形式。

（1）自然缺氧储藏　自然缺氧储藏是在塑料薄膜密封粮堆的条件下，通过粮食和微生物、害虫等生物自身的呼吸作用，消耗氧气、放出二氧化碳，改变气体组分。在低氧条件下达到抑菌杀虫，降低粮食生理活动强度和维持储粮稳定性的目的。自然缺氧储藏方法较简便，操作容易，只要掌握自然缺氧储粮的规律，克服降氧速度慢等不足之处，则可收到良好效果。

（2）微生物辅助降氧储藏　在气调储藏中，当粮食水分低，自身呼吸微弱，不能及时降氧而影响气调储藏效果时，还可以利用微生物、树叶等生物降氧。在生物降氧时，要加强管理，特别是利用微生物降氧要求比较严格，稍有不慎，就会造成杂菌感染，应引起重视。

2. 人工气调

人工气调是采用制氮机等一系列机械设备辅助气调，先通过抽真空的作用，抽取出粮堆内的气体成分，然后再通过制氮设备等，充入氮气或二氧化碳，通过这种置换方式，改变密闭粮堆内气体的组成成分，使粮堆内的气体含有高浓度的氮气、二氧化碳或其他惰性气体，降低粮堆内部氧气浓度，所以这种方式，是以人工外部积极干预的气调方式为依据的。常用于储粮的人工气调方式包括充氮气调、充二氧化碳气调、除氧剂脱氧气调和真空包装等。

（1）充氮气调　氮气是一种惰性气体，无色无臭，比空气略轻。在密闭的粮堆中充入氮气，能够把粮堆中的氧气交换出来，从而达到缺氧的目的。一般粮堆中氮气浓度≥98%可以杀虫，≥95%可以实现缺氧储藏和品质保鲜的目的。20世纪50年代开始出现变压吸附制氮，是以空气为原料，碳分子筛作为吸附剂，运用变压吸附原理，利用碳分子筛对氧和氮的选择性吸附而使氮和氧分离的方法。与传统制氮法相比，具有工艺流程简单、自动化程度高、产气快、能耗低、产品纯度高、设备维护方便、运行成本较低、适应性较强等特点，是中小型氮气用户的首选方法。20世纪70年代末开始出现膜分离制氮，是以空气为原料，利用中空纤维分离膜对混合气体具有不同渗透率而使氮和氧分离的方法。与变压吸附制氮相比，具有整机一体化、可移动、使用方便、无切换阀门和吸附剂再生过程、设备可靠性高等特点。

（2）充二氧化碳气调　二氧化碳气体密度比空气高，无色无臭，对害虫有毒害作用。粮堆中充入二氧化碳，不仅能交换出空气而使氧气浓度降低，而且二氧化碳又能直接毒杀储粮中的害虫。粮食入仓或粮堆严格密封好后，即可通过充气设施向仓内充入气化的二氧化碳。充气完成后，使最初含量达到70%以上，在10d内使二氧化碳浓度保持在35%以上，能杀死储粮害虫，保持时间越长，对安全储粮越有利。气密仓比密封粮堆充气方便，渗漏小，气调效果与经济效益好，是今后发展方向。但我国仓房的气密性较差，在处理方面费用较高，加之外购二氧化碳气源，整个运行成本太高。

（3）除氧剂脱氧气调　除氧剂是一类能与空气中氧结合成化合物的化学试剂（如二亚硫酸钠、特制铁粉）。除氧剂与粮食密封在一起，能吸收粮堆中的氧气，使粮食处于基本无氧的状态，从而抑制粮食的生理活动和虫霉危害，达到安全储藏的目的。它具有无毒、无味、无污染、无残留、除氧迅速（能使一个密封好的粮堆氧气浓度在十几小时内降低到缺氧标准）、操作简单等优点，弥补粮食自然降氧无法降至低氧状态的不足。在双低储粮的基础上，与磷化铝缓释熏蒸相结合，能减少除氧剂用量，降低除氧剂脱氧的处理成本。

（4）真空包装气调储粮　真空储粮主要使用真空设备将储粮空间气体抽空形成负压状态，使空间氧含量降至低氧或绝氧，从而达到抑制虫霉、保持储粮品质的目的。在优质粮油的小包装方面使用较多，具有使用方便，防虫霉效果好，卫生无污染，外形美观等特点，应用前景广阔。

（二）气调储藏的目的

影响粮食品质的关键因素有两点：一个是粮食的水分，另一个是储粮的温度。气调储粮的目的是安全储粮和高品质储粮。在气调储粮期间，安全水分以内的粮食品质变化不明显，对高水分的粮食，气调储藏对粮食品质的影响较为明显，所以对于安全水分的粮食，气调储藏可以让粮食保持较长时间的安全储藏状态，而对于半安全粮食和不安全粮食，气调储藏只能作为临时保管或者应急处理的一个手段。此外，因为气调储藏对粮食品质的影响和温度息息相关，在气调储粮的同时，采用低温或者准低温的处理措施，可能更加有效地保持粮食的品质，例如，在稻谷的仓储过程中，温度是稻谷品质劣变的最主要因素，当温度较高时，稻谷经过几个月的仓储，品质出现明显陈化，表现为脂肪酸值增加、硬度增高、大米的黏度下降、淀粉中溶出的固形物减少、淀粉膨润的时间变长等，特别是在夏季，品质劣变尤为明显。

综合而言，气调储粮不仅能有效地抑制储粮害虫和储粮微生物的生长和繁殖，降低粮食自身的呼吸作用，延缓粮食的陈化速度，也避免了在粮食仓储过程中储粮药剂的使用，减少了对粮食仓储过程中的污染以及对粮食保管人员的伤害，在避免药剂熏蒸时，也避免了熏蒸药剂对储粮设施，如通风管道和粮情监测系统的腐蚀和伤害，同时对环境保护有积极的促进作用，更符合绿色生态储粮的发展理念，也满足了保障消费者舌尖上的安全的要求。

三、低剂量熏蒸技术

在粮食的储藏过程中，害虫大量繁殖常常导致粮食的严重污染和损失。目前最有效、最经济的防治虫害的手段是化学药剂熏蒸法。熏蒸可以迅速大规模地歼灭害虫，有效抑制虫害的发生。低剂量熏蒸技术是在密闭空间内利用熏蒸剂杀灭有害生物的一种方法，即在一定密闭环境中，使熏蒸剂以气态形式扩散与有害生物体接触，使其中毒死亡，主要包括分散技术、雾化技术、减压（加压）熏蒸技术、升温（降温）熏蒸技术、助剂技术等。熏蒸剂的毒害作用主要是指能使生物体内细胞脱水、蛋白质变性窒息死亡或严重抑制其生长、繁殖的作用。目前，储粮害虫熏蒸剂技术研究主要集中在如何正确有效地利用好现有的为数不多的熏蒸剂，通过施用方法和剂型的改进，有效地杀灭害虫，避免害虫抗性的发展，并尽可能地延长现有杀虫剂的效果。

1. 低剂量熏蒸技术的优势

目前，获准用于储粮的技术，包括化学药剂的应用，在规定的使用技术条件下都能达到安全、卫生的目的。然而，从杀死害虫的需求来说，筛理等措施杀虫不够彻底；辐照处理杀虫的设施投入成本过高；烘干杀虫需要移动粮食而使运行成本增加；气调防治对仓房的气密性要求高；机械制冷容易受成本的制约；生物防治中利用天敌和微生物防治害虫缺乏速效性，天敌对害虫的控制存在专化性强和滞后性等问题。与以上措施相比，化学防治的经济性和有效性不言而喻，低剂量熏蒸杀虫优势明显。化学低剂量熏蒸通常可以快速杀死目标害虫而不需移动商品，在某些特殊情况下熏蒸处理是唯一杀虫的方法。

2. 低剂量熏蒸技术的分类

熏蒸技术的分类方法较多，但目前还没有科学统一的分类方法。一般可按操作条件与方式

（温度、压力，堆积、包裹等），熏蒸剂的种类与气化方式，熏蒸对象（携带有害物的载体、有害物种类等）等分类方法。按操作温度可分为高温熏蒸、常温熏蒸和低温熏蒸；按操作压力可分为加压熏蒸、常压熏蒸和负压熏蒸；按熏蒸剂是否相对运动，可分为静止熏蒸和流动熏蒸；按熏蒸作用可分为消毒熏蒸和灭菌熏蒸；按熏蒸种类和数量可分为单熏蒸、复合熏蒸（加助剂配合）等；按熏蒸剂的气化方式可分为自然气化熏蒸、机械（如超声波）气化熏蒸等。其中，最常用的熏蒸技术是常压熏蒸、负压熏蒸和高温熏蒸。

常压熏蒸是指常压下，在熏蒸车、帐幕或其他可密闭容器内进行的一种熏蒸方式，应用较为广泛。常压熏蒸的特点是整个熏蒸过程都是在常压下进行的，熏蒸室只需要密封即可。因此，其密闭性要求比负压熏蒸和加压熏蒸低。熏蒸时间的长短一般取决于病虫害和所用熏蒸剂的种类。常压熏蒸一般需要足够长的时间才能完成，适用于绝大多数虫害和载体。

负压熏蒸是指在投入熏蒸剂之前，移去熏蒸空间内的空气造成一定的负压，然后投入熏蒸剂进行熏蒸的一种方法。该法具有熏蒸剂扩散快、易形成较高熏蒸浓度、熏蒸时间短而致死率高的优点，而且适合于常温熏蒸剂难以扩散进入的杀虫对象。整个熏蒸过程在低于室外气压的条件下进行，故对熏蒸室密闭性的要求较高。

高温熏蒸是在投入熏蒸剂之前或之后提高熏蒸室内温度的一种熏蒸方法。该法便于熏蒸剂的气化扩散，促使病虫增加活动和呼吸量。高温本身就可使许多有害生物死亡，因此，高温熏蒸其实是两种杀灭因素的共同作用。

3. 低剂量熏蒸与绿色储粮

在重视食品安全、强调绿色储粮的当下，化学药剂的应用是否与绿色储粮相悖需要重点考察两方面的问题，一是储粮"绿色"的要求和内涵，二是具体使用什么药剂和在什么条件下使用。绿色储粮不能笼统地定义为不用化学药剂就是绿色，也不能是用了化学药剂就不是绿色，应针对具体措施科学分析、客观处理。绿色储粮措施应满足对大气环境无污染，对消费者身体健康无伤害和对操作者身体无损伤的要求。储粮中所用化学药剂在"绿色"方面体现的程度不一样。有的即使在规程要求下使用后也会在粮食中有一定的残留，只是残留的水平符合规定的要求；有的药剂则是在规程要求下使用后能够与"绿色储粮"不相悖。例如，磷化氢熏蒸处理储粮则具备后一方面的特点，即在使用的剂量下，磷化氢气体熏蒸后不会在粮食上造成有害残留，在目前国际贸易中可被接受。

储粮杀虫主要依赖于熏蒸处理，而目前储粮熏蒸面临问题主要有如下几个方面：①传统的熏蒸剂多被淘汰，过去曾经用于储粮的熏蒸剂许多因这样或那样的问题而被停止使用或淘汰，如溴甲烷、氯化苦等；②曾被使用的药剂被限制使用，如 GB/T 29890—2013《粮油储藏技术规范》中已明确规定，曾经可以用于原粮熏蒸的敌敌畏现只能用作空间空仓器材杀虫；③研发出新的实用性新药剂面临瓶颈，开发新杀虫药剂受到物质资源、开发成本、开发周期、使用后害虫抗性、卫生要求等诸多问题制约，熏蒸剂需要具备良好的扩散性、挥发性和穿透性等更加增加了研发难度；④现有可以应用的熏蒸剂品种有限且应用局限性明显，如硫酰氟因应用成本问题，使其推广受阻；甲酸乙酯因穿透性差而只能用作空间和器材杀虫等；⑤磷化氢抗性问题严峻，主要储粮害虫米象、玉米象、书虱、谷蠹和锈赤扁谷盗对磷化氢已普遍产生抗性，尽管磷化氢抗性问题在有的地方已相当严重，但鉴于在其他方面的诸多优势，磷化氢仍是今后储粮熏蒸杀虫依赖的熏蒸剂，需要进一步科学化使用。

4. 科学使用磷化氢

储粮害虫对磷化氢的抗性有不断增加的趋势，这对磷化氢的应用构成潜在威胁。但是由具备一定设施装备和过程控制条件的熏蒸实践，尤其是具备磷化氢环流熏蒸装备的国家储备粮库的情况来看，磷化氢熏蒸杀虫的成功率却在提高。这说明虽然害虫磷化氢抗性治理难题依然存在，但只要科学应用、技术有保障，采用磷化氢进行储粮熏蒸杀虫仍然具有良好效果。

现代储粮熏蒸技术的应用使磷化氢熏蒸更具优势，如低氧和二氧化碳对磷化氢具有增效作用，而且二氧化碳可降低磷化氢的燃爆性，增加磷化氢的穿透性和分布的均匀性；环流熏蒸技术可促使磷化氢气体在粮堆内快速均匀分布，提高磷化氢在粮堆中的穿透能力，有效解决了散装粮的高粮堆熏蒸杀虫难题；气流熏蒸法和膜下环流熏蒸可以很好地保持粮堆内有效的磷化氢浓度，可有效解决气密性差，磷化氢泄漏速度快，有效浓度保持时间短等问题；磷化氢检测手段的配备能实时检测熏蒸场所的气体浓度，有利于保证粮堆各部位保持有效的熏蒸浓度，从而避免盲目用药，为科学、合理使用磷化氢提供参考。在熏蒸中实时监控磷化氢浓度，施药后应及时环流促使仓内磷化氢浓度平衡；定时测定浓度，以便确保仓内磷化氢浓度保持在有效浓度范围之内和磷化氢浓度的均匀分布；当仓内磷化氢浓度下降，接近设定浓度即可补充熏蒸气体，使熏蒸过程中磷化氢浓度不低于设定浓度。在确定密封时间方面，除了参考以往经验和资料指导，还需考察熏蒸过程的杀虫效果。

随着人们对环境安全问题的普遍关注，传统的化学药剂熏蒸法必将面临环境保护和除害效果两方面的挑战。开发新型的广谱、高效和环境友好的熏蒸剂也是目前熏蒸技术的发展趋势。

四、机械通风与仓房隔热结合技术

机械通风与仓房隔热结合的储粮技术是基于所在地区的气候特点，对仓房围护结构进行隔热改造，同时以"春季隔热，延缓粮温升高；夏季控温，控制上层粮温；秋冬蓄冷，降低基础粮温"为主要技术路线，将储粮环境温度控制在低温或准低温条件以下，抑制粮堆内虫霉的生长繁殖与粮油籽粒自身的呼吸，减少粮食损耗，以达到保质减损的目的。该储粮技术是一项符合我国国情发展与绿色储粮理念的技术，以安全、经济、绿色、有效等优点在我国粮库中得到广泛应用，已成为当前和今后我国储粮技术的发展方向。

1. 机械通风技术

夏季是粮食最容易受到高温和虫霉影响的季节，是一年中最容易发生储粮事故的时间段，采取控温技术将粮温控制在低温环境或准低温环境下有利于粮食安全度夏。在冬季蓄冷不足而夏季无法利用粮堆冷心冷量，将粮堆温度降低至低温以下的一些地区，可以采用机械制冷设备来快速降低粮温，例如谷物冷却机、风管机、粮仓专用空调等，确保粮食安全。

此外，采用冷心内环流控温技术可显著降低粮温。冷心内环流控温系统主要是由通风地笼、仓外通风口、环流风机、仓外保温管和粮堆构成，冷气在粮堆底部的通风地笼、仓外保温管、环流风机、仓房上方空间所组成的密闭系统中循环运行，不与外界空气接触产生热交换，从而达到降低仓内空间温度与湿度、保持粮食水分和延缓品质陈化的目的，有利于实现低温或准低温储粮。冬季通风可将整仓平均粮温降至5℃以下、最高粮温降至10℃以下，且备有通风系统、仓房隔热性与气密性均符合要求的平房仓和浅圆仓可应用内环流控温储粮技术。

2. 仓房气密隔热技术

外界与粮仓内部的热量传递主要以热传导与热对流的方式经仓墙和仓顶传入粮仓内部，其中经仓顶传递的热量约是经仓墙传递的16倍，因此仓顶隔热比仓墙更为重要。仓顶隔热主要包括构建屋顶架空层、仓内安装吊顶、仓顶内外表面附贴或涂刷隔热材料等方式；仓墙隔热主要包括设置夹心隔热墙、仓墙内侧增设稻壳包、仓墙内外表面附贴或涂刷隔热材料等方式。

另外，除了对仓房进行隔热处理外，还可以对粮堆进行隔热处理，有效阻隔外界热量与粮堆进行热交换，减少粮堆受外界温度的影响。仓顶菱镁板架空隔热和仓内吊顶隔热两种隔热方式均能有效阻止仓顶热量的传递，隔热效果显著，但菱镁板架空隔热成本比仓内吊顶隔热成本高。稻壳压盖储藏稻谷控温试验研究中发现，通过稻壳压盖处理后，粮面温度上升速度明显慢于仓温上升速度，同时试验仓的平均粮温回升速度也慢于对照仓的平均粮温回升速度。度夏时，试验仓的平均粮温控制在20℃以内，实现稻谷准低温储藏。与此同时，有专家认为塑料薄膜密闭储藏稻米比传统草袋压盖储藏效果要好，能有效抑制虫害生长，保持种子活力。

近年来，随着我国控温储粮技术的不断改进，以多种控温方式相结合的综合控温技术得到广泛应用，更容易将粮温控制在低温或准低温的条件下，提高储粮质量。在夏季结合粮堆压盖密闭、屋面喷水、排风扇排热、空调制冷等多种控温方式，可有效将仓温控制在25℃以内，表层粮温控制在22℃以内，有利于粮食安全度夏。

机械通风与仓房隔热技术相结合的储粮方式更加绿色、经济，但只适用于我国北方部分地区。我国南方地区夏季高温湿热，全年平均气温较高，很难通过机械通风的方式达到理想的储藏温度，因此该方式具有一定局限性。

五、电子测温测水测湿技术

在我国，大型的粮仓很多，粮食储存的问题也比较明显。大型粮仓的温度一般比较稳定，但环境变换，如下雨、下雪等，都会对湿度、温度产生影响。而粮食本身对温度、湿度的变化比较敏感，湿度高容易造成粮食水分增大而发芽，导致不能食用。而温度作为一个很重要的辅助因素，是发芽、霉变的重要诱因，对温湿度及水分含量的检测和控制更便于对粮食储存能力的提高。

粮食仓储对于我国粮食安全至关重要，近年来数字信号、光电信号技术、精确传感器技术等现代电子应用技术的飞速发展和广泛应用为粮食仓储智能化、信息化、现代化发展明确了方向。传统的粮情检测系统是检查粮仓储粮温度的重要技术手段，一直以来都是粮食仓储建设的重中之重。粮仓简易电缆装置分布图如图4-2所示。

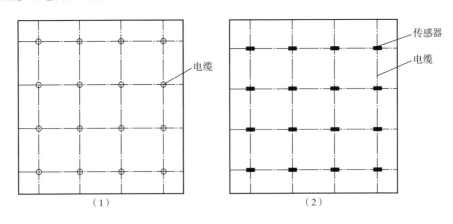

图4-2　粮仓简易电缆装置分布图

（1）主视图　（2）俯视图

（一）电子测温技术

温度监测技术依据其探测原理不同而分为多种方法，主要有：①热电偶测温型，该类系统比较常用，与粮食直接接触，没有中间介质。测温范围大，结构简单，可连续测量。是被广泛应用的接触式温度监测设备；②集成型温度探测器，此类探测器为硅半导体集成器件，通过将温度探测器集成到电子芯片上实现温度的快速采集，同时通过电子芯片获取温度数据。其特点是功能简单、体积小巧、功耗低、误差小、速度快等；③光纤测温探头，光纤测温分单辐射型、双波长型以及多波长型几大类。光纤探头测温系统的特点是灵敏度高，基本不受测试距离的限制，适合工作于各种恶劣环境中，并且光纤遥测的相容性很高。但光纤探头系统也存在一些缺点，例如，制作工艺难，价格较高等；④半导体型光纤温度探测器，根据半导体吸收光谱特性设计，属于传光的检测方式。在光纤探测系统中，光纤主要作为传输通道，测量器件利用半导体探测器完成温度等参数的获取，而在传光的检测方式中，光纤既是传输通道，又是测量器件；⑤智能型温度探测模块，又称数字温度模块，是计算机与自动测试系统的结合体。智能型温度探测模块在近几年得到了飞速发展，许多国家都有多种类似的探测系统以及其相关产品。可以实现温度探测、信号处理、数据存储、模数转换等功能，有些甚至还包括多路选择、中央控制等功能。该种探测系统不仅能输出各种微控制器所需的温度数据及相关格式，并由软件编程完成测试。

与其他电子测温技术相比，光纤测温网络具有巨大优势。在大型粮仓的实时温度监测过程中，采用分布式光纤测温系统非常适合于多点位、实时测量的设计要求。采用波长调制方式的优点主要有：①温度监测信号不再受光源变动的影响而发生大的改变，光纤传感器（FBG）探测系统克服了光纤弯折产生的损耗、各个连接之间的损耗影响；②传统的干涉型探测器需要参考点，但在光纤维探测系统中，可采用波分复用技术，使单根光纤中具备多个布拉格光栅，同时完成多点的实时监测；③光纤光栅可以埋入被测材料中，获取应变及温度数据，测量精度高，范围大。光纤光栅系统灵巧，适合于多种场合。基于光纤布拉格光栅系统的众多好处和优势，被广泛应用于工业生产当中。随着光纤探测器的扩展，在大型粮仓的温度实时监测领域，该项技术也表现出很好的应用前景和实用性。

（二）测水测湿技术

粮食仓储及日常管理过程中，检测监察的主要内容之一是对粮食的温度、湿度、含水率等严重影响质量的因素进行适时或实时监测。目前，在我国粮食贮藏过程中，对湿度及含水率检测监察工作主要采用人工抽查以及自动化监测两种方式。

1. 人工抽查测水测湿技术

人工抽查，就是几名员工分别拿一根类似于玻璃管状的检测仪到粮堆各个角落抽查，人工记录数据，这种方式的时效性、完整性非常差，而且劳动强度大，检测结果受人工影响比较大，精密度较差。

2. 自动化监测技术

自动化监测是对前一种方式的改进，即在粮仓的适当位置上，布置适当数量的温湿度传感器，每一个传感器由一根电缆连接到仪表或数字化设备上，进而实现自动化检测监察。

由于不适应现代化管理要求，人工抽查方式注定要被废除。对于自动化监测，工作人员必须在粮仓内部设置大量信号传输线（电缆），密如蛛网，每次倒仓后，都要对这些电缆进行重新整理，对于大型粮食仓储企业而言，无疑增加了许多劳动。就粮食湿度及水分含量检测而言，企业真正需要的是一种低成本、高安全、高稳定运行、高效率的检测监察手段。因此，有学者提出将射频识别技术作为粮仓无线温度检测的新方式。

（三）射频识别技术

射频识别又称电子标签，是一种利用射频信号自动识别目标对象并获取相关信息的技术。射频识别是一种非接触式的自动识别技术，它通过射频信号自动识别目标对象并获取相关数据，识别工作无须人工干预，可工作于各种恶劣环境。射频识别技术可识别高速运动物体并可同时识别多个标签，操作快捷方便。

与传统的自动识别系统（如条形码）相比，射频识别技术具有如下诸多优势：①可以定向或不定向地远距离读取或写入数据，无须保持对象可见；②可以透过外部材料读取数据，可以在恶劣环境下工作；③可以同时处理多个电子标签，可以储存大量的信息；④可以通过射频识别标签对物体进行物理定位等。因此，它也得到了广泛的应用，并且将射频识别技术作为输入平台，提高温湿度检测监察工作的效率是另一新的应用尝试。

射频识别在粮食湿度及水分含量测定中的应用主要包括了四种关键设备：带湿度传感器及水分传感器的电缆、电子标签（有源）、读写器、湿度及水分含量监控软件。将射频识别技术应用在粮仓内部湿度及水分含量检测中，可有效解决传统方式中烦琐的布线工作，在满足企业基本功能需求和产品质量要求下，提高工作效率，降低运行成本。

六、互联网监测摄像系统

随着现代传感器技术、电子技术、计算机应用技术、通信技术和网络技术的不断发展，各种类型的无线粮库监控也逐渐实现，并且在不断优化。但是，目前已有的粮库监控系统存在信息孤岛缺陷，并不利于粮库的高效监控和智能化要求趋势，特别是对于大型粮库，其数据呈现的大量性和复杂性，对监控系统的要求更高。通过将个人计算机作为监控终端加入监控系统，得益于其强大计算功能，可对粮库环境信息进行储存并实时显示，形成互联网监测摄像系统，可显著改善监控效果，提升粮食储藏的效率。但是，目前互联网监测摄像系统尚在发展，其智能化程度还有待提升。一般的远程无线粮库监控系统结构如图4-3所示。

粮库互联网监测摄像系统具有直观性等特点，能够及时便捷地获悉粮库现场状况，方便工作人员及时作出判断，减少现场检查、降低管理成本，同时也有利于储粮工作中的数据收集。互联网监测摄像系统可满足粮库重点区域监控、视频与图像查询检索、信息上传和警示管理等需求，为部门决策、指挥调度、取证查询提供相应的资料信息，对粮库仓储日常工作管理、出入库作业、智能通风和智能气调、安全保障等方面起到重要的作用，是粮库现场监管和安全管理的有力保障。

在粮食进出库管理运行过程中，各粮食储备库经常会出现多个仓库同时进出粮食，管理人员可通过互联网监测摄像系统，对作业的每一环节即运粮汽车进出粮库的情况、粮食装卸情况、粮食经输送机械传输运行情况、包（散）装粮食的外观情况、人员操作的程序情况等进行实时监控，把住粮食进出库的数量关、质量关、安全关。在粮食储藏期间的管理过程中，运行互联网监测摄像系统，监控保粮人员进行清卫、查看粮情、实施熏蒸、密闭粮堆、气密性检测等日常管理时的情况，对粮库不安全因素进行有效可控的监督，同时也对作业人员的规范操作起到了监督和管理的作用，确保了作业人员规范操作，安全作业，可有效提高粮食仓储规范化管理水平。

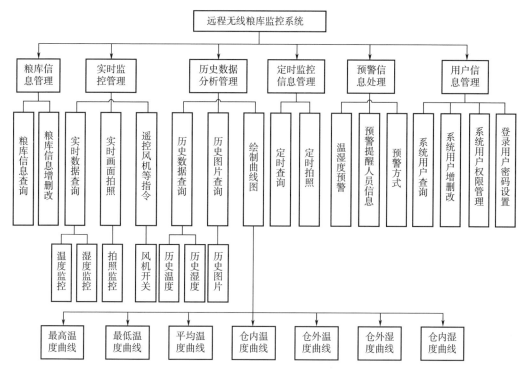

图 4-3　远程无线粮库监控系统结构

第二节　油料储藏及调控技术

植物油料一般含油量为 20% 左右，高者可达 40%~50%，是最常见和最主要的油料。与一般谷物类粮食相比，植物油料具有油脂含量高、热容量大、非脂肪部分水分含量高、籽粒光滑、种仁易变色、变味等特点，因此其储藏性能较差、易发热生霉、易氧化酸败，储藏难度也高于一般谷物类粮食。油料在储藏时，不仅要防止发热生霉现象，还要防止其软化、酸败、变苦和浸油；若储藏不当，油料会严重劣变，降低出油率和油脂产品的品质，故油料储藏是油脂生产中一个重要环节。

油料的合理储藏和良好品质的维持，可以通过采用合适的储藏技术来实现。与粮食储藏类似，油籽储藏技术主要包括干燥储藏技术、通风储藏技术、低温储藏技术，还有密闭储藏、气调储藏和化学储藏等技术，在实际生产中往往将几种方式综合运用。

一、干燥储藏技术

（一）干燥储藏技术原理

水分是影响油料呼吸作用和后熟作用的主要因素之一，油料入仓储藏时，将其含水量降低到"临界水分含量"以下，可显著降低油料自身的呼吸作用，限制害虫和微生物的生长活动，进而提高油料储藏的稳定性。因此，控制水分是避免油料在储藏期间发生结露、生热、霉变等变质现象的主要措施。油料干燥即根据平衡水分的原理，将低温、高湿的油料置于高温、低湿的干燥介质中，使油料表面水蒸气压力大于干燥介质水蒸气压力，在压力差作用下，油料中的游离水由里及表地连续蒸发汽化并向干燥介质中扩散，进而不断地降低油料水分。当干燥介质和油料表面的水蒸气压力相互平衡时，干燥过程结束。一般不同油料的储藏水分见表4-2。

表 4-2   不同油料的储藏水分   单位：%

油料	水分	油料	水分
大豆	12	油茶籽	7
菜籽	9	芝麻	8
棉籽	10	葵花籽	8
花生	9		

（二）干燥储藏形式

油料的干燥方式主要有热力设备干燥，部分地区采用常温通风干燥和晾晒干燥。对于规模化企业生产，通常是在油料入库前，采用热力干燥设备进行干燥，或者在储藏期间，采用机械通风的方式进行干燥。

1. 热力设备干燥

热力设备干燥是通过热力设备控制温度，降低油料中的含水量后进行储藏的一种干燥储藏技术。热力设备干燥可显著提高干燥效率，并且还具有不受气候条件制约、干燥能力强、速率快、周期短等优点。根据干燥形式不同，又可分为对流干燥、传导干燥和联合干燥。

（1）对流干燥法   将干燥介质以对流的方式将热量传递给直接接触的油料，使油料的温度升高，水分汽化，从而达到干燥的目的。在对流干燥过程中，作为载热体的干燥介质一般是由燃烧炉产生的高温炉气与空气组合而成的混合气体，即"烟道气"。此外，干燥介质也可以是热交换器产生的高温空气。

（2）传导干燥法   利用某种热固体的表面与油料接触，以传导的方式把热量传递给油料，使其温度上升，水分汽化，从而达到干燥油料的目的。此外，热辐射也可用于油料干燥，即由某种物体以辐射的形式把能量传递给油料，使油料升温，水分汽化。

（3）联合干燥法   将两种或两种以上的干燥方法科学组合，重新形成一种新的干燥工艺。例如，高温快速流化床干机和低温慢速太阳能烘干仓的联合，就是先通过前者使油料升温预热，再用后者烘干料仓降水，从而干燥油料。

此外，根据干燥温度和真空度的不同，又可将热力设备干燥技术分为低温慢速干燥、高温快速干燥和低温真空干燥。

（1）低温慢速干燥   是将含水量较高的油料置于烘干机内循环干燥，采用分批式干燥机将外界空气温度提高2~11℃，或者向烘干机内通入温度不超过60℃（一般为40~60℃）的热空气，直至油料含水量降至安全范围后出机的一种干燥技术。对比高温热风干燥，采用低温慢速法的干燥介质温度低，降水速度慢，干燥时间长，不能用来连续干燥大批量油料，但烘干后油品品质好，适合水分含量小于 18% 的油料干燥。在采用低温慢速干燥设备对油料进行干燥时，必须严格控制干燥温度，当干燥温度过高，将使油和粕的色泽明显加深，油料蛋白质变性，毛油中非水化磷脂含量升高等负面作用。

目前，集干燥、仓储为一体的就仓干燥即为一种低温慢速干燥技术。就仓干燥是指将新收获的粮食直接装入配有组合式立体通风系统的储粮仓内，使用常温空气干燥，或者在环境湿度较高的情况下，通过加热降低空气湿度，用热空气作为干燥介质，模拟粮食自然晾晒环境和风温条件，对仓内粮食进行低温通风干燥，以保证粮食安全和品质的一种粮食干燥储藏技术。就仓干燥技术虽然具有不受场地限制、投资少、劳动强度小、运行费用低等优点，但是也存在干燥效率低、干燥油料水分分布不均等缺点，其规模化应用也需要继续发展。

（2）高温快速干燥　使用连续式烘干机干燥，其热风温度较高（50~150℃），干燥速度较快，降低 25% 含水量，是我国北方，尤其是东北、内蒙古等地区高水分（≥18%）粮食和油料干燥常采用的技术。高温快速干燥不受天气和场地的限制，便于实现机械化、自动化作业，工作效率高、干燥能力强。同时，高温快速干燥所用烘干机附有清理设备，有利于设备清理维护，还具一定的灭虫抑菌的作用，但其成本偏高，并具有一定火灾隐患。

（3）低温真空干燥　基于油料中水的沸点随环境压力变化而改变的原理，利用蒸汽喷射真空技术形成一定的真空空间，在真空低温条件下对高含水量油料进行连续脱水干燥。真空干燥降低了水分的沸点，且干燥温度低，利于油料种子的干燥。在操作过程中，油料内外温度梯度小，反渗透使油料中的水分独立运动，克服了溶质流失。保证油料原有的色、香、味、营养成分和基本品质，便于储存、运输和销售。其还具有容量大、适用范围广、操作灵活、使用方便等诸多优点，但干燥设备一次性投入较大。

2. 常温通风干燥

常温通风干燥是在油料储藏期间，利用风机直接将外界自然空气输送至料堆进行干燥作业，将油籽中水分挥发，实现油料干燥的一种干燥储藏技术。通风干燥具有设备成本和保养费用低、操作简便、不消耗化石燃料、安全性高和干燥后油料品质保持好等优点，适合干燥水分较低的粮食和油料。但常温通风干燥的速率慢、周期长、易受气候条件限制，存在水分分层，干燥不均匀等不足，这些对其应用造成一定的限制。

3. 晾晒干燥

在缺乏热力烘干和通风设备，但具有晒场的基层粮库常用晾晒方法干燥油料。晾晒干燥是最传统和原始的干燥手段，其原理是利用太阳光的辐射热加热潮湿的油料，在油料与周围空气间产生温度和水蒸气压力差，而使油料内部的水分子不断向表面扩散，并蒸发至干燥的空气中，达到降低油料水分的目的。晾晒干燥具有不受油料水分含量限制、设备简单、成本低、操作方便、无污染等优点。该方法不仅可达到较好地降低水分、杀虫和灭菌的效果，还不会使油料发生焦糊和爆腰，可促进油料的后熟作用，提高发芽率，有利于保持油料良好的品质。但是，晾晒干燥需要大面积的晒场，对气候的依赖性高，所用劳动力多、劳动强度大、卫生条件差，晾晒过程中容易混入灰土、沙粒，晒后杂质增多，破碎粒增加，因此，多适用于小厂。

除了以上介绍的干燥技术，粮食干燥技术还包括太阳能干燥、微波干燥、红外辐射干燥和联合干燥等，在实际应用中可根据油料性质的不同，选用不同的干燥储藏技术。

二、通风储藏技术

在油籽储藏期，当外部环境中空气温度、湿度较适宜时，通过通风技术对油籽进行降温除湿度，使料堆内部环境中的温度、湿度分散均匀，可防止油料结露和局部生热变质，还可促进油籽的后熟作用，有利于油料的安全储藏。通风储藏就是借助干燥介质，控制油料储藏环境的温度和湿度，促进油籽的后熟作用，减弱油料呼吸，进而减少微生物和生热对油籽影响的一种油料储藏技术，分为自然通风和机械通风两种形式。

（一）自然通风技术

自然通风是指由自然温差和风压作用产生的空气自然对流，将外部环境中低湿、干燥的空气与油料料堆内部环境中的湿热空气进行交换，进而达到降低料堆温度、干燥油籽目的的一种技术。自然通风干燥具有不需要机械设备，成本低的优点，是基层粮库普遍的干燥方法。但该法空气交换量有限，不能带走大量的湿热，并且受环境和天气制约，一般在夏季夜间、秋末和冬季降低料堆温度使用，通风效果随油料品种及料堆堆放形式的不同而异。

（二）机械通风技术

机械通风系统的组成结构，如图4-4所示。

粮堆 ⟶ 通风管道 ⟶ 供风管道 ⟶ 通风机 ⟶ 风机操作控制设备
                                                    ↑
                                            环境温度传感器

图4-4　机械通风系统的组成结构

其中，通风管道用来均匀分配气流，防止粮堆局部阻力过大；供风管道用来输送空气；通风机主要是向粮堆中提供足够的风量，是机械通风系统中的重要设备，可分为离心式、轴流式和混流式三种类型；风机操作控制设备由风机工作时间记录器、谷物温度指针、恒温调节器、仓房选择器和开关组成，是在通风过程中控制风机运转的仪器。

机械通风储藏技术具有劳动强度较小、所用设备简单、操作方便、易于推广等特点，在改变储料生态、保持油籽品质、增强储料稳定性、消除隐患、预防仓储事故等方面效果显著，是粮食和油料储藏日常管理中应用最广泛、最有效的储粮技术之一。合理及时选择通风条件和通风方式，可有效降低料温，减少油料水分的过度流失，确保油料的储存安全。

1. 机械通风技术原理

机械通风技术是利用风机等设备产生的压力把低温、低湿的外界气体送入料堆，改变料堆内的温度和湿度等参数，迫使内外气体进行湿热交换，以达到油籽安全储藏或改善其加工工艺品质的目的。

2. 机械通风技术的作用

（1）降低料堆温度，创造低温条件，改善储藏性能　油料储藏要因地制宜，寒季通风，热季排热。低温季节对料堆进行降温通风，可以降低油料的温度，在料堆形成一个相对合理的低温或准低温状态，提高油料储藏的稳定性，保持油料原有品质。机械降温通风还可抑制料堆中害虫和微生物生长繁衍，减少化学药物的剂量和熏蒸杀虫的次数，有效改善油料的储藏性能。

（2）降低油籽水分，预防生热，提高储藏稳定性　水分是影响油料储藏稳定性的要素之一。当料仓外湿较高时，油料易吸湿膨胀，不合时宜的对料堆进行通风易带走大量水分增加耗损，降低油料的耐储性能，甚至会危及仓房安全。只有当空气湿度接近粮堆平衡湿度时选择通风，才能有效减少通风造成的损失。根据入仓油料的温度和水分含量等情况，利用干燥的空气进行通风对流，以降低高水分油料的含水量，提高储料稳定性。此外，采用降温、排湿通风，可以抑制高水分油料的自然生热，带走霉菌产生的积蓄热量，降低微生物和害虫的生长速度，便于油料的存放。

（3）增湿调质，改善油料加工品质　油料储藏水分含量要低于其加工时的最佳水分含量，在油料加工前，为了改善油料加工品质和加工适应性，提高加工效率和后续油脂与蛋白饼粕产品的品质，可利用湿空气进行缓慢调质通风，将其水分含量调整至加工所需的合适范围，降低油料加工时的损耗，提高油料加工和设备维护等的综合效益。

（4）预防或消除料堆水分的转移、分层和结露　因油料的导热性差，储藏环境温度的变化，容易形成温差，料堆内水分会重新分布，促使湿气在温度较低的料堆处积聚，进而造成料堆结露、发热霉变，特别是在日温差较大或季节性气温波动较大的地区，这种现象尤为严重。此时，通风不仅可对料堆进行降温，还起到散湿、均衡料温的作用，防止因水分转移而造成的料堆结露、结顶、挂壁现象。因此，在油料储藏期间，适时合理的分阶段通风可缓解油料表层高温、高湿的蔓延，减少料堆的"内结露"现象。

（5）在高温季节，消除空间积热　夏季气温较高，筒仓与拱顶之间容易积热。夜间温度较低时，可适时开启料面或拱顶的轴流风机，对料堆进行通风，以消除积热，减轻温度对仓温、料温的影响。

（6）抑制微生物和虫害等　采用机械通风技术对密闭性较好的料仓进行环流熏蒸杀虫，有利于药物气体的均匀分布，进而防虫抑霉。例如，在大豆储藏期间，如果发现料仓内出现印度谷蛾等蛾类害虫时，可采取挂条熏蒸、灯光诱捕等有效措施将其击杀。但入库散气时，应提前通风换气，防止因缺氧造成事故。

（7）排除料堆内异味和散气　利用机械通风技术对料堆进行气体交换，可带走一些残留的熏蒸毒气，并排除因密闭而在油料内部形成的一些异味。

三、低温储藏技术

油脂的自氧化速率随着温度的升高而增加，一般而言，温度每升高 15℃，氧化反应速率就会加倍，因此温度升高会引起油料品质的劣变。低温储藏是在不冻坏油料的前提下，降低油料的温度，抑制料堆内各种生命活动，从而达到安全贮藏的目的。在 GB/T 29890—2013《粮油储藏技术规范》中，低温储藏是指粮堆平均温度常年保持在 15℃ 及以下，局部最高粮温不高于 20℃ 的储藏方式。

根据储藏温度的不同，可将粮仓分为低温仓、准低温仓和标准常温仓。低温仓通常指的是粮仓温度长时间保持在 15℃ 以下的粮仓。准低温贮藏指的是粮堆平均温度常年不超过 20℃，局部粮温不高于 25℃ 的贮藏方式。准低温仓即指粮仓温度长期保持在 20℃ 以下的粮仓。而标准常温仓就是粮仓温度在25℃以下的粮仓。研究者们认为，从保持油料品质方面考虑，采用低温储藏技术保存油料是最佳的，尤其是对水分稍高的油料，低温储藏免去了烘干储藏对油料品质的不良影响，降低油料保管费用，因而近年来更受重视。

（一）低温储藏原理

低温可不同程度地抑制一切有机物的活性，在低温环境下，油料处于休眠状态，可有效抑制油料自身的呼吸作用，提高其储藏稳定性。低温储藏指的是在不冻坏油料的前提下，将油料置于可以维持其正常生命活动，但害虫、霉菌等生物的生长和繁育受到抑制的低温环境中，进而很大程度上抑制油料品质的变化，提高油料储藏稳定性的一种方法。一般来说，只要控制储藏温度在15℃以下，便可抑制处于安全水分以内油料的呼吸作用。低温储藏的入仓油料的质量及水分含量必须正常，发热霉变、结露、生芽、生虫的油料难以获得良好的低温储藏效果。

（二）低温储藏作用

1. 抑制害虫和微生物活动

温度对储粮害虫生长状态的影响，见表4-3。大多数重要害虫和微生物的生长温度分别为25~35℃和-10~70℃，控制油料贮藏温度，可以有效控制料堆中害虫和微生物的生长繁殖，防止害虫和微生物对油料的破坏和侵染。

表4-3   温度对储粮害虫生长状态的影响

温度	害虫状态	温度	害虫状态
25~35℃	生长温度	5~10℃	冻僵昏迷
17℃	生长极限	0℃以下	体液冷冻
<17或15℃	冷麻痹	<-4.5℃	冻结致死

不同霉菌的适宜生长温度，见表4-4。霉菌是油料在储藏期间比较容易感染的微生物，其生长最适温度在20~40℃，因此，在料堆相对湿度小于75%的条件下，将仓库温度降到15℃以下，就可抑制霉菌等微生物的生长繁殖。

表4-4   不同霉菌的适宜生长温度

微生物种类	生长温度	微生物种类	生长温度
霉菌	20~40℃	曲霉	30℃左右
青霉	20℃	灰绿曲霉	-8℃

2. 降低油料的呼吸作用

料温、仓温与油料本身的生命活动及代谢密切相关，低温储藏可有效降低油料由于呼吸作用及其他生命活动所引起的损失和品质变化。一般而言，处于安全水分以内的油料，控制仓库温度在15℃以下，可使油料的呼吸强度明显减弱，进而延长其储藏期。在较低温度下，即使油料水分达到临界值，其呼吸作用也不会明显增加。故而，低温对油料呼吸作用的抑制效应有利于保持油料的新鲜度、营养成分及生命力，进而增加油料的储藏稳定性并延长其安全储藏期。

3. 抑制脂肪酶活性

低温密闭储藏可以有效抑制油料中的脂肪酶活性，从而抑制酶促反应的发生，延缓其油脂的氧化酸败，有利于保持油料品质。研究发现，将葵花籽置于低温和真空避光包装中储藏，其过氧化值（peroxide value，PV）、酸价、p-茴香胺值、硫代巴比妥酸值（2-thiobarbituric acid reactive substances，TBARs）和碘值等指标的变化十分缓慢，葵花籽中油脂的氧化酸败程度得到了有效抑制，这将保持其良好的储藏品质，增长储藏期。

4. 保持油料品质

温度是影响油料呼吸代谢最主要的环境因素，低温储藏能使油料保持较高的品质。在 0~35℃升温可提高油料中生物酶的活性，促进油料呼吸代谢等生化反应的发生，使油料中游离脂肪酸、羰基化合物等代谢物含量的升高，导致油料的酸败和劣变，降低其储藏品质和后续加工品质。此外，低温条件有利于降低油籽中各种酶的生物活性，如细胞色素氧化酶、超氧化物歧化酶、脱氨酶、过氧化氢酶、过氧化物酶等，这些酶与油籽生命活动和生理代谢密切相关。因此，低温条件下，料堆中害虫、霉菌等微生物受到抑制，油料代谢速率降低、酶活性均降低，能更好地保持油料的品质。

（三）低温储藏的方法

油料低温储藏的方法包括自然降温和人工制冷。自然降温包括自然低温储藏和机械通风低温储藏，人工制冷包括机械制冷和空调低温储藏。

1. 自然降温储藏

自然低温储藏和机械通风低温储藏都是利用自然冷源——冷空气，将料温降至10℃以下，然后采用隔热、密压防潮措施来维持料温处于低温状态，延长低温时间，进而保持油料储藏的稳定性。自然低温储藏具有经济、简易、有效的特点，备受基层粮仓欢迎。按照获得低温方式的不同，可将自然低温储藏分为地上、地下和水下三种储藏方式。其中，最主要的自然低温储藏方式是地上低温储藏。根据利用冬季干冷空气冷却粮食方式方法的不同，又可将地上低温储藏分为仓外自然冷却、仓内自然冷却和转仓冷却三种。但自然低温储藏受地理位置、气候条件和季节的制约，其冷却效果往往不尽如人意。机械通风也是自然降温的一种，其同样受气候条件和季节的制约，但是，机械通风储藏由于使用强力通风，强制料堆冷却，其冷却效果通常强于自然低温储藏。

2. 机械制冷储藏

机械制冷及空调低温储藏是在隔热低温仓中利用一定的制冷设备，例如空调、冷却机等，使油料仓库的温度维持在合理的低温范围内，促使仓内空气进行强制性循环流动，使油料仓库温湿分布均匀的储藏方式。这种低温储藏方法不受地理位置、气候条件及季节的限制，但对仓房的隔热性要求较高，设备投资较大，且保管费用也偏高，因此限制了它在油料储藏中的应用。国外油料采用的多是机械制冷的低温储藏法，将温度控制在20℃以下。目前，在大型国储库中也已有采用机械制冷储藏技术，低温储藏油料，冷却机是一种可移动的制冷控湿通风机组，具备湿度调节功能，可以使冷空气直接穿过料堆，热交换效率较高，对防止高水分含量油料发热的效果较好。虽然冷却机的能耗较高，但可以多仓共用，设备利用率高，是一种高效的机械制冷储藏设备。

空调制冷设备在油料中的应用也较多，通过空调控温控湿可延长轮换周期，减少通风降温次数，避免整个上部粮食因仓内温度升高而含水率增加，使仓内空气处于相对较低的温湿度环境，利于油料的保管和保持油料品质。空调控温的方法有"粮面控温法"和"内环流控温法"两种方式，适用于夏季储藏含水量小于12%的油料。其中，空调内环流控温法操作简便，效果较好，适用于高温高湿地区的油料控温储藏。此外，空调仓不仅能对料堆进行降温降湿，还能减少熏蒸药物的剂量及其对环境和储料的污染，降低虫害和微生物的感染率，在保持油料品质的同时，节省药物熏蒸费用开支，减少储备粮新陈差价损失。但需要注意的是，采用空调制冷的方式储藏高温油料时，容易产生冷皮热心的现象，造成储料的结露，因此，空调制冷不适用于高温油料的储藏。

无论是自然降温还是人工制冷，使用低温技术储藏油料时，不仅要确保料堆温度降至所需的低温，还要注重采用有效的隔热措施，确保达到最佳的储藏效果。这是由于当料仓外气温和湿度均较高时，油料料温、仓温和油料的含水量会因受太阳辐射和大气温湿度的影响而上升，导致料仓的湿度增加。压盖料堆是一种有效的隔热保冷措施，常用的压盖材料有稻壳、膨胀珍珠岩、膨胀蛭石、干沙等，这些材料具有较好的隔热性能，并且可以吸收一定的水分，不易结露。此外，要达到良好的低温储藏效果，减少外界高温和潮湿的影响，建筑低温仓时要注重仓库的隔热保冷，防潮隔汽和结构坚固。

四、密闭储藏技术

1. 密闭储藏技术原理

密闭储藏是低温储藏和气调储藏的基础，是将油料在基本隔绝外界空气，减少外界环境和虫害对油籽的影响，控制油料呼吸和微生物繁衍的状态下进行储藏的一种方式。密闭储藏不仅可以防止或减小气温度、湿度对油料的影响，使储料保持干燥、低温的稳定状态，减少或避免潮湿空气进入料堆，防止油料吸湿返潮，保持油料干燥，还可以防止外界害虫和微生物的侵染。此外，在密闭条件下，油料中的酶类和随油料进入的微生物的活动，会逐渐消耗料堆孔隙内的氧气，产生较多的二氧化碳，可抑制害虫及微生物的生命活动，改善油料储藏时期品质稳定性。

2. 密闭储藏的实施条件

油料质量和仓房密闭性能是影响油料密闭储藏效果的主要因素。①密闭储藏油料的温度、水分、杂质、虫害和霉菌必须要低，对于长期密闭储藏的油料，含水量应控制在当地度夏季的安全标准之内，温度和湿度要均匀，保证极低虫或无虫、含杂量少。②贮藏油料的仓库要有较好的密闭性能，门窗结构、密封性满足封闭要求。仓库屋顶不漏水，具有良好的隔热性能，地板和仓库墙面完好，并设有防潮层，以免外界湿空气侵入，使仓内湿度增高。此外，仓房装料前要进行清洁消毒和杀虫处理。

3. 密闭储藏的方法

密闭储藏的方法有全仓密闭、塑料薄膜密闭和压盖密闭，油料仓房的密闭、隔热、防潮性能要好。全仓密闭一般是在具有高度密闭性能的立筒中应用，房式如果能达到密封条件也可以采用；塑料薄膜密闭可以应用在密闭性能较差的仓房，具有较好的防潮作用；压盖密闭也适用于密闭性能较差的仓房，利用压料面增强效果，可以有效限制仓房内外害虫的繁衍和侵害。在完成通风降温、降水、防治害虫之后，根据实际情况科学合理地采取塑料薄膜密闭、压盖密闭、全仓房密闭等有效措施，隔绝湿热在料堆内外的转移，预防油料吸湿或解吸，维持油料长期处于低温或准低温的储藏环境，降低夏季料温，延缓料温的快速升高。

在采取密闭储藏时，应注意跟踪监测油料料温、仓库温度和湿度。当发现仓库湿度明显增加，油料温度迅速上升，料堆局部出现高温点等异常情况时，应及时解除密封，查明原因，及时采取各种措施，消除隐患，之后再将料堆重新密封。尤其是在油料采用压盖密封储藏和塑料薄膜密封储藏期间，更要经常检查薄膜和料面有无结露、霉变和局部发热情况。如有异常，应及时解除密封状态，进行相应处理。

五、气调储藏技术

植物油料中油脂含量高，在空气中会和氧气发生反应，导致油料氧化变质，因此控制储料环境中的氧气分压是维持油料储藏稳定性的重要措施。气调储藏就是一种通过控制料堆中氧气含量和气体成分以增加油料储藏稳定性的技术。由于油料原料中害虫和微生物的生长繁殖受到储藏环境中气体组成和比例制约，采用气调储藏保存油料可达到良好的储藏效果。

近年来，氮气气调储藏、二氧化碳气调储藏和抽真空储藏的应用居多，技术日趋成熟。这些气调储藏方式都是通过降低油料储藏环境中的氧气含量，进而阻止或减少氧气对油料中油脂的自动氧化作用，以达到油料安全储藏的目的。气调储藏技术符合人们对绿色食品需求和油脂市场需求的发展趋势，具有良好的社会和经济效益。

（一）气调储藏技术原理

研究表明，当油料料堆密闭环境中氧气含量低至2%左右，或二氧化碳含量高至40%以上，又或在氮气含量高达97%时，可杀死害虫，有效抑制料堆中霉菌等微生物的生长繁殖，进而保持储存油料的品质。因此，在密闭的粮堆或者仓库中，可采用生物耗氧、人工气调、脱氧气调和抽真空的方式，改变储料环境中氧气、二氧化碳或氮气的分压，减弱油料自身的呼吸作用和基本代谢，消灭害虫，抑制霉菌活性，实现油料保质、安全储藏的目的。但需注意的是，料堆中的缺氧，以及二氧化碳积累均可抑制油料的呼吸作用和生命活动。缺氧储藏对油料生命力的影响程度取决于油料的含水量。干燥的油料采用缺氧储藏，可以较好地保持储藏稳定性。然而，高水分油料采用缺氧储藏时，其呼吸方式中缺氧呼吸占绝对优势，缺氧呼吸产生的乙醇可使油籽中毒，丧失活力。

（二）气调储藏作用

气调储藏可替代化学杀虫剂，杀死或抑制害虫和微生物的生命活动，减少其对储料的侵害，实现油料的绿色储藏。研究发现，在安全水分条件下，料堆环境中氧气含量低于10%时，可使害虫休眠；当氧气含量低于4%时，可杀死大谷盗、锯谷盗、飞蛾等害虫；当氧气含量低于2%时，可有效抑制除灰绿曲霉、米根霉以外的大多数好氧性霉菌；当氧气含量低于2%、二氧化碳含量高于20%时，可以抑制各种储料霉菌分生孢子的生长；当氧气含量为0.2%～1.0%时，可明显影响真菌的代谢活动。气调储藏技术应用效果与仓房气密性有显著关系，气密性越好，气体有效浓度维持时间越长，气调储粮的效果就越好，直接运行成本就越低。

（三）气调储藏技术类型

气调储藏技术分为生物降氧、人工气调、脱氧气调和真空储藏四种形式。

1. 生物降氧技术

自然密闭缺氧和微生物辅助降氧是主要的生物降氧方式。二者皆是根据生物学因素，调整料堆内生物体的呼吸，把油料料堆密闭环境中的氧气消耗掉并产生二氧化碳，进而达到缺氧、高二氧化碳储藏条件的目的。通常在油料料堆中会存在一定量的微生物和害虫等粮堆生物群，自然密闭缺氧就是利用这些生物群的呼吸作用以及各种代谢活动，消耗氧气，产生二氧化碳，逐渐降低油料料堆环境中的氧气含量，使料堆环境达到二氧化碳积聚并缺氧的状态，最终达到杀菌灭虫、安全储粮的目的。自然密封缺氧的效果取决于储料自身的降氧能力和自身的水分含量、温度和虫口密度。在一定范围内，水分含量越高、料温越高、虫口密度越高，油料在储藏过程的降氧速度越快。自然密闭缺氧的降氧方式易于控制、操作简单、经济安全，适用于大豆等自然降氧能力高的油料。对于自然降氧能力较低的油料，可采用微生物辅助降氧的方式保证品质，可选择安全无害、繁殖快、容易存活、呼吸作用强的菌种（一般为好氧菌，例如酵母菌、糖化菌等）加入到料堆中，根据料堆实际空间和体积控制用量，达到生物降氧的目的。

2. 人工气调技术

人工气调是通过控制燃烧炉、分子筛、真空泵、钢瓶或充液化气等机械设备，通过燃尽料堆中的氧气，或置换进氮气或二氧化碳，又或直接通入二氧化碳的方式，调整料仓内气体，获得低氧、高二氧化碳或高氮贮藏条件的一种方法。人工气调可分为充氮气调、充二氧化碳气调、脱氧剂气调等类型。大型粮油储藏，应用较多的是充氮气调和充二氧化碳气调。

（1）充氮气调　充氮气调是在料仓氧气降到较小浓度后，采用阻气性较好的塑料薄膜 $[$ 氧气透过量小于 $200cm^3/(m^2 \cdot d)$，二氧化碳透过量小于 $800cm^3/(m^2 \cdot d)]$ 将油料密封，令整个贮藏空间达到真空状态，再充入浓度95%以上的氮气气体，将料仓内氧气含量降至5%以下，保持低氧状态的一种气调储藏技术。充氮气调包括液化氮气调、制氮机气调、分子筛富氮气调三种形式，所产氮气含量可达到95%以上，均可应用于粮食和油料的储藏。液氮储粮工艺流程，如图4-5所示。液氮储粮工艺简单，通过蒸发器将液氮槽放出的液氮汽化，通入无空气的粮堆中即可。

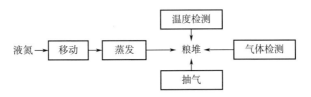

图4-5　液氮储粮工艺流程

充氮气调有利于保持油料品质，延缓其储藏过程中的老化。对密封的油料仓库充氮气，以置换出油料间隙中的氧气，减少油料与氧气的接触，可降低油料相对电导率的上升速度，抑制氢过氧化反应的发生，降低油料中过氧化分解物的含量，延缓油料生物膜的脂质氧化，进而在一定程度上保持油料细胞的完整性，延缓其在储藏过程中的老化。充氮气调还可在一定程度上缓解高温、高湿对油料料胚部的损伤，延缓油料活力下降的速度。此外，大多数虫卵均不能在高氮气环境下存活，高浓度的氮气杀虫效果十分显著，可有效抑制锯谷盗、赤拟谷盗等储粮害虫产卵和幼虫的生长。因此，充氮气调还可替代常规化学杀虫剂熏蒸杀虫，无药剂残留，环保卫生。

（2）充二氧化碳气调　当油料储藏环境中二氧化碳的含量维持在40%~60%时，可使料堆中的害虫致死，并抑制油料的生理活动，降低油料霉变和脂肪酸价的增加，减少油料在储藏期间的品质变化。充二氧化碳气调储粮可分为密封粮堆充气法、气调仓直接充入法、燃烧脱氧法和二氧化碳小包装四种方式，其既适用于普通含水量油料的储藏，也适用于高水分含量油料的储藏，有时还适用于高温条件下的油料储藏。其中，气调仓直接充入法，由二氧化碳气调仓完成，它是由二氧化碳供气系统、自动检测系统、环流系统、压力保护系统和智能控制系统等构成，是一种新型环保型粮仓。气调仓充二氧化碳工艺流程，如图4-6所示。

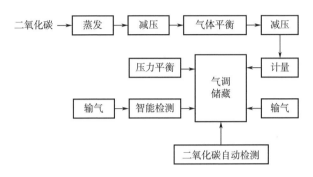

图 4-6　气调仓充二氧化碳工艺流程

充二氧化碳气调储藏可以在不使用化学药剂的条件下，有效抑菌灭虫，延缓油料品质的不良变化，减少药物对油料的污染和对储藏环境的破坏，是一种安全无公害的绿色气调储料方式。研究表明，采用充二氧化碳气调方法储藏油料时，用二氧化碳气调仓和充二氧化碳负压包装的方式均可较好地减少其储藏期间霉变和脂肪酸价增加等不良现象的产生，抑制油料品质劣变。

（3）脱氧剂气调　脱氧剂气调是将脱氧剂（如铸铁粉等）与油料同时在包装袋或者器皿中密封，通过脱氧剂与氧气快速发生的化学反应，除去储料环境中的氧气，使油料处于无氧环境中，抑制料堆中好氧微生物和虫害的生命活动，防止油料氧化变质的一种气调技术。实际生产经验表明，脱氧剂气调技术在芝麻、大豆、绿豆、花生等油料的储藏过程中，均取得良好的防虫效果。常用的脱氧剂有铸铁粉、金属卤化物、充填剂等，其中，铁系脱氧剂的研究较多，应用较广泛。脱氧剂气调储藏技术的脱氧效果显著。将脱氧剂装入含虫的小包装粮袋中密封，脱氧剂发生的化学反应可以很快地消耗包装内的氧气，使袋内储料处于负压无氧状态，进而杀死其中的全部害虫。脱氧剂的耗氧能力受温度、反应级数、湿度、脱氧时间、压力和包装材料等诸多因素的影响，通常温度、湿度越高，包装密闭性越好，除氧速率越快，除氧能力越强。

（4）抽真空　真空储藏主要是利用真空泵抽空油料储藏环境中的空气，使储料空间达到一种负压、低氧或无氧的状态，进而抑制害虫微生物的生长繁殖，保持油料品质的一种方式。该法具有操作简单、成本低、防虫霉效果好、卫生无污染和外形美观等特点，特别适用于成品粮油流通的各环节。真空储藏主要应用于小包装中，储藏性能良好。例如，有研究发现充氮包装和真空包装可通过提高超氧化物歧化酶的活性和保持较高过氯化氢酶的活性，来延缓核桃仁过氧化值和酸价上升的速度，进而达到核桃仁保质储藏的目的。

六、化学储藏技术

化学储藏法也是油料重要的储藏方式之一，它是利用氧化钠溶液、磷化氢、丙酸、氨酸苯和防虫磷等化学试剂，钝化生物酶，杀死害虫或者抑制霉菌等微生物的生命活动，进而达到油料安全储藏的目的的储藏技术。研究发现，将葵花籽浸泡在磷酸钠、氯化钠或甲酸、氨酸苯和羟基苯酸的水溶液中 5min，放置 2h 再烘干，可延缓葵花籽的变质，提高其发芽率。除此之外，氯化钠可以用于高水分油料的储藏，其有利于维持油料原有品质，但不利于种用油料的发芽，不适用于种用油料的储藏。

化学储藏法可应用于高水分油菜籽的应急储藏。根据油菜籽堆的空间和体积的大小，在堆内施放适量的磷化铝，采用塑料薄膜严格密封料堆，利用磷化铝产生的磷化氢杀死害虫、霉菌等微生物，可迅速降低已发热油菜籽的温度，有效阻止高水分油菜籽的发热、生芽和霉变，使高水分油菜籽在储藏的 2~3 周内维持十分稳定的状态。93% 以上的磷化氢会被油菜籽吸收转化，吸收后的磷类化合物可在油料加工成油脂后，在精炼工艺中的脱胶环节除去，不会对油脂的食用安全性产生影响。由于磷化氢具有杀菌作用，采用化学密闭技术储藏的油菜籽品质优于自然密闭储藏，但仅适用于高水分油菜籽的应急暂存。油菜籽的长时储藏还是以干燥常规储藏为主。

化学储藏法可与干燥储藏、气调储藏、密闭储藏等配合使用。因为化学储藏成本较高，而且还要注意防止化学试剂的污染等问题，因此，一般情况下，油料的化学储藏只用于特殊条件和要求时采用。

七、综合储藏技术

1. 普通综合储藏技术

植物油料的结构比较柔软，在收获运输和储藏过程中易发生机械损伤，造成油料破损，不完善粒增多，进而降低了油料的耐储性能。单一的储藏技术通常不能满足油料安全储藏的需要，在实际应用中，通常选用两种或多种储藏技术相结合，以达到油料安全储藏的目的。例如，在大豆长期储藏过程中，可综合应用机械通风、充氮气气调、空调控温等技术措施。春季密闭隔热，延缓仓温粮温上升；夏季空调、内环流控温与充氮气气调相结合，保证储粮安全；秋冬通风降低基础粮温，控制影响大豆储藏安全的非生物因子和生物因子，确保大豆在储藏过程中不发生霉变，出库品质良好，降低储藏工艺能耗成本，减少损耗，确保大豆安全储存。此外，研究表明，可采用低温密闭、隔湿、降氧、压盖控温等技术相结合的储藏方式，解决花生果储藏期间氧化酸败、走油变哈的难题，有效抑制料堆中的害虫、霉菌等微生物的危害，确保花生储存期间的品质安全。

2. "双低"储粮和"三低"储粮

"双低"储粮和"三低"储粮是粮食储存综合储藏技术的两种重要模式。"双低"储粮和"三低"储粮是指将低温、低氧、低药剂量两两结合或者相结合的储藏模式。可根据气候条件、油料种类、水分、温度、害虫和微生物密度等综合因素，合理控制油料温度、料堆氧气浓度和药剂量等因素，对油料储藏进行综合治理，达到理想的储藏效果。

"双低"储粮和"三低"储粮有不同的组合形式。例如，在低温季节入库的油料如花生、豆类等，可依次采取低温、低氧和低药的组合方式，即在油料入库后进行自然降温或机械通风；次年春季后于四月份密封料堆进行自然缺氧储藏；在料温升高发现害虫时施药杀虫。低温季节入库的油料，若发现众多害虫生长，且料温在 20℃ 左右，也可结合低温、低药的综合作用，将料堆密封至次年春季，也可达到较好的防治效果。"三低"储粮的自然降氧应在粮堆各部位的温度都高时进行，随后采用通风降低粮温，以达到较好的害虫防治效果。经气调处理后，可快速杀死料堆中的病虫害，同时通过冷却粮堆可降低残留病虫害的繁殖率，从而进一步促进油料的安全储藏。

高温季节入库的油料如油菜籽，可依次采取低氧、低药、低温的贮藏方法，即入库时直接密封降氧，有害虫时采用磷化铝进行低药剂量熏蒸，秋转凉后通风降温并于次年气温上升前采取隔热保冷措施，确保油料安全度夏。高温季节油料入库不久害虫不多时，立即密封料堆进行"双低"密封贮藏，磷化铝计量 $1\sim1.3g/m^3$，可获得良好的效果。

使用"双低"储粮和"三低"储粮技术贮藏油料时，应注意当在组合中有低氧环节时，应尽可能将油料料堆密封，进行自然缺氧，当料堆中二氧化碳含量增加至4%以上后，再添加少量磷化铝，会产生明显的增效效应，杀虫效果更好。此外，为了防止害虫对磷化氢产生抗性，尽可能在入库后害虫尚未大量发生以前及时进行低剂量密封，施药剂量要合理、均匀，严格密封粮堆，使磷化氢气体均匀地分布在粮堆各个部位，一次性消灭所有害虫。

总之，在实际生产应用中，要根据油料的种类、含油量、含水量、含杂量、含虫量、微生物种类等因素，结合贮藏仓房和气候条件的实际情况，因地制宜，灵活应用干燥储藏、通风储藏、低温储藏、密闭储藏和气调储藏等方法，制定科学合理的储藏技术方案，方可确保油料安全贮藏。

第五章
果蔬采后贮藏保鲜技术

学习指导：果蔬采后贮藏保鲜技术主要包括物理的、化学的、生物的方法。本章分类别详细介绍了主要的果蔬采后贮藏保鲜技术。通过本章的学习，应掌握各种采后处理与贮藏保鲜技术的要点，重点掌握基本原理及特点、应用方式、影响因素、应用效果、注意事项等。在学习过程中，应注意理解采后保鲜技术的生物学原理和掌握基本应用技能；在应用过程中，应注意学会根据具体果蔬种类及品种进行技术条件和参数的优化，发挥出采后保鲜技术的优势，避免不利因素带来的影响。

知识点：低温贮藏，生理紊乱，冷害，气调贮藏，乙烯，活性氧，化学调控，采后病害，诱导抗病性，生物控制

关键词：成熟衰老，采后处理，贮藏保鲜

第一节　果蔬采后物理保鲜技术

物理保鲜技术是指通过改变温度、湿度、气体组成等贮藏环境条件，或者通过物理措施调控果实采后生理代谢，从而使果蔬采后品质得到较长时间的保持，延长采后寿命，减少腐烂损失的方法。

1. 低温贮藏

（1）原理　果蔬采收以后仍然具有生理代谢活动，呼吸代谢旺盛，能将体内积累的糖分逐步分解，并释放出大量的呼吸热。呼吸热的积聚会引起果蔬生理代谢加速和腐烂损失。低温贮藏是延缓果蔬后熟衰老、保持品质的主要方法。低温能够有效地抑制果蔬各种生理生化代谢强度，降低呼吸代谢速率，推迟呼吸跃变的出现和后熟衰老，延长采后寿命。低温贮藏能够抑制果蔬乙烯的生物合成速率，防止乙烯的催熟作用；抑制蒸腾作用，减少水分散失，防止产品失水萎蔫；抑制叶绿素的降解，防止绿色蔬菜变黄；抑制微生物生长繁殖，防止果蔬侵染性病害的发生和减少腐烂损失。但是，不同果蔬的适宜贮藏温度不同，应根据果蔬的种类、品种、发育程度等选择贮藏条件。当低温贮藏条件不当时，往往会引起果蔬发生冷害。

（2）低温贮藏方式　利用自然冷源的埋藏、窖藏、通风库贮藏，利用人工冷源的机械冷库贮藏等都是低温贮藏方式。良好管理的低温贮藏主要通过机械冷藏库进行。在具有良好隔热性能的建筑中，通过机械制冷系统的运行，使贮藏库内温度降低并保持在稳定的低温范围。机械冷藏库可以迅速而均匀地降低库温，库内的温度、湿度和通风可以根据贮藏对象的要求条件进行调节控制。在使用前应对冷藏库进行检修、清扫、消毒，并提前 2d 将库温降至贮藏温度。果蔬采收后产品温度较高，采后尽快预冷至或略高于贮藏温度以排除田间热，再送入冷藏库贮藏，可以减少制冷负荷和避免库内温度、湿度波动过大。冷藏的果蔬应进行合理的包装，以便快速搬运和堆码。在贮藏期间，应避免库内温度波动幅度过大。库房内各部位的温度要分布均匀，防止出现过冷或过热的死角。尽量减少蒸发器与库内空气、产品之间存在的温差。通常，采用管道送风冷却设计、冷风机冷却设备、微风循环装置等加强库内空气的流通，尽量减少蒸发器和产品之间的温差，减小冷库内各部位之间的温差。

（3）冷害及控制　冷害（chilling injury）是指 0℃以上不适宜低温对果蔬造成的伤害。冷

害是果蔬在低温贮藏和冷链物流期间最常见的一种生理紊乱。冷害发生的临界温度通常为 0~13℃，不同种类果蔬发生冷害的临界温度存在明显差异。大部分原产于热带和亚热带的果蔬，由于它们在进化过程中的系统发育始终处于高温环境，因此对低温敏感，冷害临界温度较高。如香蕉、芒果、鳄梨、柠檬、黄瓜等冷害临界温度为 11~13℃，菠萝、柚子、西葫芦、绿熟番茄、青椒等冷害临界温度为 8~10℃。一些热带、亚热带起源的茄果类、瓜类、豆类果蔬，如甜瓜、茄子、甜椒、红熟番茄、菜豆等冷害临界温度为 7~10℃。柑橘、马铃薯等冷害临界温度为 4~8℃。通常，晚熟品种、成熟度高、生长在冷凉环境的果蔬冷害临界温度较低。冷害的发生可分为低温胁迫（冷害诱导）和症状表现两个阶段。遭受低温胁迫的果蔬由于生理代谢失调或生理机能障碍而产生冷害症状，主要表现为表皮和内部组织的外观变化，如表面出现凹陷斑或水浸状斑，表皮或内部组织褐变，一些未完全后熟的跃变型果实不能正常后熟或后熟不均匀，出现霉状物或腐烂等。有些果蔬仅表现单一症状，多数果蔬会出现多种复合症状。冷害症状的表现往往具有明显的滞后性，即大多冷害症状并不立即在低温环境表现，而是当果蔬从低温转移到温暖环境后，冷害症状才迅速显现。

果蔬应在其冷害临界温度以上贮藏。通过调控温度可在一定程度上延缓或减轻冷害的发生程度。低温预贮（low temperature conditioning, LTC）是指将果蔬在略高于冷害临界温度条件下预贮一段时间，然后进行低温贮藏的方法，可有效减轻冷害。分段降温（缓慢降温）指果蔬采后经过分阶段逐步降温至贮藏温度，这种方法能使果蔬逐渐适应低温环境来提高其抗冷性。间歇升温（intermittent warming, IW）贮藏是指在冷藏期间进行一次或数次的短期升温至20℃左右并保持一段时间（通常为 1~2d），再次进行冷藏的方法。通过多次的升温-降温循环以中断持续低温，能使遭受低温胁迫的果蔬生理代谢得以恢复正常，提高抵抗冷害的能力。此外，热处理、冷激处理（cold shock）、气调贮藏和限气包装、植物生长调节剂及其他化学物质处理等，可在一定程度上延缓或减轻多种果蔬冷害。

2. 冰温贮藏

冰温保鲜起源于20世纪70年代的日本，又称近冰点贮藏，是指在0℃以下、果蔬冰点以上的狭窄温度范围内进行贮藏保鲜的方法。果蔬组织中含有大量的可溶性糖分、有机酸、游离氨基酸、可溶性蛋白质以及电解质等物质，产生了渗透势，使果蔬冰点低于纯水的冰点。而且，细胞中各种天然高分子物质及其复合物以空间网状结构存在，使水分子的移动和接近受到一定阻碍而产生冻结回避。冰温贮藏的果蔬组织处于未冻结的状态，仍具有微弱的生理代谢活性。冰温贮藏在维持果蔬正常生命活动的基础上，最大程度地抑制果蔬的呼吸消耗和各种代谢进程，抑制呼吸代谢和乙烯的生物合成、延缓后熟软化和减少水分散失，最大限度地延缓果蔬采后衰老，保持果蔬新鲜品质和营养成分。冰温贮藏还能更有效地抑制微生物的生长繁殖，减少腐烂损失。大多数果蔬的冰点在-3~-0.5℃，较大的温度波动极易跨越果蔬组织的冰温区间，使细胞内部出现冰晶，或升温导致反复冻融，造成冻害。进行冰温贮藏时，需要对不同种类果蔬的冰点进行测定，以确定适宜的冰温贮藏温度。在冰温贮藏期间要进行精确的温度控制，库里温度分布应均匀，温度波动幅度应在±0.3℃内。冰温贮藏技术已经在猕猴桃、苹果、桑椹、葡萄、樱桃、蓝莓等多种果蔬上进行了应用性研究，如新疆小白杏的冰点为-2.3℃，适宜的冰温贮藏温度为-2.0~-1.5℃。但是，冰温贮藏对制冷设备性能、贮藏库的设计、恒温恒湿的控制技术等要求较高。

3. 气调贮藏

气调贮藏指在一定的封闭贮藏体系内，通过调节气体组成，降低 O_2 浓度、提高 CO_2 浓度，并使二者达到一定的比例，结合适宜低温的贮藏方式。贮藏环境中较低浓度 O_2 和较高浓度 CO_2 气体组成，能有效地抑制果蔬的呼吸代谢等多种生理活动、延缓成熟和衰老，抑制微生物的生长繁殖和防止腐败变质，从而延长采后寿命。气调贮藏的果蔬后熟缓慢，硬度、糖、有机酸、叶绿素、维生素 C 等保存效果比普通低温贮藏的好，能显著延长货架期。但是不同种类果蔬对气调贮藏的适应性不同，对适宜的温度和气体成分要求不同。多数果蔬气调贮藏适宜的 O_2 含量为 2%~8%，CO_2 含量为 1%~5%。贮藏环境中 O_2 浓度过低会导致果蔬发生无氧呼吸并出现缺氧障碍，CO_2 浓度过高则会引起果蔬出现 CO_2 伤害。常见的气调贮藏形式有气调库贮藏、自发气调包装和控制气体包装贮藏。

（1）气调库贮藏　气调库贮藏（controlled atmosphere，CA）是在具有良好隔热性能和气密性的专门建筑中，在冷藏的基础上，通过对密闭贮藏环境中温度、湿度、CO_2 和 O_2 浓度等进行调节控制，建立特定果蔬适宜的贮藏条件。气调库通常由库体、制冷系统、加湿系统、气调系统、制氮系统、二氧化碳和乙烯脱除系统、压力平衡系统、自动监测控制系统等构成。气调库贮藏具有设施先进、机械化程度高、贮存容量大、保鲜效果好等特点。气调库贮藏要求果蔬入库速度快，尽快装满、封库并及时调气，在尽可能短的时间内使果蔬进入气调贮藏状态。

（2）气调包装贮藏　气调包装（modified atmosphere package，MAP），又称为控制气体包装、限气包装，指根据不同果蔬的生理特性，选用 O_2、CO_2 和 N_2 的两种或多种气体组成一定比例的混合气体充入包装内，以形成一定浓度的 O_2 和 CO_2 的气调包装方式。用于气调包装的薄膜材料一般较厚，气体成分不易透过交换。在充入混合气体前，可利用真空抽气排除包装中原有的空气，以便置换成稳定的气调条件。气调包装能够有效地减轻葡萄柚、甜椒、黄瓜、香蕉和柠檬等多种果蔬的冷害，延长采后寿命。

（3）自发气调包装贮藏　自发气调包装又称薄膜包装、平衡气体包装、被动 MAP 等，指利用具有一定 O_2、CO_2 气体阻隔性的塑料保鲜薄膜、硅窗袋等材料包装果蔬，限制包装内外气体交换，通过果蔬自身的呼吸作用不断消耗包装内的 O_2 并积累 CO_2 的保鲜方式。果蔬包装后经过一段时间，包装中果蔬的呼吸作用和薄膜材料的气体选择透过性之间形成了气体交换动态平衡，在包装内形成较低浓度 O_2 和较高浓度 CO_2 的微环境，从而起到气调保鲜的作用。自发气调包装受到包装材料的气体成分透过性、果蔬的呼吸强度、温度等影响。

4. 减压贮藏

减压贮藏（hypobaric storage），又称负压贮藏、低压贮藏或真空贮藏，是继冷藏和气调贮藏之后发展起来的一种贮藏方法。减压贮藏是指将果蔬放置于刚性密闭容器中，抽气使容器中气体压力低于大气压，并维持在一定低压状态的贮藏方法。减压可形成低氧甚至超低氧气体环境，促进果蔬组织中 CO_2 和挥发性气体（如乙烯、乙醇、乙醛）向外扩散，减少由这些物质引起的生理病害，并从根本上消除 CO_2 中毒的可能性。适宜压力条件的减压贮藏可抑制果实的生理代谢，减缓果蔬生命活动强度，保持较高的硬度和营养物质含量，并抑制病虫害的发生，进而延长贮藏期和货架期。樱桃于 0℃、相对湿度 90%~95%、20kPa 条件下减压贮藏，贮藏期可由常压下的 28d 延长至 49d。枇杷在 2~4℃、20~30kPa 条件下可以贮藏 49d。

5. 热处理

热处理因其绿色、安全、简单而受到广泛关注，并得到了一定的应用。热处理是采后将果蔬置于特定的热环境中如热水、热空气、热蒸汽、微波等，控制适宜温度和适当时间的处理方法。一般将果蔬置于 30~50℃热空气中保温一段时间（12~48h）进行高温处理，或置于 40~55℃热水中浸泡 30s~15min 进行热水处理，能够干扰或短时阻断正常的生理进程、延缓采后成熟衰老，还能减少采后病害的发生。利用热水（50℃，3min）处理西蓝花茎端，能够有效地保持西蓝花花球的绿色，减少黄化失水，提高保鲜效果。热水处理（45℃，5min）还能够有效地提高草莓抗氧化酶活性和抗氧化物质含量，改善贮藏品质和减少腐烂损失。热处理能对果蔬产生轻微甚至中度但可逆的胁迫，诱导果蔬产生抗性反应，增强抗冷性，从而有效减轻热带或亚热带果蔬的冷害。

6. 紫外线照射处理

紫外线（ultraviolet，UV）可分为长波（UV-A，315~400nm）、中波（UV-B，280~315nm）和短波（UV-C，200~280nm）。短波紫外线（UV-C）照射具有直接杀菌作用。紫外线照射能使 DNA 相邻胸腺嘧啶形成二聚体，阻碍了 DNA 的复制，使 DNA 受损，从而杀死微生物。波长 254nm 的紫外线照射能对物品表面和水进行强烈的消毒。波长 250~260nm 紫外线照射对微生物包括细菌、真菌（酵母菌）、病毒、藻类等都能产生致死作用。在紫外线照射过程中，空气中产生臭氧，还可对贮藏环境起到消毒作用。研究发现，利用 20~40kJ/m 紫外线照射果蔬能促进多酚和类黄酮的积累，提高抗氧化能力，延缓衰老进程。

UV-B 为波长 280~320nm 的紫外线，能够作用于蛋白质、脂类、质膜、光捕获复合体、核糖体、ATP 酶、细胞壁以及色素等。类囊体膜对 UV-B 照射非常敏感，叶绿素和类胡萝卜素因而受到 UV-B 的影响。但是，UV 处理范围多限制在低浓度的液体或表面灭活，对果蔬品质的影响不够稳定。

7. 光照保鲜

研究表明，光照保鲜技术在果蔬品质调控和病害控制等方面均表现出良好的应用潜力。用于果蔬保鲜的光源包括 LED 光源、荧光和脉冲光。其中，LED 光具有光质纯、节能环保、安全系数高等特点，红光（660nm）和蓝光（420~450nm）是最常用的 LED 光源。荧光灯是一种低压、低阴极汞蒸气放电灯。脉冲光可以在消耗很少能量的情况下将 70kV/cm 的高压电脉冲在几秒的时间内放电至食品中，可减少食品中的害虫、腐败微生物和病原体，常用于鲜切果蔬的保鲜。光照模式（如间歇光照处理及间歇频率）和光质对果蔬保鲜效果也具有一定的影响。

8. 涂膜保鲜

通过表面喷涂、涂抹或在涂膜液中浸渍果蔬，晾干后在果蔬表面形成一层极薄的薄膜层，能够阻隔气体的透过、减少果蔬与环境之间的气体交换，抑制果蔬的呼吸作用。涂膜还能阻隔水汽的透过、防止水分蒸发散失，延缓果蔬衰老，保持果蔬质地、风味和外观，减轻生理紊乱的发生。目前，具有涂膜保鲜功能的商业果蜡已被广泛应用于柑橘、苹果、梨、油桃、柠檬及番茄等果实的保鲜。

可食用涂膜是指以天然可食性大分子物质为原料，添加增塑剂、交联剂等物质，通过不同分子间相互作用而形成的薄膜。目前研究的可食性涂膜剂主要有壳聚糖、淀粉、纤维素衍生物、魔芋多糖、海藻酸钠、大豆分离蛋白、玉米醇溶蛋白、小麦面筋蛋白、乳清蛋白、虫胶、棕榈蜡、蔗糖脂等。涂膜的厚度是重要的参数，直接影响涂膜层的生物稳定性和保鲜功能。涂膜过厚可能导致果实内部 O_2 浓度过低，出现无氧呼吸和过多积累 CO_2。近年来，涂膜材料作为缓释载体复合其他成分，如抑菌剂、抗氧化剂或保鲜剂、乙烯吸收剂等。

9. 乙烯吸收剂

果蔬贮运环境中往往会积累大量乙烯，乙烯能够加快跃变型果蔬的后熟和非跃变型果蔬的衰老进程，促进叶菜的黄化、脱落。及时清除贮藏及物流环境中的乙烯，能够有效地防止乙烯的作用，从而延缓果蔬的衰老和品质劣变。乙烯吸附剂通过物理吸附作用和化学氧化作用来清除乙烯。常用活性炭、沸石、硅藻土、高岭土、蛭石、活性氧化铝等多孔材料负载的高锰酸钾来吸附和氧化清除贮藏环境中的乙烯。普通金属铜粉、锌粉、铁粉、贵金属钯、铂等也能够催化乙烯的氧化反应来消除乙烯，可用于制备乙烯吸收剂。将乙烯吸收剂封装在无纺布制作的小袋中，分散放入果蔬包装件或贮藏库中吸收清除乙烯，使用方便。

第二节　果蔬采后化学保鲜技术

多种化学物质能够在一定程度上影响果蔬采后成熟衰老生理进程，从而改变果蔬贮藏品质。采后处理中常用的化学保鲜方法主要有植物生长调节物质、杀菌剂、消毒剂、被膜剂、诱抗剂、一般公认的食品安全物质、提取物处理等。化学保鲜从应用方式上可分为液体浸泡、气体/雾化熏蒸、涂膜保鲜等。

1. 乙烯抑制剂（1-甲基环丙烯）

1-甲基环丙烯（1-methylcyclopropene，1-MCP）是一种新型的乙烯效应抑制剂，在常温下为气态，可以与乙烯竞争结合受体，阻断乙烯信号转导作用，从而抑制乙烯介导的果实后熟相关生理生化反应。1-MCP 作为一种新型保鲜剂，在果蔬贮藏保鲜中得到了广泛应用。

1-MCP 能够影响果实细胞壁水解酶的活性和基因表达，进而对果实软化产生影响。1-MCP 可以抑制聚半乳糖醛酸酶（polygalacturonase，PG）、果胶酯酶（pectinesterase，PE）、纤维素酶（cellulase，Cx）、β-半乳糖苷酶（β-galactosidase，β-Gal）活性，抑制果胶多糖的降解，从而维持较高的果实硬度，延缓后熟软化。1-MCP 处理也被用于果蔬病害的防治，其诱导果实抗病性与提高活性氧清除能力和酚类含量有关。

1-MCP 处理可提高多种冷敏果蔬对冷害的抗性，从而减轻冷害的发生。例如，结合间歇加热可通过提高酚类物质的积累和抗氧化能力来增强桃果实的抗冷性；通过调控脯氨酸和多胺代谢来减轻果蔬冷害的发生；通过减轻膜脂过氧化作用，并提高 H^+-三磷酸腺苷酶（H^+-ATPase）、Ca^{2+}-三磷酸腺苷酶（Ca^{2+}-ATPase）、琥珀酸脱氢酶（SDH）、细胞色素 C 氧化酶（CCO）活性，维持较高的能量水平，从而有效地减轻油桃和梨果实冷害的发生；可提高蔗糖磷酸酶（SPS）、蔗糖合酶（SS-s）的活性和 *SPS* 基因的表达，维持较高的蔗糖含量，从而延缓桃果实冷害的发生。

2. 水杨酸

水杨酸（salicylic acid，SA），又称邻羟基苯甲酸，是一种内源性的植物生长调节剂，参与植物体内多个代谢调控途径，如种子发芽、植物开花、气孔运动和光周期等。SA 作为一种简单的酚类化合物，可通过莽草酸途径和异分支酸途径合成，是参与系统抗病性的一种关键信号分子。水杨酸能有效诱导植物的系统性获得抗性，提高植物对多种真菌和细菌侵染的抵抗力，在抑制采后果蔬病害，降低腐烂率，在控制园艺作物采后损失方面具有很大的潜力。

SA 作为抗病反应的重要信号分子，不仅是植物产生过敏反应（HR）和系统获得抗性（SAR）反应所必需的物质，还是病原菌侵染植物后活化一系列防卫反应的信号传递过程中的重要组成成分，其诱导果蔬抗病性机制涉及调节抗病基因表达、诱导抗病相关蛋白、激活防卫酶活性和代谢途径多个方面。水杨酸甲酯（methyl salicylate，MeSA）处理能抑制采后番茄果实病害的发生，而 MeSA 结合 1-MCP 处理的抗病效果更显著，这可能与其诱导了防御酶活性和病程相关蛋白（PR1）的表达有关。蛋白组学分析发现，SA 诱导的初级代谢产物可能作为能量、底物或信号分子直接或间接参与柑橘果实病害的防御反应。SA 处理增强果实抗病性还与其诱导活性氧的生成、增强抗氧化能力以及减轻膜脂过氧化作用有关。

3. 茉莉酸及茉莉酸甲酯

茉莉酸类物质包括茉莉酸（jasmonic acid，JA）及其挥发性酯类衍生物茉莉酸甲酯（methyljasmonate，MeJA），是广泛存在于植物体内的生长调节物质。茉莉酸类物质不仅可以作为信号分子，诱导植物防御基因的表达，还在调控植物的生长发育、次生代谢和生物及非生物胁迫的防御反应中发挥着重要作用。

外源 MeJA 处理能抑制果蔬冷害的发生，可有效减轻牛油果、樱桃番茄、桃等果蔬冷害症状的发生，并减少果蔬腐烂，保持较好品质。MeJA 可增强抗氧化能力和细胞膜的完整性，以及改变氨基酸的代谢。MeJA 对减轻果蔬的冷害作用，主要是诱导果蔬自身抗冷性系统，除了直接调节果蔬抗氧化酶的活性和抗氧化物质含量、膜脂和细胞壁代谢、影响脯氨酸和 γ-氨基丁酸等物质含量，增加果蔬抗冷性外，还可能由其自身作为信号分子，通过信号转导作用和相关基因的诱导表达，间接调控采后果蔬对低温的适应能力。此外，MeJA 与其他冷害控制方法间存在协同作用，与其他采后处理共同作用于果蔬，能够有效延缓冷害的发生，保持果蔬贮藏品质。

MeJA 在增强果蔬抗机械伤害、抗病性以及抗衰老方面具有一定作用。作为对病原微生物和虫害防御反应的关键植物激素，MeJA 不但具有直接抗菌功能，还可以通过提高相关抗性酶的活性和诱导相关抗病性基因的表达，达到抗病的效果。MeJA 通过诱导 JA 和乙烯信号通路以及几丁质酶、β-1，3-葡聚糖酶、聚半乳糖醛酸酶抑制蛋白、抗氧化酶和苯丙氨酸解氨酶等防御酶的产生，增强了果蔬的防御能力。MeJA 处理通过提高果实的抗氧化能力、挥发物的产生、酚类和黄酮类物质的含量来改变果实的特性。外源施用 MeJA 可减轻机械损伤对鲜切果蔬品质的影响，有效抑制微生物对受伤部位的侵染，抑制果蔬组织内部的酶促褐变，改善果蔬贮藏品质。总之，茉莉酸甲酯作为一种信号分子，能够激发防御基因的表达，诱导防御化学物质生成，提高果蔬抗冷性和抗病性，在植物防御响应机制中发挥着重要作用（图 5-1）。

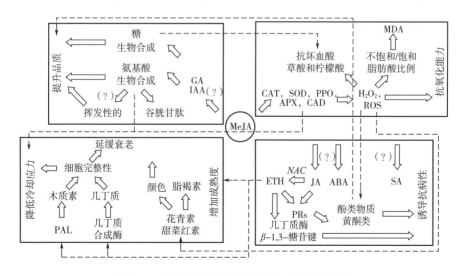

图 5-1　茉莉酸甲酯在果实中激活的信号通路

ABA—脱落酸　APX—抗坏血酸盐过氧化物酶　CAD—肉桂醇脱氢酶　CAT—过氧化氢酶　ETH—乙烯

GA—赤霉素　IAA—生长素　JA—茉莉酸　MDA—丙二醛　MeJA—茉莉酸甲酯　PAL—苯丙氨酸解氨酶

PPO—多酚氧化酶　PRs—病程相关蛋白　ROS—活性氧　SA—水杨酸　SOD—超氧化物歧化酶

4. 多胺

多胺（polyamines，PAs）是植物中广泛存在的天然化合物，其中，腐胺（putrescine，Put）、精胺（spermine，Spm）和亚精胺（spermidine，Spd）是最常见的三种植物多胺。多胺因其阳离子性质，可与细胞中的磷脂、蛋白质和核酸结合，它们在植物生长发育、成熟衰老及抵御逆境胁迫反应中起着维持细胞膜结构、稳定生物大分子和清除自由基等作用，从而减少各种胁迫对细胞的损害。这三种多胺生物合成途径的中心产物是 Put，Put 有两条途径合成，一条是 ADC 途径，即精氨酸在精氨酸脱羧酶（ADC）催化脱羧下生产鲱精氨，继而形成 Put；另一条为 ODC 途径，即鸟氨酸通过鸟氨酸脱羧酶（ODC）直接脱羧形成。多胺合成和乙烯合成途径通过同一前体物质 S-腺苷甲硫氨酸（SAM）相联系，在以甲硫氨酸（Met）为前体合成脱羧 SAM 的途径中，一条通过 SAM 脱羧酶的作用合成多胺，另一条则通过 1-氨基环丙烷-1-羧酸（ACC）合成酶的作用而合成乙烯。尽管乙烯和 PA（Spd 和 Spm）生物合成具有共同的前体，但它们在果实成熟和衰老过程中发挥相反的作用，多胺能抑制衰老而乙烯能促进衰老。因此，多胺和乙烯之间的平衡对成熟衰老过程的调控至关重要。

内源 PAs 在提高果实对冷胁迫的耐受性方面发挥了重要作用，一些果蔬在受到冷害胁迫下，多胺含量会增加，例如番茄、桃子、香蕉等。冷害下果实中 PAs 含量的增加可能是果实的自然防御机制，由于 PAs 可以作为自由基清除剂，通过离子相互作用稳定细胞膜，保护果蔬组织抗低温胁迫。外源多胺处理减轻冷害的发生与外源多胺的渗入从而提高内源多胺水平有关。在西葫芦果实中，Put 处理比 Spd 或 Spm 处理更有效，其对提高果实耐冷性的作用归因于提高了甜菜碱和脯氨酸浓度，它不仅可以作为渗透保护剂，还可以作为膜稳定剂，有助于在低温胁迫下维护细胞膜的稳定和完整性。由于 PAs 具有保护膜完整性的能力，可能参与了降低冷害的过程，这既通过降低膜相变温度流动性，也通过抑制脂质过氧化，从而提高了细胞活力。多胺还可能通过稳定膜系统结构的作用，独立抑制乙烯的合成及各种衰老过程。研究表明，Put 和 Spd 的抗衰老作用与抑制膜脂过氧化和维持膜的完整性有关。

外源多胺的应用可以延长园艺产品的货架期、缓解采后园艺产品的冷害症状。PAs 作为多阳离子分子，可以与细胞膜的阴离子组分（如磷脂）紧密结合，使双分子层表面稳定。在低温条件下维持细胞膜的稳定性是植物抗寒性的重要因素，PAs 在保护果蔬组织免受冷害方面发挥着重要作用。此外，PAs 通过清除活性氧（reactive oxygen species，ROS）表现出抗氧化活性，从而增强了冷害胁迫下膜体系的稳定性和完整性。然而，多胺的种类、浓度、处理方式对果蔬产生的效果还有待于进一步研究，全面认识多胺与果实采后衰老的关系以及外源多胺的生理效应，有助于将其应用于果蔬产品采后的贮藏运输保鲜中。

5. 一氧化氮

一氧化氮（NO）是一种脂溶性的生物活性小分子，其化学性质活泼，作为一种内源信号分子，NO 在植物生长、发育、成熟和衰老等生理过程中发挥重要作用。近年来的研究发现，NO 广泛参与非生物胁迫下的信号传导，在低温、盐、干旱、重金属等非生物胁迫中作为信号分子起着重要作用。果蔬在低温贮藏过程中，易受低温胁迫的影响，产生冷害，适宜浓度的 NO 处理可提高多种园艺产品的抗冷性。冷害的发生导致 H_2O_2 等活性氧过量积累，从而加重果蔬的冷害症状。采用 NO 熏蒸处理或以硝普钠（SNP）为 NO 供体浸泡处理能够显著减轻果蔬的冷害症状，NO 对果蔬 ROS 的调节主要可能与其对 ROS 代谢酶活力的影响有关。线粒体是 ROS 产生的主要场所，线粒体的完整性对 ROS 的积累有重要的作用，外源 NO 处理能够减轻线粒体肿胀，维持线粒体膜电位、膜流动性以及线粒体钙离子稳态，从而有效地维持桃线粒体的结构和功能，减轻桃线粒体在冷藏过程中的氧化损伤。此外，NO 处理还能上调抗冷基因 *CmCBF1* 和 *CmCBF3* 的转录，增强冷信号转导途径，从而减轻冷藏期间哈密瓜等冷害症状。NO 处理还可能通过蔗糖代谢、细胞壁代谢和鞘脂代谢途径参与对果蔬冷害的调节。

6. 油菜素内酯

油菜素甾醇（brassinosteroids，BRs）是一种在植物中广泛存在的甾醇类激素，在植物体内含量极低，但具有极高的生理活性，被称为"第六大植物生长激素"。BRs 参与调控植物光形态建成、细胞分裂和分化、生殖发育、开花、衰老等诸多生长发育过程，以及对逆境的响应过程。2，4-表油菜素内酯（2，4-epibrassinolide，EBR）是一种人工合成的 BRs，不仅具有 BRs 的各种生理作用，而且具有较高活性，极低浓度就表现出对植物生理的调节效应。近年来，BRs 处理越来越多地被应用在多种果蔬保鲜上。采用 5μmol/L EBR 浸泡处理能够显著抑制桃果实采后软腐病的发生，这可能与其维持较高的能荷水平有关。类似地，采用 0.5μmol/L 油菜素内酯处理提高了竹笋 H^+-ATP 酶、Ca^{2+}-ATP 酶、SDH 和 CCO 的酶活力，延缓了 ATP 含量的下降，维持较高的能荷水平，使其抗冷性得到增强。外源 BR 处理能够减少番茄 MDA 含量，抑制 PLD 和 LOX 酶活性的升高，说明 BR 可能通过减少膜脂过氧化，从而提高膜的完整性以降低番茄冷害。

7. 褪黑素

褪黑素（melatonin，MT）是一种既亲脂又亲水的吲哚类小分子化合物，广泛存在于动物、植物体内。褪黑素也是一种植物生长调节因子，参与了植物多种生理代谢活动。褪黑素还被认为是活性氧清除剂，可高效清除活性氧自由基，增强植物非生物胁迫的耐受性和对病原菌侵染等生物胁迫的抗性。近年来，越来越多的研究表明，褪黑素具有调控果实发育、促进果实成熟和延缓衰老的作用，有望作为一种新型的生长调节剂和保鲜剂应用于果蔬贮藏和保鲜。褪黑素延缓果实衰老的机制主要体现在清除活性氧自由基、诱导蛋白氧化损伤修复酶、调控能量代谢和抑制乙烯合成四个方面。首先，外源 MT 的应用可诱导果实内源 MT 含量增加，MT 能够作为桥梁将水溶性抗氧化剂和脂溶性抗氧化剂联系起来，形成抗氧化网络清除胞内 ROS，从而增强果实的抗氧化能力。其次，褪黑素处理促进了氧化损伤修复酶基因的表达，表明褪黑素参与了 ROS 造成的损伤蛋白的修复。但是目前对于蛋白氧化损伤修复系统在果实保鲜中的研究仍较少，未来可以利用转录组学和蛋白组学等手段探究褪黑素在调控蛋白氧化损伤修复系统的具体作用机制。再次，外源褪黑素处理荔枝果实，能量代谢相关酶活性增强，从而缓解细胞能量水平的降低，提高果实对冷胁迫的耐受性。最后，褪黑素处理使梨果实乙烯合成基因 *ACS* 和 *ACO* 的表达被抑制，乙烯产生速率降低，从而延缓果实的衰老。此外，外源褪黑素能够上调 NO 合酶的基因表达和酶活，而高浓度的 NO 能够抑制 *ACS* 和 *ACO* 的表达，抑制乙烯的合成，从而调控果蔬成熟衰老进程。

8. 钙

钙（Ca）作为植物生长过程中必需的营养元素，具有重要的生理功能，在植物生理代谢活动中发挥重要作用。钙是组成细胞壁和细胞膜结构的必需物质，在维持细胞正常结构功能、减少或延缓膜损伤等方面具有重要作用。Ca^{2+} 是细胞内重要的信号分子，作为第二信使能耦合外界刺激转化为自身受体蛋白识别的信号，将信号传递到胞内，调控胞内生理反应。植物体内的钙主要包括水溶性钙、果胶钙、磷酸钙、草酸钙等。

外源钙处理可维持果实的硬度、提高抵御外界病原菌侵染能力，且可以诱导植物细胞对病原菌的先天性抗性，以及对病原物的侵染产生免疫作用及过敏性反应，进而减少植物病害的发生。

Ca^{2+}作为第二信使，在植物细胞信号转导中对多种生物和非生物信号作出响应。在信号传递过程中，Ca^{2+}与钙结合蛋白特定结合，可通过调节下游靶蛋白磷酸化来传导外界信号，调节植物细胞的各种生理反应，如生长发育、成熟衰老及抗逆等。此外，外源钙处理可以有效地抑制采后果蔬的呼吸强度、推迟呼吸峰出现，减缓总糖、蛋白质及维生素C含量的下降，延缓腐烂率和失重率的上升，抑制硬度、可溶性固形物含量的下降，还可以抑制多酚氧化酶、过氧化物酶等活性，诱导过氧化氢酶、苯丙氨酸解氨酶等活性，提升超氧阴离子自由基清除能力及总抗氧化能力。

9. 臭氧

臭氧（O_3）是一种易降解无残留的强氧化剂，具有广谱、高效的杀菌作用，在果蔬贮藏保鲜上具有广泛的应用前景。O_3具有高渗透性，可直接穿透微生物的细胞壁，作用于脂蛋白、脂多糖及细胞膜磷脂的不饱和脂肪酸，发生氧化破坏反应，使细胞膜的通透性增加，细胞内容物外渗，导致微生物溶解死亡。O_3对沙门氏菌、酵母菌及黄金色葡萄球菌等致病菌具有显著的灭菌效果，还可抑制病原真菌的菌丝生长和孢子萌发，有效抑制果蔬病害的发生。O_3可以氧化降解乙烯，降低果蔬细胞的呼吸作用，减缓果蔬的新陈代谢，有效延缓芒果和甜瓜等成熟软化。O_3作为一种诱发因子可以诱导果蔬提高抗病性。O_3可能通过调控或参与抗病相关代谢通路，如苯丙烷代谢。

10. 乙醇

乙醇被FDA定义为公认安全的物质（GRAS），并且在我国国标中被列为残留量不需限定的食品添加剂。基于乙醇安全、廉价的优点，已有许多研究将乙醇应用于水果的采后保鲜。乙醇处理可以通过抑制细胞壁降解酶的活性阻碍细胞壁多糖分解，防止细胞壁结构破坏，能够抑制果实的呼吸速率，抑制乙烯的释放，减少腐烂和提高货架期。有研究表明，即使用乙醇蒸气与乙烯混合处理苹果，依然可以抑制苹果的成熟，使果实保持更低的相对电导率和更高的硬度。乙醇可以通过表皮渗透入果实，可用于脱涩处理，但高浓度的乙醇处理会使果实表皮褪色并造成失重率升高，反而不利于贮藏。乙醇熏蒸能够降低呼吸速率和苯丙氨酸解氨酶的活性，抑制变色发生；降低苯丙氨酸酶（PAL）活性，下调其基因表达量，降低总酚、总醌的含量，抑制褐变相关酶活力及其基因表达，减缓酶促褐变，提升蔬菜的采后品质；乙醇熏蒸还能够抑制果蔬对外源乙烯的响应，还可以降低果实的病害、延长货架期；可以抑制互隔交链孢霉（*Alternaria alternata*）和灰葡萄孢菌（*Botrytis cinerea*）菌丝的生长速率，抑制炭疽菌的菌丝生长，显著降低番石榴炭疽病发生率。

第三节　果蔬采后生物保鲜技术

生物保鲜技术具有天然、绿色等特点，受到广泛关注。目前，常用的果蔬生物保鲜技术主要包括使用拮抗酵母菌、枯草芽孢杆菌等拮抗菌，抗菌肽（antimicrobial peptides，AMPs），ε-聚赖氨酸等微生物代谢产物保鲜，其他的生物保鲜技术有使用生物改良制剂、酶制剂和合成群落等。

一、拮抗酵母菌保鲜技术

拮抗酵母具有对极端环境的耐受性，能很快适应果实伤口的微环境，营养需求简单，不产致敏孢子或毒素等优点，成为用于采后生物防治的重要拮抗菌。

（一）常用于果蔬采后保鲜的拮抗酵母菌种类

目前，应用于果蔬采后病害控制研究的拮抗酵母菌有 50 多种，主要来源于 8 个属，包括毕赤酵母属（*Pichia* spp.）、假丝酵母属（*Candida* spp.）、汉逊酵母属（*Hanseniaspora* spp.）、梅奇酵母属（*Metschnikowia* spp.）、克勒克酵母属（*Kloeckera* spp.）、隐球酵母属（*Cryptococcus* spp.）、红冬孢酵母属（*Rhodosporidium* spp.）和红酵母属（*Rhodotorula* spp.）。黑酵母（*A. pullulans*）、酿酒酵母（*S. cerevisiae*）、汉逊德巴利酵母（*D. hansenii*）、异常威克汉姆酵母（*Wickerhamomyces anomalus*）和解脂亚罗酵母（*Yarrowia lipolytica*）等也被用于多种果实采后病害的控制。但有关伊萨酵母属（*Issatchenkia* spp.）、丝孢酵母属（*Trichosporon* spp.）、脆红泡囊线黑粉菌属（*Cystofilobasidium* spp.）和迈耶氏酵母属（*Meyerozyma* spp.）拮抗酵母菌在果蔬保鲜中应用的报道较少。

（二）拮抗酵母菌保鲜机制

通常，拮抗酵母菌所表现出的对病原菌的拮抗效应是一种或多种作用机制共同作用的结果。常见的作用机制包括营养和空间的竞争，生物膜形成和群体感应（quorum sensing，QS），产生可扩散和挥发性抗真菌化合物，寄生和分泌胞外水解酶，诱导宿主抗病性等。

1. 营养和空间竞争

对共存微生态环境的营养竞争（如碳水化合物、氨基酸、维生素、矿物质及氧气）和空间竞争被认为是酵母菌对采后真菌病原菌的主要作用方式。拮抗酵母的生长速度通常较快，并且能在伤口部位形成胞外多糖基质，从而与病原菌形成空间竞争。由于果蔬采后病害主要由病原真菌引起，大多数拮抗酵母通过与真菌成功竞争营养资源而获得高效的生防效力。在营养缺乏的情况下，生长速度较快的拮抗酵母消耗了伤口部位的可用营养物质，使病原菌孢子无法获得足够营养来支持萌发、生长和侵染过程。

2. 生物膜形成和群体感应

生物膜是微生物菌落相互聚集并被包裹在由细胞分泌的胞外蛋白质、核酸、多糖等水合基质中形成的密集网络结构。生物膜的形成使酵母群落具有较强黏附能力，附着在果实伤口表面，形成物理屏障，阻挡病原真菌与果实的接触，并压缩其生长空间，从而抑制病原菌的生长。生物膜通常由群体感应分子介导形成，在生物防治系统中起到重要作用。

3. 产生可扩散和挥发性抗真菌化合物

部分酵母可产生非挥发性抗真菌化合物，如嗜杀毒素（killer 毒素）、肽和抗生素类代谢物。某些产生 killer 毒素的酵母对其他微生物具有致死性，但对自身产生的 killer 毒素免疫。killer 毒素主要作用机制为：水解其他微生物的细胞壁，破坏细胞膜结构，抑制 DNA 的合成等。killer 毒素一般能在 pH 3.0~5.5 的条件下保持稳定和活性，相对大多果实伤口处的酸性环境，赋予拮抗酵母更高的生防优势。此外，部分酵母能够产生具有抗真菌活性和抗生素特性的环肽类代谢产物，如出芽短梗霉菌（*A. pullulans*）产生的金担子素 A，主要通过降低真菌鞘脂合成所必需的肌醇磷酰神经酰胺合成酶的活性，在体外和体内抑制多种病原菌的生长。此外，许多拮抗酵母菌能产生低浓度的具有抗菌性的挥发性有机化合物（volatile organic compounds head space，VOCs），如 2-甲基-1-丁醇、3-甲基-1-丁醇、苯乙醇、2-甲基-1-丙醇、乙酸乙酯、乙酸异丁酯、2-苯基乙酸乙酯、丙酸乙酯、异戊醇、乙醇和乙酸乙酯等，能有效抑制病原真菌孢子萌发和菌丝生长。

4. 寄生和分泌胞外水解酶

寄生作用是指拮抗酵母附着在病原菌菌丝上，利用病原真菌菌丝进行生长繁殖的过程。病原真菌细胞壁的主要成分是几丁质、葡聚糖以及细胞壁蛋白。拮抗酵母对病原菌菌丝的寄生作用有赖于酵母分泌的胞外水解酶，如几丁质酶、β-1,3-葡聚糖酶及 N-乙酰-β-D-氨基葡萄糖苷酶，这些酶会对病原菌细胞壁造成酶解破坏，导致细胞畸形，细胞膜通透性改变及细胞质的泄漏，直接或间接参与酵母菌对采后病原菌的生物防治。

5. 诱导宿主抗病性

植物具有先天存在的识别和响应微生物的免疫系统，部分拮抗酵母应用于果实表面时可诱导果实产生对入侵病原真菌的系统抗性，主要包括：引起果实 ROS 爆发，激活蛋白激酶（mitogen-activated protein kinase，MAPK）信号，生成 ROS，通过苯丙烷途径和十八烷基途径合成萜类化合物和植物保卫素，产生植物防御素和病程相关蛋白（pathogenesis-related proteins，PR-proteins），增强酚类化合物的积累，促进侵染部位的木质化，并通过糖蛋白、木质素、胼胝质和其他酚类聚合物的形成增强宿主细胞壁的屏障作用，诱导宿主果实几丁质酶、葡聚糖酶等防御酶的产生以及活性的升高，从而抑制病原菌的生长等。

（三）应用案例

一些拮抗菌制剂（biocontrol agents，BCAs）已实现商业化应用。Aspire（*Candida oleophila*）、YieldPlus（*Cryptococcus albidus*）、Candifruit（*Candida sake*）及 BioSave（*Pseudomonas syringae*）是第一代成功注册的商业化单一拮抗菌 BCAs。Shemer 用于杏、柑橘、葡萄、桃、辣椒、草莓和甘薯采前与采后病害控制。Avogreen 在南非用于防治采后鳄梨褐斑病病害。Nexy 和 Boni Protect 用于梨果实采后病害的控制。对梨和柑橘病原菌控制非常有效的 Pantovital 还未实现制剂的商业化应用。

二、枯草芽孢杆菌保鲜技术

枯草芽孢杆菌（*Bacillus subtilis*）是一种广泛存在于土壤、根际、叶片表面或者植物组织内部的嗜温性好氧革兰氏阳性杆状细菌。因其能够耐受干旱、盐碱、极端温度、有毒金属等极端环境，并且能够产生多种抑菌性物质而被广泛用于果蔬采后保鲜研究。

（一）枯草芽孢杆菌保鲜机制

枯草芽孢杆菌对果蔬采后病害的作用机制主要包括空间和营养竞争、产生抑菌性物质、诱导宿主抗病性等。

1. 空间和营养的竞争

枯草芽孢杆菌能够通过在果蔬表面及伤口处快速生长繁殖与真菌病原菌成功竞争营养资源而获得高效的生防效力，当拮抗菌能够比病原菌更有效地利用有限的营养和空间资源时，竞争是一种有效的生防机制。

2. 产生抑菌性物质

产生抑菌性物质是大多数拮抗细菌发挥拮抗作用的主要作用方式，对于枯草芽孢杆菌来说也是研究得相对广泛深入的抑菌机制。1945 年，首次报道枯草芽孢杆菌可分泌胞外抑菌物质后，人们陆续从枯草芽孢杆菌中发现多种抑菌物质，能够在体外抑制 20 多种植物病原菌的生长繁殖。枯草芽孢杆菌分泌的抗菌代谢产物主要包括细菌素、脂肽抗生素、酶类等。

3. 诱导宿主抗病性

枯草芽孢杆菌除了直接分泌抑菌性代谢产物之外，还可以通过启动宿主多种防御反应间接控制果蔬采后病害。将拮抗细菌应用于果实表面可诱导果实产生对入侵病原真菌的系统抗性，如枯草芽孢杆菌能够提高苯丙氨酸解氨酶等防御相关酶的活性、增强抗病信号相关基因的表达，从而诱导植物产生抗病性。

（二）应用案例

枯草芽孢杆菌具有广谱抑菌性，适应性强等特点，被广泛应用于果蔬采后病害的防治研究。早在 1984 年，研究发现枯草芽孢杆菌能够有效防治杏果实采后由可可毛色二孢菌（*Lasiodiplodia theobromae*）引起的褐腐病。近年来的研究表明，枯草芽孢杆菌 L1-21 能够有效防治番茄采后灰霉病，对番茄灰霉病的控制效果可达 86%。从山药中分离的枯草芽孢杆菌 B1 能够有效控制山药采后由黑曲霉（*Aspergillus niger*）等引起的病害。枯草芽孢杆菌在果蔬采后病害防治中的应用如表 5-1 所示。

表 5-1　枯草芽孢杆菌在果蔬采后病害防治中的应用

病原菌	宿主	作用机制
链格孢霉属（*Alternaria* sp. GE）、核盘菌属（*Sclerotinia sclerotiorum*. GA）	桑葚	分泌抑菌物质、诱导果实抗病性
灰葡萄孢菌（*Botrytis cinerea*）	蓝莓	产生抑菌性物质、诱导果实抗病相关酶（CHI、PAL、PPO）的活性
可可球二孢菌（*Botryodiplodia theobromae* Pat.）、*Botrytis cinerea*、指状青霉（*Penicillium digitatum*）	柑橘	空间和营养的竞争、分泌抑菌物质以及诱导柑橘果实抗病性
链格孢菌（*Alternaria alternata*）	冬枣	产生抑菌性物质
青霉属（*Penicillium* sp.）、盘长孢状刺盘孢（*Colletotrichum gloeosporiodes*）	枇杷	空间和营养的竞争、产丰原素、伊枯草菌素等抑菌物质、提高果实 CHI、防御相关酶 PPO 的活性、降低 POD 酶活性
Botrytis cinerea	草莓	空间和营养的竞争
Lasiodiplodia theobromae	油桃	产生抑菌性物质、空间和营养的竞争、诱导果实抗病性
Lasiodiplodia theobromae	杏	—
链格孢菌［*Alternaria. alternata*（Fr.）Keissler］	荔枝	产生挥发性抑菌物质，提高 POD、PPO、PAL 等活性从而提高果实的抗病性
尖孢炭疽菌（*Colletotrichum acutatum*）、*Botrytis cinerea*	苹果	空间和营养的竞争、产生抑菌性物质
Botrytis cinerea	猕猴桃	—

续表

病原菌	宿主	作用机制
Penicillium sp.、匍枝根霉（*Rhizopus stolonifera*）、*Botrytis cinerea*	番茄	产生抑菌性物质，增强果实 POD、PPO、PAL 等防御相关酶的活性
Aspergillus niger、*Botryodiploidia theobromae*、草酸青霉菌（*Penicillium oxalicum*）	山药	诱导抗病性

　　鉴于枯草芽孢杆菌能够有效防治果蔬采后病害，开发以枯草芽孢杆菌为基础的商业制剂具有很好的应用前景。目前，已经有基于枯草芽孢杆菌的生物防治产品，包括 Rhio-plus、Serenade、Phytosporin-M Golden Authum、AntiGnilPhytosporin M、Rhapsody 等。此外，将枯草芽孢杆菌与物理方法或者化学方法结合使用，对于提高枯草芽孢杆菌对果蔬采后病害的防治效果、减少化学保鲜剂用量等具有重要意义，例如，将枯草芽孢杆菌的内生孢子与水杨酸结合处理能够显著增强拮抗细菌的防治效果。

三、抗菌肽保鲜技术

　　抗菌肽（AMPs）是一类低相对分子质量蛋白质，含有的氨基酸残基数量从 5 个到 100 个不等。最早的抗菌肽发现于 1939 年，从分离于土壤的具有抗菌活性的芽孢杆菌中分离得到，命名为 Gramicidin。目前，已经发现了超过 3000 种抗菌肽，并建立了抗菌肽数据库（antimicrobial peptide database，APD）。抗菌肽来源广泛，结构多样，对多种病原体包括细菌、真菌、病毒、癌细胞等具有抑菌活性，不易引起耐药性，对人体毒副作用小，被认为是具有潜力的抗生素替代品。

（一）抗菌肽分类

　　目前，最常用的抗菌肽分类方法是以抗菌肽来源对其进行分类，分为：昆虫源肽、植物源肽、动物源肽、人源肽、微生物肽以及人工设计肽。

1. 昆虫源肽

　　昆虫具有强大的先天免疫系统，可以快速合成并释放多种蛋白质和多肽，这类物质可作为抵抗病原体细菌感染的第一道防线。昆虫源抗菌肽种类最为繁多，基于氨基酸序列特点可将这些多肽分为 Defensins、Cecropins、Drosocins、Attacins、Diptericins、Ponericins、Metchnikowins 和 Melittin 等多肽。其中 Cecropins 是最早发现的，是从巨型蚕蛾（*Hyalophora cecropia*）的血淋巴细胞中分离的抗菌肽，对多种病原微生物具有抑菌活性。

2. 植物源肽

　　植物是抗菌肽的主要来源之一，植物源肽有超过 300 种小分子抗菌肽（分子质量为 2000～10000u）。依据抗菌肽的三级结构将其分为多个家族，Thionin 的 PR-13 家族、Defensin 的 PR-12 家族、Hevein-like peptide、Knottin、α-hairpinin 等，对细菌、真菌、害虫和病毒有一定抵抗活性。

3. 动物源肽

　　抗菌肽在哺乳动物体内参与调节先天免疫和获得性免疫。常见哺乳动物牛、马、猪、羊、兔和其他脊椎动物中主要有 Cathelicidin 和 Defensins 两类多肽。两栖类动物需面对复杂的生存环境，进化出了独特有效的皮肤防御修复系统。从蛙类皮肤表面已分离出 300 多种抗菌肽，其中分离于青蛙的 Magainin 是一类重要的两栖动物来源肽。

4. 人源肽

人源肽主要包括 Defensins、Histone 家族和 Cathelicidin LL-37，主要存在于人体内的皮肤上皮细胞、胃肠道、口腔等多种细胞或组织。其中，LL-37 是 Cathelicidins 家族中唯一的人源性多肽，对细菌、真菌和病毒病原体都表现出抗菌活性。

5. 微生物肽

细菌产生的具有抑菌活性的多肽称为细菌素，可作为天然抗生素以控制食品中的病原体，在罐头食品和乳制品中得到应用。根据结构和理化特性，可将细菌素分为三个主要类别：小分子质量（<10000u）的 I 类细菌素（羊毛硫抗生素）；II 类细菌素如片球菌素、Pediocin PA-1 和 Sakacin A；大分子质量（>30000u）的 III 类细菌素包括 Colicin、Enterolysin 等。由乳酸乳球菌（*Lactococcus lactis*）产生的乳酸链球菌肽是 I 类细菌素，可有效杀灭革兰氏阳性菌，已被批准用作食品防腐剂。

6. 人工设计肽

人工设计肽指利用化学合成、重组表达系统等合成方法获得的多肽。基于计算机生物信息学重新设计抗菌肽序列或改造抗菌肽结构，以提高其抗菌活性或者稳定性。研究发现，基于两种天然肽 Indolicidin 和 Ranalexin 利用计算机建模技术设计的四种杂合肽 RN7-IN10、RN7-IN9、RN7-IN8 和 RN7-IN6，对金黄色葡萄球菌（*Staphylococcus aureus*）、大肠杆菌（*Escherichia coli*）等多种细菌具有杀菌活性。

（二）抗菌肽抑菌机制

不同来源的抗菌肽可能存在着多种抑菌机制，以单一或共同的作用方式发挥抑菌活性。其主要的抑菌机制包括以下几种方式。

1. 破坏细胞膜

细胞膜裂解学说是抗菌肽作用的经典理论之一，研究最为深入。该学说认为带正电荷的抗菌肽，可通过静电作用直接结合带负电荷的细胞膜。同时，抗菌肽的疏水氨基酸呈现两亲性，其疏水侧能够插入到细胞膜的磷脂双分子层的疏水位置形成通道。随着与细胞膜结合的抗菌肽浓度逐渐升高，达到临界浓度后，抗菌肽将产生自联作用，从而在细胞膜表面形成孔道，造成膜穿孔或膜裂解，致使胞内物质泄漏，最终抑制细胞正常生长甚至导致细胞死亡。这种细胞膜破坏方式通常是非特异性的，相比于传统抗生素而言，这种结合方式赋予了抗菌肽的广谱抑菌性，且不易引起受体细胞产生耐药性。

2. 结合胞内核酸物质

部分抗菌肽具有跨细胞膜能力，进而结合细胞内核酸物质，破坏胞内正常结构，最终抑制病原菌生长。例如，家蝇抗菌肽 MDpep9 对 DNA 的结合作用导致了细胞功能异常；KW5 能够与 RNA 和 DNA 结合，进而影响白色念珠菌（*Candida albicans*）生长；Gt2 和 Gt28 可结合细胞的 DNA，从而发挥对沙门氏菌（*Salmonella enterica*）的抑菌作用。

3. 抑制代谢过程

抗菌肽可影响细胞正常的生长代谢，致使代谢功能异常，从而抑制微生物生长甚至导致死亡。主要包括影响遗传信息传递过程，阻碍细胞呼吸过程和活性氧的异常积累。研究报道，Microcin J25 和 Capistruin 可结合细菌的 RNA 聚合酶而阻止转录过程。Bac 71-35 对 *E. coli* 存在多重抑菌机制，可抑制转录、翻译过程，阻碍蛋白质合成，且具有外结合核糖体的能力。Myristoyl-CM4 通过与线粒体相互作用使 ATP 外排，阻断线粒体的呼吸作用，引起线粒体膜和质膜损伤。Hepcidin 25 导致 *C. albicans* 胞内产生大量活性氧，线粒体去极化，膜磷脂暴露、DNA 断裂，最终引发凋亡。

（三）抗菌肽在果蔬采后病害控制中的应用

近年来，抗菌肽在果蔬病害控制领域也展现了良好的应用前景。但相较于在数据库中已鉴定到的 3000 多种抗菌肽而言，仅有少量抗菌肽已报道可用于控制果蔬采后病害。抗菌肽在植物病原菌及果蔬采后病害控制中的应用如表 5-2 所示。

表 5-2　抗菌肽在植物病原菌及果蔬采后病害控制中的应用

抗菌肽名称	抗菌肽来源	抑制植物病原菌	控制病害
Fengycins	枯草芽孢杆菌 （*Bacillus subtilis* M4）	尖孢镰刀菌（*Fusarium oxysporum*）、 终极腐霉菌（*Pythium ultimum*）、 立枯丝核菌（*Rhizoctonia solani*）、 根霉菌属（*Rhizopus* sp.）、*Botrytis cinerea*	苹果灰霉病
Iturin A	解淀粉芽孢杆菌 （*Bacillus amyloliquefaciens* PPCB004）	柑橘黑腐病菌（*Alternaria citri*）、 葡萄座腔菌属（*Botrysphaeria* sp.）、 胶孢炭疽菌（*Colletotrichum gloeosporioides*）、 *Lasiodiplodia theobromae*、 皮壳青霉菌（*Penicillium crustosum*）、 拟茎点霉菌（*Phomopsis persea*）	柑橘黑腐病、 柑橘炭疽病、 柑橘青霉病
Aureobasidin A	出芽短梗霉 （*Aureobasidium pullulans* R106）	*Penicillium digitatum*、 意大利青霉（*Penicillium italicum*）、 扩展青霉（*Penicillium expansum*）、 *Botrytis cinerea*、 果生链核盘菌（*Monilinia fructicola*）	柑橘绿霉病、 草莓灰霉病
Fengycins	短小芽孢杆菌 （*Bacillus pumilus* SL-6）	*Penicillium expansum*、 *Botrytis cinerea*、 链格孢菌（*Alternaria alternata*）	苹果灰霉病、 梨灰霉病
MSI-99、 magainin II、 cecropin B	合成	丁香假单胞菌（*Pseudomonas syringae*）、 黄单孢菌（*Xanthomonas campestris*）、 青枯雷尔氏菌（*Ralstonia solanacearum*）、 *Penicillium digitatum*、 茄链格孢菌（*Alternaria solan*）、 马铃薯晚疫病菌（*Phytophthora infestans*）	番茄晚疫病、 番茄早疫病
PAF26、 PAF38、 PAF40、BM0	合成	*Monilinia fructicola*、 *Penicillium digitatum*	李褐腐病、 柑橘绿霉病

续表

抗菌肽名称	抗菌肽来源	抑制植物病原菌	控制病害
PAF19、PAF26、 LfcinB4-9	合成	*Penicillium digitatum*、 *Penicillium italicum*、 *Alternaria alternata*	柑橘青霉病、 柑橘绿霉病
BP21、O₃TR、 C₁₂O₃TR	合成	*Penicillium digitatum*	柑橘绿霉病
SP1-1、 SP10-2、 SP10-10	合成	丁香假单胞菌（*Pseudomonas syringae*）、 胡萝卜软腐果胶杆菌（*Pectobacterium carotovorum*）	番茄果实 细菌性疮痂病
D2A21	合成	*Pseudomonas syringae*、 黄单孢菌（*Xanthomonas axonopodispv. Citri*）	柑橘溃疡病
SB-37	合成	胡萝卜软腐欧文氏菌 （*Erwinia carotovora* subsp. *Atroseptica*）T7	马铃薯腐病、 马铃薯黑胫病
Tachyplesin I	螃蟹	*Erwinia carotovora* subsp. *Atroseptica*	马铃薯软腐病
Jelleine-I	蜜蜂 （*Apismellifera*）	*Penicillium digitatum*	柑橘绿霉病
Thanatin	刺肩蝽 （*Podisus maculiventris*）	柑橘地霉菌（*Geotrichum citri-aurantii*）、 *Penicillium digitatum*	柑橘酸腐病、 柑橘绿霉病
Mj-AMP1	紫茉莉	茄链格孢菌（*Alternaria solani*）	番茄早疫病
PhDef1，PhDef2	牵牛花	尖孢镰刀菌（*Fusarium oxysporum*）	香蕉枯萎病
AttA	粉红夜蛾	*Xanthomonas axonopodispv. Citri*	柑橘溃疡病

四、ε-聚赖氨酸保鲜技术

ε-聚赖氨酸（ε-polylysine，ε-PL）是 20 世纪 80 年代日本学者首先发现的一种新型天然食品抑菌剂，是白色链霉菌（*Streptomyces albulus*）经过液体深层有氧发酵得到的代谢产物之一。ε-聚赖氨酸是由单个赖氨酸分子 α-位羧基和 ε-氨基通过酰胺键结合形成的 L-赖氨酸同型聚合物，含有 25~35 个 L-赖氨酸残基，分子质量 2000~5000u。化学法合成的聚赖氨酸为 α 型，它的赖氨酸残基之间的酰胺键由 α-氨基和 α-羧基缩合而成。

（一）ε-聚赖氨酸的抑菌特性

ε-聚赖氨酸是一种高安全性、具有广谱抑菌功效的多肽。其对革兰氏阳性的微球菌、保加利亚乳杆菌、嗜热链球菌、革兰氏阴性的大肠杆菌、沙门氏菌以及酵母、霉菌、病毒的生长有明显的抑制效果。但不同种类的微生物对 ε-聚赖氨酸的敏感性不同，分枝杆菌对其最敏感，大肠杆菌对其抗性最大，葡萄球菌和链球菌也具有不同抗性。

ε-聚赖氨酸不易产生耐药性问题，其抑菌 pH 范围宽，在 pH 2~9 条件下，ε-聚赖氨酸均具有较强的杀菌能力，可以弥补其他防腐剂在中性和碱性条件下活性低的缺点。ε-聚赖氨酸有良好的灭杀效果，与其他物质（如乙酸、乙醇、甘氨酸、有机酸等）搭配使用更能起到协同增效的作用，提高对微生物生长繁殖的抑制作用。此外，ε-聚赖氨酸热稳定性好，高温下（120℃，20min）不分解，在 250℃ 以上才开始分解，因此能够承受一般食品加工过程中的热处理。

（二）ε-聚赖氨酸保鲜机制

1. 破坏细胞壁和细胞膜

ε-聚赖氨酸作为阳离子表面活性剂，可以通过静电作用吸附在微生物的细胞表面上，破坏细胞壁的完整性，改变细胞膜的结构组织和特性。ε-聚赖氨酸能够通过静电作用结合，破坏革兰氏阴性菌细胞壁外膜组成脂多糖的结构，增加大肠杆菌细胞表面疏水性以及电导率，降低细胞膜的流动性，破坏细胞稳态，从而抑制大肠杆菌生长。

2. 影响微生物遗传物质、蛋白质和酶的合成

ε-聚赖氨酸可诱导大肠杆菌细胞中 ROS 和应急反应的产生，会引起酵母细胞中 ROS 积累和 DNA 片段化。ε-聚赖氨酸具有很强的 DNA 结合能力，能阻止 DNA 复制，从而起到抑菌的作用。此外，研究发现，ε-聚赖氨酸对大分子蛋白质的合成有抑制作用，或能将大分子蛋白质降解为小分子的蛋白质，并引起过氧化物酶和过氧化氢酶活性的下降，导致微生物碳水化合物代谢受阻，阻碍细胞生长，甚至引起细胞死亡。

（三）应用案例

ε-聚赖氨酸具有抑菌谱广、抑菌效果好、安全性高的特点，可作为食品防腐剂用于多种果蔬、饮料、食品制品，还可应用于医药保健品、日化用品。在果蔬采后保鲜中，ε-聚赖氨酸处理能控制荔枝炭疽病和霜疫霉病、苹果扩展青霉病等。ε-聚赖氨酸通过激活苹果防御相关酶的活性和基因表达，刺激扩展青霉菌体内活性氧的产生，破坏分生孢子细胞壁和质膜的完整性，导致分生孢子死亡或抑制萌发，从而控制苹果采后青霉病的发生。ε-聚赖氨酸与非热处理的物理方法（紫外线、超声波、脉冲电场等），以及与其他天然保鲜物质的联合使用，保鲜效果更佳。比如，ε-聚赖氨酸结合 UV-A 光照处理鲜切菠菜，能够延缓腐败菌的生长繁殖，维持菠菜品质。ε-聚赖氨酸结合壳聚糖处理采后苹果，能降低苹果采后青霉病的发生，延缓苹果品质的变化。

五、其他生物保鲜技术

（一）生物改良制剂保鲜技术

尽管多种拮抗微生物都具备防治果蔬采后病害的能力，但仅应用拮抗微生物通常不足以达到持续高水平（>95%）的病害控制。采用生物防治与其他防治方法相结合，制备生物改良制剂进行采后病害的综合防治，可提高生物防治的整体效果。一般生物防治可联合无机盐和矿物质（氯化钙、钼酸铵、硅等），壳聚糖，葡萄糖，有机盐和表面活性剂及乙烯抑制剂等处理方

法，也可联合紫外光照处理、热处理和改良气调贮藏等增强生物防治效果。

通过在生物防治制剂中加入外源性保护剂（如海藻糖、甘油、黄原胶、羧甲基纤维素和壳聚糖等），能够提高生物防治剂对于大规模商业发酵中遇到的外界环境胁迫的抗逆性，也有助于提高拮抗菌株的细胞活力和生防效果。例如，将拮抗酵母保存在海藻糖等渗溶液中能显著提高其细胞活力；通过在拮抗酵母中添加甘油和黄原胶可分别降低水分活度和增加黏度，在4℃下保存6个月细胞活力基本不受影响。在生物防治剂的贮存过程中，通常会遇到氧化应激损伤反应，而添加抗坏血酸等抗氧化剂会削弱氧化应激损伤反应，抗氧化剂不仅能延缓拮抗菌株的活细胞数量的降低，而且还增强了糖保护剂（海藻糖和半乳糖）对细胞活力的影响。

（二）酶法保鲜技术

酶法保鲜技术是通过酶自身的催化作用，减少甚至消除果蔬贮藏过程中外界因素的不良影响，从而达到保鲜的目的。酶制剂安全、便于控制，使用的条件温和，且对于底物有很强的专一性，具有很好的应用前景。目前，用于果蔬采后保鲜的酶主要有溶菌酶和葡萄糖氧化酶。

1. 溶菌酶保鲜

溶菌酶，又称为 N-乙酰胞壁质聚糖水解酶，是一种小型的单体蛋白，其多肽链上8个半胱氨酸残基之间存在4个二硫键维持结构稳定。溶菌酶具有良好的杀菌效果，能裂解细胞壁上 N-乙酰胞壁酸和 N-乙酰氨基葡萄糖之间的 β-1,4-糖苷键，并且与病原菌核酸结合导致病原菌遗传物质变异或降解。溶菌酶能提高过氧化物酶活性以及阻止外来微生物的侵染，已应用于梨、番茄、草莓和西蓝花等果蔬的保鲜。然而，溶菌酶对革兰氏阴性菌的杀灭作用不显著，但是将溶菌酶与乙二胺四乙酸（EDTA）和乳铁蛋白联合使用能够显著提升对革兰氏阴性菌的溶解程度，强化防腐保鲜效果。

2. 葡萄糖氧化酶保鲜

葡萄糖氧化酶是一种黄酮类蛋白，利用分子氧作为电子受体，黄素腺嘌呤二核苷酸（FAD）作为氧化还原载体，催化 β-D-葡萄糖脱氢生成葡萄糖酸和 H_2O_2。葡萄糖氧化酶不仅能够预防果蔬的氧化，还能抑制还原糖的分解和美拉德反应，保持新鲜度。研究发现其对草莓灰霉病等具有良好的控制作用。

3. 人工合成群落

近年来，构建人工合成群落应用于果蔬保鲜已受到密切的关注。单一拮抗剂在商业化过程中具有局限性，控制病害的范围较窄且效果不稳定，综合施用多种微生物构建人工合成群落可更有效地利用空间和营养，建立有益的相互依存关系，对果蔬常见病害有较好的控制效果。研究发现，柑橘果实附生微生物群存在特定的核心微生物，它们与果实采后健康密切相关，对其进行培养，构建出的合成群落对柑橘采后病害控制效果较好，且较单株细菌处理更加持久，具有较大的商业应用潜力。

第六章

鲜肉品质保障技术

学习指导：本章介绍了鲜肉在贮藏过程中常发生的品质变化，包括主要的品质指标色泽、质构、保水性和新鲜度的变化情况，以及变化机制和影响因素。明确了常见异质肉种类、特性及产生原因。在鲜肉品质变化机制的基础上，进一步介绍了新型畜禽屠宰工艺及品质控制、肉制品新型保鲜和包装技术及其应用。通过本章的学习了解肉中色素的组成，掌握肌肉色泽变化机制及影响肉色的因素；明确宰后肌肉质构的形成机制、影响因素，以及嫩度的概念和评定方法；掌握肌肉系水力的影响因素和评价肌肉保水性的方法；明确鲜肉新鲜度评价指标，以及异质肉的概念、种类和形成原因。从而提高综合评定肉制品质量的能力。另外，认识到畜禽屠宰分割及卫生检验的重要性，了解屠宰加工厂的设计、设施及卫生要求，掌握畜禽屠宰、分割、检验、分级的基本要求和工艺操作要点。并学会肉类保鲜和包装的技术和方法，以增强对肉制品贮藏和贮运期间品质控制的认识。

知识点：鲜肉品质变化，鲜肉新鲜度，异质肉，屠宰工艺，肉制品包装技术

关键词：鲜肉，品质控制，屠宰，贮藏，保鲜

第一节　鲜肉贮藏过程中的品质变化

一、颜色变化

　　肉色是肉新鲜与否的最直观表现，也是肉受消费者满意程度高低的直接原因。肉的颜色主要取决于肌肉中的色素物质：肌红蛋白和血红蛋白。如果放血充分，肌红蛋白占肉中色素的80%~90%，居主导地位。因此，肌红蛋白的含量和化学状态变化会造成不同动物、不同肌肉的颜色深浅不一。肌红蛋白有三种氧化还原态，即脱氧肌红蛋白（deoxymyoglobin，DeoMb）、氧和肌红蛋白（oxymyoglobin，OxyMb）和高铁肌红蛋白（metmyoglobin，MetMb），分别呈现紫红色、樱桃红色和褐色，这三种肌红蛋白的比例决定了最终的肉色。

　　肌红蛋白（myoglobin，Mb）是一种复合蛋白质，由一条多肽链构成的珠蛋白和一个血红素组成（图6-1），血红素则由四个吡咯形成的环上加上铁离子所组成的铁卟啉（图6-2）构成，其中铁离子可处于还原态（Fe^{2+}）或氧化态（Fe^{3+}），处于还原态的铁离子能与O_2结合，氧化后则失去O_2，氧化和还原是可逆的，所以肌红蛋白在肌肉中起着载氧的功能。肌肉中肌红蛋白含量受动物种类、肌肉部位、运动程度、年龄以及性别等因素的影响。

　　脱氧肌红蛋白（DeoMb）或肌红蛋白（Mb）本身呈现紫红色，与氧结合可生成氧合肌红蛋白（OxyMb），为鲜红色，是新鲜肉的象征；Mb/DeoMb和OxyMb均可以被氧化生成高铁肌红蛋白（MetMb），呈褐色，使肉色变暗；有硫化物存在时Mb还可被氧化生成硫代肌红蛋白，呈绿色，是一种异色；Mb与亚硝酸盐反应可生成亚硝基肌红蛋白，呈粉红色，是腌肉的典型色泽；Mb加热后蛋白质变性形成球蛋白氯化血色原，呈灰褐色，是熟肉的典型色泽。图6-3是不同化学状态肌红蛋白之间的转化关系。

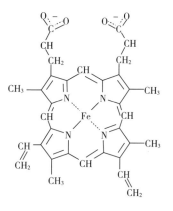

图 6-1 肌红蛋白构造图　　　　图 6-2 血色素分子结构图

　　氧合肌红蛋白和高铁肌红蛋白的形成和转化对肉的色泽最为重要。因为前者为鲜红色，代表着新鲜，为消费者喜爱。而后者为褐色，是肉放置时间长久的象征。如果不采取任何措施，一般肉的颜色将经过两个转变：第一个是由紫红色转变为鲜红色，第二个是由鲜红色转变为褐色。第一个转变很快，将肉置于空气中 30min 内就会发生，而第二个转变快者几个小时，慢者几天。转变的快慢受环境中氧分压、pH、细菌繁殖程度和温度等诸多因素的影响。减缓第二个转变，即由鲜红色转为褐色，是保持肉色的关键所在。

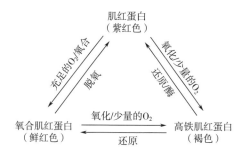

图 6-3 肌红蛋白、氧合肌红蛋白和高铁肌红蛋白之间的转化

　　肉类在宰后贮藏过程中，三种肌红蛋白的比例不断变化，肉色也会发生改变，最终由于肉中 MetMb 不断积累，形成肉色的褐变现象，导致品质下降。当 MetMb 含量 ≤20% 时肉仍然呈鲜红色，达 30% 时肉显示出稍暗的颜色，在 50% 时肉呈红褐色，达到 70% 时肉就变成褐色，所以防止和减少 MetMb 的形成是保持肉色的关键。影响肉色稳定及褐变程度的因素众多而复杂，主要包括内源性因素（如动物品种、年龄、性别、肌肉部位等）和外源性因素（贮藏温度、时间、O_2 含量、光照等），以及诸多因素的相互作用和相互影响（主要因素见表 6-1）。在较高的贮存温度下，亚铁肌红蛋白氧化为 MetMb 的速度更快，肉的温度越低，肌红蛋白氧化的速度越慢，而且低温也间接地抑制了好氧酶的活性。另外，有研究表明，脂质氧化也会诱导肉色的褐变，脂肪氧化程度也能间接影响肉色的褐变速率。这主要是由于不饱和脂肪酸氧化后初级和次级产物等对肌红蛋白氧化的诱导。而且，屠宰后肉中的生化代谢反应仍在进行，高铁肌红蛋白还原酶系统继续发挥着作用。因此，肉的高铁肌红蛋白还原酶活力也是反映肉色稳定性的一个重要指标。

表 6-1 影响肉色的因素

因素	影响
肌红蛋白含量	含量越多，颜色越深
品种、解剖位置	牛、羊肉色颜色较深，猪次之，禽腿肉为红色，而胸肉为浅白色
年龄	年龄越大，肌肉 Mb 含量越高，肉色越深
运动	运动量大的肌肉，Mb 含量高，肉色深
pH	终 pH>6.0，不利于氧合 Mb 形成，肉色黑暗
细菌繁殖	促进 MetMb 形成，肉色变暗
电刺激	有利于改善牛、羊的肉色
宰后处理	迅速冷却有利肉保持鲜红颜色； 放置时间加长，细菌繁殖、温度升高均促进 Mb 氧化，肉色变深
腌制（亚硝基形成）	生成亮红色的亚硝基肌红蛋白，加热后形成粉红色的亚硝基血色原

常温条件贮存时，新鲜的未加工肉类的细菌污染是不可避免的。对于以有氧方式贮存的肉类，细菌会增强肌红蛋白的氧化，直到其浓度达到约 $10^8 CFU/cm^2$，即腐败水平。细菌通过与亚铁肌红蛋白竞争氧气来降低肌红蛋白氧化还原稳定性，在足够的细菌水平下，可以将局部相对氧分压（the relative oxygen partial pressure，即 pO_2）降低到一定限度来增强 MetMb 的形成。随着细菌腐败的开始，肉色可能会形成不可逆的红色，这被认为是细菌代谢产物与肌红蛋白结合的结果。

低温贮存使得肉色褐变的速率减慢，微生物的代谢降低，氧气更容易渗透到肉的内部，有助于防止肉色的褐变。一般情况，冷冻贮藏（-18℃）可以抑制微生物的生长繁殖，但长期的冷冻贮藏会促进肉色的褐变，因为冻藏温度对肉的还原酶活力有负面影响，会造成不饱和脂肪酸的高度氧化。肌肉细胞内部冰晶的形成会改变肉的光学特性，导致产生较低的光反射，造成肉色变暗；此外，冰晶也会损伤肌纤维，使得原来完全分开的细胞组分混合在一起，造成组织的降解，氧化反应加速，进而使肉色稳定性受到影响。

鲜肉颜色测量通常包括分析总肌红蛋白浓度以及一种或多种氧化还原形式（如 deoxy-，oxy-，met-）占肌红蛋白的相对比例。肉色的评定还可采用仪器法，即使用色差计能够获得较为客观的 CIE L^*、a^*、b^*，也是目前最常用的一种方法。这种三色刺激比色法从光反射的客观分析中获得信息，并试图将其与观察者对颜色的感知相关联。这项技术不是对肌红蛋白本身的定量，而是测量存在颜色的相对数量和类型。其中 L^* 反映肉色的亮度（0 至 100，由黑到白）；a^* 反映肉色的红度（-120 至 +120，由绿到红）；b^* 反映肉色的黄度（-120 至 +120，由蓝到黄）。当前，已开发新型无损检测技术用于评估表面肉色和肌红蛋白化学状态，例如，近红外光谱的快速检测及无损反射光谱对肉中肌红蛋白的氧化还原状态的测定。另外，肉色的改变在分子水平的研究上也有了一定进展，应用基因组学、蛋白质组学结合生物信息学的方法也可推测可能和肉色潜在相关的生物标志物。除仪器检测以外，感官评价也是一种有效实用的肉色检测方法。

二、质构变化

肌原纤维蛋白是肌肉中主要的结构蛋白，它能够将化学能转化为机械能并负责支撑肌纤维的形状。肌原纤维蛋白分为收缩蛋白、调节蛋白以及支架蛋白三类，其中主要的收缩蛋白有肌球蛋白和肌动蛋白，二者主要负责肌肉的收缩以及肌纤维的支撑功能。肌肉中每一个肌节之间肌动蛋白和肌球蛋白的相对滑动，导致了肌节的变短，从而引起肌肉的收缩。动物屠宰以后，短时间内肌肉的收缩功能并没有停止，而是会持续一段时间。此时，肌细胞处于缺血缺氧的环境中，主要通过糖酵解供能，代谢产生乳酸导致肌细胞 pH 下降。与此同时，肌浆网 Ca^{2+} 的释放导致细胞质中 Ca^{2+} 浓度升高，能量的消耗和 Ca^{2+} 浓度的提高促使肌肉收缩形成肌动球蛋白，从而使肌节长度变短，最终导致嫩度的降低。有研究表明，肌球蛋白，伴肌球蛋白以及其他肌原纤维蛋白的磷酸化可调节宰后肌肉的收缩与僵直。

1. 蛋白质磷酸化

蛋白质磷酸化是指蛋白质氨基酸侧链加入了一个带有强负电的磷酸基团并发生酯化作用，这是一种常见的蛋白翻译后修饰现象。近年来，在肉制品科学研究领域中，蛋白质磷酸化作为生物体内最普遍也是最重要的蛋白质调节机制，宰后可能主要通过调控肌原纤维蛋白降解、钙蛋白酶活性、宰后僵直影响肉制品嫩度。蛋白质磷酸化研究主要集中在宰后蛋白质磷酸化反应与肌肉收缩和糖酵解两个方面。前期研究发现，影响肌肉收缩的蛋白如肌动蛋白、肌球蛋白、肌间线蛋白等许多肌原纤维蛋白能够发生磷酸化。肌球蛋白轻链发生磷酸化反应会提高平滑肌收缩的速度和强度。肌球蛋白调节轻链去磷酸化负向调控肌动球蛋白解离，肌钙蛋白 T、肌球蛋白调节轻链的磷酸化降低了肌球蛋白与肌动蛋白之间的相互作用力，促进肌动球蛋白的解离。参与宰后肌肉糖酵解过程的糖酵解酶如糖原磷酸化酶、丙酮酸激酶和磷酸果糖激酶皆存在磷酸化现象。磷酸化能改变这些糖酵解酶的活性，影响糖酵解反应速率，进而影响宰后肉色、嫩度和保水性等。

2. 蛋白质乙酰化

蛋白质乙酰化作为生物体内新近的蛋白质修饰研究热点，主要通过影响宰后能量代谢、肌肉收缩和信号传导等途径影响肉品质。糖酵解速率影响宰后胴体温度和 pH 下降速率，进而影响蛋白变性和蛋白酶活性，最终影响肉制品嫩度，而参与糖酵解过程的大多数酶均会发生乙酰化修饰。腺苷酸激活蛋白激酶（adenosine 5′-monophosphate-activated protein kinase，AMPK）和宰前应激会提高宰后肌肉的乙酰化水平从而促进肌肉的糖酵解作用，进而影响宰后代谢和肉制品嫩度。蛋白质乙酰化可能通过调节肌肉收缩、细胞凋亡、ATP 产生、Ca^{2+} 信号传导等相关蛋白进而影响肉制品嫩度。肌动蛋白乙酰化会增强其与肌球蛋白的弱相互作用，降低肌球蛋白介导的对二者结合的抑制作用。此外，组成肌原纤维蛋白的肌联蛋白、肌球蛋白重链、肌钙蛋白、原肌球蛋白等也均会发生乙酰化。因此，蛋白质乙酰化可能主要会通过调控糖酵解、蛋白质降解、细胞凋亡和宰后僵直影响肉制品嫩度。

3. 宰后肌肉细胞凋亡

除了酶作用下肌原纤维骨架被破坏外，宰后肌肉细胞凋亡也是宰后肉制品嫩度改善的重要途径。宰后肌肉的成熟过程实际上就是肌肉细胞死亡以及死亡后的一系列生化反应的过程。肌肉细胞死亡的方式主要有细胞凋亡、细胞自噬以及细胞坏死等。宰后肌肉成熟期间，

肌浆网 Ca^{2+} 的释放导致细胞质中 Ca^{2+} 浓度升高，线粒体膜的功能紊乱释放多种促细胞凋亡因子而激活细胞凋亡酶，引发细胞凋亡。细胞凋亡主要有线粒体凋亡、死亡受体凋亡和内质网途径凋亡 3 条途径。细胞凋亡往往伴随着细胞骨架蛋白和细胞成分的裂解、肌肉细胞的收缩和膜不对称的缺失等，最终导致肉质性状的改变。研究表明，Ca^{2+}-ATPase 的过量表达可导致细胞凋亡现象的发生，与此同时，细胞凋亡酶半胱氨酸蛋白酶（caspase）家族可能与大多数肌肉细胞骨架蛋白的降解密切相关，但是对于 caspase 家族在肌肉宰后成熟嫩化过程的作用机制仍有待探究。

4. 蛋白质亚硝基化

蛋白质亚硝基化是指 NO 通过对含半胱氨酸巯基的蛋白进行翻译后修饰作用，形成亚硝基硫醇的过程。宰后肌肉成熟期间会产生大量的活性氧类及氮类物质，其中由一氧化氮合成酶催化产生的 NO 会修饰蛋白质的半胱氨酸巯基使蛋白质亚硝基化，并调控蛋白质的结构和功能。研究发现，糖酵解过程中的许多酶如糖原磷酸化酶、磷酸果糖激酶、磷酸-3-甘油醛脱氢酶及丙酮酸激酶等均含有半胱氨酸巯基，易被 NO 进行翻译后修饰为亚硝基化蛋白，进而影响其活性与功能。因此，NO 可能通过蛋白质亚硝基化作用调控宰后的能量代谢过程从而影响宰后肌肉的成熟。

5. 肉的成熟

胴体或分割肉的宰后冷藏（即肉的成熟）的最大好处是冷藏期间肌原纤维降解，从而大大改善肉的嫩度。肉类嫩化发生在蛋白质水解的过程中，蛋白质水解是将蛋白质分解成由多肽或氨基酸组成的较小成分的过程。通常，这个过程是由蛋白酶完成的。催化肉类嫩化的蛋白酶在活体肌肉中自然存在并发挥下述作用：定位于骨骼肌细胞内，能够接触肌原纤维和/或胞核蛋白，能够降解宰后肉中的蛋白质。根据这些要求，多种蛋白酶系统可能同时参与了肉类的蛋白质水解，与肉成熟过程中嫩度的改善有关。其中，钙蛋白酶系统（calpains）、组织蛋白酶系统（cathepsins）、半胱氨酸蛋白酶系统（caspases）和蛋白酶体（proteasome）这 4 种尤其重要。在大多数情况下，钙激活的钙蛋白酶系统（calpains）被认为是催化肉类蛋白质水解的最主要蛋白酶。然而，最近的证据表明，半胱天冬酶和蛋白酶体可能都参与了肉类的嫩化。

6. 肉的嫩度评价方法

对肉嫩度的客观评定是借助仪器来衡量切断力、穿透力、咬力、剁碎力、压缩力、弹力和拉力等指标，而最通用的是切断力，又称剪切力（shear force），即用一定钝度的刀切断一定粗细的肉所需的力量，以 kg 为单位。一般来说，剪切力大于 4kg 的肉口感较老，难以被消费者接受。其中，最为常见的是 Warnere-Bratzler（WB）剪切力法。研究表明，该方法与感官嫩度评定有很强的相关性，也与消费者的可接受程度直接相关，所以它是目前广泛使用的客观仪器测量法。嫩度还可以通过感官实验来测定，即通过培训的感官小组或消费者进行主观评定。对肉嫩度的主观评定主要根据其柔软性、易碎性和可咽性来判定。柔软性即舌头和颊接触肉时产生的触觉感，嫩肉感觉软糊而老肉则有木质化感觉；易碎性指牙齿咬断肌纤维的容易程度，嫩度好的肉对牙齿抵抗力小，易被嚼碎；可咽性可用咀嚼后肉渣剩余的多少及吞咽的容易程度来衡量。另外，澳大利亚开发了肉类评定标准（Meat Standard Australia，MSA），旨在提高牛肉和羊肉等的食用质量一致性。目前，该系统囊括了来自 9 个国家的 10 万多名消费者的近 70 万次消费者测试，是世界上最大的肉类品质数据库。

三、保水性变化

1. 宰后变化

水分约占肌肉重量的75%。在活体动物中，即肌肉pH大约为7时，水由于肌膜的阻隔存在于细胞中，并借由细胞膜上的各种离子泵保持渗透压。此时，超过95%的水留在细胞内，肌肉细胞之间的胞外间隙非常小，肌原纤维会占据肌肉细胞的大部分空间。屠宰后，水通过肌原纤维收缩从肌原纤维内空间转移至肌浆，在发生僵直和pH下降到正常肌肉pH（约5.5）的过程中，肌肉细胞之间的胞外空间增大，水分通过肌膜进入胞外间隙，从而形成供流体流动的通道，这些通道主要沿着肌原纤维的方向将水输送到肉表面。表现出高滴水损失的肌肉通常在宰后早期形成滴水通道，并且细胞外间隙更大，肌肉细胞膜在细胞内外空间之间形成屏障。但是当细胞膜变得更具渗透性时，液体可以自由地流向细胞外空间。膜中渗透性较高的肌肉细胞表现出更多的汁液和液体损失。肌原纤维通过细胞骨架相互连接并与肌膜相连，细胞骨架由连接的肌纤维蛋白网络组成。这些蛋白质在宰后有不同程度的降解，一旦降解，肌原纤维和细胞膜之间的联系就会减弱，肌原纤维的收缩不能再转化为整个细胞的收缩，从而影响肌肉细胞结构的失水。

2. 汁液流失的影响因素

在贮存、烹饪、冷冻和解冻过程中，肉的保水性与水离开肌肉结构网络的难易程度有关。肉块出水是一个与时间相关的物理过程，同时还需要一个驱动压力。汁液流失量由两类因素决定：第一类因素指的是材料的渗透性以及空间的尺寸和长度，主要取决于切割肉块的大小和形状，特别是切割面与体积之比、切割面相对于肌肉纤维轴的方向等。肌肉的最终pH对汁液流失也有着深远的影响，它们之间显现出负相关关系。然而，即使在相同的宰后pH下降率和相同的最终pH下，不同的肌肉在冻融过程中对损伤有不同的内在敏感性。第二类因素，从结构的角度来看，肌肉的水分流失与施加的力（肌原纤维和细胞的收缩）、膜通透性、肌节长度、肌球蛋白和肌浆蛋白变性程度、细胞骨架蛋白质降解、水流通道的特点（离子强度和渗透压），以及蛋白质之间的互作网络有关。

3. 冷冻条件的影响

在冰点以下贮存肉类可以延长保质期，但往往会产生解冻时的液体渗出，这是冷冻保存的主要不利影响。蛋白质、肽、氨基酸、乳酸、嘌呤、维生素B复合物和各种盐是渗出液的主要成分。冷冻的其他潜在负面影响包括蛋白质变性、脂质和蛋白质氧化以及色泽褐变，这些会直接或间接导致解冻时汁液流失。一般来讲，随着温度降低到冰点以下，肌肉中冻结的总水分比例先迅速增加，然后缓慢增加并在-20℃时接近约98.2%。未冷冻的水分随着肌肉脂肪含量的增加而增多。此外，除了肉冷冻程度之外，肉温下降的速度也是需要考虑的因素，例如，在肉温从0℃降到-5℃，同时冷冻时间从1s延长到5min时，肌膜仍未受损，但随着冷冻时间的延长，肌纤维内的肌原纤维会发生相当大的变形。随着冷冻时间超过5min，肌膜会受到一定的损害，这主要是因为冷冻过程中形成了许多不同大小和类型的冰，冰先从肌纤维内部开始形成，最终延伸到肌纤维外部。然而，在适当的冷冻时间内，无论最终pH如何，肌肉都可以在几乎没有汁液损失的情况下解冻，因为由冰转化来的水会被蛋白质重新吸收。背最长肌的冷冻温度与冰晶形成之间的关系如图6-4所示，水在-10℃时在细胞间形成冰，在-78℃及以下时在细胞内形成冰。然而，在-22℃时在细胞间和细胞内同时形成冰。

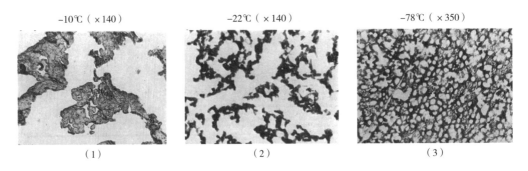

−10℃（×140）　　　　−22℃（×140）　　　　−78℃（×350）

（1）　　　　　　　　（2）　　　　　　　　（3）

图6-4　在冷冻速率（冷冻时间）和冷冻温度影响下牛背最长肌中冰晶的形成

（1）慢速冷冻（−10℃下798min，细胞间结晶）　　（2）中速冷冻（−22℃下226min，细胞间和细胞内结晶）

（3）快速冷冻（−78℃下22min，细胞内结晶）

4. 包装条件的影响

不同的包装工艺会对肉施加不同的压力和热处理，从而压缩肌肉结构，影响水分流失。因此，生肉产品包装中的吸水垫用来吸收贮存和销售过程中从肉中渗出的液体。包装中渗漏液汁的一个主要决定因素是表面积与体积之比，随着表面积的减小，渗漏发生的概率会减少。此外，纵向切割肌肉纤维比横向切割肌肉纤维时发生的渗液少。真空包装过程中施加的负压会使汁液从肉中流出，导致袋中渗出物和汁液增加。真空贮存的牛肉、猪肉和羊肉样品在0℃下贮存5~7d时滴水损失会达到质量的2%~6%。与贮存1周相比，将真空袋中肉类的贮存时间延长至3周或更长时间会使重量损失增加1倍甚至3倍。贮存期间温度升高或波动也会增加肉的滴水损失。

四、新鲜度变化

鲜肉是微生物生长的良好介质，因为它提供糖、氨基酸、维生素、辅助因子等丰富的营养物质，并且其pH和水分活度（water activity，A_w）适宜微生物发育。在鲜肉受到初步污染后，微生物数量会迅速增加。然而，由于各种肉制品中的理化性质各不相同，微生物群落对它们的影响也不同。另外，温度或包装气体的使用等贮存条件差异也同样会影响肉制品保质期内微生物的生长情况。在加工和贮存过程中，肉类中的微生物群落直接会发生生物相互作用，微生物和肉类基质之间也会发生非生物相互作用。在肉类上生长的多种微生物中，只有一小部分可以通过其代谢活动破坏肉类。微生物代谢的特点是代谢物的消耗和新代谢物的产生。肉类的微生物腐败被认为是一个复杂的过程，这取决于微生物以及它们的生物和非生物相互作用。

在正常条件下，刚屠宰的动物深层组织通常是无菌的，但在屠宰和加工过程中，肉的表面受到微生物的污染。在一开始，肉表面的微生物只有经由循环系统或淋巴系统才能穿过肌肉组织，进入肌肉深部。当肉表面的微生物数量增多，出现明显的腐败或肌肉组织的整体性受到破坏时，表面的微生物便可直接进入肉中。

胴体表面初始污染的微生物主要来源于动物的皮表和被毛及屠宰环境，皮表或被毛上的微生物来源于土壤、水、植物以及动物粪便等。胴体表面初始污染的微生物大多是革兰氏阳性嗜温微生物，主要有小球菌、葡萄球菌和芽孢杆菌，主要来自粪便和表皮。少部分是革兰氏阴性微生物，主要为来自土壤、水和植物的假单胞杆菌，也有少量来自粪便的肠道致病菌。在屠宰期间，屠宰工具、工作台和人体也会将细菌带给胴体。在卫生状况良好的条件下，屠宰动物的肉表面上的初始细菌数为 $10^2 \sim 10^4 CFU/cm^2$（CFU：菌落形成单位），其中 1%~10% 能在低温下生长。猪肉初始污染的微生物数不同于牛羊肉，热烫煺毛可使胴体表面微生物数减少到小于 $10^3 CFU/cm^2$，而且存活的主要是耐热微生物。动物体的清洁状况和屠宰车间卫生状况影响微生物的污染程度，肉的初始载菌量越小，保鲜期越长。

20 世纪 80 年代中期，美国市场上 80% 以上的牛肉采用真空包装。不透氧的真空包装袋可使鲜牛肉的货架期达到 15 周以上，而透氧薄膜仅能使货架期达到 2~4 周。在不透氧真空包装袋内，由于肌肉和微生物需氧，O_2 很快消耗殆尽，CO_2 趋于增加，氧化还原电位降低。真空包装的鲜肉贮藏于 0~5℃ 时，微生物生长受到抑制，一般 3~5d 后微生物缓慢生长。贮藏后期的优势菌是乳酸菌，占细菌总数的 50%~90%，主要包括革兰氏阳性乳杆菌和明串珠菌。革兰氏阴性假单孢杆菌的生长则受到抑制，相对数目减少。

在正常冻藏条件下，经过长期保存的冻结肉的细菌总数明显减少，即肉在解冻时的初始细菌数比其原料肉时期的细菌数少。在解冻期间，肉的表面会很快达到解冻介质的温度。解冻形状不规则的肉时，微生物的生长依肉块部位不同而有差异，同时取决于解冻方法、肉表面的 A_w、温度以及肉的形状和大小。在正常解冻过程中，当温度达到微生物的生长要求时，由于延迟期（即少量微生物接种到新鲜培养基质，一段时间内细胞数目不增加的时期）的原因，微生物并不立即开始生长。延迟期的长短取决于微生物本身、解冻温度和肉表面的微环境。-20℃ 下冻藏的肉在 10℃ 下解冻时，假单胞杆菌的延迟期为 10~15h；在 7℃ 下解冻的延迟期为 2~5d。与鲜肉相比，解冻后的肉更易腐败，应尽快加工处理。

微生物代谢物会对肉品质产生几个方面的影响。

1. 颜色缺陷

荧光假单胞菌属（*P. fluorescens*）具有产生蓝色、绿色、黄色等多种色素的能力，而黄色荧光色素是一种铁载体，是一种可用于捕获和使用铁的分子。荧光假单胞菌属产生的蓝色色素可导致变质的"蓝色猪肉"或"蓝色牛肉"形成。蓝色色素菌株存在两个参与色氨酸生物合成途径的基因（包括 *trpABCDF*）。除了假单胞菌属（*Pseudomonas*）菌株的着色外，也有报道称肉变绿是由于一些乳酸菌（LAB）对肌红蛋白的活性产生影响，即细菌产生的二氢硫化物或过氧化氢导致肉变绿或变灰。

2. 纹理缺陷

影响消费者选择的第二个视觉缺陷通常是肉制品的外观黏稠程度。部分微生物的腐败作用在于它们产生黏液的能力。从代谢的角度看，这种能力依赖于微生物多糖的产生，特别是来自乳酸菌组的多糖，肉类微生物群中某些菌株的产黏能力也可能导致生物膜的产生。

3. 气味和味道缺陷

微生物的腐败潜力取决于它们的生长以及它们根据其新陈代谢从肉类基质中产生代谢物的能力。腐败菌产生的醇类、醛类、酯类、酮类、含硫化合物和脂肪酸等物质，以及一些臭味合物，如氨、H_2S、胺和吲哚等会使肉类产生腐臭、金属味等令人不快的气味和味道。而且在不同贮存条件和贮存过程中，腐败气味也是在动态变化的。生物胺也会导致食品变质，尽管它们在大剂量时才有毒性，但它们容易产生腐烂气味从而导致肉类变质。生物胺是通过氨基酸的酶促脱羧反应产生的。酪胺和组胺是分别由酪氨酸和组氨酸产生的生物胺。它们在不同肉类产品贮存过程中的产生与细菌的发育有关，并取决于贮存条件，特别是与用于包装的气体种类相关。因此，生物胺的产生依赖于含有氨基酸脱羧酶的细菌和能够促进微生物发育的贮存条件，而且可能会根据氨基酸的可用性而有所不同。此外，葡萄糖的分解是肉类贮存期间产生异味的另一个原因，这主要是由于乳酸菌的存在，乳酸菌通过发酵反应产生有机酸。乳酸菌可以从肉类中消耗碳源产生乳酸。乳酸可能有正向或负向的作用，这取决于肉的产品类型及特点。它可以通过诱导蛋白质沉淀从而影响肉制品质地，由于乳酸酸性特性，导致 pH 下降，从而使其具有微生物安全性，能发挥抗菌作用并导致酸味。然而，乳酸菌代谢活动也可能导致不同生肉制品的腐败。

4. 产气

在低温下贮存的真空包装肉类容易因在低温和缺氧条件下存活的细菌而腐败。由于细菌代谢产生气体，该过程伴随着涨袋缺陷的出现。在这种类型的腐败中，真空环境会因 CO_2 的产生而被破坏，并可能伴随着异味的产生，这取决于所产气体的性质和造成这种情况的细菌种类。其中，肠杆菌科（Enterobacteriaceae）、耐寒梭菌属（Clostridium spp.），尤其是能在肉类上生长并在包装中产生 CO_2 的酯化梭菌（Clostridium estertheticum）和盖式梭状芽孢杆菌（Clostridium gasigenes）与这一缺陷有关。

冷鲜肉新鲜度的变化主要是由微生物引起的，初始菌相及贮藏流通条件差等因素使得微生物在肉表面生长繁殖，在微生物及内外源酶的作用下，肉中蛋白质、脂肪被分解成小分子代谢物，产生不良气味，肉的 pH 也随之升高，色泽发生变化，从而导致肉腐败变质，失去食用价值。畜禽肉新鲜度变化过程中，挥发性盐基氮（total volatile basicnitrogen，TVB-N）、菌落总数（total viable counts，TVC）、pH、TBARs、肉色（L^*、a^*、和 b^*）、三磷酸腺苷（adenosine triphosphate，ATP）及代谢产物 K 值等指标都会发生不同程度的变化，因此都可以作为评价畜禽肉新鲜度变化的指标。

畜禽肉 pH 变化与腐败程度存在相关性。根据 GB 5009.237—2016《食品安全国家标准 食品 pH 值的测定》，新鲜肉 pH 5.8~6.2，次鲜肉 pH 6.3~6.6，变质肉 pH>6.7。菌落总数可判定食品被细菌污染的程度及卫生质量，在一定程度上标志着食品卫生质量。除菌落总数外，低温嗜冷菌如假单胞菌、热索丝菌、乳酸菌也是导致肉类腐败的主要优势菌群。挥发性盐基氮是在肉制品腐败过程中，动物性食品受到内源酶和细菌的共同作用，从而使蛋白质分解，产生具有挥发性的氨以及胺类等碱性含氮物质，并伴有刺激性气味生成，其主要包括一甲胺、二甲胺、三甲胺、氨气等含氮气体。随着贮藏时间的延长，TVB-N 含量也会逐渐提高，因此 TVB-N 含量可以反映肉的新鲜度变化。TVB-N 含量越高，说明肉中蛋白质被分解程度越大，腐败情况越严重。根据国家标准规定，一级鲜肉 TVB-N≤15mg/100g，二级鲜肉 TVB-N≤20mg/100g，变质肉≥20mg/100g。肉类食品营养流失以及特性改变的另一个原因是脂肪氧化，氧化严重时会使肉制品腐败变质，TBARs 的大小反映了脂肪的氧化程度，TBARs 越高，说明脂肪氧化的程度越大。当 TBARS 超过 0.6mg MDA/kg 肉时，消费者会感觉到不愉快的风味。

色泽变化对肉类贮藏的感官指标有很大影响，同时也是消费者判定肉制品新鲜度最直观的指标之一。利用色差仪测定后得出的 L^*、a^*、b^* 分别表示肉的亮度值、红度值和黄度值。新鲜肉的 L^* 一般在 30~45，新鲜肉的 a^* 一般在 10~25。此外，可以通过培训专业人员进行感官评价，对肉样的色泽、气味、质地、风味，多汁性等方面评分并分析，来判定肉样的新鲜程度。感官评价也可结合电子鼻来识别肉的新鲜程度，通过记录贮存情况下从新鲜到腐败的传感器响应变化，并将实际检测数据用于建立线性判别分析模型。算法模型将感官评价新鲜度结果作为参考，可以对肉的新鲜、次新鲜以及腐败三种不同的新鲜程度做出有效区分。值得注意的是，肉新鲜程度的变化是一个复杂的过程，基于多指标的综合评价能更全面、准确地评价冷鲜肉新鲜度变化及等级划分，达到新鲜度评价指标体系的综合化。

目前还有一些新颖的快速、简便、无损方法也逐步发展起来。例如，从肉的质构、气味、色差等特性进行检测和判断，并利用 Hertz-Mindlin bonding 模型、神经网络、Adaboost-BP 模型、主成分分析法等对肉类的新鲜度进行等级判定。光谱法也可用于肉类新鲜度的检测，例如，在常规实验方法测定的新鲜度指标的基础上，采集肉类的光谱数据（可见-近红外光谱技术、高光谱成像技术、荧光光谱技术、拉曼光谱技术），运用化学计量学、统计分析、计算机技术等对光谱数据预处理分析、光谱特征提取和肉类新鲜度分类模型的建立及分类。此外，阻抗谱技术作为一种特殊的电化学测试技术，近年来有研究表明其能够对生物组织的变化产生不同响应。阻抗谱对生物组织的研究显示阻抗谱技术也能应用于生鲜肉新鲜度的评价。另外，还可以通过确定冷鲜肉的货架期和腐败特征生物胺，建立基于腐败特征生物胺的新鲜度评价方法和腐胺的电化学检测方法。也可以通过研究肉腐败变质过程中电导率、pH 与 TVB-N 的变化，以及试纸显色测定过氧化物酶活性，通过过氧化物酶显色识别肉的新鲜程度。

五、异质肉

呈现灰白的 PSE 肉（pale，soft and exudative meat，即肉色苍白、肉质松软、表面有汁液渗出的肌肉），以及呈现黑色的 DFD 肉（dry，firm and dark meat，即干燥、肉质粗硬、色泽深暗的肌肉）均为异质肉。DFD 肉是一种品质缺陷肉类，常见于牛肉，在羊肉和猪肉中也有一定程度的存在。早在 20 世纪 30 年代就引起肉类行业的广泛注意，因为颜色变黑使肉的商品价值明显下降，这个问题现在仍然存在。DFD 肉除了颜色异常深，还有质地坚硬、表面干燥黏稠、pH 高、氧的穿透能力差等特征。过度应激是产生此现象的主要原因，任何使牛应激的因素都在不同程度上影响 DFD 肉的发生。PSE 肉用于描述颜色异常浅、质地柔软和持水能力受损的肉。PSE 肉于 1954 年首先在丹麦被发现和命名。PSE 肉发生的机制与 DFD 肉相反，是因为肌肉 pH 下降过快。这种现象主要是由于屠宰后酮体温度过高（35~42℃）、新陈代谢过快，以及快速糖酵解引起的低 pH 共同作用，导致肌肉中多数肌浆蛋白和肌原纤维蛋白极度变性和早期肌膜破坏受损。在 PSE 肉中，肌原纤维过度横向收缩，导致了肉中水分大量流失。容易产生 PSE 的肌肉大多是混合纤维型，具有较强的无氧糖酵解潜能，其中，背最长肌和股二头肌最为典型。PSE 的发生主要与遗传因素和宰前应激有关，其中，宰前应激源包括击晕方式、饲养环境与混群等。

除此外，近年来发现的木质化肉与白纹肉也属于鸡肉中的常见异质肉，其特征分别为质感坚硬，或肌肉表面出现大量与肌纤维方向平行的白色条纹，二者往往同时出现。总的来讲，白纹肉与木质化鸡胸肉的组织学特征相似，都表现出肌纤维变性、萎缩，肌纤维大小不一，出现絮状或空泡，伴随着纤维溶解现象，出现纤维化、脂沉积症和间质性炎症。这两种异质肉都表现出多相损伤，即同侧鸡胸肉中同时出现急性损伤和慢性损伤，表明损伤的持续性，目前具体发生机制尚不明确。有研究认为，白纹肉与木质化鸡胸肉属于同一种异质肉，白纹肉发生在早期阶段，后期逐渐恶化并发展成为木质化鸡胸肉。

第二节 鲜肉品质调控技术

一、新型畜禽屠宰工艺及品质控制

畜禽的宰前检验与管理是保证肉制品卫生质量的重要环节之一。它在贯彻执行病、健隔离，病、健分宰，防止肉制品污染，提高肉制品卫生质量方面起着重要的把关作用。家畜通过宰前临床检查，可以初步确定其健康状况，尤其是能够发现许多在宰后难以发现的传染病，如破伤风、狂犬病、李氏杆菌病、脑炎、胃肠炎、脑包虫病、口蹄疫以及某些中毒性疾病，从而做到及早发现，及时处理，减少损失，还可以防止牲畜疫病的传播。此外，合理的宰前管理，不仅能保障畜禽健康，降低病死率，而且也是获得优质肉制品的重要措施。

(一) 检验步骤和方法

当屠宰畜禽由产地运到屠宰加工企业以后，在未卸下车船之前，兽医检验人员向押运员索阅当地兽医部门签发的检疫证明书，核对牲畜的种类和头数，了解产地有无疫情和途中病死情况。经过初步视检和调查了解，认为基本合格时，允许卸下并赶入预检圈。病畜禽或疑似病畜禽赶入隔离圈，按 GB 12694—2016《食品安全国家标准 畜禽屠宰加工卫生规范》中有关规定处理。

检验多采用群体检查和个体检查相结合的办法。其具体做法可归纳为动、静、食三个环节的观察和看、听、摸、检四个要领。先从大群中挑出有病或不正常的畜禽，然后逐头检查，必要时应用病原学诊断和免疫学诊断的方法。一般对猪、羊、禽等的宰前检验都应以群体检查为主，辅以个体检查；对牛、马等大型家畜的宰前检验是以个体检查为主，辅以群体检查。

(二) 病畜处理

宰前检验发现病畜时，根据疾病的性质、病势的轻重以及有无隔离条件等作如下处理：

(1) 禁宰 经检查确诊为炭疽、鼻疽、牛瘟等恶性传染病的牲畜，采取不放血法扑杀。肉尸不得食用，只能工业用或销毁。其同群全部牲畜，立即进行测温。体温正常者在指定地点急宰，并认真检验；不正常者予以隔离观察，确诊为非恶性传染病的方可屠宰。

(2) 急宰 确认为无碍肉食卫生的一般病畜而有死亡危险病畜，应立即屠宰。

(3) 缓宰 经检查确认为一般性传染病，且有治愈希望者，或患有疑似传染病而未确诊的牲畜应予以缓宰。

(三) 宰前管理

1. 宰前休息

屠畜宰前休息有利于放血，消除应激反应，减少动物体内瘀血现象，提高肉的商品价值。

2. 宰前禁食、供水

屠宰畜禽在宰前 12~24h 断食。断食时间必须适当，一般牛、羊宰前断食 24h，猪 12h，家禽18~24h。断食时，应供给足量的饮水，使畜体进行正常的生理机能活动。但在宰前2~4h应停止给水，以防止屠宰畜禽倒挂放血时胃内容物从食道流出污染胴体。

3. 宰前淋浴

用20℃温水喷淋畜体2~3min，以清洗体表污物。淋浴可降低体温，抑制兴奋，促使外周毛细血管收缩，提高放血质量。

（四）家畜屠宰工艺

畜禽经致昏、放血、去除毛皮、内脏和头、蹄最后形成胴体的过程称为屠宰加工。屠宰加工的方法和程序称为屠宰工艺。

1. 工艺流程

家畜屠宰工艺流程如图6-5所示。猪屠宰工艺如图6-6所示。

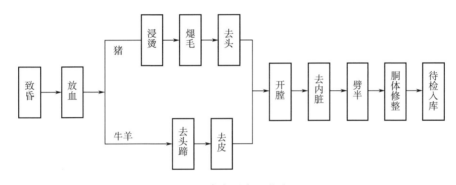

图6-5 家畜屠宰工艺流程

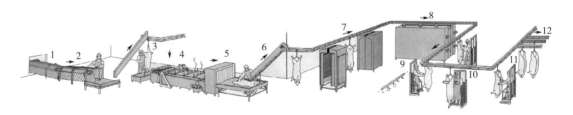

图6-6 猪屠宰工艺示意图

1—送宰 2—致昏 3—放血 4—浸烫 5—煺毛 6—吊挂 7—燎毛 8—清洗
9—开膛、去内脏 10—劈半 11—胴体修整 12—待检入库

2. 工艺要点

（1）致昏 应用物理和化学方法，使家畜在宰杀前短时间内处于昏迷状态，称为致昏，又称击晕。击晕的主要目的是让动物失去知觉、减少痛苦，也可避免动物在宰杀时挣扎而消耗过多的糖原，以保证肉质。

①电击晕：通过电流麻痹动物中枢神经，使其晕倒。电击晕可使肌肉强烈收缩，心跳加剧，便于放血。电击晕是目前最常见的致昏法。常用的电击晕电流强度、电压、频率以及作用时间列于表6-2。

表 6-2　畜禽屠宰时的电击晕条件

畜种	电压/V	电流强度/A	麻电时间/s
猪	70~100	0.5~1.0	1~4
牛	75~120	1.0~1.5	5~8
羊	90	0.2	3~4
兔	75	0.75	2~4
家禽	65~85	0.1~0.2	3~4

②CO_2 麻醉法：动物在 CO_2 含量为 65%~85% 的通道中经历 15~45s 即能达到麻醉，完全失去知觉可维持 2~3min。采用此法动物无紧张感，可减少体内糖原消耗，有利于肉制品质量，但此法成本高。

③机械击晕：一般用于牛的屠宰，用专用气枪枪击牛前额正中部，致其昏迷。

（2）放血　家畜致昏后将后腿吊挂在滑轮的套脚或铁链上。经滑车轨道运到放血处进行刺杀放血。家畜致昏后应快速放血，最好不超过 30s，以免引起肌肉出血。放血有刺颈放血、切颈放血、心脏放血三种常用方法。

（3）浸烫、煺毛或剥皮　家畜放血后开膛前，猪需要进行浸烫、煺毛，也可以剥皮。牛、羊需剥皮。

①猪的浸烫和煺毛：放血后的猪由悬空轨道上卸入浸烫池进行浸烫，使毛根及周围毛囊的蛋白质受热变性，毛根和毛囊易于分离，同时表皮也出现分离，达到脱毛的目的。猪体在浸烫池内大约 5min 左右，池内水温 70℃ 为宜。浸烫后的屠体即可进行煺毛，然后进行燎毛。最后进行清洗和检验。

②剥皮：牛、羊放血后先进行去头、蹄工序，然后剥皮。

（4）去头、开膛

①去头：猪在第一颈椎或枕骨髁处将头去除，牛、羊在枕骨和寰椎之间将头去除。

②开膛去内脏：切开腹腔，将腹内脏和胸内脏取出。

（5）劈半及胴体整修　沿背中线由上而下锯开胴体，冲洗胴体上附着的血迹及污物，称重后送到冷却间冷却。

（6）冷却　刚屠宰完的胴体，其温度一般在 38~41℃，这个温度范围正适合微生物生长繁殖和保持肉中酶的活性，对肉的保存不利。肉的冷却目的就是在一定温度范围内使肉的温度迅速下降，使微生物在肉表面的生长繁殖减弱到最低程度，并在肉的表面形成一层皮膜；减弱酶的活性，延缓肉的成熟时间；减少肉内水分蒸发，延长肉的保存时间。在此阶段，胴体或肉逐渐成熟。目前，畜肉的冷却主要采用空气冷却，即通过各种类型的冷却设备，使室内温度保持在 0~4℃。冷却时间取决于冷却室温度、湿度和空气流速，以及胴体大小、肥度、数量、胴体初温和终温等。冷却终温一般在 0~4℃，牛肉多冷却到 3~4℃，然后移到 0~1℃ 冷藏室内，使肉温逐渐下降；加工分割胴体，先冷却到 12~15℃，再进行分割，然后冷却到 1~4℃。

（7）待检　兽医检验后，盖章入库。

（8）分割　肉的分割是按不同国家、不同地区的分割标准将胴体进行分割，以便进一步加工或直接供给消费者。

（五）家禽屠宰工艺

1. 工艺流程

家禽屠宰工艺见图 6-7。

图 6-7　家禽屠宰工艺

2. 工艺要点

（1）电击昏　电击昏条件：电压 35～50V，电流 0.5A 以下，时间（通过电击昏槽时间）鸡为 8s 以下，鸭为 10s 左右。

（2）宰杀放血　家禽宰杀时必须保证放血充分，放血方法有断颈放血法、口腔放血法和动脉放血法，其中以最后一种为好。

（3）烫毛　烫毛是为了更有利于脱毛，烫毛共有三种方式：半热烫、次热烫、强热烫。在实际操作中，应注意下列事项：要严格掌握水温和浸烫时间；热水应保持清洁；未死或放血不全的禽尸，不能进行烫毛，否则会降低产品价值。

（4）脱毛　机械脱毛主要利用橡胶指束的拍打与摩擦作用脱除羽毛。因此，必须调整好橡胶指束与屠体之间的距离。距离过小，会因过度拍打屠体而导致骨折、禽皮破裂或翅尖出血；距离太大，则可能导致脱毛不全，影响速度。另外，应掌握好处理时间。

（5）去绒毛　禽体浸烫、脱毛后，尚残留有绒毛，去除方法有三种：钳毛、松香拔毛、火焰喷射机烧毛。

（6）清洗、去头、切脚

①清洗屠体：脱毛去绒后，在去内脏之前须充分清洗干净。

②去头、切脚：是否去头、切脚要视市场需求而定。

（7）净膛　禽类内脏的取出形式有全净膛和半净膛两种。全净膛指将脏器全部取出，半净膛指仅拉出全部肠管以及胆和胰脏。

（8）冷却　净膛后，禽肉可采用液体冷却法，即以冷水和冷盐水为介质进行冷却，也可采用浸泡或喷洒的方法进行冷却，此法冷却速度快，但必须进行包装，否则肉中的可溶性物质会损失。

（9）检验、修整　经检验、修整、包装后入库贮藏。

二、新型包装、贮运技术与品质控制

1. 真空包装

真空包装（VP）能够创造一个厌氧环境并抑制腐败细菌的生长，从而延长产品保质期。肉类产品通常以真空包装的形式包装在热收缩塑料袋中，利用其低透气性，通过热封的方式确保产品处于密闭环境。产品表面和包装材料之间的紧密接触对于获得有效的 VP 效果至关重要。由于梭状芽孢杆菌属（*Clostridium*）等细菌是严格厌氧的，VP 为生长和腐败提供了理想的环境。VP 好处就在于它创造了无氧环境，可以避免快速有氧类细菌如假单胞杆菌属（*Pseudomonas*）污染肉类。然而，由于真空包装的产品在热封过程中暴露在热环境中，可能会激活嗜冷和耐冷孢子，进而导致初期的涨袋腐败。真空包装的红肉变质通常需要数周时间，通常是由热死环丝菌（*B. thermosphacta*）或乳酸菌引起的，这在长距离运输中是可能存在的问题。

2. 气调包装

气调包装（MAP）可用于延长鲜肉及加工肉制品的货架期。CO_2 具有特异性抑菌特性，可以防止或延迟快速腐败的需氧细菌如假单胞菌属的生长。然而，对于肉类和大多数其他食品而言，大部分 MAP 食品包装中 CO_2 起始含量都需要达到 20%。需要注意的是，CO_2 不会抑制所有微生物的生长，例如，乳酸菌可以在高 CO_2 和低 O_2 的环境下生长。CO_2 的吸收在很大程度上取决于被包装产品的脂肪含量和水分含量，以及产品贮存的温度。一般来说，肉制品的脂肪含量和水分含量越高，贮存温度越低，吸收 CO_2 的量就越大。过多的 CO_2 被吸收到肉中会导致水分流失，从而对肉类质地产生负面影响，并使产品变色。O_2 可用于保持肉的鲜红色，但它也可能导致脂质氧化、蛋白质氧化、微生物生长和维生素降解。N_2 是一种惰性气体，其主要功能是置换 O_2，并平衡包装中的 CO_2 水平，以通过防止肉制品吸收过多的 CO_2 从而产生了内部真空，导致包装塌陷。其他气体也可具于多种功能，例如，CO 用于保持肉类的颜色，Ar 用于替代肉类包装中的 N_2 等。

3. 冷藏保鲜

冷藏是肉类目前最简单易行和最经济的贮藏方式，是指将鲜肉贮藏在 0～4℃ 的温度范围中。冷藏保鲜一定程度上抑制了细菌等微生物的生命活动以及肉类自身干耗现象，能够达到短时间内保鲜的效果，但保鲜期较短，肉类品质下降速度依旧很快，导致肉类商业价值降低，不能完全满足消费者对于鲜肉较长货架期的要求。因此，冷藏保鲜多用于与其他保鲜技术结合使用。通过研究新鲜牛肉在不同贮藏温度下的风味变化发现，在 25～30℃ 温度下牛肉可贮藏 14h，8～10℃ 温度下牛肉可贮藏 142h，0～1℃ 温度条件下牛肉可贮藏 19.5d。

4. 冰温保鲜

冰温贮藏是指将食品贮藏在冰温带温度内的技术。冰温是指将 0℃ 以下、食品冻结点以上的温度条件内，简称为冰温带，肉类的冻结点一般在 -2℃ 左右。冰温贮藏与冷藏、冻藏等均属于低温贮藏。在冰温要求的温度范围内，肉类内部组织结构不会冻结，因此，冰温技术能够避免冰晶对肉类内部组织结构破坏的不良影响，并且冰温条件能够显著抑制微生物的生命活动，延缓自身干耗，减缓肉类腐败变质的速度，充分维持鲜肉的品质，满足消费者对冷鲜肉的品质、货架期的需求。在保证不冻结的条件下，肉类的贮藏温度越低，品质下降速度越慢。其优点在于：不会破坏细胞内的组织结构、抑制微生物的生命活动能力较好、维持食品品质能力较强。

5. 活性包装

活性包装（AP）是一种创新的包装技术，除了能防止外界环境对产品的影响，保护产品免受污染外，还可以从食品或食品周围的环境中吸收食品产生的化学物质，或将活性物质释放到食品或食品周围的环境中，从而延缓或阻止微生物、酶和氧化导致的产品变质。活性包装在冷鲜肉保鲜中主要有四种常见形式：①将小袋或衬垫赋予保鲜活性后，放入冷鲜肉包装内，不仅可以吸收肉制品的渗出物，克服冷鲜肉肉汁的积聚问题，防止微生物的滋长，保持肉制品良好的外观，还通过释放活性物质延缓肉制品变质，这种方式在肉类零售包装中较为常见。②在制备过程中，将活性物质与树脂基料按比例混合，使制得的薄膜材料具有保鲜功能。活性物质可以通过熔融共混的方式加入包装材料中，或者以溶解的方式加入到材料中，后逐渐释放到包装顶空或肉制品表面。③选取合适的基质作为活性物质的载体，涂覆在包装材料上，挥发性的活性物质可释放到顶空环境后作用于肉制品表面，而非挥发性活性物质通过迁移机制作用于肉制品。④选用非聚合物的功能材料制备成膜，如多糖、蛋白质等。采用天然无毒的生物聚合物作为安全和可生物降解的载体，加入保鲜剂，制成活性包装膜，可以一定程度地减少塑料材料的使用，保护环境。

6. 天然保鲜剂保鲜

将保鲜剂应用于冷鲜肉保鲜是指采用具有抗菌或抗氧化功能的保鲜剂对冷鲜肉进行喷涂、浸渍处理，从而在贮运和销售过程中抑制微生物的滋生和氧化变质，延长冷鲜肉的货架期。保鲜剂按来源分类主要可分为化学保鲜剂和天然保鲜剂。化学保鲜剂是指人工合成的保鲜剂，往往存在安全隐患，不利于消费者接受。随着人们对身体健康和食品安全的重视度越来越高，采用天然保鲜剂保鲜食品成为未来的发展趋势。目前，用于肉制品的保鲜剂来源广泛，包括植物源的茶多酚、肉桂、生姜、大蒜、迷迭香等；动物源的壳聚糖、蜂胶等；微生物源的乳酸链球菌素（Nisin）、ε-聚赖氨酸等。其中，涂膜保鲜技术是指通过浸渍、喷涂和刷涂等方法将涂膜液覆盖在食品表面上，待干燥后成为一层均匀覆盖在食品表面的膜。涂膜保鲜技术的优点有：防止肉制品内部各组分迁移，隔绝食品与空气的气体交换，减少汁液流失、阻隔外界微生物及提高食品机械强度等。

7. 辐射保鲜

辐射保鲜是一种利用原子能射线的辐射能量对食品进行杀菌处理的保存食品的物理方法，是一种安全卫生、经济有效的食品保存技术。新鲜猪肉用隔水、隔氧性好的食品包装材料真空包装，用 ^{60}Co γ 射线 5kGy 照射，可使菌落总数由 54200CFU/g 下降到 53CFU/g，可在室温下存放 5~10d 不腐败变质。新鲜猪肉经真空包装后，用 ^{60}Co γ 射线 15kGy 进行灭菌处理，可以全部杀死大肠菌群、沙门氏菌和志贺氏菌，仅残留个别芽孢杆菌，在常温下可保存 2 个月。用 26kGy 的剂量辐照则灭菌较彻底，能够使鲜猪肉保存 1 年以上。然而，肉制品经辐照会产生异味，肉色变淡，1kGy 照射鲜猪肉即产生异味，30kGy 异味增强，这主要是含硫氨基酸分解的结果。为了提高辐照效果，经常使用复合处理的方法，如与红外线、微波等物理方法相结合。肉制品辐照后可在常温下贮藏。采用辐射耐贮杀菌法处理的肉类，结合低温保藏效果较好。肉制品辐射处理是一项综合性措施，要把好每一个工艺环节才能保证辐照的效果和质量。虽然食品辐照可有效减少或去除病原菌和腐败微生物，保证食品的卫生和感官品质，但是许多消费者仍不愿接受辐射食品。因此电子束辐射也逐渐应用在食品贮藏中，因为机械加速的电子束辐射不使用任何放射性材料，可提高消费者的认同度。

第七章

清洁蛋品质保障技术

学习指导：禽蛋由家禽生殖道排出，蛋壳表面鸡粪和其他有害污染物，特别是沙门氏菌等致病菌会侵入蛋壳，并大量繁殖，严重影响蛋的品质和食用安全性。加强禽蛋加工、贮运环节的卫生防疫工作，合理推行洁蛋工程，以保证壳蛋品质，对确保公众生命健康至关重要。洁蛋由全自动生成设备加工生产，经过清洗、干燥、紫外线灭菌、涂油保鲜等多道工序，能彻底清除蛋壳表面污染物，有效杀灭蛋壳表面病菌，完全阻断"脏蛋"携带的病菌在流通环节的传播。本章主要介绍清洁蛋品质保障技术，在简要介绍了清洁蛋的概念与发展历程的基础上，重点阐述了清洁蛋的生产工艺与设备，并分析了如何利用这些方法解决清洁蛋的品质控制与贮运保鲜等实际工程问题。通过本章的学习，了解清洁蛋生产的概念与意义，掌握清洁蛋生产的工艺与关键控制点，理解清洁蛋的品质变化与控制途径，初步具备进行清洁蛋生产实施的能力，为今后从事清洁蛋生产技术工作奠定理论基础。

知识点：洁蛋的概念，洁蛋的生产工艺，洁蛋的质量分级标准，洁蛋的品质控制方法，洁蛋的贮运保鲜方法

关键词：洁蛋，生产工艺，危害分析，关键控制点

第一节 清洁蛋加工现状

一、清洁蛋概念

清洁蛋又称洁蛋、净蛋，是指禽蛋产出之后，经过清洗、杀菌、干燥、涂膜、包装等多种工艺处理后的鲜蛋类产品。清洁蛋的表面卫生、洁净、具有较长的保质期，极大地提高鲜蛋制品质和安全性。和"洁蛋"相对应的"脏蛋"在产出后未经任何清洗处理，蛋壳表面带有饲料、羽毛和粪便等污染物，还往往携带大肠杆菌、沙门氏菌等致病微生物，严重影响蛋制品质量，对人体健康具有潜在威胁。

二、清洁蛋发展历程

中国的养殖业可以追溯到4000多年前，目前，世界上许多国家和地区优良品种的家禽都有中国家禽的血统。在20世纪70年代以前，我国的禽蛋养殖以农家传统散养方式为主，集约化程度很低。改革开放以来，随着居民生活水平的快速提升和膳食结构的改善，包括肉、蛋、奶、水产品在内的畜禽产品需求急剧增加，我国的禽蛋生产也实现了跳跃式发展。1985年，中国禽蛋产量超过300万t，首次超过美国，成为世界第一产蛋大国。1991年，中国鸡蛋的人均占有量为8kg，首次超过了世界平均水平。据国家统计局数据显示，2020年中国禽蛋产量已达3467.76万t。近40年来，中国的禽蛋产量一直位居世界首位，并形成了以北部鸡蛋生产基地群和南部水禽蛋生产基地群为代表的两大鲜蛋生产基地，成为世界上最重要的禽蛋生产和消

费大国。

虽然我国禽蛋产量已位居世界前列，但是禽蛋的出口仍然面临挑战。2001 年出口量仅为 5.8 万 t，出口比例仅占年产量的 0.2%。到 2020 年，鸡蛋出口量为 9.6 万 t，出口加上贮运损失约占总产量的 10%，绝大部分鸡蛋以满足内需市场为主。而中国禽蛋生产和销售要适应国际和国内市场要求的安全性、营养性及对现代流通的适用性，就必须扩大鲜蛋销量。但是，在国际贸易市场上，我国的鸡蛋往往因药物残留和微生物超标等因素，只能以较低的价格出口到特定国家和地区。鲜蛋的保鲜期短、加工和贮藏条件要求较高仍是影响我国禽蛋出口的主要因素。加速品质保证技术的提升，形成新型生产营销模式迫在眉睫。但是，在国内市场上，大部分的禽蛋在产出后基本没经任何处理和检测便直接进入市场，存在安全隐患。同时，鲜蛋的保鲜、分级、包装等问题并没有得到根本性解决。因此，鲜蛋的清洁、保鲜、分级、包装是关系家禽养殖和蛋制品加工业快速发展的重要问题。

21 世纪来，行业对禽蛋营养、安全的关注程度日益上升，国家和地方政府也相继出台了相关政策。2009 年，湖北省质量技术监督局发布了国内第一个洁蛋（保洁蛋）地方标准（DB42/T 547—2009《洁蛋（保洁蛋）》）。2011 年，中华人民共和国商务部发布了 SB/T 10640—2011《洁蛋流通技术规范》。2017 年，中华人民共和国国家质量监督检验检疫总局发布了 GB/T 34238—2017《清洁蛋加工流通技术规范》。但是，清洁蛋生产加工在我国尚处于边加工边探索阶段，缺乏成熟的加工流程和规范的加工技术标准。壳蛋的加工和销售企业基本上都是依据对清洁蛋概念的理解，模仿同行业对鸡蛋进行简单的大小分级、清洗、风干、涂油包装上市，或者仅对鸡蛋进行擦洗消毒后直接包装上市。

随着中国经济的发展，禽蛋生产企业必须改变以往的生产与销售模式，积极适应市场的需求，开发和规范清洁蛋生产技术和加工处理设备，使我国的禽蛋加工技术水平与国际先进水平接轨，为中国禽蛋产业的快速持续发展提供技术保障。

三、推行清洁蛋生产消费的意义

（一）脏蛋的危害

鲜蛋未经处理直接销售的危害有以下几点。

1. 脏蛋直接消费和用于加工极不卫生

脏蛋蛋壳的表面通常黏附大量的禽类粪便、羽毛、黏液、垫料、血斑及其他禽类排泄物，这些脏物会黏附或落入货架、其他食品、厨具中，直接运往市场销售，会给食用带来不便，存在食品安全隐患。作为生产原料使用时，也影响蛋制品质量，使产品合格率下降。

2. 脏蛋直接消费和用于加工极易传播疾病

脏蛋蛋壳表面可能含有大量致病性微生物，蛋壳上有大量的气孔，附着在蛋壳上的微生物细菌即可通过气孔侵入蛋内进行繁殖；壳蛋在收购、贮藏、运输过程中，也可能因人手及包装容器的微生物污染，导致蛋壳表面携带细菌。美国农业部曾对带壳鲜蛋引起人类沙门氏菌病的危险性进行评估预测：美国每年生产的 6.5×10^{10} 个鸡蛋中有 4.7×10^{10} 个鸡蛋以带壳蛋形式被消费，其中有大约 2.3×10^{6} 个鸡蛋被肠炎沙门氏菌污染。这些微生物如沙门氏菌等对人类的健康构成严重的威胁。

　　此外，禽蛋产出后散落在禽舍中，与禽类粪便密切接触。在禽的肠道和禽的粪便中存在大量的致病性微生物，如沙门氏菌、大肠杆菌、李斯特菌等。如果禽蛋产出后不经消毒除菌处理，直接进入市场流通，就会成为一个相当大的病菌载体，属于名副其实的"脏蛋"。近年来，食用未经清洗消毒处理的带壳鲜蛋引发的蛋制品安全事件在国内外不同国家和地区频繁发生。因此，应加强涉及禽类食品的卫生防疫工作，对"脏蛋"直接上市这一卫生防疫薄弱环节应给予高度重视，以确保全民的健康和安全。

3. 脏蛋贮藏时间短

　　未经清洁的禽蛋会因蛋壳表面携带的腐败微生物而导致保质期缩短。从另一个角度讲，经过清洁的禽蛋会通过消毒涂膜和特定的包装方式来延长货架期。一般来讲，禽蛋经过清洗、消毒和涂膜保鲜，可以使鲜蛋的货架期延长。我国禽蛋的价格随季节性波动明显，其根本原因就是清洁蛋的加工尚未普及和规范，这对禽蛋市场的稳定发展是极其不利的。

4. 脏蛋的出口会遭遇绿色壁垒

　　1970 年 12 月 29 日，美国国会审议批准《蛋制品检查法》，将表面污浊的鸡蛋列为"脏蛋"，并对市场上经查确认的"脏蛋"进行销毁处理。国际上流行的蛋制品安全管理办法，也是对蛋制品进行清洗干燥、消毒和涂油保鲜等处理，成为清洁蛋后再上市销售。从全球禽蛋消费市场来看，欧美国家对带壳鲜蛋的出口有一系列的标准，有些已成为世界上通用的标准，而我国直到 2007 年才推出 NY/T 1551—2007《禽蛋清选消毒分级技术规范》。这样一来，我国的鲜蛋产品在进入国际市场时，就会遭遇绿色壁垒。从近几年看，我国鲜蛋出口相对较低，应加速禽蛋产业产品标准的建立和健全，提高禽蛋产品的卫生质量，以克服绿色壁垒，迅速打开国际市场，提高出口销售额。

（二）清洁蛋生产的意义

　　清洁蛋去除了蛋壳上残留的粪便、泥土、羽毛、血斑等污物，杀灭了蛋壳表面部分残留细菌，抑制了微生物的生长繁殖，延长了鲜蛋的货架期。"清洁蛋"的生产加工已成为禽蛋业发展的一个重要方向。现在已有一些国家对清洁蛋进行立法，严禁未经处理的脏蛋上市交易，只有包装洁蛋才能上市销售。

　　早在 50 年前，美国、加拿大以及一些欧洲国家就开始生产包装清洁蛋，日本、新加坡、马来西亚等国以及中国台湾地区 70% 以上的鸡蛋都经过清洗消毒处理。美国的《蛋制品检查法》、《壳蛋制品质、重量分级标准》、加拿大《农产品法》和日本颁布的《日本工业标准（JIS）》等法规都明确规定了壳蛋必须经过清洗消毒，然后按一定的重量将蛋分为特级、大、中、小四个等级，并经过检测，符合卫生质量标准的才准许进入市场。我国禽蛋要进入国际市场，就必须与国际接轨，生产和销售都需适应国际和国内市场要求，提升清洁蛋的生产技术，即从养殖到鲜蛋的清洗消毒、分级、涂膜包装、运输、销售的技术保障下进行集约化生产，提高禽蛋生产及加工的安全性，提高禽蛋现代流通的适应性，以满足消费者的需要，为鲜壳蛋销售和蛋制品加工提供优质原料。

　　大力推广洁蛋生产，对于提高食用鲜蛋的品质，保证食用鲜蛋的质量，具有极其重要的作用。提倡洁蛋生产，并利用机械设备进行鲜蛋的清洗、消毒、干燥、分级、涂膜保鲜等一系列的处理，将成为我国鲜蛋生产的必然趋势。目前，国内一些蛋制品生产商也已经开始致力于规范清洁蛋的生产。

第二节　清洁蛋的生产工艺与设备

一、清洁蛋生产工艺

　　清洁蛋生产在我国尚处于边生产加工边探索的阶段，生产工艺需因地制宜，特别是在国内家禽的养殖规模上存在较大差异。目前，国内各大中型禽蛋企业生产清洁蛋的设备主要依赖于国外进口，生产工艺大多按照国外清洁蛋生产规范生产。一般认为，清洁蛋是指带壳鲜蛋产出后，经过清洗、消毒、干燥、分级、涂膜保鲜等工艺处理的产品，生产工艺流程如图7-1所示。

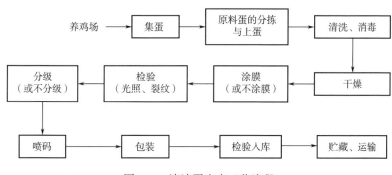

图7-1　清洁蛋生产工艺流程

（一）原料蛋的分拣与品质监测技术

　　分拣是指原料蛋在禽舍内的集蛋器上或从养殖车间经过传送带送至鲜蛋处理车间，将异常蛋、血斑蛋、肉斑蛋、异物蛋、破损蛋、裂纹蛋等不合格蛋剔除的过程。将集蛋器上分拣的不合格蛋单独存放，合格的蛋放在蛋箱、蛋车或蛋托上运送到鲜蛋贮藏间或直接进入洁蛋生产车间，经过传送带上分拣的合格蛋直接进入洁蛋生产线。

　　上蛋是指将检验合格的鲜蛋放入洁蛋生产线的过程。上蛋的方式有3种，一是手工上蛋，即工人直接用手将蛋放在生产线的上蛋端；二是用真空吸蛋器上蛋，吸蛋器的一端连接真空装置，利用真空将蛋托上的蛋吸起后放在生产线上，吸蛋器有单排和多排之分，适合不同上蛋设备的需要；三是利用自动装托机通过传送带直接上蛋，这是大型企业通用的方法。自动装卸托机是将从养殖户处运来的装在蛋托中的禽蛋上到洁蛋生产线输送线上的一种设备，结构如图7-2所示。自动装托机的工作过程为：禽蛋经上蛋装置或手工上蛋，将禽蛋放到进蛋平台上，在链轴输送带作用下向前移动，经摆动导流机构将禽蛋分成6行。

　　上蛋后要进行分检，目的是将肉眼不易发现的破损蛋、裂纹蛋、腐败蛋进一步检出。分检分为光检、敲击检、光电检等方法，分别利用禽蛋的光学特性、声学特性和动力学特性进行品质的无损检测。

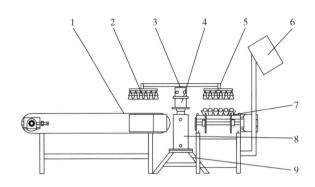

图 7-2 鸡蛋自动装卸托装置结构示意图

1—上蛋平台 2—吸蛋机构1 3—摆动气缸 4—连接块 5—吸蛋机构2 6—控制箱
7—链条输送带 8—导向气缸 9—机架

1. 利用光学特性检测禽蛋制品质

光学无损检测的原理是：光照射到物体上以后，一部分被外表面反射，另一部分进入物体内遇到细胞结构，或产生散射，或被物体吸收；其余部分则透过物体。这几部分比例的大小，取决于被照物体的表面状况、内部成分、折射率以及入射光的波长等因素。物体的透光程度常用光密度来度量，它是物体透射率倒数的对数，只要找出光密度或透射率与蛋内部品质之间的相关关系就可判断其内部品质。

灯光透照法是鉴别蛋制品质的一种准确有效的简便方法。此法是根据蛋有透光性，不同质量蛋的物理结构及化学成分发生变化，这些变化在光透视下又具有各自的特征，故可借光透鉴别蛋的质量。借光可观察蛋壳结构的致密度、气室的大小、蛋白、蛋黄及系带、胚胎等特征，作出蛋质综合评定。灯光透视法分手工法和机械照蛋法两种，分别如图 7-3 和图 7-4 所示。

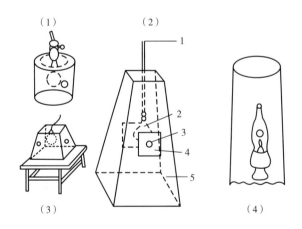

图 7-3 各种照蛋器示意图

（1）圆形单孔照蛋器 （2）方形双孔照蛋器 （3）方形三孔照蛋器 （4）煤油灯照蛋器
1—电源 2—灯泡 3—照蛋孔 4—胶皮 5—木匣

机械照蛋是用自动输送式的机械进行连续性照蛋，分为四部分，包括上蛋、整蛋、照蛋及装箱。

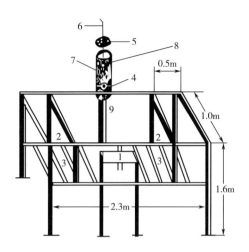

图 7-4　照蛋架结构示意图

1—照蛋员坐位　2—放蛋盘位置　3—放未照检蛋位置　4—照蛋器　5—照蛋器盖
6—电灯线　7—胶皮　8—电灯　9—放木盘位置

2. 利用声学特性检测禽蛋制品质

蛋壳破损后，蛋壳结构发生了变化，其声学特征与破损前相比具有较大的差异。通常完好的蛋壳发声清脆，而存在裂纹的蛋壳发声沙哑沉闷，人工检测蛋壳是否破损就是利用这一规律。近年来，声学检测技术发展迅速，该技术也引入到禽蛋破损检测领域，其原理是根据禽蛋在声波作用下反映出来的声学特性，进行频谱分析来判别禽蛋是否破损。

3. 利用动力特性检测禽蛋制品质

利用动力特性检测禽蛋制品质，其原理是建立禽蛋的冲击或振动特性与禽蛋制品质之间的关系。有研究者进行了不同材料上的鲜蛋跌落实验和冲击实验，提出了动载作用下以能量变化反应蛋的破损，为鲜蛋的贮运、加工装备的设计提供了一定的依据。也有研究提出了在无破坏性冲击实验中，以鸡蛋的振动频率来反映蛋壳特性，建立了在最低响应频率时的三维振动模型，从而表征蛋壳指标（赤道处厚度、宽度、形状指数）与动态硬度值之间的相关性。

（二）原料蛋的清洗、消毒

经分检后的蛋进入清洁、除菌工艺。蛋的清洗就是采用浸泡、冲洗、喷淋等方式水洗，继而用干、湿毛巾及毛刷擦除或清除蛋壳表面残余的羽毛和污物，使蛋壳表面清洁、卫生，符合商品要求和卫生标准。清洗彻底是保证杀菌或灭菌成功的关键。酸、碱、杀菌剂等也可作为禽蛋的清洗液，用来有效去除蛋壳表面的微生物。在洁蛋生产过程中，蛋的内部温度、水温、pH 以及清洗时间等因素对抑制细菌生长繁殖起着关键作用。研究表明，禽蛋清洗过程中水温为 42~44℃ 及杀菌时间为 50s 时，清洁效果最好。

蛋制品的清洗一般采用干擦与洗净两种方法。

1. 干擦法

如果经过分检后的蛋壳表面足够干净，可以直接使用干粗布或用旋转的毛刷（机械法）来擦拭蛋壳表面的污物或浮尘。然后进入热风干燥等后续工序。因为没有经过清洗过程，壳外膜没有被破坏掉，可以不使用涂膜保鲜处理。与没有经过任何处理的干净鲜蛋相比，这种方法加工的洁蛋保存期可增加 3d 左右。两者的区别是经机械擦拭和热风除菌处理后，蛋壳表面微生物的数量大大减少，安全性得到提高。

2. 洗净法

洗净法是指在生产线上利用从上方喷淋下的水，同时使用洗蛋机中的旋转毛刷清洗蛋壳表面的污物。实际操作中，一般在清水中加入清洗剂或消毒剂，使清洗和消毒过程一次完成。

洗净用水要求符合卫生标准，并注意水温和水质。当洗净水温度低于蛋温时，由于蛋气孔的毛细管现象或蛋内部的冷却收缩，而导致微生物随水渗透入蛋内部。而当水温过高时，则可能因热膨胀而使蛋破裂。因此，洗净水的温度一般控制在比蛋温高 10℃ 为宜，实际生产中常用 40℃ 左右的水温进行清洗。洗净水的水质要求含微生物少、不含杂质。如果含有杂质，杂质渗透进入蛋内将促进生物的生长繁殖，并且会与蛋白结合呈粉红色。

除用清水外，酸、碱、洗涤剂等也常被用于蛋的清洗。清洗剂可以提高蛋壳表面污物清洗效果，其中碱和洗涤剂最常用。此外，杀菌消毒剂的使用可杀灭蛋壳上的沙门氏菌、大肠杆菌、志贺氏菌、金黄色葡萄球菌等致病菌。需要注意的是，洗净后蛋壳上的角皮层会脱落，使蛋壳上的气孔失去防御层。因此，洗净后的蛋要进行涂膜保鲜处理，以阻止微生物入侵，延长清洁蛋的保藏期。

常用的消毒方法可分为物理消毒和化学试剂消毒两大类。目前，洁蛋生产通常先采用碱性洗涤剂对鲜蛋进行清洗，然后通过化学或物理的方法对鲜蛋进行消毒处理。在所使用的消毒剂中，二氧化氯、戊二醛和苯扎溴铵是市场上比较常见的三种杀菌剂，它们在各自的使用浓度下都具有较强的杀菌性能，同时具有毒性极小的特点。在实际生产过程中，需要确定 pH、浓度、杀菌时间和温度对它们杀菌效果的影响，从而确定它们各自的最佳使用条件。含氯制剂也是一种常见的鲜蛋消毒剂，它的有效氯含量为 50~200mg/L。

在鲜蛋清洗消毒过程中，清洗消毒效果不仅受到洗涤剂和消毒剂的影响，清洗消毒的水温和消毒时间也会对清洗效果产生重要影响。有研究表明，大多数消毒剂在对鲜蛋进行消毒处理时，升高清洗温度能提升消毒杀菌效率，但是如果温度过高，会导致蛋白质变性。在实际处理过程当中，清洗消毒用水温度应控制在 40℃ 左右。不同处理时间对消毒效果的影响也不同，消毒时间延长，会使蛋壳表面微生物数量显著减少。在清洗消毒过程中，需要注意清洗液的温度应高于禽蛋内部温度，否则会导致蛋内容物收缩，蛋内产生负压，使蛋壳表面的污物、细菌、消毒液经由蛋壳气孔吸入蛋内。同时，洁蛋处理线上应装有调节水温、水量的装置，且清洁消毒处理时能够对处理时间进行控制。

目前国内外鲜蛋常用的清洗消毒方法有：过氧乙酸消毒法、漂白粉消毒法、碘消毒法、高锰酸钾消毒法、热水杀菌处理、巴氏消毒法等。采用高锰酸钾消毒时，清洗的水温一般要求比蛋温高 7℃，有利于减少蛋壳内蛋白残留；采用热水处理时，一般要求水温为 78~80℃。巴氏杀菌法的一般做法是先将鲜蛋放入特制的铁丝筐内，然后浸入 95~100℃ 热水中，浸泡 5~7s，立即取出，进入后续干燥环节。

此外，辐射杀菌是 20 世纪 60 年代开始兴起的食品杀菌方法，在世界各国已有广泛使用。其原理是，由 ^{60}Co 或 ^{137}Cs 等同位素释放的 γ 射线，照射食品能产生一些离子，如 OH$^-$ 等，抑制食品内酶活性，杀灭微生物。鲜蛋用 ^{60}Co 释放的 γ 射线，按 150 万 R（1R = 2.58×10^{-4}C/kg）剂量照射，壳内、外的微生物都可杀灭，可在室温下保存 1 年不变质。但是由于用 γ 射线照射的食品存在安全性的争议，故该方法在蛋的杀菌方面没有得到推广。

（三）蛋的干燥和涂膜

1. 蛋的干燥

鲜蛋经过清洗消毒后，蛋壳表面往往会附着水分，需要立即对其进行干燥处理。干燥时热风温度不能太高，热风温度过高会影响蛋的品质，甚至还会导致蛋壳破裂，一般热风温度控制在45℃左右。同时干燥时间也应该进行控制，该过程处理不及时，由于蛋壳角质层受到破坏，会导致蛋壳表面残留的水分通过气孔渗透到蛋内，同时水中含有的细菌也会随之进入其中。

2. 蛋的涂膜

鲜蛋经过清洗、消毒、烘干处理后，蛋壳表面角质层会受到不同程度的损坏，需涂上一层保护膜以免细菌和空气进入，从而延长禽蛋的货架期。鲜蛋涂膜就是将涂膜材料涂膜后在蛋壳上形成保护膜，封闭蛋壳表面气孔，减少蛋内水分蒸发和累积，从而降低蛋自身的呼吸作用。同时，涂膜处理可以阻止微生物侵入禽蛋中，达到保持蛋的新鲜度的目的。

涂膜保鲜剂多采用成膜性质优异的液体石蜡，还可采用固体石蜡、植物油、藻朊酸胺、聚苯乙烯、聚乙烯醇、丁二烯苯乙烯、丙烯酸树脂、聚氯乙烯树脂、醇溶蛋白、骨胶朊、聚麦芽三糖等多种涂膜剂。无论采用何种涂膜剂，基本要求为成膜性好、透气性低、附着力强、吸湿小、对人体无毒无害、无毒副作用、价格低、材料易得、方法简便。

根据涂膜材料的不同，涂膜方式可分为喷雾涂膜和通过毛刷刷膜处理。喷淋法涂膜在生产中比较常用。鲜蛋经检验合格，浸渍或喷淋后自然晾干，便可装箱贮藏。如果与低温保藏手段相结合，保藏效果更优。采用液体石蜡涂膜的鲜鸡蛋，在低温条件下一般可贮存4个月以上。

蛋的涂膜材料主要有液体石蜡、油类、蛋白质类涂膜剂、多糖类涂膜材料以及复合型涂膜材料等。

（1）液体石蜡 又称石蜡油，是一种从原油中分馏得到的无色无味的混合物。液体石蜡作为涂膜剂使用时具有致密、阻水和无须特别处理即可直接使用的优点。研究表明，混有凡士林的液体石蜡涂膜可以显著延长鲜蛋的保鲜期。但在实际使用过程中，石蜡膜的厚度不易控制，制备涂膜材料时易产生裂纹和空洞，影响保鲜性能。此外，石蜡本身具有致泻作用，所以在近些年的研究中，石蜡已经较少被提及。

（2）油脂类的涂膜材料 油脂一般有动物油和植物油两种。脂肪酸甘油酯为油脂的主要成分，具有极性弱的特性，且容易形成致密的分子网状结构，产生的涂膜具有良好的阻水性，可以有效降低水分损失。但是，油脂类涂膜材料一般有气味，可能会对蛋制品的味道产生影响。农村的传统方法一般用猪油作为涂膜材料进行蛋制品的保鲜，但猪油保鲜的效果差且表面有油污。目前，市场上主要采用植物精油作为保鲜膜成分，比如以丁香或牛至、生姜、大蒜提取精油制成抗菌乳剂对壳蛋进行涂膜保鲜，或者以金银花的乙醇提取物对蛋制品涂膜保鲜。

（3）蛋白质类的涂膜材料 由于蛋白质的某些特殊结构，具有良好的阻隔作用，防止水分和 CO_2 的散失，同时阻隔蛋壳表面的微生物进入内部。因此，蛋白质类的涂膜材料对于蛋制品的保鲜效果显著，能很好地延长蛋制品保鲜时间。此外，蛋白质类的材料是可以食用的，使蛋制品的食用安全更加有保障。但是，蛋白质类涂膜普遍存在机械强度不足等问题，需要和其他材料复合使用才能达到较好的成膜效果。

（4）多糖类涂膜材料 多糖类的材料包括淀粉类涂膜材料、壳聚糖类涂膜材料、纤维素类涂膜材料三类。其中壳聚糖类材料应用最广泛，壳聚糖不仅应用于蛋制品的保鲜，在各种食品的保鲜中的应用都非常广泛。然而，因为多糖的结构限制，使得多糖类涂膜的抗菌性能和耐水性比较弱。因此，在使用时需要通过添加抗菌剂、增强剂、增塑剂等改性壳聚糖，以提高涂层剂的抗菌性、对水分和空气的保持性、成膜性、机械强度，使其成为一种更有效的涂膜剂。

（5）复合型涂膜材料　复合型的材料是将两种或两种以上不同的材料按照一定的比例混合，制备而得到的复合涂膜材料。这类材料结合几种材料的优缺点，能够实现优缺点互补，达到更好的保鲜效果。在鸡蛋的涂膜保鲜应用上，以可食涂膜为载体，添加天然抑菌剂、抗氧化剂等具有生理活性的物质，制成"活性包装"，这种材料将成为鸡蛋涂膜保鲜的研究趋势。

另外，鸡蛋的涂膜法保鲜也可以与冷藏、辐射等其他保藏方法联用以取得更好的保鲜效果。未来人们的鲜蛋消费方式，必然是以工业化生产的清洁蛋作为基础，而鸡蛋涂膜保鲜技术将成为保障产品安全性、品质的关键点，因此，根据鸡蛋的特点开发独具特色的涂膜保鲜方法是研究方向。

（四）二次检测与分级包装

鲜蛋在清洗、消毒、干燥等处理过程中，有可能造成蛋壳的破损或者未洗净的情况。因此，在分级包装前需要对其进行二次检测。该过程一般是人工借助机械视觉系统完成。

鲜蛋经清洗、消毒、干燥和涂膜处理后，最后进入分级和包装流程。分级包装处理主要是根据蛋重、蛋壳颜色、蛋的大小来区分的。在国内，蛋制品加工企业的借助电脑系统在蛋制品分级机上的应用，鲜蛋分级包装处理已达到自动化处理水平，这是蛋制品分级技术的一个发展趋势。

包装材料应无毒、无害、无异味、无霉变，满足运输和销售要求。对鲜蛋来说，包装材料还必须能有效避免禽蛋的碰撞。洁蛋销售包装的标签按 GB 7718—2011《食品安全国家标准　预包装食品标签通则》执行。洁蛋应及时用蛋托（盒）或其他包装材料进行分装并标示。包装材料应坚实耐用、清洁卫生、图文印刷清晰。运输时用纸箱塑料箱等进行包装，在箱内摆放整齐，封装严实。包装材料应安全、无害、无味，纸箱应符合 GB/T 6543—2008《运输包装用单瓦楞纸箱和双瓦楞纸箱》的规定。运输包装的标志应符合 GB/T 191—2008《包装储运图示标志》、GB/T 6388—1986《运输包装收发货标志》的相关规定。

（五）喷码

市面上出售的部分蛋制品在外壳上用喷码机将喷码油墨直接喷在蛋壳表面，印上品牌、厂家和生产日期等信息，以增强消费者对产品质量和安全情况的了解，并提供品牌营销的市场机会。喷码油墨可能含有多种不同的化学物质，如着色剂、增塑剂、黏合剂、溶剂和调节剂等。蛋制品属于可食用产品，喷码油墨不安全会给消费者的身体健康带来安全隐患，所以喷码油墨要选用对人体健康无危害的可食用墨水。

市场上所用喷码油墨的颜色大部分为红色和蓝色，GB 2760—2024《食品安全国家标准　食品添加剂使用标准》对食品中允许添加的 60 多种着色剂如靛蓝、甜菜红等进行了规定。其中，呈现红色或蓝色的有靛蓝、红米红、红曲红、花生衣红、辣椒红、亮蓝、萝卜红、玫瑰茄红、葡萄皮红、桑葚红、酸性红（偶氮玉红）、天然苋菜红、新红、胭脂红、杨梅红、氧化铁黑（红）、诱惑红、越橘红、藻蓝、高粱红、甜菜红、赤藓红等20多种。鉴于喷码油墨属于化学物质，生产企业所用喷码油墨是否属于食品级，着色剂是否属于食品添加剂的种类，食用喷码蛋制品是否会对人体健康产生危害，是目前迫切需要研究的问题。

调查显示，目前市场上蛋制品喷码油墨着色剂大多数为食品级赤藓红和亮蓝，所用溶剂均为 GB 2760—2024《食品安全国家标准　食品添加剂使用标准》中允许使用的丙酮或乙醇，能够随着喷码油墨在蛋制品上标识的过程逐渐挥发，不会对人体产生危害。个别企业采用主要用于油脂、蜡烛、橡胶、塑料和透明漆着色用的溶剂红进行蛋制品喷码，其不属于食品安全国家标准规定的允许使用的食品级着色剂，在喷码蛋制品中的使用可能会给消费者的身体健康带来安全隐患。因此，相关部门应该加强对蛋制品喷码所用油墨的管理，禁止在生产中使用无包装、无成分标识、无生产日期的"三无"油墨，增强消费者安全意识，从源头上避免因食用含有非食品级的喷码油墨蛋制品给消费者带来的风险。

二、清洁蛋生产的关键设备

目前，较先进的禽蛋生产企业一般都具有一整套自动化禽蛋采集设备和鲜壳蛋处理系统。禽蛋产出后落入输运带，送至验蛋机，剔除破壳蛋，进入洗蛋机自动清洗，再送向禽蛋处理机，可自动涂膜、干燥等，最后进入选蛋机进行自动检数、分级和包装，为鲜壳蛋销售和蛋制品加工提供优质原料奠定了基础。按照生产工艺要求，清洁蛋生产主要装备有：清洗、消毒、干燥、涂膜、检测、分级、打码、包装等装备，其中清洗和涂膜装备根据处理禽蛋表面是否清洁而选用。目前，国内洁蛋生产装备主要依赖国外进口，国产设备尚需发展，主要表现在：①生产效率低；②可靠性低，洁蛋次品多；③自动化程度低，基本没有整套生产线，以单台作业方式为主；④没有专门的洁蛋生产装备标准。通过对世界上主要洁蛋处理生产线装备的研究，可以发现洁蛋生产的关键装备主要有以下几部分。

1. 清洁蛋清洗设备

传统的蛋制品清洗是通过人工方式进行的，人工洗蛋效率低下，浪费人工，达不到卫生标准等。随着蛋制品产量的不断提升和科学技术的迅速发展，有助于蛋制品清洁的机械设备也逐渐在市场中问世。清洗装备在洁蛋生产中的作用是通过浸泡、冲洗、喷淋或干湿毛巾、毛刷等方式清除鲜蛋表面的粪便、泥土、血迹等污染物及不可见的微生物细菌，使蛋壳表面清洁、卫生，符合商品要求和卫生标准。

洁蛋清洗装备的工作原理为：将养殖场未处理的禽蛋经手工或禽蛋自动上料装置放到由2组洗刷辊轮间形成的多个清洗部位的清洗传动链上，清洗部位由主动辊的两个辊轮和被动辊的1个辊轮组成，结合清洗池内水的浸泡和3个辊轮在转动过程中对蛋体表面的滚刷作用，蛋体表面的污物被冲刷掉，再传送到清洁喷淋区用清水去除洗洁剂，清洗工序完成，转入下道消毒工序。

洗蛋机包括进蛋水槽、凹槽传送带、棕刷、出蛋水槽、刷上喷水管、刷下贮水池等部件。一种典型传送带式的洗蛋机结构示意图见图7-5。洗蛋前将进蛋水槽和出蛋水槽放满水，打开喷水管使水喷出而落于棕刷上，同时打开传送带和刷子开关，然后将蛋移入进蛋槽中，蛋随槽中的传送带移动而在棕刷的刷动下得到清洗，再随着传送带移到出蛋槽，用清水喷洗。机器洗蛋生产能力大，但破壳率较高。

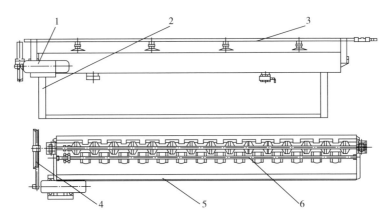

图 7-5　传送带式洗蛋机的结构

1—动力装置　2—机架　3—喷淋器　4—传动部件　5—清洗池　6—洗刷辊轴

　　目前，市场上应用于蛋制品清洗的设备类型还有蛋制品全自动清洗设备、大型全自动洗蛋机、高效单排洗蛋机、多排全自动蛋制品清洗机等。不管采用哪种类型的蛋制品清洗剂进行洗蛋，蛋制品都不应在水中停留，以免蛋制品表面的有害菌及污物透过气孔进入到蛋制品内部，造成污染。另外，需要注意的是，洁壳蛋和污壳蛋一定要分开清洗，如有条件，可对污壳蛋进行分级，根据脏污的程度调节用水量和清洗时间。

　　目前，我国正在走向蛋制品工业化的道路，我国蛋制品清洗设备从简单的机械设备组合逐渐向大型清洗设备及自动化设备转变，蛋制品清洗设备也将向数字化方向发展。2020 年，福建某企业自主研发了蛋鸡养殖机器人，该机器人通过物联网、大数据、云技术等，可实现自动化巡视，投喂饲料和水，智能化采集、分析并实时呈现鸡场内的温度、湿度、光照情况，对鸡蛋的收集、清洗、加工以及鸡粪清理，极大提高了生产效率，节省人工。

2. 清洁蛋消毒、除菌设备

　　清洗装备有效地去除了脏蛋蛋壳上残留的粪便、泥土、羽毛等有害物质，杀死了部分蛋壳表面的残留细菌，而禽蛋消毒是为了有效地彻底杀死禽蛋表面残留细菌，抑制微生物的生长繁殖。

　　洁蛋消毒、除菌装备的工作原理为：清洗过的禽蛋经输送装置输送到消毒区域，进行消毒，杀死禽蛋表面的残余细菌，若是液体处理禽蛋消毒，则需加热风干燥装置。由于液体消毒过程经常同步进行，消毒设备构成与清洗机类似。常见的消毒方法为：化学消毒剂溶液法、热水杀菌法、甲醛熏蒸法、巴氏消毒法、臭氧消毒和紫外线消毒法等。

3. 清洁蛋干燥设备

　　蛋制品干燥设备是使用风干或者烘干设备去除蛋制品表面的水分，使蛋制品表面光滑干燥，方便进行下一步骤的处理。风干设备主要由风机（送风设备）和输送带组成，在蛋制品被放置在输送带上之后被送入通风橱处，由风机进行送风，送风的流速以及吹风的温度可根据蛋制品外包装上的水分进行调整。蛋制品风干机在处理清洁蛋方面具有功率低、耗能少的优点，但是由于风干机送风温度无法调控，导致风干机处理清洁蛋的效率有一定限制，为提高效率可采用烘干手段进行处理。

　　烘干手段可借助烘干机或烘箱实现。传统烘干机由风机、卧式圆柱筒体、排气管道、进料装置、出料装置、筒内螺旋装置、清扫装置、拨料板、引风装置、传动装置、除尘设备与电控设备组成。烘干机在风机的抽力作用下，外面新鲜冷空气直接通过进风口与加热器热交换后变成干燥的热空气，然后与输送带上的食品物料进行热交换后被排出机体，在干燥热空气作用下水分逐步蒸发并烘干。由于食品中水分蒸发需要吸收和消耗热能，因此，烘干机排风温度随着食品内部或食品表面水分减少而逐步升高。蛋制品烘干机主要分为间歇蛋制品烘干机、直热蛋制品烘干机、全新蛋制品烘干机、工业蛋制品烘干机、滚筒式蛋制品烘干机、转筒蛋制品烘干机、蛋制品回转烘干机、全自动烘干机、蛋制品节能烘干机等。

4. 清洁蛋涂膜装备

禽蛋保鲜涂膜设备的主要功能为对清洁鸡蛋的保鲜涂膜处理，是洁蛋保鲜生产链中最重要、最核心的环节之一。自动禽蛋保鲜涂膜机主要有涂膜与干燥两大部分，由支架、进蛋输送机构、保鲜剂喷涂机构、干燥装置、上下料机构等功能机构组成（图7-6），可实现对清洁鸡蛋的涂膜保鲜干燥处理。

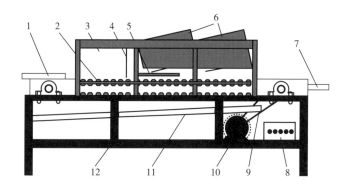

图7-6　自动禽蛋保鲜涂膜机示意图

1—上料机构　2—进蛋输送机构　3—涂膜喷头　4—挡板　5—电热丝　6—风机　7—下料机构
8—电控箱　9—传动链条　10—电动机　11—涂膜液收集板　12—支架

工作原理为：鸡蛋自动在进蛋输送机构上向前运动，依次进行保鲜剂喷涂、涂膜液干燥等步骤，得到表面涂抹均匀干燥的保鲜鸡蛋。

鸡蛋在进蛋输送机构上以横向滚动的方式前进，进蛋输送机构主要由三部分组成，分别是鸡蛋托架、输送链条和链轮、摩擦带。鸡蛋在前进的过程中，每一部分均能接触到保鲜剂。鲜剂喷涂装置设计为封闭的，进蛋输送机构下方设有保鲜剂收集板，用于收集多余的保鲜剂，减少保鲜剂损失。鸡蛋在离开保鲜剂喷涂机构后，经过干燥装置，干燥表面保鲜剂，确保涂膜后表面是干燥的，随后由下料装置进行收集。

5. 清洁蛋喷码设备

蛋制品喷码生产线赋码设备类型大致分为三种类型，分别是蛋制品手动赋码设备、小字符蛋制品喷码机、高解析蛋制品喷码机。蛋制品手动赋码设备只适用于非常小的生产线，包括传统烫印、印台或不干胶打码机，在大规模批量生产的需求下难以满足其要求，因此，大型蛋制品加工厂一般很少选择蛋制品手动赋码设备进行喷码操作。

大型蛋制品加工厂对喷码设备的要求较高，希望设备能够具有效率高，处理量大，能耗低，噪声小，环保清洁等特点。基于此，常选择小字符蛋制品喷码机和高解析蛋制品喷码机。小字符蛋制品喷码机，即CIJ喷码机，喷嘴孔径通常为60μm，喷印效果为点阵状的字体，墨水种类也比较多，有红色、蓝色、紫色、黑色等颜色可选，喷印速度快，可在蛋制品上实现高速非接触式赋码。蛋制品作为食品，一般要求喷码机支持"可食用型墨水"，最大限度地保证食品符合安全标准，不会对消费者的健康产生不良影响。

高解析蛋制品喷码机通过对传统喷码机传送带的优化与改造，实现更高效率的蛋制品喷码。每一个蛋制品都可以放在传送带上预先留好的孔位上，在流水生产线上，经过电眼检测传输信号给喷码机进行喷印。能够实现在每一枚蛋制品上进行清晰、易读、完整的标识。其工作原理为：蛋制品托盘移动到预定位置之后，喷头移动机构开始工作，通过光电信号传输，给予喷码机及时喷印信号，并完成横排、竖排蛋制品的整体赋码工作。可以在一些自动化程度较高的蛋制品生产、加工基地，通过自动化设备的非标定制等细节和措施的策划来实现快速批量的赋码，主要应用在盒装、托盘上。

6. 清洁蛋包装设备

市面上的清洁蛋大多采用蛋盒或真空包装袋，主要通过盒托包装机和真空包装机。盒托包装机的包装流程主要有以下步骤。

①机械手自动上蛋装置：通过真空吸盘系统，将鸡蛋轻柔的放置在输送辊上。

②透光检测：采用优质 LED 光源照蛋，人工检测出不新鲜蛋、杂质蛋、破蛋等次品蛋。

③紫外杀菌：采用特殊紫外线灯管照射。

④喷码机工作位：预留喷码工作位，可在鸡蛋表面标识生产日期、批号、品牌等信息。

⑤喷油系统：利用特殊装置，使保护液形成雾状，黏附在清洗好的蛋制品表面，形成一个保护膜。

⑥电子分级：通过特定的电脑程序，可设定不同级别克重及统计各级别数量，并可设定整机工作效率及各种工艺参数。

⑦自动包装：分级后的鸡蛋输送到不同的包装线上自动装入不同的蛋托，由输送带输送至蛋盒中。自动抽出包装袋内的空气，达到预定真空度后完成封口。也可充入其他混合气体或氮气，后进行封口，这样有效地防止蛋制品氧化，避免产品腐败和变质，达到保鲜，延长蛋制品保质期的目的。

第三节 清洁蛋品质控制与贮运保鲜

一、清洁蛋品质与分级

(一) 清洁蛋质量分级要求

禽蛋的品质分级一般从外在品质和内在品质两个方面来综合确定。外在品质包括蛋壳质量（蛋壳强度、蛋壳结构、蛋壳颜色）、蛋重、蛋形指数；内在品质包括蛋白品质（蛋白高度、哈夫单位、蛋白 pH）、蛋黄品质（蛋黄颜色、蛋黄膜强度）以及其他指标（如化学成分、干物质含量、蛋的功能特性、血斑和肉斑、滋味和气味、卫生指标等）。

鲜蛋贸易市场上主要使用欧盟标准、美国标准和国内标准等进行蛋制品品质分级。这些标准都是根据蛋的外形、重量、蛋壳表面缺陷（裂纹和污斑面积）、蛋黄颜色、血斑及肉斑等指标进行分级。美国禽蛋制品质分级标准中，将合格禽蛋分为 AA、A、B 三级，不合格禽蛋列为 C 级。我国 GB 2749—2015《食品安全国家标准 蛋与蛋制品》中主要规定了鲜蛋级蛋制品的感官指标和卫生要求，原农业部发布的 NY/T 1758—2009《鲜蛋等级规格》中，对蛋壳、蛋白、蛋黄、异物、哈夫单位、重量等作了相应规定，详见表 7-1。

表 7-1 鲜蛋质量分级要求

<table>
<tr><td rowspan="2" colspan="2">指标</td><td colspan="3">分级</td></tr>
<tr><td>特级</td><td>一级</td><td>二级</td></tr>
<tr><td rowspan="2">外观</td><td>蛋壳质量</td><td colspan="3">具有本品类蛋壳固有的色泽，蛋壳完整无破损，不得出现明显斑点、沙皮、畸形蛋</td></tr>
<tr><td>蛋壳
清洁度</td><td colspan="2">蛋壳外表无肉眼可见的污渍</td><td>蛋壳外表有肉眼可见的污渍，单个不洁物面积应≤4mm²，且不洁面总积≤8mm²</td></tr>
<tr><td rowspan="5">内容物</td><td>蛋黄</td><td colspan="3">完整，未出现散黄</td></tr>
<tr><td>哈夫单位</td><td>>72</td><td>>60</td><td>>55</td></tr>
<tr><td>蛋白</td><td>黏稠、透明浓蛋白、稀蛋白清晰可辨</td><td>较黏稠、透明浓蛋白、稀蛋白清晰可辨</td><td>较黏稠、透明</td></tr>
<tr><td>胚盘</td><td colspan="3">未见明显发育</td></tr>
<tr><td>异物</td><td colspan="3">允许有直径小于 2mm 的血斑、肉斑，无其他异物</td></tr>
</table>

1. 蛋壳质量

蛋壳可保护蛋内容物不受损伤，防止微生物入侵，控制体外胚胎发育时水分和气体的交换。蛋壳质量对蛋制品安全和消费者选择有较大影响。蛋壳质量通常用多种参数来确定，如蛋壳强度、外观（颜色、洁净度、质地）和形状等。一般用蛋壳密度和蛋壳厚度来度量蛋壳强度。消费者则以更简单的方式，如裂壳，来对其进行辨别分类。

蛋壳质量通常与蛋壳松软或畸形有关。最常见的蛋壳损伤是裂纹和粗大裂缝。裂纹指蛋壳有裂缝，但未使壳膜破裂。裂纹仅在照蛋时能够辨认出，并不一定表示产蛋量的损失。但裂纹使蛋易受有害物如沙门氏菌等病原菌的侵入，对消费者的健康造成危害。粗大裂缝指蛋壳和壳膜均已破裂，通常形式为小孔，可能在鸡场内、运输途中或市场销售时形成裂口，导致鸡蛋生产者、销售者的直接经济损失。

2. 蛋重

蛋制品的重量是评定蛋的等级、新鲜度和结构的重要判断指标，也是最直观、最常用的清洁蛋分级指标。很多国家以蛋重（单位 g）作为区分等级的标准，分为五个等级。一般来讲，相比体积较小的蛋而言，体积较大的蛋更容易破裂。蛋的重量与品种、营养、开产日龄、开产体重、蛋龄、环境温度和贮存条件等有着密切关系。现在多采用蛋制品自动分级系统处理。国际市场上曾以 58g 鸡蛋最受欢迎，现在则以 60~65g 为标准，平均 62.5g 售价最高。蛋重受外界因素的影响比产蛋量要小，且蛋鸡 8 月龄的蛋重与 12 月龄的蛋重之间呈高度正相关。因此，常常在 30 周龄和 52 周龄鸡龄时称蛋重，而 45~46 周龄鸡的蛋重则能更客观地代表年平均蛋重。

3. 蛋白品质

禽蛋的蛋白由浓蛋白与稀蛋白组成，其质量是禽蛋新鲜度的重要物质基础，一般用蛋白高度、哈夫单位、蛋白 pH 等指标来衡量。蛋白高度越高，鸡蛋越新鲜。由于蛋白高度与鸡蛋大小有关，因此多用哈夫单位来衡量鸡蛋新鲜程度。哈夫单位越高，表示蛋白黏稠度越好，则蛋白品质越好。鸡蛋制品质分级标准为：AA 级的哈夫单位大于 72，A 级的哈夫单位为 60~72，B 级的哈夫单位小于 60。蛋白哈夫单位与蛋的新鲜度及孵化率呈正相关。在一般情况下，营养对蛋白高度的影响较小，决定蛋白高度的主要因素是蛋鸡所处环境和蛋的贮存环境。

（二）我国鲜蛋的主要分级标准

1. 收购分级标准

收购鲜蛋一般不分等级，没有统一的标准，但有些地区制定了收购标准。一级蛋要求鸡蛋、鸭蛋、鹅蛋均不分大小，应新鲜、清洁、干燥、无破损（仔鸭蛋除外）。在热季，鸡蛋虽有少量小血圈、小血筋、仍作一级蛋收购。二级蛋要求质量新鲜，蛋壳上的泥污、粪污、血污面积不超过 50%。三级蛋为新鲜雨淋蛋、水湿蛋（包括洗白蛋）、仔鸭蛋（每 10 个不足 400g 者不收）和污壳面积超过 50% 的鸭蛋。其他破次劣蛋一律不收购。上述各个级别（一级、二级、三级）的蛋质量状况不同，收购价格也有一定的差别。

2. 调运和销售分级标准

我国商务部发布的 SB/T 10638—2011《鲜鸡蛋、鲜鸭蛋分级》标准中，对蛋的品质分级和重量分级进行了限定。鲜蛋的调运分级为 3 级，其具体要求见表 7-2。在冷藏贮存时，一级蛋可贮存 9 个月以上，二级蛋可贮存 6 个月左右，三级蛋可短期贮存或及时安排销售。在加工再制蛋时，一级、二级鸭蛋宜用于加工彩蛋或糟蛋，三级蛋用于加工咸蛋。

表 7-2　鲜蛋的调运分级标准

级别	一级	二级	三级
蛋壳	完整，坚固，清洁	完整，坚固，有少量污物	完整，坚固，污染面大
气室	固定，不移动，高度不超过 5mm	有时移动，高度不超过 7mm	气室较大，有移动，高度不超过蛋纵长的 1/3
蛋白	浓蛋白多，不流散，色透明，系带粗而完整	尚有浓厚蛋白，色透明，系带细而无力，但可见	较稀薄，水样蛋白很多，系带不见
蛋黄	位居中心，照视时看不见轮廓，打开后呈半球形凸起	稍离中心，透视时清晰可见，打开后略扁平	蛋黄已离中心，体积膨大，打开后平摊无力
胚胎	无发育	微有发育，未见血环、血丝	已发育膨大，直径不超过 5mm，不允许有血环、血丝

鸡蛋、鸭蛋（仔蛋除外）、鹅蛋不分大小，凡是新鲜、无破损的按一级蛋销售。裂纹蛋、大血筋蛋、大血环蛋以及泥污蛋、雨淋蛋按一级蛋折价销售。碰窝蛋、黏眼蛋、穿眼蛋、散黄蛋、外霉蛋等按三级蛋销售。

3. 出口鲜蛋的分级标准

近年来，随着国际贸易和国际市场变化，供应出口的商品质量分级标准也有所变化，蛋分级标准变化也较大，对不同国家和地区其分级标准有所不同。出口鲜蛋分及时加工出口和冷藏鲜蛋 2 种，其品质规格按照 SN/T 0422—2010《进出口鲜蛋及蛋制品检验检疫规程》的规定执行。

（1）普通禽类品种的鲜蛋标准　要求品质新鲜，蛋壳完整，蛋白浓厚或稀薄，蛋黄居中或略偏，及时出口鲜蛋气室固定，高度低于7mm，气室波动不超过3mm，冷藏蛋气室高度低于9mm，气室波动不超过蛋高的1/4。破损蛋（流清蛋、硌窝蛋、裂纹蛋、穿孔蛋等）、次蛋（血丝蛋、血圈蛋、热伤蛋、异味蛋等）、劣蛋（霉蛋、红贴壳蛋、黑贴壳蛋、散黄蛋、泻黄蛋、腐败蛋、绿色蛋白蛋、孵化蛋、熟蛋、橡皮蛋等）、污壳蛋（油迹蛋、染色蛋、图案蛋、字迹蛋等）、加工剔出蛋（气泡蛋、出汗蛋、雨淋蛋、异物蛋、沙壳蛋、畸形蛋、水洗蛋）不能出口。要求鲜鸡蛋、冷藏鲜鸡蛋分6级（特级、超级、大级、一级、二级、三级），鲜鸭蛋、冷藏鲜鸭蛋分3级（一级、二级、三级）。

鉴于鲜蛋在加工、装卸、贮运过程中，可能发生的变化与误差，规定特殊的容许量，即及时加工出口鲜蛋在检验时的破蛋、次蛋、劣蛋总数不得超过3%，其中劣蛋不超过1%；冷藏鲜蛋在检验时破蛋、次蛋、劣蛋总数不得超过4%，其中劣蛋不超过2%，除油迹蛋、染色蛋、图案蛋、字迹蛋以外的污壳蛋不得超过5%，沙壳蛋、畸形蛋合计不超过5%，邻级蛋不得超过10%，隔级蛋不得存在。

（2）地方品种的鲜蛋标准　地方品种的鲜蛋要求品质新鲜，蛋壳清洁、完整，大小均匀。特级每360个净重不低于19.8kg（平均每个蛋重55g以上），一级每360个净重不低于18.0kg（平均每个蛋重50g以上），二级每360个净重不低于16.7kg（平均每个蛋重46.4g以上），三级每360个净重不低于15.5kg（平均每个蛋重43.8g以上），四级每360个净重不低于13.5kg（平均每个蛋重37.5g以上）。

二、清洁蛋贮运期间品质变化

洁蛋在贮藏过程中，易发生物理、化学、生理及微生物学等方面的变化。

（一）物理变化

鲜洁蛋在贮藏期间，由于其自身结构及环境的变化，可引起一系列的物理变化。主要原因是禽蛋通过蛋壳上分布的大量气孔与外界环境进行物质交换，在温度与湿度的影响下，主要引起蛋内水分、氧气、二氧化碳含量的变化，进而引起禽蛋质量的变化。

1. 气室的形成及变化

禽蛋产出后，由于蛋内物质的温度高，环境的温度低，鲜蛋降温导致内容物体积缩小。同时，鲜蛋的钝端蛋壳密度低、气孔大且多，空气易进入，在冷缩的过程中连接蛋壳钝端系带的拉力，使蛋壳内膜与蛋壳之间形成气室。气室的大小主要与蛋内水分的逸出有关，水分逸出多，则气室大，一般情况下，在30d内水分减少量为蛋重的3%~8%。水分的减少主要与环境中的空气湿度成反比，环境湿度大则禽蛋的重量减少小。与此同时，气室不断增大，蛋白变稀，而蛋黄指数（蛋黄高度与蛋黄直径之比）下降。新鲜蛋的蛋白透明浓厚，其系带粗白而富有弹性，蛋黄几乎是半球形，蛋黄指数为0.40~0.44。当蛋黄指数小于0.25时，蛋黄基本失去弹性，很容易出现散黄。

2. 壳外膜的变化

禽蛋在产出后蛋壳表面的"白霜"，称为壳外膜，主要成分为黏蛋白，在空气湿度较大的春夏季，壳外膜易溶于水而消失。这层膜主要是在禽蛋生产过程中起到润滑的作用，也可以保护蛋不受微生物侵入，防止蛋内水分蒸发，对延长鲜蛋的保质期有重要作用。

壳外膜不含有溶菌酶，它对禽蛋的保鲜作用主要是因为黏蛋白对气孔的封闭作用。在潮湿的空气中，"白霜"在禽蛋产出后只能存在几小时，而在干燥的空气中可以存在 3~4d。

3. 蛋白的变化

新鲜禽蛋的蛋白浓厚透明，浓厚蛋白与稀薄蛋白的比值在 1.2~1.5。在常温下贮藏 7d 的过程中，浓厚蛋白的比例下降缓慢，而 10d 后浓厚蛋白的比例下降速度加快，到 20d 后浓厚蛋白与稀蛋白的比值只有 0.5~0.8。贮藏 40d 后，禽蛋白中的浓厚蛋白基本消失。但是低温贮藏可以延缓禽蛋浓厚蛋白的降低速度。

另外，连接蛋黄的两条系带分别与蛋壳的钝端和锐端相连，将蛋黄"固定"在蛋的中间。新鲜蛋的系带粗白而富有弹性，随着鲜蛋贮藏时间的延长，系带会逐渐变细甚至完全消失。因此，系带的长短和粗细也是禽蛋新鲜程度的标志之一。

4. 蛋黄的变化

新鲜蛋中的蛋黄在蛋黄膜的包裹下几乎呈圆球形，且在系带的作用下固定于蛋的中央。因为蛋黄中的水分比蛋白中少，无机盐及小分子糖的含量远远高于蛋白，所以蛋黄和蛋白之间产生的渗透压会使水分向蛋黄内转移，所以在禽蛋贮藏过程中，蛋黄含水量不断增加，同时蛋黄膜也会发生弹性和韧性降低的情况，使蛋黄体积增大，当蛋黄体积超过原来体积的 20% 左右时，蛋黄膜稍受震动就会破裂，蛋黄与蛋白互相混合形成"散黄蛋"。在没有形成散黄蛋前，由于浓厚蛋白的减少及系带的逐渐消失，蛋黄会在蛋白中偏离中间位置上浮到蛋壳上形成"贴壳蛋"。

（二）化学变化

由于二氧化碳的逸出及禽蛋本身的呼吸和微生物作用，蛋内蛋白质脂质等营养物质不断发生转化和分解，产生小分子的代谢产物，使 pH 升高。新鲜禽蛋的蛋白 pH 为 7.0~7.6，贮藏 10d 左右，其 pH 可以达到 9 以上。但当蛋开始接近变质时，其 pH 有下降的趋势。蛋黄的 pH 为 6.0~6.4，在贮藏过程中会逐渐上升而接近或达到中性。当禽蛋接近变质时，其 pH 有下降的趋势。

在禽蛋贮藏过程中，蛋白中的卵白蛋白发生构象转变为 S-卵白蛋白，转变数量与贮藏时间、温度成正比。此外，卵类黏蛋白和卵球蛋白的含量相对增加，而卵伴白蛋白和溶菌酶减少；蛋黄中卵黄球蛋白和磷脂蛋白的含量减少，而低磷脂蛋白的含量增加。微生物可将蛋白质分解成氨基酸，各种氨基酸经脱氨基、脱羟基、水解及氧化还原作用，生成多肽、有机酸、吲哚、氨、硫化氢、二氧化碳等产物，使蛋产生强烈臭气。当挥发性盐基氮含量大于 4mg/100g 时，禽蛋只有消毒后才能食用，当挥发性盐基氮含量大于 20mg/100g 时，则不能食用。

蛋黄中的脂肪在微生物产生的脂肪酶的作用下，被分解成甘油和脂肪酸，进而被分解成低分子的醛、酮、酸等刺激性气味的物质。蛋液中的糖类在微生物的作用下，被分解成有机酸、乙醇、二氧化碳、甲烷等。由于禽蛋内的营养物质被微生物分解利用，一方面降低了蛋的营养品质和食用品质，另一方面微生物还会产生对人体有毒的物质。所以，腐败变质后的禽蛋不能食用。

（三）生理学变化

当贮藏温度较高（25℃以上）时，禽蛋的胚胎将发生生理学变化。受精卵在胚胎周围产生网状血丝、血圈甚至血筋。因胚胎发育程度不同可分为血圈蛋、血筋蛋、血环蛋。而未受精卵的胚胎也会出现膨大现象，称为热伤蛋。胚胎发育蛋或热伤蛋是由于较高温度引起的。因此，在炎热的夏季贮藏蛋应注意降低保存温度。蛋的生理学变化，常常引起蛋的品质下降，耐贮性也随之降低。

（四）微生物变化

由于引起腐败的微生物不同，蛋的腐败可分为两大类，即细菌性腐败变质和霉菌性腐败变质。细菌性禽蛋腐败变质主要是细菌引起的。主要的细菌有变形杆菌，使蛋腐败产生大量的硫化氢；荧光菌引起腐败的结果产生人粪气味的红色物质；绿脓杆菌使蛋呈现绿色物质。霉菌性腐败变质由霉菌引起的。霉菌引起蛋腐败产生褐色或其他丝状物。霉菌最初主要生长在蛋壳表面，菌丝由气孔侵入蛋内，在靠近气室处繁殖形成菌丝体，然后破坏蛋白膜进入蛋内形成小霉斑点，霉菌菌落扩大而连成片形成霉菌腐败变质蛋。实践证明，蛋的腐败通常不是由一种微生物引起的，而是在两种以上，所以，腐败过程是复杂的，腐败表现形式多种多样的。

由于各种微生物的侵入，不仅使蛋内容物的结构形态发生变化，而且蛋内的主要营养成分发生分解，造成蛋的腐败变质。细菌引起的腐败变质特征为：靠近蛋壳的蛋白呈现淡绿色，随后会逐渐扩展到全部蛋白，并使蛋白变稀，蛋内产生腐败气味。蛋内容物中的蛋白质、卵磷脂分解，产生硫化氢和胺类。与此同时，蛋白发生不同颜色变化，呈现蓝色或绿色荧光，蛋黄呈褐色或黑色，进一步发展成为细菌老黑蛋或腐败蛋。

三、清洁蛋贮藏保鲜技术

清洁蛋在存放和销售过程中，由于受到温度、湿度和周转中各种因素的影响，容易发生各种变化，降低了蛋的新鲜度，甚至变质。因此，洁蛋贮藏保鲜技术的关键是要防止微生物的入侵，抑制禽蛋本身的呼吸和微生物的生长繁殖。所以清洁蛋的贮藏与保鲜都是从清洗/消毒、低温贮藏、降低生理活动的速度、控制合适湿度等环境条件开展。传统的贮藏保鲜方法如石灰水保鲜、水玻璃保鲜等，这些方法因其加工量小、工艺烦琐等诸多不足，已被冷鲜保藏法、涂膜保鲜、气调保鲜等所替代。

（一）冷藏法

冷藏法是利用冷库的低温条件（最低温度不低于-3.5℃），抑制微生物的生长繁殖以及蛋内酶的作用，延缓蛋内容物的物理、化学变化，尤其是延缓浓蛋白水样化和降低重量损耗，使禽蛋能在较长时间内保持新鲜品质。冷藏法保鲜鲜蛋效果较好，一般贮藏6个月，仍能保持鲜蛋制品质。这是目前世界上应用较为广泛的一种禽蛋保鲜方法。日本、俄罗斯、美国等国大多采用冷藏法保鲜禽蛋，我国的大中城市已有专业蛋库采用该法保鲜鸡蛋。冷藏法的技术操作要点如下。

1. 冷藏前的准备工作

（1）冷库消毒　鲜蛋入库前，库内应预先加以消毒和通风。目前，多采用一定浓度的漂白粉溶液喷雾消毒和用乳酸熏蒸消毒，以消灭库内残存微生物。对库内的垫木、码架等用具应在库外预先用热碱水刷洗，置于阳光下暴晒，然后入库。冷藏间必须清洁无异味，设置防鼠设施。

（2）严格选蛋　送入冷藏库的蛋在入库前必须经过严格的外观检查和灯光透视，剔除破碎蛋、污壳蛋、劣质蛋等不符合标准的降级蛋。

（3）合理包装　如果采用蛋箱，则入库鲜蛋的包装材料必须清洁、干燥、不吸湿、无异味，并能使箱内空气畅通。

（4）鲜蛋预冷　将选好的鲜蛋由常温状态下缓慢地降低到接近冷藏温度的过程称为鲜蛋的预冷。蛋冷藏前如果未进行冷却，直接送入冷藏室，将会由于突然的低温，而使蛋内容物收缩，蛋内压力略有降低而加快蛋白变稀，蛋黄膜韧性减弱，同时，空气中的微生物也随空气进入蛋内使蛋逐渐变质。另外，如果未经预冷直接送到冷库内，由于蛋的温度高使库温上升，水蒸气便在库内原有蛋的蛋壳上凝结成水珠，给霉菌的生长创造了适宜的环境，因此，鲜蛋冷藏前必须进行预冷。预冷应在专用冷却间内进行，通过微风速冷风机，使冷却间空气温度缓慢而均匀降低，一般空气流速为 0.3~0.5m/s，每 1~2h 冷却间温度减低 1℃，相对湿度为 75%~85%。一般经 20~40h，蛋温降至 2~3℃即可停止降温，结束预冷转入冷藏库。

2. 入库后的冷藏管理

（1）码垛要求　为了使冷库内的温湿度均匀，改善库内的通风条件，蛋箱码垛应顺冷空气流向整齐排列，蛋箱不要靠墙，蛋箱和各堆垛之间要有一定空隙，堆垛应顺着冷空气流动方向。垛距墙壁 30cm，垛间距 25cm，箱间距 3~5cm，木箱码垛高度为 3~10 层，跺高不能超过风道的进、出风口。每批鲜蛋进库后应标明入库日期、数量、类别、产地。

（2）库内条件控制　冷藏库内温度和湿度的控制是取得良好的冷藏效果的关键。GB 2749—2015《食品安全国家标准　蛋与蛋制品》规定鲜蛋冷藏温度为 −1~0℃，最低不能低于 −3.5℃。与其对应的相对湿度，一般控制在 85%~88%。也可在温度为 0℃，相对湿度为 80%~85%的条件下冷藏。为了防止库内不良气体影响鲜蛋制品质，要定时换新鲜空气。

（3）质量检查　为了解鲜蛋的冷藏效果，要求定期进行鲜蛋质量的检查。检查一般采取抽查法，每隔 15~30d 抽查一次。对抽查的样品，采用灯光透视检查和目视检查法。检查过程中为了防止出现贴壳蛋，应每月进行一次定期翻蛋。

3. 出库

冷藏蛋在出库时，应该进行回热处理，先将蛋放在特设的房间内，使蛋的温度慢慢升高。防止直接出库时，由于蛋温低，与外界热空气接触，温差过大，在蛋壳表面凝结水珠，形成"出汗蛋"，既降低等级，又易污染微生物而引起变质。

鲜蛋冷藏法有如下优点：①可以进行长期贮藏，蛋的品质下降缓慢；②低温可以抑制微生物侵入繁殖，避免鲜蛋的腐败；③适合大规模应用。但该方法也有缺点，主要是：①冷库设计要求高，能量消耗大，不是所有地区都能具备的；②尽管冷库的低温不利于微生物生长，但冷藏鲜蛋仍然经常发生霉腐现象，造成很大损失。

（二）气调法

气调法是把鲜蛋贮藏在一定浓度的气体（CO_2 或 N_2）中，使蛋内自身所含 CO_2 不易散逸并得以补充，从而减弱蛋内酶的活性，减缓代谢速度，保持蛋的品质。常用气调法有 CO_2 气调法、N_2 气调法及其他化学保鲜剂气调法等。

CO_2 气调法由美国 Sharp 首次提出，他认为鲜蛋新鲜度下降的原因是蛋内 CO_2 消失导致的，如果能将鲜蛋贮存在含有适量的 CO_2 的空气中，就可以防止 CO_2 渗出，从而保持蛋的适用品质。但是，CO_2 保鲜法一般需要配较低温度贮藏才能有效。因此，实际操作过程中，CO_2 气调法的工艺方法为：利用聚乙烯薄膜制成塑料大帐，然后根据贮藏鲜蛋数量装箱，堆垛在冷库内，堆垛下铺设聚乙烯薄膜作为衬底。鲜蛋预冷 2d 后蛋温达到 $-1 \sim 5℃$（与库温基本一致）。放入用布袋或尼龙袋盛装生物硅胶粉（1kg/100kg 蛋）、漂白粉（1kg/100kg 蛋）后将塑料大帐套上蛋垛。用烫塑器把塑料大帐与衬底塑料烫牢，通过真空泵抽气使大帐紧贴蛋垛。随后充入 CO_2 气体，保持大帐内 CO_2 含量为 20%～30%。

N_2 贮藏鲜蛋方法主要用于种蛋的贮藏。鲜蛋的外壳上，有大量的好气性微生物，它们的发育繁殖，必须有充分的氧气供给。N_2 贮藏法就是用 N_2 取代氧气，抑制微生物生长而达到保鲜蛋的目的。

研究显示，利用气调结合冷藏方法贮藏半年后，壳蛋仍然能有良好的新鲜度，其中优级蛋比单纯冷藏法干耗降低 3% 左右，稍次蛋降低 7% 左右。但同时，要维持一定的气体浓度还是比较困难的，气调法也存在投资大、成本高、操作技术复杂等缺点，应用推广比较困难。

（三）涂膜法

涂膜保鲜法是人工仿造鸡蛋外蛋壳膜的作用而发展起来的一种方法。将一种或几种具有一定成膜性，且成薄膜气密性较好的涂料涂于蛋壳表面，将气孔封闭，避免外界微生物对蛋的污染，及阻止蛋内水分蒸发和 CO_2 外逸，从而抑制蛋内 pH 上升、蛋的呼吸作用及酶的活性，防止蛋白水样化、气室增大等，达到较长时间保持鲜蛋制品质和营养价值的方法。

鲜蛋涂膜剂的种类繁多，不同涂膜剂对蛋制品质影响不同，一般选择安全、卫生、无毒无害、成膜性好、透气性低、附着力强、吸湿性小、使用方便、价格低、易得的材料。目前，市场上销售的主要有水溶液涂料、乳化剂涂料和油质性涂料，如液体石蜡、蜂蜡、过氧乙酸、植物油、动物油、凡士林、聚乙烯醇、聚苯乙烯、聚乙酰甘油一酯等。此外，还有微生物代谢的高分子材料，如出芽短梗孢糖等。

目前采用的涂膜方法主要有浸泡法、喷涂法、人工涂膜、机械涂膜。此外，还可借鉴水果保鲜（涂膜）剂、皮蛋涂膜剂，如安息香酸钠盐、柠檬酸、硝酸钙、肌醇六磷酸脂、维生素 C、油酸、二甲苯、乙二醇等，这些材料在今后可以用于鲜蛋的涂膜保鲜。

涂膜保鲜操作简便、无须特别的设备条件、不耗能、成本低、能有效减少蛋的失重率、在室温下可延长鸡蛋的保存期、并能增强蛋壳硬度、应用前景十分广阔。采用涂膜法贮藏鲜蛋，必须通过严格检验，剔除有破损或不合格的蛋，以保证蛋的新鲜度，涂膜前要进行清洗消毒干燥处理。值得注意的是，由于涂膜剂可能渗透到鲜蛋内部，给消费者的健康带来影响，不同的国家对同一种涂膜材料的规定则不同。例如，美国允许使用液体石蜡涂膜，而日本禁止使用；油脂类涂膜中的不饱和脂质会产生低相对分子质量的过氧化物向鸡蛋内部渗透，日本规定食品中的过氧化值不得超过 30mg/kg，而德国规定为 10mg/kg。因此，选择涂膜剂一定要在法规允许的范围内进行。

第八章

鲜活水产品保鲜技术

学习指导：本章介绍了水产品腐败产生途径，评价水产品品质的指标，如感官、物理、化学、微生物及风味变化等指标；水产品的物理、化学和生物保鲜技术；水产品有水和无水保活技术。通过学习，理解水产品腐败的机制，能够通过感官、理化、微生物等多维度评价水产品品质的品质和变质程度，并能根据不同保鲜技术的优缺点和适用性选择合适的水产品保鲜方案；掌握水产品保活的方法，并能进行合理选择。

知识点：水产品品质评价指标，物理保鲜技术，化学保鲜技术，生物保鲜技术，有水保活技术，无水保活技术

关键词：水产品，品质评价，保鲜，保活

第一节　水产品品质评价

水产品贮运过程中的变质即水产品初始状况发生变化，导致令人不快的气味、味道、外观或质地。水产品腐败可分为三种具体机制：自溶性腐败、脂质氧化和微生物腐败。

自溶，即内源酶对蛋白质的降解，水产品在尸僵完成后不久即开始，自溶的产生利于水产品贮运过程中微生物的生长繁殖。即使在腐败初期，自溶酶也能够在不产生腐败标志性气味的情况下降低水产品的品质。多种蛋白酶和脂肪酶通常存在于鱼的肌肉和内脏中，即使在腐败微生物数量较少时，这些酶的降解作用仍然降低了水产品的品质及货架期。在贮运过程中，这些酶参与鱼肌肉和其他组织的死后变质。蛋白酶和脂肪酶负责改变鱼的感官特性，同时，蛋白质经过酶解后的产物（游离氨基酸和肽）可作为微生物生长的营养物质，导致腐败速度加快。表 8-1 所示为水产品冷藏贮运腐败过程中常见的自溶性腐败相关酶及作用效果，如贮藏过程中糜蛋白酶等消化酶会从肠胃中溶出到肌肉组织中，并与其他内源性酶共同作用导致鱼体组织的软化。这一过程也常伴随着甲醛、乳酸及次黄嘌呤等有害或不良风味物质的产生。鱼肠中的酶使蛋白质快速分解，造成肚胀，这是鱼类的普遍现象。温度和 pH 是影响蛋白酶活性的最大因素，当 pH 介于碱性和中性之间时，蛋白酶的活性高。内源性或微生物酶的功能和代谢通过将氧化三甲胺（trimethylamine oxide，TMAO）转化为三甲胺（trimethylamine，TMA）和其他挥发性化合物从而提高 pH。

表 8-1　自溶性腐败过程中相关酶及作用效果

酶种类	作用底物	作用产物
糖酵解酶	糖原	产生乳酸
参与核苷酸分解的自溶性酶	ATP、ADP、AMP、IMP	产生次黄嘌呤
组织蛋白酶	蛋白质、多肽	组织软化
糜蛋白酶、胰蛋白酶、羧肽酶	蛋白质、多肽	肠腹部溶解
钙蛋白酶	肌原纤维蛋白	组织软化
胶原蛋白酶	结缔组织	组织软化及破裂
氧化三甲胺去甲基酶	氧化三甲胺	甲醛

水产品贮运过程中水产品腐败产生途径见图 8-1。水产品贮运过程中脂质氧化引起的腐败会导致异味产生、颜色和质地变化，以及营养价值改变等。脂质氧化主要有光氧化、热氧化、酶氧化和自氧化等类型，也是水产品贮运过程中氧化变质的常见原因。脂质氧化通常涉及氧与脂肪酸双键的反应，因此，多不饱和脂肪酸含量较高的水产品在贮运过程中容易被氧化，氧、光、金属离子、水分、温度和脂质的不饱和程度等会影响脂质氧化速率。脂质氧化过程包括引发、传播和终止三个阶段。脂肪酸中与双键相邻的氢原子被光、热或金属离子促进形成自由基，可以开始引发阶段。在传播阶段，自由基与氧反应形成过氧自由基，后者再次与其他脂质分子反应形成氢过氧化物和新的自由基。当大量自由基形成非自由基产物时，该过程终止。水产品贮运过程中脂质自氧化的主要产物为脂质氢过氧化物；然而，由于它们不稳定，氢过氧化物会分解产生次级氧化产物的复杂混合物，如醛、酮、醇、烃、挥发性有机酸和环氧化合物等，产生独有的哈喇子味，这是导致鲱鱼、鲑鱼等高脂远洋鱼类在贮运过程中发生腐败的重要原因之一。蛋白质变性、蛋白质电泳谱改变、营养损失、内源性抗氧化系统损失和荧光化合物的产生都与脂质氧化产物有关。脂质氧化还会导致脂溶性维生素和其他化合物的损失。

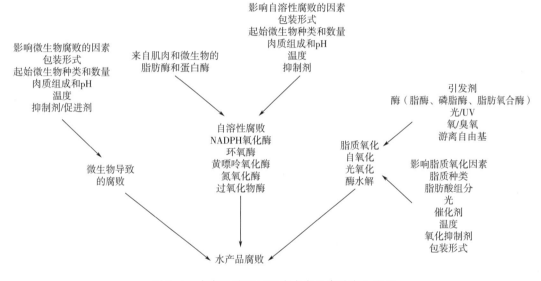

图 8-1　水产品贮运过程中水产品腐败产生途径

水产品的成分组成为微生物的生长提供了理想的条件，微生物腐败被认为是水产品贮运过程中质量下降的主要原因之一。微生物生长和代谢会产生生物胺，如腐胺、组胺和尸胺以及有机酸、硫化物、醇、醛和酮等化合物。水产品贮运过程中由于所处环境、原材料、加工工艺、贮存条件以及微生物耐受保存条件的能力不同，导致水产品有自己独特的微生物群落结构。例如，耐冷革兰氏阴性菌，如假单胞菌、希瓦氏菌，是有氧贮存冷冻鱼的优势腐败菌。虽然水产品贮运过程中会被微生物污染，但只有一小部分微生物会导致腐败，称为特定腐败微生物（SSOs）。不同类型的水产品中含有不同的特定腐败生物，新鲜水产品腐败的特定腐败生物主要是附于其表面的腐败微生物，多来自于水产品捕捞之前所处的环境，其中，淡水环境中主要包括黄绿假单胞菌、杆菌、棒状杆菌、黄杆菌、芽孢杆菌和沙雷氏菌等；海水产品的特定腐败生物主要为假单胞菌、无色杆菌、黄杆菌、弧菌、肠杆菌等。同时，腐败微生物因水产品种类和保存条件而异，例如假单胞菌是撒有 2% 盐的鳙鱼（*Aristichthys nobilis*）鱼片的特定腐败微生物，而气单胞菌是4℃冷藏未加盐鲱鱼的特定腐败微生物。特定腐败微生物可通过同化水产品组织中的非蛋白质氮来产生代谢物，产生令人不快和不受欢迎的异味，直接影响鱼的感官特性。

一、感官评价和物理指标

（一）感官评价

感官评价是为了预测消费者如何感知由水产品成分、过程、包装和老化/保质期引起变化，使用视觉、嗅觉或味觉等人类感官来解释、测量和分析水产品外观、气味/香气、质地、风味/味道等特性的一种科学方法。因此，感官评价的程序必须明确，当选择某一种感官评价方法时，应考虑以下条件：要解决的问题；这种方法的优势，及其准确性、精密度和稳健性；对未来需求的适应性；其信息价值；其采用的可能性和成本；与实际知识和预测能力的相关性。从感官评价上来说，生鲜水产品品质通常通过外观和气味分析，识别新鲜度和缺陷特征是水产品感官分析的基础。对于一般鱼类新鲜度的感官评价见表8-2～表8-6。

表 8-2　一般鱼类鲜度的感官评价标准

项目	新鲜	较新鲜	不新鲜
眼球	眼球饱满，角膜透明清亮，有弹性	眼角膜起皱，稍变浑浊，有时由于内溢血发红	眼球塌陷，角膜混浊，虹膜和眼腔被血红素浸红
腮部	腮色鲜红，黏液透明，无异味或海水味（淡水鱼可带土腥味）	鳃色变暗呈淡红、深红或紫红，黏液带有发酸气味或稍有腥味	腮色呈褐色、灰白色，有浑浊的黏液，带有酸臭、腥臭或陈腐味
肌肉	坚实有弹性，手指压后凹陷立即消失，无异味，肌肉切面有光泽	稍松软，手指压后凹陷不能立即消失，稍有腥酸味，肌肉切面无光泽	松软，手指压后凹陷不易消失，有霉味和酸臭味，肌肉易与骨骼分离
体表	有透明黏液，鳞片完整有光泽，紧贴鱼体，不易脱落	黏液多不透明，并有酸味，鳞片光泽较差，易脱落	鳞片暗淡无光泽，易脱落，表面黏液污秽，并有腐败味
腹部	正常不膨胀，肛门紧缩	轻微膨胀，肛门稍突出	膨胀或变软，表面发暗色或出现暗绿色斑点，肛门突出

表 8-3　常见海水鱼感官鉴定指标

鱼名	新鲜	不新鲜
鲐、鲹鱼	眼明亮突出且平坦，鳃鲜红，腥气正常，肌肉坚实有弹性，脊上脊下骨与腹部肌肉未分离，保持固有色泽	眼睛发糊，深度凹陷，鳃暗红，灰白，有臭气，骨、肉分离，肌肉腐烂，肚破，体表褪色发白
鳓鱼	鳞片完整，体表洁净，色银白有光泽	眼发红，混浊下陷而变色，鳃发白，腹部破裂
乌贼	体表背面全白或骨上皮稍有紫色，去皮后肌肉白色，具有固有气味或海水味	背面全部紫色或稍有红色，去皮后肌肉薄处微红，无异味

续表

鱼名	新鲜	不新鲜
海鳗	眼球突出明亮，肉质有弹性，黏液多	眼球下陷，肉质松软
梭鱼	鳃盖紧闭，肉质紧密，肛门处污泥黏液不多	体软，肛门突出，有较重的泥臭味
鲈鱼	体色鲜艳，肉质紧实	体色发乌，头部呈黄色
黄鱼	眼球饱满凸出，角膜透明；鳃鲜红或紫红；鳃丝清晰，黏液透明，稍有腥气；肌肉坚实、有弹性，以手按之即弹起；体表金黄色，有光泽，鳞片完整	眼球严重下陷或塌陷，有时破裂，角膜严重模糊或覆有一层污膜；鳃灰褐或灰绿，鳃丝模糊，黏液呈脓样，有明显的酸败或腐败臭；肌肉严重松弛，失去弹性；体表暗淡无光，色泽减退至灰白色，腹部发软甚至破裂，肉易离骨，鳞片严重脱落
黄姑鱼	色泽鲜艳，鱼体坚硬	色泽灰白，腹部塌陷
白姑鱼	色泽正常，肉质坚硬	体表有污秽黏液，肉质稍软有特殊气味
鳘鱼	眼球明亮突出，鳃色深红及褐色，肉质坚实	体色呈灰暗，眼变混浊，鳃褪色至灰白，腹部膨胀，肉质松软，肛门有分泌液溢出
真鲷（加吉鱼）	体色鲜艳有光泽，肉质紧密，肛门凹陷	色泽乌光，鳞片易脱落，肉质弹性差，有异味
带鱼	富有光泽，鳞不易脱落，眼突出，银鳞多而有光泽，肌肉弹性强	光泽较差，变成灰色，鳞较易脱落，眼球稍凹陷，鳃黑，表皮有皱纹，角膜稍混浊，肌肉弹性较差，破肚，掉头，胆破裂，有胆汁渗出
鲅鱼	色泽光亮，腹部银白色，鳃色鲜红，肉质紧密，有弹性	鳃色发暗，破肚，肉成泥状，并有异味
鲳鱼	鲜艳有光泽，鳃红色，肉质坚实	体表发暗，鳃色发灰，肉质稍松
牙鲆鱼	鳃色深而鲜艳，正面为灰褐色至深色	鳃部黑而微黄，体色变浅，腹部先破，肉离骨呈泥状

表 8-4 常见淡水鱼感官鉴定指标（青、草、鲢、鲤、鳙）

等级	鉴定指标				
	体表	鳃	眼	肌肉	肛门
新鲜	有光泽，鳞片完全、不易脱落	色鲜红，鳃丝清晰，具固有腥气	眼球饱满凸出，眼膜透明	坚实、有弹性	紧缩（雌鱼产卵期除外）
次鲜	光泽较差，鳞片不完全、易脱落	色淡红、紫色或暗红，鳃丝粘连稍有异臭，但无腐败臭	眼球平坦或稍馅，角膜混浊	松弛，弹性差	稍凸出

表 8-5 对虾鲜度感官等级指标

等级	质量指标
I	虾体完整，品质新鲜，色泽清亮，皮壳附着坚实，无墨箍，黑裙或黑斑不超过一处
II	虾体完整，品质新鲜，有弹性，色泽正常，允许有黑箍一处，黑裙或黑斑不超过两处

续表

等级	质量指标
Ⅲ	虾体基本完整，稍有弹性，允许有黑箍一处，黑裙、黑斑不超过三处
Ⅳ	虾体基本完整，无异味，不发红，黑箍、黑裙、黑斑不严重影响外观

注：自然斑点不限；头上黑点不限；无头对虾其质量符合上述等级标准的，按各等级分别确定。

用于感官水产品质量控制的主要方法列于表 8-6，常用的感官评价方法是基于质量指标法（quality index method，QIM）的水产品新鲜度分级方法，即采用缺陷评分方法准确、客观地评价各类水产品主要感官属性因子之间的差异，每个指标按照 0~3 分进行评分，0 分代表最佳品质，然后计算综合感官评分，通过得分高低对水产品新鲜度进行分级，分数越低越新鲜。水产品感官评价主要是通过评估样品各部位的颜色、气味和质地等特征来进行。

表 8-6 主要水产品感官评价方法

评分方案	产品	分级量表	优点	缺点
欧盟计划 （EU scheme）	整鱼	E—质量最高级别 A—质量优质 B—可接受消费 C—不适合消费	可以判断是否适合食用	不是特定物种 混合主观和客观方法 无法预测货架期
托里法 （Torry method）	煮熟或未加工的样品	10—最佳条件 5.5—限制消费 <3—不适合消费	可以判断是否适合食用 可以预测货架期 与电导率变化进行关联	具有破坏性
质量指标法	整鱼和生鱼片	0—最佳条件 1~2—中间阶段 3—变质腐烂	可以判断是否适合食用 可以预测货架期 时间–温度整合 适合特定物种 无损评价 基于多个属性评价	应该为每个物种开发

1. 欧盟计划

欧盟法规第 2406/96 号规定了在欧盟首次销售时需要根据欧洲经济共同体指南对水产品进行分级的义务。据此，所有描述的鱼类（白鱼、蓝鱼、鲨类、头足类和甲壳类等）分为 4 个级别，即 E（特级）：最高级别、A：优质、B：可接受消费和 C：不适合消费。这种方法的缺点是没有关于感官评价人员培训、采样和其他程序的规范，因此，感官评价人员在没有丰富经验的情况下很难得到可靠和可重复结论。

2. 托里法

托里法是用于评估熟鱼新鲜度的详细方案，应用于煮熟的鱼样品以评估气味和异味，例如，利用感官评价显示有不良的滋气味时确定水产品的最长保质期。它是一个 10 分的描述性量表，10 分被认为是最新鲜的鱼，低于 5.5 被认为不适合食用，低于 3 分时被认为已经发生腐烂。该方法可以和其他指标，如电导率、化学组成、微生物进行综合分析。该方法的缺点是需要破坏样品，同时，感官评价的时间也较长。但是该技术可以和其他方法协同使用，如电导率、化学和微生物分析等，可以得到更为确切的结果。

3. 质量指标法

质量指标法最初由塔斯马尼亚食品研究单位开发，是一种快速、简单、无损的描述性水产品新鲜度评估方法，为整个供应链中的所有用户提供标准化、可靠的水产品新鲜度感官测量，它的标准化得到了国际标准化组织的支持，已经成为水产品贮运过程中感官评价的主要方法。该法在针对不同水产品类型时较为准确，其综合了欧盟计划的内部限定因素，主要采用缺陷评分法客观地评价各类水产品主要感官属性因子之间的差异（表8-7）。作为一种客观的属性评分程序，质量指标法具体特点是：①评估的属性数量较多（10~15）；②根据每个属性可感知变化的数量，使用不同长度（0~3）的短时标，评估者根据主观和经验进行评价，分数越低标识越新鲜；③从分数总和中获得的整体质量指数（quality index，QI），其随着给定水产品品种贮运时间线性增加，该方法所选择的感官属性参数能够与水产品的贮运时间呈现良好的线性关系，从而可以将它们与时间-温度和保质期相关联。

表 8-7　金枪鱼质量指标法（QIM）评价表

品质属性	鉴定指标	质量指标	记分
整体外观	皮肤	明亮、饱满和明确的颜色	0
		略亮、侧面变色	1
		暗沉、苍白、有皱纹	2
	质地	紧实有弹性，指压后指印迅速消失	0
		柔软、松弛、指印延迟消失	1
眼睛	角膜	明亮或稍浑浊	0
		不透明	1
	形状	凸出	0
		平坦或略微凹陷	1
	瞳孔	略不透明	0
		灰色、不透明	1
		淡黄色	2
鳃	颜色	暗红色、亮红色	0
		亮红	1
		淡红色或褐色，变色	2
	气味	新鲜或中性	0
		腐臭、略带铵盐味	1
		腐烂	2
	黏液	透明、微黏	0
		暗、厚、有凝结	1
腹部	气味	新鲜或中性	0
		腐臭、略带铵盐味	1
		腐烂	2

续表

品质属性	鉴定指标	质量指标	记分
腹部	颜色	肉色、鲜红的血	0
		黄色的肉、深红色的血	1
		棕粉色或深褐色血液	2
鳍	整体方面	有弹性、有光泽、湿润	0
		切除末端失去弹性、轻微变色	1
		无弹性、干燥、变色	2
质量指数（QI）			0~18

（二）物理指标

水产品品质可以通过物理特性，如质地、微观结构、机械、光学特性来反映。

1. 质构特性

水产品死后肌肉迅速软化，但质地柔软有弹性。随着 ATP 的分解，肌球蛋白和肌动蛋白的粗丝之间发生滑动，肌肉收缩，水产品肌肉变得僵硬，这种情况通常会持续 1d 或更长时间。在水产品贮运过程中，水产品中肌原纤维蛋白的水解破坏了由少量细胞组成的结构单元连接键，例如，α-连接蛋白分解为 β-连接蛋白，这使得肌肉变软，不再像以前那样有弹性。因此，水产品质构特性是评价水产品品质的主要特征之一。目前，水产品的质构主要由质构仪测定，其可以同时测定水产品肌肉的硬度、弹性、咀嚼性等指标，操作简便且结果准确。

2. 电导率

水产品电导率也是评价水产品品质的重要特征，部分营养成分（如脂质和蛋白质等）被酶和微生物分解成短链脂肪酸、氨基酸等小分子带电物质，使水产品肌肉及其制品的导电能力增加。因此，可以通过检测样品的电导率来判断其新鲜度。有研究基于鲫鱼（*Carassius carassius*）电导率和新鲜度参数（TVB-N、菌落总数和 K 值）建立了不同温度条件下鲫鱼保鲜的动力学模型来预测鲫鱼的新鲜度，电导率预测值与参考值的相对误差在±5% 以内，通过电导率建立的动力学模型可以准确描述 270~288K 温度范围内鲫鱼品质的变化。

3. 颜色

颜色是水产品贮运过程中感官属性和化学成分变化的间接指标。在水产品贮运过程中，由于水产品中肌红蛋白和血红蛋白被氧化为高铁肌红蛋白和高铁血红蛋白，某些水产品鲜红肉在室温或低温下逐渐变成褐色。当氧化产物与鱼体内的胺、氨、亚铁血红素等成分发生反应时，会发生严重的褐变，最终导致腹部和鳃变成黄色或橙红色。传统的颜色分析方法通常使用色度计对鱼的亮度（L^*）、红度（a^*）、黄度（b^*）和总色差（ΔE）进行数值分析，但是这些方法由于不同物种之间的颜色变化会影响检测结果，只能在同一物种中被接受。即使是同一物种，水产品的颜色也可能受到饲料、养殖方式等饲养环境和温度、贮存期等影响。

4. 僵硬指数

僵硬指数主要用于水产品贮运过程中鱼类新鲜度的检测。首先，测得待测对象的体长中点，将鱼体放在水平板上，使鱼体长的前 1/2 放在平板上，后 1/2 自然下垂。僵硬指数计算公式见式（8-1）：

$$R = \frac{L - L'}{L} \times 100 \qquad (8-1)$$

式中　L——鱼体刚死时水平板表面水平延长线至鱼尾根部（不包括尾鳍）的垂直距离；

　　　L'——鱼体死后某一时间的水平板表面水平延长线至鱼尾根部（不包括尾鳍）的垂直距离；

　　　R——僵硬指数，%。

该法方便快捷，可在现场进项检测，然而不同类型鱼的僵硬指数变化差异较大。此外，该法受保存温度的影响也较大，具体应用中存在一定的局限性。

二、化学指标

1. 总挥发性盐基氮

水产品腐败过程中，由于酶和腐败微生物的作用，蛋白质和其他含氮化合物的降解产生氨和胺类等碱性含氮物质，通常称为总挥发性盐基氮，会导致显著的颜色和风味变化，从而影响水产品的可接受性。总挥发性盐基氮含量随着水产品的贮运时间而增加。鲜活水产品总挥发性盐基氮水平取决于导致腐败的微生物和酶活性水平，因此，被用作水产品新鲜度和食品安全的评价指标之一。根据 GB 2733—2015《食品安全国家标准　鲜、冻动物性水产品》规定，海水鱼虾、海蟹、淡水鱼虾、冷冻贝类等水产品的挥发性碱性氮含量分别不得超过 30mg/100g，25mg/100g，20mg/100g，15mg/100g。测定方法需按照 GB 5009.228—2016《食品安全国家标准　食品中挥发性盐基氮的测定》中的半微量定氮法、自动凯氏定氮仪法和微量扩散法进行测定，但这三种方法步骤烦琐，难用于现场快速检测。

2. pH

水产品鲜活时的 pH 一般为中性，水产品宰杀后肌肉中的糖原发生无氧酵解产生乳酸，导致 pH 下降。在水产品贮运过程中，由于内源酶和腐败微生物的作用，将氨基酸分解成氨和胺类等碱性物质，导致 pH 上升。pH 升高会影响水产品贮运过程中生化反应的速率，并为水产品中的腐败微生物提供有利环境。有研究证明，水产品贮运过程中的 pH 上升与挥发性碱基氮含量呈现正相关关系。高 pH 有助于水产品贮运过程中的微生物从依赖糖原型逐渐转变为降解蛋白质型。由于水产品贮运过程中的 pH 先下降后上升，不能利用确切的 pH 来准确判别水产品的新鲜程度。而且不同类型水产品的初始 pH 和 pH 变化速率不同，pH 会结合其他方法判断水产品的新鲜度。水产品中牡蛎（蚝、海蛎子）的 pH 可按照 GB 5009.237—2016《食品安全国家标准　食品 pH 值的测定》测定。

3. 三甲胺

三甲胺是一种生物胺，被认为是水产品贮运过程中品质评价的生化指标之一，是鱼腥味的主要来源。在水产品的贮运过程中，氧化三甲胺会在内源酶和腐败微生物的作用下生成三甲胺、二甲胺和氨，三甲胺的含量随着水产品贮运过程中新鲜度的下降而增加。三甲胺含量与水产品类型、捕捞季节/地点、腐败阶段、加工/贮存类型、分析方法等因素有关。但在许多水产品贮运过程中，三甲胺含量与特定腐败微生物有关，因此在水产品贮运早期，由于特定腐败微生物未成优势菌，三甲胺含量与其他品质评价指标，如挥发性碱基氮、K 值等，表现出滞后性。淡水鱼由于体内没有氧化三甲胺，三甲胺含量不能作为淡水鱼贮运过程中新鲜度的指标。因此，对于淡水鱼，一般使用挥发性碱基氮、K 值等指标。水产品中三甲胺含量的测定采用 GB 5009.179—2016《食品安全国家标准　食品中三甲胺的测定》中的顶空气相色谱-质谱联用法和顶空气相色谱法，这两种方法测得的含量较准，但这两种方法前处理烦琐、耗时。

4. K 值

水产品被宰杀后，肌肉中 ATP 的降解贯穿于整个贮运过程中，其降解途径为三磷酸腺苷（ATP）→二磷酸腺苷（ADP）→一磷酸腺苷（AMP）→肌苷酸（IMP）→肌苷（HxR）→次黄嘌呤（Hx）。1959 年，首次把肌苷和次黄嘌呤的浓度与 ATP 关联物的比值定义为 K 值，根据 K 值的变化判断水产品贮运过程中的新鲜度。K 值测定公式如式（8-2）所示：

$$K（\%）=\frac{c（HxR）+c（Hx）}{c（ATP）+c（ADP）+c（AMP）+c（IMP）+c（HxR）+c（Hx）}\times100 \quad (8-2)$$

K 值越大，三磷酸腺苷降解度越高。一般认为，即杀鱼的 K 值在 10% 以下，K 值在 20% 以下为一级鲜度，日本有关部门将一级鲜度作为生食用鱼的标准，K 值在 20%～40% 时为二级鲜度，K 值在 40%～60% 时为三级鲜度，K 值大于 60% 时即腐败。水产品中三甲胺含量的测定根据原农业部颁布的 SC/T 3048—2014《鱼类鲜度指标 K 值的测定 高效液相色谱法》。在一些文献中，极谱法和柱层析简易测定法等也被用来测定 K 值。

5. 生物胺

生物胺广泛存在与富含蛋白质的水产品中，在水产品贮运过程中可由醛酮类化合物的氨基化和转氨基作用产生或者是氨基酸在氨基酸脱羧酶的作用下进行脱羧反应产生。不同腐败微生物产生氨基酸脱羧酶不同，生成的生物胺种类也不同。有研究表明，葡萄球菌（*Staphylococcus*）、弧菌（*Vibrio*）、肺炎克雷伯菌（*Klebsiella pneumoniae*）和假单胞菌（*Pseudomonas*）主要产生组胺，芽孢杆菌（*Paenibacillus*）和肉食杆菌（*Carnobacterium divergens*）主要产生酪胺，大肠杆菌（*Escherichia coli*）和阿氏肠杆菌（*Enterobacter asburiae*）主要产生腐胺，产酸克雷伯菌（*Klebsiella oxytoca*）、植生拉乌尔菌（*Raoultella planticola*）和抗坏血酸克吕沃尔菌（*Kluyvera ascorbata*）主要产生尸胺。高浓度的生物胺不仅会严重影响水产品风味，还可与水产品中的防腐剂亚硝酸盐反应生成亚硝胺等致癌物质，对人体造成严重的毒害作用。因此，许多国家和国际组织建立了关于水产品中生物胺最大限值的规定和法律要求（表 8-8）。水产品中生物胺含量的测定使用 GB 5009.208—2016《食品安全国家标准 食品中生物胺的测定》中的液相色谱法和分光光度法。

表 8-8 不同国家和地区对水产品中生物胺的限量标准

国家和地区	生物胺种类	水产品限量/(mg/kg)
美国	组胺	50
欧盟	组胺	100
中国	酪胺	100
	组胺	高组胺鱼类：400 其他鱼类：200
澳大利亚	组胺	200
南非	组胺	100

6. 吲哚

吲哚是虾产品中重要的腐败代谢物，主要在自溶阶段产生，其体内的蛋白质在内源酶的作用下分解成一系列的中间产物，这些产物在外源酶的作用下进一步被分解成腐败物质，使虾呈现腐败状态。美国食品与药物管理局（FDA）规定，虾中吲哚含量 $\leqslant250\mu g/kg$ 为一级鲜度，$\geqslant500\mu g/kg$ 为三级鲜度，我国虾中的吲哚含量可根据原国家质量监督检验检疫总局发布的行业标准 SN/T 0944—2016《出口虾及虾干中吲哚含量的测定》利用比色法进行测量，然而该法需要蒸馏、提取、显色、分离等步骤，操作烦琐，且需要三氯甲烷等毒性较大的试剂。

7. 脂肪氧化指标

水产品中，尤其是深海鱼类富含不饱和脂肪酸，不饱和脂肪酸逐渐水解，产生游离脂肪酸，继而催化脂肪氧化分解成醛、酮和羧酸类等低相对分子质量物质，使鱼类的气味、质构、颜色和营养价值发生改变。油脂在贮藏期间水解产生的游离脂肪酸，可以直接以油酸计算出其含量，也可以通过酸价（acid value，AV）来反映。AV 随贮运时间的延长逐渐升高，AV 越大，水产品腐败程度越高。脂肪氧化第一阶段的产物是过氧化物，故过氧化值（PV）可作为脂肪氧化的评价指标之一，但过氧化物极不稳定，进一步分解成羰基化合物，其羰基值（carbonyl value，COV）也可用来表示脂肪氧化的程度。硫代巴比妥酸值是测定水产品贮运过程中脂肪氧化最通用的方法，其原理是脂肪氧化产生的丙二醛与 TBA 反应生成粉红色络合物，然后用分光光度计定量测定。

8. 蛋白质变化指标

蛋白质是水产品的基本组成成分和营养成分，内源酶和腐败微生物的作用会使水产品在贮运过程中发生蛋白质降解和变性，从而影响水产品的品质。水产品蛋白质变性主要是由肌原纤维蛋白变性引起的，主要表现为肌球蛋白盐溶性、肌原纤维蛋白 Ca^{2+}-ATPase 活性和巯基含量的变化。水产品贮运过程中，蛋白质的水解变性会降低蛋白质水合力，导致肌肉持水性下降，造成汁液流失，因此，汁液流失率或持水率也是衡量蛋白质持水性的重要标志。蛋白质或蛋白质降解产物亦可以作为水产品贮运过程中品质评价的指示物。然而，由于受到蛋白质分离、分析、鉴定手段的限制，关于可作为指示物的蛋白质及其结构与功能的研究较少。以双向电泳、质谱和生物信息学为核心的蛋白质组学研究，能够有效地对水产品蛋白质组进行分析，提供更多蛋白质结构和功能的信息，为研究水产品贮运过程中相关蛋白质提供了新平台。

三、微生物指标

由于新鲜水产品肌肉组织水分含量、不饱和脂肪酸及可溶性蛋白质含量较高，在贮运过程中极易受微生物侵染而发生腐败变质，微生物繁殖是水产品贮运过程中腐败的主要原因。菌落总数（total viable count，TVC）是测定传统水产品的品质评价方法，可按照 GB 4789.2—2022《食品安全国家标准　食品微生物学检验　菌落总数测定》来测定。一般来讲，新鲜水产品的初始菌落总数为 $10^2 \sim 10^4 CFU/g$，菌落总数超过 $10^7 CFU/g$ 被认为已经发生腐败变质。除菌落总数外，可采用平板计数的腐败菌还包括假单胞菌、气单胞菌、希瓦氏菌、乳酸菌、肠杆菌、葡萄球菌等。但是，平板计数法耗时耗力不能满足市场快速评价的需求，随着生物技术发展，ELISA 技术和基因芯片检测技术等快速、准确的微生物检测方法被开发并加以应用。

在新鲜水产品中，特定腐败微生物在菌落总数中的比例不大，但在水产品贮运过程的中后期特定腐败微生物适应了所处的环境，在菌落总数中的比例也不断增加进而占据优势地位，呈现较强腐败活性，加速水产品腐败。因此，特定腐败微生物的数量或代谢产物的含量可以作为水产品贮运过程中品质评价的指标之一。在水产品贮运过程中常见的特定腐败微生物介绍如下。

1. 希瓦氏菌属（*Shewanella* spp.）

希瓦氏菌属是革兰氏阴性杆菌，从腐败水产品中分离到的希瓦氏菌属主要有腐败希瓦氏菌（*S. putrefaciens*）、波罗的海希瓦氏菌（*S. baltica*）、变形斑希瓦氏菌（*S. proteamaculans*）等。希瓦氏菌属具有很强的致腐败能力，能够分解水产品肌肉蛋白，生成腐胺、尸胺等生物胺，还可还原氧化三甲胺为三甲胺，产生 H_2S 等臭味物质。同时，形成的生物被膜还可导致海水产品表面发黏，也是导致贮运过程中水产品发生腐败的重要因素之一。希瓦氏菌属能够在铁琼脂培养基中生长产生特征性黑色，因此易于分离和识别。

2. 假单胞菌属（*Pseudomonas* spp.）

假单胞菌是革兰氏阴性菌。从腐败水产品中分离到的假单胞菌属主要有莓实假单胞菌（*P. fragi*）、恶臭假单胞菌（*P. putida*）、荧光假单胞菌（*P. fluorescens*）、弗村假单胞菌（*P. vranovensis*）等，其中，*P. fluorescens* 是水产品中的优势菌，能够产生 3-甲基-1-丁醇、2-乙基-1-己醇、3-甲基丁醛、丁酸异戊酯和醛等特征代谢物。假单胞菌可使用假单胞菌 CFC 选择性培养基进行分离，已经从冷藏海鲷鱼、贻贝、鲇鱼、金头鲷、鲑鱼中作为特定腐败菌分离出来。

3. 发光杆菌属（*Photobacterium* spp.）

发光杆菌是一种海洋运动性、革兰氏阴性菌，属于弧菌科。从腐败水产品中分离到的发光杆菌属主要有明亮发光杆菌（*P. phosphoreum*）、鱼肠发光杆菌（*P. iliopiscarium*）、海水发光杆菌（*P. aquimaris*）、鱼发光杆菌（*P. piscicola*）和奥居香发光杆菌（*P. kishitanii*）。其中，*P. phosphoreum* 较为常见，是冷藏过程中鱼、虾等水产品的特定腐败菌，可产生多种挥发性有机化合物，如双乙酰、异丁醛、乙酸、乙酸乙酯、丁醛等。

4. 环丝菌属（*Brochothrix* spp.）

环丝菌属是非运动性、嗜盐性、不形成孢子的棒状革兰氏阳性细菌，可以在很宽的温度范围内生长，在水产品分离到较多的是热杀索丝菌（*B. thermosphacta*）。在有氧条件下，*B. thermosphacta* 会在海鲜中产生焦糖异味（2,3-丁二酮）。*B. thermospacta* 对抑制其他革兰氏阳性和革兰氏阴性菌生长的链霉素抗生素具有抗性，因此，通常使用硫酸链霉素醋酸铊琼脂（STAA）进行分离。

5. 嗜冷杆菌属（*Psychrobacter* spp.）

嗜冷杆菌属是嗜冷、无运动、氧化酶阳性、革兰氏阴性杆菌，主要存在于水产品和肉类中，从腐败水产品中分离到的嗜冷杆菌属主要有不动冷杆菌（*Psb. immobilis*）、海产品嗜冷杆菌（*Psb. cibarius*）、近海生嗜冷杆菌（*Psb. maritimus*）、解蛋白嗜冷杆菌（*Psb. proteolyticus*）、福氏嗜冷杆菌（*Psb. fozii*）等。*Psb. immobilis* 能够分解脂质和氨基酸，从而产生轻微的鱼腥味和霉味，但缺乏蛋白酶，无法产生硫化物。嗜冷杆菌属在水产品中产生的常见挥发性化合物包括 2,3-二甲基环氧乙烷、2-丁酮、2-甲酰基组胺、2-甲基-2-丙醇等。

6. 假交替单胞菌属（*Pseudoalteromonas* spp.）

假交替单胞菌属需氧、单极鞭毛、氧化酶和过氧化氢酶阳性、非葡萄糖发酵、革兰氏阴性杆菌，从腐败水产品中分离到的主要有产黑假交替单胞菌（*Psa. nigrifaciens*）、叶氏假交替单胞菌（*Psa. elyakovii*）、栖珊瑚假交替单胞菌（*Psa. paragorgicola*）、水蛹假交替单胞菌（*Psa. undina*）、游海假交替单胞菌（*Psa. haloplanktis*）、俄罗斯假交替单胞菌（*Psa. ruthenica*）、食琼脂假交替单胞菌（*Psa. agarivorans*）、韩东海假交替单胞菌（*Psa. donghaensis*）。嗜冷杆菌在水产品贮运过程中能分泌脂肪酶、几丁质酶、琼脂酶、淀粉酶和蛋白酶等，产生 2-甲基呋喃、2-丁酮、2-丁二醇、2-丙醇、2-戊酮等挥发性风味化合物（表 8-9）。

表 8-9　部分腐败微生物所产生的感官特征

腐败微生物种类	感官描述	水产品基质
杀鲑气单胞菌（Aeromonas salmonicida）	酸味	煮熟的热带虾
产气单胞菌属（Aeromonas spp.）	胺味、地板布味	冷熏制鲑鱼
Brochothrix thermosphacta	蓝纹奶酪味、酸味、辛辣	冷熏制鲑鱼
环丝菌属（Brochothrix spp.）	酪酸味	冷熏制鲑鱼
居鱼肉杆菌（Carnobacterium piscicola）	黄油味、焦糖味、酸味	冷熏制鲑鱼
麦芽香肉杆菌（Carnobacterium maltaromaticum）	奶酪味、酸味、黄油味	煮熟的虾
蜂窝哈夫尼亚菌（Hafnia alvei）	吡咯味	鲑鱼
液化沙雷氏菌（Serratia liquefaciens-like）	大蒜味、胺味、尿味	煮熟的虾
Shewanella putrefaciens	腐烂味、硫化物味	冷熏制鲑鱼
Photobacterium phosphoreum	胺味、酸味	鲑鱼
Pseudomonas fragi	水果味、硫化物味	无菌香蕉虾

四、风味变化

刚捕获的水产品大多不带气味或带有特定的味道，如海藻味等，随着水产品的贮运，由于内源酶和微生物污染会发生腐败，产生含氮、胺、氨、醇类和含硫等挥发性风味化合物，导致特有的腥臭味，腥臭味成分的主体及其来源和特征如表 8-10 所示。因此，挥发性物质是判定水产品鲜度的重要参数之一。

选取有效的挥发性化合物测定方法可以用来判别水产品贮运过程中的鲜度和腐败阶段。根据水产品贮运过程中挥发性物质的来源可以将其分为 3 类：①新鲜水产品通常具有柔和、浅淡、令人愉快的风味，鱼类等新鲜水产品中的挥发性风味成分主要包括醛、酮、醇、酸、酯和烃类化合物等，主要为 $C_6 \sim C_9$ 的羟基和羰基化合物；②微生物引起水产品腐败的气味，通常为胺类、挥发性含硫化合物、挥发性低级脂肪酸等；③水产品氧化产生的气味，如挥发性羰基化合物。这些挥发性风味化合物可以作为水产品的鲜度指示物。水产品贮运过程中挥发性风味化合物的产生和微生物相关，因此，在水产品贮运过程中分离鉴定的挥发性有机化合物可以判断其新鲜度或腐败程度。

风味是评价水产品品质的重要指标，直接影响产品的食用价值和可接受性。鱼类等水产品贮藏和腐败过程中会引起气味特征的改变，挥发性风味物质可作为判定其新鲜度品质的重要指标。深入探究鱼类等水产品的风味组成特征及贮藏期间风味劣变机制，可为水产品贮藏期间风味品质调控、提高产品质量提供理论依据。

表 8-10 腥臭味成分的化学分类及特征

	化合物	主要来源	生成因素	特征
挥发性盐基氮类	氨	氨基酸、核苷酸关联化合物	细菌	腥臭味
	三甲胺	氧化三甲胺	酶	腥臭味
	二甲胺	—	酶、加热	腥臭味
	各种胺类	氨基酸	细菌的脱羧作用	腥臭味
挥发性酸	甲酸	氨基酸	细菌的脱氨作用	酸刺激臭
	乙酸	不饱和脂肪酸	加热分解	酸败臭
	丙酸	不饱和脂肪酸	氧化分解	如酪酸败臭
	戊酸	醛类	醛类的氧化	C_5 最强烈汗臭、肥皂臭，C_5 以上无臭
挥发性羰基化合物	$C_1 \sim C_2$ 醛	脂质	脂质氧化分解	油烘臭
	$C_3 \sim C_5$ 醛	—	脂质加热分解	油烘臭
	$C_6 \sim C_8$ 醛	氨基酸	氨基酸的加热分解	刺激臭
	丙酮	氨基酸	Strecker 分解	刺激臭
挥发性含硫化合物	硫化氢	胱氨酸	细菌	不快臭
	甲硫醇	胱氨酸、甲硫氨酸	加热	烂洋葱味
	二甲基硫醚	—	酶	不快臭
挥发性非羰基化合物	醇	糖	发酵	—
		氨基酸	细菌	—
		醛	醛的还原	—
	酚	—	—	烟熏成分

　　水产品中的挥发性成分具有含量少、组成复杂、不稳定、结构多样化的特点，水产品挥发性成分研究已实现了微量定性和半定量分析。近年来，越来越多的新技术开始应用于水产品挥发性成分的研究中，例如，电子鼻是一种食品指纹分析仪技术，是由一定数量的电化学传感器组和适当的识别装置组成的仪器，能识别简单和复杂的嗅觉新型吸附剂可应用于水产品挥发性成分研究；固相微萃取（solid phase microextraction，SPME）和蒸馏萃取（simultaneous distillation extraction，SDE）挥发性成分萃取方法与色谱-质谱联用（chromatography-mass spectrometry，GC-MS）的分离鉴定方法在水产品挥发性成分研究的广泛应用；新型吸附剂 Mono Trap 和高分辨率的飞行时间质谱（time of flight mass spectrometry，TOFMS）的应用，Mono Trap 集硅胶、活性炭和十八烷基等材料为一体，突破了吸附材料的限制，相比于 SPME，其吸附的挥发性成分更为广泛，飞行时间质谱则能够降低水产品挥发性成分的检出限。

第二节　水产品保鲜技术

一、物理保鲜技术

（一）低温保鲜技术

低温保鲜是最重要的水产品贮运保鲜方式，根据温度的不同，低温保鲜技术可分为冷藏保鲜、冰温保鲜、微冻保鲜、冻藏保鲜等，它们的优缺点如表8-11所示。

表8-11　水产品贮运过程中不同冷藏方式的优缺点

储藏方式	温度范围/℃	方法	优点	缺点
冷藏保鲜	0~4	将水产品放在低温环境中暂时贮藏	使用方便，适合所有水产品或其他食品	保鲜期较短，一般在渔船上、短距离运输或家庭中使用
冰保鲜	−1~0	将水产品放入流态冰或冷海水中进行冷藏，直要有撒冰法和水冰法两种	适合渔船运输中暂时贮运，能清洗水产品表面，防止氧化及干燥	水产品与冰接触不良，下层水产品易被压烂造成机械损伤
冰温保鲜	−2~0	将温度降为0℃到生物体组织冻结点之间，主要有超冰温技术和冰膜贮运技术	适用于成熟度较高及冰点较低的水产品，维持水产品活体性质，保持原有风味	极小的温度波动会导致较大、不均匀的冰晶产生，损伤肌细胞，需要精准控温
微冻保鲜	−3~−2	将水产品的温度降至略低于其细胞质液的冻结点，并在该温度下进行贮运	避免冷冻中冰晶对组织结构的机械损伤	需要精准控温，对设备要求较高
冷冻保鲜	−18	主要采用空气冻结、盐水浸渍和平板冻结等方法	适用于水产品长期贮藏	冷冻会造成细胞损伤，品质下降

1. 冷藏保鲜

冷藏保鲜是应用最广、历史最长的一种传统水产品贮运保鲜方式。此法是将新鲜水产品的温度降至接近冰点，但又不使其冻结的一种保鲜方法，温度一般控制在0~4℃，冷却介质通常是空气或冷海水。但这种方法只能延缓水产品的酶促作用或微生物腐败，保鲜期较短，一般常在渔船上或短距离运输中使用。

2. 冰保鲜

冰保鲜又称冰藏法和冰解法，是鲜水产品保藏运输中使用最普遍的方法。用冰作为冷却介质，简单易行，不需要额外的动力，也不需对渔船作改造。

冰分为淡水冰和海水冰。我国传统的冰保鲜方法是渔船归港卸货后，出海时带上机制冰。

由于冰是在陆地冰厂生产的，一般都是淡水冰。水产品冰冷却方法有撒冰法和水冰法两种。

（1）撒冰法　撒冰法是将碎冰直接撒到鱼体表面。它的好处是简便，融冰水又可洗净鱼体表面，除去细菌和黏液；还可以防止鱼体表面氧化干燥。

撒冰法保鲜的鱼类应是死后僵硬前或僵硬中的新鲜品，加工时必须在低温、清洁的环境中，迅速、细心地操作。小型鱼类一般不作处理，以整条的方式与碎冰或片冰层冰层鱼地装入容器，排列于船舱或仓库中。具体做法是：先在容器的底部撒上碎冰，称为垫冰；在容器壁上垒起冰，称为堆冰；把小型鱼整条放入，紧密地排列在冰层上，鱼背向下或向上皆可，但要略为倾斜，在鱼层上均匀地撒一层冰，称为添冰；然后再一层鱼一层冰，在最上部撒一层较厚的碎冰，称为盖冰，详见图8-2。容器底都要开孔，让融水流出，避免鱼体在水中浸泡而造成不良影响。大型鱼类撒冰冷却时，要除去内脏和鳃，并洗净，且在腹部填装碎冰，为抱冰。整个过程用的冰要求冰粒要细小，冰量要充足，不允许发生脱冰现象；层冰层鱼且薄冰薄鱼。

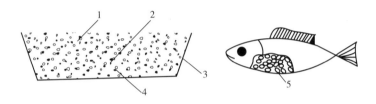

图 8-2　冰藏法图例
1—盖冰　2—添冰　3—堆冰　4—垫冰　5—抱冰

在实际生产中，无隔热设备的渔轮，夏季生产需用1kg以上的冰才能冷却保藏1kg的鱼（生产周期按约13d计算）。即使是在寒冷水域作业的拖网船，也需要1kg冰才能保鲜2kg的鱼。

在冰藏过程中，除了用冰量要充足外，保鲜方法对鱼货质量和保鲜期也有极其重要的影响。保鲜过程中的注意事项有：①渔获后理鱼要及时，迅速洗净鱼体，按品种、大小分类，把压坏、破腹、损伤的鱼选出，剔除有毒和不能食用的鱼，将易变质的鱼按顺序先作处理，避免长时间停留在高温环境中；②尽快地撒冰装箱用冰量要充足，冰粒要细，撒冰要均匀，层冰层鱼，不能脱冰；③融冰水要流出融冰水往下流，下层鱼会被污染，故每层鱼箱之间要用塑料布或硫酸纸隔开，应经常检查融冰水，融冰水应是色清无臭味的，其温度不应超过3℃，若超要及时加冰；④控制好舱温，进货前，应对船舱进行预冷，保鲜时，舱底、壁应多撒几层冰。舱温应控制在2℃±1℃，有制冷设备的船，切勿把舱温降到低于0℃（用海水冰的，不低于-1℃），否则上层的盖冰会形成一层较硬的冰盖，使鱼体与冰之间无法直接接触；⑤装舱，把不同鲜度的鱼货分别装箱装舱，以免坏鱼影响好鱼。

（2）水冰法　水冰法就是先用冰把淡水或海水的温度降下来（淡水0℃，海水-1℃），然后把鱼类浸泡在水冰中的冷却方法，其优点是冷却速度快，能集中处理大批量的渔获物。

水与冰的比例关系可按式（8-3）近似计算：

$$冰量 = \frac{（水重+鱼重）\times 水的初温 \times 4.18}{334.53} \tag{8-3}$$

式中　4.18——设定水和鱼的比热容为4.18kJ／（kg·℃）。

由于外界热量的传入、生化反应放出的热量及容器的冷却等，故实际加冰量比计算值要多些。

据资料介绍，淡水鱼可用淡水加冰，也可用海水加冰，而海水鱼只允许用海水加冰，不可用淡水加冰，主要目的是保护鱼体的色泽。

水冰法一般都用于迅速降温，待鱼体冷却到0℃时即取出，改用撒冰法保藏。因为如果整个保鲜过程都用水冰法保鲜，鱼体会因浸泡时间长而吸水膨胀、体质发软，易腐败变质。

用水冰法应注意以下事项：①淡水或海水要预冷（淡水0℃、海水−1℃）；②水舱或水池要注满水以防止摇动，避免擦伤鱼体；③用冰要充分，水面要被冰覆盖，若无浮冰，应及时加冰；④鱼洗净后才可放入，避免污染冰水。若被污染，需及时更换；⑤鱼体温度冷却到0℃左右时即取出，改为撒冰保鲜贮藏。

3. 冷却海水冷却保鲜

冷却海水保鲜是将渔获物浸渍在温度为−1~0℃的冷海水中的一种保鲜方法。

冷却海水保鲜装置主要由小型制冷压缩机、冷却管组、海水冷却器、海水循环管路、泵及隔热冷却海水鱼舱等组成，详见图8-3。冷却海水鱼舱要求隔热、水密封以及耐腐蚀、不沾污、易清洗等。制冷机组的工质采用卤代烃的较多见。

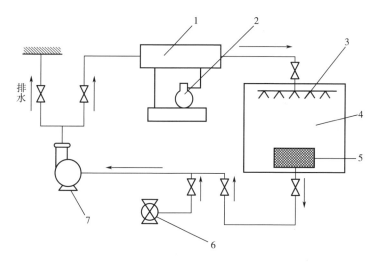

图8-3　冷海水保鲜装置示意图

1—海水冷却器　2—卤代烃制冷机组　3—喷水管　4—鱼舱　5—过滤网　6—船底阀　7—循环水泵

冷却海水冷却法的供冷方式有机械制冷冷却和机械制冷加碎冰结合冷却两种方式。一般认为，要在短时间内冷却大量渔获物，采用机械制冷加碎冰的冷却方式较合适，因为冰具有较大的融化潜热，借助它来把渔获物冷却到0℃。在随后的保温阶段，每天用较小的冷量可以补偿外界传入鱼舱的热量。由于保温阶段所需的冷量较小，就可以选用制冷量较小的制冷机组，从而减小了渔船动力和安装面积。

实际生产时，鱼与海水的比例一般为7∶3。应按此比例准备好清洁的海水，并事先用制冷机冷却备用。

渔船上冷海水冷却保鲜的操作工艺：①按比例准备好冰、盐、冷却海水，冷却海水的温度为−1℃。②渔获时，边向冷海水舱中装填，边加入拌好的冰盐，直到舱满为止。③加舱盖，并将舱中注满水，以防止因海浪摇动船身引起的舱中海水振荡和鱼体之间的碰撞与摩擦。④开动循环泵，促使冷海水流动。这一方面使舱中各处温度均匀，另一方面也促使冰盐溶解。⑤当海水温度达到−1℃后，停止循环泵和制冷机组。⑥如温度回升，开动循环泵和制冷机组，使舱内水温保持在-1℃左右。⑦如发现海水中血污多、水质变得较差时，排出部分血污海水，并补充新的冷却好的海水，以免引起渔获物变质。

冷却海水冷却法最大的优点是冷却速度快，可在短时间内处理大量渔获，操作简单，保鲜效果好，又可用吸鱼泵装卸渔获物，减轻了劳动强度。

冷却海水冷却法的缺点是鱼体吸取水分和盐分，使鱼体膨胀、鱼肉略咸、体表稍有变色，以及由于船身的摇动而使鱼体损伤和存在脱鳞现象。另外，海水产生的泡沫也会造成污染，鱼体鲜度下降速度比同温度的冰藏鱼要快，加上冷却海水装置需一次性投资，船舱制作的要求高。由于以上缺点，影响了冷却海水保鲜技术的推广和发展。

为了克服上述缺点，在国外一般有两种方法：一种是作为预冷用，即把鱼体温度冷却到0℃左右后，再取出撒冰保鲜。另一种是在冷却海水里冷却贮藏，但时间只允许3~5d。

4. 冰温保鲜

冰温保鲜技术是20世纪70年代提出，是将水产品的贮运温度控制在其冰温带，即0℃以下至组织冻结点以上温度区域的范围内来进行水产品保鲜，这种将冻未冻的形式保持了其组织细胞的活体状态，既不会破坏细胞又可以减缓腐败的速度，保持了水产品优良的品质。

5. 微冻保鲜

微冻保鲜是将水产品的贮运温度降至略低于细胞汁液的冻结点，可以通过抑制水产品的自溶和微生物作用来延长贮运过程保质期的一种保鲜方法。微冻保鲜又称"部分冻结法""浅度冻结法""过冷却""半冻结"。介于非冻结食品与冻结食品之间的一种冷藏法。将食品保藏在其细胞汁液冻结温度以下1~2℃的一种轻度冷冻的保鲜方法，在该温度下食品表层水分处于冻结（微冻）状态，既可以有效地抑制微生物的繁殖，又可以减少冻结过程中冰晶造成的机械损伤和细胞破裂等不良影响，细胞保存完整，细胞的原生质和汁液中的可溶性蛋白流失较少，水产品原有的鲜度及营养物质保持率较高。由于只冻结了少量水，因此，该过程在蛋白质变性和冰晶结构损坏方面优于冷冻。

鱼类的冻结点根据种类不同而不同，淡水鱼-0.5℃，淡海水鱼-0.75℃，洄游性海水鱼-1.5℃，底栖性海水鱼-2℃。可以认为鱼类的微冻温度大多为-3~-2℃。

微冻保鲜的基本原理是低温能抑制微生物的生长繁殖，抑制酶的活性，减缓脂肪氧化，解冻时鱼体液汁流失较少、鱼体表面色泽好。优点是比非冻结食品的保藏期稍长。常用于鱼类或肉类的冷藏运输或短期贮藏。据报道，微冻保鲜期达到一般冷却的1.5~2倍，根据鱼种的不同大致在20~27d。

6. 冷冻保鲜

冷冻保鲜是将水产品的中心温度降至-15℃以下，然后在-18℃以下进行保鲜的方法，此时组织中绝大部分的水被冻结，会阻碍化学反应和微生物生长，酶促和非酶促反应的发生率低，能够在较长时间内对水产品进行保鲜。但冷冻过程中冰晶的形成可能会增加质地损坏、保水能力丧失和氧化的概率，水产品中的蛋白质会发生变质，而且解冻时会出现汁液流失的现象，影响水产品的品质，因此，常采用速冻的方法。经速冻的水产品体内形成的冰晶细小且均匀，蛋白质变性程度小，解冻时汁液流失情况也得到了明显改善。

（二）气调包装保鲜技术

气调包装保鲜技术是指通过使用高阻隔性能的包装材料，将 CO_2、O_2、N_2 等气体按预定比例充入水产品包装容器中达到抑制微生物生长繁殖、阻止酶促反应和减缓氧化速率的目的，实现对水产品贮运过程中的保鲜、保色、保味等效果。在实际应用中，针对不同水产品常采用不同混合比例的 CO_2、O_2、N_2 等气体充注，气体组成的选择主要根据水产品微生物菌群的生长特性、对 CO_2 和 O_2 等气体的敏感性、颜色稳定性等因素。

CO_2 是水产品气调包装保鲜中的主要抑菌因子，在水和脂肪中有较高的溶解度，能降低产品表面 pH，从而抑制微生物的生长繁殖，一定范围内 CO_2 抑菌能力与产品中溶解的 CO_2 体积分数成正比。有研究表明，25%～100% 的 CO_2 含量均可抑制微生物的生长繁殖，但应避免因高含量 CO_2 在水产品组织中溶解导致包装塌陷、汁液损失升高、产生酸腐味或金属味等不良气味的问题。

O_2 也是气调包装中的关键组分之一，能促进需氧菌而抑制大多数厌氧菌的生长，不同比例的 O_2 会对水产品贮藏期间的品质产生不同的影响。高含量的 O_2 易加剧高脂水产品的氧化酸败，产生不良气味，因此为延缓高脂水产品的氧化酸败，通常在气调包装中添加少量 O_2 或不添加 O_2；同时，高 O_2 含量易引起蛋白质分子间交联，会降低水产品的嫩度与多汁性，还会造成必需氨基酸含量减少并影响消化吸收；O_2 对于红肉鱼的色泽也有较大的影响，较低的 O_2 含量会促进肌红蛋白转化为高铁肌红蛋白，导致水产品的色泽由鲜红色转变为红褐色。此外，有文献报道水产品在低温、低 O_2 含量的情况下有产生肉毒杆菌毒素的危险，威胁人体健康。

N_2 是一种无色无味的惰性气体，对于水产品的贮藏品质影响微小，常被添加作为气调包装中的填充气体，以 N_2 置换包装中的 O_2，可以抑制需氧微生物的生长并延缓水产品的氧化酸败；对于 CO_2 含量较高的气调包装，N_2 的适量添加可以减少包装塌陷问题。CO 也常作为部分产品气调包装中气体组分，能与肌红蛋白结合产生 CO 结合肌红蛋白，使肉制品呈鲜红色，同时还具有抑菌和抗氧化作用，有研究表明，气体组分中 CO 含量达到 10% 或更高时才能对微生物生长起到有效抑制作用，低于 1% 时的抑菌作用很小，但是不适当的 CO 添加及后续处理将导致 CO 在水产品中的残留量超标，易危害 CO 高敏人群的健康，同时，CO 的良好发色作用易误导消费者食用品质劣变的食物，产生安全隐患。

（三）辐照保鲜技术

辐照是利用放射性同位素钴（$_{27}Co^{60}$）和铯（$_{55}Cs^{137}$）产生的 γ 射线、电子加速器产生的电子束（≤10MeV）或 X 射线（≤5MeV）对水产品进行处理，通过灭活食源性病原体来提高水产品的卫生质量。由于辐照处理不会显著提高水产品的温度，因此不会影响水产品的风味、香气和颜色，又被称为"冷巴氏杀菌"。辐照技术的主要原理是：①使细胞分子产生辐射诱变，干扰微生物代谢，特别是影响其中脱氧核糖核酸的合成；②破坏微生物细胞内膜，引起微生物酶系统紊乱，导致微生物死亡；③水分子受辐射后离子化，形成 ·H、·OH 等活性自由基，这些中间产物能在不同途径中参与化学反应，在水基团的作用下，生物活性物质钝化，细胞受损，当损伤达一定程度后，微生物细胞生活机能完全丧失。

公众对将放射性同位素用于食品用途的关注使得水产品辐照技术从同位素辐照转向电子束和 X 射线。电子束辐照的产生和消失通过电子加速器的开关控制，不存在放射性污染、核泄漏等问题，是一种理想 γ 射线辐照替代技术。电子束辐照加工技术不仅可以彻底杀灭病原微生物，最大限度地保持水产品品质，而且可以减少不良风味对水产品的影响，延长货架期。与 γ-辐射相比，电子束辐照不需要辐射源，可调节功率，与生产线相连接，实现在线对水产品辐照处理，因此，得到越来越多国家以及国际组织的关注。

利用 1kGy，3kGy，5kGy，7kGy 剂量电子束辐照处理鲈鱼肉，能有效降低鲈鱼肉的菌落总数，延缓鲈鱼肉在冷藏期内总挥发性碱性氮含量的上升速率；辐照后鲈鱼肉硫代巴比妥酸值有所增加，且在冷藏期内高剂量辐照组鱼肉总挥发性碱性氮上升速率大于低剂量辐照组；辐照对鲈鱼肉感官、质构和色值影响不显著，但能略微提高鱼肉的亮度。随着辐照剂量继续上升，鱼肉肌原纤维盐溶蛋白含量、活性巯基含量、Ca^{2+}-ATPase 活力下降，羰基和二硫键含量上升，且呈剂量-效应关系；表面疏水性则随辐照剂量上升先增大后减小，并于 5kGy 时达到最大值。高剂量辐照在降低菌落总数的同时，会引起鲈鱼肉肌原纤维蛋白氧化，造成品质下降，利用电子束辐照保鲜鲈鱼肉应控制剂量。

（四）超高压杀菌保鲜技术

超高压（ultra high pressure，UHP）杀菌技术是在密闭容器内，主要以水或油类等物质作为流体媒介进行加压处理，通过高压破坏微生物菌体蛋白中的非共价键，使蛋白质高级结构破坏，从而导致蛋白质凝固及酶失活。超高压还可造成微生物菌体细胞膜破裂，使微生物菌体内化学组分产生外流等多种细胞损伤，导致微生物死亡。超高压处理只作用于非共价键结构，而不影响共价键结构，因此对维生素、色素、香气成分等小分子物质无显著性影响，可在保证食品安全的同时保留食物原有风味与营养成分。超高压杀菌是一种冷杀菌技术，不会像高温杀菌那样造成营养成分破坏和风味变化。超高压处理在杀菌、钝化酶的同时，还会对水产品品质产生影响。由于压力诱导的蛋白质变性和凝胶形成等原因，超过一定压力或处理时间过长时会使水产品的感官品质发生变化，鱼类、虾类、蟹类等水产品会出现熟制的外观，质构发生变化，但不会出现明显的熟制风味。鱼类在 100MPa 以上的处理下随着压力和时间增加，鱼肉透明性会下降，硬度增加。而贝类相比鱼类、虾类、蟹类等在超高压处理后的变化更小，耐受性更强。

（五）低温等离子体杀菌保鲜技术

低温等离子体可以定义为"部分或完全电离的气体，在环境温度附近携带无数高活性物质，如电子、负离子、正离子、自由基、激发或非激发原子和光子"。在物理学上，等离子体又被称为除固态、液态、气态以外的物质的"第四种形态"。低温等离子体杀菌保鲜技术（atmospheric cold plasma，ACP）是一种新兴的水产品微生物抑菌技术，但对于其杀菌机制学界目前还未有明确定论，相关机制假说主要集中于低温等离子体是在放电过程中产生的紫外线、带电粒子及活性氧自由基和活性氮自由基等，通过蚀刻作用、细胞膜穿孔与静电干扰和细胞大分子氧化等途径，氧化微生物细胞膜表面的蛋白质和脂质，使细胞膜表面形成小孔，随后进入细胞内，诱导遗传物质中胸腺嘧啶二聚物的形成从而影响 DNA 的复制，最终导致微生物失活，从而提高水产品贮运过程中的品质。关于低温等离子体杀菌保鲜技术的研究主要集中于海水鱼，可以抑制表面微生物繁殖，但是能够促进脂质和蛋白质的氧化。因此，在低温等离子体杀菌时需要添加一定的抗氧化剂。

（六）脉冲电场杀菌保鲜技术

脉冲电场（pulsed electric fields，PEF）杀菌是采用高压脉冲器产生的脉冲电场进行杀菌，其机制主要是电崩解和电穿孔。电崩解理论认为，微生物细胞膜在外加电场作用下膜电位差会随电压的增大而增大，导致细胞膜厚度减小，当膜电位差达到临界崩解值时，细胞膜上形成孔产生瞬间放电，使膜分解。电穿孔理论认为，外加电场下细胞膜压缩形成小孔，通透性增强，小分子进入细胞内，使细胞体积膨胀，导致膜破裂，细胞死亡。脉冲电场杀菌保鲜技术主要应用于水产品表面杀菌，同时，可以使酶活性中心的结合基团局部构象改变或酶活性中心的催化基团局部构象改变，从而影响酶的催化活性，利于水产品贮运过程中的保鲜。脉冲电场杀菌保鲜技术在水产品贮运保鲜的应用研究主要集中在实验室水平上，但是，由于脉冲电场处理系统电路设计的复杂性使得该系统的造价非常昂贵，从而限制了这种方法商用。

（七）脉冲强光杀菌保鲜技术

脉冲强光杀菌（pulsed light sterilization，PLS）是一种非热杀菌技术，是可见光、红外光和紫外光的协同效应，可对微生物细胞中的 DNA、细胞膜、蛋白质和其他大分子产生不可逆的破坏作用，从而杀灭微生物。利用瞬时、高强度的脉冲光能量对微生物细胞壁、蛋白质和核酸结构产生作用，使细胞变性而失去生物活性，抑制其生长繁殖，从而达到杀菌目的。脉冲强光对微生物的影响程度由大到小为：革兰氏阴性菌、革兰氏阳性菌和真菌孢子，而水产品贮运过程中的特定腐败菌多为革兰氏阴性菌。脉冲强光杀菌保鲜技术也是应用于水产品表面杀菌，因此，被处理材料的透明度和成分组成对杀菌效果影响较大。同时，脉冲强光杀菌保鲜技术存在高投资成本、氙气光源灯使用寿命短，在处理过程中还会导致水产品感官特性发生变化，如产生褐变以及不良风味和气味。

水产品常用物理保鲜方式总结如表 8-12 所示。

表 8-12　水产品常用物理保鲜方式比较

保鲜方式	作用机制	优点	缺点
低温保鲜技术	低温抑制微生物生长繁殖与酶活性，减缓水产品贮运过程中的生化反应速率	应用范围广，可较长时间维持水产品贮运过程中的品质	长期处于冻结状态的水产品会造成溶质浓缩与蛋白质变性
气调保鲜技术	调节包装袋内气体组分，抑制水产品中微生物生长繁殖	不需要添加防腐剂，安全性高，不影响其色泽	成本高，需要结合低温保鲜技术一起使用
辐照保鲜技术	以射线形式进入水产品内部，破坏细胞膜结构与遗传物质	抑菌效果显著，可最大限度保留水产品风味	需要专门处理装置，辐照处理不当容易造成严重后果，会造成水产品营养损失
超高压杀菌保鲜技术	超高压处理导致微生物菌体细胞膜破裂和酶失活	能保留食物原有风味与营养成分	过高压力会导致水产品的感官品质发生变化，会出现熟制的外观，质构发生变化
低温等离子体杀菌保鲜技术	产生紫外线、带电粒子及活性氧、活性氮自由基等，进入细胞内影响 DNA 的复制	可以抑制表面微生物繁殖	促进脂质和蛋白质的氧化，造成品质劣化
脉冲电场杀菌保鲜技术	电崩解和电穿孔导致细胞膜被破坏	应用于水产品表面杀菌和影响酶的催化活性	脉冲电场处理系统电路设计复杂，造价高
脉冲强光杀菌保鲜技术	利用瞬时、高强度的脉冲光能量对微生物细胞壁、蛋白质和核酸结构产生作用，使细胞变性而失去生物活性	应用于水产品表面杀菌	设备成本高，水产品感官特性发生变化，如褐变、不良风味和气味

续表

保鲜方式	作用机制	优点	缺点
高密度 CO_2 杀菌保鲜技术	降低 pH、CO_2 分子和 HCO_3^- 对微生物细胞具有抑制作用、对细胞膜的物理性破坏、钝化酶和孢子活性	对水产品的品质影响小，能保留食物原有风味与营养成分	会使水产品感官特性发生变化，如色泽、质构发生变化

二、化学保鲜技术

化学保鲜技术即通过添加各种化学试剂达到杀菌或抑菌的目的，以延长水产品贮运过程货架期的保鲜技术。根据所使用的化学保鲜剂不同，可分为食盐腌制保藏法、烟熏保鲜法、食品添加剂保鲜法、生物活性物质保鲜法、酶保鲜法及臭氧保鲜法等。

1. 食盐腌制保鲜技术

食盐腌制是渗透扩散的过程，当水产品浸入食盐水或与食盐接触，水产品肉中水分渗出，食盐渗入水产品体内，形成动态平衡。盐分的渗入降低了水产品体内的水分活度，抑制了微生物生长，从而延长水产品的货架期。传统腌制方法有干腌法、湿腌法、混合腌制法等，腌制速率受多种因素的影响，如水产品的种类、生理状态、腌制方法、腌制时间等。近年来，采用的超声波、超高压等辅助腌制方法，可以加快腌制速率，提高腌腊鱼的品质安全。在腌制过程中添加酶或发酵剂，会促进水产品风味形成，改善水产品的感官品质。腌制水产品的安全问题需要关注，过量的亚硝酸盐及胺类物质会对人体造成危害，应采用天然提取物如茶多酚、竹叶抗氧化物或筛选有利于降解亚硝酸盐或胺类的微生物添加在生产过程中，以提高产品的安全性。

2. 烟熏保鲜技术

烟熏是我国一种传统水产品的保鲜技术，天然木材烟雾是一种蒸汽、液滴和固体颗粒的悬浮物，可以通过控制木材在无氧或低氧水平下阴燃产生。木材在热解过程中产生活性成分，如酚类、有机酸和羰基化合物等，不仅可以使水产品具有诱人的烟熏风味，改善其质构和外观，赋予其特有的色泽，还具有抗菌和抗氧化效果，有效延长保质期。目前，常用的水产品烟熏木材包括红木、黑核桃、山核桃、桦木、白橡树、白杨、栗子和樱桃木等。由于传统烟熏保藏会产生多环芳烃化合物，自 20 世纪 70 年代以来，液体烟雾被开发并流行起来，液体烟雾通过将木粒、木材和木屑等进行可控燃烧后产生，用水进行冷凝，灰分和焦油通过沉积作用去除，只留下酚类、有机酸和羰基化合物等活性成分，产生与传统木材烟熏一样的色泽和风味特点。利用液熏法制备熏鳗，不仅有效地解决了油脂外溢引起过氧化值快速增加的技术难题，还控制了微生物的生长，保证了熏鳗产品贮运过程中的安全性。

3. 电解水杀菌保鲜技术

作为一种新型的杀菌技术，通过电解水生成装置电解含 HCl 或 HCl/NaCl 混合液的电解质而生成的具有杀菌功效的功能水，具有广谱高效、安全环保等特点。根据 pH 可将酸性电解水细分为强酸性电解水（pH<2.7）、弱酸性电解水（2.7<pH<5.0）和微酸性电解水（5.0<pH<6.5）。目前，多数电解水的杀菌机制研究主要是从 pH、氧化还原电位与有效含氯量对微生物

的细胞形态、生理生化反应等影响开展研究，其杀菌机制通常被认为是物理杀菌与化学杀菌共同作用的结果（图8-4）。电解水除杀菌外，还可以钝化多酚氧化酶、溶酶体组织蛋白酶、脂肪酶等酶类活性。电解水在水产品贮运中的应用主要包括养殖环境和加工设备器具的消毒，加工贮运和流通消费的杀菌消毒等。已有研究表明，电解水对水产品表面的单核细胞增生性李斯特菌、大肠杆菌与副溶血性弧菌等有较好杀菌作用。研究发现，弱酸性电解水（次氯酸含量21mg/kg，氧化还原电位947.6mV，pH 6.1）减菌处理后可以显著降低暗纹东方鲀表面的嗜温菌、假单胞菌、腐败希瓦氏菌和乳酸菌的数量。需要注意的是，电解水活性成分不稳定，制取一段时间后其有效成分含量会逐渐降低。

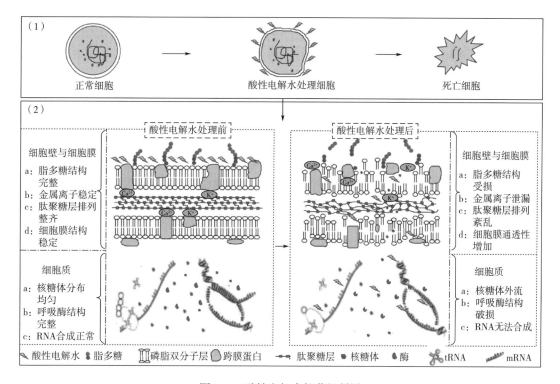

图 8-4 酸性电解水抑菌机制图

（1）酸性电解水作用下微生物细胞变化示意图 （2）酸性电解水抑菌过程细节图

4. 臭氧杀菌保鲜技术

臭氧是一种广谱高效的抗菌剂，可以抑制细菌、真菌及其孢子、病毒和原生生物等绝大多数微生物的生长。臭氧杀菌或抑菌作用，通常是物理的、化学的及生物的等各方面的综合结果。其作用机制可归纳为：①破坏细胞膜结构，使得细胞膜通透性增加、细胞内物质外流；②酶失活；③破坏遗传物质或使其失去功能。臭氧具有强氧化性与抑菌杀菌能力，在鱼片及鱼糜制品漂白脱色、异味去除及杀菌保鲜，甚至是加工设备清洗消毒、循环水养殖等领域中得到广泛应用。已有学者从臭氧处理浓度、温度、时间与处理方式等方面研究其对水产品减菌效果与品质风味影响。臭氧处理可以明显降低水产品表面菌落总数，在贮运过程中保持良好品质。但是，臭氧处理能促进水产品脂肪和肌原纤维蛋白氧化，促进巯基转化为二硫键，改变肌动球蛋白分子结构、肌红蛋白含量和存在形式，进而影响色泽。臭氧稳定性差，易分解为O_2，杀菌能力随之下降，但操作人员长期在高浓度臭氧环境下可能会损害呼吸道。在实际生产中，需要将臭氧与其他处理方式相结合，既可减少其用量，还能更好发挥协同效应。

三、生物保鲜技术

生物保鲜技术即利用生物保鲜剂来延长水产品贮运过程中的货架期和提高水产品安全性。生物保鲜剂来源于生物体自身组成成分或其代谢产物，包括植物源、动物源和微生物源生物保鲜剂，具有抗菌、抗氧化以及抑制酶活性等作用，从而在水产品贮运过程中起到保鲜作用。生物保鲜剂的作用机制可以概括为四个方面：①含有抗菌、抑菌的活性成分能够抑制水产品中有害微生物的生长；②具有抗氧化的活性成分能够防止水产品氧化变质；③能够抑制水产品中酶的活性，防止水产品被水解而加速腐烂变质；④能够在水产品表明形成一层隔离膜，隔离其与氧气的接触，减少水分的散失，防止微生物的污染。目前，应用于水产品的生物保鲜剂主要有乳酸链球菌素、壳聚糖、有机酸、茶多酚、生物酶等。

1. 乳酸菌和细菌素

乳酸菌是革兰氏阳性菌，将葡萄糖发酵产生乳酸的过程中会产生多种抗菌活性成分，如有机酸（乙酸、丙酸、丙酮酸、乳酸等）、双乙酰、乙醛、过氧化氢、非低相对分子质量蛋白质化合物（罗伊氏素、罗伊氏菌素和焦谷氨酸）和细菌素等。有机酸可以降低 pH，抑制微生物生长，乳酸菌产生抗菌活性成分的数量和类型取决于乳酸菌菌株、碳源和氮源类型以及添加剂种类等。

细菌素是乳酸菌产生的一种抗菌活性肽或蛋白质，可对微生物产生杀灭作用。同时，它们可以被人体生物降解和消化，对健康无影响。近年来，关于细菌素在水产品贮运保鲜中的研究较多，其中，乳酸乳球菌产生的乳酸链球菌素和乳酸片球菌产生的片球菌素已被商业用于水产品贮运保鲜。

乳酸链球菌素是被认为可以安全食用的细菌素，可抑制金黄色葡萄球菌、蜡状芽孢杆菌、单核细胞增生性李斯特菌、产气荚膜梭菌和链球菌属等革兰氏阳性菌的生长。但是，乳酸链球菌素在水产品贮运过程中使用较少，主要原因和乳酸链球菌素的使用限制有关。乳酸链球菌素在低 pH 下表现出更好的抗菌活性，因为酸度增加了乳酸链球菌素的溶解度和稳定性，同时，水产品贮运过程中的低温条件也抑制了乳酸链球菌素的活性。更重要的是，乳酸链球菌素对革兰氏阴性菌、酵母菌或真菌的作用较差，而水产品贮运过程中特定腐败微生物多为革兰氏阴性菌。因此，关于水产品贮运过程中使用乳酸链球菌素的研究较少，目前的报道多见于乳酸链球菌素和其他抑菌活性成分组合使用。有研究发现，主要成分是 10% 丙酸杆菌素的抑菌剂（对革兰氏阴性菌有效）和 0.2% 乳酸链球菌素的组合可以降低冷藏新鲜鲑鱼的菌落总数。

2. 有机酸

有机酸天然存在于多种食物中，例如醋（乙酸）、橙子（抗坏血酸）、葡萄（酒石酸）、苹果（苹果酸）、柠檬（柠檬酸）。因此，对它们的摄入没有限制。在水产品贮运过程中，有机酸有多种用途，可作为酸味剂、螯合剂、调味剂、抑菌剂、酶促褐变抑制剂等。就抑菌性能而言，水产品贮运保鲜中使用的主要酸是柠檬酸、乳酸、抗坏血酸、乙酸及其钠盐或钾盐。有机酸抑菌机制主要有涉及到能量竞争、透化细菌外膜、提高胞内渗透压、抑制生物大分子合成、诱导宿主产生抗菌肽五个方面。影响有机酸抑菌性能的因素主要有：有机酸分子的大小和极性程度，决定穿过膜的能力；解离常数（pK_a），有机酸在高解离常数值下处于非解离形式，利于穿过细胞膜。因此，使用具有不同解离常数值有机酸混合物来处理水产品比单独使用有机酸酸更有优势。不同有机酸可以确保在不同的 pH 下解离，从而产生协同效应。同时，部分有机酸，如抗坏血酸和柠檬酸，可作为金属的螯合剂，捕获存在于介质中的过渡金属，并使它们无法充当氧化传播剂。此外，柠檬酸、抗坏血酸和乳酸可作为抗氧化增效剂，提高抗氧化剂的活性。柠檬酸和抗坏血酸等有机酸还可螯合铜离子抑制酪氨酸酶活性，从而防止甲壳类水产品的酶促褐变。此外，有机酸导致的 pH 降低也有利于抑制酪氨酸酶活性，起到协同作用。

3. 壳聚糖

壳聚糖是由几丁质经脱乙酰化处理后制得的天然高分子聚合物，是通过 β-D-1,4-糖苷键连接的碱性氨基多糖。水产品加工副产物虾壳和蟹壳中甲壳素经过脱钙、去蛋白、脱色与脱乙酰等过程可制备壳聚糖。壳聚糖在其骨架上具有三个官能部分：C_2 上的氨基和 C_3、C_6 上的伯羟基、仲羟基。在酸性条件下，由于质子化现象，氨基使其能够与微生物的带负电表面组分相互作用，使细胞内物质泄漏导致细胞死亡；壳聚糖聚合物通过氨基、羟基离子和配位键与对微生物生长繁殖起重要作用的金属阳离子相互作用导致微生物死亡。同时，壳聚糖还具有抗氧化性，金属螯合能力使低相对分子质量壳聚糖中的氨基可与外部自由基反应形成更稳定的大分子基团，因而有较强的羟基自由基清除活性；壳聚糖中游离氨基的存在使其具有成膜性，能够阻止氧气渗透，抑制脂质氧化和水分的流失，维持水产品的质构与风味，适用于水产品贮运保鲜。壳聚糖一般溶于 1% 乙酸溶液，质量浓度在 0.5～30g/L，应用方式主要是生产涂膜和抗菌可食膜。通过壳聚糖涂膜延长水产品货架期已经成为研究热点之一，壳聚糖涂膜保鲜溶液可分为单一成分和复合成分两种。单一成分的壳聚糖涂膜对水产品的保鲜效果与溶液浓度、壳聚糖粒径有关。除此之外，通过联合其他保鲜剂制备复合溶液可进一步提高壳聚糖涂膜保鲜效果，保鲜剂根据溶解性可以分为水溶性物质（如茶多酚、迷迭香提取物）和油溶性物质（主要是植物精油）。水溶性成分复合时较为简单，将其溶解在酸性水溶液中再溶解壳聚糖即可。油溶性成分复合时较为复杂，需要添加乳化剂并通过搅拌形成水包油型乳液，再通过高速剪切或微射流等方法减少乳液颗粒粒径，使其均匀分布在溶液中。壳聚糖与其他保鲜剂复配使用能优势互补，提升水产品贮运保鲜效果；也可结合其他技术处理形成壳聚糖衍生物，如融入纳米颗粒与微胶囊等技术，将能扩大壳聚糖在水产品贮运保鲜方面的应用范围。

4. 茶多酚

茶多酚是茶叶中多酚类物质的总称，包括黄烷醇（儿茶素）类、酚酸类、黄酮类、花色苷类等，是茶叶中主要的生物活性成分，在水产品贮运保鲜中主要是利用抑菌和抗氧化作用。茶多酚的抑菌机制主要有：影响基因的复制和转录；茶多酚中的酚羟基与蛋白质的氨基或羧基发生氢结合，疏水性的苯环也可与蛋白质发生疏水结合，影响蛋白质和酶的活性；破坏细菌细胞膜的脂质层，改变细胞膜的通透性；络合金属离子，导致微生物因缺乏某些必需元素而代谢受阻。茶多酚的抗氧化作用主要是通过螯合金属离子、清除活性氧自由基和抑制氧化酶及促进抗氧化酶活性来实现。在水产品贮运过程中使用茶多酚能够有效地抑制水产品脂质氧化和三甲胺、挥发性盐基氮等的生成，抑制腐败微生物的生长繁殖。鲈鱼经过 0.1g/100mL，0.2g/100mL 和 0.3g/100mL 茶多酚浸泡后置于 4℃ 条件下贮藏，能较好地保持其品质，延缓微生物生长。硫代巴比妥酸值、总挥发性碱性氮值、K 值、过氧化值和菌落总数均低于未经茶多酚处理组，对鲈鱼在冷藏期间的品质具有较好保鲜效果。

5. 精油

精油是一类从植物中提取的次生代谢物质，广泛分布于桃金娘科、樟科、芸香科、伞形科、唇形科、姜科、菊科等植物中，主要活性成分有萜类衍生物、芳香族化合物、脂肪族化合物、含氮含硫类化合物等，具有抑菌、抗氧化等活性，在水产品贮运过程保鲜中研究较多。植物精油满足当前水产品贮运保鲜行业和消费者对食品安全的要求，在水产品贮运过程中有着良好的应用前景。精油用于水产品贮运过程一般通过两种方式实现，即涂膜和制备抗菌膜材料。相比直接涂膜保鲜，将精油添加至成膜基质中制备抗菌膜材料用于水产品贮运保鲜一方面在一定程度上降低了精油进入水产品的量，有利于缓解精油影响水产品本身风味的问题，另一方面将精油固定在抗菌膜材料中可使精油缓慢释放，有利于维持膜材料的抗菌持久性。植物精油应用于水产品贮运保鲜还停留在实验研究阶段，如何提高精油的成膜稳定性及评价对抗菌膜材料性能的影响需要进一步明确。同时，需要评价精油迁移到水产品材料中从而使食品中的感官特性、营养成分或者功能成分发生改变。精油抗菌活性强、成本低、易获取，可以作为化学防腐剂的代替。但是，精油带有一定味道，其用量多少会影响水产品的感官品质。精油的抑菌机制和靶向抑菌作用位点仍不明确，其抑菌成分还与收获季节、种类、提取方法等有关。因此，对于精油在水产品贮运过程中的使用还需要深入研究。

6. 乳过氧化物酶

乳过氧化物酶多来于牛乳，牛乳过氧化物酶是由相对分子质量约为 7.84×10^4 的单肽链组成的糖蛋白，可以催化乳过氧化物酶中硫氰酸盐离子（SCN^-）的氧化，生成次硫氰酸（$HOSCN$）和次硫氰酸盐（$OSCN^-$）等氧化产物。乳过氧化物酶通过氧化微生物酶和其他蛋白质的巯基（$-SH$）基团来抑制微生物生长，对革兰氏阴性菌抑菌效果好。乳过氧化物酶经过涂膜保鲜后能够抑制水产品中腐败微生物的生长、蛋白质和脂类水解等，但由于成本因素，乳过氧化物酶在水产品贮运保鲜中的应用还停留在实验研究阶段。

第三节 水产品保活技术

水产品贮运保活的目的是使水产品在运输前后不死亡或减少死亡。因此，保活主要是靠创造较适宜的鲜活水产品生存环境，或通过一系列物理或化学措施降低其新陈代谢活动，从而延长其存活时间，提高水产品价值。常见的水产品保活运输技术主要有有水保活和冰温无水保活两种。

一、水产品有水保活技术

1. 充氧有水保活技术

充氧有水保活技术是指运输途中向水体中充入氧气，保证水产品在运输途中氧气充足，确保鲜活水产品的溶解氧不低于水产品的窒息点，氧气充足的情况下可在一定时间内实现水产品高密度保活运输。密闭式充氧运输装置有塑料袋、塑料箱等，较常用的是塑料袋充氧运输，受精卵、鱼苗、鱼种、虾苗等较小规格个体的运输和短距离运输多采用此法。塑料袋运输虽然方法简单，但是该法运输途中无法进行换水、换气操作，水产品新陈代谢产生的 CO_2、氨、氮等废物不能及时清除会导致水质恶化，水产品死亡率提高。成品鱼运输多采用运输车内摆放装有合适比例鱼和水的专用箱，将连接氧气钢瓶或空气泵的管子插入箱内，在整个运输过程中可以随时增加箱内水体的溶解氧含量，以提高水产品保活运输率。

2. 麻醉有水保活技术

麻醉有水保活技术通过抑制神经系统的敏感性，降低水产品对外界环境的刺激反应、新陈代谢速率和呼吸强度等，从而提高运输存活率。该法主要分为化学麻醉法和物理麻醉法。化学麻醉法主要采用药物作用于脑皮质，使触觉丧失，再作用于基底神经节和小脑，最后作用于脊髓，使鱼体进入麻醉状态。化学麻醉剂作用于水产品的效果与水产品种类及个体大小、所用麻醉剂的品种和用量、温度、操作方法等有关。化学麻醉法的操作方式有浸浴麻醉和鳃部喷洒麻醉，浸浴麻醉适用于小个体，水产品不需要离开水，操作方便；鳃部喷洒麻醉主要适用于大个体，鱼需要离开水且操作时间长。硫磺间氨基苯甲酸乙酯甲磺酸盐（MS-222）是目前应用最为广泛的麻醉剂，其在清水中活鱼肌肉内的代谢时间约 12h。MS-222 也是目前唯一通过美国 FDA 认可的用于食用鱼的麻醉剂，但是美国 FDA 要求使用 MS-222 麻醉运输鱼后需要通过 21d 的药物消退期才可以在市场上销售。丁香酚也是一种常用的植物提取物类麻醉剂，丁香酚及其代谢物能快速从血液及组织中排出，不会诱导机体产生有害物质。相对较低的丁香酚剂量便能快速诱导麻醉，并且能在可接受的短时间内复活。与 MS-222 相比，它的优点在于成本低、剂量低、安全度高、潜在死亡率低。CO_2 对鱼类也有较好的麻醉性能，CO_2 可以采用充气的方式直接使用，也可采用化学反应生成，如 $NaHCO_3$ 和 HCl。CO_2 麻醉鱼没有药效消退期规定，经 CO_2 处理过的鱼可以直接销往市场。化学麻醉剂除了以上 3 种外，还有三氯乙醛、苯巴比妥钠、$NaHCO_3$ 等 30 余种。化学麻醉法具有麻醉效率高、方便易操作等优点，但该法对运输对象、环境及食用人群具有一定的毒害性而被限制使用。国内外主要研究集中在麻醉剂的麻醉效果和对血液成分的影响，而对麻醉剂在水产品体内的代谢途径、麻醉剂的安全剂量范围、反复使用对水产品和人类的危害及麻醉机制等研究较少。在使用麻醉剂时应注意以下问题：①麻醉剂的反复使用对食品安全和鱼体的危害；②鱼在麻醉液中的最长浸泡时间；③麻醉过深后如何急救等。

3. 净水法有水保活技术

水质是鲜活水产品保活运输过程中的主要影响因素，水产品的呼吸、代谢会造成水质的快速下降，导致其中毒而死，因此，需要采取必要的措施保证运输过程中水体的干净。在水箱底部铺上一层膨胀珍珠岩或活性炭可以吸附水产品代谢产生的废弃物，达到净化水质的目的。在运输过程中添加石灰水可以吸收罗氏沼虾呼吸产生的 CO_2，明显提高运输成活率。

4. 降温法有水保活技术

增氧法主要是用于鱼类的保活运输，而对于虾蟹类的运输多采用降温法。温度对罗氏沼虾保活运输的存活率具有明显的影响，21℃条件下保活运输 24h 后存活率为 97%，而 26℃条件下只有 24%。将虾蟹类在水中通过降温处理，使其适应低温环境，再放入预先放有少量冰块的泡沫箱内，箱内每层水产品之间的填料采用消毒过并预冷的木屑，可以提高运输存活率。

二、水产品无水保活技术

大多数水产品都有一个固定的生态冰温点，在生态冰温区内，采用适当的梯度降温至生态冰温点，水产品的呼吸和新陈代谢极低，生命活动速率就会大大降低，进入休眠状态，为无水运输提供了条件。水产品无水保活关键技术如下。

（一）生态冰温点的确定

冷血动物鱼、虾、贝都存在一个区分其生死的临界温度，称为生态冰温点，水产品的生态冰温点到初始结冰点之间的温度范围为生态冰温，多数冷水性鱼类的临界点约为0℃，而暖水性鱼类的生态冰温点多在0℃以上；通过绘制冻结曲线得到水产品的初始冻结点（表8-13）。水产品生态冰温无水保活技术就是把环境温度控制在生态冰温零点与冻结点之间，在该条件下，水产品通常处于半休眠或全休眠状态，体内的酶活降低以减弱代谢水平，减少呼吸频率和代谢废物的排放，有利于提高运输成活率和延长运输时间。将生态冰温点降低到接近初始结冰点是该保活技术的关键，暖水性动物经过低温驯化，可提高其在生态冰温范围内的存活率。水产品肌肉组织初始冻结点测定因品种、肌肉含水量、季节、生长水域以及气温差异而不同，如鲫鱼眼、脑及腹部在-0.3℃开始冻结，背部及鳃、内脏、尾部初始冻结温度为-0.9～-0.7℃，因此，鲫鱼生态冰温范围应控制在-0.3～0℃。水产品身体不同部位含水量的不同是导致初始冻结点温度存在差异的原因。同种水产品不同质量相比较，身体较小、发育程度较低时初始冻结点温度差异大，当身体逐渐长大到一定质量范围，这种差异也逐渐缩小。该技术不同于降温法有水保活技术，二者最大的区别在于，生态冰温无水保活技术最终达到的温度要高于生态冰温法，即所达到的最低温度仍在生态冰温以上。

表8-13   部分水产品的生态冰温点和初始结冰点   单位:℃

项目	河豚	鲭鱼	沙丁鱼	鲷鱼	牙鲆	鲽鱼	松叶蟹	半边蚶	扇贝
生态冰温点	3～7	7～9	7～9	3～4	-0.5～0	-1～0	-1～0	5～7	-0.5～1
初始结冰点	-1.5	-1.5	-2	-1.2	-1.2	-1.8	-2.2	-2	-2.2

（二）梯度降温

生态冰温区确定之后，应采用适当的梯度降温，以使水产品缓慢进入呼吸和新陈代谢极低的休眠状态。水产品的体温可随环境温度变化而变化，梯度降温可最大限度减少温度变化给水产品带来的不良影响，有效延长水产品贮运过程中的保活时间。当环境温度与水产品体温相差大于3℃时，水产品会或多或少产生应激反应。温度降低速度过快会导致水产品细胞功能紊乱，细胞会自动启动防御机制以保持组织细胞的生存状态。因此，应采用缓慢梯度降温法，减少水产品的低温应激反应。适当降温速率有助于保持细胞的结构和功能，从而影响水产品的保活率、风味和其他品质特征。

（三）贮运环境

对于水产品无水保活运输技术，包装内部首先要具备适当的湿度，保证休眠状态下的水产品正常的体表状态；其次，在无水状态下，包装内充入纯氧可以保证水产品进行正常的呼吸代谢，延长存活时间，充氧量根据包装密度决定。包装内如果缺少氧气和湿度，水产品机体将因为缺少能量和水分而导致功能障碍，甚至不可逆损伤，最终促使水产品死亡。运输箱内部环境情况主要是温度控制、减少运输中的实际震动等。运输箱具有保温控温功能，箱内温度以运输产品的生态冰温为准，箱内配有控温设施，温度波动以小于1℃为宜。包装内应考虑湿度控制，充入纯氧后密封。在运输箱内部结构设计与布置时应使用减震材料，以降低鱼体损伤或死亡。为及时掌控运输箱内的环境变化，维持箱内环境"持恒状态"，应用运输箱环境调控机制，实现对水产品长途运输的智能化监控与管理。实际应用中，有独立运输箱和一体式运输箱两种模式。前者可用于以飞机、火车为交通工具的远距离、长途运输；后者即货车等交通工具和运输箱一体化，适用于短程陆路货运。

（四）唤醒

唤醒即将运至目的地并还处于休眠状态下的水产品转入水温为生态冰温范围的暂养池内，通过梯度升温方式使水产品苏醒。这一过程的关键控制点在于暂养池内的水温（初始水温）与梯度升温速率。初始水温设置应与运输温度相同，若初始水温与运输温度差别较大，易导致水产品不适，降低复活率。升温速率需根据水产品的品类不同而适当调控，可参考梯度降温时的速率。唤醒步骤是水产品运输过程中最重要的步骤之一，水产品经过上述降温、包装、运输过程中的应激，体内能量不足，免疫系统紊乱，适应环境能力差，将此时的水产品放入与之前运输箱内环境差异较大的环境中，会导致水产品的死亡。

（五）需要注意的技术点

1. 水产品品类

物种特性造成水产品对环境的耐受差异，即使同一品种也存在品系、老幼之分。目前，对大菱鲆、半滑舌鳎等鲆鲽鱼类进行无水保活研究较多，对洄游性鱼类无水保活的研究较少，需氧量较大的洄游性鱼类相比对含氧量要求较低的鲆鲽类等较难实现无水保活运输。同时，水产品的体质状态也直接关系到物流各环节的持续作业，运输前要挑选健康的水产品，体弱或患病的水产品在运输时易死亡，影响存活率。

2. 降温方法

水产类虽各有一个固定的生态冰温，但当改变其原有生活环境时，往往会产生应激反应，导致水产动物的死亡。对于致死水温较高或不耐受低温的品种，不能采用大幅度降低水温的措施。因此，许多鱼类如牙鲆、河豚等要采用缓慢梯度降温法，降温一般不超过5℃/h，这样可减轻鱼的应激反应，提高其存活率。

3. 运输装备

无水保活运输包装装备应是封闭式的，包装内部应保持适当湿度和氧气供应，包装内的个体不能相互叠加，使用无污染的包装介质时需预先冷却。其次，水产品保活物流对车厢内微环境要求较高，应研发基于无线传感器网络、无线射频识别技术的实时物流参数动态监测系统，通过无线网络实现水产品运输全过程的环境监控，为保证无水活运中水产品存活率提供技术支持。

4. 相关环节衔接

实现生态冰温无水活运产业化需要将养殖企业、运输公司及经销商这三方紧密结合成一个整体。例如，将商品鲟鱼停食暂养2~3d，放入冰水中迅速降温，使鱼体温度接近生态冰温，待鲟鱼处于冷麻醉状态时用尼龙袋包装充氧后装入泡沫箱，鱼体紧挨但不可相互重叠，然后进行物流配送到达目的地后唤醒。目前，采用生态冰温无水活运技术对水产品进行运输处于研究阶段，尚未开展大范围商用。

3

第三篇
食品加工技术
及其应用现状

第九章

粮油制品加工技术

学习指导：本章依据粮食制品和油脂制品的不同特点，分为粮食制品加工新技术和油脂制品加工新技术两节。粮食制品加工新技术按照焙烤类、膨化类和豆类三类食品的加工新加工技术分别进行阐述；油脂制品加工新技术则分别介绍了传统油脂制品加工新技术、食品工业专用油脂加工新技术和功能性脂质加工新技术。各节按照制品类型或加工技术类别，介绍了新型技术在粮油食品加工中的工艺特点、应用优势等。通过本章学习，应了解这些加工新技术突出效果，并结合自学进一步提升理论联系实际的能力，学习中可通过列举采用新技术生产典型粮油食品的典型应用，加强对粮油食品前沿加工技术的认识。

知识点：粮食制品加工新技术，油脂制品加工新技术，粮食和油脂制品类型，未来粮油加工技术

关键词：粮食制品，油脂制品，加工，新技术

第一节　粮食制品加工技术

一、焙烤类食品加工技术

焙烤食品是指以谷物为基础原料，采用焙烤加工工艺定型和成熟的一大类方便食品。焙烤食品范围广泛，种类繁多，风味各异，主要包括面包、糕点、饼干三大类产品，焙烤食品一般有如下特点：①以谷物为基础原料；②以油、糖、蛋等为主要原料；③产品成熟或定型均采用焙烤工艺；④产品一般不需调理就能直接食用；⑤大多使用食品膨松剂，产品结构疏松。

（一）面包加工技术

烘焙食品作为主食或者代餐食品，在食品工业中的地位日渐凸显。近年来，烘焙食品在我国消费量剧增，总利润突破百亿大关且每年保持着 10% 速度增长。根据 GB/T 20981—2021《面包质量通则》中的定义，面包是一类以小麦粉、酵母、水等为主要原料，添加或不添加其他配料，经搅拌、发酵、成型、醒发、熟制、冷却等工艺制成的食品，以及熟制前或熟制后在产品表面或内部添加其他配料等的食品。面包作为焙烤食品中的主流产品，因其营养丰富，方便快捷，一直备受青睐。随着社会发展，人们对烘焙食品品质要求的不断提升，促使烘焙行业在生产面包时对发酵剂以及营养物质作出调整，以满足"绿色、安全、营养"等食用要求，一些新的技术不断涌现，并应用于面包生产。

1. 混合发酵剂在杂粮面包中的应用

近代工业生产烘焙食品的主发酵剂一般是干酵母，由于菌群较单一，在产生风味物质上存在一定的缺陷。此外，单一的使用酵母进行发酵生产面包，面包在存储过程中易发生老化以及长霉，在面包中的使用弊端愈加明显。

以乳酸菌为代表的混合发酵剂目前在焙烤工业应用中逐渐增多。其中，乳酸菌和酵母菌协

同能促进面团发酵，增加营养物质的含量，并且能在发酵过程中抑制其他微生物杂菌的生长，相应产生的有机酸、多糖和酶等物质能显著地改善面包性能，提升品质。研究表明，采用乳酸菌和酵母菌作为混合发酵剂制作的面包，具有风味独特、品质好、营养丰富、货架期长等优点。

2. 酶在面包加工中的应用

酶是具有生物催化能力的蛋白质，是一种天然的生物制品，酶制剂在面包工业上的应用由来已久，对面团的形成及面包品质有重要作用，并能影响淀粉和蛋白质之间的物理及化学变化。它可以改变面粉原料品质，改善面团操作性，提高产品得率，并能增加面包体积及柔软度，延长保存期限，此外，还可减少人工添加剂用量。酶制剂是面包工业中最重要添加剂之一，具有安全、高效、纯天然，且专一性强、添加量少、改良效果好等优点。但酶的最佳添加量应在参考产品说明书和实际实验基础上，最终确定最佳添加水平，不可盲目添加。不同酶制剂的复合使用，还能产生协同增效作用。

3. 无麸质面包加工技术

世界上约有1%的人口会对小麦、黑麦等麸质产生免疫反应而患乳糜泻病，必须严格遵循无麸质饮食，终生避免或严格控制含麸质食品的摄入。无麸质面包则是由不含麸质的蛋白原料加工而成。无麸质面包是无麸质食品中最重要的组成部分，其品质因麸质蛋白的缺失而受到一定影响，但可以通过优化加工工艺有效改善其品质。优选廉价营养的原料搭配高效的添加剂是无麸质面包加工第一环，通过碾磨、热加工、微波、高压、发芽等原料预加工方式可以提升无麸质粉的加工适应性，酸面团发酵和化学膨松法则为面团发酵提供新方法，真空焙烤、欧姆加热、微波辅助焙烤可为面包焙烤拓展方式，制备风味、口感和质地各异的产品。

（二）糕点加工与保藏技术

糕点是烘焙食品中的重要组成部分，不仅具有烘烤的特殊口感，同时本身的松软度非常合适，受到消费者广泛喜爱。经烘烤后的糕点内部组织细腻松软，且通过与其他食品原料和配料的结合使用，糕点呈现形色各异、多姿多彩，且口味和营养丰富的特点。

1. 茶叶糕点加工技术

糕点具有味道香浓、受众广泛、富含营养等特点，但糕点中往往含有较高的糖分，长期大量食用不利于人体健康。茶叶糕点是在制作时，在面粉中添加加工后的茶叶原料，与普通糕点相比，不仅口感更为独特，还因为茶叶中富含微量营养元素，营养丰富，更符合市场需求，成品茶叶糕点具有茶色茶香，是良好的佐茶和休闲食品。

超微绿茶粉是基于超微粉碎技术将新鲜的绿茶茶叶制作成细微粉末，在制作环节保留茶叶的绿色，并保证粉末颗粒大小符合超微茶粉要求。正因如此，超微茶粉的色、香、味以及营养价值才得以保障。超微绿茶粉的用量对茶叶蛋糕的味道、口感、颜色及香味均有较大的影响，其添加量一般应保持在1.2%~1.4%。将掺入1.4%超微绿茶粉的蛋糕坯用225℃烘烤10min，可获得最佳口感，并且颜色和形状美观，香味浓郁。研究发现，将茶叶蛋糕与普通蛋糕同时放在室温为25℃的室内环境中，普通蛋糕在第8天开始发霉，而茶叶蛋糕的发霉时间则延至第12天，说明超微绿茶粉应用于糕点制作之中还可显著延长产品保质期。

2. 代糖糕点加工技术

随着对健康食品的追求不断提升，人们也越来越多地关注糕点所含的能量，并希望降低食用糕点时所带来的热量摄入。由于糕点本身的特点，生产者可通过糖和油脂替代品来降低产品的能量，并以前者居多。含代糖糕点和含蔗糖糕点比较，可以有效降低人体摄入和吸收的热量，在满足特殊人群需求同时，也被越来越多的一般消费者接受，成为生产商新品开发的重要方向。

在糕点中使用代糖品可以根据作用机制进行选择，一般情况下，生产商使用热值低的糖醇类物质直接替代蔗糖，为了达到需要的口感，会使用高甜度和低甜度代糖品进行搭配，如糖醇与甜菊糖、安赛蜜配合使用。另一种降低热量的思路是不替代蔗糖而减少人体对其热量的吸收，如使用 L-阿拉伯糖，它是一种新型的低热量甜味剂，广泛存在于水果和粗粮的皮壳中，可以抑制人体肠道内蔗糖酶的活性，从而具有抑制蔗糖吸收的功能。

对于需要保持水分的蛋糕，应使用具有吸湿性的代糖品，如麦芽糖醇，其甜度为蔗糖的85%～95%，在体内不被消化吸收，热值仅为蔗糖的 5%，不使血糖浓度升高；对需要控制水分的糕点，则应使用不易吸湿的原料，如异麦芽酮糖醇，其甜度为蔗糖的 42%，甜味纯正，性质稳定，可以通过以蔗糖为原料的酶异构化而制得。

在减少糖并加入代糖品时，应根据其吸水性调节其他强性、弱性原料的使用量。在需要发酵的糕点配方中，由于使用代糖品减少了酵母需要的能量，会影响起发时间和效果，因此，可以在配方中适量添加一些低热、可被酵母利用的淀粉、糖作为补充，并选用低糖酵母进行发酵。另外，由于糖的减少，降低了烤制中美拉德反应带来的愉悦产品色泽，可以向产品中添加 β-红萝卜素等色素来弥补不足。由于一些代糖品（如阿斯巴甜）热稳定性较低，在使用时要充分考虑烤制环节对产品品质的影响，可采取薄坯短时低温方法，有选择性地使用代糖。

3. 糕点的脱氧保藏技术

脱氧剂又称游离氧吸收剂、游离氧去除剂或去氧剂等，它是一类能吸收游离氧的物质。当将脱氧剂随食品一起密封在同一包装内时，脱氧剂便能通过一定的化学反应或其他作用吸收包装内的游离氧及食品中的溶存氧，从而可以防止由于氧化、微生物生长和害虫对食品的危害。有效地保持了食品的色、香、味，防止维生素等营养物质被氧化破坏，延长食品保藏期，这就是脱氧保鲜技术或脱氧封存技术。

由于糕点的包装纸、盒不清洁或运输不规范，可能造成食品污染，此外，因加热不彻底、存放时间长或温度高，使细菌大量繁殖，也易造成食品变质，并且在销售贮藏过程中容易发生氧化酸败，导致其品质降低，影响营养价值及口感，甚至产生毒害物质。这已成为糕点销售和贮藏环节中亟须解决的问题。蛋糕是焙烤类食品，含有较高的油脂，组织结构柔软且松脆，在进行保鲜包装时，不宜采用真空包装，否则易变形。在包装中可封入脱氧剂，不仅除去了氧气，而且阻止了油脂因氧化而使产品出现哈败味或霉菌生长，延长保藏期。另外，由于脱氧剂对好气性微生物生长有良好的抑制作用，对蛋糕、年糕等食品的防腐有显著效果。

（三）饼干加工技术

饼干加工新技术的核心是最大限度提高产品的酥松度，增大体积，降低密度，增进风味，但是提高酥松度必然会带来饼干破碎率高的弊病，为了克服酥松与破碎之同的矛盾，目前，已研发出一种半发酵型的混合加工工艺，首先采用苏打饼干的第一轮发酵工艺，然后在第二轮采用韧性操作的半发酵混合工艺，使体积疏松的同时，口感较酥松。由于面团中的面筋充分形成和淀粉充分胀润，形成局部糊化的有利条件，使饼干相对不易破碎。饼干的加工工艺流程如图 9-1 所示。

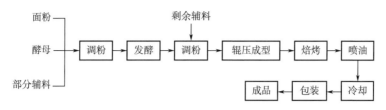

图 9-1 饼干加工工艺流程图

采用生物膨松剂与化学膨松剂相结合的半发酵法饼干生产工艺，与传统的苏打饼干生产工艺相比，简化了生产流程，缩短了生产周期，节省了大量的发酵容器，减少了车间的占地面积。与传统的韧性饼干生产工艺相比，产品层次分明、结构细腻、口感酥松，并具有发酵制品特殊的风味；与传统的酥性饼干生产工艺相比较，油及糖的含量可大大减少，顺应了人们对焙烤制品低糖、低油的要求。利用半发酵法生产的饼干，由于酵母发酵产生一系列风味物质和易消化吸收的营养物质，饼干在营养和风味方面都有很大提高，是一种为广大消费者所接受的方便食品，具有广阔的发展前景。

二、膨化类食品加工技术

膨化食品作为近年来兴起的一种新型食品，又称挤压食品、喷爆食品、轻便食品等。它以谷物、薯类或豆类、蔬菜等为主要原料，经焙烤、油炸或挤压等膨化方式制成，具有一定膨化度和酥松度。按加工方式，可以分为挤压膨化食品、焙烤膨化食品、微波膨化食品和油炸膨化食品等。

（一）挤压膨化技术

挤压膨化技术是一种集混合、搅拌、破碎、加热、蒸煮、杀菌、膨化、成型于一体的多功能、高产量、高质量的现代食品加工技术，被广泛应用于食品领域。挤压膨化技术是将物料放于挤压机中，借助螺杆的强制输送，通过剪切作用和加热产生的高温、高压，使物料在机筒中进行挤压、混合、剪切、熔融、杀菌和熟化等一系列复杂的连续化处理。在挤压膨化过程中，淀粉颗粒溶胀，晶体结构解体，氢键断裂。其糊化的程度与挤压温度、水分、螺杆结构和螺杆转速等因素密切相关。

螺杆挤压机成本较低，结构较为简单，物料通过与机筒的摩擦而向前推送，其缺点是均化效果差，生产效率较低。双螺杆挤压机拥有两根同向或反向旋转的螺杆，稳定性好，适应性更宽，因此更受人们的重视。同向双螺杆挤压膨化机主要由喂料、调质、挤压、出料、水及蒸汽系统、电控系统等部分组成，其结构如图9-2所示。

双螺杆挤压膨化机工作时，首先将配置混合并制成细粉的物料输送到喂料仓中待加工，工作时通过喂料器，将喂料仓中的物料均匀而连续地喂入调制器进行调质，同时向调制器中加入均匀、连续并计量的蒸汽、水和其他液体添加物。物料在调制器中经过一定的调质时间后进入挤压机开始挤压膨化，在输送过程中物料经搅拌、混合、剪切等作用，物料中淀粉进一步糊化，脂肪和蛋白质发生变性，物料组织均匀化并形成非晶体化质地，最终物料由出料模具挤出，并由切刀切割成型。

双螺杆挤压膨化机的核心部分是螺杆挤压膨化系统，而螺杆元件的几何设计又是整个设计的核心部分，它决定了整个机器的性能和最终产品的质量。根据物料在螺杆挤压膨化过程中的不同形态，将螺杆分为三段，即喂料（固体）输送段、压缩熔融段（揉和区）及均化（熟化）成型段，其结构如图9-3所示。

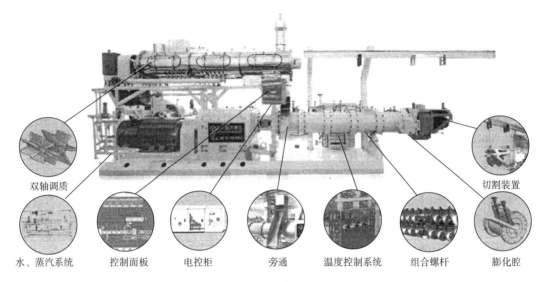

图9-2 同向双螺杆挤压机基本结构

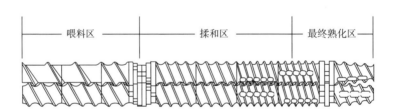

图9-3 挤压膨化机螺杆结构示意图

物料首先进入挤压膨化机的喂料段开始挤压工作，在喂料段物料被输送和初步压缩，然后物料输送到熔融段，物料在熔融段受到强烈搅拌、混合、剪切等作用，物料逐渐熟化或融化，最终物料进入均化段，在均化段物料压力和温度进一步升高，由于在密闭套筒中这样高的压力超过了挤压温度下的饱和蒸气压，所以水分不会快速蒸发，当物料从一定形状的模孔中瞬间挤出时，压力迅速释放，游离水分急剧蒸发，物料随之膨胀，水分从物料中迅速散失，使产品很快冷却至80℃左右，从而被固化定型，并保持其膨胀后的形状。

（二）微波膨化技术

微波是具有穿透力的电磁波，其与物料直接作用，将高频电磁波转化为热能，可用于食品的干燥、杀菌、膨化、烹调、解冻、灭酶等各个方面。微波膨化技术通过电磁能的辐射传导，在微波能量到达物料深层时转换成热能，使水分子吸收微波能，将使物料深层水分迅速蒸发形成内部蒸汽压力，从而带动物料的整体膨化。在微波膨化过程中，水分子吸收微波能转化为动能，使分子剧烈振动，实现水分汽化，进而实现原料的膨化，具有受热均匀、加热速度快、易于控制和热效率高的优点。

　　微波膨化食品不同于传统的膨化食品，其可改善传统油炸膨化能耗大、含量高及受热不均等缺点。相比传统膨化技术，微波膨化技术具有加热速度快、产品质量高、受热均匀等特点，而且微波膨化的加工时间比较短，节能省时，不仅能够很好地保存食品的营养成分，还能够保存食品原有的色、香、味等品质，易于控制、热效率高，能够有效地提高膨化食品的质量，在食品的加工生产中具有广阔的发展空间。颗粒食品膨化机是采用了微波膨化技术的代表性设备，其结构如图9-4所示，主要由主电机、螺旋喂料器、调质搅拌器、膨化器、微波加热器、减速器、挤压模、切粒器和动力传动系统等部分组成。

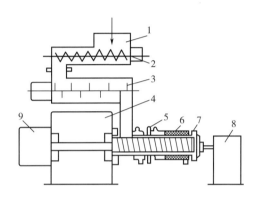

图9-4　颗粒食品膨化机结构示意图

1—入料口　2—螺旋喂料器　3—调质搅拌机　4—减速器　5—膨化器
6—微波加热器　7—挤压模　8—切粒器　9—主电机

　　物料在机外混合好后再加水调湿搅拌，然后输送到料斗，主电机旋转经 V 带传动，变速箱带动螺杆在机筒内旋转，物料不断受到挤压、剪切、摩擦，并将物料温度、压力逐渐升高，再经微波加热器加热，在阻力模板处控制温度达到 120~170℃，压力达到 3~10MPa，迫使物料从模头的模孔中连续射出出料口（出料口与大气相通，处予常温常压状态）。在此瞬间卸压，物料膨爆，水分快速蒸发，脱水凝固，即"闪蒸膨胀"，在出料斗由切刀切断，便得到膨化食品。

（三）其他膨化技术

1. 低温气流膨化技术

　　低温气流膨化技术多应用于果蔬脆片的生产。真空低温膨化系统主要是由压力罐和一个体积比压力罐大 5~10 倍的真空罐组成。果蔬原料经预处理后，干燥至水分含量 15%~25%。然后将果蔬置于压力罐内，通过加热和加压，使果蔬内部压力与外部压力平衡，然后突然减压，使物料内部水分突然汽化、闪蒸，使果蔬细胞膨胀达到膨化目的。真空低温膨化食品与油炸膨化食品和挤压膨化食品相比，具有易于人体消化吸收、复水迅速、贮藏期长及保质期长的优点。

2. 二氧化碳气体膨化技术

　　超临界二氧化碳和二氧化碳气体也能用于食品的膨化，利用二氧化碳的气化使食品物料形成多孔膨松结构。这种基于二氧化碳的膨化可使产品中气泡的分布十分均匀，通过控制一些物理参数就可以很好地去除物料中的二氧化碳。二氧化碳对食品中的各种组分几乎没有破坏作用，作为一种惰性介质，反而对食品物料中的热敏性成分有很好的保护作用，并能延长保藏期，此外，超临界二氧化碳流体及二氧化碳气体应用到膨化食品加工中也相当安全和容易操作。

3. 变温压差膨化/干燥技术

变温压差膨化干燥又称气流膨化干燥、爆炸膨化干燥或加压减压气流膨化干燥，其基本原理是将新鲜的物料经过一定预处理和预干燥等前处理工序后，根据相变和气体的热压效应原理，将物料放入相对低温高压的膨化罐中，通过不断改变罐内的温度、压差，使被加工物料内部的水分瞬间汽化蒸发，并依靠气体的膨胀带动组织中物质的结构变性，使物料形成均匀的多孔状结构，具有一定膨化度和脆度。利用这种技术干燥的产品，外观良好，具有物料本身特有的香气，并且产品内部能形成大气泡，酥脆度俱佳，同时能较大程度地保留产品的营养成分，食用方便，便于储藏，可适用于休闲食品、方便食品及保健食品生产。

三、豆制食品加工技术

豆制品通常指大豆制品，是以大豆为原料加工制造的一类食品或半成品以及将有效成分提取制成的产品。中国传统豆制食品营养丰富，口味鲜美，是中国广大消费者十分钟爱的传统食品。研究证明，豆制食品除了可以提供人体所需的优质蛋白质、脂肪等主要营养物质外，还有助于预防多种慢性疾病，如心血管病、骨质疏松等。随着人们消费意识的转变和健康意识的增强，大豆制品的市场越来越大，但仍存在保存期短、口味和食用方法单一、携带和食用不方便等问题。新型食品加工技术，如提取分离技术、发酵技术、包装保鲜技术等在大豆食品加工中的应用，可显著提高加工效率，保护原料中营养成分，而更好地去除有害物质和抗营养因子，生产出口味和口感好、营养丰富、保质期长、运输和食用方便的产品。

1. 大豆脱腥技术

大豆具有天然的豆腥味和苦涩味，在加工过程中可能变性，影响最终产品的风味和感官品质，令消费者难以接受。大豆的豆腥味主要是在加工过程中，在大豆脂肪氧化酶的作用下产生的，主要是产生了正己醇和正己醛等醇类和醛类化合物。脂肪氧化酶多存在于靠近大豆表皮的子叶处，当大豆的细胞壁被破碎之后，只需有少量水分存在，脂肪氧化酶就可以与脂类底物发生氧化降解反应，产生氢化降解物，生成豆腥味。豆乳中含有极微量的油脂氧化物就足以使成品产生豆腥味而影响人饮用，而且这些氧化物又和大豆中的蛋白质有亲和性，即使用提取和洗净的方法也难以去除。虽然大豆的营养健康功能逐渐被广大消费者认识，但生产中要尽可能钝化这类起催化作用的酶类，并除去这些产生异味的物质。

目前，工业上采用的脱腥方法有加热灭酶、去皮、酶反应、真空蒸馏脱臭等，一般大豆脱腥工艺流程如图9-5所示。

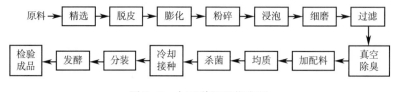

图9-5　大豆脱腥工艺流程

大豆经浸泡后，通过含有 2.5g/L 碳酸氢钠 95℃ 沸水的绞龙式传送带，大豆行程 30min，可完成灭酶工艺。该方法工艺容易完成，设备容易配套。采用湿脱法脱皮，不但可有效去除豆腥味，还可使浆渣分离得更彻底，大大提高了蛋白的提取率。利用复合酶反应方法，使磨后的豆糊和分离后的豆浆分别在保温反应罐中反应一定时间后，可有效去除异味。在煮浆后，将热浆注入真空脱气装置中，真空脱气，一些小分子的带有不良气味的挥发性物质被真空泵抽出排出，同时除去煮浆时产生的气泡，利于均质工序进行。豆乳经过上述工艺处理，豆腥味显著降低，感官品质明显提升。

2. 大豆饮品无菌包装技术

无菌包装技术是指无菌的食品在无菌的环境中，用无菌的各种容器包装的一种包装技术。目前，无菌包装技术被广泛应用于流体食品包装，在不加防腐剂、不经冷藏的条件下可得到较长的产品保质期。包装内容物灭菌多采用超高温瞬时灭菌技术，它是将食品在 120~140℃ 高温灭菌几秒后，立即冷却，然后在灭菌区内灌装和封口，以保证商业无菌。瞬时超高温灭菌方法有以下优点：包装材料可不耐高温，包装物容量可大可小，受热均匀，食品受热时间短，其营养成分和风味损失较小等。无菌包装的产品储存时不需加入对人体健康不利的防腐剂，食品原有的营养、口味和色泽得到了有效保留，其在大豆饮料加工中应用广泛。

大豆饮料的无菌包装不同于牛乳，其对杀菌温度和杀菌时间都有严格的要求。豆乳中含有芽孢菌类，瞬时杀菌温度要达到 137℃ 以上，控制不好容易使大豆蛋白褐变，另外，大豆蛋白加热后容易挂在容器壁上，极难清除，对高温杀菌容器的管路设计要求也要特别考虑。无菌灌装豆乳生产线为目前国内较为先进的设备，可生产保质期 30d 以上的鲜豆乳产品，替代原来必须在冷链条件下销售、保质期只有 3d 的豆浆产品，提升了保藏稳定性和安全性，扩大了销售半径，还降低了加工和包装成本。

3. 超高压技术

在大豆制品中，异味（特别是腐败风味和豆腥味）主要来自于脂肪氧合酶的作用，脂肪氧合酶的分解导致氢过氧化物含量的增加。脂肪氧合酶对于热敏感，在常压下，温度升高至 60~70℃ 可达到灭酶的作用，而在超高压下需较低的温度（10~40℃）即可达到灭酶的效果，同时，其还可保持豆类食品口感、风味，以及其功能活性。

超高压加工技术在豆类加工中的作用主要体现在微生物灭活、大分子物质改性、产品质量改善、产品功能提升等几个方面。超高压加工用于处理豆类原料时，可在常温或较低的温度下进行，可使物料中的酶、蛋白质和淀粉等生物大分子性质发生改变，同时杀死微生物甚至微生物的芽孢，达到灭菌保鲜的效果，应用范围十分广泛。将超高压加工技术应用于豆类加工对于我国粮食资源的高效利用具有重要的意义，但目前超高压加工应用豆类加工还存在很多问题，如超高压加工设备处理量小，达不到连续化大批量生产，设备昂贵，这导致了超高压加工加工产品成本偏高。但是随着相关基础研究的深入，其应用发展潜力仍然非常广阔。

第二节 油脂制品加工技术

一、传统油脂制品加工技术

(一) 油料预处理

在植物油生产工艺中，从原料到提取油脂前的所有准备工序统称为油料预处理。预处理的好坏将直接影响制油效率与产品质量。良好的预处理工艺可达到以下目的：①取得结构最佳、出油效率最高的料坯；②得到质量最佳的产品油脂和饼粕；③提高设备处理能力、降低能耗以及提高经济技术指标。传统的油料预处理包括：油料的清理除杂，油料剥壳去皮及仁壳分离，油料破碎、软化及轧坯，熟坯的制备。新发展的预处理技术包括油料生坯膨化处理、超声处理、微波处理和酶法处理等。

1. 挤压膨化技术

挤压膨化技术虽然已经在国内主要大型油料加工企业中得到应用，但仍然被认为是油脂工业近30年来最有意义的进展，是油脂加工技术发展的一个里程碑。油料在进入溶剂浸出制油之前进行挤压膨化预处理，可以显著优化浸出制油生产工艺，其原理为：油料胚片经由喂料螺旋输送机送入挤压膨化机内，在被向前推进的过程中受到挤压、揉搓及剪切等机械作用，并在物料密度不断增大、物料与螺旋轴和机腔的内壁摩擦生热以及直接蒸汽湿热作用下，得到充分混合、胶合和糊化而产生细胞破坏、油脂外露等组织结构变化。在机器末端出口模板处，高温高压物料经槽孔出来时因压力突然下降，会迅速从组织结构中蒸发逸出水分，物料也因急剧膨胀而形成无数个有微小孔道、组织疏松的膨化料粒。整个过程是一个高温瞬时处理的过程，由于蒸汽喷入和压缩作用，料坯在极短时间内（数秒内）可达到125℃左右。

挤压膨化处理具有如下作用特点：

(1) 可破坏油料细胞　生坯料经短时间加热及挤压等强烈作用，迅速而彻底地破坏了油料细胞，使油的微粒均匀扩散并凝聚，有利于提高后续的溶剂浸出制油效率；

(2) 可改善油料渗浸性状　生坯料中的淀粉糊化胶凝、蛋白充分变性，使其变成多孔而结实的颗粒状熟坯料结构，浸出时显著改善了渗透性和浸出速率，从而使浸出湿粕含溶低，而大大减少了脱溶所消耗的蒸汽。同时还可降低溶剂料坯比，提高混合油浓度，进而明显降低溶剂损耗和蒸汽消耗；

(3) 可抑制或钝化酶活性　挤压膨化处理可抑制或钝化油籽中一些酶的活性，进而有利于提高油料储存与加工过程中的稳定性；

(4) 其他作用　例如，挤压膨化处理可降低油脂中非水化磷脂含量，提高副产品中的磷脂得率；对于某些油料，改变某些技术条件还可有效地起到脱毒作用，如脱去棉酚、黄曲霉毒素、芥子苷分解产生的异硫氰酸酯和噁唑烷硫酮。不同处理方式的料粒密度和湿粕中混合油含量见表9-1。

表 9-1 不同处理方式的料粒密度和湿粕中混合油含量

预处理方式	密度/（kg/m³）	浸出湿粕中混合油含量/%
棉仁生坯	417.3	39.5
棉仁膨化料粒	589.0~706.2	18.2~29.1
大豆生坯	337.2	38.9
大豆膨化料粒	550.5	20.9
热风烘炒米糠	313	56.5
蒸炒米糠	333	55.9
膨化米糠	463	40.7

　　油料挤压膨化预处理的主要设备是油料挤压膨化机，包括干式挤压膨化机、湿式挤压膨化机和高油料挤压膨化机三种类型。干式挤压膨化机是在油料膨化前预先调整水分含量；湿式挤压膨化机是在挤压过程中喷入蒸汽来调节水分含量，其适用范围较广；高油料挤压膨化机是在控制速度、压力及水分的情况下，完成部分出油和挤压膨化过程。若对高油料进行一次性挤压膨化，必须要采用高油料挤压膨化机。

2. 酶法预处理技术

　　生物酶工程技术的迅猛发展，为其在油脂工业中的应用提供了新思路。近年来，采用酶制剂预处理油料，从而提高制油工艺效率方面的研究也不断深入，采用生物酶法预处理制油技术具有广阔的应用前景，其优点主要体现在：①处理条件温和，生产安全，脱脂后的饼粕蛋白质变性小、可利用价值高；②油脂得率高，且所得的毛油质量较高、色泽浅，易于精炼；③油与饼粕（渣）易分离，可采用离心分离油、粕，增强设备处理能力；④加工能耗显著较低，生物耗氧量和化学耗氧量值较非酶预处理，可分别下降75%和35%~45%，易于处理。

　　酶法预处理的原理是通过降解植物油料细胞壁的纤维素骨架，使包裹于细胞壁内的油脂游离出来，同时也破坏与其他大分子（如碳水化合物、蛋白质等）结合在一起的油脂复合体，从而使油脂得到充分释放。可利用的酶种类很多，例如能降解、软化细胞壁的纤维素酶、半纤维素酶和果胶酶，以及蛋白酶、α-淀粉酶、α-聚半乳糖醛酶、β-葡聚糖酶等。酶法预处理提高出油率与产品质量的具体机制包括：①利用复合纤维素酶，可以降解植物细胞壁的纤维素骨架、崩溃细胞壁，加速使油脂游离出来，尤其适合于含油量高，纤维、半纤维含量较高的油籽细胞，如花生、卡诺拉籽、玉米胚芽等；②利用蛋白酶等对蛋白质的水解作用，对细胞中的脂蛋白，或者在磨浆制油工艺（如水剂法制花生蛋白、椰子和油橄榄浆汁制油）过程中，磷脂与蛋白质结合形成的、包络于油滴外的一层蛋白膜进行破坏，使油脂被释放出来，因而容易被分离；③利用α-淀粉酶、果胶酶、β-葡聚糖酶等对淀粉、脂多糖、果胶质的水解作用，不仅有利于油脂提取，由于其温和的作用条件（常温、无化学反应）、降解产物不和提取物发生反应，还可以有效保护油脂、蛋白质以及胶质等可利用成分的品质。

　　根据原料品种、成分、性质以及产品质量要求等，酶预处理制油工艺一般可分为三类：高水分酶法预处理、溶剂-水酶法预处理和低水分酶法预处理。高水分酶法预处理工艺已被用于花生、大豆、葵花籽、棉籽和可可豆等油料的预处理。其特点在于以水作为酶反应的分散相，亲水性好的固体粒子溶于水而与油相分离。经离心或压滤分离后，固相经脱水干燥处理即得含不溶性蛋白的饼粕，液相中水经离心分离后得到油脂。高水分酶法预处理工艺流程，如图9-6所示。

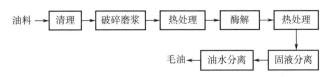

图9-6　高水分酶法预处理工艺

溶剂-水酶法预处理工艺是在上述水相酶处理的基础上，加入有机溶剂作为油的分散相来萃取油脂，后续再经过溶剂脱除处理的一种工艺，这种工艺可有效提高出油率，其中，溶剂可以在酶处理前或后加入。溶剂-水酶法预处理工艺流程如图9-7所示。

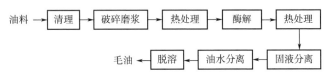

图9-7　溶剂-水酶法预处理工艺流程

在低水分酶法预处理工艺中，酶解作用是在较低水分条件下进行的。酶解所需的水分含量较低（20%~70%），因而不需要油、水分离工序，也无废水产生。与上述两种工艺不同的是，此工艺一般只适用于高油分软质油料，如葵花籽仁等。低水分酶法预处理工艺流程如图9-8所示。

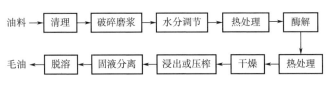

图9-8　低水分酶法预处理工艺流程

在上述三种工艺中，酶解是预处理的核心工序。影响酶预处理制油工艺效果的主要因素包括：①酶的种类与浓度；②酶处理温度、pH与时间；③料坯的破碎度；④料水比和溶剂加入量；⑤其他因素，如后续制油方式、离心机类型及参数、酶液中助剂的选择等。

3. 超声波预处理技术

超声波技术作为近代发展起来的一门新技术，近年来已应用于萃取工业中。此技术与传统浸出制油工艺相结合，显著提高了油脂提取的速度和生产效率。其作用机制在于，利用超声振动能量改变物质组织结构、状态、功能，并加速这些过程，例如，超声波技术可使细胞内外产生环流，从而提高了细胞壁和细胞膜的通透性，起到强化萃取的作用，有利于细胞内油脂，以及其他功能成分的析出。以葡萄籽油和小麦胚芽油为例，超声波预处理制油工艺流程分别如图9-9和图9-10所示。

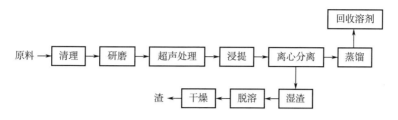

图 9-9　葡萄籽油的超声波辅助浸出工艺流程

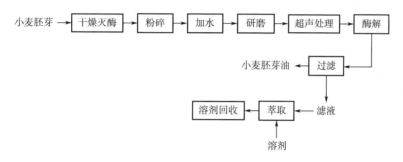

图 9-10　小麦胚芽油的超声波协同水酶法制取工艺流程

4. 微波预处理技术

对于植物油加工中的油料干燥工序，传统方法是采用加热介质水蒸气、热空气等进行的热力干燥，时间长、耗能大、易干燥不均匀，且各组分同时受热，这将直接影响成品油的质量。而采用高效省时以及具有选择性加热的微波进行物料干燥，可较好地解决这一实际问题。

微波进行物料干燥的主要原理是：在微波作用下，水的介电系数和介电损失系数都显著高于油脂，在加热过程中水分被选择性蒸发。同时，微波加热还有利于提高饼粕蛋白质的利用价值。作为一种新工艺，其优点在于节能、溶剂消耗低、废物生成少、生产时间短等，同时也提高了产物的得率和纯度。对一些以油脂为载体的香精油的提取，可发挥微波的选择性特长，尤其是对萜烯成分的提取更为有效。而且微波提取速度快，可使油脂中许多热敏性成分损失减少。研究也表明，对于低或非挥发性的有效成分，微波萃取可大幅度提高其提取效率。微波辅助萃取核桃仁油和葡萄籽油工艺流程分别如图 9-11 和图 9-12 所示。

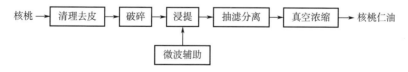

图 9-11　核桃仁油的微波辅助萃取工艺流程

图 9-12　葡萄籽油的微波辅助萃取工艺流程

（二）植物油制取

植物油制取的传统方法主要有机械压榨法、溶剂浸出法和水溶剂法（即水剂法）。机械压榨法是采用物理机械挤压的方式，将油脂从原料中提取出来，分为冷榨和热榨工艺。其中，热榨是在榨油前对物料进行烘炒等热处理，而冷榨没有这些前处理过程。压榨法的主要优点在于工艺简单、配套设备少、适应性强、油品风味纯正，因此应用广泛，但也存在出油率较低，动力消耗大、油饼残油率较高、饼粕质量差、零件易损耗等缺点。溶剂浸出法则是利用有机溶剂，通过湿润、渗透、分子扩散的作用来萃取油脂，其特点为出油率高（90%~99%），干粕残油率低（0.5%~1.5%），能制得低变性、质量较高的粕，能实现连续化、自动化，劳动强度低，生产率高，相对动力消耗低，但油中成分复杂、色深，浸出溶剂易燃易爆和有毒，一次性投资较大。水溶剂法则是利用油料中非油成分对油和水"亲和力"的差异，以及油水比重的不同，将油脂与亲水性的蛋白质、碳水化合物等分离出来。此方法一般适用于高油油料，与浸出法相比，水剂法工艺简单、安全可靠且经济，但存在出油率较低、分离困难等弱点。近年来，为进一步提高油脂品质和产率，一些新技术，如超临界流体萃取技术、亚临界流体萃取制油技术，以及膜分离技术等也逐渐被应用到植物油制取当中。

1. 超临界流体制油技术

超临界流体萃取制油技术是在超临界状态下，流体作为溶剂对油料中油脂进行萃取分离的技术。该技术是一种新提取分离技术，其通过调节流体的超临界温度和压力来控制其密度、黏度和扩散系数，实现油脂的高效选择性提取。超临界流体萃取技术的基本原理是，二氧化碳在常压下达到液、气平衡态时，其液相和气相的物理性质（如密度、导电率和介电常数等）有显著差异。当温度和压力增加至大于临界温度31.06℃和临界压力7.39MPa时，二氧化碳就会处于超临界状态。此时的二氧化碳是介于液体和气体态之间的单一相态，既有液体的渗透性和较强的溶解能力，又有气体的流动性和良好的传递性，能够将物料中的目标组分溶解到二氧化碳流体中，然后借助减压、升温的方法使超临界液体变成普通的二氧化碳气体，而目标组分则离析出来，以达到萃取分离的目的。

与浸出法相比，超临界二氧化碳流体萃取（SFE-CO$_2$）制油技术解决了分离过程中需蒸馏加热、油脂易氧化酸败以及有机溶剂残留等问题，与压榨法相比，超临界二氧化碳流体萃取制油技术克服了产率低、精制工艺烦琐以及油品色泽不理想等缺点。因为其具有无燃性、无化学反应、无毒易除、无污染、无致癌物、食用安全性高、萃取分离二合一、操作工艺简单及省时节能等优点，可以完整保留提取物中的生物活性成分，保证纯天然性，实现生产过程绿色化，此技术被称为"绿色分离技术"。其具有以下显著特点：①适应性广泛，可用于分离多种成分；②萃取分离效率高，且萃取过程易于控制调节；③工艺流程简单，无相变，可节省能耗；④分离过程均在常温下进行，可保持热敏性天然产物的活性；⑤系统及设备需要耐高压、密封性好，设备投资大。

除了具有自身技术优点，超临界流体萃取技术还可以实现脱胶效果，部分起到脱酸、脱臭和脱色效果，可明显简化后续的油脂精炼工序。该技术可用于大豆、棉籽、葵花籽和米糠等大宗油料的油脂制取，尤其适用于玉米胚芽、小麦胚芽、红花籽、月见草、沙棘油，以及富含EPA和DHA等产量少而附加值高的特种油料的油脂制取。油脂的超临界二氧化碳萃取工艺与传统工艺的比较见表9-2。

表 9-2　几种油脂的超临界二氧化碳萃取工艺与传统工艺的比较

油脂种类	提取方式	油脂品质			
		磷含量/（mg/kg）	铁含量/（mg/kg）	色泽	生育酚含量/（mg/kg）
大豆油	SFE-CO₂	1~3	0.3	浅红	900~1000
	己烷	500~600	0.7	深红	1200~1500
玉米油	SFE-CO₂	1~30	0	黄	1200~1800
	压榨	120	0.3	深褐	1500~1700
棉籽油	SFE-CO₂	1~5	0.2	浅黄	700
	压榨	380	1.9	深红	920
米糠油	SFE-CO₂	51	0.6	—	284
	己烷	825	2.2	—	330

2. 亚临界流体制油技术

亚临界流体萃取技术是继超临界流体萃取技术后发展起来的一种新型分离技术，目前已逐步成为油脂生产加工领域的优势技术之一。亚临界流体萃取技术是基于相似相溶原理，利用亚临界状态溶剂分子与固体原料充分接触中发生分子扩散作用，使物料中可溶成分迁移至萃取溶剂中，再经减压蒸发脱溶获得目标提取物的新型萃取技术。其中，亚临界状态是指物质相对于近临界和超临界状态存在的一种形式，物质温度高于沸点低于临界温度，且在工作温度下，压力高于饱和蒸气压低于临界压力。这使得萃取条件相对温和，在保障溶剂高效萃取能力的基础上既可有效保护易挥发性和热敏性成分不被破坏，又可降低系统工作压力，节省设备制造成本。

影响亚临界流体萃取油脂过程中萃取效率的关键因素包括：

（1）原料粒径　合适的原料粒径可以使得亚临界溶剂与原料充分接触，有利于加快传质速度，提高萃取效率。但原料粉碎过细导致粒径过小，容易引起原料聚集成块。根据原料种类、硬度、大小和含油量的不同，来确定原料粉碎条件及程度。

（2）萃取温度　升高温度不仅有利于加快溶剂、溶质分子运动，提高传质和扩散速度，促进油脂的溶出，而且促使亚临界溶剂密度减小，分子间作用力减小，降低油脂在溶剂中的溶解度。

（3）萃取压力　其对萃取效果的影响与萃取温度密切相关。当萃取温度升高时，萃取压力随之升高，物料结构易产生破裂，亚临界溶剂表面张力也减小，从而促使溶剂充分溶解物料中可溶性成分，提高萃取率。但过高的压力会使物料内形成阻碍溶剂扩散的气泡，不利于萃取。

（4）萃取时间　萃取时间对萃取效果的影响主要是其对萃取程度的控制。随着萃取时间延长，可溶成分在溶剂中的扩散由快速传质阶段逐渐达到过渡阶段以及慢速传质阶段，扩散达到动态平衡状态，提取率变化趋于平缓。为保证生产效率，应尽量缩短萃取达到平衡的时间，因而工业上一般采用短时多次的萃取方式。

3. 膜分离技术

膜分离技术是一种利用半透膜，在常温下以膜两侧压力差或电位差为动力，对溶质和溶剂进行分离、浓缩及纯化的技术。主要采用天然或合成的高分子薄膜，以外界能量或化学位差为推动力，对双（多）组分流质和溶剂进行分离、分级、提纯和富集操作。现已应用的膜过程有反渗透、纳滤、超过滤、微孔过滤、透析电渗析、气体分离、渗透蒸发、控制释放、液膜、膜蒸馏膜反应器等，其中在食品工业中常用的有微孔过滤、超过滤和反渗透这三种。

膜分离技术的特点如下：①节能。因为膜分离过程不发生相变化；②适用于热敏性物质，如酶、果汁和某些药品的分离、浓缩及精制等，因为膜分离过程是由压力驱动的在常温下进行的分离过程；③适用范围广，根据选择的膜类型的不同，从微粒级到微生物菌体，甚至离子级等均可适用；④装置简单，易于操作。

膜分离技术在许多领域，如生活用水净化、工业用水处理、食品和饮料用水除菌、生物活性物质回收及精炼等方面均有广泛应用，在20世纪80年代以后才应用于油脂工业，但其发展迅速。膜分离技术主要应用在简化传统浸出制油工艺、节能降耗等方面，如混合油的预蒸发、从浸出车间尾气中回收溶剂等。

（1）混合油预蒸发 浸出后的混合油蒸发回收溶剂需要消耗大量热能，而且80%以上消耗于第一蒸发器。尤其是极性溶剂（醇类），其蒸发潜热一般是己烷的2~2.5倍，耗热更大。有研究采用无热量消耗的膜分离技术，作为混合油的预脱溶处理，替代蒸发，并对含有己烷、乙醇和异丙醇等的棉籽混合油进行实验，取得了良好的生产效果。己烷混合油的预蒸发流程如图9-13所示。

（2）从浸出车间尾气中回收溶剂 采用气体渗透膜系统可以直接从尾气中回收溶剂，在负压条件下迫使溶剂蒸气透过膜，然后冷凝回收。

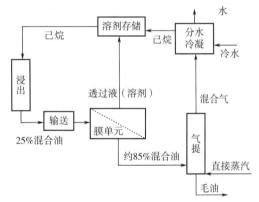

图9-13 己烷混合油的预蒸发流程

收。膜的材料选用耐溶剂的聚硅氧烷或氯丁橡胶膜，其透过性较好。己烷蒸气的渗透性比氮气高100~10000倍，聚硅氧烷膜的通量2~10L/（m² · d）。

（三）油脂精炼

油脂精炼是提高油脂品质的基本工艺过程，通过对毛油进行精炼，可以除去油脂中所含杂质，提升油脂的食用安全性、感官品质和储藏稳定性。油脂精炼一般分为化学精炼和物理精炼两类，两者差异主要是去除游离脂肪酸的方式不同。传统化学精炼需经脱胶、脱酸、脱色、脱臭和脱蜡等工艺，一般存在能量消耗高、中性油损失大、水和化学试剂用量较大、排放物高及营养成分损失较多等不足。物理精炼没有碱炼脱酸这一工序，而是通过蒸馏去除游离脂肪酸，其优于化学精炼，主要体现在提高产量、省略皂脚酸化分解工序以及减少排放物量；但仍存在原料油脂预处理要求严格，对一些油脂不适用，精炼时需要高温、高真空，易产生聚合物和反式异构物，如反式脂肪酸等缺点。为了应对上述这些问题，许多新的油脂精炼技术正在被逐渐开发应用。

1. 膜法精炼技术

膜分离技术除了在制油工艺有应用之外，在油脂精炼中也具有极大的应用潜力，其主要体现在脱胶和脱酸工艺方面。其良好的脱胶效果有利于物理精炼，特别适合应用于大豆油、棉籽油和棕榈油等加工中。膜分离技术还可降低化学精炼脱酸工艺中的中性油损失，皂脚量也相应下降，此外，由于经过膜法脱胶和脱酸后毛油品质得到显著提升，可进一步降低后续脱色工艺中脱色白土用量，并减少油脂夹带损失和脱色废白土造成的污染。

（1）膜分离脱胶　传统的水化脱胶一般只能除去毛油总磷脂含量的80%~90%，而非水化磷脂很难去除，这给物理精炼带来困难。"胶束增浓超滤"技术可基本脱除毛油中所含磷脂。其原理是，尽管磷脂和甘油三酯的分子量相似，但磷脂是一种天然表面活性剂，同时具有亲水和疏水末端，在非溶液环境中会形成球状结构的反向胶束导致其分子量大大增加，这样便很容易应用超滤膜将磷脂与混合油分离。

（2）膜分离脱酸　为解决分离混合油中游离脂肪酸的膜材料问题，很多研究者开展了关于大量脱除醇类混合油中游离脂肪酸的研究。研究发现，聚酰胺膜在分离花生油及其脂肪酸时，具有一定的选择性。此外，利用纤维素纳滤膜可对甲醇萃取液进行游离脂肪酸分离。

2. 分子蒸馏技术

分子蒸馏又称短程蒸馏，其作为一种特殊的新型分离技术，与常规蒸馏有着本质区别。在一定的温度和真空度下，不同物质的分子平均自由程存在差异。分子蒸馏分离作用就是利用液体混合物各分子受热后会从液面逸出，并在离液面小于轻分子平均自由程而大于重分子平均自由程处设置一个冷凝面，使轻分子不断逸出，而重分子达不到冷凝面，从而打破动态平衡而将混合物中的轻重分子分离。

分子蒸馏的结构有很多形式，以离心薄膜式和转子刮膜式为主。虽然离心式分子蒸馏的效率高，物料的停留时间更短且液膜薄而均匀，但其结构复杂，有较高速的机械运转机构，相对投资比较大。转子刮膜式结构相对较为简单，加工制造容易，操作参数容易控制，维修也较方便，且相对投资较低。分子蒸馏技术的特点为：①油脂在蒸发器中停留时间短（<10s）；②极低的操作压力（1Pa）；③冷凝器和蒸发器的距离短（10~50mm），降低压力损失；④短程蒸馏适用于加工或纯化热敏性产品，在油脂中用于生产高纯度单甘酯和ω-3脂肪酸，以及在脱臭后续阶段浓缩生育酚和甾醇，也用于在低温下（<200℃）高效蒸馏FFA，以满足热敏性油脂的物理精炼。已经开发并应用的分子蒸馏过程示意图，如图9-14所示。

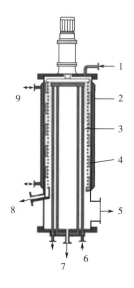

图9-14　分子蒸馏过程示意图

1—入料　2—加热套　3—内部电容器　4—转子　5—真空　6—冷却水　7—馏出物　8—浓缩物（残渣）　9—加热介质

3. 酶法脱胶技术

脱胶是油脂精炼工艺中最重要的环节之一，其效果直接影响油脂品质。工业上传统的方法多为水化脱胶，虽然脱胶效果较好、成本低，但是操作烦琐，且后续需加入大量的碱进行脱酸。水化脱胶加工过程能耗较高，同时会产生大量废水，环境不友好。酶法脱胶是一种新型脱胶方法，其原理是利用磷脂酶将非水合磷脂水解掉一个脂肪酸生成溶血性磷脂，溶血性磷脂亲水性好，利用其溶于水的性质可以方便地去除。植物油脂酶法脱胶主要利用的是磷脂酶，根据磷脂酶与磷脂作用位点的差异可以将其分为磷脂酶 A_1、磷脂酶 A_2、磷脂酶 B、磷脂酶 C 和磷脂酶 D。目前，在植物油脱胶过程中主要使用的是前四种磷脂酶。磷脂酶 A_1 和磷脂酶 A_2 能特异性水解磷脂的 sn-1 或 sn-2 位酯键，生成相应的溶血磷脂；磷脂酶 B 能将 sn-1 和 sn-2 位的酯键都水解，生成相应的甘油酰磷脂，溶血磷脂和甘油酰磷脂都具有很强的亲水性，通过水合作用可以方便地除去。磷脂酶 C 能特异性水解磷脂 sn-3 位上甘油磷酸酯键，生成相应的甘油二酯和磷酯酸，而甘油二酯作为中性油在后续的精炼过程中不会被去除，因而能有效提高油脂精炼后的得率。

物理精炼最初是为加工酸价较高的油脂如棕榈油或米糠油而设计，因为其酸价过高，若用化学精炼则成本较高。并且，物理精炼更容易获得高附加值的副产物，如脱臭馏出物，但通常需要质量更好的原料油。因此，其更适用于预榨-浸出工厂。酶法脱胶工艺可将磷含量降至 10^{-5} 以下，相较于常规脱胶工艺，更适合油脂的物理精炼。与传统脱胶方法相比，酶法脱胶技术具有以下显著优点。①提高经济效益：能提高精炼得率 1% 以上，且增加脱臭馏出物的附加值；②环境友好：化学品消耗更低，不产生皂脚，简化后续处理，且能节约 60% 水消耗；③提高精炼油品质：酶法脱胶精炼油的稳定性更好；④健康环保：酶法工艺脱胶高效绿色，符合天然健康产品的要求。有企业已研发出比较成熟的深度酶法脱胶工艺，其工艺流程如图 9-15 所示。

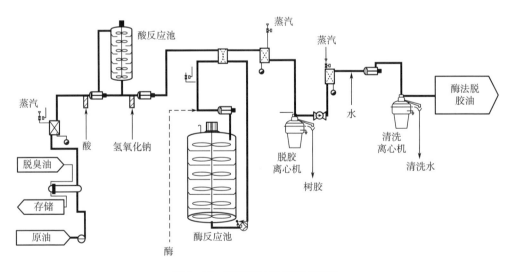

图 9-15　深度酶法脱胶工艺流程

4. 纳米中和技术

纳米中和技术是利用高压泵，使油脂和碱在高压下进入纳米反应器形成高速湍流，液体层间产生很大的剪切力，加快反应速率。纳米反应器产生强烈的水力空化作用，让流体在混合器内产生纳米级的气泡，流体在流过一段限流区后，压力下降到蒸气压，甚至负压状态，溶解在流体内的气泡释放，流体气化出现大量的空化泡，在周围压力增大时，流动的空化泡体积迅速缩小溃灭。在空化泡溃灭时产生极高的温度和压强，使非水化磷脂转化为水化磷脂被脱除。纳米中和脱酸的一般工艺流程如图9-16所示。

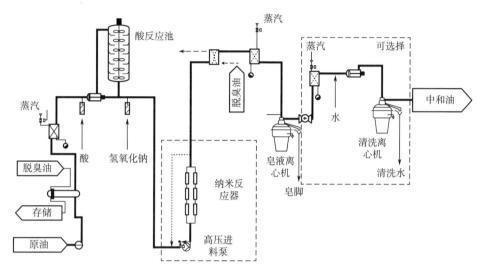

图9-16　纳米中和的工艺流程

利用CTi纳米中和技术和传统碱炼技术分别对大豆油（120~170mg/L 磷，4.5~5.5g/L 游离脂肪酸）进行脱酸，二者工艺效果对比情况见表9-3。

表9-3　大豆油水化脱胶的工艺效果对比

	对比指标	CTi 纳米中和	传统碱炼	CTi 纳米中和条件
操作参数	磷酸/(mg/kg)	0~100	850~900	温度：45~75℃ 压力：5.5×10^{6}~7.5×10^{6}Pa 孵化时间：5~15min 能耗：2.5~4kW/t 油
	氢氧化钠/%	0.7	1.2	
	压力/$\times10^{5}$Pa	65	低	
	温度/℃	50	70~80	
精炼油品质	磷含量/(mg/kg)	1~3	6~8	
	钙和镁含量/(mg/kg)	<1	<3	
	FFA/%	<0.03	<0.05	
	皂含量/(mg/kg)	<100	200~300	

5. 多级吸附脱色技术

目前，已商业化的多级吸附脱色技术可用于油脂精炼过程中去除皂、磷脂和痕量金属离子，提高产品品质、安全性和稳定性。其工艺流程如图9-17所示。这种新型脱色工艺适用于玉米油、葵花籽油、棕榈油、菜籽油、大豆油、鱼油、牛油和某些特殊油脂。多级吸附脱色技术具有如下主要优势：简化了精炼加工工艺；降低用水量，降低环境污染；降低过滤饼用量，减少环境压力；对磷脂具有高吸附性；可去除痕量金属和皂类。此外，用于精炼后处理过程时，如油脂氢化和酯交换工艺中，该技术还能吸附去除氢化过程中的胶态镍和镍皂，并去除化学酯交换过程中生成的皂。

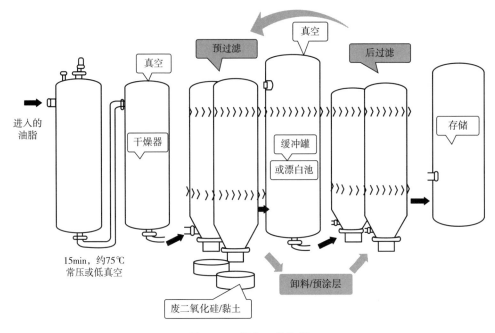

图 9-17　脱色工艺流程

6. 干式-冷凝真空脱臭系统

油脂精炼真空脱臭系统主要有喷射空气冷凝系统、低温碱液冷凝真空系统、预脱臭系统以及干式-冷凝真空脱臭系统。目前，我国大部分油脂精炼生产线采用传统的喷射大气冷凝真空脱臭系统。尽管前期投入费用低，但是能耗极高，所需蒸汽消耗约占总蒸汽量 60%～85%。相对于前三种真空脱臭系统，干式-冷凝真空脱臭系统近年来得到快速发展，成为一种新型高效的节能技术，该技术有望降低精炼过程中的蒸汽量、用水量和能源消耗，成为降低油脂加工企业生产成本的重要手段之一。它具有如下特点：①降低脱臭能耗（蒸汽消耗）；②更好富集回收挥发性成分；③在该脱臭系统中，汽提蒸汽在冷凝器表面交替冷凝（-30℃）和升华，蒸汽和其他挥发性物质的有效升华将给脱臭器提供非常低的压力（<150Pa），同时大大减少臭味排放；④干式-冷凝系统大大降低了动力蒸汽消耗，但需供应额外的电能。由企业设计并应用的干式-冷凝真空脱臭系统如图 9-18 所示。

二、食品工业专用油脂加工技术

食品专用油脂是指精炼的动植物油脂、氢化油、酯交换油脂或上述油脂的混合物，经激冷单元和捏合单元而制成的固态或流动态的油脂制品。按产品划分，食品专用油脂主要包括起酥油和人造奶油；按用途可分为焙烤专用油、巧克力糖果专用油、冷饮专用油、速冻专用油、植脂末专用油、植脂鲜奶油专用油、婴儿配方乳粉专用油及煎炸专用油等多种专用油脂产品。专用油脂的生产工艺含油脂精炼、氢化、酯交换、分提，再经过配方、乳化、结晶、起酥、熟化

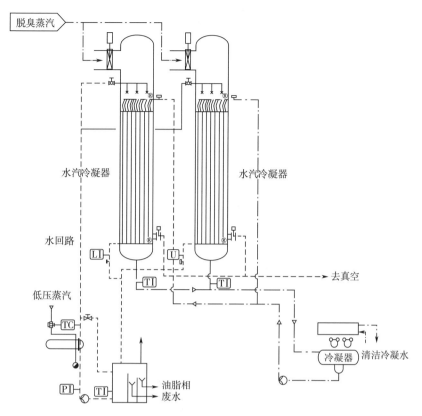

图 9-18 干式冷凝真空系统的典型工艺流程

TC—温度控制 PI—压力指示 TI—温度指示 LI—液位指示

等过程。其中，油脂改性技术、调配技术、激冷捏合技术、产品熟化技术，都是食品专用油脂的关键环节。

各种食用植物油和动物油都可以作为食品专用油脂的基料油，如棕榈油、大豆油、椰子油、牛油、鱼油、猪油及其他小品种油脂。一般来讲，在油的品种选择时会优先考虑其操作特性，其次是营养特性。营养特性主要是基于构成油脂的脂肪酸种类和含量，操作特性是指可以提供的熔点、结晶和硬度质构等。

1. 低/零反式脂肪酸食品专用油脂加工

油脂的反式脂肪酸是油脂在加工过程中形成的特殊异构体，主要是在脱臭的高温操作和氢化反应中形成。近年来，研究证明反式脂肪酸与人体的心血管疾病有相关性。2019 年，欧盟委员会发布第（EU）2019/649 号法规，规定反式脂肪（天然存在于动物脂肪中的反式脂肪除外）在提供给终端消费者或零售的食品中含量不得超过 2g/100g 脂肪。2018 年 12 月 19 日，食品安全国家标准审评委员会发布 GB 28050《食品安全国家标准 预包装食品营养标签通则》（征求意见稿），对食品中脂肪相关的能量和营养成分的标注作出多处修订，但反式脂肪的"0"界限值保持不变，仍为 0.3g/100g（或 100mL），即反式脂肪酸含量不超过 0.3g/100g（或 100mL），可标注"零反式"。专用油脂工业中为了降低油脂中的反式脂肪酸含量，在专用油脂中减少和取消氢化油的用量是最直接的方法。降低反式脂肪酸的有效方式有酯交换、配方、分提和油脂部分氢化。

有研究者通过采用一级大豆油和极度氢化大豆油，或一级菜籽油和极度氢化菜籽油为原料，以甲醇钠（用量为 0.1%~0.5%）作为催化剂，在 70~110℃条件下，使一级大豆油和极度氢化大豆油，或一级菜籽油和极度氢化菜籽油之间进行随机酯化反应（10~90min），从而改变混合油甘油三酯的组成，得到了具有不同熔点、不同固体脂肪特征的低/零反式脂肪酸基料油。

2. 有机凝胶化超分子构建技术

随着人们生活水平的提高和现代食品工业的发展，人造奶油和起酥油等塑性脂肪在人们消费的食用油中所占的比例不断增大。许多塑性脂肪制品（如冰淇淋、人造奶油、起酥油和巧克力等）的结构是基于高熔点结晶脂类基料形成的晶体网络，从而将液态油脂包裹在其中，形成的这种胶体状脂肪晶体网络赋予了其塑性脂肪制品的机械特性、功能特性和特殊质地。但是由于传统的塑性脂肪氢化加工过程中会引入饱和脂肪和反式脂肪，对人体健康极为不利，需要寻找一种完全或部分替代塑性脂肪的新途径。而油脂凝胶化是目前研究的可替代甘油三酯分子将液态油脂进行结构化的一种可行技术。油脂凝胶化技术在提高液态油脂塑性方面效果突出，并在减少或替代食品中的反式脂肪酸或饱和脂肪酸方面潜力巨大。

除了传统的固体脂肪结晶网络，还有很多其他化合物可以形成网络，自组装超分子油脂凝胶就是其中之一。其原理是：将液态植物油进行凝胶化，即将液态油脂限制或固定在一个热可逆的、三维的网络结构中，从而使其形成一种具有特定的结构性和功能性的过程，最终得到由三维网络和其中的液态油脂共存的体系，称为油脂凝胶。油脂凝胶体系由两部分构成：形成三维网络结构的凝胶剂和夹带在网络中的液态植物油。

可食性的油脂凝胶是指由植物油与可食性凝胶剂形成的油脂凝胶。根据凝胶剂相对分子质量的大小，则可以将油脂凝胶划分为：聚合物（凝胶剂为高分子）油脂凝胶和超分子（凝胶剂为小分子）油脂凝胶。聚合物油脂凝胶目前只有乙基纤维素油脂凝胶一种，而超分子油脂凝胶（或称为小分子油脂凝胶）研究得非常广泛，如甘油一酯、甘油二酯、脂肪酸类、脂肪醇类与植物油形成的油脂凝胶等。

3. 高不饱和煎炸油体系构建技术

煎炸油是煎炸食品最为重要的原料，在煎炸过程中不仅能作为传热的介质，改善食品的风味，增强食品的营养成分，同时能有效杀灭食品中的细菌，延长食品保存期。理想的煎炸油应具备脂肪酸组成合理、煎炸稳定性高、价格合适、煎炸过程中生成的危害物质少、煎炸食品的吸油率低、感官特性佳等特性。煎炸油最早是用牛油或与植物油混合使用，这样煎炸出的食品风味诱人。但因牛油含有大量饱和脂肪及胆固醇，过量摄入会增加心血管疾病的发病风险，逐渐被氢化植物油替代。再后来，氢化植物油因反式脂肪酸问题受到质疑，于是煎炸食品行业用棕榈油替代，进而成为最主要的煎炸油。

含饱和脂肪酸多的油脂的煎炸起酥性好、稳定性高，但过量摄入会对健康造成不良影响；不饱和脂肪酸含量高的油脂，相对营养健康，但在煎炸过程中，尤其是反复煎炸时，更容易发生氧化、水解、聚合和分解等反应，产生的有害物质又影响煎炸食品的营养品质和食用安全性。为了提高煎炸油的煎炸性能和氧化稳定性，采用调和工艺对油脂进行复配是一种良好选择。

目前，以不饱和脂肪酸为主的高油酸油脂用作煎炸油受到国内外广泛关注，代表品种有菜籽油、葵花籽油、花生油和大豆油。其中，以高油酸菜籽油、葵花籽油为主，并调配菜籽油、葵花籽油、大豆油、稻米油和棕榈液油等，获得的油酸含量较高（45%~70%）、亚麻酸含量低于 4%的油品。通过调配，得到的油脂具有良好的煎炸稳定性，且保留了较多的内源性脂溶性功能性成分，危害物含量也可得到较好控制；此外，以棉籽油为基料油，按比例添加大豆油、菜籽油、棕榈油进行调配 [V（棉籽油）：V（大豆油）：V（菜籽油）：V（棕榈油）= 10：5：3：2]，调配成的煎炸专用植物调和油，也被认为是一种新型煎炸调和油。其脂肪酸组成合理，具有很强的煎炸稳定性，且煎炸食品的感官效果较好。

4. 常温型稀奶油制备技术

搅打充气奶油是水包油（O/W）型乳液经搅打后形成的一种由蛋白质和脂肪球部分聚结结晶网络稳定的泡沫结构产品，广泛应用于烘焙食品行业。目前，主要采用-30~-18℃条件对奶油乳液进行保存、运输，以保持奶油乳液的相对稳定性。但低温保存会带来很多问题，以植脂奶油为例，具体如下：①采用冷链保存和运输的植脂奶油，在使用前需解冻，而不同的解冻方法极大影响奶油的打发性和稳定性；②植脂奶油开始搅打的温度和室温有很大的关系，直接影响植脂奶油的搅打起泡率、稳定性及口感等；③因为使用冷链保存和运输，一般采用巴氏杀菌，当冷链出现问题时，容易出现产品腐败变质，存在食品安全隐患并带来经济损失；④在保存或运输过程中，由于冷冻温度的波动，会引起植脂奶油的反复解冻和冻结，容易出现油水分离、凝结成块等乳浊液不稳定现象，严重影响产品品质；⑤保存和冷链运输成本很高。因此，常温型奶油制备技术具有良好的发展前景。

利用蛋白质与多糖的协同增效作用，采用独特的乳化剂组成，结合二次高压均质，可以制备出常温保存的植脂奶油，但是工艺比较复杂。其中，氢化植物油和酪朊酸钠、明胶、磷酸二氢钠、失水山梨醇单硬脂酸酯、蔗糖脂肪酸酯、大豆磷脂、三聚甘油单硬脂酸酯、瓜尔豆胶、黄原胶和卡拉胶的混合物作为油相混合物，而蔗糖和葡萄糖浆水溶液的混合物作为水相混合物。有研究者采用牛乳为原料，经离心分离为新鲜稀奶油和脱脂乳，配比一定量的稳定剂、乳化剂，经混合、均质、冷却降温、杀菌、灌装等工艺，制备得到常温保存的烘烤专用稀奶油。此外，也有研究者采用糖类作为主要原料，作为形成泡沫骨架的结构，并以乳化剂与增稠剂之间的协同增效作用来提高奶油产品的稳定性，制备得无脂搅打奶油产品。产品在搅打后泡沫起发量大、稳定性好，且无须冷冻保存，在常温下可稳定保持半年以上。

三、功能性脂质加工技术

功能性脂质是指对人体有一定保健功能或有益健康的一类特殊膳食脂质。其为人类营养、健康所需要，并对人体某些疾病，如高血压、心脏病、癌症、糖尿病等有辅助防治作用。功能性脂质具有特定的功能，适宜于不同人群食用，特别适合于特定人群，可调节机体的功能但又不以治疗为目的。功能性脂质大体上可分为三大类。①功能性简单脂质：功能性简单脂质是由酸和醇形成的酯，一般可以水解成为两部分。根据酸和醇分子形式的不同，它又可分为两类，即以甘油为骨架形成的脂肪酸酯，如甘油一酯、甘油二酯、甘油三酯，以及其他醇类与酸形成的酯，如蔗糖脂肪酸酯、海藻糖脂肪酸酯、阿魏酸甘油酯。②功能性复杂脂质：功能性复杂脂质除含脂肪酸和醇外，尚有其他非脂分子的成分，如胆碱、乙醇胺、糖等。按非脂成分不同，其可分为磷脂、糖脂、醚脂、硫脂等。③功能性衍生脂质：功能性衍生脂质是由简单脂质和复杂脂质衍生而来或与之相关，也具有脂质一般性质的物质。通常情况下，功能性衍生脂质大多是组成功能性简单脂质和复杂脂质的单体，如功能性脂肪酸、高级脂肪醇、固醇类、脂溶性维生素以及多酚、酚酸、角鲨烯等。

1. 固定化酶法酯化技术

结构脂质是新兴起的一大类功能性脂质。在广义上，结构脂质是指从其天然生物合成形式进行了化学或酶促改性后的脂质。在这个定义中，脂质的范围包括甘油三酯以及其他类型的酰基甘油，例如甘油二酯，单酰基甘油和甘油磷脂。"改性"是指天然存在的脂质在结构上的任何改变；而在狭义上及许多情况下，结构脂质被特别定义为通过掺入新脂肪酸进行改性的甘油三酯，重组以改变自然状态的脂肪酸位置或脂肪酸谱，或是合成以产生新的甘油三酯。结构脂质结合了脂肪酸组分的特征，如融化行为、消化、吸收和新陈代谢特性等，在营养食品和食疗中的应用广泛。

结构脂质实际上是一种半合成的脂质，虽然并不一定天然存在，但它必须以天然脂质为原料进行合成的。结构脂质的制备方式需根据所用底物类型和功能需求进行选择，常用的制备方法有化学合成法和生物酶催化法。化学合成法的特点为反应随机性强，不具有区域选择性；生物酶参与的生物催化法一般具有反应条件温和、反应过程高效、反应过程可控、环境友好以及良好区域选择性等优点，能将所需的脂肪酸结合到甘油骨架的特定位置，是一种高效制备结构脂质的方法。但是，酶的使用成本与传统催化剂相比相对较高，耐酸碱性、热稳定性和重复使用性相对较差。脂肪酶是结构脂的生物酶催化法制备过程中主要用到的酶类。固定化脂肪酶将脂肪酶通过物理或化学的方法固定在特殊的载体上制得，对酸碱和热的耐受性强，使用条件温和，更易从反应介质中分离和回收利用，可有效降低生产成本。固定化脂肪酶为脂肪酶在结构脂制备的工业化应用提供了契机，其在新型结构脂质方面具有良好的发展前景。

2. 微生物油脂生产技术

微生物油脂又称单细胞油脂，很多微生物如细菌、霉菌、酵母菌及藻类等在一定条件下，可在菌体内产生大量油脂，有的干基菌体含油高达70%以上，而且这些油脂与一般植物油脂的脂肪酸组成相似。微生物油脂生产技术的经济成本可能高于一般动植物油脂，因此主要集中在生产高附加值油脂产品，如富含 γ-亚麻酸、花生四烯酸、EPA、DHA、角鲨烯、二元羧酸等的油脂以及代可可脂等。

与动植物油的生产相比，微生物油脂具有如下主要优点：①微生物适应性强，繁殖速度快，生产周期短，季节影响小；②微生物生长所需的原料来源广泛，可以利用多种碳源，特别是农副产品和食品工业废弃物，如废糖液、淀粉生产废液等，对于环境保护、降低成本均有现实意义；③节约劳动力，且不受场地、气候、季节的限制，可实现连续化生产；④可以通过调整糖类基质对优质高产的品种进行定向选择。

微生物产生油脂的过程，本质上与动植物产生油脂的过程相似，都是从利用乙酰 CoA 羧化酶的羧化催化反应开始，经过多次链的延长，或再经过去饱和酶的一系列去饱和作用等，完成整个生化过程。其中，去饱和酶是微生物通过氧化去饱途径、生成不饱和脂肪酸的关键酶，该过程称为脂肪酸氧化循环。微藻类、酵母、霉菌和细菌等微生物，可以将碳水化合物、碳氢化合物和普通油脂作为碳源，生产出微生物油脂，以及某些具有商业价值的脂质。真核微藻、酵母、霉菌能在体内合成甘油三酯；而原核的细菌则能合成特殊脂质，如蜡脂、聚酯和聚-β-羟基丁酸等。微生物油脂生产过程中的主要影响因素包括：选育的菌种，这是生产不同微生物油脂产品的关键。此外，温度、培育时间、糖浓度、pH、C/N 比以及孢子数量等，也是影响各类菌种产油率的重要因素，需要综合考虑。

用于生产微生物油脂的菌株要求具备以下条件：①具备或改良后具备合成油脂的能力，油脂积累量大，含油量稳定在50%以上且油脂转化率不低于15%；②能利用农副产品及工业废水、废料；③繁殖力旺盛，杂菌污染困难，沉淀、过滤、分离油脂容易；④油脂风味良好，食用无害，易消化吸收；⑤用于工业化生产时能适应工业化深层培养，装置简单。

3. 油脂微胶囊技术

微胶囊技术是一种有效运载生物活性组分，并应用到食品体系的方法，可应用于功能性粉末油脂的制备、营养素微胶囊化和食品添加剂的微胶囊化等。在食品工业中，使用微胶囊技术的主要目的在于：①改善生物活性组分的物理性质，以便于加工、运输和储藏；②保护敏感性的活性组分，提高其稳定性；③隔离不同组分，避免不同组分间的不利反应；④减少生物活性组分作为食品添加剂的添加量和降低其毒副作用；⑤掩蔽不良风味和色泽；⑥调控活性组分的释放。

大多数油脂，特别是功能性油脂，含有大量的不饱和脂肪酸，易受空气、光照等外界环境因素的影响而氧化变质，不仅会影响产品风味、缩短食品保质期，还可能会产生有害物质。并且，某些功能性油脂，如富含 EPA 和 DHA 的海洋油脂（如深海鱼油、金枪鱼油、南极磷虾油等），由于脱腥比较困难，产品中往往残留少量腥味，若直接应用，将严重影响产品感官品质，而通过微胶囊技术包埋可有效解决这一问题。此外，微胶囊化技术还可以使液体油变成粉末，从而有效地提高油的氧化稳定性并延长油的储存稳定性，使油易于运输、保存和应用。油脂的微胶囊化还可以提高溶解度和乳化能力，从而大大拓宽了其应用范围，因此，通过微胶囊技术开发适当的输送系统来封装，保护和定向释放营养物质，具有极大的应用潜力。

根据微胶囊的性质、囊壁形成的机制和成囊条件，微胶囊的制备方法可分为物理法、化学法和物理化学法。其中，在食品工业中应用最为广泛的为喷雾干燥法。喷雾干燥法是将芯材与壁材混合，并通过高速剪切或均质制备成乳液，乳液再以细小液滴的形式被喷雾装置喷入高温干燥介质中，依靠两者之间的温度差，溶剂在介质中迅速蒸发最终得到只含有固形物的粉末的方法。喷雾干燥法的优点为操作简便灵活、设备易得、成本低、可批量连续生产、产品具有良好的流动性和分散性。但由于喷雾干燥过程中温度较高，芯材中的一些活性物质受到高温的影响可能会失去活性，这导致其在功能食品中的应用受到一定限制。该方法目前主要用于生产粉末香料和粉末油脂。近年来，随着人们对食品营养和风味要求的不断提高，一些创新型的微胶囊技术不断开发，极大地推进了微胶囊技术的发展。

第十章

果蔬制品加工技术

学习指导：本章系统介绍了果蔬干制加工、果蔬汁加工的机制、生产工艺、影响因素、新技术应用等方面内容。重点介绍了果蔬制品加工过程关键环节的新技术原理、设备与应用。在本章学习过程中，应结合本科阶段学习的果蔬加工工艺学、食品化学、食品机械等相关课程知识，掌握果蔬制品加工的新理论，熟悉果蔬加工工艺过程与重要参数，掌握不同果蔬制品加工过程的关键技术、新技术及新装备的应用，学会分析影响不同果蔬制品加工质量的关键因素，掌握果蔬制品加工质量的控制方法。

知识点：热加工，漂烫，干燥，榨汁，均质，浓缩，杀菌，非热加工

关键词：果蔬干制品，果蔬汁（浆）

第一节　果蔬干制技术

一、果蔬干制

果蔬干制是指在自然或人工控制的条件下促使新鲜果蔬物料中的水分蒸发脱除的工艺过程。水分是果蔬的主要成分，在果蔬组织中占比可达 70%~90%。水分按存在形式可以分为游离水、结合水和化合水三类。果蔬干制过程中除去的水分主要是游离水和一部分的结合水。

（一）干制机制

在干制过程中，果蔬水分的蒸发主要依赖于两种作用，即水分外扩散作用和内扩散作用。当干燥介质的温度上升时，果蔬原料表面先升温，水分随即蒸发，这种作用称为水分外扩散。干燥初期，水分蒸发主要是外扩散作用。水分外扩散的结果，造成物料表面和内部组织之间水蒸气分压差，促使果蔬内部水分向外部组织渗透扩散，以使得物料各部分的水分分布平衡，这种作用称为水分内扩散。水分的内扩散作用是借助于物料组织内外层之间的湿度梯度差，使水分由含水量高的部位向含水量低的部位转移，湿度梯度越大，水分内扩散的速度就越快。此外，由于干燥时物料各部分的温度不同导致出现温度差现象，产生了与水分内扩散方向相反的热扩散，热量从温度高的外部向温度低的内部组织传递，即由四周向中央传递。但因干制时物料的内外温差较小，热扩散进行的不够明显。因此，干制时主要是水分从组织内层迁移向外层的扩散作用。

水分的内部扩散和外部扩散是同时进行的。但是，在干燥过程的不同时期，影响干燥速率的机制不同，这与物料的结构、性质、温度等条件有关。干燥过程中，某些物料水分表面汽化的速率小于内部扩散速率，而另一些物料则情况相反，其中扩散速率较慢的环节是控制干燥过程的关键。前一种情况称为表面汽化控制，后一种情况称为内部扩散控制。干燥时，水分的表面汽化和内部扩散同时进行，二者的速率随果蔬的种类、品种、物料的状态及干燥介质的不同而异。例如，枣、柿子等可溶性固形物含量高、个体较大的果蔬物料，水分内部扩散速率小于

表面汽化的速率，属于内部扩散控制型干燥，干燥速率主要取决于水分的内扩散。此类果蔬干燥时，为了加快干燥速率，必须采用如抛物线式的升温方式，对果蔬进行热处理，以加快物料内部水分扩散速率。如果单纯降低相对湿度、提高干燥温度，特别是干燥初期，将导致表面汽化速率过快，水分外扩散速率远远超过内扩散速率，则物料表面会过度干燥而形成硬壳（称为硬壳现象），它的形成隔断了水分内扩散的通道，阻碍水分的继续蒸发，反而会延长干燥时间。而且，由于此时内部含水量高，蒸汽压力高，当这种压力超过果蔬所能忍受的压力时，就会使组织被压破，并使结壳的物料发生开裂、汁液流失等。对于黄花菜、苹果片和萝卜片等可溶性固形物含量低、干燥时切片薄的果蔬物料，水分内部扩散速率大于表面水分的汽化速率，属于表面汽化控制型干燥。这时干燥速率取决于水分的外扩散。此类果蔬内部水分扩散比较快，只要提高环境温度，降低湿度就能加快干制速率。所以，干制时需将水分的表面汽化和内部扩散相互衔接、合理控制，才能缩短干燥时间，提高干制品质量。

（二）果蔬干制的影响因素

干燥速度受许多因素的影响，归纳起来可分为两方面：一是干燥环境条件，如干燥介质温度、空气湿度、空气流速等；二是物料本身性质和状态，如原料种类和原料干燥时的状态。

1. 干制条件的影响

（1）干燥介质温度　果蔬干制多采用预热空气作为干燥介质。干燥时，热空气与湿的物料接触，将热量传递给被干燥物料，使物料含有的部分水分因吸收热量而汽化，而水蒸气可与热空气形成混合物，会使干燥介质的温度下降。因此，要加快干燥速度，应提高热空气和水蒸气温度，增大干燥介质和果蔬间的温差，加快热量向果蔬传递的速度，同时加快水分外逸的速率。以空气作为干燥介质，温度、湿度和空气流速要保持平衡，此时，温度变为次要因素。物料内水分以水蒸气状态从表面外逸时，在其表面形成饱和水蒸气层，如果不及时排出，将阻碍物料内水分的外移和蒸发，从而降低水分的蒸气速率。

（2）干燥介质湿度　果蔬干制时，作为干燥介质的空气相对湿度越小，空气饱和差越大，水分蒸发的速度就越快。而相对湿度又受到温度的影响，空气温度升高，相对湿度将减小，果蔬表面与干燥空气之间的蒸气压差越大，传热速度加快，果蔬干燥速度也越快；反之，温度降低，相对湿度就会增大，导致果蔬干燥速度减慢。因此，采用升高温度与降低相对湿度的方法可以缩短干燥的时间。空气的相对湿度还决定了果蔬干制品的最终含水量，相对湿度越低，果蔬干制后能够达到的最小含水量越低。

（3）空气流动速度　空气的流动速度越快，果蔬的干燥速度也就越快。因为加快空气流速，可以将增加干燥空气与物料接触的频率，使原料表面蒸发出的、聚集在果蔬周围的饱和水蒸气层被迅速带走，并及时补充未饱和的空气，使果蔬表面与其周围干燥介质始终保持较大的温差，从而促进水分的不断蒸发。同时，促进干燥介质将所携带热量迅速传递给果蔬物料，增大对流换热系数，以维持水分蒸发所需要的温度。因此，干制设备中，常用鼓风的办法增大空气流速，以缩短干燥时间。

（4）大气压力和真空度　大气压力降低，水的沸点也随之降低，水分蒸发加快。因此，在真空室内对果蔬加热干燥，可以在较低的温度条件下，使果蔬内的水分以沸腾形式蒸发，同时提高产品的溶解性，较好地保存营养价值，延长产品的贮藏期。真空干燥可用于热敏感果蔬的脱水干燥，以进行低温加热与缩短干燥时间。

2. 原料性质和状态

原料的种类、水分含量、预处理、装载量和装载厚度等会影响干燥速率。

（1）果蔬种类　一般来讲，可溶性物质含量高、组织致密的产品干燥速度慢；反之，干燥速度快。物料呈片状或小颗粒状可以加速干燥过程，因为这种状态缩短了热量向物料中心传递和水分从物料中心向外扩散的距离，从而加速了水分的扩散和蒸发，缩短了干制时间。所以，具有较大表面积的叶菜类果蔬比根菜类或块茎类果蔬易干燥。另外，果蔬表皮具有保护作用，能阻止水分的蒸发。特别是果皮组织致密且厚，表面覆有蜡质的原料，干制前必须进行适当除蜡质、去皮和切分等处理，以加速干燥过程。

（2）水分含量　果蔬的水分含量又称平衡水分。在一定的干燥条件下，果蔬原料和一定温度与湿度的干燥介质相接触，当果蔬排出水分与吸收水分相等时，果蔬的含水量保持一定的数值，这一数值即为在该干燥条件下此种果蔬的平衡含水量或平衡水分，一般用百分数来表示。只要干燥介质的温度、湿度不变，原料的平衡水分就是该原料可以干燥的极限。在相同温度下，存在于果蔬中水的蒸汽压比纯水蒸汽压低，在汽化之后其逸出能力较低，也就是其在果蔬组织中能够自由移动的能力较低，水分被束缚的程度越高，水分活度值越小，即脱水难度也越大。

（3）预处理　果蔬干制前的预处理包括去皮、切分、热烫、浸碱、熏硫等，它们对于干制均有促进作用。去皮使果蔬原料失去表皮的保护，有利于水分的蒸发。传热介质与果蔬的换热量及果蔬水分的蒸发量均与果蔬的表面积成正比。切分后的原料比表面积（表面积与体积之比）增大，增加了果蔬与传热介质的接触面积，缩短了热与质的传递距离，提高了蒸发速度，从而缩短了干燥时间。切分得越细越薄，所需干燥时间越短。热烫和熏硫均能改变细胞壁的透性，降低细胞持水力，使水分容易移动和蒸发。

（4）原料装载量和装载厚度　干燥设备的单元装载量越大，厚度越大，越不利于空气流动和水分蒸发，干燥速度就越慢。干燥过程中可以随原料体积的变化，改变其厚度，干燥初期宜薄些，后期再合并，加厚料层。自然气流干燥的宜薄，鼓风干燥的可以厚些。

（三）果蔬的干制工艺

果蔬干制工艺流程可以简单归纳为：原料选择、分级→原料预处理→干制→包装→贮藏。

1. 原料选择、分级

通常来讲，水果原料选择和分级的要求：干物质含量高、纤维素含量低、风味色泽好、肉质致密、核小皮薄、成熟度适宜。对蔬菜原料的要求：肉质厚密、组织致密、粗纤维少、新鲜饱满、废弃物少。

2. 原料的预处理

（1）热烫处理　热烫处理是指用一定温度、煮沸的水或者饱和蒸汽对原料进行的一种短时间的热处理过程。其主要的目的是钝化果蔬中的一些酶类，也能够把夹带在果蔬中的一些虫卵或是微生物杀死。一般为在90~100℃处理5min，热烫后应该迅速冷却以保证果蔬组织的坚挺。对于颜色对热较为敏感的果蔬原料，在热烫时还应该加入氯化钙、碳酸氢钠等食品添加剂，起到保护颜色甚至增强颜色的效果。

（2）硫处理　硫处理主要针对需要保护含有生物活性物质，如多酚的果蔬原料。同时，硫处理也可以有效防止果蔬颜色的劣变，并杀死微生物。硫处理主要分为熏硫法和浸硫法，熏硫法是使用二氧化硫气体处理对果蔬细胞膜造成一定的破坏作用，增强其通透性，有利于干燥，该方法能够有效防止果蔬中的维生素 C 流失。浸硫法是用一定浓度的亚硫酸或亚硫酸盐溶液浸泡原料，一般浸渍 10~15min，注意防止硫的残留量超标。

（3）浸碱脱蜡　对于外层附着一层蜡质的果蔬如李子、樱桃、葡萄等，如果直接进行干燥处理，会严重影响干燥效果及产品品质。常用的去除蜡质的方法为浸碱法，通过碱液的浸泡，可以去除果蔬表面的蜡质，同时能够加快干制过程中果蔬水分的流失速度、提高干制效率和产品的品质，常用的碱主要为氢氧化钠和碳酸氢钠。

3. 干制品的包装

（1）干制品的预处理　干制品在包装前需要进行适当的分级、回软、压块以及防虫等处理。分级主要是使干制品在规格上合乎标准，使待包装产品规格统一，便于包装。同时，在分级过程中，还需要剔除残缺、品质差的产品和杂质等。果蔬干制处理后，其内外的干燥程度不均匀，通常是外干内湿。为了使果蔬干制产品内外部水分均一，在包装前需要进行回软处理，以达到均匀一致、水分平衡的要求。压块是指对干燥后的果蔬产品进行压缩处理，以期便于包装和运输。

（2）干制品的包装　干制品的包装要求防潮、防虫、避光隔氧、密封等，还需要符合食品卫生管理要求，且要有利于产品销售。常见的包装容器有木箱、纸箱、金属罐以及聚乙烯、聚丙烯等材料，不同类型的原料可以根据其产品特点和要求选择适当的包装方式。对于果蔬干制品的包装方法，主要有普通包装法、充气包装法和真空包装法。充气包装和真空包装的目的是降低包装内的氧气含量（一般降至 2%），既可以防止果蔬产品或其成分的氧化，同时抑制有害微生物的生长。

（3）干制品的贮藏　影响干制品贮藏的环境主要包括温度、湿度、光线和空气。通常选择低温贮藏，贮藏温度以 0~2℃ 为最佳，最高不超过 14℃。湿度对于干燥后的果蔬产品的影响最大，因此，控制合理的贮藏湿度是控制果蔬产品质量的关键，最好维持在 65% 以下，一般不超过 70%。光线能够促进色素的分解，造成果蔬光敏性成分的损失。空气对干制品的威胁主要来自于氧气，其会使果蔬产品因氧化而品质劣变。

二、果蔬干燥技术

常规的果蔬干燥方法包括真空干燥、太阳能干燥、阳光干燥、冷冻干燥、流化床干燥、托盘干燥等。除了冷冻干燥，其他的干燥方法在很大程度上依赖于通过对流、传导或辐射等方式对产品加热。

1. 热风干燥

热风干燥又称对流热风干燥，是现代最常见的干燥方法之一，主要以热空气为干燥介质，在烘箱或在干燥室中将热风以自然或强制对流循环的方式与食品进行湿热交换，果蔬表面的水汽通过表面的气膜向气流主体扩散；与此同时，由于果蔬表面汽化，在果蔬的内部和表面之间会产生水分含量梯度差，果蔬内部的水分则会以气态或液态的形式向表面扩散，从而达到干燥目的。与传统干燥方法相比，热风干燥能够为待干的果蔬提供均匀的热空气和湿度分布，减少能耗和干燥的时间，降低干燥成本，并且能够获得更好的干制产品。热风干燥的工艺条件包括温度、空气速度和相对湿度。一些果蔬的特殊性质如质地、颜色、总类胡萝卜素含量、酚类成分、总酚含量、抗氧化能力以及其他生物活性化合物，在温度较高的干燥条件下可能会受到影响。因此，使用低温、低相对湿度等参数优化的干燥方法，可以提高干制产品的质量。

2. 热泵干燥

热泵干燥方法是被公认为在相对较低的温度下干燥热敏性材料（例如生物活性食品和药品）的节能方法之一。一般农产品干燥的最佳温度是60℃，热泵干燥系统非常适合农产品的低温干燥。与传统的对流空气干燥相比，热泵干燥在较低温度下可实现较短的干燥时间。低温干燥过程的强化将提高产量，同时最大限度地减少微生物污染、产品质量下降和能源消耗。热泵干燥系统一般包括干燥室、空气循环风扇和制冷装置。制冷装置由冷凝器、膨胀阀、压缩机和蒸发器组成。

热泵干燥系统相对于传统热风系统的主要优势是具有更高的能源效率，热泵干燥的干燥效率为95%，而真空干燥的干燥效率不到70%，热风干燥的干燥效率在35%~40%。热泵干燥系统的干燥效果不受天气条件的影响。热泵干燥系统特别适合于需要保持高挥发性芳香成分而没有灰尘和微生物污染的食品材料。然而，热泵干燥系统能更有效地从物料中去除游离水分和结合不够紧密的水分，一旦游离水分和松散结合的水分被去除（即在低水分含量下），其干燥效率会显著下降。但通过适当的设备改进、工艺条件的优化和适当的控制策略可以克服这些问题。

3. 泡沫干燥

泡沫干燥是指通过发泡过程将致密的液体或半液体原料转变成稳定的多孔结构，再进行干燥。在发泡剂（起泡沫诱导剂和稳定剂的作用）存在下，通过控制条件，使用搅拌器或特殊设计的装置，搅拌或打浆原料，以引入大量空气或其他惰性气体，使原料形成充满泡沫的状态。然后将稳定的泡沫分散在相对较薄的多孔蜂窝片或垫中，并通过对流干燥，热空气流过或穿过泡沫材料薄层，直到其干燥至所需的湿度。泡沫干燥通常在大气压下进行对流操作。通过该方法干燥的原料经过简单的研磨很容易制成细粉并易复溶。

4. 微波干燥技术

微波干燥是将高频电磁能转化为热量，在食物内部产生蒸汽，会在食品内部产生压力梯度，有助于液体水分蒸发并向物料表面迁移。在微波干燥过程中，应考虑两个连续的阶段：液体蒸发阶段和由加热、恒速和降速三个过程组成的干燥阶段。

在微波干燥过程中，水分的有效扩散系数起着重要作用。表10-1总结了一些微波干燥相关的研究。可以看出，随着微波功率的增加，微波干燥过程中的干燥效率也相应增加。通常微波功率越高，果蔬内部产生的多孔结构也越多，其温度提高程度也越大。此外，高温通常会导致细胞膜变性和相变，极大地破坏果蔬原料性质，经微波干燥而受损组织中的结合水更容易去除。

表10-1 不同原料微波干燥效率

原料	超声功率/W	干燥效率/（m^2/s）
竹笋片	140~350	$4.15 \times 10^{-10} \sim 22.83 \times 10^{-10}$
马齿苋叶	180~900	$5.91 \times 10^{-11} \sim 1.87 \times 10^{-10}$
洋葱片	328~557	$2.59 \times 10^{-7} \sim 5.08 \times 10^{-7}$
苹果片	200~600	$3.93 \times 10^{-10} \sim 2.27 \times 10^{-6}$
绿豆片	180~800	$1.39 \times 10^{-8} \sim 3.72 \times 10^{-8}$

在微波干燥过程中，食品的品质会发生变化。在微波功率较小（约200W以下）时，增加微波功率会使温度快速升高，温度过高会破坏食物的营养成分。然而，当微波功率出现较大变化（约200W以上）时，较高的微波功率会极大地缩短加热时间，因此可避免营养物质过多的损失。微波干燥过程中，高微波功率下果蔬原料质构和再水合特性会受到影响，且会使果蔬组织中的细胞发生分解。因此，低微波功率的微波干燥比高微波功率的能够保持更好的原料组织完整性。

5. 射频干燥技术

射频干燥又称高频干燥，是对果蔬物料直接进行加热，通过在果蔬内部产生热量而达到干燥目的的一种方法。当待干制的物料被输送到两个带有高频交变电压的电极之间所形成的高频交变电场时，由于电极的极性以每秒几百万次变换，而使物料中的水分子顺着两个电极间的高频交变电场方向产生高速的交变取向运动，相邻的分子之间由于剧烈运动产生摩擦而产生大量的热，进而使制品温度迅速上升至100℃，导致分子间氢键断裂，大的缔合水分子的群体就断裂成小的聚集体，进而在大气压力下蒸发变成几乎是由单个水分子组成的蒸汽排出，则使制品被迅速干燥。

6. 真空冷冻干燥技术

真空冷冻干燥，指通过调节冻干机的板层控制温度，将湿物料冻结至共晶点温度以下，在确保物料中水分充分冻结为小冰晶的同时，对冷阱予以降温处理，并通过真空泵对箱体抽真空，进而在低温及真空状态下，将物料中的水分由固态升华成气态，再借助真空系统的捕水装置将水蒸气冷凝，除去物料中的水分，进而得到干燥脱水制品的干燥方法。

真空冷冻干燥技术作为一项半自动低压低温脱水的新型技术，具备诸多优势：一是在低温低压低氧状态下，易氧化物质、热敏性物质不易变性失活，可较好地保留产品中的营养物质及风味成分；二是与原料相比较，干制品复水后其基础成分、感官特性大致没有改变；三是干燥后不会引发收缩现象，体积基本不变，呈多孔海绵状结构，易复水溶解且复水后品质与新鲜品基本一致或者完全一致；四是制品重量轻，便于运输，通过合理的包装即可实现长期稳定保存。

7. 渗透脱水技术

渗透脱水是指在一定的温度条件下，将果蔬物料置于渗透溶液中，水的渗透压作用使细胞内部的水分自发向外部迁移，从而脱除果蔬组织水分的方法，是一种非热的干燥技术，能够有效地保留食物中热敏性的营养成分。同时，由于渗透脱水过程中，发生的只是水分的迁移，不存在果蔬中水分的相变，所以该干燥方法不仅能够保持果蔬的感官和功能特性，还能够使果蔬中的固形物增加。当果蔬浸泡在渗透溶液中时，细胞膜外部渗透物质浓度较高，内部浓度较低，组织细胞膜两侧的溶液存在浓度差，细胞中的水分可以自主地向细胞外扩散，但同时渗透液中的溶质也会扩散到组织细胞中，使细胞中的固形物含量增加，这种现象又称为固形物增益。渗透技术能通过固形物增益，使外部的一些活性物质、防腐剂等成分渗透到果蔬中，起到提高果蔬产品的附加值、延长货架期以及维持果蔬组织状态的作用。

由于渗透脱水的主要驱动力是渗透液和果蔬组织细胞间的渗透压差，所以渗透液中的溶质是决定脱水效率的重要影响因素。考虑到渗透脱水的固形物增益作用，作为渗透液的溶质，必须要具有较高的溶解度和较低的成本，更重要的是要对最终的果蔬产品的感官性能和稳定性有积极的影响。通常选取的溶质主要是蔗糖和氯化钠。

第二节 果蔬汁加工技术

一、果蔬汁加工概述

(一) 榨汁理论与果蔬汁生产方法及工艺

1. 榨汁理论

大规模的机械化果蔬榨汁已经有上百年的历史,榨汁体系和设备也已经非常成熟。目前常用的榨汁理论主要有以下几种:

(1) 裹包榨汁　用滤布将果肉整体打包,对其施加压力(包括液力、气力以及机械力等),在压力的作用下,将果蔬汁不断从原料组织中挤压出,通过滤布渗出,得到汁液。

(2) 螺旋榨汁　利用一个或者几个螺杆,通过螺杆旋转不断推动果蔬物料向前,缩短物料与出口之间的距离,不断挤压果蔬,从而使果蔬汁流出。

(3) 带式榨汁　由两条无端的滤带缠绕在一系列排列、直径不等的辊轮上,利用滤带的张力,对处于两个滤带之间的果蔬原料加压,挤压出果蔬汁并穿过滤带排出。

(4) 双锥盘榨汁　利用一对锥齿轮啮合产生的挤压力,当果蔬进入啮合区域时,在齿轮挤压力的作用下,使果蔬汁分离出来。

(5) 挤压式榨汁　通过果蔬夹持器之间的挤压得到果蔬汁的一种方法。在果蔬原料进入到夹持器的工作区域后,位于果蔬上下的夹持器同时对果蔬施加作用力,挤压出果蔬汁。

2. 果蔬汁生产工艺

果蔬汁的生产工艺主要包括原料选择、预处理、榨汁、过滤、成分调整、澄清及均质、杀菌及罐装等。

(1) 原料选择　用于果蔬汁加工的原料要新鲜、无霉变和腐烂,具有典型的鲜艳色泽,且在加工中色素保持稳定。果蔬汁加工对原料的大小和形状无严格要求,但对成熟度的要求较严格,要具有该品种典型而浓郁的香气,且香气在加工中最好能保持稳定,未成熟或过熟的果蔬不适合进行果蔬汁加工。

(2) 预处理　预处理通常包括果蔬原料的筛选分级、清洗、破碎,热处理和酶处理等。清洗是减少杂质污染、降低微生物污染和农药残留的重要环节。破碎的目的是破坏果蔬的组织,使细胞壁发生破裂,以利于果蔬汁从原料组织中流出。

在破碎之后,有些果蔬原料还需加热处理,以利于其色素和风味物质的进一步渗出。此外,热处理可以杀死果品表面的微生物;对于蛋白质和果胶含量丰富的原料,加热处理还可以降低汁液的黏稠度。通常加热处理条件为60~70℃,15~20min。

酶解处理,即向果蔬汁粗提液中加入果胶酶、纤维素或半纤维素酶制剂进行酶解果蔬细胞壁成分。果胶酶可以有效地分解果肉组织中的果胶物质,使果汁黏度降低而容易榨汁过滤,提高出汁率。

(3) 榨汁　主要理论和方式同"榨汁理论"。

（4）过滤　新榨汁中含有大量的悬浮物，其类型和数量依榨汁方法和植物组织结构不同而异，其中粗大的悬浮粒来自于果蔬细胞的周围组织或细胞壁，粗滤可在压榨中进行，也可以在榨汁后作为一个独立的操作单元。粗滤可采用筛滤机或振动筛。精滤常用的过滤设备是板框压滤机和硅藻土过滤机等。

（5）成分调整　果蔬汁成分调整是为了改进果汁风味，符合一定的出厂规格要求。需适当的对糖、酸等成分调整，但调整的范围不宜过大，以免丧失原果蔬汁风味。

（6）果蔬汁的澄清与过滤、均质与脱气、浓缩等工艺　原果蔬汁是一个复杂的胶体系统，其混浊物主要包括果胶、淀粉、蛋白质、多酚和金属离子等，通过水合作用、聚合反应和络合作用，形成复杂的多分散相系统。果蔬汁中存在的纤维素、半纤维素、多糖、苦味物质和酶还容易发生相互作用产生沉淀，影响果汁的品质和稳定性。通常多采用静置、加热、冷冻、离心、超滤、添加澄清剂等方法澄清果汁。澄清的方法主要包括自然澄清（静置澄清）、加热澄清、冷冻澄清、超滤澄清等。

澄清处理后必须经过精密过滤，将混浊或沉淀物除去得到澄清透明且稳定的果蔬汁。常用的过滤介质有石棉、硅藻土等，过滤介质的选择随过滤方法和设备而异。常用的过滤方法有压滤、真空过滤和离心分离等。

均质是将果蔬汁通过均质设备，使制品中的细小颗粒进一步破碎，使粒子大小均匀，保持制品的均一混浊状态。混浊果蔬汁一般先进行成分调整，再进行均质脱气，但也可在成分调整前进行均质。由于果蔬细胞间隙存在大量的空气，在加工过程中果蔬汁又会混入大量的空气，必须脱气，防止褐变和营养成分损失，减轻后续杀菌处理过程中起泡现象，并且减少金属包装容器内壁损失等。

浓缩果蔬汁是在澄清汁或混浊汁的基础上脱除大量水分，使果蔬汁体积缩小，固形物浓度提高到40%～65%，酸度也随之增加到相应的倍数。浓缩后的果蔬汁提高了糖度和酸度，在不加任何防腐剂情况下也能长期保藏，便于贮运。生产过程中所应用的浓缩方法主要包括真空蒸发浓缩、冷冻浓缩、反渗透浓缩。

（7）杀菌灌装　杀菌是延长果蔬汁贮藏期、保证产品品质的重要生产环节。果蔬汁中的微生物包括内源性微生物和外源性微生物，果蔬汁中存在的各种酶类会导致果蔬汁色泽、风味、形态等品质特性发生劣变。因此，杀菌处理要尽可能杀灭微生物，同时也要钝化关键酶的活性。常采用的杀菌方法主要有加热杀菌和冷杀菌两大类。果蔬汁冷杀菌技术已应用于果蔬汁生产。

（二）影响果蔬汁质量的因素及其控制

1. 果蔬原料的影响

果蔬原料是影响果蔬榨汁品质、口感和风味的重要因素，尤其是果蔬成熟度的影响最为重要。对于成熟度不够的果蔬原料，其果香不够浓郁，酸甜比不适宜，将会严重影响果蔬汁品质。而过熟的果蔬原料中可能会含有一些腐败的微生物，容易将其混入到加工后的果蔬汁中，为后续的杀菌工序带来挑战。

2. 榨汁的影响

在果蔬汁生产中，榨汁是作为基础的工艺环节，比较常见的榨汁工艺包括直接破碎榨汁、热烫破碎榨汁以及酶解辅助榨汁，不同榨汁工艺得到的果蔬汁物理性状和产品品质也会有所不同。在针对不同果蔬汁加工的过程中，应该结合实际条件，选择适当的榨汁技术。若生产的产品是包含果肉的果汁，可以选择直接破碎榨汁法或者热烫破碎榨汁法，如果生产的产品是要求果汁澄清，则可以选择酶解榨汁工艺。

3. 均质的影响

均质加工能够使果蔬汁中大量的悬浮颗粒分散均匀，确保果汁质量的均匀性，可以有效降低分散颗粒尺度，提升其分布均匀性，对固体和液体的分布状况进行改善，从而得到更加适合贮存的产品。

4. 浓缩的影响

浓缩果蔬汁无论是包装、运输还是贮藏，成本都会极大地降低。浓缩果蔬汁可以保持品质，且在复原后，含有的总酸、还原糖、蛋白质含量以及 pH 与原本的果蔬汁非常接近，抗坏血酸保存率可达85%以上。

（三）发酵果蔬汁

果蔬类发酵饮品已成为当前的产品热点。果蔬本身含有丰富的维生素、矿物质、膳食纤维等营养成分，可以为微生物的生长繁殖提供良好的营养；微生物发酵后产生的风味物质与果蔬原本的味道结合后也更容易被消费者所接受。从营养角度来看，与发酵前相比，发酵果蔬汁中的营养成分更加丰富。

目前，发酵果蔬汁所使用的菌种主要包括酵母等真菌、乳酸菌、醋酸菌等，还包括混合菌种的发酵，以乳酸菌发酵为主要方式。乳酸菌发酵后果蔬汁的感官风味得到较大提升，其挥发性风味物质主要来源于糖代谢，醇类、酸类与其他挥发性成分的共同作用。乳酸菌发酵可定向改善果蔬汁的风味，产生的物质风味柔和，与果蔬风味相容性较强，乳酸菌发酵果蔬饮料的市场潜力较大。

二、果蔬汁加工技术

（一）果蔬保鲜护色

通常在果蔬加工过程中需要进行护色处理，以保证更好的感官品质。

1. 烫漂护色

烫漂护色处理又称为预煮处理，即将预处理好的果蔬放到沸水或者热蒸汽中进行短时间的处理，以钝化酶，减少氧化变色的发生及营养成分的流失。采用烫漂护色技术，在减少褐变的同时也能在很大程度上减少抗坏血酸的氧化损失，还能使果蔬原材料中的蛋白质凝固，使细胞达到质壁分离的效果。

2. 酸溶液护色

酸溶液护色技术中，使用酸性溶液浸泡能够降低果蔬制品的 pH，起到抑制酶活力的作用，还能降低氧气的溶解度。此外，有些酸还具有抗氧化作用。常用于护色的酸主要有苹果酸、柠檬酸等。

3. 食盐溶液护色

食盐溶液处理不但能够降低水中溶解氧的含量，还能降低果蔬组织中相关酶的活性。通常使用质量分数为 1%~2% 的食盐溶液，在果蔬加工过程中进行短期护色。为了提高护色效果，可以在食盐溶液中加入 1g/L 的柠檬酸。为了提高果蔬耐煮性，可使用氯化钙溶液浸泡原料，氯化钙不仅有一定的护色作用，还能增加果肉的硬度。

（二）果蔬破碎和榨汁

1. 破碎

主要工艺可分为热破碎和冷破碎。热破碎是指在破碎前加热或者在破碎后即刻加热。热破碎可以降低汁液黏稠度、软化果肉、抑制酶活力。一般情况下，为了生产黏度适中、组织形态好的果汁，宜使用热破碎技术。冷破碎应用不广泛，但是冷破碎可以有效解决破碎过程中营养组分受到破坏的问题，尤其是果蔬汁中维生素的损失。此外，还有酶法破碎、微波破碎和细胞破碎等技术。

2. 榨汁

常用的榨汁方法还有压榨法和离心分离法，运转方式有间歇和连续两种。压榨法有液压式榨汁机、裹包式榨汁机、螺旋榨汁机、连续带式榨汁机等，离心分离法有锥形篮式离心机、螺旋沉降离心机。

（三）澄清和过滤

1. 澄清

常见的澄清方法有自然沉降澄清、酶法澄清、吸附澄清、超滤澄清和壳聚糖澄清。自然沉降澄清最为简单，低温密闭静置即可。酶法澄清主要是通过果胶酶等分解果汁中的一些大分子物质及胶系，使之沉降以达到澄清目的，再用单宁、明胶、硅溶胶、膨润土等澄清剂对其进行絮沉降处理，静置、取清液，并用离心或过滤的方法进一步处理。澄清的结果取决于反应的时长、温度、原果汁的种类、酶的活性和用量等。吸附澄清是通过外加吸附物质来吸附果汁中的蛋白质一类的物质，常用吸附剂有硅溶胶、膨润土。超滤澄清则是利用膜结构进行分离，将大小分子分隔开，膜分离技术具有不易发生相变、能耗低、分离效率高、效果好、操作简便、环保安全的特点。在饮料的过滤中常用到超滤技术以及陶瓷膜技术。膜分离技术用于饮料的生产，使过滤和澄清可一步完成，且达到更好的效果。此外，还有加热凝集澄清、冷冻澄清、明胶单宁澄清等方法，果蔬汁生产中往往将几种澄清方法复合应用，以达到更好的澄清效果。

2. 过滤

常用的过滤方法有压滤法、真空过滤法、超滤法、离心分离法等，其中，压滤法常用板框压滤机进行过滤。超滤也是很有前景的方法，超滤产品品质高、经济效益好。

（四）均质

实际应用的设备有高压均质机、胶体磨。高压均质（HPH）是在 $20\sim100MPa$ 的压力范围内处理流体基质，在压力差和冲击力的作用下使原果汁中果粒破碎得更细。超高压均质化（UHPH）是目前正在研究的一项新兴技术，该技术的原理与传统均质化相似，但需要使用相当高的压力（高达 $400MPa$）。超高压均质可以加工连续的液体食品，减少果蔬汁中致病和腐败微生物，还能减少热对食物性质或成分的不利影响。

（五）脱气

常用的脱气方法包括真空脱气、抗氧化剂脱气、气体交换脱气和酶法脱气。真空脱气法是将果汁通入脱气机，将其分散成极小的雾状，达到气体脱出的目的。气体交换脱气法则是利用氮气充入果汁中把氧置换出来。抗氧化剂脱气法和酶法脱气都是外加助剂排除氧，以达到脱气目的。

（六）浓缩

浓缩是指除去原果蔬汁中的一部分水分，增加可溶性固形物的百分比，达到提高贮藏期间的稳定性，以及减少处理、包装和运输成本的目的。目前，果汁浓缩的方法有蒸发浓缩、真空浓缩、冷冻浓缩、膜浓缩和反渗透浓缩等。

（七）杀菌灌装

果蔬汁加工上目前常用的是热杀菌法，有以下三种灌装杀菌方式。

1. 传统的灌装杀菌方式

传统的灌装杀菌方式又称二次杀菌式或巴氏杀菌式，分低温持久杀菌和高温短时杀菌。先将产品加热到80℃以上，趁热灌装并密封，然后在热蒸汽或沸水浴中杀菌一定时间后冷却到38℃以下即为成品。杀菌温度和时间由产品的种类、pH和容器大小来决定。

高温短时杀菌（high temperature short time，HTST）或超高温瞬时杀菌（ultra - high temperature，UHT）主要是指在未灌装的状态下，直接对果汁进行短时或瞬时加热，由于加热时间短，对产品品质影响较小。pH<4.5的酸性产品，可采用高温（85~95℃）短时杀菌 15~30s，也可采用超高温（130℃以上）瞬时杀菌 3~10s。pH>4.5的低酸性产品，则必须采用超高温杀菌。根据杀菌设备不同，超高温瞬时杀菌可分为板式灭菌系统和管式灭菌系统两类。这两种杀菌方式必须配合热灌装或无菌灌装设备，否则，灌装过程还可能导致二次污染。

2. 热灌装

果汁经高温短时杀菌或超高温瞬时杀菌后，趁热灌入已预先消毒的洁净瓶内或罐内，趁热密封，倒瓶杀菌，冷却。此法较常用于高酸性果汁及果汁饮料，也适合于茶饮料等。浓缩果汁可以在88~93℃下杀菌40s，再降温至85℃灌装；也可在107~116℃内杀菌2~3s后罐装。目前，较通用的果汁灌装条件为135℃，3~5s杀菌，85℃以上热灌装，倒瓶杀菌10~30s，冷却到38℃。

3. 无菌灌装

果蔬汁无菌包装是指在无菌的环境中，将经过超高温瞬时灭菌的果汁灌装入经过杀菌的容器中。无菌灌装产品可以在不加防腐剂、非冷藏条件下达到较长的保质期，一般在6个月以上。无菌灌装是热灌装的发展，或者是热灌装的无菌条件系统化、连续化。无菌条件包括果汁无菌、容器无菌、灌装设备无菌和灌装环境的无菌。无菌灌装周围环境需保持无菌，必须保持连接处、阀门、热交换器、均质机、泵等的密封性并保持整个系统的正压。操作结束后用原位清洗（clean in place，CIP）装置，加5~20g/L的氢氧化钠热溶液循环洗涤，稀盐酸中和，然后用热蒸汽杀菌。无菌室需用高效空气滤菌器处理，以达到卫生标准。

近年来，在原果汁保存方式上，无菌大袋保藏得到了快速发展。无菌大袋保藏又称为无菌大包装技术，是指将经过灭菌的果汁在无菌的环境中包装，密封在经过灭菌处理的容器中，使其在不加防腐剂、无须冷藏的条件下最大限度地保留食品中的营养成分和特有风味，并得到较长的货架期，一般可保藏12个月以上。无菌大袋灌装机自带无菌室，在和外界隔离的条件下，利用机械手自动完成开盖、灌装、计量、关盖等过程，因此，无任何污染，特别适合果品原汁、果酱、饮料原浆等的无菌充填灌装。

（八）非热力杀菌技术

非热力杀菌技术主要有辐照、超高压、高压脉冲电场、等离子体、超声波和超临界二氧化碳技术等。

1. 脉冲电场（pulsed electric field，PEF）

PEF是一种很有前途的果蔬汁非热加工中杀灭微生物和抑制酶活力的技术。脉冲电场处理过程中，将果汁放在两个电极之间，通过短时间（微秒至毫秒）施加高电压（通常为50kV/cm）脉冲，对果蔬汁进行处理即可。其工作原理是将电穿孔和电渗透进行结合，微生物的细胞膜受到电场的作用，会变得不稳定，并在细胞膜中形成孔（电穿孔）。由于这种电穿孔会导致细胞结构不稳定，因此渗透性增加（电渗透），而这种渗透性增强的状态会导致细胞受到不可逆的破坏，或者可以使细胞重新回到可逆的初始存活状态。前者是使微生物完全失活，后者则是部分失活。

2. 紫外线杀菌

紫外光处理能够有效杀灭大多数食源性病原体。通常，用于食品加工的紫外线范围为100~400nm，包括紫外线-A（320~400nm）、紫外线-B（280~320nm）和紫外线-C（200~280nm）。紫外线-C照射可用于果汁巴氏杀菌。

3. 高静压（HHP）

高静压处理是通过杀灭微生物、灭酶活以提高食品安全性和保质期的有效技术。该技术的主要优点如下：①可以在环境温度甚至更低的温度下进行食品加工；②无论尺寸和几何形状如何，它都能在整个系统中即时传递压力，从而可以选择减小尺寸，这是一个很大的优势；③它导致微生物死亡，同时避免了热损害和化学防腐剂/添加剂的使用，改善了果蔬产品的整体质量。

4. 等离子体技术

等离子体技术能够灭活果汁中的有害微生物，采用450W和650W输入功率的微波大气冷等离子体射流灭活椰子幼嫩液体胚乳中的葡萄球菌、肠炎沙门氏菌、单核细胞增生性李斯特菌、大肠杆菌O157：H7。在研究中，革兰氏阳性葡萄球菌对等离子体技术的耐受性最低，革兰氏阴性菌对等离子体技术的敏感性较高。悬浮食物介质可能会影响微生物对等离子体技术的敏感性。

第十一章
肉制品加工技术

学习指导：从四川腊肠到金华火腿，从酱卤牛肉到午餐肉罐头，品种丰富、品质稳定、安全美味的肉制品是现代食品科学技术的宝贵成果。本章将从肉制品加工的共性技术开始，介绍多种肉制品的现代化加工过程。比较不同肉制品加工方法的异同并剖析其中的理化原理；探究食品添加剂在肉制品中的作用及生化机制；揭示从生鲜肉到肉制品的加工过程中，蛋白质、脂肪等主要成分的变化规律和调控因子。通过本章学习，结合实际生活，了解食品工业技术和家庭烹饪技术之间的联系和区别；掌握肉制品品质的关键调控技术和作用机制；学会分析肉制品中各种添加剂的添加目的和使用原则。

知识点：抑制腐败，乳化作用，蛋白凝胶，发色作用，风味物质形成，肉制品加工技术

关键词：盐溶性蛋白，脂肪，亚硝酸盐，血红素

第一节　共性加工工艺和技术

一、腌制

（一）腌制的作用

用食盐，或以食盐为主并添加硝酸钠（或钾）、亚硝酸钠（或钾）、糖和香辛料等辅料处理肉类的过程称为腌制（curing）。在古代，人们通过在肉表面撒盐或将肉放入盐水中浸泡来进行腌制以便于保鲜。为了加快腌制速度、提升腌制效率，在现代人们还会采用血管注射或多针头肌肉注射的方式将腌制液注入肉块。

在腌制处理过程中，高浓度食盐渗入组织，降低组织水分活度并提高渗透压，同时盐水还能降低水中的溶氧。这些变化能选择性地限制微生物活动，尤其抑制腐败菌生长，防止肉制品腐败变质。温度对腌制有两方面影响，适当提高温度可促进盐分渗透和扩散，但也会增加微生物导致腐败的风险。

除了抑制腐败，腌制也能改善制品颜色。在腌制过程中，添加的硝酸盐（或亚硝酸盐）会很快转化为一氧化氮与肌肉中的肌红蛋白发生化学反应，形成鲜艳的亚硝基肌红蛋白（nitroslymoglobin，NO-Mb），并在之后的热加工中形成稳定的粉红色。脂肪组织则在成熟过程中呈白色或无色透明，使得腌制肉制品红白分明。

腌制还能改善肉制品风味，提高食用品质。腌制过程中，在内源组织酶与部分微生物酶的作用下，肉蛋白、浸出物、脂肪与腌制辅料形成多种挥发性化合物；在腌制后的贮藏过程中，脂肪酸的适度氧化又会进一步增加风味物质，主要包括醛、醇、酮、酯、羧酸、内酯和含硫化合物等，使得腌制肉具有独特的风味。值得注意的是，腌制过程中的脂肪氧化不同于脂肪酸败。

（二）腌制配料及其功能

肉类腌制使用的主要辅料为食盐、硝酸盐（或亚硝酸盐）、糖类、抗坏血酸盐、异抗坏血酸盐和磷酸盐等，在腌制过程中有各自的作用。

1. 食盐

食盐是肉类腌制的核心成分，也是唯一必不可少的腌制材料。食盐的作用有：

（1）突出鲜味 肉制品中含有大量的蛋白质、脂肪等鲜味成分或鲜味成分的前体物质，常常要在一定咸度才能更好地表现出来。

（2）防腐作用 盐可以通过脱水作用、酶活抑制作用和提高渗透压的作用抑制微生物的生长。即使在较低质量分数下（2%~5%），盐也具有一定防腐作用。

（3）促渗作用 食盐能促使硝酸盐、亚硝酸盐、糖等向肌肉组织深部渗透，使得腌制过程中的理化反应更加均匀和充分。

食盐也会对肉蛋白的性状产生影响。在1mol/L氯化钠溶液中，肌原纤维蛋白膨胀程度最大，肌球蛋白溶出量也最大；而当盐浓度进一步升高时，肌球蛋白开始变性，溶出量反而有下降趋势。氯离子与肌原纤维蛋白的选择性结合导致肌原纤维晶格变得松散，钠离子被蛋白质的电作用力拉近到肌原纤维表面，这增加了肌原纤维内的渗透压，导致晶格膨胀。

腌制时应避免使用低纯度的食盐，因其中的金属离子杂质会影响食盐向肉中渗透的速度，也可能促进脂肪氧化（如铁离子）；硫酸盐杂质则会导致苦味发生。

2. 糖

腌制时常用糖类有：葡萄糖、蔗糖和乳糖等。糖类主要作用如下。

（1）调味作用 糖的加入可缓和腌肉咸味。

（2）助色作用 葡萄糖等还原糖具有抗氧化能力，能延缓肉制品褪色；糖还能作为硝酸盐还原菌的碳源，保证其活力促使硝酸盐转变为亚硝酸盐，并加速NO的形成，使发色效果更佳。

（3）增加嫩度 糖可提高肉的保水性，增加出品率；糖也能被氧化成酸，利于肉中胶原蛋白膨胀，使肉组织柔嫩多汁。

（4）产生风味物质 糖和蛋白质或氨基酸之间发生美拉德反应，产生醛类等多羰基化合物及含硫化合物，增加肉的风味，同时也能改善肉色。

（5）促进发酵 在需要发酵成熟的肉制品中添加糖能作为微生物的碳源，促进微生物增殖，有助于发酵进行。

3. 硝酸盐和亚硝酸盐

腌肉中的亚硝酸盐和硝酸盐主要为其钠盐和钾盐。在弱酸条件下，亚硝酸盐溶于肌肉中的水分并主要以 NO_2^- 形式存在，少量为亚硝酸与 N_2O_3。加入抗坏血酸（盐）和异抗坏血酸（盐）可以促进亚硝酸盐转化为NO。添加硝酸盐和亚硝酸盐有以下两个作用。

（1）抑菌作用 抑制肉毒梭状芽孢杆菌等许多其他类型腐败菌和致病菌的生长。

（2）发色作用 原理为形成鲜艳的亚硝基肌红蛋白，基本过程如下：

$$NO_2^- + H^+ \Longleftrightarrow HNO_2$$

$$2HNO_2 \Longleftrightarrow N_2O_3 + H_2O$$

$$N_2O_3 \Longleftrightarrow NO + NO_2$$

$$Mb（Fe^{2+}）\xrightarrow{HNO_2} MMb（Fe^{3+}）+ NO + H_2O$$

$$Mb（Fe^{2+}）\xrightarrow{NO} NOMb$$

$$MMb（Fe^{3+}）\xrightarrow{NO} NOMMb^+ \rightarrow NOMb$$

$$NOMb \xrightarrow{加热} 亚硝酸血色原$$

其中，NO 与肌红蛋白产生亚硝基肌红蛋白是亚硝酸盐发色的关键原理。

（3）抗氧化作用　通过稳定脂肪和结合非血红素铁抑制过氧化物产生，延缓肉制品腐败。同时，NO 也可以消耗氧气，反应形成 NO_2。

（4）增香作用　有助于腌肉独特风味的产生，抑制蒸煮味产生。

亚硝酸盐是唯一能同时起上述几种作用的物质，至今还没有发现有一种物质能完全取代它。然而，亚硝酸很容易与肉中蛋白质分解产物二甲胺作用，生成二甲基亚硝胺，这类物质具有致癌性，因此在腌肉制品中，硝酸盐（或亚硝酸盐）的用量应尽可能降到最低限度。根据 GB 1886.11—2016《食品安全国家标准　食品添加剂　亚硝酸钠》和 GB 1886.94—2016《食品安全国家标准　食品添加剂　亚硝酸钾》，腌腊肉制品中亚硝酸盐的最大使用量为 0.15g/kg，而成品中亚硝酸盐残留量不得超过 30mg/kg。对亚硝酸盐替代物的研究目前仍是一个热点。

4. 磷酸盐

肉制品中常用的磷酸盐包括：焦磷酸钠、三聚磷酸钠和六偏磷酸钠。磷酸盐的作用包括：①保持肉制品的嫩度和新鲜度，减少营养成分损失。②增加肉的离子强度，解离肌动球蛋白，提高肉的保水性。③增加黏着力，提高肉制品加工性能。④螯合肉中的金属离子，延缓肉制品加工中的氧化反应，改善肉制品褪色现象，延长肉制品保存期。⑤增进乳化性能和乳化稳定性，有效防止油水分离。⑥提高肉制品的 pH，帮助肉制品呈色。

5. 抗坏血酸盐和异抗坏血酸盐

在肉的腌制中添加抗坏血酸盐和异抗坏血酸盐主要有以下几个目的：①抗坏血酸盐可以同亚硝酸发生化学反应，增加 NO 的形成，使发色过程加速，如在法兰克福香肠加工中，使用抗坏血酸盐可使腌制时间减少 1/3。关键反应如下。

$$2HNO_2+C_6H_8O_6 \rightarrow 2NO+2H_2O+C_6H_6O_6$$

②有利于高铁肌红蛋白还原为亚铁肌红蛋白，加快腌制速度。③起到抗氧化的作用，稳定腌肉的颜色和风味。通过向肉中注射 0.05%~0.1% 的抗坏血酸盐能有效地减轻由于光线作用而使腌肉褪色的程度。④在一定条件下抗坏血酸盐具有减少亚硝胺形成的作用。已表明用 550mg/kg 的抗坏血酸盐可以减少亚硝胺的形成，但确切的机制还未知。目前，许多腌肉都同时添加 120mg/kg 的亚硝酸盐和 550mg/kg 的抗坏血酸盐。

6. 水

湿法腌制或盐水注射法腌制时，水也可以作为一种腌制成分，使腌制配料分散在肉或肉制品中，补偿高渗脱水、自然风干和烟熏、煮制等热加工导致的水分损失，且使得制品柔软多汁。

（三）腌制方法

肉类腌制的方法可分为干腌、湿腌、盐水注射及混合腌制法四种。

1. 干腌法

干腌法（dry curing）是将食盐或混合盐涂擦在肉的表面，然后层堆在腌制架上或层装在腌制容器内，依靠肉的外渗汁液形成盐液进行腌制的方法。在腌制时由于渗透-扩散作用，肉内分离出的一部分水和可溶性蛋白质向外转移，使盐分向肉内渗透至浓度平衡为止。采用干腌法的腌制品有独特的风味和质地。我国名产火腿、咸肉、烟熏肋肉均采用此法腌制。

干腌法的缺点之一腌制时间长（如金华火腿需 1 个月以上，培根需 8~14d），食盐进入深层的速度缓慢，因此条件控制不当易导致肉的内部变质。经干腌法腌制后，还要经过长时间的成熟过程，如金华火腿成熟时间为 5 个月，这样才有利于风味的形成。此外，干腌法失水较大，损失的重量取决于脱水的程度、肉块的大小等。原料肉越瘦、温度越高损失重量越大，通常火腿失重为 5%~7%。此外，干腌法易造成咸度不均匀、费时、制品的重量和养分减少。但这种方法的优点是所用设备简单，操作方便，用盐量较少，成品含水量较低而易于贮藏。

2. 湿腌法

湿腌法（pickle curing）是事先将盐与其他配料配成一定浓度的盐水卤，然后将肉浸泡在盐水卤中腌制的方法。通过扩散和水分转移，腌制剂渗入肉内部，并获得比较均匀的分布，常用于腌制分割肉、肋部肉等。

湿腌时存在两种扩散：一种是腌料向肉中的扩散，第二种是肉中可溶性蛋白质等向腌液中扩散。由于可溶性蛋白质、醛类、维生素类等既是肉的风味成分之一，又是营养成分，所以用老卤腌制可以减少第二种扩散，减少营养和风味的损失。湿腌的缺点是其制成品的色泽和风味不及干腌制品，蛋白质流失多（0.8%~0.9%），成品含水量高，不宜保藏。优点是腌制时间短、质量均匀、肉质较为柔软，肉与空气接触少，不易被氧化。腌渍液再制后可重复使用。

3. 盐水注射法

盐水注射法又称注射腌制法，是直接将配制好的腌制液通过注射针头直接注入待腌肉块的方法。盐水注射法能加速腌制液渗入肉内部。为了使得腌制液在组织中得到充分的扩散，在盐水注射的同时往往还会将肉块再放入盐水中湿腌。盐水注射法分为动脉注射腌制法和肌肉注射腌制法。

对于动脉系统保留较为完整的肉（如完整的前后腿），可以使用注射用的单一针头插入前后腿上的股动脉切口内，然后将盐水或腌制液用注射泵压入腿内各部位。这种方法的优点是腌制时间短（如由 72h 缩至 8h）、生产效率高、生产成本低。其不足是成品质量不及干腌制品，风味略差。

应用更加广泛的盐水注射法是肌肉注射。通过单针头或多针头的盐水注射机将盐水或腌制液直接注射到肌肉组织中。在磅秤上进行肌肉注射可以精确定量腌制液注射量，多针头注射时肉内的腌制液分布也较好。现在使用的注射机一排针头可多达 20 枚，每一针头中有多个小孔，平均每小时可注射 60000 次之多。另外，为进一步加快盐液吸收和分布，注射后通常采用按摩（massaging）或滚揉（tumbling）操作，即利用机械的作用促进盐溶性蛋白质抽提和盐水向周边组织的渗透，以提高制品保水性，改善肉质。盐水注射机和滚揉机外形见图 11-1。

图 11-1 自动多针头注射机图（左）及真空滚揉机（右）

4. 混合腌制法

混合腌制法是几种单一腌制方法的组合，这有利于发挥它们各自的优势而弥补劣势。对于肉类腌制可先行干腌而后放入容器内用盐水腌制，或在注射盐水后将干的腌料混合物涂擦在肉制品上，放在容器内，上述两类均可称为混合腌制法。混合腌制法可减少营养成分流失，增加贮藏时的稳定性，防止产品过度脱水，咸度适中；另外，也能有效阻止内部发酵或腐败。

二、斩拌

斩拌是一种切割与混合同时进行的肉制品加工过程，是肉糜类制品生产的关键技术之一。斩拌可以提高肉糜保水性、保油性和黏着性，提高肉糜品质和出品率。

肌肉外与肌束间的结缔组织包裹着肌细胞，发挥着联结、支持、营养与保护功能。结缔组织的存在阻止了肌肉蛋白与外界水分的接触。斩拌过程使得肉块及其他物料得以充分切碎并均匀混合，肌肉结构，尤其是结缔组织的破坏促进了肌肉蛋白的释放、吸水并膨胀为蛋白质胶体。在斩拌过程中，斩拌机械能促进各相界面面积增大，肌球蛋白作为双亲性分子充当乳化剂，蛋白质胶体与脂肪充分混匀，这些蛋白质胶体的乳化特性使之能包裹脂肪，达到保油保水的目的，并防止加热时的脂肪聚集。同时黏度和弹性增大，有利于提高产品出品率和改善产品质构。因此，斩拌不仅是将组织切细的过程，更是一个混合乳化过程。斩拌过程中混入空气容易造成产品氧化，并影响产品结构。高速剪切还易导致肉糜升温，如控制不当则造成蛋白变性，从而影响产品的保水和保油性能。因此，采用真空斩拌技术并严格控制温度能显著改善产品质量。稍高的 pH 会降低肌动蛋白-肌球蛋白的相互作用，从而增加溶胀能力和保水性，因此斩拌时可以加入磷酸盐。此外，pH 与盐离子浓度也存在相互作用。在没有盐的情况下，pH 3.0 时蛋白质膨胀达到最大值，pH 5.0 时膨胀达到最小值（这大约是肉类蛋白质的等电点），随后在生理 pH 范围内持续增加。由于离子的选择性结合，盐会改变等电点。pH 6.1 及以上时，用 15g/L 氯化钠就可以达到与 pH 5.7 时用 25g/L 氯化钠相同的保水效果。因此，在斩拌时合理加入食盐也可以改善乳化效果。

常见的斩拌方法分为全混合料斩拌法和分阶段斩拌法。全混合料斩拌是将所有原料一同加入斩锅并使用高速斩拌。在开始时加入总加水量 1/3~1/2 的冰水，并在斩拌升温过程中慢慢加入后续冰水。分阶段斩拌则是先将瘦肉进行先低速后高速短时干斩拌，之后加入冰屑和肥肉等辅料再进行先低速后高速斩拌。该方法的蛋白释放效率更高，但要避免干斩拌阶段时的温度过高。

三、滚揉

滚揉是肉制品加工中一个非常重要的操作单元。基本过程是利用物理冲击的原理，让肉和其他原料在滚筒内上下翻动、摔落和相互撞击，对肉进行按摩和挤压。最早将滚揉用于肉制品加工的是 Russell Maas。30 多年来，几乎所有种类的肉均有被滚揉和按摩处理的研究报告问世。

肉制品滚揉时肉在滚筒内翻滚，部分肉由叶片带至高处，然后自由下落，与底部的肉相互撞击。由于旋转是连续的，所以每块肉都有自身翻滚、互相摩擦和撞击的机会，结果使原来僵硬的肉块软化，肌肉组织松软，利于溶质的渗透和扩散，并起到拌合作用。同时，在滚打和按摩处理过程中，肌肉中的盐溶性蛋白质被充分萃取，这些蛋白质作为黏结剂将肉块黏合在一起。滚揉或按摩的目的是：

（1）加速腌制液的渗透与反应　通过摔落与揉搓的物理冲击，肉组织被破坏，肉质松弛和纤维断裂使得腌制液的渗透速度加快。对于注射法腌制的肉制品也可以通过滚揉促进腌制液从注射点向周围渗透，使得腌制液在肉内分布更加均匀。这不但能够缩短腌制时间还能提高肉制品嫩度。

（2）改善制品的色泽　腌制过程中的化学反应如 NO 的产生与亚硝基肌红蛋白的形成更加均匀和充分。此外，着色剂等随着滚揉过程在肉内部与肉块之间的分散更加均匀，增加了肉制品色泽的均一性。

（3）提取蛋白质　通过对肉块的物理冲击，促进蛋白质（如肌球蛋白和 α-辅肌动蛋白）从细胞内的析出、吸水，改善制品的黏结性和切片性。

滚揉的方式一般分为间歇滚揉和连续滚揉两种。连续滚揉多为集中滚揉两次，首先滚揉1.5h 左右，停机腌制 16～24h，然后再滚揉 0.5h 左右。间歇滚揉一般采用每小时滚揉 5～20min，停机 40～55min，连续进行 16～24h 的操作。除了时间外，滚揉转速也与成品品质相关。转速过小，滚揉机按摩力量不足，腌制液渗透慢且不均匀；转速过大，物料与机械之间撞击摩擦过强，肉块软化过快，肉料表面发生撕裂，并产生破碎肉末。

肉制品在滚揉过程中易发生氧化和腐败，影响肉制品品质。因此，真空和温度控制是目前滚揉机最重要的两大功能。采用真空低温滚揉能够更好地抑制氧化反应、清除肉块中的气泡和气孔并且抑制微生物的繁殖。目前，常用 60～80kPa 的真空度。低温则进一步抑制氧化反应进程，抑制各种酶的活性并降低微生物繁殖速度。此外，低温滚揉对提高肉制品保水性和质构特性具有突出贡献。在滚揉时，温度一般使用 2～4℃。除了真空低温滚揉，还出现了二氧化碳或氮气充气滚揉和超声辅助滚揉，能够更好地帮助腌制并有助于从系统中清除氧气，进一步延长货架期。

四、熟制

对肉的干燥、腌制、煮制、发酵、烟熏和热加工等都是肉的熟制方式，其中，多数熟制方式涉及热加工。熟制过程中的物理和生物化学变化可以杀灭肉中存在的细菌、病菌、寄生虫等，使之无害化并利于保存；使肉脱水干燥，并灭活其中的部分酶，以便长久存放；促进呈色呈味物质的形成，提升肉制品食用品质。此外，熟制导致的蛋白质变性使之更易消化，在一定程度上提高营养价值。

热加工过程中，根据加工方法不同，肉的中心温度可以从 0℃ 达到 70℃ 以上，对于某些罐头制品，中心温度甚至可以达到 115℃。一般而言，温度升高导致肉蛋白变性、水分损失、脂肪融化，同时产生风味物质。肉的熟制包含多种方法：

（1）烘烤（roasting）　是利用热的传导、对流和辐射对肉进行热加工的方式，常常在烤炉或烤箱中完成。温度可达 150～250℃，常用温度为 150～160℃。

（2）烧烤（broiling）　偏重于明火或电烤架的直接烤制，主要利用热辐射，并且常常需要将肉制品制成小片或小块。由于温度较高，加工时间短，表面美拉德反应充分。

（3）煎炸（panfrying）　是一种利用煎锅肉进行热传导加热的方式，可以额外加入或不加入油脂。温度较高,加工时间短。

(4) 烧煮与炖煮(braising/boiling) 都是将肉类在水中加热的方式,前者将肉制品首先加热褐变(如煎炸)之后加水煮制,而后者是直接在水中煮制不经褐变。加热温度一般不超过100℃。煮制过程中,肉的关键变化在于结缔组织的明胶化,其程度决定成品的嫩度和多汁性。

(5) 微波加热(microwave cooking) 是将电磁能转化为热能的热加工方式。在加热过程中,微波能量通过水分子的旋转和肉中离子组分的转移而被吸收。因此,水含量和溶解离子含量是重要影响因素。

(6) 熏制(smoking) 是利用冷或热的木烟对预先腌制的肉类或香肠作用,以产生理想的感官特性并增加产品稳定性的熟制方式。其中,包含多种熟制机制,既有温度的作用,又有熏烟中小分子化合物的作用还有微生物的发酵作用。熏制可以减少微生物污染,抑制脂质氧化。烟雾成分主要包括酚类、羰基和酸。400℃以上高温产生的烟雾含有致癌多环芳烃(polycyclic aromatic hydrocarbons,PAH),精确的过程控制可以尽可能地减少PAH的产生。

(7) 发酵(fermentation) 往往与干燥、熏制和腌制等多种方式相伴存在,其利用微生物的发酵作用,产生具有特殊风味、色泽和质地,以及具有较长保存期的肉制品。微生物将肉制品中的糖转化为各种酸或醇,pH降低,抑制病原微生物和腐败微生物的生长,延长保藏期。

(一) 熏制

熏制是肉制品加工的主要手段之一,许多肉制品特别是西式肉制品如灌肠、火腿、培根等均需经过熏制,产品具有独特的烟熏风味。熏烟一般由硬木缓慢燃烧产生,它能够抑制微生物生长、延缓脂肪氧化并赋予产品独特的风味。熏制过程中,烟雾颗粒通过静电沉积作用覆盖在肉制品表面,肉制品自身的水分对蒸汽的吸收加快了熏制过程并实现了产品品质的统一。烟雾的杀菌效果主要是各种酚类以及甲醛等羰基化合物。这些有机物不但自身具有一定风味还能够与蛋白质发生反应产生更多风味物质和呈色成分,最终赋予肉制品由浅黄色到深褐色的外观。

1. 熏制的作用

(1) 呈味作用 烟气中的许多有机化合物附着在制品上,赋予制品特有的烟熏香味,其中有机酸(甲酸和醋酸)、醛、醇、酯、酚类等,特别是酚类中的愈创木酚和4-甲基愈创木酚是最重要的风味物质。多酚与蛋白质巯基、羰基与氨基之间发生的反应可以衍生更多风味物质。

(2) 发色作用 熏烟成分中的羰基化合物可以和肉蛋白质或其他含氮物中的游离氨基发生美拉德反应;不同温度的熏烟促进硝酸盐还原菌增殖,促进亚硝基血色原形成,产生稳定的颜色;另外,通过熏烟受热而导致的脂肪外渗能起到润色作用。

(3) 抑菌作用 多种烟雾成分可防止有害微生物的增殖。木烟中最有效的抗菌剂包括愈创木酚及其甲基和丙基衍生物、杂酚油、邻苯二酚、甲基邻苯二酚、邻苯三酚及其甲醚,除此之外,醛基的存在进一步增加了抗菌活性。

(4) 抗氧化作用 在具有抗氧化活性的烟雾成分中,酚类是最重要的。它们作为氢供体,供给氧化自由基电子,将其稳定,从而降低整体氢自由基水平。抗氧化剂还能够比多不饱和脂肪酸更快地与自由基反应,从而保护多不饱和脂肪酸不被拉入链式反应。

2. 熏制方法

(1) 冷熏法 冷熏法主要用于制造由腌肉制成的生发酵香肠,一般在12~25℃和控制湿度的烟雾中持续处理数小时或数天。以烟熏萨拉米香肠为例，香肠先在 12℃ 低温低浓度烟雾中干燥 1d，接下来在 15~22℃ 的浓烟中熏制 5d，然后在温度稍低和较低浓度的雾中再熏制 2d。烟熏后香肠还可以继续成熟 2~3 个月。

（2）温熏法　温熏法是将原料经过适当的腌渍后用较高的温度（40~80℃，最高 90℃）进行烟熏加工的方式。温熏法又分为中温法和高温法。中温法温度为 30~50℃，用于熏制脱骨火腿、通脊火腿及培根等，熏制时间通常为 1~2d，熏材通常采用干燥的橡木、樱桃木、胡桃木等，熏制时应控制温度缓慢上升。用这种温度熏制重量损失少，产品风味好，但耐贮藏性差。高温法采用的温度为 50~85℃，通常在 60℃ 左右，熏制时间为 4~6h，是应用较广泛的一种方法。因为熏制的温度较高，制品在短时间内就能形成较好的烟熏色泽。熏制的温度必须缓慢上升，不能升温过急，否则易导致发色不均匀。灌肠产品的烟熏一般采用这种方法。

（3）焙熏法　又称熏烤法，烟熏温度为 90~120℃，对于一些食品来说熏制 2h 即可，是一种短时的特殊熏烤方法。由于熏制的温度较高，熏制过程还伴随热加工，熟制充分，不需要再加工就可食用。高温熏烤会在食品表面很快形成干燥膜，阻碍水分逸失，因此最后成品的含水量反而更高。由于盐分与熏烟浓度低，加上脂肪受热融化，应用这种方法熏制的肉贮藏性差，一般仅可冷藏存放 4~5d，应迅速食用。另有瞬时熏制法将食品在高温浓烟中快速熏制数分钟。此法不能将食品熟制而仅仅提供风味，因此一般不被看做真正意义上的熏制。

（4）电熏法　是一种应用静电辅助熏制的方法。烟雾被送入含有平行离子化电线的熏烟隧道充电装置中，每组电线后面都有相同电压的极板（根据装备不同，电压范围在 1 万~6 万伏）。烟粒子在电场中被充电并加速，朝向产品方向移动，最终静电沉积在产品表面。相较于常规熏制时间，电熏法以 1/5~1/2 的时间即可形成均匀的颜色和风味。但由于成本较高，目前电熏法还不普及。

（5）液熏法　用液态烟熏制剂代替烟熏的方法称为液熏法，又称无烟熏法，目前在国内外已广泛使用，代表烟熏技术的发展方向。液体烟熏剂是通过冷凝木屑或木片在受控、低氧热解过程中产生的木烟制成的。这些气体在冷凝器中迅速冷却液化，然后将液体烟熏剂通过精炼罐过滤以去除有毒和致癌杂质。最后，对液体进行陈化处理，使其风味更佳。烟熏风味化合物（包括酚类物质）产生烟熏风味和烟熏香气，而羰基化合物则为烟熏肉制品赋予香甜香气和颜色。

传统熏烟除了羰基化合物、酸和酚类化合物外，还会因木材热解产生多环芳烃（PAH）等不利化合物。尽管 PAH 的毒性极强，但其水溶性较低，这使得科技人员在制备液体烟熏剂时能够使用相分离和过滤技术轻松地从成品中分离出这些化合物。因此，液熏法获得的肉制品安全性明显提升。同时，烟熏液可以大批量制备并分装贮存，因此批次间成分相对稳定，产品品质也更统一。此外，广泛销售的商品化熏液使得工厂不必采购和维护熏烟发生器，成本大幅降低。

常见的液熏工艺包括喷雾法、涂抹法、浸渍法和注射法等。喷雾法就是将烟熏液经雾化系统制备成微小液滴并均匀喷洒在食品表面。根据食品体积，可以进行单次或多次喷雾。此法可用于制备香肠、培根等产品。涂抹法与喷雾法类似，但是适用于体积更大的食品，例如整鸡的熏制。浸渍法和注射法是将烟熏液看做腌液的一部分，将烟熏液与其他腌液成分制成料液，后将食品浸入料液中（类似湿腌法）或通过注射器将料液注射进食品内部（类似注射腌制法）。

用液态烟熏剂取代熏烟后，肉制品仍然要进行热加工。

（二）煮制

1. 煮制的概念

煮制就是用水等液体作为传热介质对产品进行热加工的过程。煮制加工时系统温度一般不高于当前条件下水的沸点。相对于其他热加工方式，煮制的优势有：传热均匀，体系温度较低且温度可控，可以与腌制加工同步进行。这些优势使得煮制方式广泛应用于世界各地，并被现代营养与食品卫生研究者认为是更加健康的肉制品加工方式。

2. 煮制方法

煮制加工的常见方法分为：

（1）白煮　又称白烧或白切。在腌制或不腌制后的煮制过程中，不经过酱制或卤制而在食用前进行调味，保持原料的原形原味。白煮肉类包括白切肉、白斩鸡和盐水鸭等。

（2）酱卤　原料肉预处理后，添加香辛料和调味料进行煮制。有些制品在加工过程中加入了较多酱油、焦糖色等呈色辅料，色深味浓因此又称红烧。有些酱制品在制作时加入八角、桂皮、丁香、花椒、小茴香五种香料，因此称为五香。常见的酱卤肉制品包括酱牛肉、烧鸡等。

（3）糟制　是用酒糟等代替酱汁或卤汁进行加工的一种方式，同样是先烧煮再加入"香糟"。胶冻白净，清凉鲜嫩，保持固有的色泽和曲酒香味。糟肉、糟鸡是该法的代表制品。

（三）发酵

1. 发酵肉的概念

发酵肉制品是指在自然或人工控制条件下利用微生物的发酵作用产生具有特殊风味、色泽和质地，且具有较长保存期的肉制品。发酵产生的酸、醇和非蛋白态含氮化合物使发酵肉具有独特风味；低温脱水导致的低水分活度和发酵导致的低 pH 环境（一般低于 5）抑制腐败微生物的生长，延长了肉制品保质期。

发酵肉是传统肉制品的一个重要分支，包括发酵香肠和发酵火腿等。微生物介导的发酵使其区别于其他肉制品。乳杆菌、片球菌、链球菌、葡萄球菌、微球菌、酵母和青霉菌是最常用的发酵菌种。在发酵过程中，微生物代谢产生多种水解酶，将肌肉中的蛋白质、脂肪和其他大分子降解为小分子物质（如氨基酸、肽、脂肪酸等），提高产品的消化率和吸收率。此外，肌肉中的蛋白质在酸性环境中逐渐形成胶体，促进肉的弹性，改善肉的结构。部分细菌的亚硝酸盐还原作用还能减少二甲基亚硝胺的产生，提高发酵肉的安全性。

2. 发酵肉的加工方法

多数发酵肉制品具有相似的加工过程：原料肉预处理→调味→添加发酵剂→腌制→发酵→干燥→烟熏→成品。对于灌制香肠类制品，在添加发酵剂前需要进行绞肉而在调味之后需要增加灌装步骤。发酵肉制品加工时共性的关键点如下。

（1）原料肉　生产发酵肉制品时须选用较高质量的新鲜原料肉，从而减少肉中脂肪的氧化并尽量降低原料肉中的初始菌数，以降低肉的腐败风险。较高的初始菌落数极易导致污染所致发酵失败和肉制品氧化酸败。杂菌也会产生乙醇等不良的微生物代谢物，导致 pH 过高，抑制发酵。同时，应选择保存时间较短的新鲜肉或冻肉。有些真菌可能消耗乳酸导致最终 pH 上升，应加以鉴别。

（2）辅料　发酵肉选用的辅料为食盐、糖类和香辛料。食盐的主要作用是调味，并且为了避免渗透压过高抑制发酵用菌生长，食盐添加量不宜过高，2.0%~3.5%即可。糖除了调味作用还可作为发酵用菌早期生长阶段的碳源。一般来讲葡萄糖等单糖能够大大促进发酵。香辛料的加入主要是为了调味，同时还能刺激乳杆菌等产酸，促进发酵。但某些香辛料中的挥发油会抑制细菌生长，添加量不宜过大。

（3）发酵剂　发酵剂的添加既可以通过自然接种也可以通过人工接种。

自然接种过程依赖加工环境中的微生物对肉制品的随机附着，是肉的传统发酵方法。受天气、地理等环境因素影响，自然发酵的产品品质不够稳定，因此常需保留部分前批发酵成品作为后批发酵的菌种以稳定批次间品质。自然接种的菌种主要是微球菌、凝乳酶阴性葡萄球菌、链球菌和乳杆菌。

人工接种常选用一种或几种纯微生物的组合作为发酵剂以获得品质更加稳定可控的产品。片球菌属常用于半干香肠的发酵，最适温度为35℃。乳杆菌也是常用的发酵剂。常用的乳杆菌均可通过同型发酵产生乳酸，降低pH、增加风味，但是少量异型发酵的乳杆菌通过产生的挥发性酸、乙醇等也能增加发酵肉制品风味。

（5）发酵与熏制　腌制后的肉制品将被转移至15~37℃、相对湿度80%~90%的设施内发酵。发酵时间根据不同的产品而不同，一般在24h（美式干香肠）至48个月（宣威火腿）不等。过程中硝酸盐还原菌生成亚硝酸盐形成腌制红色。在发酵的同时进行熏制能够赋予更多风味并促进表面发色和脱水。

（6）加热干燥　香肠在发酵后需要煮熟、半煮熟或直接干燥。干燥室内温度为10.0~21.0℃，相对湿度为65%~75%。干燥过程使产品达到理想的水分和硬度。

五、杀菌

（一）杀菌作用

肉的腐败和食物中毒主要由从屠宰到加工过程中外源细菌或真菌的污染导致，因此，以原料、加工品、加工设备与环境为对象杀灭外源微生物能够稳定肉制品品质，延长肉制品的保质期，并避免食物中毒。杀菌的主要原理是利用热力、化学修饰、高频振动、电离辐射、高渗透压等方法将微生物蛋白质与核酸变性或破坏细胞膜结构导致微生物死亡。根据杀菌方法的剧烈程度与杀菌效果，又可分为灭菌（sterilization）和消毒（disinfection）。

灭菌是指采用剧烈的理化手段杀灭物体表面及内部一切微生物的处理，包括抵抗力极强的细菌芽孢在内，从而达到无菌状态。常用的灭菌手段包括灼烧、干热灭菌（160~170℃加热1~2h）、高压蒸汽灭菌（100kPa、121℃下维持15~30min）等。由于理化条件过于严苛，灭菌手段一般用于设备及食品接触材料的杀菌。

消毒是指利用较为温和的理化手段仅仅杀死物体及环境中大部分病原微生物的过程。消毒一般对细菌芽孢无效。消毒方法包括辐射、臭氧、化学消毒剂（75%乙醇、次氯酸钠和苯扎溴铵等）、超声和低温蒸煮等。

（二）杀菌方法

根据杀菌方法的不同，主要可分为热力杀菌和非热力杀菌。

1. 热力杀菌

（1）巴氏杀菌（或巴氏消毒）法　是以法国科学家路易斯·巴斯德（Louis Pasteur）的名字命名，低于100℃的热力杀菌法，一般用于液体消毒。由于高温容易导致食品成分的变性和营养流失，因此食品的热力杀菌需要在杀菌效率与食品品质保证之间进行平衡。目前，针对牛奶的巴氏杀菌需要将温度在约63℃保持30min，或者在72℃保持15s。巴氏杀菌杀灭或抑制了大多数致腐微生物，从而延长了食品的贮存时间；此外，还能热灭活部分内源性酶，进一步起到稳定品质的作用。采用巴氏杀菌法的食品一般可以保存几天到几周。

（2）超高温瞬时灭菌　为了达到相同杀菌效果，温度越高，所需的杀菌时间越短，因此人们开发出超高温瞬时灭菌技术。超高温瞬时灭菌是指利用直接蒸汽或热交换器将食品加热至125~150℃数秒（一般是2~8s）并立即冷却后包装在无菌密封容器中的技术，一般用于液体灭菌。通过此法杀菌的乳制品可以在不冷藏的情况下贮存数月。

（3）高压蒸汽灭菌　高压蒸汽灭菌是一种用高温高压蒸汽杀灭几乎所有微生物及孢子和芽孢的灭菌方式，既可以对固体也可以对液体进行灭菌。通常是在高压灭菌设备中，利用加热到121~134℃的蒸汽在约103kPa压力下处理物料3~30min。由于高温会导致蛋白质变性、糖的焦化及维生素的降解，高压蒸汽灭菌一般不用于食品本身而仅仅用于少量耐高温、高压且不怕潮湿的物品，如敷料、器械、药品、培养基等。

2. 非热力杀菌

（1）化学杀菌　化学杀菌是指利用高反应性杀菌气体或液体以直接接触方式对热敏感和辐射敏感物料进行表面杀菌的方式。这些灭菌剂的活性化学基团与微生物发生化学反应导致微生物蛋白质、DNA及细胞膜等损坏，使其丧失生命活动，从而达到杀灭微生物目的，而某些强效杀菌剂甚至可以杀灭包括芽孢和孢子。值得注意的是，化学杀菌剂可能有食品安全风险或影响食品品质，因此一般用于外包装、器材等物料。常用的气体杀菌剂包括环氧乙烷、甲醛、二氧化氮和臭氧等；液体杀菌剂包括过氧化氢、含氯消毒剂、70%~75%乙醇、过氧乙酸和季铵盐类化合物等。

环氧乙烷灭菌原理是通过其与蛋白质分子上的巯基（—SH）、氨基（—NH$_2$）、羟基（—OH）和羧基（—COOH）以及核酸分子上的亚氨基（—NH—）发生烷基化反应，造成上述分子失活和微生物死亡，从而达到灭菌效果。

臭氧能与细菌细胞壁脂类的双键反应，并可进入菌体内部，作用于蛋白和脂多糖，改变细胞的通透性，从而导致细菌死亡。臭氧还作用于细胞内的核物质，如核酸中的嘌呤和嘧啶破坏DNA。臭氧是一种广谱杀菌剂，可杀灭细菌繁殖体和芽孢、病毒、真菌等，并可破坏肉毒杆菌毒素。臭氧主要用于水的消毒、物品表面消毒和空气消毒。

过氧化氢属高效消毒剂，以其强氧化性导致微生物蛋白质变性进而杀灭之。具有广谱、高效、速效、无毒、对金属及织物有腐蚀性、受有机物影响很大、纯品稳定性好、稀释液不稳定等特点。适用于食品加工过程中的各种塑料材料也可用于洁净车间人员的皮肤消毒。

含氯消毒剂能杀灭或抑制各种微生物，包括细菌繁殖体和芽孢、病毒、真菌等。含氯消毒剂在水中形成次氯酸，次氯酸根通过与细菌细胞壁和病毒外壳发生氧化还原作用，使微生物裂解；氧化微生物蛋白质，使之变性凝固；次氯酸不稳定分解生成新生态氧，新生态氧的极强氧化性进一步使菌体和病毒的蛋白质变性；氯离子能显著改变细菌的渗透压，降低其活性。含氯消毒剂不仅可以用于环境和物品表面消毒，也曾用于禽类胴体消毒，但由于其与脂肪和蛋白等易形成具有潜在致癌性的氯化物现在逐渐被食品级过氧乙酸所代替。

75%乙醇是常用的表面消毒剂。乙醇能够引起微生物蛋白质变性凝固从而起到杀菌作用，多用于皮肤和设备表面的消毒。值得注意的是，使用高浓度的乙醇并不能提高其杀菌能力，这是因为高浓度乙醇会在细菌表面形成一层保护膜，阻止乙醇进一步进入细菌，反而难以将细菌彻底杀死。

过氧乙酸是一种高效消毒剂，具有强氧化作用和酸化作用，可以迅速杀灭各种微生物，包括病毒、细菌、真菌及芽孢。过氧乙酸溶液容易挥发、分解，其分解产物是醋酸、水和氧，因此用过氧乙酸喷洒或浸泡物品不会残留有害物质。正是由于过氧乙酸的强灭菌效果和安全性，过氧乙酸广泛应用于食品工业，不但可以用于设备、环境、包装材料，食品级过氧乙酸还可以直接用于水果、蔬菜、肉类、海鲜等的直接接触消毒。但是其不稳定、易爆炸、对人员有刺激性的特点应当在使用中被注意。

（2）辐射杀菌　辐射杀菌是利用电离辐射能量对食品进行杀菌处理的一种非热杀菌方法，安全卫生且经济有效。由于辐射能够穿透物体表面进行无损的深层杀菌，对食品品质和营养成分影响小且无不良残留，因此在食品领域被广泛应用，工艺流程一般是前处理→包装→确定剂量→检验→运输→保存。食品的辐射杀菌，通常是用 X 射线、γ 射线，辐射源主要是放射性同位素源，如^{60}Co 和^{137}Cs 辐射源，^{60}Co 最为常用。高能带电或不带电的射线引起食品中微生物、昆虫发生一系列生物物理和生物化学反应，使它们的新陈代谢、生长发育受到抑制或破坏，甚至使细胞组织死亡等。而对食品来说，发生变化的原子、分子只是极少数，加之已无新陈代谢，或只进行缓慢的新陈代谢，故发生变化的原子、分子几乎不影响或只轻微地影响食品的新陈代谢。一般来讲，使用^{60}Co 射线以 15kGy 剂量进行灭菌处理，可以全部杀死大肠菌群、沙门氏菌和志贺氏菌，仅个别芽孢杆菌残存下来。这样的猪肉在常温下可保存两个月。用 26kGy 的剂量辐照，则灭菌较彻底，能够使鲜猪肉保存 1 年以上。香肠经射线 8kGy 辐照，杀灭其中大量细菌，能够在室温下贮藏 1 年。

紫外杀菌是一种更加常见的非电离辐射杀菌方法。紫外线能够引起微生物成分改变如核酸的损伤和胞浆蛋白的变性凝固，导致微生物死亡。此外，空气中的氧气分子能够吸收紫外线产生臭氧，同样具有杀菌作用。一般使用波长为 185nm 和 254nm 的紫外线进行杀菌。但是与 X 或 γ 射线不同，紫外线的穿透能力较弱，一般只用于物品表面及空间的消毒。

（3）其他非热力杀菌技术　低温等离子体杀菌技术是新一代常温灭菌技术，以过氧化氢为介质，经射频电磁场激发形成低温等离子体，通过活性基团、高速粒子击穿与伴生紫外线等机制杀灭微生物。和传统的杀菌消毒技术相比，低温等离子体杀菌消毒技术可有效减少食品中各种营养物质的丢失、损耗，确保食品的色泽、鲜度。由于其无毒无害且耗时较短，等离子体杀菌技术能够用于各种环境和仪器的消杀并可安置在流水线上对肉制品等食品进行实时杀菌。

微波杀菌是将食品经微波处理使食品中微生物失活或杀灭的方法。微波能进入食品内部，引起极性分子震动和温度升高，同时能引起微生物成分的振动与变性直接杀死微生物。因此微波杀菌同时具有热力杀菌和非热力杀菌的特点。

超高压杀菌是将食品以某种方式包装完好后，放入食用油、甘油、油与水的乳液等液体介质中，在 100~1000MPa 压力下作用一定时间后，使之达到灭菌的要求。其灭菌的基本原理就是压力对微生物的致死作用。对于肉制品，超高压处理还能增强肉的保水性和嫩度，因此也可用于肉制品品质改良。

超声波杀菌是利用超声波空化作用产生的局部高温、高压、冲击波与自由基杀灭微生物的杀菌技术。配合液体杀菌剂能够起到更好的杀菌作用。同超高压一样，超声波也可以促进肉中肌动球蛋白解离，促进肉的嫩化，因此也用于肉制品品质改良。

3. 抑菌

由于各种杀菌方法有的对食品的食用品质和营养价值有损害，有的则对人体有潜在毒性，有的则需要特殊设备或包装材料，因此食品加工中还常常采用多种抑菌技术或抑菌剂。这类技术或制剂的特点是：①添加物在规定使用范围内对人体无毒无害；②能够显著抑制多种微生物的生长与繁殖但杀灭效果不良；③能够在食品使用中而不影响食品的食用品质和营养价值；④价格低廉、设备简单、使用方便。

腌制和烟熏不仅是肉制品加工技术也是最常见的肉制品抑菌技术。通过食盐的脱水作用、离子结合作用、蛋白质活性破坏作用、降低水分活度作用和降低溶氧作用，食盐能显著抑制细菌生长。除了食盐外，其他食品用盐（如亚硝酸盐等）也有强烈的抑菌作用。烟熏常常与加热同时进行，通过 60℃ 以上的烟熏能将微生物数量下降到基数的 0.01%，而熏烟成分如各种酚、醛、酸等也能显著抑制细菌增殖。

肉制品中使用的抑菌剂包括有机酸（及其盐）和天然抑菌剂。低剂量的抗生素不但抑菌能力不强反而容易胁迫微生物产生抗药性，并且广谱性不足。因此，抗生素不应是食品抑菌的首选。食品中最常使用的抑菌剂是有机酸（及其盐），包括乙酸（盐）、柠檬酸（盐）、乳酸（盐）、山梨酸（盐）、磷酸（盐）和苯甲酸（盐）等，又被称为防腐剂。这类物质不但具有广泛的抑菌活性，适量使用还不会影响食品的颜色和风味。GB 2760—2024《食品安全国家标准 食品添加剂使用标准》是抑菌剂添加量的重要参考标准。天然抑菌剂有更好的食品安全保证，是近年来的研究热点。目前，常用的天然抑菌剂包括茶多酚、香辛料提取物和乳酸链球菌素等。

第二节 典型中式肉制品加工技术

一、传统干腌腊制品现代化加工技术

腌腊制品（cured products）是肉经腌制、酱渍、晾晒、烘烤和烟熏（或不烟熏）等工艺制成的生肉制品，食用前需经熟制加工。腌腊制品包括咸肉、腊肉、酱封肉和风干肉等。咸肉是预处理的原料肉经腌制加工而成的肉制品，如咸猪肉、板鸭等。腊肉是原料肉经腌制、烘烤或晾晒干燥成熟而成的肉制品，如腊猪肉。

（一）金华火腿

干腌火腿技艺与产品广泛分布于世界各地。整只猪后腿或前腿，经腌制、洗晒、风干和长期发酵、整形等工艺制成，风味独特。一般来讲，干腌火腿在食用前应熟制加工，但有的品种也可以切片生食，特别是欧洲人喜欢生食干腌火腿。过去，加工过程基于火腿的主观评价，匠人将经验代代相传。如今，由于科学知识的发展，加工技术已经改变并得到了实质性改进。这主要源于对成熟过程中蛋白质水解和脂肪水解现象的认识，这些现象对风味和质地的形成起到了决定性作用。此外，蛋白水解形成的生物活性肽还赋予了火腿功能特性。世界范围内，火腿的主要产地包括地中海地区、北欧、北美和中国。我国干腌火腿因产地、加工方法和调料不同可进一步细分为金华火腿（浙江）、宣威火腿（云南）和如皋火腿（江苏）等。

金华火腿是中国最著名的传统肉制品之一。它起源于中国浙江省金华地区，据考证金华民间腌制火腿始于唐代，其"火腿"之名是南宋皇帝赵构所赐，距今已近 900 年。品质良好的金华火腿瘦肉呈玫瑰红色，皮面呈金黄色，脂肪洁白，熟制后呈半透明，晶莹剔透，诱人食欲，是烹饪装饰点缀的精品；不经熟制的金华火腿肌肉中散发出令人愉快的浓香，滋味纯正，咸甜适中，鲜嫩多汁，食后回甜，故而生食风味更佳。由于原料、加工季节和腌制方法不同，金华火腿又可分为正冬腿（隆冬腌制）、月腿（腿型被修成月牙状）、风腿（以前腿加工）、熏腿、糖腿（以白糖腌制）和戌腿（和狗腿一同腌制）。

1. 工艺流程

金华火腿传统工艺流程如图 11-2 所示。

图 11-2　金华火腿工艺流程

2. 操作要点

（1）选料　选用饲养期短，肉质细嫩，皮薄、瘦肉多、腿心饱满的金华猪腿为火腿加工原料，也可用其他瘦肉型猪的前后腿替代。一般选每只腿重 4.5~6.5kg 的鲜猪腿。要求宰后 24h 以内的鲜腿，放血完全，肌肉鲜红，皮色白润，脚爪纤细，小腿细长。

（2）修整　取鲜腿，去毛，洗净血污，剔除残留的猪蹄壳，将腿边修成弧形，用手挤出大动脉内的淤血，最后修整成柳叶形。

（3）腌制　在腌制过程中，按每 100kg 鲜腿加 8kg 食盐或按质量分数 10% 计算加盐。一般分 5~7 次上盐，1 个月左右加盐完毕。第一次上盐量约为 1.9%，目的是排除水分与淤血，腌制约 24h；第二次上盐量约为 3.6%，腌制 4~5d，之后每隔 4~7d 上盐，上盐量逐渐减少。总共腌制时间约为 30~40d，温度控制在 0~8℃。

（4）洗晒与整形　晒腿前应先于清洁冷水中浸泡洗腿。据气候、腿的大小和盐分轻重确定浸泡时间，一般 2h 左右。然后将其放入清水中冲洗，从脚爪开始直到肉面，顺肉纹依次洗刷干净，用绳子吊起挂晒。浸泡和洗刷的目的是减少过多盐分并去除污物。

洗后的腿一般需挂晒 8h，在挂晒 4h 后，可盖印厂名和商标，再继续挂晒 4h，可见腿面已变硬，皮面干燥，内部尚软，此时，可进行整形。

整形可分为三个工序，一是在大腿部用两手从腿的两侧往腿心部用力挤压，使腿心饱满成橄榄形；二是使小腿部正直，膝踝处无皱纹；三是在脚爪部，用刀将脚爪修成镰刀形。

整形之后继续曝晒，并不断修割整形，直到形状基本固定，美观为止。并经过挂晒使皮晒成红亮出油，内外坚实。

（5）发酵　发酵的主要目的是使腿中的水分继续蒸发，进一步干燥。另一方面是促使肌肉中的蛋白质、脂肪等发酵分解，产生特殊的风味物质，使肉色、肉味和香气更加诱人。

将火腿挂在木架或不锈钢架上，两腿之间应间隔 5~7cm，以免相互碰撞。发酵场地要求保持一定温度、湿度，通风良好。发酵季节常在 3—8 月，发酵期一般为 3~4 个月。

经发酵之火腿，水分逐渐蒸发，腿部干燥，肌肉收缩，腿骨暴露于外，此时，可进行适当的修整，使之成为成品火腿。

（6）保藏 经发酵修整的火腿，可落架，用火腿滴下的原油涂抹腿面，使腿表面滋润油亮，即成新腿，然后将腿肉向上，腿皮向下堆叠，一周左右调换一次。堆叠过夏的火腿称为陈腿，风味更佳，此时火腿重量约为鲜腿重的70%。火腿可用真空包装，于常温下可保存3~6个月。

3. 金华火腿的现代化工艺

随着对火腿腌制和成熟生香机制的研究，金华火腿的现代化加工工艺进一步提升了加工效率和制品的食用品质。基本工艺流程如图11-3所示。

选料 → 挂腿预冷 → 低温腌制 → 中温风干 → 高温催熟 → 堆叠后熟

图11-3 金华火腿现代化加工工艺流程

（1）挂腿预冷 将鲜腿先在0~5℃预冷12h，要求深层肌肉温度低至7~8℃，并初步修整腿坯。

（2）低温腌制 将腿坯在6~10℃、相对湿度75%~85%堆叠腌制，温度先低后高、湿度先高后低。用盐量为3.25%~4.25%。每4h交换一次空气，腌制20d。

（3）中温风干 洗刷干净后在15~25℃、湿度70%以下的环境中风干20d。

（4）高温催熟 将干腿在25~35℃、湿度60%环境中催熟35~40d，温度先低后高。

（5）堆叠后熟 将已经成熟出香的火腿在25~30℃、湿度60%以下环境后熟，每隔3~5d翻堆抹油。10d后即为成品。

4. 参考标准

金华火腿的加工前准备、原料选择、修割腿胚、上盐腌制、洗晒整形、发酵、分级、堆叠后熟、成品检验、工艺要求和具体操作规程和要求等可参考GB 2730—2015《食品安全国家标准 腌腊肉制品》、GB/T 19088—2008《地理标志产品 金华火腿》、T/ZZB 0374—2018《金华火腿》、T/JHHTA 0001—2019《金华火腿传统加工规程》和T/JHHTA 0002—2019《金华市金华火腿》等。

（二）板鸭

板鸭又称"贡鸭"，是咸鸭的一种，广泛分布于我国南方地区。在我国，最有名的板鸭包括南京板鸭、南安板鸭、建瓯板鸭等。板鸭有腊板鸭和春板鸭两种。腊板鸭是从小雪到立春时段加工的产品，这种板鸭腌制透彻，能保藏3个月之久；春板鸭是从立春到清明时段加工的产品，这种板鸭保藏期没有腊板鸭时间长，一般只有1个月左右。板鸭体肥、皮白、肉红、肉质细嫩、风味鲜美，是一种久负盛名的传统产品。

1. 工艺流程

板鸭工艺流程如图11-4所示。

原料 → 宰杀及前处理 → 干腌 → 卤制 → 滴卤叠坯 → 晾挂

图11-4 板鸭工艺流程

2. 操作要点

（1）原料　板鸭要选择体长身高，胸腿肉发达，两翅下有核桃肉，体重在 1.75kg 以上的活鸭作原料。活鸭在屠宰前用稻谷饲养一段时间使之膘肥肉嫩。这种鸭脂肪熔点高，在温度高的时候也不容易滴油、酸败。这种经过稻谷催肥的鸭叫白油板鸭，是板鸭中的上品。

（2）宰杀及前处理　肥育好的鸭子宰杀前停食 12～24h，充分饮水。用麻电法（60～70V）将活鸭致昏，采用颈部或口腔宰杀法进行宰杀放血。宰杀后 5～6min 内，用 65～68℃ 的热水浸烫脱毛，之后用冰水浸洗三次，时间分别为 10min、20min 和 1h，以除去皮表残留的污垢，使鸭皮洁白，同时降低鸭体温度，达到"四挺"，即头、颈、胸、腿挺直，外形美观。去除翅、脚，在右翅下开一约 4cm 长的直形口子，摘除内脏，然后用冷水清洗，至肌肉洁白。压折鸭胸前三叉骨，使鸭体呈扁长形。

（3）干腌　前处理后的光鸭沥干水分，进行擦盐处理。擦盐前，每 100kg 食盐中加入 125g 茴香或其他香辛料炒制，可增加产品风味。腌制时每 2kg 光鸭加盐 125g 左右。先将 90g 盐从右翅下开口处装入腔内，将鸭反复翻动，使盐均匀布满腔体，剩余的食盐用于体外，其中大腿、胸部两旁肌肉较厚处及颈部刀口处需较多施盐。于腌制缸内腌制约 20h。该过程中为了使腔体内盐水快速排出，需进行扣卤：提起鸭腿，撑开肛门，将盐水放出。擦盐后 12h 进行第一次扣卤操作，之后再叠入腌制缸中，再经 8h 进行第二次扣卤操作。目的是使鸭体腌透同时渗出肌肉中血水，使肌肉洁白美观。

（4）卤制　也称复卤。第二次扣卤后，从刀口处灌入配好的老卤，叠入腌制缸中。并在上层鸭体表层稍微施压，将鸭体压入卤缸内距卤面 1cm 下，使鸭体不浮于卤汁上面。经 24h 左右即可。

卤有新卤和老卤之分。新卤配制时每 50kg 水加炒制的食盐 35kg，煮沸成饱和溶液，澄清过滤后加入生姜 100g、茴香 25g、葱 150g，冷却后即为新卤。用过一次后的卤俗称老卤，环境温度高时，每次用过后，盐卤需加热煮沸杀菌；环境温度低时，盐卤用 4～5 次后需重新煮沸；煮沸时要撇去上浮血污，同时补盐，维持盐卤密度为 1.180～1.210g/cm³。

（5）叠胚　把滴净卤水的鸭体压成扁平形，叠入容器中。叠放时须鸭头朝向缸中心，以免刀口渗出血水污染鸭体。叠胚时间为 2～4d，接着进行排胚与晾挂。

（6）排胚与晾挂　把叠在容器中的鸭子取出，用清水清洗鸭体，悬挂于晾挂架上，同时对鸭体整形：拉平鸭颈、拍平胸部、挑起腹肌。排胚的目的是使鸭体肥大好看，同时使鸭子内部通风。然后挂于通风处风干，晾挂间需通风良好，不受日晒雨淋，鸭体互不接触，经过 2～3 周即为成品。

3. 参考标准

板鸭的加工前准备、原料选择、宰杀、前处理、腌制、卤制、晾挂和技术要求、检验方法、检验规则、标志、包装与贮存等可参考 GB 2730—2015《食品安全国家标准　腌腊肉制品》和 NY/T 628—2002《板鸭》等。

（三）腊肉

腊肉由肉类以盐渍经风干或熏制而制成，因多在腊月制作而得名。腊肉加工技艺起源于人们对食材的保存需求，但因成品色泽粉红，香味浓郁，肉质脆嫩逐渐成为一种特色美食。按产地分有广东腊肉、四川腊肉、云南腊肉和湖南腊肉等。按原料分有腊猪肉、腊牛肉、腊鸡、腊鸭等。

1. 工艺流程

腊肉工艺流程如图 11-5 所示。

图 11-5　腊肉工艺流程

2. 操作要点

（1）原料　精选肥瘦层次分明的去骨五花肉或其他部位的肉，一般肥瘦比例为 5：5 或 4：6，修刮净皮层上的残毛及污垢。

（2）预处理　将适于加工腊肉的原料，除去前后腿，将腰部肉剔去全部肋条骨，椎骨和软骨，边沿修割整齐后，切成长 33～40cm，宽 1.5～2cm 的肉坯。肉坯顶端斜切一个 0.3～0.4cm 的吊挂孔，便于肉坯悬挂。肉坯于 30℃左右的温水中漂洗 2min 左右，除去肉条表面的浮油、污物。取出后沥除水分。

（3）腌制　一般采用干腌法或湿腌法腌制。按表 11-1 配方用质量分数 10% 清水溶解配料，倒入容器中，然后放入肉坯，搅拌均匀，每隔 30min 搅拌翻动一次，于 20℃下腌制 4～6h，腌制温度越低，腌制时间越长，腌制结束后，取出肉条，滤干水分。腌制过程中的滚揉能够加快腌制并提升品质。

表 11-1　腊肉腌制配方　　　　　　　　　　　　　单位：kg

品名	用量	品名	用量
原料肉	100	酱油	3
食盐	3	亚硝酸钠	0.01
砂糖	4	调味料	0.1
曲酒	2.5		

（4）烘烤或熏制　肉坯完成腌制出缸后，挂于烘架上，肉坯之间应留有 2～3cm 的间隙，以便于通风。烘房的温度是决定产品质量的重要参数，腊肉因肥肉较多，烘烤或熏制温度不宜过高，一般将温度控制在 40～50℃为宜。温度高滴油多、成品率低；温度低水分蒸发不足，易发酸、色泽发暗。广式腊肉一般需要烘烤 24～70h。烘烤时间与肉坯的大小和产品的终水分含量要求有关。烘烤或熏制结束时，产品皮层干燥，瘦肉呈玫瑰红色，肥肉透明或呈乳白色。熏烤常用木炭、锯木粉、瓜子壳、糠壳和板栗壳等作为烟熏燃料，在不完全燃烧的条件下进行熏制，使肉制品产生独特的腊香和熏制风味。

（5）包装　烘烤后的肉条，送入通风干燥的晾挂室中晾挂冷凉，等肉温降到室温时即可包装。传统上腊肉一般用防潮蜡纸包装，现在一般采用真空包装，在 20℃可以有 3～6 个月的保质期。

3. 参考标准

腊肉的加工前准备、原料选择、预处理、腌制、烘烤、熏制和技术要求、检验方法、检验规则、标志、包装与贮存等可参考 GB 2730—2015《食品安全国家标准　腌腊肉制品》和 NY/T 2783—2015《腊肉制品加工技术规范》等。

（四）中式香肠

中国传统香肠是指腊肠或者风干肠，也称中式香肠，是以畜禽类的肉为主要原料，将肉切块或者绞碎加入其他辅料腌制之后灌入肠衣，经过烘焙、晾晒或者风干等工艺制成的生干肠。现在，大部分产品的生产已实现了工业化和规模化，风干过程由自然型转变为控温控湿型，成熟过程在实现控温控湿的基础上，利用发酵剂代替自然发酵过程，使产品的品质和稳定性有了很大提高，同时也使产品的安全品质得到了保障，并实现了全天候常年化生产。

中式香肠均以其独特的风味品质受到消费者欢迎。我国地域广阔，气候差异很大，由此在传统生产条件下形成了风味不同的众多肠制品。

我国习惯以生产地域对香肠分类，如广东香肠（广东腊肠）、四川香肠、北京香肠、如皋香肠、哈尔滨香肠等。根据产品原料不同分为单一型中式香肠和混合型中式香肠。同一地区生产的香肠又依其风味特点和所用原料分成众多类，如广东香肠又细分为生抽猪肉肠、老抽猪肉肠、猪肝肠、鸭肝肠、玫瑰猪肉肠、猪心肠、牛肉肠、鸡肉肠等。按照产品外形，中式香肠又分为香肠、香肚（或小肚）、肉枣（或肉橄榄、肉葡萄）等。与乳化肠相比，中式香肠原料肉粒度较大，自然风干后，肉与油粒分明可见，肉味香浓，干爽而油不沾唇。

1. 工艺流程

中式香肠种类繁多，风味差异很大，但生产方法大致相同。风味的差异主要来自于配料和生产过程参数的不同。其工艺流程如图 11-6 所示。

图 11-6　中式香肠工艺流程

2. 操作要点

（1）原料选择与处理　主要选择新鲜猪肉为加工原料。瘦肉以腿臀肉最好，肥肉以背部硬膘为好，腿膘次之。原料肉经过修整，去掉筋腱、骨头和皮，切成 50~100g 大小的肉块，然后瘦肉用绞肉机以 0.4~1.0cm 的筛孔板绞碎，肥肉切成 0.6~1.0cm³ 大小的肉丁。肥肉丁切好后用温水清洗 1 次，以除去浮油及杂质，沥干水分待用，肥、瘦肉要分别存放处理。

随着消费习惯的不断变化，应用于香肠加工的原料越来越多，产品也不断丰富，如牛肉肠、鸡肉肠、兔肉肠等。

（2）配料　中式香肠种类很多，配方各不相同，但主要配料大同小异。常用的配料有：食盐、糖、酱油、料酒、硝酸盐、亚硝酸盐；使用的调味料主要有：大茴香、豆蔻、小茴香、桂皮、白芷、丁香、山柰、甘草等。中式香肠的配料中一般不用淀粉。

（3）腌制　按配料要求将原料肉和辅料混合均匀。拌料时可逐渐加入质量分数 20% 左右的温水，以调节黏度和硬度，使肉馅滑润致密。混合料于腌制室内腌制 1~2h，当瘦肉变为内外一致的鲜红色，肉馅中有汁液渗出，手摸触感坚实、不绵软、表面有滑腻感时，即完成腌制。此时加入料酒拌匀，即可灌制。

（4）灌制　将肠衣套在灌装机灌嘴上，使肉馅均匀地灌入肠衣中。要掌握松紧程度，不能过紧或过松。用天然肠衣灌装时，干肠衣或盐渍肠衣要在清水中浸泡柔软，洗去盐分后使用。

（5）排气　用排气针扎刺湿肠，排出内部空气，以避免在晾晒或烘烤时产生爆肠现象。

（6）捆线结扎　捆线结扎的长度依具体产品的规格而定。一般每隔 10~20cm 用细线结扎一道。生产枣肠时，每隔 2.0~2.5cm 用细棉线捆扎分节，挤出多余肉馅，使成枣形。

（7）漂洗　将湿肠用 35℃ 左右的清水漂洗，除去表层油污，然后均匀地挂在晾晒或烘烤架上。

（8）晾晒或烘烤　将悬挂好的香肠放在日光下晾晒 2~3d。在日晒过程中，有胀气的部位应针刺排气。晚间送入房内烘烤，温度保持在 40~60℃，烘烤温度是很重要的加工参数，需要合理控制烘烤过程中的质、热传递速度，达到快速脱水目的。一般采用梯度升温程序，开始过程温度控制在较低状态，随生产过程的延续，逐渐升高温度。烘烤过程温度太高，易造成脂肪融化，同时瘦肉也会被烤熟，影响产品的风味和质感，使色泽变暗，成品率降低；温度太低则难以达到脱水干燥的目的，易造成产品变质。一般经三昼夜的烘晒，再将半成品挂到通风良好的场所风干 10~15d，成熟后即为产品。

（9）包装　中式产品有散装和小袋包装销售两种方式，可根据消费者的需求进行选择。利用小袋进行简易包装或进行真空、充气包装，可有效抑制产品销售过程中的脂肪氧化现象，提高产品的卫生品质。

3. 参考标准

香肠与香肚的加工和技术要求、检验方法、检验规则、标志、包装与贮存等可参考 GB/T 23493—2022《中式香肠质量通则》等。

二、传统酱卤肉制品现代化加工技术

酱卤肉制品（sauce and pot-roast meat products）是指以鲜（冻）畜禽肉和可食副产品为主要原料，经预处理后配以食品辅料，经腌制（或不腌制）、酱制或卤制、包装（或不包装）、杀菌（或不杀菌）、冷却等工艺加工而成的熟肉制品。根据加工方式分为白煮肉类、酱卤肉类、糟肉类等。根据产品原料分为酱卤畜肉类、酱卤禽肉类和酱卤其他类（酱卤畜禽副产品）。

酱卤制品的加工关键在于调味和煮制。调味是获得稳定而良好风味的关键。根据加入调料的时间和作用，调味的方法大致可分为基本调味、定性调味和辅助调味三种。基本调味是原料经整理后，在加热前经过加盐、酱油或其他配料腌制，奠定产品咸味的过程。定性调味是在煮制或红烧时，与原料肉同时加入各种香辛料和调味料，如酱油、盐、酒、香辛料等，赋予产品基本香味和滋味的过程。辅助调味是在原料肉熟制后或出锅前，加入糖、味精、香油等，以增进产品的色泽、鲜味的过程；煮制是对产品进行热加工的过程，加热的介质有水、蒸汽、油等。煮制加工环节直接影响产品的口感和外形，必须严格控制温度和加热时间。

（一）盐水鸭

盐水鸭是江苏省南京市著名传统特产，至今已有 400 多年历史。南京盐水鸭的特点是鸭体表皮洁白，鸭肉细嫩，口味鲜美，营养丰富，具有香、酥、嫩和鲜的特点。南京盐水鸭可常年加工生产。

1. 工艺流程

盐水鸭工艺流程如图 11-7 所示。

选料 → 腌制 → 煮制 → 冷却 → 包装

图 11-7　盐水鸭工艺流程

2. 操作要点

（1）选料　选用新鲜优质鸭子为原料，一般鸭活重为 2kg 左右，鸭体丰满，肥瘦适度。将其宰杀、去毛、去内脏等，然后清洗干净。

（2）腌制　先干腌，即为食盐和八角粉炒制的盐，涂擦鸭体内外表面，用盐量为 6%，涂擦后堆码腌制 2~4h。然后抠卤，再行复卤 2~4h，即可出缸。复卤即用老卤腌制，老卤是加生姜、葱、八角蒸煮加入过饱和盐水的腌制卤。

（3）煮制　在水中加入生姜、八角和葱，煮沸 30min，然后将腌制鸭放入水中，保持水温为 80~85℃，加热处理 60~120min。在煮制过程中，始终维持温度在 90℃ 左右，否则，温度过高会导致脂肪熔化，肉质变老，失去鲜嫩特色。煮制可应用自动化连续生产线加工。

（4）冷却包装　煮制完毕，静置冷却，然后真空包装，也可冷却后直接鲜销。

3. 参考标准

盐水鸭的加工和技术要求、检验方法、检验规则、标志、包装与贮存等可参考 GB/T 23586—2022《酱卤肉制品质量通则》和 DBS 32/002—2014《食品安全地方标准　盐水鸭》等。

（二）烧鸡

烧鸡是中华传统风味菜肴，其中关键的烹饪方法是将涂过饴糖的鸡炸制上色，再用卤水煮制。其中，道口烧鸡最负盛名。道口烧鸡产于河南省滑县道口镇，开创于清朝顺治十八年，至今已有 300 多年历史。道口烧鸡形如元宝，色泽金黄，把鸡体与头、颈、腿、翅做巧妙的变形和插撑处理，不仅造型美观，而且鲜嫩多汁、口感滑嫩、香味浓郁。

1. 工艺流程

烧鸡工艺流程如图 11-8 所示。

图 11-8　烧鸡工艺流程

2. 操作要点

（1）选料　选择鸡龄在 6~24 个月，活重为 1.5~2kg 的鸡，要求鸡的胸腹长宽，两腿肥壮，健康无病。

（2）宰杀造型　按一般家禽屠宰方式宰杀，去内脏、爪及肛门。取高粱秆一截撑开鸡腹，将两侧大腿插入腹下三角处，两翅交叉插入鸡口腔内，使鸡体成为两头尖的半圆形。造型完毕，及时浸泡在清水中 1~2h，然后取出沥干。

（3）上色油炸　用饴糖水、焦糖液或蜂蜜水涂布鸡体全身，然后置于 150~180℃ 植物油中，油炸 1min 左右，待鸡体表面呈金黄色时取出。注意控制油温，温度达不到时，鸡体上色不佳。

（4）卤制　先配制卤汁，每 100 只鸡，加砂仁 15g，丁香 3g，肉桂 90g，陈皮 30g，肉豆蔻 15g，草果 30g，生姜 90g，食盐 2~3kg，亚硝酸钠 12~18g。将鸡置于卤汁中，淹没，加热煮沸

2~5h，具体时间视季节、鸡龄、体重等因素而定，煮熟后立即出锅。

（5）保藏　将卤制好的鸡静置冷却，即可鲜销，也可真空包装，冷藏保存。经高温高压杀菌，可长期保藏。

3. 参考标准

烧鸡的加工和技术要求、检验方法、检验规则、标志、包装与贮存等可参考 GB/T 23586—2022《酱卤肉制品质量通则》、DB41/T 2411—2023《地理标志产品　道口烧鸡》。

（三）酱牛肉

酱牛肉是具有深厚历史和文化底蕴的中式菜肴，是将牛肉经过调酱、酱制等工序制备而成，是北京著名产品。酱牛肉的色泽诱人，呈现出酱红色，表面油润光亮，肌肉中的少量牛筋色黄而透明，切面呈豆沙色，整体外观令人垂涎，口感丰富多样。其肉质紧实，吃起来咸淡适中，酱香浓郁，入口即化，无须过多咀嚼。

1. 工艺流程

酱牛肉工艺流程如图 11-9 所示。

图 11-9　酱牛肉工艺流程

2. 操作要点

（1）选料　选择优质、新鲜、健康的膘肥牛肉进行加工。先用冷水浸泡清除余血，洗净后剔骨。按部位切成前后腿、腰窝、腱长、脖子等，再分割成 1kg 左右的大块。

（2）调酱　取黄酱加入一定量的水拌和，去酱渣，煮沸 1h，并将浮在汤面上的酱沫除净，转移至酱制容器内备用。

（3）预煮与酱制　使用清水首先预煮原料肉约 1h，将肉捞出在清水中漂洗，去除杂质。之后将原料肉放于锅内，一般先将含结缔组织较多的肉质较老的牛肉放在锅底部，含结缔组织较少的嫩肉放于上层，然后倒入酱汁。待煮沸后加入各种调料，煮制 4h 左右，每隔 1h 翻动 1 次，酱制过程中应保证每块肉都浸入酱制汤中，最后用小火煮制 2~4h，使其煮熟并均匀成味。

3. 酱牛肉加工的现代化工艺

传统酱制方法煮制时间长、出品率低，因此现代酱牛肉制作过程中常常加入盐水注射和真空滚揉处理（图 11-10），缩短了酱卤时间并提升了酱卤效果，使得成品肉质鲜嫩，出品率高。

图 11-10　酱牛肉现代化工艺流程

（1）原料肉处理　选用牛前肩或后臀肉，去除脂肪、肌腱、淋巴和淤血后，切成 2~3kg 的大块。

（2）配置注射液　将适量香辛料放入 20kg 水中煮制，后冷却至 30℃ 左右，加入食盐 2kg、复合磷酸盐 2kg，搅拌混匀后过滤备用。

（3）盐水注射　使用盐水注射机将注射液注入肉块，注射量为肉重的 20%。

（4）真空滚揉　将注射后的肉块放入滚揉机，以 8~10r/min 的转速滚揉约 4~6h。

（5）煮制　将滚揉后的肉块在 85~87℃水中煮制 2.5~3.0h，即为成品。

4. 参考标准

酱牛肉的加工和技术要求、检验方法、检验规则、标志、包装与贮存等可参考 GB/T 23586—2022《酱卤肉制品质量通则》等。

三、熏烧烤肉制品现代化加工技术

熏烧烤肉制品（smoked and roasted products）是指经腌制或熟制后的肉，以熏烟、高温气体或固体、明火等为介质热加工制成的一类熟肉制品，包括熏烤类和烧烤类产品。熏烧烤制品的特点是色泽诱人、香味浓郁、咸味适中、皮脆肉嫩，是深受欢迎的特色肉制品。熏烤类是产品熟制后经烟熏工艺加工而成的肉制品，如熏鸡、熏口条、培根。烧烤类是指原料预处理后，经高温气体或固体、明火等煨烤而成的肉制品，如烤鸭、烤乳猪、烤鸡等。

（一）叉烧肉

叉烧肉是南方风味的肉制品，起源于广东，一般称为广东叉烧肉。在古代，人们发现将猪肉切成薄片，用特制的酱料腌制后烤制，能够保持肉质的嫩滑和鲜美的口感。产品呈现出色泽鲜明、肉质软嫩多汁、香味四溢的特点。优质叉烧肉的表面会形成一层诱人的光泽，肉质中的油脂和饴糖完美结合，使得口感更加松轻软，带有甜蜜的香味。

1. 工艺流程

叉烧肉工艺流程如图 11-11 所示。

图 11-11　叉烧肉工艺流程

2. 操作要点

（1）选料及整理　叉烧肉一般选用猪腿部肉或肋部肉。猪腿除皮、拆骨、去脂肪后，用 M 形刀法将肉切成宽 3cm、厚 1.5cm、长 35~40cm 的长条，用温水清洗，沥干备用。

（2）配料　猪肉 100kg，精盐 2kg，酱油 5kg，白糖 6.5kg，五香粉 250g，桂皮粉 500g，砂仁粉 200g，绍兴酒 2kg，姜 1kg，饴糖或液体葡萄糖 5kg，硝酸钠 50g。

（3）腌制　除了糖稀和绍兴黄酒外，把其他所有的调味料拌料容器中，搅拌均匀，然后把肉坯倒入容器中拌匀。之后，每隔 2h 搅拌一次，使肉条充分吸收配料。低温腌制 6h 后，再加入绍兴黄酒，充分搅拌，均匀混合后，将肉条穿在铁排环上，每排穿 10 条左右，适度晾干。

（4）烤制　先将烤炉烧热，把穿好的肉条排环挂入炉内，进行烤制。烤制时炉温保持在 270℃左右，烘烤 15min 后，打开炉盖，转动排环，调换肉面方向，继续烤制 30min。之后的前 15min 炉温保持在 270℃左右，后 15min 的炉温在 220℃左右。

烘烤完毕，从炉中取出肉条，稍冷后，在饴糖或麦芽糖溶液内浸没片刻，取出再放进炉内烤制约 3min 即为成品。

3. 参考标准

叉烧肉的加工和技术要求、检验方法、检验规则、标志、包装与贮存等可参考 T/DGCA 004—2019《叉烧生产工艺标准》等。

（二）北京烤鸭

北京烤鸭初称"炙鸭"，在明清时得到发展和完善。烤鸭皮质松脆，肉嫩鲜酥，体表焦黄，味道醇厚，香气四溢，肥而不腻，是传统肉制品产品中的精品。北京烤鸭通常选用优质的肉食鸭，如北京填鸭，这种鸭子肉质鲜嫩，肥瘦适中。烹饪时采用果木炭火烤制，注重均匀受热，使得口感酥脆，外形均匀。北京城最早的烤鸭店创立于明代嘉靖年间，距今已有 400 多年的历史。

1. 工艺流程

烤鸭工艺流程如图 11-12 所示。

图 11-12　烤鸭工艺流程

2. 操作要点

（1）选料　北京烤鸭要求必须是经过填肥的北京鸭，饲养期在 55~65 日龄，活重在 2.5kg 以上的为佳。

（2）宰杀造型　填鸭经过宰杀、放血、褪毛后，先剥离颈部食道周围的结缔组织，打开气门，向鸭体皮下脂肪与结缔组织之间充气，使鸭体保持膨大壮实的外形。然后从腋下开膛，取出全部内脏，用 8~10cm 长的秫秸（去穗高粱秆）由切口塞入膛内充实体腔，使鸭体造型美观。

（3）冲洗烫皮　通过腋下切口用清水（水温 4~8℃）反复冲洗胸腹腔，直到洗净为止。拿钩钩住鸭胸部上端 4~5cm 外的颈椎骨（右侧下钩，左侧穿出），提起鸭坯用 100℃的沸水淋烫表皮，使表皮的蛋白质凝固，减少烤制时脂肪的流出，并达到烤制后表皮酥脆的目的。淋烫时，第一勺水要先烫刀口处，使鸭皮紧缩，防止跑气，然后再烫其他部位。一般情况下，用 3~4 勺沸水即能把鸭坯烫好。

（4）浇挂糖色　浇挂糖色的目的是改善烤制后鸭体表面的色泽，同时增加表皮的酥脆性和适口性。浇挂糖色的方法与烫皮相似，先淋两肩，后淋两侧。一般只需 3 勺糖水即可淋遍鸭体。糖色的配用 1 份麦芽糖和 6 份水，在锅内熬成棕红色即可。

（5）灌汤打色　鸭坯经过上色后，先挂在阴凉通风处，进行表面干燥，然后向体腔灌入 100℃汤水 70~100mL，鸭坯进炉烤制时能激烈汽化，通过外烤内蒸，使产品具有外脆内嫩的特色。为了弥补挂糖色时的不均匀，鸭坯灌汤后，要淋 2~3 勺糖水，称为打色。

（6）挂炉烤制　鸭坯进炉后，先挂在炉膛前梁上，使鸭体右侧刀口向火，让炉温首先进入体腔，促进体腔内的汤水汽化，使鸭肉快熟。等右侧鸭坯烤至橘黄色时，再使左侧向火，烤至与右侧同色为止。然后旋转鸭体，烘烤胸部、下肢等部位。反复烘烤，直到鸭体全身呈枣红色并熟透为止。

整个烘烤的时间一般为 30~40min，体型大的需 40~50min。炉内温度掌握在 230~250℃，炉温过高，时间过长会造成表皮焦煳，皮下脂肪大量流失，皮下形成空洞，失去烤鸭的特色。时间过短，炉温过低会造成鸭皮收缩，胸部下陷，鸭肉不熟等缺陷，影响烤鸭的食用价值和外观品质。

3. 参考标准

北京烤鸭的加工和技术要求、检验方法、检验规则、标志、包装与贮存等可参考 T/CCA 018—2020《北京烤鸭鸭坯》、TBJCA 001—2018《京菜　传统挂炉烤鸭烹饪技术规范》和 TBJCA 002—2018《京菜　传统焖炉烤鸭烹饪技术规范》等。

（三）广式烤乳猪

广式烤乳猪又称脆皮乳猪，是广东省著名的烧烤制品。外皮色泽金黄，光泽鲜亮，香味扑鼻，皮脆肉嫩，口感丰富，肥瘦适中，入口即化。广式烤乳猪的历史可以追溯到西周时期，当时被称为"炮豚"，是"八珍"之一。南北朝时期，贾思勰在《齐民要术》中详细记载了烤乳猪的制作方法，使得这道菜得以流传至今。在广东地区，烤乳猪各类庆典活动中的常见佳肴具有重要的文化地位。

1. 工艺流程

广式烤乳猪工艺流程如图 11-13 所示。

图 11-13　广式烤乳猪工艺流程

2. 操作要点

（1）选料　选用皮薄、体型丰满、活重在 5~6kg 的乳猪。按猪坯重计算，辅料选用 2% 五香盐，8% 白糖，4% 调味酱，1% 南乳，2% 芝麻酱，1% 蒜蓉，0.02% 五香粉，1.6% 汾酒，0.02% 大茴香粉，0.02% 味精和 2% 麦芽糖。

（2）制坯　乳猪屠宰、放血、去毛、开腹取出内脏，冲洗干净，将头和背脊骨从中劈开，取出脑髓和脊髓。斩断第四肋骨，取出第五至八肋骨和两边肩胛骨。后腱肌肉较厚部位，用刀割花，利于渗透入味和快熟。

将劈好洗净的乳猪放在案台上，使用五香盐均匀涂抹胸腹腔，腌制 20~30min 后用钩挂起使水分流出。之后将除麦芽糖外的其他调味料拌匀并涂抹在猪腔内，腌制 20~30min。

用乳猪叉配合木条将猪叉起撑开，并用铁丝将前后腿扎紧。用沸水浇淋全身，稍干后再浇上麦芽糖溶液，挂在通风处晾干表皮。

（3）烧烤　使用明炉烤法或挂炉烤法。明炉烤法是将炉内木炭烧红后，将腌好的猪坯放在炉上烧烤。先用慢火烧烤约 10min，之后逐渐加大火力。其间不断转动猪身使其受热均匀，并不时刺猪皮和扫油。烤至猪皮呈西洋红色为止，一般需 50~60min。挂炉烤法类似烤鸭，先将木炭烧至 200~220℃ 或通电使炉温升高，然后将猪坯挂入炉内，关门烧烤 30min 左右。在猪皮开始转色时取出针刺，并在猪身出油时将油扫匀再放入炉中烤制 20~30min 即成。

3. 参考标准

烤乳猪的加工和技术要求、检验方法、检验规则、标志、包装与贮存等可参考 GB/T 34264—

2017《熏烧焙烤盐肉制品加工技术规范》等。

四、其他中式肉制品现代化加工技术

干肉制品（dried meat product）是以新鲜的畜禽瘦肉为主要原料，加以调味，经熟制后再脱水干制而成的食品，产品多呈片状、条状、粒状、团粒状、絮状。干肉制品的种类很多，根据产品的形态，主要包括肉干（dried meat dice）、肉松（dried meat floss）和肉脯（dried meat slice）三大类；根据产品的干燥程度，可分为干制品和半干制品，半干制品的水分含量一般在 15%～50%，水分活度（A_w）为 0.60～0.90，干制品的水分含量通常在 15% 以下。大多数干肉制品属半干制品。干制加工最初以保存和携带方便为目的，现在则更多是为了满足消费者的各种口味喜好，是常见的休闲食品。同时，干肉制品因其便于携带、保质期长且能提供蛋白质、脂肪、维生素和矿物质等营养成分，也是世界各国野战军粮等特殊食品的重要组成部分。

（一）肉干

肉干的历史可以追溯到古代游牧民族。他们为了贮存和携带方便，将新鲜的牛肉经过晒干、腌制等工艺处理，制成了易于保存的肉干。肉干是一种高蛋白、低脂肪的健康食品。由于其经过脱水处理，水分活度很低，大多数细菌不能生长，因此保质期较长。同时，肉干含有丰富的蛋白质、维生素和微量元素等营养成分，适量食用有助于促进肌肉生长、提高免疫力，对身体健康具有积极的影响。肉干是以精选瘦肉为原料，经预煮、复煮、干制等工艺加工而成的干肉制品。肉干可以按原料、风味、形状、产地等进行分类。按原料分有牛肉干、猪肉干、兔肉干、鱼肉干等；按风味分五香、咖喱、麻辣、孜然等；按形状有片、条、丁状肉干等。

1. 肉干加工的现代工艺

（1）工艺流程

肉干现代化工艺流程如图 11-14 所示。

原料选择、修整 → 腌制（或不腌制）→ 煮制 → 切丁 → 复煮入味 → 晾晒、烘烤 → 冷却、包装 → 成品

图 11-14　肉干现代化工艺流程

（2）配方　猪肉 100kg，食盐 3kg，白糖 4kg，葡萄糖 4kg，味精 0.3kg，白酒 3kg，麦芽糊精 3kg，红曲红色素 0.015kg，磷酸盐 0.25kg，亚硝酸钠 0.01kg，大茴香 0.3kg，胡椒 0.15kg，辣椒 1kg，花椒 0.4kg，姜粉 0.2kg，肉桂 0.15kg，猪肉香精 2kg，食用丙二醇 3kg，冰水适量。

2. 操作要点

①挑选猪的前、后腿肉，剔除碎骨、软骨、肥膘、淤血等，清洗干净。将猪肉切块，块重 300～500g。

②在切好的猪肉块中加入食盐、磷酸盐、亚硝酸钠和冰水按一定的比例拌和均匀，一起置于低温（0～4℃）下腌制 24h。

③煮至中心温度为 60~65℃后冷却，并切成 1cm³ 左右的肉丁。

④将切好的肉丁加入老汤、盐、糖、麦芽糊精、色素进行翻动煮制，待卤汁减少至一半时加入香辛料、白酒，控制煮制温度 85~90℃。最后加味精等，搅拌均匀，至汤汁被肉块吸收完全为止，时长 1.5~2h。将煮制好的肉丁出锅，均匀摊筛，置于烘房烘烤（70℃，3~4h），其间翻动几次，使烘烤均匀；摊晾回潮 24h，使肉丁里的水分向外渗透；再继续烘烤（100℃，2~3h），烤到产品内外干燥，水分含量小于 20% 即可。烤制好的肉干放置到常温，即可包装，成品。

现代工艺配方中添加了葡萄糖、麦芽糊精、磷酸盐、食用丙二醇等保水成分，使得新型肉干较传统肉干不仅质地较软，口感大大改善，而且出品率提高。

3. 参考标准

肉干的加工和技术要求、检验方法、检验规则、标志、包装与贮存等可参考 GB/T 23969—2022《肉干质量通则》等。

（二）肉松

肉松是我国传统食品。肉松一般呈现出疏松颗粒状或纤维状，色泽呈棕褐色或黄褐色，光泽均匀，口感浓郁鲜美，甜咸适中，油而不腻，香味纯正。肉松是由畜禽肉经过煮制、撇油、调味、收汤、炒松、搓松等工艺制成的肌肉纤维蓬松成絮状的肉制品，其纤维长，质地细腻，易于消化吸收。肉松可以按原料进行分类，有猪肉松、牛肉松、鸡肉松、鱼肉松等，也可以按形状分为绒状肉松和粉状（球状）肉松。猪肉松是大众最喜爱的一类产品，以太仓肉松和福建肉松最为著名，太仓肉松属于绒状肉松，福建肉松属于粉状肉松。

1. 太仓肉松工艺流程

太仓肉松工艺流程如图 11-15 所示。

图 11-15　太仓肉松工艺流程

2. 操作要点

（1）原料肉选择　肉松加工选用健康家畜的新鲜精瘦肉为原料。

（2）原料肉预处理　符合要求的原料肉，先剔除骨、皮、脂肪、筋腱、淋巴、血管等不宜加工的部分，然后顺着肌肉的纤维纹路方向切成 3cm 左右宽的肉条，清洗干净，沥水备用。

（3）煮制　向肉中加入与肉等量的水，煮沸，按配方加入香料，继续煮制，直到将肉煮烂，时间 2~3h。在煮制的过程中，不断翻动并去浮油。煮制时的配料无固定的标准，肉松加工配方见表 11-2。

（4）炒压或搓松　炒压或搓松的主要目的是将肌纤维分散。炒压是一个手工操作过程，在煮制后边炒边用铲子压碎肉块；搓松（或叫擦松）是一个机械作用过程，比较容易控制，因而，可以用搓松机来完成操作。

表 11-2　肉松加工基本配方　　　　　　　　单位：kg

名称	用量		
	太仓肉松	福建肉松	江南肉松
瘦肉	100	100	100
白糖	3	8	3
食盐	2.5	3.1	2.2
酱油	10	8	11
调料酒	1.5	0.5	4
生姜	0.5	0.1	1
茴香	0.12	—	0.12
红糟	—	5	—
猪油	—	5	—

（5）炒制　在炒制阶段，主要目的是炒干水分并炒出颜色和香气。炒制时，要注意控制水分蒸发程度，颜色由灰棕色转变为金黄色，成为具有特殊香味的肉松为止。

如果要加工福建肉松，则将上述肉松放入炒松机内，煮制翻炒，待 80% 的绒状肉松成为酥脆的粉状时，过筛，除掉大颗粒，将筛出的粉状肉松坯置入锅内，倒入已经加热融化的猪油，然后不断翻炒成球状的团粒，即为福建肉松。目前，新工艺中采用了搓松机、炒松机等机械操作，大大减轻了劳动强度。另外，通过在配方中添加谷物淀粉、芝麻、植物油等，大大提高了肉松出品率。

（6）包装　肉松吸水性强，不宜散装。短期贮藏可选用复合膜包装，保质期 3 个月左右，长期贮藏多选用玻璃瓶或马口铁罐，保质期 6 个月左右。

3. 参考标准

肉松的加工和技术要求、检验方法、检验规则、标志、包装与贮存等可参考 GB/T 23968—2022《肉松质量通则》等。

第三节　典型西式肉制品加工技术

一、乳化肠加工技术

乳化肠是一类以畜禽肉为主要原料，经切碎、斩拌、腌制等工艺加工，并加入动植物蛋白质等乳化剂以及食盐、亚硝酸盐等辅料，充填入各种肠衣中，经过蒸煮和烟熏等工艺制成的一类熟肠制品。乳化肠类的特点是弹性强、切片性好、质地细致，凝胶形成固态汤汁，口味鲜美，主要品类包括哈尔滨红肠、法兰克福香肠、德式香肠和博洛尼亚香肠等。

（一）工艺流程

乳化肠类工艺流程如图 11-16 所示。

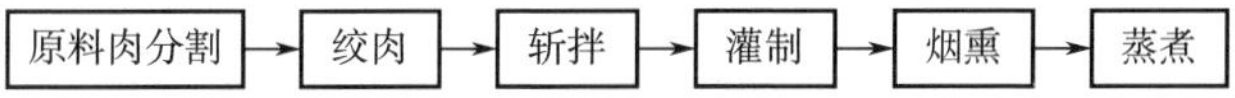

原料肉分割 → 绞肉 → 斩拌 → 灌制 → 烟熏 → 蒸煮

图 11-16　乳化肠类工艺流程

（二）操作要点

1. 原料肉选择

选择新鲜（冻）的白条肉，剔除肌腱、软骨和骨骼，将瘦肉和肥膘分别切成小块并分开暂存。

2. 绞肉

用 3mm 孔径绞肉机绞碎瘦肉，之后转入冷库放置至少 8h，以增强蛋白质保水能力，提高出品率，增强弹性。以 5mm 孔径绞肉机绞碎肥肉，转入冷库放置直至使用。这样做能够减少脂肪氧化、增加肉粒硬度。

3. 斩拌

将瘦肉和一半的冰放入斩拌机内，斩拌 1~3min，加入调味品等，斩拌 1~2min，加入肥肉和剩余的冰块，斩拌 4~8min。一般来讲，瘦肉和肥肉的比例为 8∶2。斩拌过程中宜实时监控体系温度，通过加入冰块使体系温度控制在 8~12℃。

4. 灌制

洗净肠衣后使用真空灌肠机将乳化物灌制到天然肠衣、纤维肠衣或胶原肠衣中，要求坚实、无空气。按照实际需求，用丝线将香肠分段结扎。洗后上架。

5. 烟熏与蒸煮

将结扎好的产品于 7.2℃ 下放置 30~60min，然后将之推到烟熏房（在支架上），典型的蒸煮/烟熏过程如下：①57.2℃ 下在烟熏房放置 20min；②73.8℃ 下在烟熏房放置 40min，同时浓烟烟熏至少 20min；③85℃ 下蒸煮 90~150min（产品中心温度必须达到 66.6℃）；④1min 内蒸汽进入熏房；⑤冷水淋洗 5min。

二、熏煮火腿加工技术

熏煮火腿是以鲜（冻）畜禽产品为主要原料，配以适量辅料，经精选修整、分割（或不分割）、绞制或（不绞制）、盐水注射（或盐水浸渍）腌制后，再经滚揉（或不滚揉）、充填（或不充填）成型、蒸煮、烟熏（或不烟熏）、烘烤（或不烘烤）、冷却、冷冻（或不冷冻）、包装、杀菌（或不杀菌）等工艺制作的火腿类熟肉制品。按照产品的形态和用途分，熏煮火腿包括盐水火腿、里脊火腿、圆火腿、切片火腿、肘花火腿等；按照产品质量等级分，我国将熏煮火腿分为特级、优级和普通级，级别越高蛋白质含量越高而淀粉和脂肪含量越低。由于选料精良，加工工艺科学合理，采用低温巴氏杀菌，可以保持原料肉的鲜香味，产品组织细嫩，色泽均匀鲜艳，口感良好。

（一）工艺流程

熏煮火腿工艺流程如图 11-17 所示。

图 11-17　熏煮火腿工艺流程

（二）操作要点

1. 原料肉的选择及修整

用于生产火腿的原料肉原则上仅选猪的臀腿肉和背腰肉，猪的前腿部位肉品质稍差。若选用热鲜肉作为原料，需将热鲜肉充分冷却，中心温度降至 0~4℃。如选用冷冻肉，宜在 0~4℃冷库内进行解冻。选好的原料肉经修整，去除皮、骨、结缔组织膜、脂肪和筋腱，按肌纤维方向将原料肉切成不小于 300g 的大块。修整时应注意，尽可能少地破坏肌肉的纤维组织，刀痕不能划得太大太深，并尽量保持肌肉的自然生长块型。

PSE 肉保水性差，加工过程中的水分流失大，不能作为火腿的原料，DFD 肉虽然保水性好，但 pH 高，微生物稳定性差，且有异味，也不能作为火腿的原料。

2. 盐水配制及注射

注射腌制所用的盐水，主要组成成分包括食盐、亚硝酸钠、糖、磷酸盐、抗坏血酸钠及防腐剂、香辛料、调味料等。按照配方要求，将上述添加剂用 0~4℃ 的软化水充分溶解并过滤，配制成注射盐水。

盐水的组成和注射量是相互关联的两个因素。在一定量的肉块中注入不同浓度和不同注射量的盐水，所得的制品的产率和制品中各种添加剂的浓度是不同的。盐水的注射量越大，盐水中各种添加剂的浓度应越低；反之，盐水的注射量越小，盐水中各种添加剂的浓度应越大。

3. 滚揉按摩

将经过盐水注射的肌肉放置在一个旋转的鼓状容器中，或者是放置在带有垂直搅拌桨的容器内进行滚揉或按摩。

4. 充填

通过真空火腿压模机将滚揉以后的肉料压入模具中成型。一般充填压模成型要抽真空，其目的在于避免肉料内有气泡，造成蒸煮时损失或产品切片时出现气孔现象。火腿压模成型，包括塑料膜压模成型和人造肠衣成型两类。人造肠衣成型是将肉料用充填机灌入人造肠衣内，用手工或机器封口，再经熟制成型。塑料膜压模成型是将肉料充入塑料膜内再装入模具内，压上盖，蒸煮成型，冷却后脱模，再包装而成。

充填火腿的模具种类繁多，形状各异。模具上盖设有弹簧，当产品蒸煮膨胀时受到一定的压力，这样可保持火腿表面平整光滑，减少切片时的损失。

5. 蒸煮与冷却

火腿的加热方式一般有水煮和蒸汽加热两种。金属模具火腿多用水煮法加热，充入肠衣内的火腿多在全自动烟熏室内完成熟制。为了保持火腿的颜色、风味、组织形态和切片性能，火腿的熟制和热杀菌过程，一般采用低温巴氏杀菌法，即火腿中心温度达到 68~72℃ 即可。若肉的卫生品质偏低时，温度可稍高，以不超过 80℃ 为宜。

蒸煮后的火腿应立即进行冷却，采用水浴蒸煮法加热的产品，需将蒸煮篮重新吊起放置于冷却槽中用流动水冷却，冷却到中心温度 40℃ 以下。用全自动烟熏室进行煮制后，可用喷淋冷却水冷却，水温要求 10~12℃，冷却至产品中心温度 27℃ 左右，送入 0~7℃ 冷却间内冷却到产品中心温度为 1~7℃，再脱模进行包装即为成品。

（三）参考标准

熏煮火腿的加工和技术要求、检验方法、检验规则、标志、包装与贮存等可参考 GB/T 20711—2022《熏煮火腿质量通则》等。

三、培根加工技术

培根（bacon），其原意是烟熏肋条肉（即方肉）或烟熏咸背脊肉。其独特风味主要来源于适口的咸味和浓郁的烟熏香味。培根外皮油润呈金黄色，皮质坚硬，瘦肉则呈深棕色，质地干硬。切成薄片后，培根的肉色鲜艳，口感鲜美。培根主要分为英式培根、意式培根、美式培根、加拿大培根等，制作工艺接近。

（一）工艺流程

培根加工工艺流程如图 11-18 所示。

图 11-18 培根加工工艺流程

（二）操作要点

1. 选料整形

选择猪的五花肉、外脊肉等部位，通过小刀修割使肉坯边缘平齐，并割去不需要的肌肉和骨膜，保留必要的肋骨。

2. 腌制

将坯料与腌料混合腌制，腌制时温度保持在 0~4℃。

（1）如采用干腌法，将食盐及 1%硝酸钠撒在肉坯表面，用手揉搓，务使均匀。大培根肉坯用盐约 200g，排培根和奶培根约 100g，然后堆叠，腌制 20~24h。

（2）如采用湿腌法，用 0.17~0.18g/mL 食盐液（其中每 100kg 腌制液中含硝酸钠 70g）浸泡干腌后的肉坯，盐液用量约为肉重量的 1/3。湿腌时间与肉块厚薄和温度有关，一般为 2 周左右。在湿腌期需翻缸 3~4 次。其目的是改变肉块受压部位，并松动肉组织，以加快盐硝的渗透和发色，使咸度均匀。此外，还可以辅以盐水注射法，更好地促进腌制。

在很多工艺中，肉块还会被浸泡于冷盐水（2~5℃）中数天。这种盐水不轻易更换，其中含有大量耐盐微生物，因此又被称为"活盐水"（live brine）。

3. 浸泡、清洗

将腌制好的肉坯用 25℃左右清水浸泡 30~60min，目的是使肉坯温度升高，肉质还软，表面油污溶解，便于清洗和修刮；避免熏干后表面产生"盐花"，提高产品的美观性；使肉质软化便于剔骨和整形。

4. 剔骨、修刮、再整形

培根的剔骨要求很高，只允许用刀尖划破骨表的骨膜，然后用手将骨轻轻扳出。刀尖不得刺破肌肉，否则生水侵入而不耐保藏。修刮是刮尽残毛和皮上的油腻。因腌制、堆压使肉坯形状改变，故要再次整形，使肉的四边成直线。至此，便可穿绳、吊挂、沥水，6~8h 后即可进行烟熏。

5. 烟熏

用硬质木先预热烟熏室。待室内平均温度升至所需烟熏温度后，加入木屑，挂进肉坯。烟熏室温度一般保持在 60~70℃，也有半熟培根采用 52~53℃ 熏制。烟熏时间约 8h，烟熏结束后自然冷却即为成品。出品率约 83%。

6. 整形与切片

将培根压入容器中形成规则的矩形，之后将培根切片。

（三） 参考标准

培根的加工和技术要求、检验方法、检验规则、标志、包装与贮存等可参考 GB/T 23492—2022《培根质量通则》等。

四、发酵香肠加工技术

发酵香肠是以猪、牛肉等为主要原料，绞碎或粗斩成颗粒，并添加食盐、发酵剂等辅助材料，灌入肠衣中，经发酵、干燥、成熟等工艺制成的具有稳定微生物特性和典型发酵香味的肉制品，如萨拉米肠。

发酵过程中的发酵剂是在水相中起作用，原料肉中的水分含量越高，发酵速度就越快。过多的脂肪会使原料的水分含量降低，影响发酵过程。盐可以加快脱水并有利于风味产生，一般 2% 左右的食盐可以产生理想的效果，超过 3% 时会影响到菌种活力，延长发酵时间。作为菌种生长代谢的营养物，辅料中的葡萄糖和蔗糖经过发酵过程产生乳酸，其用量一般为 0.5%~2.0%。所需的产品终 pH 越低，所需的糖越多。生产中为了使初始 pH 快速降低，从而达到抑制杂菌生长的目的，有时会用到酸化剂。发酵香肠中常用的酸味剂有葡萄糖酸-δ-内酯和微胶囊化的乳酸，它们与鲜肉混合，在发酵初始阶段使 pH 快速下降。

（一） 工艺流程

发酵香肠的加工方法随原料肉的形态、发酵方法和条件、发酵剂的活力及辅料的不同而异，但其基本过程相似，一般的加工过程如图 11-19 所示。

图 11-19 发酵香肠工艺流程

（二） 操作要点

1. 原料预处理

成年、营养良好的动物肉因其肌红蛋白含量较高有助于形成稳定的色泽。虽然用于生产的肉类取决于该地区的饮食习惯、风俗和动物种类供应情况，但主要使用的是猪肉，有时也会混合牛肉或羊肉。脂肪比例是可变的（10%~40%），但脂肪必须坚实、洁白且新鲜，熔点高且多不饱和脂肪酸含量低，以避免产生异味和脂肪渗出。选择初始微生物含量较低的肉类至关重要，否则可能带来安全风险以及不良风味和质地。对于牛肉来说，最佳的 pH 是 5.4~5.5，而猪肉的酸化速度通常更快，最终的 pH 为 5.7~5.8。应避免使用 PSE 猪肉和 DFD 牛肉。原料肉需要修整以去除筋腱。

2. 绞肉

绞肉前原料肉的温度一般控制在 0~4℃，脂肪的温度控制在 -8℃。可以单独使用绞肉机绞肉，也可经过粗绞之后再用斩拌机细斩。肉糜粒度的大小取决于产品的类型，一般肉馅中脂肪粒度控制在 2mm 左右。

3. 配料

将各种物料按比例混入肉糜中。可以在斩拌过程中将物料混入，先将精肉斩拌至合适粒度，然后再加入脂肪斩拌至合适粒度，最后将其余辅料包括食盐、腌制剂、发酵剂等加入，混合均匀。若未使用斩拌机，则需要在混料机中配料，为了防止混料搅拌过程中大量空气混入，最好使用真空搅拌机。生产中采用的发酵剂多为冻干菌，使用时通常将发酵剂放在室温下复活 18~24h，接种量一般为 10^6~10^7CFU/g。有些工厂采用"引子发酵法"（back-slopping），即用上一个生产批次发酵好的肉糜作发酵剂（俗称引子），加入到下一个批次的肉糜中。但不管采用什么方法，发酵剂的活性、纯度及与其他物料混合的均匀性十分重要。尤其在使用"引子发酵法"时，随着生产批次的增加，发酵剂的活力和纯度会下降，从而影响到产品的质量。食盐添加量一般为 2%~4%（质量分数）以保证蛋白溶出和微生物抑制。亚硝酸盐在此时加入以促进发色。可以加入 0.5%~0.7%（质量分数）葡萄糖或蔗糖，也可以加入 1%（质量分数）乳糖以促进发酵。

4. 腌制

传统生产过程是将肉馅放在 4~10℃ 的条件下腌制 2~3d。腌制过程中食盐、糖等辅料逐渐渗入肉中，同时在亚硝酸盐的作用下形成稳定的腌制肉色。现代生产工艺过程一般没有独立的腌制工艺，而是直接填充后进入发酵室发酵。在相对较长时间的发酵过程中产生腌制作用。

5. 充填

将斩拌混合均匀的肉糜灌入肠衣。灌制时要求充填均匀，肠坯松紧适度。灌制过程肉糜的温度宜控制在 4℃ 以下。利用真空灌肠机可避免气体混入肉糜中，有利于产品的保质期、质构均匀性及降低破损率。生产发酵香肠的肠衣可以为天然肠衣，也可以用人造肠衣。所选用的肠衣需要有较好的透水、透气性。

6. 发酵

充填好的半成品进入发酵室发酵，也可以直接进入烟熏室，在烟熏室中完成发酵和烟熏过程。

对于干发酵香肠，控制温度为 21~24℃，相对湿度为 75%~90%，发酵 1~3d。对于半干发酵香肠，发酵温度控制在 30~37℃，相对湿度控制在 75%~90%，发酵 8~20h。发酵过程中，及时降低肉糜的 pH 十分重要。鲜肉的 pH 一般为 5.6~5.8，发酵香肠的终 pH 一般为 4.8~5.2。发酵初始阶段若不能及时降低 pH，易导致腐败菌的生长繁殖。温度对产酸速度有重要影响，一般认为温度每升高 5℃，乳酸生成速率将提高 1 倍。但提高发酵温度也带来致病菌，特别是金黄色葡萄球菌生长的危险。为了使发酵初期 pH 快速降低，需要提高发酵剂菌种活力或提高接种量，也可以使用葡萄糖酸-δ-内酯及其他酸味剂协助产酸降低 pH。

7. 干燥与熏制

干燥的程度影响到产品的物理化学性质、食用品质和保质期。干燥过程会发生许多生化变化，使产品成熟，最主要的反应是形成风味物质。对于干发酵香肠，发酵结束后进入干燥间进一步脱水。干燥室的温度一般控制在 7~13℃，相对湿度控制在 70%~72%，干燥时间依据产品的形状（直径）而定，干发酵香肠的成熟时间一般为 10d~3 个月。

干发酵香肠不需要蒸煮，大部分产品也不需要烟熏，因干发酵香肠的水分活度和 pH 较低，贮运和销售过程不需冷藏。对于半干发酵香肠，发酵工艺结束后通常需要蒸煮，使产品中心温度至少达到 68℃，然后进行适度的干燥，半干发酵香肠一般需要烟熏。因半干发酵香肠具有较高的水分活度，需冷藏以防止微生物繁殖。

8. 包装

为了便于运输和贮藏，保持产品的颜色和避免脂肪氧化，成熟之后的香肠通常需要进行包装。目前，真空包装是最常用的包装方式。

（三）典型产品工艺和配方

1. 图林根肠

（1）配方举例　修整猪肉（75%瘦肉）55kg，牛肉 45kg，食盐 2.5kg，葡萄糖 1kg，磨碎的黑胡椒 250g，发酵剂培养物 125g，芥末籽 125g，芫荽 63g，亚硝酸钠 16g。还可以加入肉豆蔻皮、马郁兰、葛缕子、牛至等增加风味。

（2）加工过程　检验合格的原料肉，经清洗，通过绞肉机 6mm 孔板绞碎。在搅拌机内将配料搅拌均匀，再用 3mm 孔板绞细。将肉馅充填入肠衣。用热水淋浴香肠表面 0.5~2.0min，洗去表面黏附肉粒。室温下吊挂 2h，然后移入烟熏室内，于 43℃ 熏制 12h，再于 49℃ 熏制 4h。如果没有烟熏条件，也可以使用 60~80℃ 盐水煮 30min 将加热后的香肠置于室温下凉挂 2h。最终产品的盐含量为 3%，pH 4.8~5.0。

2. 黎巴嫩大香肠

（1）配方举例　母牛肉 100kg，食盐 0.5kg，糖 1kg，芥末 500g，白胡椒 125g，姜 63g，肉豆蔻种衣 63g，亚硝酸钠 16g，硝酸钠 172g。

（2）加工过程　原料肉混入 2% 食盐，在 1~4℃ 下自然发酵 4~10d，如添加发酵剂，可大大缩短发酵时间。当 pH 达到 5 或以下时，可确定为发酵过程完成。将牛肉通过 12mm 孔板绞碎，然后在配料机内与剩余的盐、糖、香辛料、硝酸盐和亚硝酸盐等辅料混合均匀，再使肉馅通过 3mm 孔板绞制，然后充填入纤维素肠衣中。充填后将半成品结扎并用网套支撑，产品移入烟熏室内冷熏 4~7d。一般夏季熏制 4d，秋季和冬季熏制 7d。

传统上，黎巴嫩大香肠是在没有制冷的条件下生产的，尽管其水分含量在 55%~58% 最终产品非常稳定。成品的盐含量一般为 4.5%~5.0%，pH 4.7~5.0。

3. 硬萨拉米肠

（1）配方举例　牛胫肉 50kg，猪颊肉（去除腺体）50kg，普通猪碎肉 25kg，盐 3.8kg，糖 1.25kg，白胡椒 235g，硝酸钠 156g，蒜粉 20g。

（2）加工过程　牛肉通过 3mm 孔板绞制，猪肉通过 6mm 孔板绞制，所有配料在配料机中搅拌 5min 左右，至肥瘦肉均匀分散。肉馅放入 20~25cm 深的容器中，于 4~7℃ 放置 2~4d，充填入纤维素肠衣中，于温度 4℃、相对湿度 60% 的条件下，吊挂 9~11d。生产过程中如果使用发酵剂，发酵和干燥吊挂时间都可以酌情减少。

如果产品在干燥间发霉，需要调整湿度，长霉的产品应当用浸油的抹布擦掉霉斑。干燥间需要定期彻底清洁。使用天然动物肠衣时，香肠通常放在网套中进行前期干燥。经过初步干燥后，肠衣抗拉强度增大、韧性增强，可以自然吊挂完成剩余干燥过程，而不用网袋。

（四）参考标准

发酵肠的食品安全要求等可参考 DB31/2004—2012《食品安全地方标准　发酵肉制品》等。

五、肉饼加工技术

汉堡包肉饼主要以牛肉为主料，经过精心腌制和煎制而成，呈现出金黄酥脆的外皮和鲜嫩多汁的内在。其口感鲜美，肉质细腻，层次丰富，深受消费者的喜爱。

（一）工艺流程

牛肉肉饼的加工工艺流程如图 11-20 所示。

图 11-20　牛肉肉饼工艺流程

（二）操作要点

1. 原料肉及预处理

选用合格、新鲜的牛肉，剔除脂肪、筋腱、血管及骨、淋巴，切成小块，使用绞肉机绞碎。

2. 腌制

称量各种辅料，以原料肉计辅料质量为食盐 2%、味精 0.5%、酱油 0.3%、五香粉 0.6%、抗坏血酸钠 0.03%、姜汁 2%、圆葱 2%、核桃粉 2%、亚硝酸钠 0.01%，复合磷酸盐 0.4%、复合变性淀粉 10%、水 20%。将辅料放入肉中搅拌均匀，在 4~7℃低温腌制 20~24h。

3. 上糠

取 20g 肉糜制成厚度 0.5cm、直径约 8cm 的肉饼。在表面添加 18%~25% 面包糠，促使其硬化。

4. 成型与冻藏

将成形的肉饼制品置于 -18℃ 的冰箱冷冻室冷冻 12~14h。

（三）参考标准

肉饼的加工和技术要求、检验方法、检验规则、标志、包装与贮存等可参考 NY/T 2073—2011《调理肉制品加工技术规范》和 T/FJSP 0006—2020《预制调理肉制品》等。

第四节 其他肉制品加工技术

一、调理肉制品加工技术

调理肉制品（prepared meat products）是以畜禽肉为主要原料加工配制而成的半成品。

（一）调理制品的分类与特点

速冻调理制品种类很多，通常分为三种类型：

（1）未经加热熟制调理的肉制品　如人工或机器预处理好的肉块（或肉片、肉条、肉馅等），经过浸渍或滚揉入味，有的包皮如水饺、小笼包等，但未经过熟制即冷冻的食品，食用前必须进行加热熟制。

（2）部分加热熟制调理的制品　该制品在冷冻前，经过加热熟制，但熟制品外部又粘涂生的扑粉或淀粉浆料和面包屑等，食用前还需熟制调理。

（3）完全经过加热熟制的速冻调理制品　如油炸鸡柳（肉串和肉丸）、烧卖、春卷、藕夹、肉粽等。

（二）冷冻调理肉制品的一般加工工艺

1. 工艺流程

冷冻调理肉制品工艺流程如图 11-21 所示。

原料肉及配料处理 → 调理（成型、加热、冻结）→ 包装 → 金属或异物探测 → 冻藏

图 11-21　冷冻调理肉制品工艺流程

2. 工艺要点

（1）原料肉及配料处理

①原料肉及配料的品质：对原料肉的新鲜度、有无异常肉、寄生虫害等进行感官检查、细菌检查和必要的调理试验。各种肉类等冷冻原料保存在-18℃以下的冷冻库，蔬菜类在0~5℃的冷藏库，面包粉、淀粉、小麦粉、调味料等应在常温10~18℃。

②原料肉的解冻：肉类等冷冻原料要采取防止其污染，并且达到规定的工艺标准的合适方式进行解冻，解冻时间要短，解冻状态均一，并要求解冻后品质良好、卫生。

③配料前处理：配料的选择、解冻、切断或切细、滚揉、称量、混合均称为前处理，并根据工艺和配方组成批量的生产。

④原料肉及配料混合：将原料肉及配料等根据配方正确称量，然后按顺序一一放到混合机内，要混合均匀；混合时间应在2~5min，同时肉温控制在5℃以下。

（2）调理（成型、加热、冻结）

①产品的成型：对于不同的产品，成型的要求不同。土豆饼、汉堡包等是一次成型，而烧

卖、水饺、春卷等是采用皮和馅分别成型后再由皮来包裹成型。夹心制品一般由共挤成型装置来完成。有些制品还需要裹涂处理如撒粉、上浆、挂糊或面包屑等。成型机的结构应由不破坏原材料、合乎卫生标准的材质制作，使用后容易洗涤和杀菌等。挂糊操作中要求面糊黏度一定并低温管理（≤5℃），要使用黏度计、温度计进行黏度调节。

②产品的加热：加热包括蒸煮、烘烤、油炸等操作，不但会改变产品的味道、口感、外观等重要品质，同时对冷冻调理肉制品的卫生保证与品质保鲜管理也是至关重要的。按照某类产品的 GMP、HACCP 和该类产品标准所设定的加工条件，必须能够有效地实现杀菌。从卫生管理角度看，加热的品温越高越好，但加热过度会使脂肪和肉汁流出，出品率下降，风味变劣等。一般要求产品中心温度达到 70~80℃。

③冻结：在对速冻调理制品的品质设计时一定要充分考虑到满足消费者对食品的质地、风味等感官品质的要求。制品要经过速冻机快速冻结。食品的冻结时间必须根据其种类、形状而定，要采取合适的冻结条件。

（3）包装　包装的方法及形式如下。

①真空袋包装：真空袋包装在速冻调理制品中被广泛使用。包装材料主体大多用成型性好且无伸展性的尼龙/聚乙烯（polyamide，PA/polyethylene，PE）复合材料，外部薄膜采用对光电标志灵敏、适合印刷的聚酯/聚乙烯（polyethylene terephthalate，PET / PE）复合材料。

②纸盒包装：冷冻制品的纸盒包装分为上部装载和内部装载两种方式。前者采用由 PE 或PP（polypropylene）塑料薄膜与纸板压合在一起的材料，经小型包装机冲压裁剪、制盒机制盒、内容物从上部充填后，机械自动封盖。后者采用盒盖与盒身连成一体的片形体，机械将其上、下分开时，内容物从侧面进入，再自动封口，这种方式采用的较多。

③铝箔包装：铝箔作为包装材料具有耐热、耐寒、良好的阻隔性等优点，能够防止食品吸收外部的不良滋味和气味，防止食品干燥和重量减少等。这种材料热传导性好，适合作为解冻后再加热的容器。

④微波炉用材料包装：容器主要采用可加热的塑料盒，这种塑料盒的材料在微波炉和烤箱中都可使用。已开发的压合容器，用长纤维的原纸和聚酯挤压成型，纸厚 0.43~0.69mm，涂层厚 25~38μm，一般能够耐受 200~300℃的高温。

（4）金属或异物探测　速冻调理制品包装后一般进行金属或异物探测，确保食品质量与安全。

（5）冻藏　速冻调理制品入−18℃或以下冷冻库进行冻藏。

3. 速冻调理肉制品食用前的烹制

合理的解冻、适宜的烹调是保证速冻调理制品质量的关键因素。速冻调理肉制品一经解冻，应立即加工烹制。中式的速冻调理制品，以传统饮食为基础，菜肴类以煎、炒、烹、炸为主，面点类以蒸煮加工为主。微波炉是目前较好的速冻制品解冻烹制设备，使制品的内外受热一致，解冻迅速，烹制方便，并保持制品原形。与常规炉烹调方法比较，微波炉烹制产品的营养素损失无显著差别。

（三）参考标准

调理肉制品的加工和技术要求、检验方法、检验规则、标志、包装与贮存等可参考 NY/T2073—2011《调理肉制品加工技术规范》和 T/FJSP 0006—2020《预制调理肉制品》等。

二、休闲肉制品加工技术

休闲肉制品，具有丰富的营养和独特的风味口感，其包装分量小，内容物规格一般为10~100g，大都便于携带保存，佐餐方便，已经成为居家和旅游必备的休闲美食。其作为中高端休闲食品，美味营养，已越来越受到广大消费者的青睐；同时，作为具有较高附加值的特色高端肉制品，也日益受到当前生产毛利日趋下降的传统肉制品加工企业的重视。休闲肉制品以原料分类可分为牛肉类、猪肉类、兔肉、禽类、水产类、蛋类等；以加工工艺分类可主要分为干制类、酱卤类、肉灌类、速冻调理类等。

休闲肉制品的基本加工工艺前文已述，但考虑到休闲肉制品的特点：少量独立包装、贮存条件差（贮存时间长或包装简易），休闲肉制品的主要技术难点在于控制生产成本、减少致癌物质、保持营养物质、控制添加剂添加量和抑制微生物。因此，大量新技术应用于休闲肉制品的加工，包括注射腌制、真空滚揉、气调包装和等离子杀菌等。

三、中央厨房菜肴类肉制品加工技术

近年来，我国连锁餐饮业快速发展，餐饮业逐步实现标准化、规范化管理。在这种连锁经营模式影响下，催生了中央厨房这一业态，凭借其集中采购、标准化生产、检验、包装、贮藏及物流配送等功能领域的突出优势，在保证连锁餐饮店的经营规范化管理中所发挥的作用越来越明显。中央厨房是指由餐饮连锁企业建立的，具有独立场所及设施设备，集中完成食品成品或半成品加工制作，并直接配送给餐饮服务单位的单位。在我国，中央厨房作为现代社会餐饮业一种新型的餐饮业态，较日本、美国等国家起步晚，在经营规模、自动化程度、生产与配送技术以及运营管理能力等方面仍然存在很多的问题。特别是在中央厨房统一加工制作食品的配送范围以及营业额增大的同时，潜在的餐饮食品安全隐患也随之增加。

适合在中央厨房加工的产品具有以下特点：适合批量化、机械化生产；销量大且稳定；烹饪时间长，工艺较为复杂；耐贮存，品质不易劣化。而在加工工艺方面，中央厨房的定量化、标准化和流程化水平更高。以肉制品为例。

（一）工艺流程

肉制品中央厨房加工工艺流程如图11-22所示。

图11-22　肉制品中央厨房加工工艺流程

（二）操作要点

1. 原料验收与贮存

根据采购原料的质量标准执行，不符合质量的原料予以拒收，要求换货或退货，并填写产品验收记录。在现代化中央厨房中，品质控制除了通过外观观察外还有许多快速检测方法，如使用试纸显色指示农残、兽残、瘦肉精、酸价、过氧化值、微生物等；使用试管显色或便携式仪器检测亚硝酸盐、酸碱度、氧化物等。原料验收后按要求冷藏、冷冻或常温保存。

2. 原料选择与预处理

畜禽的宰杀与分割已经由屠宰工厂完成，在进入中央厨房后需要根据待加工的菜肴选择合适的原料。对于新鲜肉类需要用清水洗净、去除残毛、擦干血迹和水分；对于新鲜内脏需要在清洗的同时去除有异味的脉管和结缔组织；而对于冷冻肉类还需要进行解冻，中央厨房为了提高效率一般使用循环水解冻设备或微波解冻设备。

3. 熟制

根据需要制作的菜肴，分别进行加工。为了使产品标准化，中央厨房采用的加热设备往往为电热设备，并根据每批物料的量精准控制温度与湿度。

4. 包装与检验

将加工成熟的菜肴在经过质量控制人员检验后盛装在食品级容器中加以包装。包装材料应符合国家有关食品安全标准和规定的要求，并注明加工单位、生产日期、保质期、半成品加工方法和保存条件。

5. 产品贮存与物流

产品在包装后应低温贮存，并经冷链运输至终端销售网点。

（三）参考标准

中央厨房肉制品的技术要求、检验方法、检验规则、标志、包装与贮存等的标准主要针对食品安全控制，包括 DB 31/2008—2012《食品安全地方标准　中央厨房卫生规范》、T/CCA 007—2018《餐饮业中央厨房食品标签指南》、T/GSQA 022—2020《中央厨房净菜加工和包装技术规范》、T/SYCA 001—2018《中央厨房膳食加工配送卫生规范》和 T/GSQA 021—2020《中央厨房供应链食品冷链物流和终端温度控制要求》等。

第十二章

蛋制品加工技术

学习指导：本章节介绍了蛋制品加工技术。按照不同的产品类型，禽蛋进行加工后的产品主要包括传统蛋制品和现代蛋制品两类。其中，传统蛋制品包括水煮蛋和腌制蛋，现代蛋制品包括液蛋产品、蛋粉产品、蛋黄酱制品及蛋制品加工副产物高附加值产品。在传统蛋制品方面，介绍了其定义、分类、加工工艺、影响因素、营养特性、质量标准等，并详细讲述了脉动压力辅助、超声波辅助、磁电辅助和高压/低压辅助腌制技术。在现代蛋制品方面，介绍了不同新技术的应用现状、生产工艺流程、技术要点及在食品中的应用，并提出了增加产品附加值的新方法，使蛋制品种类由传统向精深加工方向延伸。通过本章的学习，能够区分传统蛋制品和现代蛋制品，了解蛋制品加工的基础理论知识，掌握食品工业蛋制品的加工工艺及新技术。

知识点：蛋制品分类，生产工艺，应用前景

关键词：传统蛋制品，现代蛋制品，高附加值及深加工产品，新技术

第一节　传统蛋制品加工技术

一、水煮蛋

1. 全熟蛋

全熟蛋是以鸡蛋经过高温煮制，蛋黄和蛋白已经完全凝固。其特点是呈全熟或过熟的状态，致使鸡蛋营养损失，口感偏韧缺乏弹性，且蛋黄粗糙，蛋黄外围呈现绿色，口干而噎，口感较差。

2. 溏心蛋

溏心蛋（图 12-1）是以新鲜鸡蛋为原料，经过短时高温煮制，低温快速冷却，低温保藏的熟蛋制品。其特点是蛋白呈凝固状态，蛋黄呈溏心状态，松香软嫩，风味独特，嫩滑而富有弹性，且短时烹饪使其最大程度上保持鸡蛋的营养价值，是补充营养蛋白的良好物质。

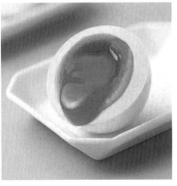

图 12-1　溏心蛋

（1）溏心蛋加工工艺

溏心蛋加工工艺流程如图12-2所示。

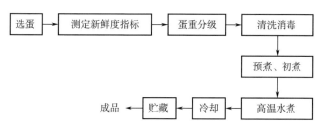

图12-2　溏心蛋的加工工艺流程图

①选蛋：选出蛋重60g的新鲜鸡蛋，保证蛋形正常无裂纹，色泽鲜明。气室完整、深度不超过7mm，浓稀蛋白分明，蛋黄居中，蛋黄指数≥0.40。

②测定新鲜度：包括哈夫单位、蛋白pH、蛋白黏度等。

③清洗鸡蛋：用温水和双氧水反复交换清洗新鲜鸡蛋。

④预煮初煮：将清洗后的鸡蛋放入55~65℃热水中，3~4min。目的是促使鸡蛋内气体慢慢扩散，防止高温促使鸡蛋爆裂，同时鸡蛋配合转动，防止蛋黄贴壳。

⑤高温水煮：水温85℃，水煮8min，水煮时鸡蛋不断翻转，可使鸡蛋蛋白凝固，蛋黄不偏离中心。

⑥冷却：高温水煮结束后，将鸡蛋放于冷水中（1~4℃），时间15min。

⑦贮藏：将冷却后的溏心蛋进行真空包装，0~4℃进行贮藏。

（2）影响溏心蛋的因素

①煮制温度：煮制温度是影响溏心蛋制品质的重要因素之一。蛋白中的卵白蛋白和卵转铁蛋白对凝胶网络的形成起着重要的作用，其中卵白蛋白的热变性温度为85℃，当达到这一变性温度时，蛋白凝胶硬度变大，此时有利于疏水基团的展开，疏水作用增加，从而使得蛋白质硬度上升。当温度超过85℃，蛋白质过度变性，蛋白质不断失水皱缩，蛋白质硬度持续增大，弹性内聚性逐渐降低。因为蛋黄含有较少的水分和较多的脂肪，在此温度下，蛋黄较易形成松沙的结构。

②煮制时间：当温度达到蛋白质热变性温度以后，长时间的加热会使得蛋白质含水量降低，硬度和弹性逐渐增大。过度加热会破坏凝胶的网状结构，口感变差。因此，选择一个合适的煮制时间尤为重要。

③冷却时间：在较低的温度下，煮熟的鸡蛋遇冷，鸡蛋的内部剧烈收缩，蛋白与蛋壳之间形成内部真空，适宜的冷却时间使得蛋白收缩更加紧密，光滑富有弹性，而此时蛋黄呈溏心状态，嫩滑富有弹性，并且冷却后可以提高溏心蛋的脱壳率，提高产业的经济价值。

（3）营养特性比较

鲜蛋、溏心蛋及水煮蛋理化指标比较如表12-1所示。与新鲜蛋相比，溏心蛋的多不饱和脂肪酸含量减少1.01%，必需脂肪酸含量减少0.55%，DHA含量减少4.23%。全熟蛋脂肪酸组成变化最大，多不饱和脂肪酸含量减少1.22%，必需脂肪酸含量减少1.29%，DHA含量减少5.77%。因此，溏心蛋的营养价值比水煮蛋的高。

表 12-1　鲜蛋、溏心蛋以及水煮蛋的理化指标　　　　　单位：g/100g

项目	水分	蛋白质	脂肪	碳水化合物
新鲜蛋	73.7	12.9	11.5	1.3
溏心蛋	71.4	13.6	8.8	2.8
水煮蛋	68.6	13.3	9.2	2.1

二、腌制蛋

腌制蛋又称再制蛋，它是指在蛋保持原型的条件下，经过盐、碱、卤等辅料加工而成的蛋制品，主要种类见图 12-3。但就目前而言，咸蛋、卤蛋等腌制蛋都存在腌制周期长、占用资金多、生产效率低等问题，影响企业的经济效益。尤其是在夏季，采用较低浓度进行腌制时，在不添加防腐剂的条件下容易发生腐败变质等问题，采用高浓度腌制液腌制时，虽然可以抑菌防腐，但口味太重，消费者难以接受。

近年来，食品安全问题越来越受到人们的广泛关注，消费者对食品质量提出了更高的要求。国际市场的"绿色壁垒"日益严格，市场准入标准不断提高。为了加速腌制蛋的进程，在腌制蛋加工中通过在腌制液中添加酸、碱或其他添加剂来促进腌制蛋腌制的生产方式存在一定的安全隐患，难以符合国内外市场新标准。因此，如何缩短腌制时间，成为了推动腌制蛋产业发展的关键问题。

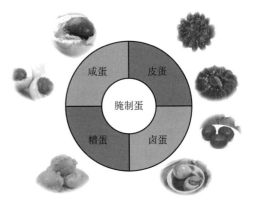

图 12-3　腌制蛋的主要种类

（一）皮蛋

我国有许多具有传统风味的蛋制品，皮蛋因具有外观和风味独特、食用方便、营养丰富等特点，在民间颇受欢迎。根据加工方式，皮蛋有硬心皮蛋和溏心皮蛋（图 12-4）之分。硬心皮蛋蛋黄为实心，主要产地为湖南、湖北等地，故称"湖彩"，溏心皮蛋蛋黄为溏心，产地主要是北京、天津，故称"京彩"。皮蛋成熟后，皮蛋蛋白呈凝胶状，具有良好的弹性，呈半透明的棕色或者青褐色，良好的皮蛋表面有一簇簇花纹，形似雪花或松针，故又名松花蛋。皮蛋蛋黄表现出不同层次的色彩，如墨绿、草绿、茶色等，溏心皮蛋的蛋黄呈橘黄色或者黄绿色。溏心皮蛋制作简单，具有较好的口感，是我国皮蛋加工业的主要产品。

我国制作皮蛋的历史悠久，早在《养余月令·二月》便有记载："腌牛皮鸭子：先以菜煎汤，内投松竹叶数片，待温。将蛋浸入沉毕，每百用盐十两，真栗柴炭灰五升，石灰一升，如常调腌之。入坛三日取出，盘调上下，复装入，过三日又之，共三次。封藏一月余，即成皮蛋"。

1. 浸泡工艺

皮蛋浸泡工艺流程如图 12-5 所示。

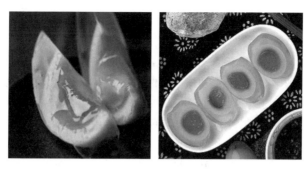

图 12-4　溏心皮蛋

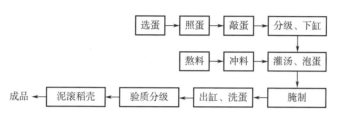

图 12-5　皮蛋浸泡工艺流程

（1）选蛋、敲蛋、照蛋分级　加工皮蛋必须用优质新鲜的鸭蛋，鸭蛋的新鲜度是决定皮蛋质量的一个重要因素。为此常用灯光"照蛋"的方法进行选蛋，此外还要经过敲蛋振音的方法进一步检查质量。随后将质量和大小一致的鸭蛋划分为同一级以保证成熟期和质量品质。

（2）配方　我国生产的皮蛋，各地配料均不相同，北京、天津、湖北等地的配料标准如表 12-2 所示。

表 12-2　皮蛋配料参考标准　　　　　　　　　　　　　　单位：kg

原材料	北京		天津		湖北	
	春、秋季	夏季	春初秋末	夏季	一、四季度	二、三季度
鲜鸭蛋	800	800	800	800	1000	1000
生石灰	28~30	30~32	28	30	32~35	35~36
纯碱	7	7.5	7.5	8~8.5	6.5~7	7.5
食盐	4	4	3	3	3	3
茶叶	3	3	3	3	3.5	4
木炭灰	2	2	—	—	5~6	7
松柏枝	0.3	0.3	少量	少量	—	—
沸水或清水	100	100	100	100	100	100

（3）熬料　先将锅冲洗干净，然后按照配料标准，称量之前准备好的纯碱、茶叶、食盐、松柏枝、水，清水倒入锅中加热煮沸。

（4）冲料　准备一个铁桶或者空缸，先将生石灰放入底部，然后将木炭灰放在生石灰上面，然后将上述煮沸的料水倒入缸内，并用铁锹来回搅拌，直至将各种材料充分溶解化开，冷却静置备用。

（5）下缸　在底部铺垫干净的秸秆，然后将已分级的新鲜鸭蛋依次平放放入缸内，距离缸面6~10cm时，停止放入，用花眼竹篦封盖，用碎瓦片压住，以免灌汤后，鸭蛋漂浮起来。

（6）灌汤　将放凉的料液，按照一定的料液比缓慢加入到缸内，直至淹没鸭蛋。料液的温度应随季节的变化而变化，春、秋夏季料液的温度应在15℃为宜，冬季最低20℃最好，夏季料液的温度应控制在20~22℃。

（7）腌制　灌汤后进入腌制时期，此阶段必须严格控制缸房温度，一般要求在21~24℃。一般皮蛋的成熟时间夏季为25~30d，春秋季节为30~35d，冬季为40~45d。

（8）出缸、洗蛋、晾干　戴上手套，将成熟的皮蛋从缸里捞出，然后用冷开水冲洗放入漏网内晾干。

（9）验质分级　皮蛋包泥前必须进行品质检验分级，主要剔除破、次、劣皮蛋，以保证销售的皮蛋质量，验质人员一般采用"一看、二掂、三摇、四照"的方法进行检验，前三种为感官检验法，后一种为照单法（灯光透视）。

（10）涂泥包糠　将检验分级的皮蛋进行涂泥包糠，所用泥选用60%~70%的黄黏土，30%~40%的经过腌制后的料液，调成糊状，包于变蛋上即可，为防止蛋与蛋之间互相粘连，包泥后在鸭蛋外围均匀的糊上稻壳。但因当前的国内外消费的需要，有些厂家开始采用一些新的涂膜剂来改变传统的涂泥包糠方式，并取得较好的效果。

2. 涂泥生包蛋工艺

涂泥生包蛋又称鲜包蛋，使用硬心皮蛋的加工方法，特点是用料泥直接包裹鲜蛋（图12-6），其蛋黄无溏心、坚固紧实、蛋白有松花结晶，蛋的收缩凝固比较缓慢，成熟期较长，易于长期贮存。

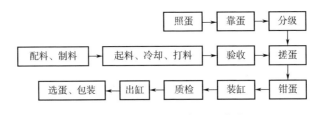

图12-6　涂泥生包蛋的加工工艺流程

3. 营养特性

新鲜禽蛋加工成皮蛋后，大幅度改善了色、香、味，各种营养素的含量也发生了一定程度的改变。加工过程中因水分的散失，导致蛋内的营养素含量相对较高，碱、茶叶的作用使得蛋白和蛋黄的矿物质含量增加。另外，皮蛋蛋白和蛋黄的蛋白质几乎全被分解成相对分子质量较小的肽类，其中少数肽类还被继续分解成为氨基酸，不仅使皮蛋具有独特的鲜味和风味，而且从营养学的角度来讲相对分子质量较低的肽类和氨基酸更容易被人体吸收，因此，皮蛋还具有较高的营养价值和保健价值。

（二）咸蛋

咸蛋又名味蛋、盐蛋或腌蛋（图12-7）。咸蛋蛋白呈白雪般的色泽、细嫩口感的质地，蛋黄丰润鲜红、质地细软松沙、出现油漏的现象，味道鲜美。咸蛋的生产极为普遍，全国各地均有生产，其中最为著名的当数江苏的高邮咸蛋。近年来，咸蛋的产量剧增，咸蛋不仅在国内市场颇受欢迎，而且许多企业的产品还远销日本、美国等国家，是我国禽蛋产品出口的主要商品之一，深受消费者的喜爱。随着经济的持续发展，咸蛋除了直接食用外，咸蛋白、咸蛋黄还可以用来制作饼干、粽子、月饼、面包等进一步提高其产业价值。

咸蛋的腌制在我国具有相当悠久的历史，早在 1500 年前我国就出现了用盐水贮藏鲜蛋的方法。在元代出版的《农桑衣食撮要》中有记载"水乡居者宜养之，雌鸭无雄，若足其豆麦，肥饱则生卵，可供厨，甚济食用，又可腌藏"。这说明元朝水乡之地，养鸭生蛋，咸蛋保藏是很普遍的。

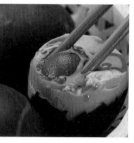

图 12-7　咸蛋

咸蛋的加工方法有很多种，主要有草灰法、盐泥涂布法、盐水浸渍法、泥浸法、包泥法等。我国目前出口的咸蛋，一般采用草灰法进行加工。草灰法又可以分为提浆裹灰法和灰料包蛋法两种。

1. 提浆裹灰法加工工艺

提浆裹灰法工艺流程如图 12-8 所示。

图 12-8　提浆裹灰加工工艺流程图

（1）配料　各地各时节咸蛋的配料不尽相同，常用配料见表 12-3。

表 12-3　不同地区、不同季节加工咸蛋的配料质量比

加工地区	加工季节	使用的辅助材料/%		
		水	食盐	草木灰
四川	11 月至次年 4 月	25	8	12.5
	5 至 10 月	22.5	7.5	13
湖北	11 月至次年 4 月	15	4.25	12.5
	5 至 10 月	19.5	3.75	12.5
北京	11 月至次年 4 月	15	4.3~5	12.5
	5 至 10 月	15	3.8~4.5	12.5
江苏	春、秋季	20	6	18
浙江	春、秋季	17~20	6~7.5	15~18

（2）打浆　先将食盐溶于水，然后将食盐水倒入打浆机内，再将草木灰倒入并充分搅拌溶解，以不起水、不成块、不成团下坠、放入盘内不起泡、稠稀适度的浓浆状为准，放置过夜，次日使用。

（3）提浆、裹灰　将选好的鲜蛋放入灰浆中翻转，使其均匀地裹上一层 2cm 厚的浆液，然后将其置于含有干稻草灰中的盘中，使其表面均匀地黏附上大约 2cm 厚的干草灰。一般地，裹灰的厚度要适宜，太厚会降低蛋壳外的水分影响成熟时间；太薄又会导致蛋与蛋之间的粘连。鲜蛋裹灰后用手将灰料压实捏紧，使得表面平整均匀、无缺损。

（4）装缸密封　将提浆、裹灰后的蛋即可点数入缸或篓。若咸蛋的产量较小也可采用料袋进行密封，然后再转入成熟室堆放。在装缸时，需轻拿轻放、放稳放平、叠放牢固整齐，尽量避免灰料脱落而影响咸蛋的质量。

（5）成熟与贮藏　夏季因气温较高，食盐的渗透较快，所以成熟期短，一般为 20~30d，冬季的成熟期为 40~50d。咸蛋成熟后，其贮藏温度不应超过 25℃，相对湿度应在 85%~90%，贮藏期以 2~3 个月为宜。

2. 盐泥涂布法加工工艺

盐泥涂布法即食用盐加黄泥调成泥浆后，然后涂布，包裹咸鸭蛋来腌制咸蛋。配方为咸鸭蛋 1000 枚、食盐 6~7.5kg、干黄土 6.5kg、清水 4~4.5kg。先用冷开水将食盐溶解，然后将晒干、粉碎的黄土粉加入食盐水中，搅拌呈糊状泥料。泥浆浓稠度的检验方法：将蛋放入泥浆中，若蛋一半置于浆面底下，一半浮在泥浆上面，则表示这种泥浆浓稠度合适。然后将挑选好的咸蛋放入泥浆中，使鸭蛋的四周均匀地沾满盐泥，悉数放入蛋缸或装箱，然后将剩余的泥浆倒入缸或箱内浸没鸭蛋，再加盖封口。春秋季 30~40d，夏季 25~30d 就变成咸蛋。

3. 盐水浸泡法加工工艺

该方法具有腌制速度快、盐水可重复利用等特点。

盐水配方为：冷开水 80kg，食盐 20kg，花椒、白酒适量。将食盐用冷开水溶解，然后放入花椒即可。

将选好的鲜蛋放入干净的缸内并依次排放整齐压实，然后将食盐水缓慢地倒入缸内，直至将蛋完全浸没，加盖，密封腌制 20d 左右即可成熟。此方法腌制的咸蛋应严格控制腌制时间（最多不超 30d），不然成品太咸且蛋壳出现黑斑。另外，此方法腌制的咸蛋不宜贮藏太久，否则容易腐败变质，降低食用价值。盐水的浓度与咸蛋的品质有着紧密的联系。

4. 营养特性

鲜蛋腌制成咸蛋后，由于食盐和渗透压的作用，蛋的营养成分发生了一些变化。同时，咸蛋的营养成分也受原料蛋、配料标准、加工方法和贮藏条件的影响。咸蛋的营养成分见表 12-4 至表 12-6。

表 12-4　鸭蛋和咸蛋的营养成分　　　　　　　　　　　　　　单位：%

蛋别	可食部	能量	水分	蛋白质	脂肪	碳水化合物	灰分
鸭蛋	87	753	70.3	12.6	13.0	3.1	1.0
咸蛋	88	795	61.3	12.7	12.7	6.3	7.0

表 12-5　鸭蛋和咸蛋的维生素含量

蛋别	维生素 A/ （μg/100g）	维生素 B₁/ （mg/100g）	维生素 B₂/ （mg/100g）	烟酸/mg	维生素 E/ （mg/100g）
鸭蛋	261	0.17	0.35	0.2	4.98
咸蛋	134	0.16	0.33	0.1	6.25

表 12-6　鸭蛋和咸蛋矿物质及微量元素含量　　　　单位：mg/100g

蛋别	K	Na	Ca	Mg	Fe	Mn	Zn	Cu	P	Se
鸭蛋	135	0.106	62	13	2.9	0.04	1.67	0.11	226	15.68
咸蛋	184	2.70	118	30	3.6	0.1	1.74	0.14	231	24.04

由表可知，鲜鸭蛋加工成咸蛋后，由于食盐的渗透作用，蛋的营养成分已经发生了变化，咸蛋的含水量降低，矿物质和碳水化合物均有所增加，蛋白质和脂肪含量相对变化较小，维生素含量略有下降。总体来说，咸蛋与鲜蛋的营养价值差别不大，但值得注意的是，由于咸蛋在腌制工艺上使用了大量的食盐，导致咸蛋含盐量比较大，不宜多食，尤其是高血压和心脏病患者更应注意。

（三）卤蛋

卤蛋（图 12-9）是以新鲜鸡蛋为原料，经过煮熟后去壳，再经过酱油、盐和多种香料进行卤制、腌制等工序制成的一种传统方便食品。由于卤料和加工方式的不同，卤蛋的品种还是多种多样的。先炸后卤的是虎皮卤蛋，用五香香料卤煮的是五香卤蛋，还有的用鸡肉/猪肉卤汁加工的为肉汁卤蛋。

图 12-9　卤蛋

1. 卤蛋加工工艺

卤蛋加工工艺流程如图 12-10 所示。

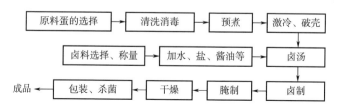

图 12-10　卤蛋的加工工艺流程图

（1）选蛋　卤蛋的选蛋要求比较严格，要求新鲜蛋，蛋壳完整没有裂纹，蛋黄指数大于 0.38，蛋白澄清透明。浓稀蛋白分明，无异味。

（2）清洗消毒　将选好的蛋放入已消毒的清水里，进行清洗，最大程度上减少微生物污染。

（3）预煮　为了防止预煮时蛋黄贴壳，一般选择特定容器进行鸡蛋的预煮处理，预煮时间在 10min 左右。

（4）激冷破壳　将预煮后的鸡蛋立即放在冷水里，待冷却后，将壳剥掉，要求蛋白完整，蛋黄无偏移，蛋白膜完全去除。

（5）卤制　将选好的香料进行配比，然后加入盐、酱油、味精等调味料，加水大火煮沸 10~15min，然后将剥壳鸡蛋放入卤汤里小火进行卤制 2~3h。

（6）腌制　卤制结束后，将卤蛋放在卤汤里进行 4℃ 或室温腌制，腌制时保证腌制液高于卤蛋 2~3cm，以便卤料香味和盐味能够充分进入到蛋内。

（7）干燥　将腌制后的鸡蛋放入干燥箱内进行干燥一定时间，取出冷却至室温。

（8）真空包装　将干燥结束的卤蛋进行真空包装，在真空压力 0.1MPa 下抽真空。要求包装袋热封平整、无褶皱、不漏气，外观美观。

（9）杀菌　采用不同的方法进行杀菌处理，以保证延长卤蛋的贮藏时间。

2. 营养特性

卤蛋是鸡蛋经过卤料卤制的方便型蛋制品，因而能够继承鸡蛋的营养成分，卤煮使得鸡蛋蛋白质发生热变性，提高了鸡蛋的消化利用率，同时还增加了卤料的香气，延长了卤蛋的保质期，适合幼、中、老年人群食用。卤蛋富含的卵磷脂、脑磷脂等，对神经组织和脑组织的发育起着至关重要的作用。

（四）腌制蛋加工新技术

1. 脉动压力辅助腌制技术

脉动压力是通过计算机程序控制空气压缩机的加压和泄压来实现以脉动的形式输入压力。一个周期有加压阶段、高压保持阶段、泄压阶段和低压阶段四个过程，所需设备如图 12-11 所示。我国对于咸蛋的腌制大都以小作坊为主，采用传统的腌制方式，生产环境和卫生条件都需要提升，尤其咸蛋腌制时间长，一般可达 20d 以上，极易遭受微生物污染。吴玲等在咸蛋的腌制过程中采用脉动压力辅助腌制的方法，只需腌制 4~6d 就可腌制出成品，将腌制时间缩短了 71.43%~78.57%。卤蛋作为传统的蛋制品之一，其味道和营养性也颇受人民欢迎，但卤蛋先卤后腌制花费时间较多。袁诺等优化脉动压力腌制卤蛋条件，脉动压力腌制时间 9h 腌制的卤蛋蛋白含盐率与对照组 24h 常压腌制的样品接近，将时间缩短了 62.5%，此外，采用脉动压力腌制还能较好地抑制蛋白质氧化和脂肪氧化，较好地保持总脂肪酸以及 DHA 的含量等。王俊钢等采用脉动压力优化皮蛋加工工艺，大幅度降低了皮蛋的腌制时间。

2. 超声波辅助腌制技术

我国咸蛋加工技术及设备需要更新，生产效率有待提高，绝大多数企业面临着咸蛋、皮蛋等加工周期长，占用资金多，微生物污染严重等问题。为解决以上问题，必须立足于寻求现代化高效、绿色环保的加工技术，实现高效益、高品质的生产模式。通过对超声波快速腌制（图 12-12）咸蛋工艺条件进行优化，缩短了 58.3% 的腌制时间，增加了出油率，解决了蛋白和蛋黄含盐量差值较大、蛋黄分层有硬心等现象。玄夕龙等对超声波辅助 NaOH

溶液腌制五味子皮蛋的参数进行了响应面优化，超声处理过的皮蛋腌制在38d左右成熟，缩短了15.6%的腌制时间。吴慧清等采用超声腌制卤蛋，最佳工艺参数为超声功率400W，超声频率60kHz，超声时间1.5h，将卤蛋腌制效率提高了91.67%，降低了卤蛋蛋白的含水量，改善了卤蛋贮藏性，此外，显著增大了卤蛋凝胶的硬度、咀嚼性、胶着性，使其食用品质更佳。

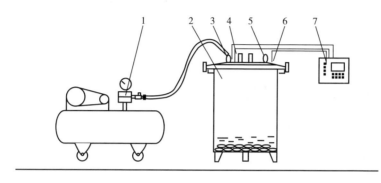

图 12-11　脉动压腌制实验设备示意图

1—空气压缩机　2—压力容器　3—加压电磁阀　4—压力传感器　5—卸压电磁阀　6—安全阀　7—控制器

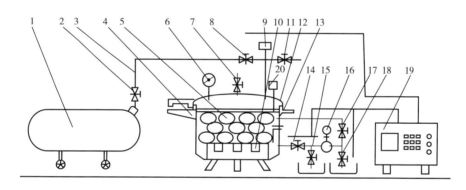

图 12-12　超声波辅助腌制实验设备示意图

1—空气压缩机　2—阀门　3—气管　4—压力腌制容器　5—新鲜鸡蛋　6—压力表　7—安全阀　8—进气阀
9—压力变送器　10—超声波振子　11—出气阀　12—温度变送器　13—加热管　14—电磁阀　15—进液电磁阀
16—水泵　17—电磁阀　18—排液电磁阀　19—控制箱　20—液位传感器

3. 磁电辅助腌制技术

磁电技术将信号发生器、功率放大器、环形硅钢铁芯、线圈绕组、螺旋管等主要部件按所需安装（图12-13），装置内具有一定变化规律的磁通产生感应电场，腌制溶液中的金属离子在感应电场的"源动力"下往复运动，同时自由离子因径向旋转磁场的作用而受到洛伦兹力，加速了自身的扩散效果。

体系场强设置为3V/cm，磁场强度0.09T，电场频率100Hz，磁场频率5Hz，腌制第7天时，蛋白含盐量和蛋黄出油率分别是常规腌制的4.9和3.3倍，出油率随体系场强的增大而提高。采用磁电快速辅助腌制咸鸭蛋，选择旋转磁场5Hz，磁场强度0.09T、交变电场频率100Hz和体系场强为2V/cm，有效提高了蛋白盐分和蛋黄出油率，缩短了腌制时间。

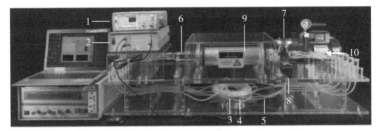

（1）装置实物图

样品　　浸渍腔体

（2）样品安置图

图 12-13　磁电辅助腌制实验设备示意图

1—函数信号发生器　2—功率放大器　3—环形硅钢铁芯　4—线圈绕组　5—铂金硅胶管　6—浸渍腔体
7—密封盖　8—伺服电机　9—径向旋转磁场　10—真空泵

4. （超）高压/低压辅助腌制技术

（1）超高压辅助腌制技术　超高压技术即高静压技术，是一种以水或其他流体作为传导介质，将食品密封于高压处理仓中，施加高静压（100~1000 MPa）的非热处理技术，设备如图 12-14 所示。在腌制过程中是在施加适度的压力处理下，食盐具有最大扩散系数，可以缩短腌制时间，提高腌制的效率。研究表明，利用正交实验的方法确定了食盐含量、高压卤制时间和腌制时间的最佳工艺条件为 40g/L 食盐，高压卤制 10min，腌制 24h。采用上述工艺加工的卤蛋不仅咸淡适宜，风味可口、劲道爽滑，而且还大大地缩短了卤蛋的加工周期，适于工厂批量采用。

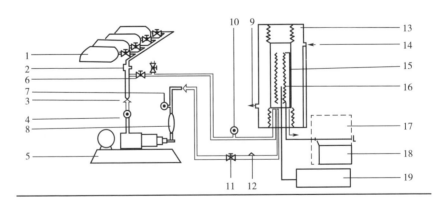

图 12-14　高压辅助腌制实验设备示意图

1—气瓶　2—减压阀　3—止回阀　4—压力调节器　5—压缩机　6—放气阀　7—压力表　8—过滤器
9—冷却液出口　10—压力表　11—气体供应　12—过压释放器　13—高压容器　14—冷却液进口
15—加热器　16—热电偶　17—炉子功率控制器　18—电流控制器　19—温度控制器

（2）低压（真空）腌制技术 真空腌制（图 12-15），是指食品在真空（负压）下进行腌制处理，腌制液在真空的状态下快速地渗透到食品的每一个细微毛孔和空隙中。采用减压法腌制咸蛋，腌制 16d 后即可成熟，将腌制时间缩短了近 50%。减压法加工得到的咸蛋在色泽和口感上比市面上销售的咸蛋略胜一筹。何美等研究表明，咸蛋在真空腌制的条件下，能够促进食盐向蛋黄的渗透，加快咸蛋的成熟，缩短腌制时间，另外，还能提高蛋黄的出油量。利用酸浸减压法腌制咸蛋，咸蛋的成熟周期从原来的 32d 缩短至 6d。对比利用此项技术生产的咸蛋与传统咸蛋发现，两者的出油率都达到 16% 以上，各理化指标间并无显著性差异，符合市场需要。

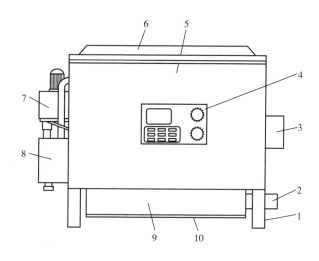

图 12-15 真空腌制设备示意图

1—支撑腿 2—排出管 3—超声波发生器 4—控制面板 5—机箱 6—箱盖
7—真空泵 8—过滤箱 9—隔尘罩 10—底板

第二节 现代蛋制品深加工技术

一、现代蛋制品加工技术

鸡蛋是人们日常生活中重要的食品，其营养丰富且均衡，易被人体消化吸收，是人类已知的营养价值最完善的食品之一，具有保健功能。我国禽蛋资源丰富，蛋制品种类繁多、风味独特，深受广大消费者的喜爱，几千年来都是百姓不可缺少的食物。

蛋制品是指禽蛋为主要原料，经一定加工工艺制成的产品，蛋制品包括腌蛋制品、蛋壳制品、湿蛋制品、皮蛋、咸蛋、蛋粉等（图 12-16）。而蛋制品的研发是近年比较热门的课题，已形成一批科研成果和专利。关于蛋制品的主要研究内容包括鲜蛋的保鲜技术、液蛋深加工新技术、蛋粉深加工新技术、蛋黄酱深加工新技术和蛋制品加工副产物综合利用及高附加值产品加工新技术及应用等方面。

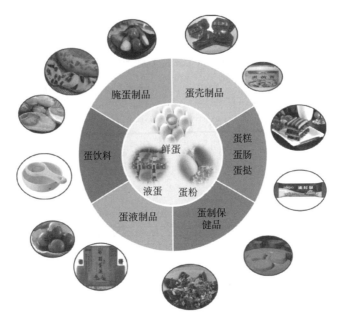

图 12-16　现代蛋制品产品分类

2020 年，我国鸡蛋总产量为 2650 万 t 左右，约占世界鸡蛋产量的 40%，连续 33 年稳居世界首位。我国鸡蛋消费形式仍以鲜蛋为主，加工所占比例不足 5%。加工蛋制品中有 80% 是传统再制蛋（如皮蛋、咸蛋、糟蛋等），不到 20% 用于液蛋和蛋粉深加工。国外蛋制品加工所占比例相对较高，美国加工蛋制品占 33%，欧洲占 20%~30%，日本占 50%，可见，我国在鸡蛋深加工方面与美国、日本等尚有差距。从发展角度看，我国蛋制品深加工行业急需拓展，并将迎来快速发展期。

美国、日本、欧洲等国家和地区在 20 世纪 60~70 年代就开始推广自动化加工蛋制品技术，最早的打蛋机发明于 20 世纪 50 年代。21 世纪初巴氏杀菌液体蛋制品出现，随后迅速发展，目前已达到饱和状态。以美国为例，美国的液蛋制品种类丰富，包括全蛋液、蛋黄液、蛋白液、加盐蛋黄液、加糖蛋黄液、酶改性蛋黄液、不同比例的蛋白蛋黄混合液等。2006—2013 年，美国液蛋制品产量趋于稳定状态，2014 年开始有所波动，整体而言，液蛋制品产量缓慢增加，波动不大，说明美国液蛋市场已经十分成熟。据美国农业部（United States Department of Agriculture，USDA）统计分析数据，2017 年美国用于液蛋生产的壳蛋数量达 276.84 亿枚，占商品蛋总量的 30.05%，年产液蛋 135.7 万 t，其中全液、蛋白液、蛋黄液分别占 61.38%、25.79%、12.83%。2018 年 5 月美国用于液蛋生产的壳蛋有 24.91 亿枚，较上年同期的 23.57 亿枚增加 6%，较 4 月的 23.05 亿枚增加 8%。

二、液蛋深加工新技术及应用现状

液蛋指液体鲜蛋，是禽蛋经打蛋去壳处理后包装冷藏（或冷冻），代替鲜蛋消费的产品。

（一）液蛋加工的生产工艺流程

为保证液蛋制品的卫生安全，在将鲜蛋制成液蛋制品时需要对其进行一定的加工，其中，传统加工工艺流程分为以下四步（图12-17）。

图12-17 液蛋加工的生产工艺流程

（1）鲜蛋贮存、清洗和照蛋 原料蛋必须为符合国家食品安全标准规定的鲜蛋，原料蛋的质量直接影响液蛋制品质量。从养鸡场购买的原料蛋表面大多沾有鸡的排泄物及泥土，所以需对鸡蛋表面清洗干净，经过照蛋检查后，内外保护膜完好无损的清洁鸡蛋再进入打蛋程序。

（2）打蛋和蛋液分离 将鸡蛋洗净干燥，检查蛋的质量，剔除破壳蛋，再进行打蛋。

（3）蛋液的混合与过滤 通过搅拌得到组织均匀的蛋液，先将打蛋后的蛋液混合，然后搅拌。蛋液过滤即除去破壳蛋、蛋壳膜以及杂物的过程。

（4）杀菌 完整无损的鲜蛋，其蛋壳和蛋壳膜属于天然屏障，能防止微生物的侵入。因蛋中含有丰富的溶菌酶，尤其是对革兰氏阳性菌的作用更大，所以刚产下来的蛋在蛋壳和蛋内容物中应该是无菌的或仅带少量细菌的。然而往往能在蛋液中检出多种微生物，甚至还有某些病原微生物。所以鲜蛋在经过去壳制成蛋液后须经一定的杀菌措施后才能进行贮藏和加工。

（二）液蛋的生产新设备

现阶段，工厂通常使用自动化灭菌设备生产灭菌蛋，工艺流程见图12-18。

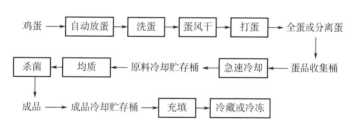

图12-18 液蛋的生产设备流水线

（1）自动盘蛋进蛋机 自动将30枚鸡蛋自蛋盘吸取移至进蛋输送带上，可控制速度达到生产要求，且空蛋盘将分类及堆栈。

（2）洗蛋机及风干机 设备包括可调整式蛋刷及喷水头，适用不同重量鸡蛋；可添加食用级洗洁剂或杀菌剂的连续式储水槽；利用蒸汽或电进行加热的温度控制系统，一般规定洗净水应高于蛋温5~10℃；风干机，减少水分进入蛋制品中。照蛋设备是选择提供的连接设备。

（3）日式洗蛋机 洗蛋机为桶槽结构，直接蒸汽加热，结构有水循环泵、引导式喷嘴、横跨输送滚轮、蛋刷组、蛋刷马达、开关控制盘。

（4）称重分级设备 重量是最直观、最常用的壳蛋分级指标，普通鸡蛋的重量一般为45~65g，我国SB/T 10638—2011《鲜鸡蛋、鲜鸭蛋分级》标准根据鸡蛋单枚重量将其分XL、L、M、S四个级别。传送系统将鸡蛋送出称重系统，根据鸡蛋的重量和预先设置的参数对不同蛋重的鸡蛋分级，而后机械手将不同分级的鸡蛋分入不同区域。

（5）打蛋机　打蛋机主要分为圆盘式打蛋机与直排式打蛋机。打蛋机可处理分离蛋或全蛋，包含独立检查、变频速度控制、生产过程中自动独立蛋杯清洗等功能。其中，蛋黄扫描器可自动剔除蛋白杯中有蛋黄部分直接进入全蛋区；蛋白回收器可提高一级蛋白产量，可再回收3%的蛋白；配有生产后自动CIP蛋杯清洁系统，符合食品卫生安全标准；机械运作时任何门或盖子皆有安全开关，蛋杯移位或外物进入时都有紧急停止安全装置。

（6）蛋制品收集桶及过滤机　蛋制品收集桶有高低水位控制泵。送蛋泵分为定位泵和离心泵，定位泵一般用于蛋白或者高黏稠度产品，特性为不易破坏蛋白起泡性，高压状况下能供应相同输送量，但输出量低；离心泵一般用于全蛋及蛋黄，或用于CIP清洗管路时使用，特性为高输出量，但高压状况下将降低其输送量。过滤机分为半自动双管过滤机和全自动过滤机，半自动双管过滤机利用压力表显示压力差原理，人工操作交换过滤管。全自动过滤机操作时不需停机，蛋制品无流失，自动清除废物排出。

（7）蛋壳分离机　一般打蛋分离蛋制品及蛋壳，可再经由分离机分离出3%~5%蛋白，但此蛋白为非食用等级，此过程是为了减少蛋壳体积及减少发霉及恶臭概率，再由螺旋输送机运至干燥机进行蛋壳粉加工。

（8）冷却交换板　作用是为了让蛋制品在离开蛋壳保护下，急速降温至4~7℃，不会导致原料液蛋细菌数增加。

（9）原料冷却贮存桶　贮存桶为双层设计，内部为冰水冷却管，目的是将原料液蛋保持在4~7℃，避免原料液蛋细菌数增加。设有搅拌系统，可直接搅拌糖或盐于原料液蛋，并使桶中原料蛋的温度均一。

（10）均质机和连续式杀菌机　均质机的安装位置结合杀菌机，位于回热区至预热区段，一般常运用在冷冻蛋制品，通常将盐加入蛋黄，或将糖加入全蛋之后进行均质，促进脂肪分子在冷冻前均质化，如此冷冻蛋制品在解冻后较均衡且不分离。

（11）成品冷却贮存桶　贮存桶为双层设计，内部为冰水冷却管，目的是将成品液蛋的温度保持在4~7℃，内附搅拌系统，使成品贮存桶中液蛋的温度均一。

（三）液蛋的加工

1. 液蛋加工的前处理技术

液蛋质量要从源头抓起。对原料鸡蛋的常规验收包括严格的内在质量和外在质量的检验。外在质量检验指挑选形状规则、蛋壳完整的壳蛋，剔除脏蛋、破损蛋和裂纹蛋等；内在质量检验指检查蛋黄的大小、颜色、有无血点、蛋白的稠密度、蛋黄蛋白各部分比例、水分、pH、哈夫值。除了常规验收外，还要特别重视鸡蛋的食品安全和功能性。一般新鲜鸡蛋要存放在0~4℃的专用仓库中。采用溶液温度高于33℃且低于100℃的碱性清洁剂清洗和消毒。经过照蛋检查后，内外保护膜完好无损的清洁鸡蛋再进入打蛋程序。蛋液经搅拌、过滤以除去碎蛋壳、系带、蛋黄膜、蛋壳膜等物，使蛋液组织状态均匀一致。

2. 液蛋杀菌技术

工厂常用的液蛋杀菌技术主要分为巴氏杀菌技术、超高温杀菌技术、超高压冷杀菌技术、辐照杀菌技术、脉冲电场杀菌技术。其中，巴氏杀菌技术、超高温杀菌技术属于热杀菌技术；辐照杀菌技术、脉冲电场杀菌技术属于冷杀菌技术（图12-19）。

（1）巴氏杀菌技术　液蛋生产过程中至关重要的技术是蛋液的杀菌，因蛋液中蛋白质受热极易变性凝固，蛋白的热凝温度为62~64℃，蛋黄热凝温度为68~71℃。所以常见的蛋液杀菌技术为巴氏杀菌技术，经过杀菌后的蛋液既能保证鸡蛋的功能特性，又能延长蛋液的保质期，才能成为液蛋制品（图12-20）。

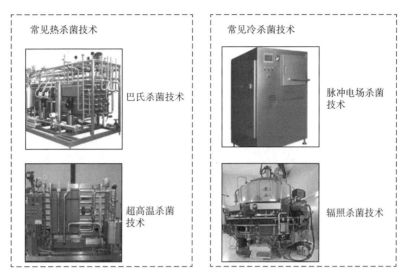

图12-19　常见的杀菌技术及其仪器

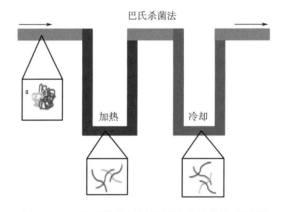

图12-20　巴氏杀菌与超高温巴氏杀菌技术原理

（2）超高温巴氏杀菌工艺　常用的传统巴氏杀菌（64.5℃，3min）具有一定的局限性，杀菌能力较差导致产品保质期短，特别是不能有效地杀灭病原微生物，例如，H5N1禽流感病毒在加工温度超过70℃时才能被杀死，而热处理温度升高又会影响蛋液的功能性质（稳定性、起泡性、乳化性）、色泽及风味等方面，近年来其他国家研究开发了超高温巴氏杀菌系统，全蛋液处理温度达74℃，能够保留全蛋液自身的功能性质并能避免蛋白质凝结。有企业运用超高温巴氏杀菌技术对液蛋进行杀菌，蛋白液的杀菌温度高达64.5℃，蛋黄液杀菌温度70℃，全蛋液杀菌温度74℃。杀菌处理时间很短，既保存液蛋制品的功能特性又避免蛋白质变性凝固，延长液蛋制品的贮藏时间。

（3）超高压冷杀菌技术　超高压技术是一种新型的非热杀菌技术，近些年被广泛地应用于食品加工领域，超高压技术是在常温或低温的条件下，利用100~1000MPa的压力，将水或其他液体作为介质传递压力，把食品放置在密封弹性容器或无菌压力系统中进行加工处理的食品加工技术（图 12-21），进而达到杀菌、钝酶和加工食品的目的。超高压杀菌技术具有良好的灭菌效果，主要是通过破坏微生物细胞膜和细胞壁、抑制酶的活性和 DNA 等遗传物质的复制来实现的。

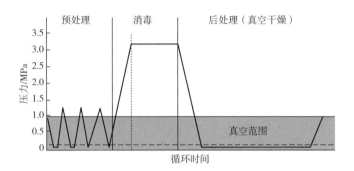

图 12-21 超高压冷杀菌技术原理

（4）脉冲电场杀菌系统 高压脉冲电场杀菌是一种新型食品杀菌技术（图 12-22），其杀菌过程虽温度低，但能有效杀死食品中的微生物，同时能保持食品原有的色香味，是非热处理食品杀菌技术中效果最佳、应用前景最好的技术。高压脉冲电场能有效地延长食品的货架期，保持新鲜的物化特性和营养成分。与传统方法相比，高压脉冲电场杀菌技术有耗时短、能耗低、对食品理化性质和营养风味影响小等优点，非常适合热敏性高的食品杀菌。

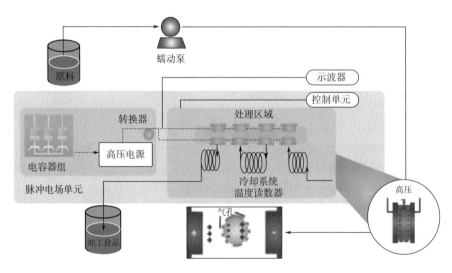

图 12-22 脉冲电场杀菌系统

3. 液蛋在食品中的应用

液蛋的应用（图 12-23）非常广泛，在食品加工领域，蛋黄主要起乳化作用，而蛋白具有良好的凝胶性和起泡性。液蛋产品的应用范围非常广泛，可运用于各种糕饼、蛋奶冻、色拉酱、冰淇淋、保健饮品、婴儿营养食品、煎蛋卷等的制作，方便快捷，可直接供应各种类型的餐饮企业。液蛋中蛋白质功能特性在食品中的应用见表 12-7。

图 12-23 液蛋的应用

表 12-7 液蛋的加工性能以及应用表

功能性质	作用机制	应用食品
溶解性	亲水性	饮料
起泡性	气水界面吸附和膜的形成	冰淇淋、蛋糕
乳化性	油水界面吸附和膜的形成	肉糜、香肠类、冰淇淋、酥饼、调味酱
凝胶性	蛋白凝胶网络的形成	肉、凝胶、蛋糕面包等焙烤食品、面条、蛋奶冻、蛋羹

起泡性是指气液界面的表面张力在蛋白质作用下降低，从而生成气泡的能力。相对于其他蛋白，蛋白的蛋白质发泡性好，并且无异味，使用广泛。乳化性是油水混合形成均匀乳状液的能力，是液蛋应用较为广泛的功能性质之一，蛋糕、冰淇淋等食品的制作很大程度上依赖于液蛋的乳化性。凝胶性是蛋白质分子在一些外在因素（如加热、高剪切力和盐离子等）的诱导下交联，形成具有空间效应的三维网络结构的能力，也是液蛋的重要功能特性之一，蛋白的凝胶是蛋液中蛋白质受外界因素影响，蛋白质结构发生改变，由流体变成固体或半固体状态，其主要应用于果冻、布丁等类凝胶食品的加工。

三、蛋粉深加工技术及应用现状

（一）蛋粉的生产工艺流程

蛋粉是经干燥加工，除去水分而制得的粉末状食用蛋制品，因可以长期保存。蛋粉主要有全蛋粉、蛋白粉与蛋黄粉等。三种蛋粉制品加工方法基本相同，通常都是用喷雾干燥技术，少部分蛋制品使用真空干燥、冷冻干燥、浅盘干燥、滚筒及带状干燥。工艺流程如图 12-24 所示。

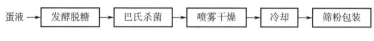

图 12-24　蛋粉的喷雾干燥生产工艺流程

（1）发酵脱糖　制造蛋粉时需要对蛋液进行脱糖处理，不然蛋粉会发生褐变，造成营养损失，甚至导致风味的下降。因此，在蛋粉的加工过程中，为了防止美拉德反应的发生，经常需采取一些手段来去除游离的葡萄糖，如酵母发酵法。且蛋白脱糖后凝胶强度、起泡性均有所提高。根据发酵的原料不同，将发酵方法分为酵母发酵法、细菌发酵法和酶法发酵等。

（2）喷雾干燥　喷雾干燥是生产蛋白粉、全蛋粉以及蛋黄粉最重要的一道工序。喷雾干燥法生产蛋粉，其干燥速度快，蛋白质受热时间短，不易使蛋白质发生变性，加工的蛋粉还原性能好，色正、味好。喷雾干燥在密闭条件下进行，成品粉粒小，不必粉碎，能保证产品的卫生质量。喷雾干燥法生产蛋粉，可使生产机械化、自动化。常用设备有加热装置干燥室、旋风脱粉器和喷雾装置。在喷雾干燥前，使用的工具、设备必须严格消毒，由加热装置提供的热风温度以 80℃ 为宜，温度过高，使蛋粉成焦味，溶解度受到影响；温度过低，蛋液脱水不尽，会使含水量过高。用蛋黄液制成的蛋黄粉，一般要求其含水量不超过 4.5%。

（3）筛粉和包装　主要筛除蛋粉中的杂质和粗大颗粒，使成品成均匀一致的粉状。目前，主要用筛粉机进行。筛过的蛋粉需进行包装，通常可用真空塑料袋或铁桶包装。

（二）蛋粉生产的技术要点

1. 搅拌过滤

搅拌是使蛋液均匀一致，过滤是为了除去蛋液中的各种杂质，如蛋液中所含的碎蛋壳、蛋黄膜、系带等物质，若搅拌过滤不充分，其中的杂质很容易堵塞雾化器，从而严重影响喷雾干燥的进行。

2. 巴氏消毒

严格按照杀菌条件进行杀毒，防止微生物残留影响卫生质量和食用安全性。全蛋液经过 63~64℃、3.5min 消毒，蛋白经过 53℃、3.5min 消毒，蛋黄经过 64℃、3.5min 消毒，杂菌和大肠菌群基本被杀死。消毒后立即贮存于蛋液槽内，迅速进行喷雾。有时因蛋黄液黏度大，可添加少量去离子水，充分搅拌均匀后，再进行巴氏消毒。

3. 喷雾干燥

干燥室内环境控制影响干蛋制品的致病菌，将蛋液通过压力从喷雾器喷成高度分散的雾点状微粒。由于干燥室的热空气作用，使蛋液中的水分迅速蒸发脱水而变成粉末状的蛋粉。水蒸气可被热风从排气口带走，全部干燥过程仅需 15~30min。温度过高，使蛋黄粉成焦味，溶解度受影响。热空气温度，全蛋、蛋黄为 125~145℃，蛋白为 115~125℃。

（三）蛋粉的深加工技术

1. 喷雾干燥技术

同上。

2. 真空冷冻干燥技术

真空冷冻干燥蛋粉使用真空冷冻干燥机进行。真空冷冻干燥工艺流程见图12-25。

蛋液 → 巴氏杀菌 → 预冻 → 冷冻干燥 → 出粉冷却 → 筛粉包装

图 12-25　蛋粉的真空冷冻干燥生产工艺流程

与喷雾干燥得到的蛋粉相比，真空冷冻干燥得到的全蛋粉颗粒具有更小的体积平均粒径，并且喷雾干燥得到的颗粒粒径比冷冻干燥分布更加均匀。但是在溶解度方面，冷冻干燥制备的全蛋粉比喷雾干燥制备的全蛋粉更高。同时，冷冻干燥全蛋具有更好的乳化性与起泡性。

3. 其他干燥技术

浅盘式干燥是将蛋白脱糖后置于铝制或不锈钢制浅盘（长宽为0.1~1m，深度为2~7cm），然后再将此浅盘移入箱型干燥室的架上，用不使蛋白变性的热风，通常在温度54℃以下长时间干燥。例如，用54℃热风干燥时，1.5mm厚的蛋白液需3h，3mm厚的蛋白液则需20h才能完全干燥。

滚筒干燥是将蛋液涂布在圆筒上而干燥的方法。滚筒干燥可制成薄片状或颗粒状干燥蛋白；但所制成的干燥全蛋或蛋黄颜色、香味较差。

4. 传统杀菌技术

蛋粉的杀菌在干燥前进行，工业上常用的杀菌技术有巴氏杀菌技术、高温瞬时灭菌技术等。

5. 辐照杀菌技术

辐照杀菌技术是一种非热、无污染、能保持食品原有风味的绿色杀菌技术，它是利用一定剂量的波长极短的电离放射线对食品进行杀菌，离子射线通过破坏微生物的DNA，从而达到杀死微生物的目的。食品辐照技术能耗低，成本小，属于冷加工技术，在加工过程中，食品内部温度不会大幅上升，因此，保证了食品自身的组分结构。辐照技术是物理加工过程，不用化学药物，食品中无药物残留，放射性可控，对环境无污染。

6. 高密度二氧化碳杀菌技术

高密度二氧化碳杀菌技术是指在100MPa以下压力、在常温或较低的温度下，通过酸化、胀破力等作用杀死微生物，同时使食品中的多糖、蛋白质等生物大分子变性达到灭菌保鲜目的。它是通过二氧化碳的分子效应来达到杀菌和钝酶的目的，是一种绿色洁净技术，不会对食品安全造成影响。二氧化碳具有化学惰性，无腐蚀性，高挥发性和独特的经济性，在一定压力下具有杀菌作用。与传统的热力杀菌技术相比，高密度二氧化碳杀菌技术的处理温度低，对食品中的热敏物质破坏作用小，有利于保持食品原有品质；与超高压杀菌技术相比，高密度二氧化碳杀菌技术处理压力低（一般低于20MPa）。高密度二氧化碳使蛋液在4℃冷藏的保质期延长到5周。

（四）蛋粉在食品工业中的应用

蛋粉可以在保持了鸡蛋原有的营养成分的同时具备显著的特殊功能性质，如使用方便卫生，易于贮存和运输等特点。因为蛋粉的功能特性，可以将它作为食品营养添加剂、品质改良剂。它不仅能改善食品的风味，也能提高食品的营养价值。目前，广泛应用于糕点、肉制品、冰淇淋等产品中。鸡蛋白粉有凝胶性、起泡性、乳化性等良好的功能特性。蛋黄粉中磷脂的含量很高，不仅具有丰富的营养价值，而且具有很好的乳化性，所以常被作为乳化剂被用于食品加工中，可用于调味酱、蛋黄派以及冰淇淋的生产。

四、蛋黄酱深加工技术及应用现状

蛋黄酱是以食用植物油、蛋黄或全蛋、食醋为主要原料，并辅之以食盐、糖及香辛料，经调制、乳化混合制成的一种不加任何合成着色剂、乳化剂、防腐剂的风味浓郁独特的高营养半固体状调味品。蛋黄酱具有食用方便，营养丰富的特点，它的用途也十分广泛，既可添加到作为中西式凉拌菜或汤类中，也可涂在西式面包和三明治等主食表面，还可直接食用或涂在食物上经烘烤后食用。

（一）蛋黄酱的生产流程

制作蛋黄酱所需的原料主要包括蛋黄、植物油、食醋、糖、食盐及其他调味料等，其常用原料如表 12-8 所示。

表 12-8　蛋黄酱常用配料

种类	名称
蛋制品	鲜蛋、蛋黄液、蛋黄粉
植物油	大豆油、棉籽油、玉米胚芽油、葵花籽油、橄榄油
食醋	白醋、米醋、果醋
调味料	白砂糖、食盐、味精、琥珀酸钠
香辛料	胡椒、辣椒、姜、蒜、洋葱、柠檬汁
乳化剂	卵磷脂、单甘油脂肪酸酯、蔗糖脂肪酸脂
增稠剂	黄原胶、瓜尔豆胶、刺槐豆胶、变性淀粉、果胶

生产工艺流程如图 12-26 所示。

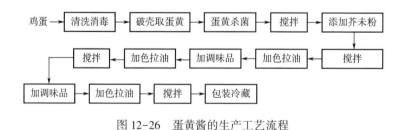

图 12-26　蛋黄酱的生产工艺流程

（二）蛋黄酱的生产工艺要点

（1）蛋黄酱的制备　选用新鲜蛋，用 10g/L 高锰酸钾溶液清洗，打蛋后分离出蛋黄。将蛋黄用容器装好，在 55℃ 的水浴中保温 3~5min 作巴氏杀菌。将蔗糖溶于食醋中。将蛋黄、芥末和香辛料混合。蛋黄是一种乳化剂，既可溶解水溶性物质，又可溶解脂溶性物质，使三者混合后会形成均一的液态。将糖醋混合物和植物油交替添加于混合机中。将含大量食盐的蛋黄酱加入混合好的蛋黄酱中，植物油的含量控制在70%左右；搅拌后灌入胶体磨进行均质，可反复均质直至蛋黄酱各组分全部溶于液体中，最后形成均一、稳定的半固态凝胶状态为止。

在蛋黄酱的制作过程中，最重要的工艺步骤是乳化，由于蛋黄酱是一种水包油型的乳化液，要形成这种状态，就要求在乳化的过程中缓慢添加植物油，并和食醋间隔加入。尤其在乳化开始阶段，应缓慢地滴入植物油，一次滴入2~3滴即可，不可过快过多地加入植物油，当蛋黄酱变得黏稠时，可稍微加快植物油的加入速度，并且当蛋黄酱过于黏稠时可加入食醋进行稀释，依次循环。乳化好的蛋黄酱可在45℃、8~24h杀菌，但温度不能超过55℃，否则蛋黄酱会凝固。将蛋黄酱分装于已清洗和消毒的玻璃罐，密封盖，杀菌。

（2）香辛料的添加 为增强蛋黄酱风味，还需要添加白糖、芥末油、白胡椒粉和食盐等香辛料。香辛料虽然加入量少，但对风味和特色影响很大。芥末是一种非常有效的乳化剂，可与蛋黄结合产生很强的乳化效果。而添加白胡椒粉，是为了使酱制品的色泽一致。

（三）蛋黄酱的深加工技术

1. 低脂蛋黄酱加工技术

当油脂含量达到70%以上时，蛋黄酱表现出显著的黏弹性和触变性，这是因为油脂含量较高时，乳滴彼此紧密挤压，增加了蛋黄酱的内聚力。然而，制备低脂蛋黄酱时，油脂含量较低，油滴以分散状态存在，间距较大，无明显挤压，因此，降低油脂含量会导致蛋黄酱结构坍塌。为解决这一问题，低脂蛋黄酱产品结构化的方法有：构建可食小分子胶凝剂或蛋白/多酚/多糖三元复合物作为新型乳化剂；制备高内相乳液；使用微凝胶颗粒或其他脂肪替代物部分替代乳滴；将油滴与具有明显黏弹性和触变性的连续相混合，充分利用连续相的结构优势赋予整个体系理想的质构特点。

2. 植物甾醇油酸酯蛋黄酱加工技术

蛋黄在蛋黄酱中起乳化作用，但是蛋黄中脂肪和胆固醇含量都较高，因此，寻找蛋黄的替代物是改善蛋黄酱营养成分的主要途径。大豆油脂体可以作为如沙拉酱、蛋黄酱等调味品中的乳化剂，还可以作为肉类、糕点和烘焙产品中多糖的基质。所以通常使用大豆油脂体对蛋黄酱中的蛋黄进行替代。另外，在制作过程中，添加油酸酯的蛋黄酱在加入大豆油时需要速度更加缓慢，也更容易发生破乳现象。这两种现象的发生均是由于大豆油脂体的乳化性要弱于蛋黄造成的。

尽管油酸酯的加入会给蛋黄酱的黏度、质构、流变性、离心稳定性、色泽和口感带来负面影响，但其在增加蛋黄酱营养成分、降低脂肪及胆固醇含量和提高蛋黄酱贮藏稳定性方面有着很好的效果。

3. 类蛋黄酱乳液加工技术

为解决蛋黄酱经过冻融处理后易发生油析，使蛋黄酱乳液的结构、质地被破坏，最后导致蛋黄酱变质的问题，使用大豆分离蛋白高内向乳液为基质开发一类高冻融稳定性的低油脂-低胆固醇类蛋黄酱乳液。

4. 蛋黄酱的超高压加工技术

蛋黄酱的口感、黏度及乳化稳定性主要取决于产品的油滴大小以及它们排列的紧密程度，在一定范围内，分散的油滴越小，蛋黄酱越细腻滑爽，分子间相互作用增大，黏度提高，同时稳定性也相应提高。超高压处理作为一种新型的食品处理方式，能够改变食品的结构与内部物质的性质，通过选择适当的压力与保压时间，能够对产品进行一定程度的改性。超高压处理改善蛋黄酱因降脂带来的黏度、口感变化及稳定性的问题，提高溶菌酶活性，同步有效杀菌，在不使用增稠剂与防腐剂的情况下，得到一种绿色、天然、优质的具有一定货架期的低脂蛋黄酱产品。

（四）固态蛋黄酱加工技术

大多数蛋黄酱产品的形状是呈高黏度流体状，因此在销售时，需用合成树脂袋或耐水性容器盛装，因而带来了包装上的困难，由于是高黏度流体性，其用途也受到限制。为解决上述难点，用明胶和葛仙米粉混合后的水溶液，将蛋黄和植物油，酿造醋为主要成分与原先的蛋黄酱拌合起来，制备固态状蛋黄酱产品。该类固体蛋黄酱水分含量仅为5%~9%。

五、蛋制品加工副产物综合利用及高值化产品加工技术与应用现状

1. 蛋壳粉深加工

蛋壳中碳酸钙的含量高达90%以上，钙的含量约为36%，同时还含有其他丰富的矿物质。因此，可将蛋壳微粉化，把它作为钙添加到面包、饼干、香肠、调味剂及儿童食品中。据报道，用蛋壳制成的钙添加剂，不仅比用牛骨制成的钙添加剂成本低，而且容易被人体吸收。为了进一步提高人体对钙的吸收率，可将乳酸或其他食用有机酸或有机酸混合物加入蛋壳粉中，制成强化钙添加剂。禽蛋壳的应用很广，除上述用途外，还可将蛋壳用强碱处理，脱去蛋白质，得到高纯度的碳酸钙，用作气相色谱的固定相。蛋壳粉与屠宰场的废血配伍，制成的蛋壳血粉胞，是花卉和蔬菜育菌的优良肥料；蛋壳粉与尿素石膏等搭配制成的复合肥料可改善土壤结构；将蛋壳粉与碱粉按质量比5：1混合，可作去污粉。此外，蛋壳粉还可在搪瓷工业作研磨剂、在饮料制造中作澄清剂。南京生化制药研究所成功研究出溶菌酶、蛋制品联产工艺，即在原生产工艺的基础上，用蛋白、蛋壳提取溶菌酶，提取后的蛋白生产蛋白片，蛋壳生产钙饲料的工艺路线等，取得了显著的经济效益。

2. 蛋膜深加工技术

鸡蛋膜大约厚70μm，为双层结构（在鸡蛋大端两层膜分开形成气室）。鸡蛋膜中含蛋白质90%左右，脂质体3%左右，糖类2%左右。蛋膜在医疗卫生、化妆品、轻工业等领域有着广泛的用途。蛋膜薄、强度大、有弹性，适合覆盖皮肤表面而且蛋膜的多孔结构能使水分和气体自由通过，促进受损组织的生理恢复。蛋膜中含有10%的胶原蛋白，胶原蛋白在皮肤移植、角膜手术、外科手术缝合、溃疡病治疗等领域的独特疗效早有论述。将蛋膜粉与纤维材料混合，根据需要加入适量表面活性剂、分散剂、消泡剂或增稠剂可以制得蛋膜纸。用胶黏剂与纤维材料与小片蛋膜通过高压制得蛋膜纸。以上两种造纸方法可以减少森林伐木或用于水质除放射性元素。将蛋膜粉用于敛油剂、除皮脂等的制备取得成功。用蛋膜粉与水性可塑剂、甘油、丙烯醇（PG）、PEG200、PEG400按适当工艺混合，可制得鸡蛋膜蛋白——可降解塑料。而且，蛋膜在选择性消除污染领域有着广阔的应用前景。

3. 高附加值产品

（1）功能蛋白　鸡蛋是一种最为普遍的食物过敏原。蛋白是引起过敏的主要因素，目前已经证实蛋白中有 4 种蛋白质具有过敏原性，分别是卵类黏蛋白、卵白蛋白、卵转铁蛋白和溶菌酶。其中，卵类黏蛋白是引起免疫反应的成分，当体内摄入卵类黏蛋白后，血液中会产生更多的 IgG 与 IgE 来对抗它。卵白蛋白是蛋白中的主要蛋白质，含有 8 种人体所需的氨基酸，以及人体必需的金属微量元素。鸡蛋含有丰富的蛋白质，其中一些属于具有生物活性的功能蛋白，如卵黄高磷蛋白，它是鸡蛋中已知磷酸化程度最高的蛋白质，具有的多种功能特性包括抗氧化性、乳化性、热稳定性、抑菌性等。因其特殊的结构和功能性质使之在食品工业和医学领域具有良好的开发价值和应用前景。卵类黏蛋白、卵白蛋白、卵黄高磷蛋白 3 种蛋白无论是在食品加工还是医药应用方面都具有非常重要的意义。

（2）卵磷脂　蛋黄卵磷脂的含量约占蛋黄湿重的 10%，蛋黄脂肪含量的 50%。卵黄卵磷脂不仅含有丰富的胆固醇和甘油三酯，还富含机体必不可少的营养物质和生长发育必需的元素。蛋黄卵磷脂可促进人体内胆固醇的乳化，有利于胆固醇透过血管壁被组织利用，平衡人体所需的胆固醇。研究指出，在卵磷脂产品中蛋黄卵磷脂的营养价值是最高的，但因蛋黄中的胆固醇含量高，开发应用成本高，所以商业上卵磷脂的生产更倾向于大豆。

目前，蛋黄卵磷脂分离纯化方法主要包括有机溶剂提取法、有机溶剂辅助提取法、超临界二氧化碳萃取法、柱层析纯化法、溶剂冷冻法、膜分离法等。有机溶剂萃取法由于工艺简单和适合大规模生产等优点而被广泛使用。还有研究者利用二元或者多元有机混合溶剂提取卵磷脂。利用乙醇-正己烷提取辅以丙酮沉淀技术制备蛋黄卵磷脂是目前最高效的卵磷脂深加工技术。

（3）生物活性肽　生物活性肽是一些具有特殊生理调节功能的低分子聚合物，一般由 20 种天然氨基酸以不同组成和排列方式构成。由于生物活性肽具有多种生理功能，是重要的营养物质，且极易被人体吸收利用，因此，这些年来，生物活性肽的研究已成为高科技领域及产业化的新热点，有着广阔的开发推广前景。

肽是蛋白质三次深度开发产品。肽能以完整的形式被机体吸收，生物利用度更高，因此，生物活性肽既是宜吸收的营养物质基础又具有调节各种生理功能的作用，如提高智力、调节神经系统、防病治病、延缓皮肤衰老、消除疲劳等。

①生物活性肽的制备：生物活性肽的开发应用是当前生物工程领域的热门课题，被广泛应用于医药、保健、食品、化妆品等行业，是正在形成的具有广阔前景的新产业。从鸡蛋中提取以及加工生物活性肽的方法主要有直接分离提取法、酶解法、化学合成法和发酵法。

②生物活性肽的提纯：目前用于分离纯化多肽的模式主要有三种，一是凝胶过滤色谱，按照多肽分子的大小进行分离；二是离子交换色谱，按多肽分子所具有的带电基团的性质和数目进行分离；三是反相高效液相色谱，按照多肽分子的疏水性强弱进行分离。反相高效液相色谱能有效地分离各种多肽混合物，特别适用于相对分子质量低于 5000 的多肽物质，尤其是 1000 以下的非极性小分子多肽的分离、纯化和鉴定。

亲和层析（affinity chromatography，AC）是利用连接在固定相基质上的配基与可以与其产生特异性作用的配体之间的特异亲和性而分离的层析方法。对多肽的分离目前主要应用其单抗或生物模拟配基与其亲和，这些配基有天然的，也有根据其结构人工合成的。

第十三章

乳制品加工技术

学习指导：本章重点介绍了液态乳、固态乳和冷饮的加工技术及发展现状。先介绍了现代高新技术在巴氏杀菌乳、延长货架期乳（extended shelf life milk，ESL 乳）、调制乳和发酵乳加工生产中的应用，接着阐述了固态乳制品干酪、婴儿配方奶粉以及黄油的加工新技术，探讨了新技术在乳制品制造过程中的应用现状，最后介绍了乳饮料和冰淇淋生产过程中关键加工技术，如乳饮料脱气技术、过滤技术、均质技术等。通过本章学习，掌握巴氏杀菌乳、延长货架期乳、调制乳、发酵乳、干酪、奶粉和冷饮的加工工艺流程，熟悉液态乳、固态乳加工技术，了解液态乳、固态乳和冷饮的行业现状及应用前景。

知识点：巴氏杀菌，ESL 乳，调制乳，发酵乳加工工艺，干酪促熟和风味改进技术，常温双除菌技术，界面膜技术，微胶囊技术，黄油增香技术，乳饮料脱气技术、过滤技术

关键词：巴氏杀菌乳，ESL 乳，调制乳，发酵乳，干酪，婴儿配方奶粉，黄油，益生菌乳饮料，乳饮料，冰淇淋，加工新技术，应用现状

第一节　液态乳加工技术

一、巴氏杀菌乳加工技术

巴氏杀菌乳（pasteurized milk），又称"鲜牛乳"，根据 GB 19645—2010《食品安全国家标准　巴氏杀菌乳》，被定义为仅以生牛（羊）乳为原料，经巴氏杀菌等工序制得的液体产品。生乳经过巴氏杀菌处理，不仅可以杀死大肠杆菌、金黄色葡萄球菌等大部分有害微生物，确保其安全饮用，同时巴氏杀菌乳在口感、风味、颜色以及营养成分等方面，仍与生乳非常接近，感官几乎感觉不到其间的差异，又能延长货架期，深受广大消费者喜爱。

（一）巴氏杀菌乳加工

符合巴氏杀菌要求的乳即为巴氏杀菌乳，即有关键工序巴氏杀菌，但是为了获得更好的品质，除了对生乳进行巴氏杀菌外，往往加入其他加工技术单元。巴氏杀菌乳的一般生产工艺如图 13-1 所示。

图 13-1　巴氏杀菌乳生产工艺流程

1. 原料乳

原料乳中含有乳脂肪、乳蛋白质、维生素、矿物质等各种营养素，是微生物生长的理想介质，当原料乳被微生物污染后，在适当条件下，非常容易因为微生物滋生导致牛乳腐败变质。因此，生产高质量产品的前提是严格把控原料乳的品质。乳制品厂收购原料乳时，应对其感官品质、理化指标和卫生质量进行严格把控，确保其卫生质量符合要求，并且为按质论价和分级

使用提供依据。

2. 预杀菌

在生产规模较大的乳制品加工生产企业，无法立即对原料乳进行加工处理。

为了保证最终产品的风味和质量，需要对原料乳进行预杀菌，预杀菌方法有热加工技术和高压脉冲电场技术。热加工技术方法是：将牛乳加热到 63~65℃，保持约 15s，并迅速冷却到 4℃，避免芽孢杆菌处于萌发状态，导致原料乳质量降低。高压脉冲技术具有良好的杀菌钝酶效果且最大限度维持了食品的新鲜度。原料乳的菌落总数随着电场强度、脉冲数、初始温度的增加而降低，随流速的增加而升高。

3. 标准化

标准化是为了确定乳制品中的脂肪含量，满足不同消费者的不同需求。原料乳标准化一般调整原料乳中脂肪和无脂干物质之间以及其他成分间的比例关系，通常添加稀奶油或脱脂乳，使其达到要求的脂肪含量。

标准化方法有 3 种。①预标准化：主要是指乳在杀菌之前把全脂乳分离成稀奶油和脱脂乳。如果标准化乳脂率高于原料乳，则需将稀奶油按计算比例与原料乳在罐中混合以达到要求的含脂率。如果低于原料乳的，则需将脱脂乳按计算比例与原料乳在罐中混合，以达到要求的含脂率。②后标准化：在杀菌之后进行，方法同上，但该法的二次污染可能性大。③直接标准化：这是一种快速、稳定、精确与分离机联合运作、单位时间内能大量地处理乳的现代化方法。将牛乳加热到 55~65℃后，按预先设定好的脂肪含量分离出脱脂乳和稀奶油，并根据最终产品的脂肪含量，由设备自动控制回流到脱脂乳中的稀奶油流量，从而达到标准化的目的。

4. 均质

均质是将大的脂肪球破碎成小的脂肪球，使脂肪球表面积增大，使维生素、蛋白质等均匀附着在脂肪表面，提高乳的营养价值，并使口感更加细腻。同时，均质可以有效防止脂肪上浮。由于脂肪球数目的增加，增加了光线在乳中的折射和反射机会，与未均质情况相比，均质处理的产品外观更白，奶油味更浓，口感细腻。但是在均质过程中，应注意以下两点：①因为均质乳对阳光非常敏感，所以应尽量避免阳光照射；②如果均质后不立即热处理，则会产生脂肪分解，所以均质后应立即加热灭菌。

5. 杀菌处理工艺

在鲜乳中，微生物来自乳头导管、动物的体表、饲料、空气、水、挤乳和贮藏设备。即使是健康乳畜的乳房内也可能存在微生物，主要是微球菌、链球菌、棒杆菌属。正常情况下，鲜乳中微生物含量小于 10^3 CFU/mL。

牛乳杀菌方式主要分为两大类：热杀菌和冷杀菌。热处理是乳制品加工工程中最主要的杀菌方式。此外，除热杀菌方式，还有新型的冷杀菌技术，如通过膜分离、超高压和超声波等技术仍可达到一定的杀菌效果。

巴氏杀菌是最常见的牛乳热杀菌处理方式，其可以有效破坏结核分枝杆菌，但对牛乳的物理和化学性质无明显影响。巴氏杀菌主要有两个目的。第一个目的是杀死引起人类疾病的微生物，去除致病菌。第二个目的就是尽可能地去除能影响产品味道和保存期的微生物，保证产品的质量。

为了保证杀死所有的致病微生物，牛乳加热必须达到某一温度，并在此温度下持续一定时间，然后冷却。温度和时间组合决定了热处理的强度。巴氏杀菌的方法主要有以下三类：第一类，低温长时（low temperature long time，LTLT）杀菌，条件是 62.8~65.6℃，30min，加热方式为间歇式。第二类，高温短时（high temperature short time，HTST）杀菌，条件是72~75℃，15~20s，加热方式为连续式。第三类，超高温瞬时（ultra-high temperature，UHT）杀菌，条件是125~138℃，2~4s。

除以上多种热杀菌形式，国外提出了高温巴氏杀菌技术，该技术降低了热处理对牛乳营养成分损害的同时，一定程度地延长了牛乳的货架期。高温巴氏杀菌是将牛乳加热到120℃，保持数秒后再冷却。这是当前欧美乳制品加工企业普遍采用的较好的牛乳杀菌方式，它既能保全鲜乳中的较多的营养活性成分，又能杀死牛乳中的有害菌，保证牛乳鲜美。

冷杀菌中膜分离技术的优点众多，如运行温度低、设备简单、不易相变、能耗低等，有效地减少热敏物质的变性及生成，成为很多行业中不可或缺的加工技术。微滤除菌与热杀菌技术巴氏杀菌和UHT相比，运行温度低，可有效防止蛋白质变性，保留了乳中的营养活性成分和原有的风味，并达到了延长货架期的效果。

超高压杀菌是将物料完整包装好后，放入介质中（通常是水或甘油），在一定的压力下处理达到杀菌的效果，压力范围通常为100~1000MPa。超高压杀菌的原理是通过抑制食品中酶的活性、损坏微生物的细胞膜、影响DNA的遗传性质来完成的。超高压技术杀菌对牛乳组分中共价键影响小，对低分子化合物如维生素、营养素、风味物质等物质共价键几乎无影响。因此，超高压杀菌对牛乳的营养价值和风味基本无影响。

超声波杀菌技术是利用超声波空化效应产生的瞬时高温和高压，利用压力的变化以及温度的交叉变化，产生病毒失活和细菌致死的效果。此外，超声波可破坏微生物的细胞壁来损害微生物，从而减少乳中的微生物。超声波杀菌技术的优点有温度低、速度快、无其他物质引入等优点，且对乳本身的物质影响小。

6. 包装

产品的包装方式是巴氏杀菌乳生产加工过程重要环节之一。巴氏杀菌乳在市售的包装方式中，主要通过包装的材质、厚度、生产商的差异，影响终产品的感官、理化和微生物指标。从外观来看，市场上巴氏杀菌乳有多种包装方式，分别为屋顶包、瓶装、爱克林包、陶瓷、袋包和玻璃瓶等。

7. 冷藏、运输

由于巴氏杀菌不是完全灭菌，灌装环境及包装材料也不是无菌状态，这就要求巴氏杀菌乳在生产过程中及产品运输、销售过程中必须做到完全冷链。冷链系统应包括四个关键环节：①要保证原料乳的冷链处理，牛乳挤出后应第一时间冷却到4℃以下；②要确保用保温车及时将原料乳运送至加工车间；③生产企业应配备原料及成品贮存所需的冷库，成品冷库温度应控制在2~6℃；④产品的配送运输车辆应为冷藏车。

（二）巴氏杀菌乳发展现状

近年来，在国家积极扶持下，我国奶牛饲养逐渐向标准化、规模养殖化发展，但是在奶牛饲养条件、牧场的生乳贮存等方面仍然存在很多亟待解决的问题。巴氏杀菌乳因其保质期短，具有本地属性，同时因其鲜活、安全，推动巴氏杀菌乳的生产，可以推动中国乳制品消费，降低出口量。截至2020年，我国巴氏杀菌乳在液态奶市场份额不足20%。生乳制品质的提升，首先要做到生乳的安全和健康。优良生乳的产出，受到牛场日常管理、环境控制、饲料配方等多种因素的影响。

高品质的巴氏杀菌乳，需要优质的生乳，只有具备优质的生乳基地的企业才能从事生产巴氏杀菌乳。国内没有明确的投料规定，只有生乳收购标准，国家现有 GB 19301—2010《食品安全国家标准 生乳》标准适用生产所有乳制品和婴幼儿产品的通用生乳法规，对生乳的微生物限量仅有菌落总数一个指标（生乳标准为 $\leq 2\times10^{6}$ CFU/mL），不能满足生产巴氏杀菌乳要求。通常情况下，国内企业生产巴氏杀菌乳使用生乳控制在 5×10^{5} CFU/mL 以下，同时对体细胞和嗜冷菌没有要求。2021 年统计数据显示，我国生乳的生产水平分布不平衡，全国能够达到 5×10^{5} CFU/mL 以下的生乳约占 25%，主要分布在规模化奶牛养殖牧场以及大中城市周边地区。市售纯牛乳和巴氏杀菌乳质量较好，大型企业 100% 合格，有极个别企业存在产品质量欠缺问题，仍需缩小与欧美国家差距，加快发展巴氏杀菌乳，迅速提高全国奶牛生产水平，是促进我国乳制品健康发展的一个关键措施。

随着健康意识及消费水平的提高，巴氏杀菌乳被越来越多的消费者所接受，同时巴氏杀菌乳的生产得到了国家政策的大力扶持，积极拓宽巴氏杀菌乳消费市场，满足高品质、差异化、个性化需求，切实提升我国乳制品质量、效益和竞争力。巴氏杀菌乳健康良性发展，其品质安全和新鲜是关键因素，也是巴氏杀乳产品持续发展必备条件。

二、ESL 乳加工技术

ESL 乳（extended shelf life milk）即延长货架期的巴氏杀菌乳，是一种营养价值高的优质鲜牛乳，在加拿大和美国经常用于那些在 7℃ 及以下具有良好贮存质量的新鲜乳制品，ESL 的意思及其包含的概念现在也已经传到了欧洲、亚洲等地。目前，ESL 乳没有一个法定的概念，从本质上讲，此术语意味着在主要污染源到消费者的各种途径中保持产品质量，有能力延长产品保质期，一般把 ESL 乳产品的货架期定位在巴氏杀菌乳及 UHT 乳制品之间。主要措施是采用比巴氏杀菌更高的杀菌温度（即超巴氏杀菌：125~138℃，2~4s），ESL 乳不但有巴氏杀菌乳的新鲜口感，而且灭菌后 ESL 乳的菌落总数比巴氏杀菌乳更低；包装过程中受二次污染的概率小于巴氏杀菌乳，在贮存、分销过程中菌落总数也低于巴氏杀菌乳，所以保质期长于巴氏杀菌乳，而表观的色、香、味以及内在的营养成分的保留状况与传统的巴氏杀菌乳十分接近，故被称为"新一代巴氏杀菌乳"。同时，ESL 乳克服了 UHT 乳风味和质地方面的缺陷，包括脂肪氧化味，乳脂肪分离，形成凝胶或沉淀等。

ESL 乳解决了巴氏杀菌乳货架期短的问题，使产品的流通领域得以进一步扩大，在货架期得到延长的同时，满足了消费者对液态乳制品的口感和营养价值方面的要求，也为我国乳制品行业的发展提供了新的契机。

ESL 乳加工技术包括陶瓷膜微滤技术、蒸汽直接加热技术、二氧化碳填充技术等，以下进行详细介绍。

1. 陶瓷膜微滤技术

膜微滤是指产品在相对低压条件下通过半透膜，根据在一定的膜孔径范围内，渗透的物质分子直径不同则渗透率也不同，利用压力差为推动力，使小分子物质通过，而大分子物质被截留，从而去除乳中的细菌、酵母菌和霉菌等。

膜过滤除菌技术最早由加拿大公司开发，用于生产味道新鲜的 ESL 乳。新鲜牛乳脱脂，脱脂乳经膜过滤，最后将经过过滤除菌的脱脂乳在 96℃、6s 条件下消毒，使乳中的酶失去活性，避免在贮存时分解蛋白质而引起牛乳变质，采用该工艺加工的牛乳在常温下可以保鲜 4~6 个月，而且味道与消毒鲜乳相同。这种将膜技术与其他技术相结合的复合灭菌系统降低了对牛乳的热处理强度，在保证了灭菌效果的同时，还可以保持乳原有的风味并避免蛋白质的热变性，提高了产品的质量，延长了货架期。膜过滤有一定的缺陷，过滤膜较易堵塞，清洗比较困难，且分离后得到的残留物很难被再次利用，产品的损耗比较大。

目前，国际上乳业发达地区已将微过滤技术和巴氏或高温杀菌结合，ESL 乳的生产过程实现工业化。

2. 蒸汽直接加热技术

ESL 乳的主要特征是要保持新鲜的口感，因此 ESL 乳杀菌方法十分重要。超高温处理是达到这一目的的好方法，但超高温影响产品的口感。为解决这一矛盾，蒸汽直接加热技术在 ESL 乳生产中得到广泛应用。

基于这种技术研究开发的系统，能将杀菌温度控制在 $125 \sim 145℃$，热处理时间少于 1s，即瞬时加热小于 0.2s，闪蒸冷却时间小于 0.3s。该系统包括一个可保持杀菌温度的蒸汽加压仓，牛乳融入蒸汽后从加压仓的顶部喷入，在下降过程中冷凝蒸汽，使产品到达底部时的温度和需要的温度相平衡。该系统主要侧重于减少存活于巴氏杀菌后的需氧嗜冷菌的孢子数，配合超清洁包装技术，产品在高于 10℃ 贮存时，货架期可达 2 ~ 3 周，而液态乳的口感特性并没有明显降低。

3. 二氧化碳填充技术

二氧化碳作为一种天然抗菌性气体，可有效抑制许多引起食物腐败的微生物的生长，同时避免对乳的风味、外观和乳香味的影响。研究表明，直接加入二氧化碳并结合高障碍包装，能延长新鲜乳制品的货架期。由于气体用量极少，而且用来贮藏和添加气体的设备费用是一次性的，所以成本较低。

4. 高速离心除菌技术

离心除菌技术在欧洲一些国家的干酪生产中已经得到了广泛应用，现在许多国家正在研究把它应用于 ESL 乳生产工艺中的可行性，应用该工艺去除牛乳中的好氧菌，尤其是巴氏杀菌后依然存在的杆菌类的耐热性微生物。

离心除菌技术的优点还表现在它不仅可以用于 ESL 乳的生产，还可以应用于其他的乳制品，如乳饮料、乳粉、液态乳、UHT 乳以及乳清蛋白的生产等。

5. 乳酸链球菌素

Nisin，即乳酸链球菌素，是一种天然生物活性抗菌肽，是利用生物技术提取的一种纯天然、高效、安全的多肽活性物质。Nisin 对包括食品腐败菌和致病菌在内的许多革兰氏阳性菌具有强烈的抑制作用，是目前世界上唯一被允许用作食品添加剂的细菌素。

乳制品营养丰富，微生物对乳制品加工和贮藏过程中的污染一般是难以避免的。乳制品属于热敏性的物料，经巴氏灭菌仍可能残留部分细菌和耐热芽孢，从而缩短其货架期。Nisin 与热处理可以相互增效，互相促进。添加适量 Nisin 可提高乳中腐败微生物的热敏感性，同时热处理提高了细菌对 Nisin 的敏感性。加入 Nisin 后再进行巴氏杀菌，可以降低乳的热处理温度，在延长保质期的同时，较多地保留了乳中原有的营养。

6. 超高压杀菌技术

超高压杀菌技术于 20 世纪 90 年代首创，其后，欧美等国家和组织相继认识到超高压食品加工具有潜在的优势，可以作为传统食品热处理的替代技术，具有广阔的前景，为此投入了诸多人力开展超高压处理技术的研究。

采用340MPa高压分别处理超高温牛乳和原料乳80min和60min，其菌落总数均可减少6个数量级。尽管超高压处理装置的设备投资要比热处理装置要高，但其具有运转费用低、能耗低，对产品营养、口感等特性影响小等特点，是未来的ESL牛乳生产中具有重要前途的杀菌方式。

7. 超声波杀菌技术

对牛乳进行超声波–紫外线辐照处理后，发现菌落总数和大肠菌群致死率分别为93.0%和97.5%。此处理可防止辐照牛乳中不良风味的产生，但仍存在轻微蒸煮味。另有文章报道，超声波对牛乳中枯草杆菌的影响，结果表明，在70~95℃条件下，超声波对孢子破坏作用较显著，D值减少了99.9%。

超声波与热处理联合作用，称为"热超声作用"，最低可在44℃灭菌。随着该工艺的完善，有望在ESL乳的生产中得到应用。

8. 微波杀菌技术

微波杀菌是基于热效应和非热生化效应的作用机制，使细胞代谢功能受到干扰破坏，使微生物细胞的生长受到抑制，甚至停止生长或使之死亡。国外已出现微波牛乳消毒器，采用的频率是2450MHz，其工艺可以是82.2℃左右处理一定时间，也可以是微波高温瞬时杀菌工艺，即200℃、0.13s。巴氏杀菌乳的菌落总数和大肠菌群指标都能达到要求，且牛乳稳定性也有所提高，但作为一种新型的杀菌方法要达到大规模实用阶段还需要一些时间。

三、调制乳加工技术

GB 25191—2010《食品安全国家标准　调制乳》中调制乳的定义为"以不低于80%的生牛（羊）乳或复原乳为主要原料，添加其他原料或食品添加剂或营养强化剂，采用适当的杀菌或灭菌等工艺制成的液体产品"，要求脂肪≥2.5g/100g（全脂产品），蛋白质≥2.3g/100g。

（一）生产调制乳所需的乳原料

1. 非脂乳固体

非脂乳固体指脱脂乳粉。脱脂乳是乳经过机械化去除其中的水分与脂肪而得到的。这样可以保证非脂乳固体在较长的时间里都不过期，而且非脂乳固体溶水后又形成复原脱脂乳。脱脂乳粉质量直接决定了再制乳的质量，然而脱脂乳粉的质量受到原奶以及加工技术的直接影响，并且还与生产过程中浓缩、干燥的程度息息相关。在这过程中乳粉的溶解程度又直接影响再制乳的生产质量。可湿润性、溶解性、沉降能力、分散性都是影响乳粉溶解度的重要因素。

2. 无水奶油

调制乳的风味主要来自脂肪中的挥发性脂肪酸，但是与鲜乳一样的是这些乳制品都因为容易变质需要在冷藏的环境下进行保存。因此，在生产过程中大多添加无水奶油，由于无水奶油的纯度很高（99.6%），所以它的贮存条件要求较低，一般只要充入氮气放在密封桶中即可。

3. 水

调制乳关键原料之一就是水，调制乳对水的要求极高，必须是优质饮用水，水中不可以含有害的微生物，并且硬度要低，用碳酸钙（$CaCO_3$）表示为<100mg/L，对应约50dh。由于调制乳添加的乳粉在生产过程中去除的水分是以蒸馏水的形式去除的，所以就要求调制乳生产时

要添加纯净水，因为水中含有过量的矿物质会对乳中的盐平衡造成影响。

4. 乳化剂和稳定剂

乳化剂通过改善脂肪球的分布可以使其均匀一致地分散于乳状液中，不仅防止脂肪上浮，还可防止蛋白质沉淀，赋予产品优良的感官特性和良好的稳定性。通常用于调制乳加工的乳化剂包括单甘酯、双甘酯和大豆卵磷脂。稳定剂主要有阿拉伯胶、果胶等。目前，不少公司生产的复合乳化剂或稳定剂可用于调制乳生产，提高产品的热稳定性，以及加工和贮藏过程中脂肪的稳定性和悬浮程度。

（二）调制乳工艺流程质量控制点

1. 选料

控制原料的菌落总数，保持低细菌数生产，因为在乳粉生产过程中，嗜热微生物会随着温度的升高而繁殖，所以将乳粉中的嗜热芽孢控制在<500 个/g，嗜热细菌总数应<5000CFU/g，与此同时，应当关注选用的乳粉自身在生产时要进行低热技术处理，防止其在生产过程中出现沉淀现象。

2. 混合

①乳粉一般在 40~45℃的水中溶解，搅拌器只有在乳粉完全溶解的状态下方可停止搅拌，在进行静止水化时将水温保持在一定温度，水化时间一般不可以少于 2h，最适的时间是 6h，因为此时乳粉的湿润程度最高，并且有利于将蛋白质还原到正常的水和状态。

②尽量减少泡沫产生，利用脱气装置脱去多余气泡。由于再制过程中伴随发泡，混料罐的容积应比批量罐的容积略大，以避免泡沫从人孔逸出。

③泵合管道连接处不能有泄漏。搅拌器的刀刃要完全覆盖。

④在再制乳水合没有彻底完成之前不应添入脂肪，避免在往水中加入乳粉的同时或之前加入乳脂，因为这样会导致加工问题并影响产品质量。

3. 均质

均质是使悬浮液（或乳化液）体系中的分散物微粒化、均匀化的处理过程，这种处理同时起降低分散物尺度和提高分散物分布均匀性的作用。将乳脂、碳水化合物和矿物质盐溶液加入均质机，通过均质机进行乳化，使乳脂球分散均匀，防止脂肪上浮。通过均质可提高微粒聚集物的稳定性，提高产品黏度。

4. 热处理、冷却、包装

调制乳的热处理方法，根据生产产品的特性进行选择，可采用巴氏杀菌、UHT 及保持式灭菌等方法，并进行冷却处理。UHT 产品采用无菌灌装；巴氏杀菌产品需要冷藏处理。

四、发酵乳加工技术

（一）概述

我国市场上发酵乳制品种类多样，包括酸乳、开菲尔、发酵酪乳、酸奶油、奶酒等，按组织状态分为凝固型发酵乳、搅拌型发酵乳；按脂肪含量分为全脂发酵乳、脱脂发酵乳；按菌种分为传统发酵乳、益生菌发酵乳；按贮藏温度分为低温发酵乳、常温发酵乳。虽然发酵乳种类繁多，但是在营养成分、健康功能和工艺技术等方面仍有较大的发展和改善空间。发酵乳一般加工工艺如图 13-2 所示。

图 13-2　发酵乳加工工艺流程

优质发酵乳的生产取决于高品质配料的选择和生产加工过程的严格控制。对发酵乳加工理论中机械和化学原理的良好理解是能够生产出高品质发酵乳的必要条件，发酵乳结构的形成是蛋白质在一定的条件下变性和在发酵形成酸性环境中产生相互吸引力两者共同作用的结果。经过热变性后乳清蛋白可以通过二硫键和 α-酪蛋白、脂肪球膜蛋白形成三维网状结构，增强其质构和保水性。

（二）发酵乳加工技术

1. 微胶囊包埋技术

随着发酵乳制品的加工生产进入大规模工业化阶段，解决间歇性生产导致生产效率不高的问题显得尤为关键。以微胶囊技术为代表的固定化技术为发酵乳工业化加工生产提供了技术支撑。微胶囊技术是利用高分子成膜材料，将固体、液体或气体物质包覆在密封薄囊膜内的一种新型包埋技术，囊膜材料的选择决定了微胶囊的性能，常用的微胶囊体系有海藻酸类、壳聚糖类、聚丙烯酸酯类和琼脂类等。

研究人员通过挤压法制备海藻酸钠/壳聚糖微胶囊，结果显示，微胶囊的壁材可有效控制其进入机体过程中胃液的酸解作用。与此类似，研究发现双层包埋技术较单层包埋技术耐酸、耐胆盐性更好，且在发酵乳的最佳贮存期内，双歧杆菌和嗜酸乳杆菌的活菌数均可达到 10^6CFU/mL，可见微胶囊技术对发酵乳中益生菌的保护作用较好。微胶囊化在保护益生菌活性、提高发酵乳制品稳定性等方面起到重要作用，具有重要的应用前景。

2. 超高压杀菌技术

热处理技术在杀灭乳中微生物的同时会导致其中活性成分流失，大大降低发酵乳本身的营养价值，同时伴随着发酵乳感官品质及功能特性的变化。随着新一代加工工艺的兴起，以超高压技术为代表的非热杀菌技术随之而来，因其可以有效保持乳中的营养成分、风味和口感、提升发酵乳滋味品质，因而在发酵乳加工过程中具有良好的应用前景。

超高压杀菌技术就是将食品在 100MPa 以上的压力、常温或较低温（<60℃）下，及适当的加工时间内，引起食品成分非共价键的破坏或形成，使食品中的酶、蛋白质、淀粉等生物高分子失活、变性或糊化，达到杀死食品中的细菌等微生物，改善品质的目的。研究人员发现，发酵乳的凝胶强度随着超高压压力增加而增加，经超高压处理后，发酵乳的持水力增加，乳清析出量明显减少。此外，牛乳经 100~1200MPa 超高压处理后，在有效灭活微生物的同时不对其风味、质地、营养成分产生任何有害影响，且可以抑制产品的后酸化作用。

3. 超声波均质技术

质地是发酵乳最重要的感官品质之一，尤其是凝固型酸乳在生产中常出现凝固性差、组织状态粗糙、乳清析出等不良现象。为改善酸乳质地，可以通过在发酵前进行超声波均质处理。

超声波均质是利用超声波在液体中的空化作用及其他物理作用来达到均质效果。物理作用指的是超声波可在液体中形成有效的搅动与流动破坏介质的结构、粉碎液体中的颗粒，主要是液体间的碰撞、微相流和冲击波导致颗粒表面形态变化。空化作用是指在超声波作用下，液体在强度较弱的地方产生空穴即小气泡，小气泡随超声脉动，在一个声周期内，空穴会塌陷。超声空化还会产生强烈的机械作用，在固体界面附近产生快速射流或声冲流，在液体中产生强大的冲击波，在适当的超声频率下，在一定时间内可以最小的功率密度达到理想的分散效果。

经过超声波均质，乳脂肪球直径减小，个体数量增加，从而使脂肪膜的表面积增加。而脂肪膜的增加使得一些新的酪蛋白附加在它上面，而这些酪蛋白具有很好的持水性。这也许是超声波处理会使酸乳的持水性增加、乳清析出率降低的根本原因，并且经过超声波均质的牛乳制成的发酵乳，乳块块形在 30min 内基本不变，说明其凝乳状态良好，可以抵抗大批量生产中的振荡、颠簸的问题，利于中长途运输，是一项可以利用的技术。

4. 转谷氨酰胺酶交联技术

发酵乳的研究重点是控制凝乳质地、减少乳清析出和缩短凝乳时间，生产具有最佳质地和稳定性的发酵乳仍然是一个主要挑战。通常使用明胶、果胶、卡拉胶和淀粉等水胶体来改善发酵乳的质地并减少乳清析出。然而，这些稳定剂有时会带来不良味道和质地特征。

在发酵乳生产过程中加入转谷氨酰胺酶（TG），能够有效提高产品得率。通过促进乳制品中酪蛋白的相互作用以及乳清蛋白和酪蛋白的结合，TG 可减少或取代乳化剂和稳定剂的使用，提高产品的黏度，改善持水能力。在强烈晃动下能保持性状，不分散，减少乳清析出。TG 在改善质地、口感和风味上也发挥了重要功效。

第二节　固态乳加工技术

一、干酪加工技术

干酪是液态原料乳经凝乳并排出部分乳清而制成的新鲜或发酵成熟的产品，是一种营养丰富、美味可口的食物。干酪富含蛋白质、必需矿物质及维生素等营养成分，且经过微生物及酶的作用，蛋白质、脂肪、乳糖等大分子在成熟过程中分解成如小肽、氨基酸等营养物质，不仅有利于人体的消化吸收，同时也赋予干酪独特的风味、质构特性以及功能活性，被誉为"奶黄金"，在日常饮食中具有重要价值。由于干酪具有多种风味、质地和极其广泛的用途，干酪制品越来越受到消费者的喜爱，在餐饮业和焙烤等食品加工业的应用也越来越多。目前，全球有近千种干酪，种类繁杂多样，其中干酪的特征质构与风味是区分干酪种类的关键指标，不同的加工工艺与技术形成不同的质构与风味。因此，进行干酪加工相关技术的研究，开发适合我国消费者口味和需求特点的干酪制品，推动干酪产业的发展，对于我国乳制品工业的持续发展具有重要意义。

1. 原料乳预处理技术

原料乳的成分组成和卫生质量直接影响干酪的品质。随着人们对干酪营养和功能性需求的增长以及制造水平的提高，各种非热处理技术如高压处理、功率超声波、脉冲电场等技术逐步得到发展。其中，超高压技术是最有前景的应用。超高压处理可增加原料乳的 pH，降低其浊度，降低原料乳中有害菌数量，增强凝乳特性，改善干酪色泽和质构，并且加速干酪成熟和提高干酪产量。经高压脉冲电场处理的牛乳可以替代巴氏杀菌从而延长保质期，可以减少病原体在内的细菌数量，更好地保留原料乳的天然特性，并且牛乳中的有害酶——脂酶的活性随着电场强度的增加而减少。经电场处理后牛乳中的游离氨基酸含量有所增加，乳糖含量基本不受影响。另外，研究发现脉冲电场的杀菌效果更是优于热杀菌。超声波杀菌的优点是速度快、温度低和不引入其他物质，对食品的品质基本不产生影响，因此可以有效地用于食品的保鲜，它可以重组乳的微观结构、增强凝乳效果，升高干酪的脂肪酸含量、降低体细胞数量和延长货架期，对干酪品质有显著的改善。另外，可以利用生物技术改造乳畜泌乳相关基因，对乳成分进行调控从而获得更适于干酪生产的原料乳。

2. 干酪促熟和风味改进技术

天然干酪成熟缓慢，致使干酪生产周期长，加速干酪成熟不仅具有经济效益，也能减少长成熟期带来的风险。提高成熟温度、高压处理、加入蛋白酶和脂酶等外源酶以及采用基因修饰菌株是目前干酪促熟研究领域的一些可行方法。提高成熟温度，有利于蛋白质和脂肪的分解，但可能导致脂肪溶出和微生物繁殖从而导致产品缺陷。此外，用高压处理可加快干酪的蛋白水解速度，促进干酪熟化，同时，高压通过增加干酪持水力，释放微生物酶并增加酶活以加快干酪成熟，但其缺点在于对不同种类干酪的效果不一，商业化应用较难实现。也有研究表明，加入蛋白酶和脂酶等外源酶，其稳定性、可利用性及添加方法是亟待解决的技术难题。采用基因修饰菌株被认为是控制成熟过程中风味产生的最佳手段，基因修饰菌株是指采用物理、化学或基因修饰等方法，使乳酸菌不能正常生长，同时仍能保留其蛋白酶和肽酶水解活力，可有效提高干酪的质构和风味特性。

3. 乳清综合利用技术

干酪生产过程中会产生大量的乳清副产物，通常可将乳清喷雾干燥制成乳清粉，或经过浓缩进一步分离制成乳糖和乳清浓缩蛋白。乳清浓缩蛋白经不同蛋白酶处理可获得具有不同功能特性的蛋白水解物。乳糖作为碳源可用于发酵生产附加值更高的单细胞蛋白和其他代谢产物，如乙醇、乳酸、维生素和青霉素等，乳糖进一步酸解或酶解还可以生产葡萄糖和半乳糖。另外，乳清蛋白可用来加工可食用包装材料，制作凝胶保护剂；经过酸化、挤压或者酶解后也可以作乳化剂；通过膜分离和蛋白水解可以得到很多具有生物活性的物质。在干酪制作过程中，乳清经微滤处理后可得到不含凝乳酶而富含活性蛋白的浓缩物。

4. 干酪的包装和安全检测技术

为了提高干酪保藏或成熟过程中品质的稳定性，具有除氧、除二氧化碳、除湿、抑菌、可降解、可食用等多种功能的生物材料在干酪包装中得到了越来越多的应用。这类材料通过吸收、分散、半透膜等作用，控制包装内气体，创造适于干酪成熟和保存的环境。加拿大生产的一种包装材料可以通过包装颜色变化来确定干酪的细菌污染状况。采用多孔膜挤压成型法制备含有氧化钛的高密度聚乙烯/碳酸钙膜，能够更好地保持干酪质构。在干酪包装材料中添加乳酸球菌细菌素和纳他霉素，使其持续释放，可有效地抑制有害菌在干酪表面的生长，但该材料不适合表面成熟干酪。另外，通过在干酪包装材料中添加食品级抑菌物质，抑制干酪表面有害菌生长。此外，有些干酪包装材料通过添加指示剂，在货架期内根据包装材料的变色情况，让消费者可以很容易判断干酪的剩余保存时间或污染情况。

5. 在线检测和自动控制技术

在线检测技术的进步也为干酪品质控制提供了保障。工厂中使用的凝乳强度感应器可以测定凝乳强度，可在干酪成熟过程中监测干酪中凝块的大小变化和脂肪含量的变化。在干酪酸度检测方面，乳制品发酵检测仪能通过探针检测干酪的 pH，确定酸化程度，并通过软件对酸化过程进行模拟。在 CIP 清洗方面，CIP 系统可通过检测清洗物中的无机和有机物含量来确定除垢效果，并实现自动控制连续清洗。有些工厂使用两步清洗法，清洗后用湍流感应器和钙离子检测仪确定除垢效果。高度自动化和信息化是现代干酪加工的主要特征。利用数学模型优化干酪加工流程，可提高干酪生产的自动化程度。

6. 低脂、低盐干酪质构与风味的改善技术

（1）低脂干酪加工技术　脂肪影响干酪的风味和质地，低脂干酪由于脂肪含量降低，其功能特性及风味质构受到影响，干酪的黏弹性、融化性降低，硬度增加。目前，改善低脂干酪品质的方法主要通过改进生产工艺、选择合适的发酵剂和使用脂肪替代物等方法。首先，工艺方面包括增加凝乳酶含量、降低热烫温度、提高排乳清 pH 和减少成熟时间等。其次，选择产酸缓慢的合适的发酵剂，并添加能够增强干酪风味和改善质地的辅助发酵剂，促进成熟过程中蛋白质的水解。另外，通过添加脂肪替代物来改善品质，脂肪替代物分为脂肪替代品和脂肪模拟物。脂肪替代品包括以脂肪为基质的油脂和合成的大分子，脂肪模拟物主要是天然蛋白质和碳水化合物的衍生物，它们通过结合多余的水分改善低脂干酪的质构，提高干酪得率，同时能够替代脂肪填充在酪蛋白凝胶网络中，降低酪蛋白胶束的致密程度，从而进一步改善干酪的质构。

（2）低盐干酪加工技术　干酪中高钠含量已成为全世界公众关注的主要问题。但是，NaCl 能显著影响干酪的质构和感官性能，它可以加快乳清排出，控制微生物生长，抑制酶活力、蛋白质水解作用以及脱水收缩作用，在干酪的风味、质构和货架期方面扮演着重要的角色。当干酪中盐浓度减少时，蛋白质水解，水分活度增加，存在酸度升高以及苦味等风味缺陷，硬度会减小。

二、婴儿配方乳粉加工新技术

母乳富含蛋白质、碳水化合物、脂肪、维生素、矿物质等多种营养素，是婴幼儿生长发育所需营养的黄金标准，被誉为"白色血液"。然而，由于母乳分泌不足以及各种心理因素等的影响，全球婴儿母乳喂养率低于 40%。婴儿配方乳粉是以母乳为标准，以牛乳或羊乳为原料进行改造强化，使其成为最大限度地接近母乳的替代品，可为婴儿的生长发育提供必需的营养素。因此，婴幼儿配方乳粉在发展过程中稳步上升，高品质的婴幼儿乳粉需要高科技含量的生产技术，婴幼儿配方乳粉生产技术越来越成为行业人员关注和研究的重要方向。

1. 常温双除菌技术

常温双除菌是指在常温下使原料乳通过 2 次高速离心以去除乳中的细菌、芽孢和体细胞。常温双除菌是一种较为温和的除菌方式，可使细菌数下降，但不能完全替代高温杀菌（HTST）。常温双除菌技术与传统杀菌技术相比，避免了高温对各种营养素及生物活性物质的破坏，尽最大可能保留了牛乳中的营养物质。另外，通过机械处理即通过离心的办法把有害的微生物全部分离出来，这样既保存了牛乳的营养成分，又达到了去除菌体的作用。所以，在乳粉生产工艺中通常将常温双除菌设置在原料乳预处理工序中，以降低原料乳中芽孢数，再通过 HTST 杀菌，生产出菌落总数和芽孢数相对较低的产品。

2. 界面膜技术

近些年来，界面膜技术得到了高速发展，尤其是乳化剂。乳化剂的选择很多，只要乳化剂材料成膜性较好，并能在芯材周围沉积，具备一定的韧性与强度，就可作为乳化剂。最常用的乳化剂就是天然高分子材料。在婴幼儿配方乳粉生产中加入乳化剂，能有效降低界面张力，使表面活性剂在界面处发生吸附作用，从而形成界面膜。界面膜能使布朗运动中的碰撞液滴不分散，而是聚结，具有保护作用。其优势表现在：一是起到隔离保护的作用，减少外界因素对其的影响，例如高温、氧与紫外线等对花生四烯酸（ARA）和 DHA 这两种不饱和脂肪酸的作用，从而提升产品的性能，使保质期延长；二是具有遮蔽作用，能将 ARA 和 DHA 原本的颜色遮盖掉，使乳化后的产品颜色和乳液颜色相接近；三是改善 ARA 和 DHA 的聚结状态，使其变得更加稳定；四是具有一定缓释作用，能有效控制 ARA 和 DHA 在人体内缓慢释放，使具有益智作用的活性成分在人体内的释放速度变缓，从而使其在人体充分发挥出其作用。

3. 非热加工原料乳过敏原处理技术

（1）高压辅助酶解处理　高压（HP）会影响蛋白质氢键、离子键、疏水键等非共价键，破坏三级、四级结构，但对共价键没有影响。研究表明，HP 可以通过影响食物过敏原的结构来改变过敏原的致敏性。在高压下水解蛋白质是一种新的底物酶解方法，但仅在高压条件下蛋白质是几乎不水解的。HP 可以改变蛋白质分子内和蛋白质–溶剂之间相互作用的平衡，压力引起的蛋白质变化的程度取决于蛋白质的天然结构、离子强度、温度、溶剂、pH 和施加压力的水平等因素。因此，压力可以有效地促进酶对蛋白质的水解。可以采用酶结合高静水压与食品级酶的联合作用来减少抗原蛋白。HP 处理得到的牛乳蛋白水解物可用于低致敏性婴儿配方粉的生产。

（2）微波辅助酶解处理　微波（MWI）是一种高频电磁波，属于非电离辐射，在该系统中，温度升高不同于传统加热方式，是通过吸收微波能量来实现的，微波能量的吸收通过偶极水分子的旋转和物质的离子组分的平移来实现。微波可以影响牛乳蛋白构象变化，加速其变性。另外，据报道经微波处理后过敏原上的表位结构发生了改变，由此可见，微波技术可用于降低蛋白质的致敏性。乳清蛋白（ALA 和 BLG）经微波处理后失去了部分 IgG 结合能力，但其抗原活性并未完全消除。事实上，微波本身不可能大大降低或完全消除 BLG 的抗原性，因此应与其他处理方式（如酶处理）或内在参数（pH）相结合来应用。近年来，对微波和酶法联合降低乳清蛋白的抗原性进行了多项研究。虽然微波辅助酶解是降低 BLG 致敏性和生产低致敏配方粉的有效方法，但是进一步揭示 MWI 对乳蛋白（如 BLG 等）致敏特性影响机制非常有必要。

（3）发酵辅助酶解处理　发酵是食品工业中最古老的加工技术。乳酸菌发酵过程中牛乳蛋白发生水解反应可能对提高牛乳消化率和加速生物活性肽的产生有重要影响。而且，蛋白质水解可以破坏过敏原的作用表位，降低牛乳的致敏性。一些微生物、动物或植物的蛋白酶也被用来水解牛乳蛋白，降低其抗原性，然而，在水解过程中产生的一些苦味肽极大地影响了低致敏乳制品的开发。而乳酸菌发酵过程中的水解作用不仅降低了乳蛋白的抗原性，并且水解物口感良好能富集较多生物活性物质。乳酸菌发酵是降低乳清蛋白抗原性的适宜方法。有研究表明，与生乳相比，在经过乳酸菌发酵的灭菌牛乳中，乳清蛋白的抗原性降低了 99% 以上。最近，将水解酶与益生菌结合开发新型功能性水解物，使得水解蛋白的应用领域更加广阔。已经证明益生菌在减少过敏患者症状方面具有有益作用，将益生菌添加到低致敏配方粉是一种创新的预防和缓解食物过敏的模式。

4. 微胶囊技术

微胶囊技术是指利用成膜材料将固体、液体或气体包埋起来形成微小的颗粒，形成的半透性或致密性的囊膜结构，能够保护芯材免受不利环境因素如温度、pH、光线、氧气等影响，以此提高产品的稳定性和货架期，扩展芯材的应用范围，并控制芯材释放的一种技术。微胶囊技术独特的优点使其能够在乳粉的生产中得到广泛的应用，通过微胶囊包埋技术，可以防止营养损失、提高芯材的稳定性和延长贮存期。另外，还可以改变物料的存在状态、掩盖芯材的异味以及改善口感，并且可以控制芯材的释放，提高有效成分的利用率。

三、黄油加工技术

黄油是一种来源于牛乳的油脂，主要成分为脂肪、水分和少量乳蛋白，常用于饼干、蛋糕、曲奇等各种烘焙制品。在烘焙过程中，黄油可以赋予产品浓厚的乳香味及独特的口感，是烘焙制品的必备原料。黄油因其具有良好的质构和独特口感且能赋予食品充足的能量，而受到广泛的欢迎。但是近年来，由于人们对黄油营养价值的认识改变，其人均消费量逐年下降。目前，世界上黄油生产大国均已通过各种物理、化学和生物方法开发出各种功能性黄油，从而使黄油在食品行业中又焕发出了勃勃生机。

（一）黄油的改性技术

黄油改性的步骤为：首先进行乳脂肪甘油三酯的熔化和结晶，其次为氢化，再进行酯化，最后降低乳脂肪中胆固醇。低温过程，如在溶解的状态分离（分离结晶），已被用于商业化获得不同溶解特性的乳脂肪组分，而保持了天然风味和溶解特性。脱水的乳脂肪被加热到40℃以上就完全熔化，然后慢慢冷却结晶出高熔点的甘油三酯，随后就会分离出硬的组分（硬脂）和软的组分（软脂）。这一过程在软脂阶段被重复会产生一系列的不同溶解特性的乳脂肪组分。

（二）黄油的增香技术

1. 酶法增香

酶法增香是目前最高效、最常用的乳制品增香方法，包括脂肪酶水解乳脂增香、蛋白酶水解乳蛋白辅助增香和双酶酶解法增香。

（1）脂肪酶水解乳脂增香　来源于挥发性脂肪酸的脂香味是黄油乳香的最主要香气，贡献度较大的是 $C_4 \sim C_{12}$ 的脂肪酸。乳脂的甘油酯由甘油和脂肪酸经酰基键连接而成，而脂肪酶具有专一性，可水解甘油酯的酰基键，释放出游离脂肪酸、酮酸、羟酸，同时把长链脂肪酸降解为中短链脂肪酸。这些脂肪酸再经过进一步分解或重排，可生成丙酮、γ-内酯和δ-内酯、甲基酮等化合物，这些风味物质含量虽少，但阈值低，可使乳香具有柔软绵长的感觉；酶解过程中的加热还可引起β-酮酸脱羧生成具有干酪香气和脂肪气味的甲基酮类化合物。

（2）蛋白酶水解乳蛋白辅助增香　乳制品中含有一定量的蛋白质，如黄油约有2%蛋白质，奶油和干酪中的含量更高（15%以上）。这些乳蛋白营养丰富，贮藏过程中容易被微生物利用并分解产生具有恶臭味的含硫、氮化合物，使产品品质劣变。因此，脂解产物中的乳蛋白常会被分离出来，造成资源浪费。然而，研究表明，某些呈味肽和呈味氨基酸能显著增强酶解产物中的浓厚感和持久感，丰富乳制品风味，如相对分子质量1000～5000的肽具有风味增强作用，γ-谷氨酰基二肽能形成干酪香味，提高厚味，一定比例的苦味肽还能增强高达乳酪的浓厚味。

（3）双酶酶解法增香　由于黄油、奶油、干酪中的主要成分是乳脂，香气的主要来源也是低阈值、易挥发的脂肪酸及其衍生的内酯、酯、酮、醛等，因此，脂肪酶降解乳脂的方法仍然是目前国外乳制品增香的主流方法。但是此法产物中的挥发性风味成分较多，呈味成分较少，再者脂肪只是进行了有限的水解，对于从甘油酯中脱离出来的脂解不足的长链脂肪酸类化合物，浓度高时会产生苦涩味或蜡味，这也是添加乳味香精后产品变苦的原因之一。鉴于此，脂肪酶结合蛋白酶的双酶酶解增香的方向备受国内外研究者青睐，因为呈味肽与由长链脂肪酸类化合物产生的苦涩味或蜡味具有协同关系，能遮蔽脂肪酶酶解不足引起的不良风味。乳蛋白酶解的主要作用是丰富产品风味，帮助消化吸收，但同时对产品浓厚味也有一定的增强作用。

2. 微生物发酵增香

大部分商品脂肪酶是从微生物中分离纯化得到的，因此，回归脂肪酶的源头——微生物，直接发酵黄油增香是一个理论上可行的方向。此外，还可以根据已知的特征乳味香气，选用主产脂肪酶的微生物发酵增香或者产特征香气的微生物进行发酵，从而定向改善和提升黄油香气。

3. 超高压技术增香

超高压处理技术作为一种新型的非热加工技术，以其均匀、瞬时、高效冷杀菌，不破坏食品风味等特点得到了学术界和工业界的广泛关注，适用于各种热敏性食品的处理。目前，该技术已广泛应用于饮料、乳制品、肉制品、水产品、谷类、果蔬等加工与保藏中，其作用主要体现在杀菌、辅助提取、速冻与解冻、肉类嫩化、催陈、风味改良等方面。超高压处理可使黄油晶型从原来典型的 β' 晶型变成 β' 与亚 β 型混合，有向热稳定性更好、熔点更高的 β 型转变的倾向，但仍以 β' 型为主；超高压技术能明显降低黄油低温下的固体脂肪含量和硬度，改善涂抹性。超高压技术促进黄油中短链脂肪酸的释放，效果比酶法稍逊色；但与单独酶解处理相比，超高压后再进行酶解处理可进一步释放中短链脂肪酸，提升香气，即超高压处理后的黄油对脂肪酶的敏感性更强。

第三节 冷饮加工技术

一、乳饮料

近年来，含乳饮料，又称为乳饮料，因其独特的风味、清爽的口感以及丰富的品种深受儿童、青少年的喜爱。多个乳制品企业涉足乳饮料市场，乳饮料已经成为乳制品大家庭中的一支重要的生力军。

（一）乳饮料定义与分类

在 2008 年 11 月 1 日开始实施的国家标准 GB/T 21732—2008《含乳饮料》中，将含乳饮料定义为：以乳或乳制品为原料，加入水及适量辅料经配制或发酵而成的饮料制品。根据其工艺流程，可以将乳饮料分为以下 3 类：

1. 配制型含乳饮料

以乳或乳制品为原料，加入水、白砂糖以及（或）甜味剂、酸味剂、果汁、茶、咖啡、植物提取液等一种或几种调制而成的饮料。

2. 发酵型含乳饮料

以乳或乳制品为原料，经乳酸菌等有益菌培养发酵制得的乳液中加入水，以及白砂糖和（或）甜味剂、酸味剂、果汁、茶、咖啡、植物提取液等一种或几种调制而成的饮料。根据其是否经过杀菌处理而区分为杀菌（非活菌）型和未杀菌（活菌）型。发酵型含乳饮料还可称为酸乳（奶）饮料、酸乳（奶）饮品。

3. 乳酸菌饮料

以乳或乳制品为原料，经乳酸菌发酵制得的乳液中加入水，以及白砂糖和（或）甜味剂、酸味剂、果汁、茶、咖啡、植物提取液等一种或几种调制而成的饮料。根据其是否经过杀菌处理而区分为杀菌（非活菌）型和未杀菌（活菌）型。

（二）乳饮料加工技术

1. 乳饮料工艺流程

图 13-3 展示了乳饮料生产的工艺流程。由图示可知，乳饮料生产过程中涉及的加工技术有：脱气技术、过滤技术、均质技术、杀菌技术和灌装技术等。

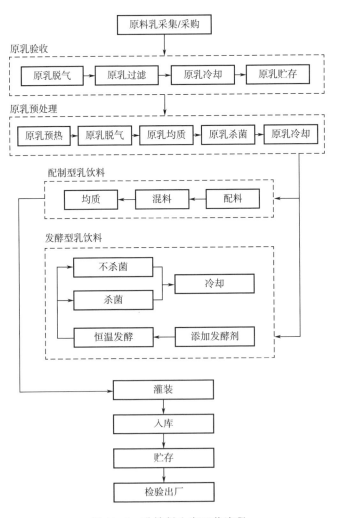

图 13-3 乳饮料生产工艺流程

2. 乳饮料生产过程中的关键加工技术

（1）脱气技术 牛乳中含有 5.5%~7.7% 非结合性气体，经贮存运输后其含量还会增加。
这些气体不利于乳后续的加工，主要影响乳称量的准确性，
不利于标准化；还会使脂肪球聚合，影响奶油的产量；同
时会促进乳清析出等。

目前，先进的脱气方法是使用真空脱气罐，如图 13-4
所示。预热乳被送到真空罐后，罐的真空度被调节到比预
热温度低 7~8℃ 的温度。例如，68℃ 的乳进入罐，则温度
马上降到 68-8=60℃。牛乳在低压条件下会释放出其中的
空气，连同一定数量的牛乳中的水分一起蒸发。水蒸气通
过安装在罐里的冷凝器被冷凝，再流回到乳里，而空气通
过真空泵被排出罐外。

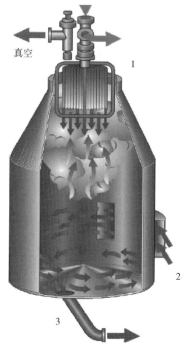

图 13-4 真空脱气罐
1—冷却水出口 2—进样口 3—出样口

（2）过滤技术 膜分离技术是一种高新分离技术，被
誉为 21 世纪最有发展前途的加工技术之一。膜分离技术可
简化工艺，降低能耗，减少废水污染，改善产品品质和提
高生产效率。目前，膜分离技术也被开发和应用于乳制品
工业中，主要包括微滤（MF）、超滤（UF）、纳滤（NF）
和反渗透（RO）。

①微滤（MF）：微滤主要利用筛分原理，分离、截留
直径为 0.05~10μm 的粒子。其膜的孔径为 0.1~10μm，操
作压力在 0.01~0.2MPa。微滤操作过程包括死端过滤和错
流过滤两种方式。在死端过滤时，溶剂和小于膜孔的溶质
粒子在压力的推动下透过膜，大于膜孔的溶质粒子被截留，通常堆积在膜面上。随着时间的增
加，膜面上堆积的颗粒越来越多，膜的渗透性将下降，这时必须停下来清洗膜表面或更换膜。
错流过滤是在压力推动下料液平行于膜面流动，把膜面上的滞留物带走，从而使膜污染保持一
个较低的水平。在处理牛乳时，它可以过滤蛋白质而截留脂肪球、微生物和体细胞。

②超滤（UF）：超滤的分离原理可基本理解为筛分原理，但还会受到电荷相互作用影响。
其截留的相对分子质量范围为 50~500000，相应的膜孔径大小为 2~50nm（0.002~0.05μm）。
超滤主要用于全乳及脱脂乳浓缩、乳蛋白质的分级分离（fractionation），或分离乳蛋白质与乳
清（含乳糖和盐类），其他较大颗粒如微生物或脂肪球也同样被截留。另外，对酶的回收及乳
糖水解等也都可利用超滤。

③纳滤（NF）：纳滤膜即超低压反渗透膜，又称疏松型反渗透膜。纳滤是介于超滤与反渗
透之间的一种膜分离技术，其截留的相对分子质量范围为 200~1000，膜孔径小于 2nm，为纳
米级。它的分离机制类似于反渗透，是溶解扩散原理。从结构上来看纳滤膜大多是复合型膜，
即膜的表面分离层和它的支撑层的化学组成不同，在纳滤膜表面有一层均匀的超薄脱盐层，比
反渗透膜疏松得多，操作压力比反渗透低，因而纳滤也可认为是低压反渗滤技术。乳制品工业
中主要用于乳清的部分脱盐。纳滤膜的紧密性高于超滤，截留乳糖效果好。

④反渗透（RO）：在高于溶液渗透压的压力作用下，溶液中的水可以透过膜，其他所有的
大分子、小分子、有机物及无机盐全被截留住。分离的基本原理是溶解扩散（也有毛细孔流学
说）。其膜孔为 0.1~1nm。乳制品工业中主要用于牛奶浓缩及乳清的浓缩分离。

（3）吸附分离技术　除了膜过滤技术，色谱分离技术和等电点分离技术也是乳制品工业中常采用的新型分离提取技术。

①高效液相色谱法：高效液相色谱法（HPLC）的原理是利用色谱柱中固定相对待分离组分吸附力大小不同而进行分离。分离过程是一个吸附-解吸附的平衡过程。常用的吸附剂为硅胶或氧化铝，粒度 $5 \sim 10 \mu m$。适用于分离相对分子质量 $200 \sim 1000$ 的组分，大多数用于非离子型化合物，离子型化合物易产生拖尾。也可用于分离同分异构体。

②阴阳离子色谱交换法：离子交换色谱法的原理是因溶质分子带不同性质的电荷和不同电荷量，可在固定相和流动相之间发生可逆交换作用，使溶质移动速度变化，从而达到分离目的。

③等电点分离技术：等电点分离法是利用两性化合物在等电点时溶解度最低，以及不同的两性生化物质具有不同的等电点这一特性，对蛋白质、氨基酸等两性生化物质进行分离、纯化的方法称为等电点沉淀法。

（4）均质技术　牛奶的均质化处理，主要是指利用高压突然释放压力，击碎牛乳中大量粒度大小不等的脂肪球，使脂肪球的上浮力减小甚至消失，从而防止牛乳分层，达到牛乳均一化的效果。牛乳的均质化并不会对牛乳的营养有损害，反而会让牛乳更易于人体吸收。

根据均质原理的不同，可分为：高压均质技术、超声波均质技术、高剪切均质技术、射流均质技术等。它们都可以乳化、匀浆，但对于后三种均质技术，由于功能原理上比较单一，粉碎效果相对比较差，在产业生产上应用较少。

（5）杀菌技术

①低温长时间杀菌法巴氏杀菌：让牛乳在 60℃ 下保持 30min 左右，从而达到巴氏杀菌的目的。这种方法对乳的营养成分破坏比较严重，在液态乳生产中已经基本不再使用。

②高温短时间巴氏杀菌法：用于液态乳的高温短时间杀菌工艺，是把牛乳加热到 72 ~ 75℃，或者是 82 ~ 85℃，之后保持 15 ~ 20s，然后再进行冷却。这是目前乳制品企业普遍采用的一种杀菌方法，这种方法相对较好，牛乳中的营养成分损失的相对较少，细菌杀得也比较彻底，牛乳的风味保存得也相对较好。

③超高温瞬时灭菌：指将原料乳在连续流动的状态下通过热交换器迅速加热到 135 ~ 140℃，保持 3 ~ 4s，从而达到商业无菌的杀菌方法。因为加热的时间较短，牛乳的风味、性状和营养价值均没有受到明显的破坏，目前大的牛乳加工厂均采用此方法。

（6）灌装技术

①常压灌装：常压灌装法也称纯重力灌装法，即在常压下，液料依靠自重流进包装容器内。大部分能自由流动的不含气液料都可用此法灌装。

②等压灌装：等压灌装法又称压力重力式灌装法，即在高于大气压的条件下，首先对包装容器充气，使之形成与贮液箱内相等的气压，然后再依靠被灌液料的自重流进包装容器内。这种方法普遍用于含气饮料，如啤酒、汽水、汽酒等的灌装。采用此种方法灌装，可以减少这类产品中所含二氧化碳的损失，并能防止灌装过程中过量起泡而影响产品质量和定量精度。

③真空灌装：包括压差真空式灌装、重力真空式灌装、压力法灌装。

a. 压差真空式灌装。即贮液箱内处于常压，只对包装容器抽气使之形成真空，液料依靠贮液箱与待灌容器间的压差作用产生流动而完成灌装，国内此种方法较常用。

b. 重力真空式灌装。即贮液箱内处于真空，包装容器首先抽气使之形成与贮液箱内相等的真空，随后液料依靠自重流进包装容器内。虽然其技术较为先进，但因结构较复杂，造价高，导致国内较少使用。

c. 压力法灌装。利用机械压力或气压，将被灌物料挤入包装容器内，这种方法主要用于灌装黏度较大的稠性物料，例如灌装番茄酱、肉糜、牙膏、香脂等。

二、益生菌乳饮料

乳制品是益生菌的重要载体，能有效地保护菌株免受不利环境的影响。近年来，随着益生菌乳制品市场的逐渐成熟，消费者对健康需求的增加以及个性产品的激烈竞争，益生菌乳制品商业化速度正不断加快，益生菌乳制品的研发前景将不可估量。其中，益生菌乳饮料市场发展迅猛，巨大的利益使众多厂商纷纷涉足这一领域。由于不同产品在生产过程中原料使用、加工工艺、生产管理、包装材料、贮存运输条件的差异以及使用了较多的添加剂，导致了此类产品出现一些质量问题。

（一）益生菌乳饮料发展中存在的主要问题

1. 活菌数不足

近些年国内的益生菌乳饮料市场发展迅速，主要是因为益生菌具有调节肠道内环境平衡的功能，而这正好符合现代人健康养生的追求。医学研究表明，人体肠道内平均每平方厘米含有 1×10^6 CFU 个有益菌。这也是大多数益生菌饮料标明其活菌数为 1×10^6 CFU/mL 的原因。但是，在实际的生产贮存过程中，益生菌乳饮料中的活菌数会不断减少，可能会影响其益生功效。

2. 菌种选择较为单一

目前，大部分益生菌乳饮料使用的发酵菌株是保加利亚乳杆菌和嗜热链球菌。这两株菌耐酸性差，而且在产品后酸化过程中会大量死亡。有文献报道，（副）干酪乳杆菌有良好的耐酸性，并且有良好的发酵品质。实际生产中或可以采用多种菌株复配的发酵剂，活菌数和益生效果可能更佳。

（二）益生菌乳饮料未来发展的改良措施

1. 控制发酵温度和发酵时间

乳酸菌最适的发酵温度在 $36 \sim 42\,^{\circ}\mathrm{C}$，实际生产中可以采用 $36 \sim 38\,^{\circ}\mathrm{C}$，过高的温度容易导致菌体死亡或者发酵状态过于活跃造成产品各指标不均衡，温度过低则会使发酵状态不良。同时，应当控制好发酵终点，益生菌的繁殖很迅速，为了保证产品中有最大量的活菌数，应当在其生长处于对数末期或者稳定期前段时停止发酵，这样既保证了菌体处于最佳生长状态，而且在贮存中还能延长货架期。

2. 增加原料乳中非脂乳固体含量

乳饮料的发酵过程是乳杆菌利用乳中的乳糖转化为乳酸以及其他风味物质。乳糖含量的增加可以为乳酸菌提供更多的能量用于生长。可以通过增加脱脂乳粉原料的含量来增加非脂乳固体的含量，使乳酸菌大量繁殖，但是太多的固形物含量反而会增加溶液的渗透压，造成乳酸菌的生长停滞，甚至死亡。一般非脂乳固体的含量控制在 $10\% \sim 13\%$ 可以很好地促进乳酸菌的生长。

3. 控制产品卫生，防止杂菌污染

牛乳含有丰富的营养物质，很容易被有害微生物污染，杂菌产生的代谢产物可导致乳酸菌

代谢障碍而死亡。为了控制产品不被污染，配料用水应使用处理过的软水或者纯净水，对发酵基料和糖液应当在 110~115℃下灭菌 15min，灌装时应当通增压过滤空气，严格控制灌装间的卫生环境。产品的微生物指标应符合 NY/T 799—2004《发酵型含乳饮料》要求：非活性发酵型乳饮料菌落总数≤100CFU/mL、大肠菌群≤3MPN/mL、酵母≤50CFU/mL、霉菌≤30CFU/mL。

4. 控制生产车间的环境卫生

每次生产前一天都需要对生产灌装车间进行卫生清洗，做到灌装车间的严格无菌。工作人员进入灌装间时应当先打开无菌增压系统。然后对地面、墙面进行清洗，做到不留死角，下水道清洗过后再撒上消毒粉，完毕后使用二氧化氯水泼洒地面，关闭灌装间，用消毒液进行灌装间的喷雾灭菌，时长 15~30min，循环 3 次左右，并进行空气沉降实验。良好的卫生处理可以将车间里微生物的浓度维持在相当低的程度，生产环境的空气菌落总数应控制在≤500CFU/m³，酵母菌、霉菌≤50CFU/m³，同时注意操作人员卫生并定期进行手部涂抹检验。

5. 注意操作人员个人卫生

生产操作人员进入车间前应当按规定更换工作服，佩戴口罩、帽子，清洗手部后进行手部涂抹检验。灌装机操作员在生产中应当定时对手部喷涂酒精，对操作台面和地面每隔 30min 进行 1 次二氧化氯水泼洒，如果生产中遇见停机问题，超过 5min 需要使用酒精对灌装嘴进行消毒灭菌。

6. 注意设备管道的清洗

所有的生产管道，设备（配料缸、发酵罐、均质机、灌装机）生产前后都需要进行 CIP 循环杀菌消毒，灭菌后的发酵罐禁止再次打开。灌装间的设备、台面需要使用酒精或者二氧化氯水擦拭，保证无尘无菌。灌装机在 CIP 清洗后可以通入高温蒸汽进行二次灭菌，灭菌完成后再次喷淋酒精。

7. 注意产品的包装和贮存条件

选择质量达标的包装材料，生产过程中对包装材料严格消毒，在产品的后续包装过程中应当仔细检查，做到包装不合格的产品不出厂。包装材料每次的进货量不应当过大，因为其在贮存过程中会老化、污染，应当贮存在干燥通风阴凉的环境中，做到先进先出，每次生产剩余的包装材料要严格密封。

8. 进行冷链贮存

产品从灌装开始就需要严格保证处于低温状态，通常灌装温度在 8℃以下。灌装完成后需要立即运入冷库进行降温，一般保存于 2~4℃条件下，并且运输过程也需要在冷链下进行。产品货架期的长短取决于其贮存条件，严格保证低温贮存可很好地保证活菌数量。

第十四章

水产品加工技术

学习指导：水产品种类繁多，主要包括鱼、虾、蟹、贝、藻、棘皮类等。通过加工技术，可将水产品原料的可食用部分制成各类加工水产品。水产原料的多样化特点，决定了不同的水产原料应选择相应的加工技术。本章主要针对水产品加工通用加工技术、鱼糜加工技术、海珍品加工技术以及其他水产制品加工技术，从基本定义、技术原理、方法和设备等多角度进行介绍。通过本章的学习，了解不同水产原料常见的加工方式和加工工艺，掌握加工技术的基本原理和重要的工艺参数，学会灵活运用所学知识，根据原料特性和产品需要选择适宜的水产品加工技术与工艺，并对其关键工艺参数进行合理优化。

知识点：水产品加工，通用加工技术，鱼糜加工技术，海珍品加工技术，水产品调料加工技术，藻类加工技术，水产功能食品加工技术，副产物高值化综合利用技术

关键词：水产品，水产品加工，技术原理，加工工艺

第一节　水产品通用加工技术

一、冷冻技术

（一）基本定义

冷冻是将湿物料降温使其中所含水分冻结的过程。由于水产品具有水分含量高、营养丰富等特点，在贮藏与加工过程中极易受微生物侵染、酶的降解和氧化作用等影响而腐败变质。冷冻技术可有效抑制水产品腐败变质，最大限度保持水产品新鲜品质，延长货架期，是近几年发展最迅猛、应用最广泛的技术之一，也使我国冷冻水产品加工业成为极具竞争力的行业。

（二）技术原理

1. 冻结对水产品中微生物的影响

低温抑制微生物的主要原因是：一方面低温导致微生物细胞内酶的活性下降，使物质代谢过程中各种生化反应速度减慢，因而微生物的繁殖速度也随之减慢。在正常情况下，微生物细胞内的各种生化反应总是相互协调一致的。但在降温时，各种生化反应按照其各自的温度系数（Q_{10}）减慢，破坏了各种生化反应的协调一致性，从而破坏了微生物细胞内的新陈代谢。另一方面，食品冻结时冰晶体的形成会使得微生物细胞内的原生质或胶体脱水，细胞内溶质浓度的增加常会促使蛋白质变性。同时，冰晶体的形成还会使微生物受到机械性破坏。

2. 冻结对水产品中酶活性的影响

酶是由活细胞产生的、对其底物具有高度特异性和高度催化效能的蛋白质或 RNA。酶在水产品变质腐败过程中发挥着重要作用。在贮藏与加工过程中，蛋白酶、脂肪酶和多酚氧化酶等酶活性的增加，促进水产品蛋白质、脂肪降解和水产品褐变反应发生，从而加速水产品品质劣变。

冻结条件下，水产品中与腐败变质相关的酶活性显著降低，从而保持水产品品质。低温对酶活性的抑制作用因酶种类的不同而有明显差异。例如，脱氢酶活性会受到冻结的强烈抑制，而脂酶、脂氧化酶等许多酶类，即使在冻结条件也能继续活动，它们甚至在-29℃的温度下仍可催化磷脂产生游离脂肪酸。这说明有些酶的耐冷性强于细菌，因此，在微生物不能活动的更低温度下，仍可由酶引发食品变质。

3. 冻结对水产品中非酶化学反应的影响

引起水产品腐败变质的因素除了微生物和酶促反应外，还有其他一些因素，如油脂氧化等。水产品中含有不饱和脂肪酸，易发生氧化反应，生成醛、酮、酸、酯、醚等物质，增加油脂黏度，产生令人不愉快的"哈喇"味。一般来说，温度越低，反应速度越慢，所以冻结对非酶化学反应有一定的抑制作用。

从以上介绍可看出，低温可抑制微生物生长繁殖、酶的活性和生化反应的进行，但并不能完全抑制它们的作用。所以食品（包括水产品）大都要求在-18℃以下冷冻贮藏。若进一步考虑到一些低温酶在-18℃还能有作用，对高档水产品则要求贮藏在-35℃以下，甚至有些产品要求低温保藏在-70~-60℃，才能使酶的作用得到较完全的控制。

（三）加工方法与设备

1. 空气冻结法

空气冻结法是利用空气作为介质冻结水产品，在冻结过程中，冷空气以自然对流或强制对流的方式与水产品换热。由于空气的导热性差，与食品间的换热系数小，故所需的冻结时间较长。但是，由于空气资源丰富，无任何毒副作用，易于实现机械化等优势，使用空气作介质进行冻结仍是目前应用最广泛的一种冻结方法。

图14-1是我国目前陆上水产品冻结使用最多的冻结装置。由蒸发器和风机组成的冷风机安装在冻结式的一侧，鱼盘放在鱼笼上，并由轨道送入冻结室。冻结时，风机使空气强制流动，冷空气流经鱼盘，吸收鱼品冻结时放出的热量；吸收热量后由风机吸入蒸发器冷却降温，如此反复不断循环。

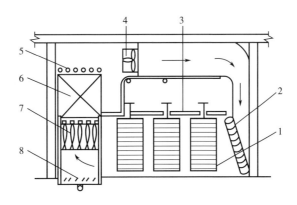

图 14-1　隧道式冻结器

1—鱼笼　2—导风板　3—吊栅　4—风机鱼盘　5—冲霜水管　6—蒸发器　7—大型鱼类　8—消结板

隧道式冻结具有劳动强度小，易实现机械化和自动化，冻结量较大，成本较低等优点。其缺点是冻结时间较长，干耗较多，风量分布不太均匀等。

螺旋带式冻结器是 20 世纪 70 年代初发展起来的冻结设备，其结构图如图 14-2 所示，这种装置由转筒、蒸发器、风机、传送带及一些附属设备等组成，适用于冻结单体不大的食品，如油炸水产品、鱼饼、鱼丸、鱼排、对虾等。其优点是：可连续冻结；进料、冻结等在一条生产线上连续作业，自动化程度高；冻结速度快，冻品质量好，干耗小；占地面积小。

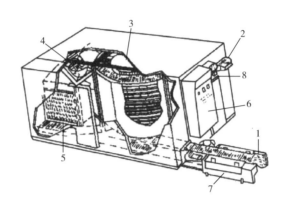

图 14-2　螺旋带式冻结器

1—进冻　2—出冻　3—转筒　4—风机　5—蒸发机组　6—电控制板　7—清洗器　8—频率转换器

2. 平板冻结或间接接触冻结法

平板冻结或间接接触冻结法是通过冷的金属表面与水产品接触来完成冻结的方法。与空气冻结法相比，该方法具有两个明显的特点：热交换效率更高，冻结时间更短；不需要风机，可显著节约能量。其主要缺陷是不适合冻结形状不规则及大块的水产品。

根据平板布置方式不同，平板冻结器有三种型式：卧式、立式和旋转式。卧式平板冻结器结构如图 14-3 所示，平板放在一个隔热层很厚的箱体内，箱体一侧或相对两侧有门。一般有 7～15 块平板，板间距可在 25～75mm 调节。适用于冻结矩形和形状、大小规则的包装产品。主要用于冻结鱼片、虾和其他小包装水产品。这种冻结器的优点主要是冻结时间短，占地面积少，能耗及干耗少，产品质量好。缺点主要是不易实现机械化、自动化操作，工人劳动强度大。

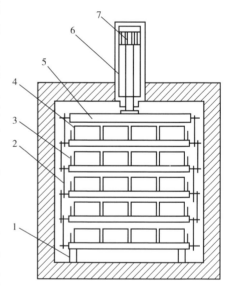

3. 喷淋或浸渍冻结法

喷淋或浸渍冻结法是将包装或未包装的水产品与液体制冷剂或载冷剂接触换热，从而实现冻结的方法。由于此种冻结方式的换热效率很高，因此冻结速度极快。所用制冷剂或载冷剂应无毒、不燃烧、不爆炸，与水产品直接接触时，不影响水产品的品质。常用的制冷剂有液氮、液体二氧化碳等，常用的载冷剂有氯化钠、氯化钙及丙二醇的水溶液等。

图 14-3　卧式平板冻结器

1—支架　2—链环螺栓　3—垫块　4—水产品
5—平板　6—液压缸　7—液压杆件

这类冻结设备目前使用较多的是液氮冻结器（图 14-4），液氮冻结器同一般冻结装置相比，冻结温度更低，所以常称为低温冻结装置或深冷冻结装置，其优越性主要表现在冻结速度极快，一般为吹风冻结的数倍，且干耗极少，产品质量好。

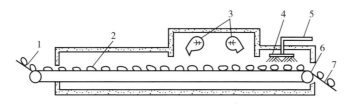

图 14-4 液氮冻结器
1—进口 2—食品 3—风机 4—喷嘴 5—液氮供液管 6—传送带 7—出口

4. 冻结新技术

研究较多的冻结新技术包括磁场辅助冻结、超声波辅助冻结和高压辅助冻结等。

磁场辅助冻结技术是通过在物料冷冻时加入磁场，磁场通过振动影响冰晶的成长过程，从而减缓冰晶的成长速度。即时冻结技术（cell alive system，CAS）是磁场冻结的一种形式，它将动磁场和静磁场结合在一起，作用于物料冷冻，避免了在冻结过程中冰晶膨胀给水产品组织带来的伤害，使水产品在解冻后可以保持良好的口感和营养。

超声波辅助冻结技术是利用超声波控制冷冻过程中冰晶的形成和分布，形成细小且分布均匀的冰晶，并加速传热、传质，最终达到快速冻结的效果，改善水产品在冻藏过程中的受损程度。研究者利用超声波辅助冻结对中国对虾的冰晶状态与其水分变化进行研究，发现超声波辅助冻结所用时间短，可快速通过最大冰晶形成带，减少对水产品的损伤，提高冻结速率，维持了对虾良好的品质。此外，超声波辅助冻结还可缩短鲤鱼的冻结时间，从而改善鲤鱼的冻结品质。

高压辅助冻结技术是采用较高的压力，使产品在低温条件下冻结的技术。高压辅助冻结可减少水产品营养损失，缩短冻结时间，并可使酶灭活，杀死部分微生物，从而使产品的品质基本不发生变化。压力转移冻结是高压辅助冻结技术的一种表现形式，将样品置于 200MPa 下，使样品温度冷却至稍高于样品初始冻结点后，瞬间释放压力，样品温度先下降，温差变大后又开始上升，温差的转变使样品内部形成均一、细小的冰晶，降低了冰晶对物料的破坏，实现速冻效果。

二、干制技术

（一）基本定义

干制技术是指以鲜、冻动物性水产品或藻类为原料直接或经过腌渍、预煮、调味后在自然或人工条件下干燥脱水制成产品的一门技术。

干制水产品的优点是重量轻、体积小，并且便于携带，在室温条件下可长期贮藏。其缺点是会导致蛋白质变性和脂肪氧化酸败。为了弥补这些缺点，现已采用轻干（轻度脱水）、生干、真空冷冻干燥以及调味干制等加工方法，改进干制加工技术，提高产品质量。同时采用各种复合薄膜包装和个体小包装等包装形式，大大提升了干制水产品的商品价值。

（二）技术原理

1. 水分活度降低使水产品中的腐败微生物生长代谢受阻

微生物生长需要一定的水分活度（A_w），过高或过低的 A_w 不利于它们生长。微生物在水分活度低于某一数值时不能生长，此时的 A_w 为最低 A_w。微生物生长所需的最低 A_w 因种类而异，大多数细菌的最低 A_w 在 0.90 以上，大多数霉菌的最低生长 A_w 为 0.80 左右，酵母菌介于细菌和霉菌之间，其最低生长 A_w 在 0.88~0.91。

此外，水分活度能改变微生物对热、光线和化学物质的敏感性。一般来说，在高水分活度时微生物最敏感；而在低水分活度时，微生物对热、光线和化学物质的抵抗性增强。

水产品水分活度降低，微生物的生长就会受到影响。因此，水产品干制过程中，微生物数量逐渐减少，生长繁殖受到抑制，因微生物引起的品质劣变就会减轻，从而保持水产品良好品质。

2. 水分活度降低使水产品中的腐败相关酶活性受到影响

酶活性与水分活度之间存在一定关系。当水分活度在中等偏上范围内增大时，酶活性也逐渐增大。相反，减小 A_w 则会抑制酶活性，在最低 A_w 以下，酶是不能起作用的。酶发挥作用，必须在最低 A_w 以上才行。最低 A_w 与酶种类、水产品种类、温度及 pH 等因素有关。此外，酶的稳定性也与 A_w 存在较密切的关系。一般在低 A_w 时，酶稳定性较高，也就是说，酶在湿热状态下比在干热状态下更易失活。因此，为了控制干制品中酶的活动，应在干制前对水产品进行湿热处理，达到使酶失活的目的。

3. 水分活度降低使水产品中的各类化学反应速度受到不同程度影响

干制过程不但影响水产品的水分含量，而且对水产品的脂肪、蛋白质和色素的氧化也有非常大的影响。梅鱼在热风干制过程中，温度和风速影响其脂肪氧化，干制温度越高，脂肪氧化越剧烈，过氧化值（PV）、硫代巴妥酸值（TBARs）、酸价（AV）就会越高，而较大的风速在一定程度上可抑制梅鱼脂肪氧化。不同干燥方式也影响水产品的氧化速度。研究表明，冷冻干燥的鳊鱼，其氧化程度和腐败程度低于冷风干燥和热泵干燥，其热泵干燥 TBA 值为 7.68mg/kg，冷风干燥为 6.46mg/kg，冷冻干燥最低，为 1.85mg/kg。冷冻干燥的对虾在贮藏过程中，其 PV 和 TBARs 值均低于热风干燥。无论是热风干燥、微波干燥或微波真空干燥都使鲢鱼中的脂肪、EPA、DHA 显著降低，三种干燥方式中，热风干燥脂肪氧化最严重，TBARs 为 7.5mg/kg，而微波干燥和微波真空干燥仅为 1.4mg/kg 和 1.5mg/kg。

（三）加工方法与设备

主要包括对流干燥、辐射干燥和冷冻干燥等。

1. 对流干燥

对流干燥又称空气对流干燥，是最常见的水产品干燥方法。它是利用空气作为干燥介质，通过对流将热量传递给水产品，使水产品中水分受热蒸发而除去，进而被干燥。这类干燥在常压下进行，有间歇式（分批）和连续式两种。空气既是热源，也是湿气载体，干燥空气可以通过自然或强制对流循环的方式与湿物料接触。

对流干燥设备的必要组成部分有风机、空气过滤器、空气加热器和干燥室等。风机用来强制空气流动和输送新鲜空气，空气过滤器用来净化空气，空气加热器的作用是将新鲜空气加热成热风，干燥室则是水产品干燥的场所。对流干燥设备包括隧道式干燥、带式干燥、泡沫层干燥、气流干燥、流化床干燥和喷雾干燥等。

水产品干制常使用隧道式干燥设备，如图14-5所示，在干燥操作时，靠近出料口的料车首先完成干燥，然后被推出干燥器，再由入口送入另一辆料车，隧道中每一辆料车的位置都向出料口前移一个料车的距离，构成了半连续的操作方式。该干燥器的效率比较高，一台12车的隧道式干燥器，如果料盘尺寸为1m×2m，叠放层数为25层，每平方米料盘装水产品10kg，那么一次即可容纳5000kg以上的新鲜水产品。

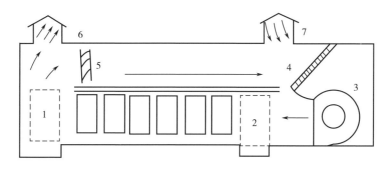

图14-5 隧道式干燥设备示意图

1—料车入口 2—干制品出口 3—风机 4—加热器 5—循环风门 6—废气出口 7—新鲜空气入口

2. 辐射干燥

这是一类以红外线、微波等电磁波为热源，通过辐射方式将热量传给待干水产品进行干燥的方法。辐射干燥也可在常压和真空两种条件下进行。

（1）红外干燥 红外干燥的原理是当水产品吸收红外线后，产生共振现象，引起原子、分子的振动和转动，从而产生热量使水产品温度升高，导致水分受热蒸发而获得干燥。红外线干燥器的关键部件是红外线发射元件。常见的红外线发射元件有短波灯泡、辐射板或辐射管等，如图14-6所示。红外线干燥的最大优点是干燥速率快；同时，这种干燥器结构简单，能量消耗较少，操作灵活，温度的任何变化可在几分钟之内实现，且对于不同原料制成的不同形状制品的干燥效果相同，因此应用较广泛。

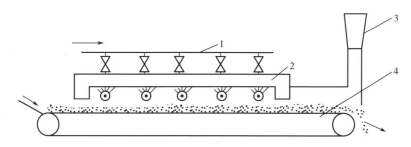

图14-6 辐射管式红外线干燥器

1—煤气管 2—辐射体 3—吸风装置 4—输送器

（2）微波干燥 微波干燥的原理是利用微波照射和穿透水产品时所产生的热量，使水产品中的水分蒸发而获得干燥，因此，它实际上是微波加热在水产品干燥上的应用。根据结构及发射微波方式的差异，微波加热有四种类型，即微波炉、波导型加热器、辐射型加热器及慢波型加热器，它们的结构如图 14-7 所示。

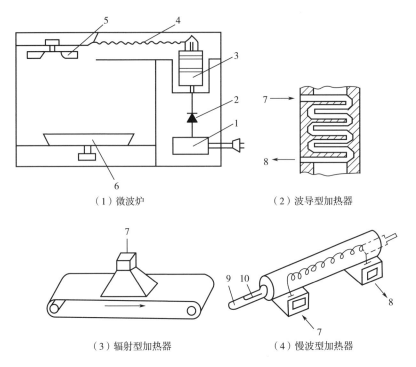

图 14-7　各种型式的微波加热器示意图

1—变压器　2—整流器　3—磁控管　4—波导　5—搅拌器　6—旋转载物台
7—微波输入　8—输出至水负载　9—传送带　10—水产品

　　微波加热器的选择包括选择工作频率和加热器型式等。目前常用的微波加热器频率有 915MHz 和 2450MHz 两种。通常穿透深度与微波频率成反比，故 915MHz 微波炉可加工较厚和较大的物料，而 2450MHz 的微波可加工较薄较小的物料。加热器型式应根据被干燥的水产品的形状、数量和工艺要求来选择。如果被干燥水产品的体积较大或形状复杂，应选择隧道式谐振腔型加热器，以达到均匀加热。如果是薄片状水产品的干燥，宜采用开槽的行波场波导型加热器或慢波型加热器。如果小批量生产或实验，则可采用微波炉。

　　总之，微波干燥的特点是干燥速率非常快，水产品加热均匀，制品质量好，控制方便。要使加热温度从 30℃ 上升到 100℃，只需 2～3min。微波干燥热效率高，设备占地面积小。微波的加热效率可达 80% 左右，其原因在于微波加热器本身并不消耗微波能，且周围环境也不消耗微波能，因此，避免了环境温度的升高。微波干燥的主要缺点是耗电多，因而干燥成本较高。为此可以采用热风干燥与微波干燥相结合的方法来降低成本。

　　3. 冷冻干燥

　　冷冻干燥又称升华干燥、真空冷冻干燥等，是将水产品先冻结然后在较高的真空度下，通过冰晶升华作用将水分除去而获得干燥的方法。

　　冷冻干燥设备的基本组成包括干燥室、制冷系统、真空系统、冷凝系统及加热系统等部分。

　　冷冻干燥法能较好地保存水产品原有的色、香、味、营养成分以及形态。冻干的水产品脱水彻底，保存期长。

图 14-8 是一种旋转式连续干燥设备。它的主要特点是干燥管的断面为多边形，物料经过真空闭风器（又称进料闭风器）进入加料斜槽，并进入旋转料筒的底部，加料速率应能使筒内保持一定的料层（料层顶部要高于转筒底部干燥管的下缘）。每当干燥管旋转到圆筒底部时，其上的加料螺旋便埋进料层，并因转动而将物料带进干燥管。通过控制加料螺旋的螺距、转轴转速及进料流量等，就可使干燥管内保持一定的物料量。

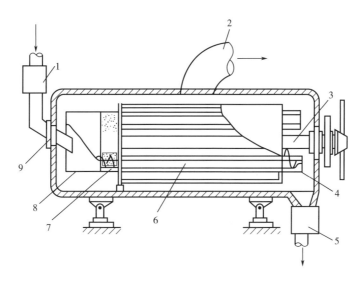

图 14-8　旋转式连续干燥器示意图

1—真空闭风器　2—接真空系统　3—转轴　4—卸料管和卸料螺旋　5—卸料闭风器

6—干燥管　7—加料管和加料螺旋　8—旋转料筒　9—静密封

冷冻干燥法的主要缺点是能耗大、成本高，干燥速率慢，干燥时间长。但冷冻干燥能最大限度保持水产品品质，因此，仍是极具竞争力的干燥技术。

三、腌制技术

（一）基本定义

腌制技术是指用食盐、食糖、食醋和酒糟等辅助材料对食品原料进行处理，使其渗入食品组织内，提高其渗透压，降低其水分活度，并有选择性地抑制微生物活动和酶活力，从而防止食品腐败，改善食用品质，利于保藏的一种加工技术。

（二）技术原理

腌制过程实际上是溶质和溶剂在生物细胞内外扩散与渗透相结合的过程。一方面，食品本身部分脱水，并由于吸收了盐分而造成食品水分活度下降；另一方面，微生物活性受到抑制，从而保护了食品。盐水是高渗溶液，促使微生物细胞内的水分被排出，微生物发生质壁分离，使微生物生长活动停止。腌制就是利用这种原理达到保藏的目的。

腌制过程包括盐渍和熟成两个阶段。盐渍就是水分从鱼肉中渗出，同时食盐也渗入鱼肉中，在食盐产生的高渗透压的环境下，微生物活性受到抑制。食盐能抑制酶的活性和降低食品的水分活度，进而抑制食品腐败变质。

咸鱼的熟成作用是由那些能使蛋白质和脂肪分解的自溶酶引起的。在较长时间的盐渍过程中，鲜鱼肉逐渐失去原来的组织状态和风味特点，肉质变软，从而形成咸鱼特有的风味，即为咸鱼的熟成或称腌制熟成。

（三）加工方法

水产品的腌制方法按腌制时的用料不同大致可分为：食盐腌制法、盐醋腌制法、酱油腌制法、盐矾腌制法、盐糖腌制法、盐糟腌制法、盐酒腌制法、多重复合腌制法（如香料渍法）。按腌制品的熟成程度及外观变化不同可分为普通腌制法和发酵腌制法。

食盐腌制法按用盐方式不同可分为干腌制法、湿腌制法和混合腌制法；按盐渍的温度不同可分为常温盐渍法和冷却盐渍法。

1. 干盐渍法

在鱼品表面直接撒上适量的固体食盐进行腌制的方法称为干盐渍法。擦盐后，层堆在腌制架上或层装在腌制容器内，各层之间还应均匀地撒上食盐，在外加压或不加压条件下，依靠外渗汁液形成盐液（即卤水），腌制剂在卤水内通过扩散作用向鱼品内部渗透，比较均匀地分布于鱼品内。但因盐水形成是靠组织液缓慢渗出，开始时盐分向鱼品内部渗透较慢，因此，腌制时间较长。干腌法具有鱼肉脱水效率高、盐腌处理时不需要特殊的设施等优点。但它的缺点是用盐不均匀时容易产生食盐的渗透不均匀，由于强脱水的原因致使鱼体的外观差，盐腌中鱼体与空气接触容易发生脂肪氧化等，因此，该法适宜体形较小和低脂鱼类的加工。

2. 盐水渍法

将鱼体浸入食盐水中进行腌制的方法称为湿腌法。通常在坛、桶等容器中加入规定浓度的食盐水，并将鱼体放入浸腌。这种方法常用于盐腌鲑、鳟、鳕鱼类等大型鱼及鲐鱼、沙丁鱼、秋刀鱼等中小型鱼。盐水浸腌由于是将鱼体完全浸在盐液中，因而食盐能够均匀地渗入鱼体；盐腌中因鱼体不接触外界空气，不容易引起脂肪氧化（油烧现象）；不会产生干腌法常易产生的过度脱水现象，因此，制品的外观和风味均好。但其缺点是耗盐量大，并因鱼体内外盐分平衡时浓度较低，达不到饱和浓度，所以，鱼不能作较长时间贮藏。

3. 混合盐渍法

混合盐渍法是干盐渍法和盐水渍法相结合的腌制法。即将鱼体在干盐堆中滚粘盐粒后，排列在坛或桶中，以层盐层鱼的方式叠堆放好，在最上层再撒上一层盐，盖上盖板再压上重石。经一昼夜左右从鱼体渗出的组织液将周围的食盐溶化形成饱和溶液，再注入一定量的饱和盐水进行腌制，以防止鱼体在盐渍时盐液浓度被稀释。采用这种方法，食盐渗透均匀，盐腌初期不会发生鱼体的腐败，能很好地抑制脂肪氧化，制品的外观也好。

4. 低温盐渍法

（1）冷却盐渍法 将原料鱼预先在冷藏库中冷却或加入碎冰，使其达到0℃时再进行盐渍的方法。此种盐渍法在气温较高的季节可阻止鱼肉组织的自溶作用和细菌作用，保证鱼品的质量。在确定用盐量时，必须将冰融化为水的因素考虑在内。

（2）冷冻盐渍法 预先将鱼体冻结后再进行盐渍。随着鱼体解冻，盐分渗入，盐渍逐渐进行。此法的目的是防止在盐渍过程中鱼肉深处发生变质，因为大型而肥壮的鱼体盐渍过程很慢，而冷冻本身就是一种保藏手段。此种先经冷冻再行盐渍的方法，对保持鱼品质量比较有效。但本法操作较繁复，主要用于盐渍大型而肥壮的贵重鱼品。

四、熏制技术

（一）基本定义

熏制是人类用于加工、保存肉类和鱼类的重要手段之一，主要是用燃烧生产的烟熏来处理水产品，使有机成分附着在水产品表面，抑制微生物的生长，达到延长水产品保质期的目的。经过烟熏的制品还会有一种诱人的烟熏味，从而改善制品的风味。

（二）技术原理

熏制过程中，各种脂肪族和芳香族化合物如醇类、醛类、酮类、酚类、酸类等凝结沉积在制品表面并渗入近表面的内层，从而使熏制品形成特有的色泽、香味，具有一定保藏性。熏烟中的酚类和醛类是熏制品特有香味的主要成分。渗入皮下脂肪的酚类可以防止脂肪氧化。酚类、醛类和酸类还对微生物的生长具有抑制作用，不产生芽孢的细菌经烟熏 3h，伤寒菌、葡萄球菌等病原菌经烟熏 1h 即死灭。但芽孢菌对熏制品具有抗性。熏烟的防腐作用一般只限于食品的表层，因此鱼类等熏制品所具备的保藏作用部分来源于熏制时热烟和热空气的干燥作用以及熏前盐渍处理的脱水作用。

1. 干燥作用

熏制过程是一种干燥过程，在此过程中，原料中的水分逐渐减少，减少到使细菌难以繁殖的程度。熏干过程中，水分既在表面蒸发，同时又从原料内部向表面扩散，一旦水分在原料内部扩散速度小于蒸发速度，原料会随着表面水分的损失而干燥变硬，并在表面形成膜。此外，在熏干过程中，原料长时间处于高温中，表面的蛋白质由于热或者熏烟中醛、酚等物质的作用而发生变化形成膜。熏制食品的表面易受到微生物污染，但表面的膜有效地阻止了表面污染菌向内层侵入和在表面繁殖。

2. 熏烟成分的作用

熏烟具有杀菌效果的主要成分有酚类、甲醛、酸类等，其他成分有乙醇等。因此，在熏烟过程中很多微生物受到影响，特别是食品表面的微生物会被杀灭。同时，这些具有杀菌、防腐作用的物质，烟熏后仍残存在食品中，从而提高了食品的保存性。熏烟的杀菌作用随着熏烟浓度的增加而提高，随着烟熏时间的延长而增强。

烟熏具有抗油脂氧化作用，水产品尤其是多脂鱼中含有大量不饱和脂肪酸及高度不饱和脂肪酸，在长期贮藏过程中常易发生油烧现象。但在熏制过程中，鱼品却呈现出良好的油脂稳定性，而且烟熏鱼品中的油脂在贮藏过程中比较稳定。此外，熏鱼中的维生素 A、维生素 D 在熏干、保存中也不会受到破坏。这主要是因为熏烟成分中存在有防止氧化作用的酚类物质。显然，熏制时间越长，酚类物质被食品吸收得越多，抗氧化效果越好，熏制品的品质就越好。

（三）加工方法

熏制水产品的基本加工工艺流程如图 14-9 所示。

图 14-9 熏制水产品工艺流程

1. 冷熏法

冷熏法是将原料鱼长时间盐腌，使盐分含量稍高，熏室温度控制在蛋白质热变性温度区以下（15~30℃）进行长时间（1~3周）熏干的方法。冷熏制品水分含量一般在45%以下，盐分含量为8%~10%。为了防止熏制初期的原料变质，通常在前处理时使用较高浓度的食盐，再经脱盐，除去过多盐分及可溶性成分，使鱼肉容易干燥、肉质坚实，且不易变质。通过熏制与干燥相结合，熏烟成分在冷熏制品中渗透较均匀且较深。与其他熏制法相比，冷熏制品的耐藏性相对较好，保藏期可达数月。水产品中常用于冷熏的品种有鲱、鲑、鲐、鳕等。冷熏时，熏室温度宜保持在15~23℃，避免引起肉质热凝固变性。高于此温度可能会引起腐败变质；而温度过低，则干燥效率低，故通常要求环境温度在16~17℃的季节或采用具有制冷功能的熏制设备进行熏制。

2. 热熏法

热熏法是将原料置于添加适量食盐的调味液中短时间浸渍，然后在比较接近热源之处，用较高温度（30~80℃）熏制的方法。热熏制品水分含量为45%~60%，盐分含量为2.5%~3.0%，制品肉质柔软，口感好，风味优于冷熏制品，但保藏性略差，一般常温贮藏期仅为4~5d，欲长时间贮藏时，需辅之以冻藏、罐藏等手段。热熏法熏制温度较高，可常年生产，主要原料有鲑鳟类、鲱、鳕、秋刀鱼、沙丁鱼、鳗鲡、鱿鱼、章鱼等。

3. 液熏法

在用木材制造木炭时，将其产生的熏烟进行浓缩，除去油分、焦油的水溶性物质称为熏液（木醋液）。液熏法是将原料放在用水或淡盐水稀释至3倍左右的熏液中浸10~20h，干燥后制成成品的方法。从产品的色调和干燥度考虑，也有与通常烟熏法并用的。液熏法的特点为：不需要熏烟发生器而大大节省投资；液态熏烟制剂的成分较稳定，使制品的品质也较稳定；液态熏烟制剂是经过特殊净化的，已清除了熏烟中的固相残留物，故无致癌危险或大大降低了致癌的可能性。

4. 电熏法

电熏法是将制品以一定距离间排开相互连上正负电极，然后一边送烟，一边施以15~30kV的电压使制品作为电极进行放电。其优点为：烟粒子会极速吸附于制品表面，烟的吸附大大加快，烟熏时间大大缩短。由于烟熏带电渗入食物中，产品具有较好的贮藏性。缺点为：烟熏成分容易过分集中于食物尖端，设备费用较为昂贵，这种方法目前几乎未被采用。

5. 快熏法

此法大多先将烟熏中的有效成分溶解于水中，鱼体浸入或喷射溶液后，再经短时间熏干。或将鱼体浸入配成一定浓度的木醋酸溶液中浸渍数秒，再在10~20℃的熏房中熏干，如此反复进行2~3次，经30~60h熏干，可得到与长时间冷熏法同样的效果。

五、罐藏加工技术

（一）基本定义

罐藏加工技术是将经过一定处理的食品装入容器中，经密封杀菌，使罐内食品与外界隔绝而不再被微生物污染，同时又杀死罐内绝大部分微生物并使酶失活，从而消除了引起食品变质的主要因素，使之在室温下长期贮存的一项技术。

这种密封在容器内、经杀菌而在室温下能够较长时间保存的食品称为罐藏食品，俗称罐头。

（二）技术原理

1. 传统热杀菌

在传统的水产品罐头杀菌方法的选用中，主要以热杀菌为主，原因在于它能够保证食品在微生物方面的安全。杀菌强度的控制，既要达到灭菌的目的，又要尽可能保持食品的风味与营养价值。根据杀菌温度，有低温杀菌与高温杀菌之分。前者的加热温度在80℃以下，是一种可杀灭病原菌及无芽孢细菌，但对其他无害细菌不完全杀灭的方法。后者是在100℃或以上的温度条件下，对罐内微生物进行杀灭的方法。但是，即使是高温杀菌，有时也难以达到完全无菌。因此，实际上生产的罐头是含菌的，只要罐内残存的细菌无损于罐头的卫生与质量，能长期保持罐头的标准质量即可。这种使细菌降低到"可接受的低水平"的杀菌操作即为商业杀菌。

2. 超高压杀菌

超高压杀菌技术，是指在密闭容器内，用水或其他液体作为传压介质对软包装食品等物料施以100~1000MPa压力，从而杀死其中几乎所有的细菌、霉菌和酵母菌，而且不会像高温杀菌那样造成营养成分破坏和风味变化。超高压杀菌的机制是通过破坏菌体蛋白中的非共价键，使蛋白质高级结构破坏，从而导致蛋白质凝固及酶失活。超高压还可造成菌体细胞膜破裂，使菌体内化学组分产生外流等多种细胞损伤，这些因素综合作用导致了微生物死亡。

3. 其他杀菌

在保证食品自身微生物安全数值的过程中，还必须使食物能够保持自身新鲜的味道、营养以及色泽等。而冷杀菌技术就是食品杀菌技术发展过程中所衍生出的一种环保杀菌技术，该技术在针对食品进行杀菌的过程中，不会对食物造成太大的升温。这不但能够有效地保存食物自身新鲜性，还能够保持其中的味道、成分等，也正是由于冷杀菌技术所存在的巨大优势，所以该技术在食品罐头生产行业中的应用范围极为广泛。冷杀菌技术也成为近年来相关领域的研究热点，衍生出来辐射杀菌、脉冲强光杀菌、紫外线杀菌、高压杀菌等多种不同的技术，这类技术未来将被广泛地应用到多种食品行业。但目前，只有超高压杀菌技术逐步成熟，被广大生产企业所应用，而其余一些冷杀菌技术还仅处在实验室研究阶段。因此，加强冷杀菌技术的研究工作，对于食品行业来说有着极其重要的作用，能够为人类的健康生活起到良好的促进作用，促使整个食品生产行业更加环保、卫生。

（三）水产品罐头常见质量问题及质量控制

1. 腐败变质

罐头的腐败变质主要是由微生物引起，包括杀菌前腐败、杀菌不足、嗜热菌腐败、杀菌后腐败等几种类型。

杀菌前腐败可能因微生物或酶作用而引起，这些微生物是能产生耐热性毒素的病原菌，并可能引起食物中毒。因此，加工前原料的检验非常重要，品质差的原料必须剔除，加工中各步骤均应在卫生良好且较低温度下进行。

杀菌不足可能因热处理设计错误或操作不当而引起，因此，一定要保持热处理中的一些重要因素，例如产品初温、处理时间和产品中含菌量为最佳状况，杀灭微生物及其芽孢。

嗜热菌腐败一般是贮存在高温（40℃以上）时，因各种嗜热性、耐热产芽孢非病原菌的生长而导致腐败，此类罐头必须在杀菌处理后迅速冷却至35~40℃。

杀菌后腐败占腐败鱼罐头的60%~80%。主要原因为：罐头二重卷封有瑕疵；冷却水中或混罐的滑道上有微生物污染；罐装填充处理设备操作或调整不良；杀菌处理后对热罐处理不当。为减少杀菌后腐败，必须确保空罐检验与处理系统控制良好，冷却用水要经氯化处理，并减少在厂内作业、运输、销售期间对罐头的损伤。

2. 硫化物污染

含硫蛋白较高的水产品，在加热和高温杀菌过程中会产生挥发性硫（若罐内残存细菌分解蛋白质，也能生成硫化氢），这些硫化物与罐内壁锡反应生成紫色硫化斑（硫化锡），与铁反应则生成黑色硫化铁而污染内容物变黑。其挥发性硫生成量的多少，与鱼、贝类的pH、新鲜度等有关。一般新鲜度差、碱性情况下易发生。在一般情况下，加热杀菌时会黑变，若罐头冷却不充分，在贮藏期间也会黑变。防止方法如下：加工过程严禁物料与铁、铜等工器具接触，并控制用水及配料中这些金属离子的含量；采用抗硫涂料铁制罐；空罐加工过程，应防止涂料划伤，罐盖代号打字后补涂；选用活的或新鲜原料加工，并最大限度地缩短工艺流程；煮沸水中加入少量的有机酸、稀盐水或以1g/L的柠檬酸、酒石酸溶液将半成品浸泡1~2min。另外，装罐后加入有机酸，使内容物维持pH 6左右也有明显效果。

3. 血蛋白的凝结

清蒸、茄汁、油浸类罐头，常发生内容物表面及空隙间有豆腐状物质，一般称为血蛋白。血蛋白是由于热凝性可溶蛋白受热凝固而成，它降低成品外观的美观度。其形成与鱼的种类、新鲜度和洗涤、盐渍、脱水等条件有关。为了防止和减少血蛋白的形成，应采用新鲜原料，充分洗涤，去净血污，并用盐渍方法除去部分盐溶性热凝性蛋白，一般采用100g/L盐水浸泡25~35min，能有效地防止血蛋白形成。同时，还应在脱水前洗净血水，并做到升温迅速，使热凝性蛋白渗出鱼表面前在内部就凝固。

4. 清蒸水产罐头变色

蟹罐头久存后发生青斑的原因：蟹血中含有血蓝蛋白质，其中0.17%~0.28%的成分是铜与硫化氢化合形成青色的硫化铜；血蓝蛋白质氧化后成为带色的氧化血蓝蛋白质。总之，蟹不新鲜或除血不净，尤其是蟹腿、爪的关节部位容易发生青斑。

为防止色变，在加工中要做到严禁与铁、铜等金属接触；必须采用抗硫涂料罐；硫酸纸使用前应先用5g/L柠檬酸液煮沸30min；加工过程中进行必要的护色处理；密封后必须迅速杀菌冷却。

5. 茄汁鱼类罐头色泽变暗

茄汁鱼类罐头生产过程中常出现茄汁变褐、变暗现象，从而降低了产品质量。影响番茄汁色泽的主要因素是番茄红素在高温长时间受热和接触铜时易氧化成褐色，与铁接触会生成鞣酸铁。因此，配制茄汁最好使用不锈钢容器。茄汁应按生产需用量随时配用，防止因积压使茄汁变色。茄汁鱼类罐头贮藏温度过高（一般在30℃以上）时褐变加速，贮藏温度以不高于20℃左右为宜。

6. 水产罐头的结晶

在贮藏过程中，水产罐头常产生无色透明的玻璃状结晶——磷酸铵镁，从而显著降低商品价值。防止结晶产生的主要办法有：采用新鲜原料，原料越新鲜，蛋白质因微生物作用及肉质自溶作用而分解产生的氨量也越少；控制pH在6.3以下时，磷酸铵镁溶解度大，难以析出，因此在生产虾、蟹罐头时,都采用浸酸处理,但对酸液浓度、浸泡时间等条件应严格控制;避免使用粗盐或用海水处理原料,粗盐和海水含镁量较高,能促进结晶析出;杀菌后迅速冷却,使内容物温度尽快通过大型结晶生成带;添加明胶、琼脂等增稠剂,提高罐内液汁黏度,使结晶析出变慢。

7. 肉质的软化(液化)

肉质的软化或液化是指虾、蟹类等水产罐头经一段时间贮藏后,肉质往往软化而失去弹性,用指端按压有软散甚至糊状感的现象,使产品失去食用价值。软化出现的原因,主要是原料不新鲜,杀菌不充分,受耐热性枯草杆菌等微生物作用而引起。为此,必须采用新鲜的原料,减少土壤微生物等对食品的污染;加工过程要迅速、保证卫生,严防微生物污染;确保罐头的杀菌温度和时间符合操作规程;在加工过程中可用加冰的方法来降低虾肉温度,防止半成品变质。

8. 黏罐

鱼皮或鱼肉黏于罐内壁,影响形态完整,这是因为鱼肉和鱼皮本身具有黏性,加热时首先凝固,同时鱼皮中的生胶质受热水解变成明胶,极易黏附于罐壁,产生黏罐现象。防止方法:选用新鲜度较高的原料;采用脱膜涂料膜或在罐内涂植物油;鱼块装罐前烘干表面水分或浸5%乙酸溶液(只适用于茄汁鱼类),也能防止或减轻黏罐发生。

9. 瘪听

由于装罐时不加或少加汁,在杀菌后冷却过程中往往因真空度极大易引起瘪听现象。为此,宜选用厚度适当的镀锡薄钢板,并选用强度高的膨胀圈罐盖;罐头在杀菌结束后降温降压要平稳,宜用温水先冷却罐头,然后再分段冷却至40℃左右;控制罐内真空度不宜过高,并应防止生产过程中罐头的碰撞。

10. 罐内油的红变

油浸鱼类罐头经过一段时间贮藏后,罐内油会变成显著的红褐色。罐内油变红的主要原因是由于植物油中含有色素或呈色物质。含呈色物质的油对各种刺激(如紫外线)很不稳定,生产过程中受到热和光的作用而变色。当植物油中混有胶体物质及氧化三甲胺还原而成的三甲胺时,油脂更容易变红。为防止红变,应尽可能采用新鲜的原料,充分去除内脏;避免光线特别是紫外线的影响;加注的油要适量;工艺过程要迅速,尽量减少受热时间。

第二节 鱼糜加工技术

一、冷冻鱼糜加工技术

(一)基本定义

鱼糜是指原料鱼经预处理(包括去鳞或皮、去头、去内脏)、水洗、采肉、漂洗、脱水、精滤等工序制成的净鱼肉。在此基础上,加入抗冻剂进行斩拌混合,再经称量、包装、速冻等工序制成冷冻鱼糜。目前,鱼糜的主要商品形式是冷冻鱼糜,而后者是加工多种鱼糜制品的中间原料。根据是否添加食盐,冷冻鱼糜可分为无盐鱼糜和加盐鱼糜;无盐鱼糜一般在鱼肉中添加5%蔗糖和0.2%~0.3%多聚磷酸盐,而加盐鱼糜则添加5%蔗糖及2.5%食盐。尽量避免鱼类蛋白在冷冻和冻藏过程中产生变性是冷冻鱼糜生产技术的核心。

（二）技术原理

1. 冷冻鱼糜蛋白质的变性原因

冻结时，鱼肉组织中的部分结合水在-18℃冻结形成冰晶，从而引起结合水和蛋白质分子的结合状态破坏，加之冰晶体互相挤压，使维系依赖蛋白质结构稳定的部分化学键破坏，部分化学键重建，使蛋白质凝聚而产生不可逆变性；冻结引起的冰晶析出会导致肌肉细胞液的浓缩，使其中的盐浓度升高和 pH 改变，由此引发鱼肉蛋白的变性；冻藏过程中，蛋白氧化会引起氨基酸破坏、肽链断裂、蛋白质聚集从而导致蛋白质变性。同时，许多脂质降解物具有很强的与多肽、蛋白质结合的能力，随着贮藏时间的延长造成蛋白质聚合体使溶解性降低。

鱼糜蛋白发生冷冻变性后，会导致肌球蛋白头部的 Ca^{2+}-ATPase 活性丧失和肌原纤维蛋白质的溶解性变差，这些指标常常用来评价冷冻鱼糜蛋白质的变性程度。

2. 影响冷冻鱼糜蛋白质变性的因素

（1）原料鱼种类　在冻结和冻藏中，肌原纤维蛋白质冷冻变性的速度随鱼种的不同而不同，比如，某些淡水鱼的肌原纤维蛋白相比其他鱼类更容易发生冷冻变性。因此，原料鱼在捕捞后需要立即冰藏或冰冻，并在上岸后尽快加工。

（2）原料鲜度和 pH　蛋白质冷冻变性的速度往往随着原料鱼鲜度的下降而降低，当鱼解僵完成以后，其蛋白更容易产生变性。当原料鱼 pH 较低时，肌原纤维蛋白也更容易在冷冻时发生变性。

（3）冻结速度和冻藏温度　尽管冻结速度对鱼肌肉中蛋白的变性有一定影响，但对鱼糜中蛋白质的冷冻变性无显著影响。而冷冻温度对鱼糜蛋白质的变性影响较显著，冷冻温度越低，蛋白质的变性程度越小。

3. 防止蛋白质冷冻变性的方法

在冷冻鱼糜的实际生产中，为防止蛋白质冷冻变性，常常加入抗冻剂，主要是糖类和山梨糖醇，为进一步提高抗冻效果，通常还添加一定量的复合磷酸盐。

由于含有较多的羟基糖类分子可有效防止鱼糜蛋白的冷冻变性，羟基基团数越多，抗冻效果越好。研究表明蔗糖和山梨糖醇比其他糖类具有更强的抗冷冻变性效果。由于蔗糖和山梨糖醇来源广、价位低，它们已成为冷冻鱼糜生产中最常使用的抗冻剂。然而，需要注意的是，GB 2760—2024《食品安全国家标准　食品添加剂使用标准》中规定，鱼糜制品中山梨糖醇含量不得超过 2%。此外，在鱼糜中添加复合磷酸盐（三聚磷酸盐、六偏磷酸盐和焦磷酸盐），可明显提高冷冻鱼糜的持水性，其添加量一般为鱼糜量的 0.1%~0.3%。

（三）加工工艺和操作要点

冷冻鱼糜的加工工艺流程如图 14-10 所示。

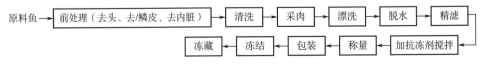

图 14-10　冷冻鱼糜工艺流程

1. 原料鱼

原料鱼的鲜度是保证产品质量的最重要的先决条件之一。应尽可能使用处于僵硬期的原料鱼，处理前在较低温度下贮藏。

2. 原料前处理和清洗

对原料鱼整体进行表面洗涤，然后用机械或手工方法将头、鳞或皮和内脏去除。再次用水清洗腹腔，除去残余内脏、血污以及黑膜等。清洗设备一般采用连续式自动清洗机。

3. 采肉

采肉是利用采肉机将鱼体的皮、骨以及鱼刺去除而把鱼肉分离出来的过程。通常采 2~3 次，由于冷冻鱼糜的加工质量要求比较高，一般是用第一次采下的鱼肉来进行加工。

4. 漂洗

漂洗是用水或水溶液对所采的鱼肉进行洗涤，主要目的是除去鱼肉中的水溶性蛋白质、血污、色素、气味、脂肪及无机离子（如钙离子、镁离子）等成分。漂洗时，水温要控制在 10℃ 以下，用水量一般为 5~10 倍的鱼肉体积，慢速搅拌 8~10min，再静置 10min 使鱼肉充分沉淀，倾去表面漂洗液，换水，如此重复 2~3 次。对于多脂、红色鱼肉，为达到漂洗目的，往往用清水、碱性盐水（1.5g/L 碳酸氢钠溶液和 1.0g/L 食盐溶液混合）以及 1.0g/L 食盐水依次进行交替漂洗。

5. 脱水

漂洗后的鱼肉水分含量较高，需要进行脱水处理。常用的脱水设备有过滤式旋转筛、螺旋压榨机、离心机。脱水后的鱼糜要求水分含量为 80%~82%。在漂洗过程中，可以在最后一次漂洗水中添加 0.3% 左右的食盐，提高离子强度使鱼肉蛋白亲水性降低，以利于脱水。

6. 精滤

脱水后的鱼肉需要精滤处理，以除去鱼肉中较小的骨刺、皮、腹膜等。精滤过程应注意选择合适孔径（一般为 1.5~2mm）和调节进料的速度。同时，由于摩擦作用的存在鱼肉温度会升高，因此需要控制温度，鱼肉温度最好控制在 10℃ 以下。

7. 搅拌

将加入的抗冻剂与鱼糜搅拌均匀，以防止冷冻和冻藏过程中鱼糜蛋白发生过度的冷冻变性。糖类、山梨糖醇、复合磷酸盐等都具有较好的降低鱼糜蛋白质冷冻变性的作用。

8. 称量与包装

将混好均匀的鱼糜充填制成长方体等形状，装入塑料袋进行内包装。

9. 冻结和冻藏

充填后的鱼糜尽可能在短时间内冻结，通常用平板冻结机冻结，产品中心温度宜在 3h 内降至 18℃ 以下。金属探测后装入纸箱，并在纸箱外标明原料鱼名称、鱼糜等级、生产日期等相关信息，运入冷库冻藏直至被用于鱼糜制品生产。冻藏时间一般不超过 6 个月。

二、其他鱼糜制品加工技术

（一）基本定义

将冷冻鱼糜解冻或直接由新鲜原料制得的鱼糜再经擂溃或斩拌、成型、加热和冷却工序制成的产品称为鱼糜制品。鱼糜制品在我国的加工历史悠久，在 20 世纪 80 年代之前，我国鱼糜制品的加工一直是以作坊式生产为主，随着冷冻鱼糜和鱼糜制品生产线的引进，才开始进入较大规模的工业化生产。经过 40 年的引进、消化、吸收和创新，不仅实现了冷冻鱼糜及鱼糜制品的生产机械化、连续化和自动化，而且还开发了一系列新型鱼糜制品，如鱼丸、虾丸、鱼香肠、鱼肉香肠、模拟贝柱、模拟虾肉、鱼糕等新产品。随着人们生活水平的不断提高，鱼糜制品因营养丰富和方便食用而深受消费者的欢迎，鱼糜制品行业将会在我国得到进一步的发展。

（二）技术原理

使产品形成良好的弹性是鱼糜制品生产技术的核心，在实际生产过程中，弹性的形成主要与肌原纤维蛋白在加工体系中的溶解性和盐溶蛋白的热诱导凝胶化等特性有关。

1. 肌原纤维蛋白的溶解性

鱼类肌肉中的蛋白质按照溶解性一般可分为水溶性肌浆蛋白、盐溶性肌原纤维蛋白和不溶性结缔组织蛋白，其中，盐溶性肌原纤维蛋白在加热过程中能够形成具有弹性的三维网络结构，同时将水分和脂肪束缚住。这对于鱼糜制品品质的形成具有至关重要的作用。肌原纤维蛋白的溶解性主要取决于加工体系中食盐的含量，向鱼糜中加入 2%～3% 的食盐进行擂溃，在机械作用下肌纤维的完整结构被破坏，鱼肉中的盐溶性蛋白溶出形成黏稠和具有塑性的蛋白溶胶，加热后黏性和可塑性消失并形成具有弹性的凝胶体。一定量的食盐添加时保证肌原纤维蛋白有效溶出的必要条件，只有足够的肌原纤维蛋白被溶出才能确保在后续的热加工过程中形成良好的三维网状结构，赋予产品良好的弹性。

2. 肌原纤维蛋白热诱导凝胶的形成

鱼糜经过擂溃后，肌原纤维蛋白充分溶解形成溶胶，加热时，肌原纤维蛋白热溶胶转变为凝胶。肌原纤维蛋白受热变形而展开，展开的蛋白基团因聚集而形成具有网络结构的凝胶体。蛋白分子的解聚和伸展，使反应集团暴露出来，特别是疏水基团有利于蛋白间的相互作用，这是蛋白发生聚集的主要原因。另外，氢键、离子键以及二硫键对于蛋白的聚集起到了重要的作用。肌原纤维蛋白中的肌球蛋白是凝胶体的主要成分，在溶胶向凝胶的转变过程中肌球蛋白头部先发生变性交联，随后尾部进一步的聚集。即，在较低温度下（43℃），肌球蛋白的头部发生聚集，当温度继续升高（55℃），肌球蛋白分子尾部展开并聚集进而形成三维网络结构。

另外，在鱼糜擂溃过程中通常还加入淀粉，淀粉在加热过程中能够吸水溶胀进一步充实蛋白网状结构，增强凝胶体的弹性。然而，添加过量淀粉则会引起弹性的下降。

（三）加工工艺和操作要点

1. 工艺流程

鱼糜制品工艺流程如图 14-11 所示。

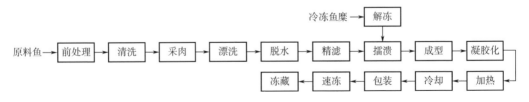

图 14-11　鱼糜制品工艺流程

2. 操作要点

如果以鲜鱼为原料，擂溃以前的工艺与冷冻鱼糜工艺的相同，下面主要介绍以冷冻鱼糜为原料生产鱼糜制品的一般生产工艺。

（1）解冻　解冻一般采用3~5℃空气或流水解冻法，待鱼糜中心温度升至-3℃后，将鱼糜切割绞碎。然后，当鱼糜中心温度为-1~0℃，可进行擂溃或斩拌。

（2）擂溃或斩拌　擂溃是鱼糜制品生产的重要工艺之一，具体操作过程分为空擂、盐擂和调味擂三个阶段。空擂指只擂溃鱼肉，一般进行5min左右；然后是盐擂，即加盐擂溃，一般进行10~15min，最后是添加各种调味料的调味擂，总擂溃时间30~45min。在擂溃过程中需要严格控制鱼糜的温度，否则鱼糜蛋白容易发生变性，持水能力下降，加热后不能形成较好的网络结构，产品呈现豆腐渣状。鱼糜在擂溃过程中温度一般控制在15℃以下，可通过控制环境温度或者加入碎冰来实现。

（3）成型　经擂溃后，鱼糜的黏性较强，并具有一定的可塑性，可赋予其一定的形状，再经加热即成为鱼糜制品。值得注意的是，成型与擂溃操作需要连续进行，两者之间的间隔不宜过长，否则擂溃后的鱼糜在室温下放置会因凝胶化现象而失去黏性和塑性，无法成型。

（4）凝胶化　鱼糜在加热前，往往需在较低的温度条件下放置一段时间，这一过程称为凝胶化，其目的主要是提高鱼糜制品的弹性。凝胶化温度越低，所需的时间越长。目前，常用的凝胶化方法有：40℃左右保温2~4h或者0~4℃保温12~24h。

（5）加热　加热也是鱼糜制品生产中的重要工艺之一，一般采用85~95℃条件下加热30~40min，使中心温度达到75℃，其目的主要包括使蛋白质变性聚集形成具有弹性的凝胶体和杀灭细菌。加热的方式多样，包括蒸、煮、烤、炸、煎等或采用组合的方法进行加热，加热的设备包括自动蒸煮机、自动烘烤机、鱼丸和鱼糕油炸机、鱼卷加热机、高温高压加热机、远红外线加热机和微波加热设备等。

（6）冷却、包装　加热完成的鱼糜制品需要迅速冷却，使其吸收加热时失去的水分，防止发生皱皮和褐变现象，使制品表面柔软和光滑。冷却后的鱼糜制品一般采用自动包装机或真空包装机包装。

（7）速冻、冻藏　鱼糜制品一般需经速冻后在低温中贮藏和流通，冻结时冻结温度一般选择-35℃，鱼糜制品中心温度在3~4h内降至-20℃。贮藏和流通温度要求在-18℃以下。通常设备包括平板冻结机或单冻机进行速冻。

第三节　海珍品加工技术

一、海参加工技术

（一）海参加工特性

海参是一种海洋无脊椎动物，属于棘皮动物门（Echinodermata）海参纲（Holothuroidea 或 Holothurioidea）。海参不含胆固醇，低脂肪，高蛋白，富含多种活性成分，营养价值高，在我国一向被人们视为佐膳佳品和强身健体的理想滋补品。

海参具有许多特殊的加工特性。首先，海参具有极强的自溶能力，其体内存在自溶酶，在一定的外界条件刺激下，自身酶系被激活，经过表皮破坏、吐肠、溶解等过程，自行化为液体。其次，海参"复原"能力极强，鲜海参在受热后，体壁发生明显收缩，而盐渍海参、干海参、淡干海参等在水中浸泡后，又可涨发至原海参大小，并且此过程可反复数次。此外，即食海参需要低温冷藏。虽然即食海参已经进行了高温杀菌处理，但多数只能在低温冷藏条件下销售，温度一旦升高，即食海参会变软、弹性丧失，失去原有形态，进而完全失去商品价值。

（二）海参自溶的控制

参与海参自溶的酶，主要是对体壁胶原蛋白有特异降解作用的金属蛋白酶以及存在于内脏的丝氨酸蛋白酶、半胱氨酸蛋白酶。可以通过调节 pH、温度等因素，控制海参自溶酶，缓解或抑制海参体壁蛋白质的降解作用，以减少新鲜海参在运输贮藏及加工中的品质下降和质量损失。另一方面，激活海参自溶酶，促进海参体壁蛋白质的降解作用，可以为海参活性多肽等生理活性物质的制备和开发提供新的方法。有研究发现，紫外线照射可以显著加速海参自溶的过程。因此，通过激活或者抑制海参本体存在的多种内源酶的方法，可以实现对海参自溶降解的有效控制。

（三）海参热加工

1. 质量和组织结构变化

海参热加工的质量损失主要是海参收缩失水引起的。水分含量、存在的状态与加工方法、工艺有关，直接影响产品的组织状态、口感和外观质量。对新鲜海参进行热加工，通常海参质量损失随着加工的延长或加热温度的升高，逐渐加剧，如图 14-12 所示。50℃接近海参组织蛋白酶的最适反应温度，因此海参不宜在 50℃下长时间加工。当加热温度大于 70℃时，随着加热时间的进一步延长，海参体壁反而会出现吸水现象，这是由于海参体壁胶原蛋白受热至一定程度后，变性加剧逐渐变成明胶且呈现吸水现象。

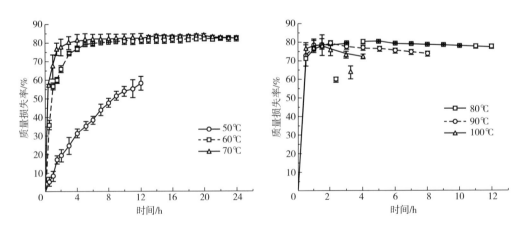

图 14-12　热加工过程中海参体壁质量损失率随时间的变化

热加工会造成海参体积的缩小。随着加热温度的升高，海参收缩到一定程度所需要的时间变短。传统海参食用方式以水发为主，在采用 100℃以上温度对海参进行加工时，不但缩短了热处理的时间，而且显著提高了海参制品的吸水能力。

热加工对海参的组织结构影响也很大。新鲜海参体壁中纤维较细、较长，纤维的分布有一定的方向性，结构较为均匀、有序。但随着加热温度和时间的增加，纤维受到破坏，相互交织聚集，变粗，变紧密，如图 14-13 和图 14-14 所示。

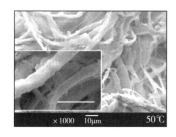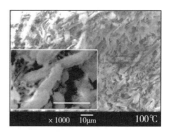

图 14-13　扫描电镜下不同处理温度处理 30min 后海参体壁微观结构

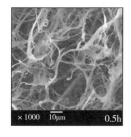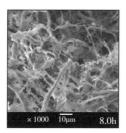

图 14-14　扫描电镜下 60℃不同处理时间下海参体壁结构

2. 海参热加工过程的质构变化

在海参热加工过程中，嫩度（剪切力）、硬度、弹性、咀嚼性、回复性均呈现先升高后降低的趋势，但是达到峰值的情况并不统一。加热温度过高，时间过长，都会导致海参体壁胶原蛋白变性，降解后形成明胶开始崩解、流失，导致组织变得极易破损，难以继续加工。

3. 海参体壁热加工控制曲线

通过对海参体壁加热过程中胶原蛋白的性质、组织结构以及质构参数测定，结合感官评定结果，获得了海参体壁热加工控制曲线（图 14-15）。曲线 A 为海参体壁失水平衡曲线，加热强度达到该曲线后，海参体壁质量减少基本趋于平缓；曲线 B 为海参吸水起始线，加热强度达到该曲线后，海参体壁吸水。在热处理的同时也能出现质量增加的趋势。曲线 B′为海参体壁热加工控制曲线；曲线 C（C′）为海参体壁热加工临界曲线，加热强度达到该曲线后，海参组织开始变得软烂，失去原有形态。海参体壁在加热过程中呈现出的这种宏观变化与内部胶原蛋白的变化息息相关。

海参体壁热加工控制曲线反映了热加工过程中海参体壁品质的变化规律，也是海参体壁的胶原蛋白性质及其质构在加热过程中内在规律的体现。利用该曲线，可以通过调整不同海参制品加工的预处理条件和加工工艺参数，实现对海参品质的控制。

在热加工过程中，海参体壁胶原会变性、降解，并形成明胶。随时间延长至曲线 A 时胶原蛋白已经变性，此后质构仪检测到的剪切力呈现下降的趋势。继续加热，海参体壁胶原蛋白会降解，逐渐形成明胶；当达到曲线 B 时，海参体壁在热处理过程中呈现出吸水特性，此时质构仪测到的海参弹性较好。加热超过 80℃，时间超过 4h 至曲线 C 时，剪切力和

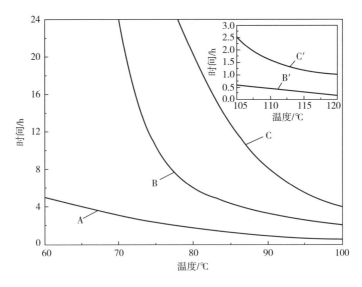

图 14-15　海参体壁热加工控制曲线

A—海参体壁失水平衡曲线　B—海参吸水起始线　B′—海参体壁热加工控制曲线

C（C′）—海参体壁热加工临界曲线

硬度均降至很低，回复性明显下降。这是由于海参体壁胶原蛋白变形后交联形成明胶结构崩解，导致海参品质急剧下降，失去商品价值。因此加工水发类海参产品，可以选择介于曲线 B、C 间区域的合适参数。

对于需要发制的海参产品，当处理条件达到曲线 B 时，胶原蛋白形成的明胶吸水特性会使其组织在发制过程中明显吸水胀大，因此，可以根据海参发制大小来调整工艺参数。加工参数越靠近曲线 C 海参发制得越大，但发制过大的海参剪切力会明显下降，品质变差。其他不需要发制的海参制品，处理条件则尽量控制在曲线 B 以下的区域。如调味即食海参，预处理条件可以控制在曲线 A 和曲线 B 之间的区域，所采用的温度越高则应尽量接近曲线 A，从而减少营养成分损失。

当温度超过 105℃，海参体壁的硬度和咀嚼性会随着加热温度的升高或加热时间的延长明显降低，至一定时间后，其组织变软，但吸水能力明显增强。处理条件达到曲线 B′ 时，海参体壁水发效果好，适宜进行水发海参的加工。越靠近 C′ 曲线，海参体壁发制越大，越容易导致剪切力急剧降低，组织易碎。若进行调味海参制品加工，则应尽量控制在 B′ 以下的区域，从而防止海参体壁组织过于软烂。需要注意的是，在采用高温条件（105～120℃）对海参进行加工时，为避免原料堆积或处理不及时导致制品品质下降，通常在高温处理前采用曲线 A 以内的区域对原料进行预处理。

海参热加工控制曲线是通过大量的实验数据获得的，但是由于海参捕捞季节、产地、个体大小、预处理及加工条件等因素差异会在实际加工中有所变化。

（四）海参干制

以氨基酸含量、硬度、复水率、色度、感官评价为指标，对比空气干燥（air drying，AD）和冷冻干燥，后者保持了海参的产品质量，但加工时间长，能耗高。空气干燥会导致产品质量差，尽管它消耗的能量要少得多。有研究表明，微波冷冻干燥（microwave freeze drying，MFD）

可以大大减少干燥时间和能耗，同时达到与传统冷冻干燥相同的产品质量，如图14-16所示。海参预先浸渍于纳米碳酸钙可以提高真空冷冻海参的介电损耗因子，进而大大缩短海参微波冷冻干燥的干燥时间。

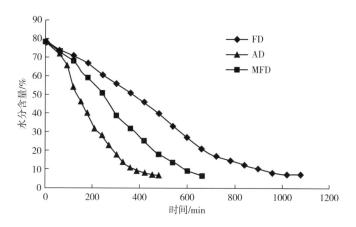

图14-16　不同干燥方法下海参的干燥曲线

此外，有研究对比了热泵干燥和热泵与微波真空联合干燥，后者的干燥时间缩短了50%以上，复水率也有较大提升，感官品质良好。

（五）海参盐渍

对比150g/L盐水盐渍、饱和盐水盐渍和干盐盐渍三种海参盐渍方式，干盐盐渍对于海参体壁粗蛋白和粗多糖的损失最大。盐渍过程中，海参的硬度、咀嚼性、黏聚性上升，而弹性和回复性下降，并且胶原纤维由丝状逐渐变成短粗杂乱的纤维簇，纤维间变得致密。

此外，对于盐渍海参的水发进行比较，发现热水发制，营养物质（多糖、水溶性蛋白和游离氨基酸）的损失是冷水发制的5倍，但细菌数少于冷水发制，且海参的质地、口感优于冷水发制的海参。

二、鲍鱼加工技术

（一）鲍鱼

鲍鱼古称鳆，又名镜面鱼、九孔螺、明目鱼、将军帽等。它是属于腹足纲（Gastropoda）、鲍科（Haliotidae）的单壳海生贝类，属海洋软体动物。鲍鱼呈椭圆形，肉紫红色，鲍鱼肉质柔嫩细滑，滋味极其鲜美，历来有海味珍品之冠的美称。

（二）鲍鱼热加工

为保证鲍鱼的食用安全，延长货架期，传统的热加工方式现已得到广泛应用。然而，热加工处理会加速鲍鱼蛋白质变性与脂肪氧化，从而对鲍鱼品质产生较大影响。

1. 鲍鱼的质量和组织结构变化

热加工过程中，鲍鱼腹足内的水分、蛋白质、糖和矿物质等成分会随着加热时间的延长逐渐损失，导致鲍鱼腹足的质量整体呈现逐渐减少的趋势，如图 14-17 所示。

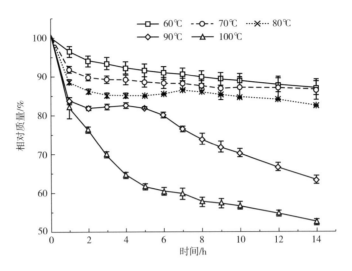

图 14-17　热加工过程中鲍鱼腹足的质量变化

鲍鱼在热加工过程中除腹足质量发生变化外，其重要的结构蛋白——肌原纤维蛋白的结构也会发生明显变化。如图 14-18 所示，鲜活鲍鱼的肌原纤维和胶原纤维排列有序、紧密，纤维间的空隙小，但肌节和 Z 线不明显，这可能是肌原纤维和胶原纤维交织在一起造成的；80℃ 加热 1h 时，鲍鱼组织的微观结构发生了明显变化，肌原纤维受热变粗，纤维间的空隙变大；100℃ 加热 1h 时，鲍鱼腹足的肌原纤维结构破坏更为严重。

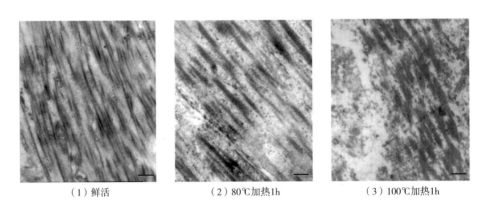

（1）鲜活　　　　　　　（2）80℃加热1h　　　　　　　（3）100℃加热1h

图 14-18　加热过程中鲍鱼腹足中间部位纵切面在透射电镜下的组织结构

2. 鲍鱼的熟化

蛋白质的变性程度是评价肉类食品熟化的重要指标。鲍鱼腹足在热加工过程中，随着加热温度的升高或时间的延长，其蛋白质会逐渐发生变性，表现为肌原纤维蛋白提取率逐渐降低，如图 14-19 所示。随着加热时间的持续延长，鲍鱼腹足纤维发生明显断裂，鲍鱼处于过熟化状态，感官品质明显变差。

通过对鲍鱼腹足在热加工过程中蛋白质的性质、组织结构变化以及质构分析，结合感官评定整理得到了鲍鱼腹足热加工控制曲线（图 14-20），确定了获得鲍鱼腹足热加工食品良好品质的适宜加工控制区域。鲍鱼腹足热加工控制曲线反映了鲍鱼腹足在热加工过程中鲍鱼腹足品质的变化规律，也是鲍鱼腹足的蛋白质性质与质构在渐变过程中内在规律的体现。

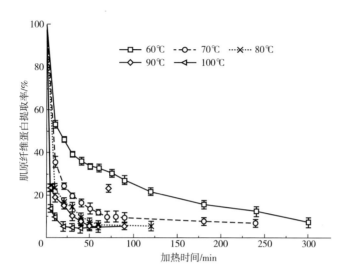

图 14-19　热加工过程中鲍鱼腹足肌原纤维蛋白提取率的变化

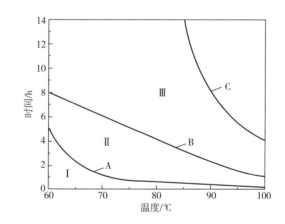

图 14-20　鲍鱼腹足热加工控制曲线

A—鲍鱼腹足熟化曲线　　B—鲍鱼腹足过熟化曲线　　C—鲍鱼腹足热加工临界曲线

Ⅰ—鲍鱼腹足加工未熟化区域　　Ⅱ—鲍鱼腹足适宜加工控制区域　　Ⅲ—鲍鱼腹足加工过熟化区域

（三）常见加工产品

随着现代食品加工与保鲜技术的不断发展，冷冻保藏、物理冷杀菌等创新技术被应用于鲍鱼加工领域，鲍鱼深加工制品也由传统的干制向速冻、罐头、调味品、营养保健品等精深加工方向转变，极大地满足了消费者营养、健康、美味、方便等多元化需求。

1. 干鲍鱼

传统干鲍鱼是将鲜鲍鱼自然晾晒加工而成，虽操作简单，制得的干鲍溏心好、风味佳。但自然晾晒的过程受天气影响较大，不易控制，劳动强度高，加工过程中易混入杂质，无法满足现代工业化生产的需求。因此，热风干燥、冷冻干燥、真空过热蒸汽干燥等现代化干燥工艺技术逐渐被研制开发出来，极大地促进了干鲍鱼制品工业化生产。

2. 冷冻鲍鱼

冷冻鲍鱼是指将新鲜鲍鱼急速冷冻，或者经热处理再冷冻加工而成的一类鲍鱼产品。可分为冻鲍鱼肉、冻全鲍鱼和冻煮鲍鱼3种。

3. 鲍鱼罐头与软包装即食鲍鱼

（1）鲍鱼罐头　鲍鱼罐头，又称汤鲍，食用简单、省时方便，是目前常用的鲍鱼加工方式之一。

（2）软包装即食鲍鱼　为满足消费者携带方便、食用快捷等需求，软包装即食鲍鱼产品应运而生。这类产品因杀菌时间短，可较好地保持鲍鱼的良好品质。目前，市场上开发了多种质构、风味、色泽俱佳的即食鲍鱼产品。

4. 鲍鱼高附加值产品

（1）鲍鱼多糖制品　以鲍鱼性腺为原料，采用生物酶解和连续制备的生产技术即能得到鲍鱼多糖产品。鲍鱼多糖也可作为营养基料添加到食品中，开发营养功能食品。

（2）鲍鱼多肽制品　鲍鱼腹足富含蛋白质，以新鲜或冷冻鲍鱼为原料经生物酶解技术制备鲍鱼多肽原液，干燥获得鲍鱼多肽。也可用鲍鱼食品原液为原料通过添加辅料，制备营养液、鲍鱼多肽调味品、胶囊等多种营养食品。

三、扇贝加工技术

（一）扇贝

扇贝是一种双壳类软体动物，属于软体动物门（Mollusca）、双壳纲（Bivalvia）、异柱目（Anisomyaria）、扇贝科（Pectenidae）。世界上扇贝的近缘种400余种，该科的60余种是世界各地重要的海洋渔业资源，在中国已发现40余种。其中，较重要的经济品种为栉孔扇贝、华贵栉孔扇贝、海湾扇贝、虾夷扇贝、墨西湾扇贝以及长肋日月贝等。

扇贝闭壳肌加工的扇贝柱鲜嫩味美，由其加工制成的干品"干贝"为名贵海味，为海产"八珍"之一，是国际市场上畅销的高档海产品。此外，扇贝裙边是扇贝除去闭壳肌的剩余软体部分，包括扇贝外套膜、生殖腺、消化腺等，约占扇贝总质量的20%。扇贝裙边中含有丰富的蛋白质、脂肪、维生素、微量元素等营养成分，其中氨基酸种类超过18种，必需氨基酸的含量约占总氨基酸的30%，已成为扇贝加工副产物综合利用、研发新产品的重要原材料。

（二）扇贝热加工

1. 热加工过程中扇贝柱的质量变化

扇贝柱质量损失伴随加工温度的提高而增加，伴随加热时间的延长而增大。

在热处理温度为50℃时，扇贝柱在加热初期出现了短暂的吸水过程，质量增加，但随时间延长其转为失水状态。推测可能是由于蛋白质在变性初期，其内部肽键和极性侧链基团暴露在结构表面使极性侧链基团亲水性增加。但伴随加工时间的延长或温度的提高，蛋白质变性程度提高，结构变化使蛋白质亲水能力大大减弱，扇贝柱开始失水，质量下降。在高温条件下处理扇贝柱，由于温度的提高，组织收缩更加迅速，蛋白质变性剧烈，使扇贝柱处于脱水状态，且水溶性的组分随之渗出，导致其质量不断损失。

2. 热加工过程中扇贝柱的组织结构变化

不同加工温度处理下的扇贝柱微观结构有着明显区别。新鲜扇贝柱与低温短时热处理扇贝柱的纤维束略细并呈现均匀分布，局部呈弯曲状；在适宜加热条件下，扇贝柱肌纤维逐渐伸展变直；随着加热温度升高或时间延长，扇贝柱肌纤维间空隙逐渐变大，纤维局部变得细而薄弱，呈现断裂的趋势；在剧烈的加热条件下，扇贝柱肌纤维断裂明显。

3. 扇贝柱的熟化和过熟化

蛋白质变性程度是评价肉类食品熟化的重要指标。扇贝柱在热加工过程中随着加热温度的升高，或加热时间的延长，其肌纤维会由弯曲变得逐渐伸展变直而有序，肌原纤维蛋白也会逐渐变性，表现为提取率的降低。基本完全变性（变形率≥90%）时，扇贝柱肌原纤维蛋白的提取率均低于10%，此时扇贝柱已经熟化，且整体形态饱满，富有弹性。

从扇贝柱组织结构变化来看，未完全熟化时其肌纤维仍处于弯曲状；熟化向过熟化过渡表现为肌纤维逐渐伸展，直至断裂，且断裂程度随之提高。加热超过一定温度和时间后，扇贝柱肌纤维完全断裂；温度越高，肌纤维完全断裂所需时间越短。纤维开始处于无序状态导致扇贝柱品质下降，此时达到扇贝的过熟化状态。若继续加热，扇贝柱的组织将变得粗糙，导致口感变差。

4. 扇贝柱热加工过程的质构变化

热加工过程中，扇贝柱的嫩度、硬度、弹性、咀嚼性、回复性均呈现先升高后降低的趋势。加热后期，扇贝柱纤维间产生严重分散状况，整体形态难以维持，无法取样分析。该现象可能是由于柱内肌纤维间的结合程度变差导致的。

（三）常见加工产品

扇贝柱鲜嫩味美，可加工为干贝柱、冷冻扇贝和即食扇贝。扇贝裙边制品有扇贝裙边风味食品、扇贝裙边罐头、扇贝裙边酱油及调味品、扇贝火锅调料、扇贝珍珠调料、扇贝仔脆片和扇贝鱼油等。扇贝裙边也是氨基酸营养粉和提取牛磺酸的优良原料，同时以扇贝裙边为主要原料研发出的降血脂保健食品也已面向市场。

1. 干贝柱

干贝柱别名江珧柱，是以鲜活扇贝的闭壳肌经过干制加工而成。闭壳肌鲜品色白，质地柔脆，干制后收缩，呈淡黄至老黄色。根据加工方法的不同，可以分为煮干品、蒸干品和生干品。干燥方式主要有自然干燥、热风干燥和真空冷冻干燥。

2. 冷冻扇贝

冷冻扇贝柱是以扇贝的闭壳肌为原料，经水洗、速冻制成的产品。

3. 即食扇贝

即食扇贝，包括即食全贝、即食贝柱、即食裙边等，是近年来兴起的产品形式，特点是味道鲜美，食用方便。根据扇贝热加工过程中品质变化规律设定工艺参数，集成真空渗透调味技术、阶段式杀菌技术加工而成的即食扇贝产品，含水量明显提高，产品具有良好的嫩度、弹性、风味和货架期。

4. 清蒸扇贝罐头

扇贝经过取肉、清洗、预煮、称重、装罐、排气密封、杀菌、检验、包装、制成的罐头产品。

5. 其他高附加值产品

（1）扇贝多糖 扇贝多糖是以扇贝柱及加工的副产物裙边、内脏为原料加工制得的具有抗氧化、抗肿瘤等多种生物活性的多糖。扇贝多糖的工艺流程及工艺要点与鲍鱼多糖制品类似。因扇贝蛋白质含量较高，多糖制备过程中脱蛋白质处理成为关键技术点。

（2）扇贝肽 扇贝肽是以扇贝蛋白质为底物，采用蛋白酶水解技术制备的小分子水溶性肽。扇贝肽是扇贝副产物高值化利用的重要途径。同鲍鱼多肽制品的制备流程相同，最终可制成粉状、片状、胶囊状作为功能性保健食品原料。

第四节 其他水产制品加工技术

一、水产调味料加工技术

水产调味料是以新鲜水产品或其副产物为原料，经过抽出、分解、加热、浓缩、干燥及造粒等工序制造的特色调味料。

近年来，随着人们对水产调味料的营养价值和保健功能意识的逐渐增强，及对其天然风味的喜爱，水产调味料的生产越来越受到关注，出现了一系列的变化：传统工艺得到重视，如鱼露及虾油传统生产技术的优点为越来越多的人所认识；调味料的原料不断扩展，特别是贝类已成为水产调味料生产的主要原料之一；产品的形态不断更新，出现了油、膏、粉等多种产品形式；产品的加工技术趋向多样化，由传统的酿造型水产调味料发展成浸汁型、煮汁型及烘焙型等多种水产调味料；应用领域也不断扩大，传统的水产调味料仅限于沿海居民用于烹饪及食品蘸料，一般仅使用单种水产调味料，目前，水产调味料不仅可以单独使用，更多时候是与其他调味料复配成复合调味料，应用范围也不仅限于厨房，在调理食品及火锅底料中也得到了广泛应用。

水产调味料按其加工方法可分为抽出型、分解型和烘焙型三种。

1. 抽出型水产调味料（煮汁或浸汁）

抽出法是属于传统生产水产调味料的方法，它将原料经煮汁、分离、混合、浓缩等工序制成富有原料特色香气的调味料。

抽出方法有三种，一种是利用水在50~90℃下进行的抽出法，此温度下的抽出物能较好地保持原料风味；还有在沸腾状态下进行的热水抽出法及用1%~6%的乙醇抽出法。采用何种抽出方法依原料而定，例如对于含有脂溶性色素的虾头而言，用乙醇抽出法较好，不仅可以抽提其风味，还保留了虾的色泽。而对于呈味物质大部分是水溶性的贝类而言，选择水作为抽提溶剂是非常经济的。我国最有代表性的水产调味料蚝油（酱）即是以牡蛎肉为原料，用热水抽提、过滤后，再添加食盐、糖类等制成的。

2. 分解型水产调味料（酿造型或酶解型）

分解型水产调味料是利用水产动物自身的酶以及微生物由来的酶的作用将原料中的大分子蛋白质、多糖等水解生成富含氨基酸、肽类、寡糖、无机盐等多种成分的调味液。

根据酶的来源不同分为自溶法和外加酶法。自溶法是原料在自身含有的以及微生物来源的蛋白酶、脂酶、磷酸化酶、糖苷酶等的作用下进行分解、成熟。这种自溶作用往往会产生具有特殊风味的产品，但过程缓慢而持久，不利于产品的快速生产。此外，如鱼露等产品因长时间发酵，一旦盐度控制不当（水分活度偏高）可能导致产品生物胺含量过高，影响质量。而外加酶法专一性高，产品纯度好，在开发水产调味料的研究中应用较为广泛，多数被用于改进以鲜味抽出为主要目的的煮汁工艺，同时可以增加蛋白质利用率，使水解物中具有呈味作用的游离氨基酸含量增加。外加酶法生产的调味料，可能会影响原料的原有风味，但得率高、成本低。传统的鱼露是典型的自溶型水产调味料，原料一般是经济价值较低的小型海水鱼类，如鳀、沙丁鱼、鲭、大眼鲱以及各种混杂在一起的小杂鱼，但产品的盐度高。近年，利用外加酶法实现了低盐鱼露的快速生产。此外，有研究者尝试用淡水鱼为原料发酵生产鱼露，但生产的鱼露风味较差的问题还没有得到根本解决。

3. 烘焙型水产调味料

是直接将水产原料用一定的温度烘烤，产生特有的香味后粉碎或先将原料打浆干燥制成的以水产原料风味为主、烘焙味为辅的一类调味料，如虾粉、海蛎粉；也可将水产加工副产物（如汤汁）进行喷雾干燥后成为产品，如蛤粉等。有时该类调味料在打浆前为了增加鲜味，也可适当进行酶解。

二、藻类加工技术

海藻向来有"海洋蔬菜"和"长寿菜"之称，具有独特的风味和营养价值，是优质的碱性食物。日常食用的海藻主要是大型海藻如海带、裙带菜、紫菜、羊栖菜、红毛藻等。我国自20世纪50年代起，逐步开始全面系统地研究食用海藻的生产开发及加工利用。自从改革开放以来，借鉴日韩的先进加工技术，我国机制干紫菜、盐渍海带、盐渍裙带菜等迅速发展并进入国际市场，使我国海藻食品加工业向更深更广的方面发展。目前，我国海藻加工食品主要包括以下几大类。

1. 海藻粗加工产品

食用海藻采收后一般只经过简单的晒干、烘干或腌制就进入市场，或作为进一步精深加工的原料，如淡干海带、腌干海带、紫菜饼等即为这类产品。它是目前食用海藻加工的主要方式，占我国海藻食品的80%以上。

2. 海藻中等加工产品

这类海藻产品经过形状的加工，切成丝、块、粒，或粉碎成粉状；有的经过熟制和调味，有的经腌制或烘干；采用小包装的形式，其目的是更便于进入家庭甚至可直接食用。主要产品有干海带丝、干海带片、鲜海带丝、调味海带丝、调味海带片、海带结、海带尖、海带粉、干裙带块、调味紫菜、烤紫菜、紫菜酥、紫菜酱等。它们的附加值明显高于粗加工产品。中等加工目前已成为我国海藻食品加工的主体。

3. 海藻精深加工产品

海藻精深加工产品是为了满足不同层次的消费需求，提高市场占有率而开发的一系列产品。它应用现代高新技术对海藻进行加工，一般是通过生化分离、膜分离、微生物发酵等技术制备活性寡糖等成分。再将海藻中的有效成分进行提取和浓缩，然后结合到和人们饮食习惯密切相关的食品种类中，制成如海藻酒、海藻饮料、海藻乳粉、海藻饼干、海藻糖果和海藻调味品等品种繁多的保健食品。利用紫菜、红毛藻为原料制备的具有荧光的藻红蛋白可用于抗体标记而在免疫学、细胞生物学等研究中发挥作用；藻蓝蛋白则具有抗食物过敏的效果，有望成为功能性食品。但这类制品在目前市场上所占比例还比较小，有很大的发展空间。

4. 海藻食品加工案例：紫菜食品的加工

紫菜是一种重要的水产食品，味鲜美而富有营养，且有助于降低胆固醇、预防动脉硬化、补肾、利尿、清凉、宁神、防夜盲及发育障碍等。在日本被当成促进身体健康的功能食品。

紫菜的种类颇多，福建、浙南沿海多养殖坛紫菜，北方则以养殖条斑紫菜为主。紫菜是分期采剪的，从秋后开始可持续到次年 3~5 月。在养殖期内可采剪 8~10 次，第一次采剪的叫头水紫菜。一、二、三水加工的紫菜质量较高，以后依次降低。传统的紫菜干制品有紫菜饼和散紫菜两种，而紫菜饼又有圆形和方形之分，这种一次加工的紫菜是初级产品。以干紫菜为原料，再进行二次加工的产品品种繁多，如烤紫菜、调味紫菜、紫菜汁、紫菜酱等。

烤紫菜的加工是把一次加工的紫菜饼（条斑紫菜）放入烤紫菜机中烘烤，烘烤温度为130~150℃，紫菜在机内传送时间为 7~10s，每台烤干机每分钟能烤紫菜 220 张，烘烤后按要求进行包装即可。调味紫菜的生产工艺，是在烤紫菜机后安装一套自动滴调味液装置，将烤好的紫菜进行调味，然后进入第二流水线烘烤（80~90℃烘烤 8s），最后包装即为成品。烤紫菜和调味紫菜有特殊的香味，呈绿色，味道鲜美。紫菜经烘烤后红、黄两种色素被破坏，留下绿、蓝两色，因此呈绿色。

干紫菜的水分含量为 10%~12%，贮藏期短，为 2 个月左右；而烤紫菜或调味紫菜的含水量可低至 3%左右，贮藏期长，但所有包装在密封前均需按比例装入小纸袋包装的干燥剂。常用的干燥剂有 3 种：硅胶、氯化钙或生石灰，其中生石灰效果较好。使用量为成品重的 1/4。

三、水产功能食品加工技术

（一）生物活性肽加工技术

相对于陆地生物蛋白，水产生物蛋白质资源种类丰富，数量巨大，并且在氨基酸的组成和序列上有很大不同，潜藏着许多具有生物活性的肽段，因此，水产生物蛋白已成为开发生物活性肽的重要原料。生物活性肽的制备主要从以下两方面展开：从生物体中直接提取其本身固有的各种天然活性肽类物质；通过水解途径间接获取具有各种生理功能的生物活性肽。从水生生物中直接提取获得的生物活性肽类主要有海葵多肽、海藻多肽、海兔环肽和海蛇多肽等，这些天然活性肽由于含量少，主要用于药物开发。而以开发功能食品基料为目的的水产生物活性多肽的制备主要通过蛋白水解途径获得，目前用于生产生物活性肽的原料涉及各种鱼皮、海参、海胆、牡蛎、扇贝等。

水解法制备生物活性肽的研究主要集中在酶解工艺、酶解产物的生物活性、酶解物的营养效价以及活性肽的分离纯化等方面。酶解工艺的优化包括蛋白酶的选择、酶切位点的特异性研究等；应用酶解法得到的生物活性肽功能主要有抗氧化、抗肿瘤、降血压、抗菌、免疫增强、神经调节、激素调节、抗血栓等。同时，蛋白质酶解物不仅提高了生物活性，而且具有容易消化吸收的特点，营养效价具有很大的提高。

分离纯化是生物活性肽生产技术的难点与重点。由于蛋白质酶解物的组成成分相对比较复杂，必须采用多种纯化手段才能获得具有高活性、高纯度的生物活性肽。其中，超滤技术是最常用的分离手段之一，它主要是利用相对分子质量的不同将酶解产物中一定分量范围的肽类分离出来。另外，色谱分离也是常用的分离手段，包括离子交换色谱、凝胶过滤色谱和高效液相色谱等。

（二）海参多糖加工技术

1. 海参多糖的特性

海参中的碳水化合物，主要存在于海参体壁及内脏中，以多糖为主。研究表明海参多糖具有抗凝血、降血脂和降低血液黏度及血浆黏度的功能，对脑血栓、心肌梗死恢复期和缺血性心脏病作用明显，同时还具有降血压、抗氧化、抗衰老、提高人体免疫力的功效。

多糖是海参体壁的重要组成成分，其含量可占干参总有机物的 3%~6%。目前发现的海参体壁中的多糖主要分为两类：一类为海参糖胺聚糖或黏多糖，是由 D-乙酰氨基半乳糖、D-葡萄糖醛酸和 1-岩藻糖组成的分支杂多糖，相对分子质量为 $4×10^4~5×10^4$；另一类为海参岩藻多糖，是由 L-岩藻糖构成的直链多糖，相对分子质量为 $8×10^4~1×10^5$。两者的组成单糖虽然不同，但糖链上都有部分羟基发生硫酸酯化，并且硫酸酯化类多糖含量均为 32% 左右。两种多糖的特殊结构，均为海参所特有。

海参多糖的提取不同于高等植物、微生物、地衣和藻类。海参多糖是含有糖胺聚糖的酸性多糖，在热水中溶解度不大，通常采用碱提法和蛋白酶水解法。我国学者樊绘曾最早用酶水解、乙醇沉淀、氧化脱色、二乙氨乙基纤维素分离等方法，从刺参体壁中提取得到一种多糖成分，称为刺参酸性多糖。近年来，研究者又获得多种海参多糖，如岩藻糖化硫酸软骨素和玉足海参酸性多糖等。

2. 海参多糖的提取和纯化

海参多糖的提取可采用碱提法和蛋白酶水解法。碱提法主要利用了蛋白质多糖的糖肽键对碱的不稳定性，利用该方法获得的多糖成品中不含蛋白质，纯度高，但部分糖苷键可能因碱处理而断裂。蛋白酶水解法已成为从海参等动物组织中提取多糖的最常用方法，由于蛋白酶不能断裂糖肽键及其附近的肽键，因此成品可能保留较长的肽段。

海参多糖的分离主要采用乙醇沉淀法，并对醇沉淀后的多糖中的色素和蛋白质进行去除。海参多糖提取液，常含有酚类化合物，有较深的色泽，在多糖的纯化前都要进行脱色处理。目前，常用的方法有活性炭吸附脱色和过氧化氢脱色。除去海参多糖中的蛋白质，通常采用 4 种方法，即 Sevag 法、酶法、三氯乙酸法及盐析法。在获得较为精制的海参多糖基础上，可进一步采用纤维素分级分离法、阴离子交换柱层析法及凝胶柱层析法对其进行纯化，最终获得纯化多糖。

3. 长岛刺参多糖进行提取、精制及纯化实例

将鲜刺参去除内脏，沸水中烫 15s，切成小块，组织捣碎机中捣碎；调 pH 为 7.0，加入中性蛋白酶（50U/g 刺参），50℃保温酶解 8h，于 90℃灭酶；酶解液离心分离取上清液，于 60℃真空浓缩至原体积的 1/3；加入 95% 乙醇，使乙醇最终体积分数为 60%。冰箱中（4℃）过夜，离心收集沉淀。无水乙醇洗涤、脱水，即得粗多糖。

粗多糖水溶液加入活性炭，滤纸过滤，滤液中加入 95% 乙醇，使乙醇最终体积分数为 60%，析出沉淀。100mg 沉淀用 30mL 水溶解，加乙酸钾，使其浓度达到 2mol/L，冰箱中过夜。以 4000r/min 离心，收集沉淀。如此反复，直至沉淀的双缩脲反应呈阴性为止（蛋白质脱除完

全）。经乙醇洗涤脱水后，即得精制多糖。

精制多糖用蒸馏水复溶成 2mg/mL 水溶液，加至 Sephadex G-150 凝胶层析柱中。去离子水洗脱，控制流速为 0.55mL/min，时间间隔为 15min，收集洗脱液。用 α-萘酚反应逐管检测洗脱液，弃去反应阴性者，合并连续呈现阳性反应的各管。合并液中加入体积分数 95% 的乙醇，使乙醇最终体积分数为 60%，析出沉淀。沉淀经乙醇洗涤脱水，冷冻干燥，即得纯化刺参多糖。

第五节　副产物高值化综合利用技术

一、胶原蛋白加工技术

（一）基本定义

动物皮或骨中的胶原蛋白通过热变性或部分降解所形成的一种天然高分子混合物，即明胶。明胶可溶于热水，不溶于冷水，但可以缓慢吸水膨胀软化，明胶可吸收相当于自身质量 5~10 倍的水，广泛应用于食品、药品、照相、化妆品和纺织等领域。目前，工业胶原蛋白的来源仅局限于牛、猪等陆地动物，数量有限，且存在牛的疯牛病及猪瘟、口蹄疫等疾病的影响，其安全性受到质疑。随着鱼类深加工行业的快速发展，产生了大量的包括鱼皮、鱼鳞和鱼鳃等副产物，如直接废弃则造成严重资源浪费和环境污染。由于这些副产物中含有丰富的胶原蛋白，利用这些原料开发明胶具有巨大的商业价值。

（二）技术原理

1. 鱼胶原蛋白的原料特征

鱼胶原蛋白的主要来源为鱼鳞、鱼鳃和鱼皮，特别是鱼皮约占鱼总质量 10%，胶原蛋白含量达 80%。鱼鳞、鱼皮胶原蛋白属于 α_1（Ⅰ）和 α_2（Ⅱ）型鱼胶原蛋白的热稳定性、蛋白纤维的热收缩性和热变性温度低于猪和牛的胶原蛋白。鱼胶原蛋白同样含有羟脯氨酸，但比例低于牛、猪胶原蛋白中的比例，一般为 10% 左右。鱼胶原蛋白的这些原料特征决定和影响了其工业产品的品质指标及在工业化制造时的工艺条件。

2. 胶原蛋白向明胶的转变过程

胶原蛋白转变为明胶的过程可分为两部分：一是水解过程，在酸、碱、酶或热水等的作用下，胶原蛋白分子的部分交联共价键发生断裂；二是胶原蛋白受热导致氢键或离子键断裂，最终导致三股螺旋结构解开，产生大量不规则无生物活性的水溶性线团。明胶的制备过程主要包括前处理、热水提取和干燥三步。前处理方法可分为酸法、碱法和酶法，这些前处理方法的基本原理都是根据胶原蛋白的特性，改变蛋白所在的外界环境，把胶原蛋白从其他蛋白质中分离出来。比如，酸或碱液与蛋白的碱性或酸性基团结合，可断裂分子内或分子间的离子键、氢键，使原料发生溶胀，组织变得松散，有利于明胶溶出。目前，应用较为广泛的处理方法是酸法和碱法。明胶在提取时应用最广泛的是采用热水提取法，即原料经预处理后，在一定温度条件下水浴提取。其原理是胶原蛋白在水中加热时，胶原蛋白分子链内或链间的共价键、氢键或其他次级键发生断裂，形成比自身相对分子质量小的片段组合，即为明胶。胶原蛋白转化为明胶的程度以及所得明胶的质量取决于原料的种类、前处理条件和提取过程中的关键参数控制，如提取温度、提取时间和 pH 等。

（1）酸法制备　酸提取法是利用一定浓度的酸提取胶原蛋白，主要采用低离子浓度酸性条件破坏分子的氢键和离子键，引起纤维膨胀、溶解。酸提取法主要是将没有交联的胶原蛋白分子完全溶解出来，作为提取介质使用的酸，主要包括盐酸、醋酸、柠檬酸和甲酸等。在酸法处理中，酸溶液使原料发生溶胀，明胶能够更好地释放出来。酸浓度过低或处理时间过短，则不能使鱼皮溶胀完全，明胶析出量较少，故产量较低。酸浓度过高或处理时间过长尽管能够提高产量，但会导致胶原发生不规则破裂，大分子亚基进一步降解，严重损坏明胶的结构，影响明胶的性质。故酸溶液浓度和处理时间需严格控制。

基本工艺：在 pH 1~3 的冷硫酸液中酸化原料 2~8h，漂洗，浸泡 24h，于 50~70℃ 下提取明胶 4~8h，后干燥而成。

（2）碱法制备　在碱法处理中，适宜的碱浓度和处理时间可析出原料中的杂蛋白，提高明胶的纯度。碱浓度过高或处理时间过长尽管会提高明胶产量，但胶原中的肽链也会进一步水解，进而影响明胶的性质（完整性、凝胶强度和黏度等）。碱浓度过低或处理时间过短，则杂蛋白除不尽，影响终产物的纯度。此外，碱处理会导致脯氨酸结构破坏，降低明胶的功能性质。故碱溶液浓度和处理时间必须作为关键点加以控制。

基本工艺：将鱼皮等用熟石灰液充分浸泡后，用盐酸中和，水洗后于 60~70℃ 提取明胶，再经防腐、漂白、凝冻、干燥等一系列工序得成品明胶。

（3）酶法制备　酶法也是一种有效的明胶预处理方式，但目前仅在实验室范围内应用。酶法是采用蛋白酶部分水解胶原蛋白，便于明胶溶出，其特点是断裂胶原之间的化学键，同时尽量避免三螺旋区域 α 组分的破坏，保持明胶结构不被破坏。研究发现，专一性水解胶原末端非螺旋区域的酶可改善明胶的凝胶强度，如胃蛋白酶能够水解胶原的末端肽链，但对胶原的内肽键基本不起作用。复合酶（酸性蛋白酶和脱脂酶）处理使罗非鱼鱼皮明胶强度达 271 BLoom g。其中，脂肪酶可水解鱼皮中的脂肪，减少明胶产品因脂质氧化带来的异味，而酸性蛋白酶能够特异性水解胶原非螺旋区域的肽键，保证了亚基的完整性，有利于提高明胶的凝胶性。酶法处理的主要优点是，生产周期短，污染小。但酶法处理难控制水解程度，且可供选择的酶种类比较少，所以难以实现工业化生产。

基本工艺：经蛋白酶酶解的原料，用石灰浸泡 24h，经中和、提取、烘干而得。

二、鱼油加工技术

鱼油泛指从鱼粉厂来的鱼体油、从富含维生素 A 和维生素 D 的鱼类肝脏中提取的鱼肝油和从水产哺乳动物皮下脂肪熔炼出来的水产哺乳动物油。鱼油中含有大量的 EPA 和 DHA，在预防心血管疾病、糖尿病以及抑制肿瘤等方面具有较好的辅助作用。而肝脏作为重要的副产物已成为生产鱼油的主要原料之一，其生产过程主要包括鱼肝油的提取和精制。

（一）淡碱水解法提取鱼肝油

淡碱水解法是常用的鱼肝油提取方法，它主要利用稀碱溶液在加热情况下，将鱼肝中的蛋白组织分解，破坏油脂与蛋白质的结合，使油脂分离出来。该法不仅出油率较高，而且还可以起到脱酸和脱色的作用，有助于后续的精炼工艺。然而，蛋白质容易遭到彻底破坏，肝渣不能得到很好利用，而且肝中的 B 族维生素容易被破坏。

鱼肝油提取工艺流程如图 14-21 所示。

图 14-21　鱼肝油提取工艺流程

（1）鱼肝的检查和切碎　冻品鱼肝，需先解冻；盐藏的鱼肝，先用水冲洗除盐。鱼肝在切碎前，先捡出已腐败变质的鱼肝。利用切肝机将肝均匀切碎。

（2）鱼肝的水解　将肝浆放入水解锅中，加入一定量的水和碱液，pH 控制在 9 左右，搅拌加热至 40℃左右时，进行水解。水解过程需要控制以下因素。

①加碱量：碱的用量要求适中，过多过浓会使油脂皂化，不但增加了损耗，而且会形成乳浊液，导致分离困难；过少则水解不完全，影响油脂的得率和成品质量。

②加水量：鱼肝水解时，水量不足会使蛋白质水解慢又不均匀，且易使油脂水解，也不利于离心分离。而水量多时，则冲淡碱液的浓度，增加碱液的消耗。一般在生产中，新鲜鲨鱼肝、鳐鱼肝与水（包括碱水在内）的比例为 1：1，大黄鱼肝、鳗鱼肝与水的比例是 3：2。

③水解温度和时间：在水解过程中，加热可促使蛋白水解加速，而且在热的状态下，油的黏稠度低，容易分离，肝中所含的脂肪酶和臭味液可在加热时被破坏和去除。温度不宜太高，高了会促使大量的油脂皂化及维生素的破坏，一般以 80℃为宜。并且开始加碱时，温度要低（约 40℃）。因为温度高，蛋白质凝固得较紧密，势必要消耗较多的碱量，并延长水解时间。而且在高温下油脂和碱接触，就会皂化产生大量肥皂，增加肝油损耗，还会生成乳浊液给分离造成困难。所以要先加热到 40℃左右加碱，加碱完毕，继续升温到 80～90℃。水解时间因肝品种而异，一般含油量高的新鲜鱼肝，水解时间可以短些（约 1h），反之时间长些（约 2h）。

（3）肝油的分离和洗涤

①分离：肝经水解后，将水解锅中的油、水溶液和肝渣等组分，用离心机进行分离。由于比重不同，在离心力作用下，将分为三层，比重大的肝渣在最外层，附在离心机内壁上，油最轻在最内层，从内层壁管上的出油孔排出机外；而水溶液介于两者之间。因此，从中层管上面的出水孔排出机外。肝油和水溶液可连续不断地分别从导管流出，而肝渣要拆洗时取出。若有自动排渣装置，则可不停地连续排出。

②盐析：经过第一次分离而获得的肝油中，含有较多水分、蛋白质和肥皂等杂质，基本上呈乳状液体，需要用一定浓度的盐水来进行盐析，在不断搅拌下加入肝油中，滤后加热到 80℃，便可再次进行分离。

③水洗：第二次分离出来的油中还有一部分碱，必须用热水洗油数次，直至洗涤水呈中性为止。一般采用 7000～8000r/min 的离心机，新鲜鱼肝的肝油分离三四次即可。经过分离、盐析、水洗的粗制鱼肝油，在室温下应澄清、透明、并有光泽。酸价小于 2.0mg KOH/g 油，无酸败反应，水分含量应在 0.1%以下。

④肝渣处理：肝渣一般是直接作饲料或肥料，肝渣中残存相当数量的维生素，可适当用油

萃取回收。

⑤鱼肝油的低温处理：分离所得的鱼肝油，含有30%~40%固体脂质（主要是硬脂酸甘油酯），其凝固点较高，因此，必须在规定的温度下进行低温处理，使其中较高凝固点的甘油酯先行析出，经过压滤，这样所得的鱼油，即使贮藏于冬季，仍是清澈透明状态。鱼肝油的低温处理包括预冷、冷却、冷滤三部分内容。

⑥肝油预冷：先将肝油置于7~10℃冷库预冷间7d左右，采用逐渐降温的方法，目的是获得大晶粒的硬脂，以提高压榨效果。

⑦肝油的冷却：一般最低温度达到−2~4℃。从预冷室把肝油移入低温冷库中，继续冷却3d以上，这样析出固体脂肪，结晶完善，便于压滤。

⑧压滤：已经冷却并析出沉淀的肝油，采用板框压滤机分离清油。压滤要求在0~1℃的条件下进行。固体脂肪可用作工业用油，用于制革、制皂等方面。

（二）鱼油的精制

经过淡碱提取工艺得到的毛油，还需进行脱胶、碱炼、脱色、脱臭等工艺进行精制，必要时需添加一些抗氧化剂。在精制过程中，将游离脂肪酸、单甘脂、甘油二酯、磷脂、甾醇、维生素、烃类、色素、蛋白质及降解产物、悬浮黏稠胶状物和脂肪酸氧化产物从油中去除。精制后的鱼油可进一步生产 $\omega-3$ 脂肪酸浓缩物，常用的脂肪酸富集方法包括分级真空蒸馏法、低温结晶法、色谱分离（HPLC和银离子树脂色谱分离法）、超临界流体提取法、尿素络合法、酶解等技术。

4

第四篇

食品加工与贮运的安全保障

第十五章

微生物检测、控制与预测技术

学习指导：本章重点介绍了微生物检测、控制与预测技术，系统介绍了常用的微生物检测方法、微生物控制方法，侧重于食品微生物预测的模型及其在食品货架期中的应用。通过本章的学习，掌握微生物检测、控制与预测技术的原理，并能针对不同类型食品选择并应用恰当的预测微生物学模型，从而提高食品加工与贮运安全保障的能力。

知识点：菌体培养检测法，免培养检测法，热灭菌机制，微生物低温控制，食品抗菌剂，预测食品微生物学，概率统计模型，动力学模型，预测微生物学应用

关键词：免培养，微生物热失活，超高温瞬时灭菌，辐照灭菌，Gompertz 模型，平方根模型

第一节　微生物检测

快速检测食品中微生物对于公共卫生和食品安全非常重要。可用于检测食品中微生物的方法大致可分为基于菌体培养的检测方法和免培养检测法。菌体培养检测法是分析微生物活性的传统方法，往往费时费力，且检测结果缓慢。近年来，已报道了几种免培养检测微生物方法，包括基于核酸的检测方法（如结合细胞活性染料的 PCR 方法和检测 mRNA 的逆转录 PCR 方法）和基于噬菌体的检测方法（如噬菌斑分析法、基于噬菌体扩增和裂解的 PCR/qPCR 检测法、基于免疫分析和酶分析的宿主 DNA 检测法）。其中，基于噬菌体检测的一些新检测方法在检测速度、灵敏度和成本等方面相对于传统的培养检测法具有更大的优势和应用前景。

一、菌体培养检测法

基于菌体培养的检测方法通常被视为食品微生物分析的"金标准"。传统的菌体培养检测方法依赖于微生物细胞在培养基上生长繁殖并形成可见菌落的能力。目前，菌体培养检测方法仍然是许多食品检测实验室的首选方法，主要是该方法相对灵敏、廉价、操作方便，而且检测结果能呈现食品样品中存在的活菌数量和类型等定性和定量信息。但是，基于菌体培养的检测方法通常是一个耗时的过程。在最终检测结果确定之前，需要进行一系列操作，包括微生物预富集、选择性富集、选择性平板培养、生化或血清学确认实验等。微生物整个培养过程通常需要 2~3d 进行初步筛选分离，而且需要 7d 左右的时间对分离的物种进行最终确认。此外，食品样本中微生物的不均匀分布、相对较低的丰度、食品基质的不均匀性等都会影响培养结果的准确性。此外，待测试食品样品中微生物若处于被抑制状态或活的非可培养（viable-but-non-culturable，VBNC）状态时，菌体培养检测法的检测能力和准确性就会受到限制。

二、免培养检测法

目前，在食品微生物检测方面能够替代菌体培养检测法的免培养检测法主要有基于核酸的检测方法和基于噬菌体的检测方法。

1. 核酸检测法

基于核酸的检测方法通过检测目标微生物特定 DNA 或 RNA 序列进行，是食品微生物检测最常用的方法之一。其反应体系和反应过程如图 15-1 所示。PCR 检测方法的反应系统包括模板 DNA、引物、核苷酸和耐热 DNA 聚合酶（Taq 聚合酶），其中，核苷酸包含腺嘌呤（A）、胸腺嘧啶（T）、胞嘧啶（C）和鸟嘌呤（G）四种脱氧核苷酸。相对菌体培养检测方法，PCR 方法具有快速、特异性高和灵敏等特点。尽管如此，标准的 PCR 检测方法的缺点是不能检测细胞的活力，因为该方法检测时无法区分来自活细胞和死细胞的 DNA。为了克服这一局限性，研究人员将活细胞染料与 PCR 结合使用，也就是活菌 PCR 检测法。活菌 PCR 检测法通常使用单叠氮化乙锭（EMA）或单叠氮化丙锭（PMA）染料。活菌 PCR 检测方法操作过程中，先用 EMA 或 PMA 染料对细胞进行染色。其中，染料只能进入细胞膜穿孔的受损细胞，接着与 DNA 结合在一起。随后，细胞暴露在光下使与染料结合的核酸造成不可逆的损伤，从而强烈抑制 PCR 扩增。最终导致只有来自膜完整细胞的 DNA 才会被扩增。目前，活菌 PCR 检测法在快速检测食品微生物上已得到广泛的应用。同时，基于 PCR 的改进技术定量 PCR（quanti-tative PCR，qPCR）和环介导等温扩增技术（loop-mediated isothermal amplification，LAMP）也成功应用于食品微生物检测。值得注意的是，细胞膜的完整性并不总是细胞活力的可靠指标。有证据表明，某些细胞即使没有显示任何代谢活性，也可能保持完整，从而导致活菌 PCR 检测法可能出现假阳性结果。此外，细胞在生长过程中或者细胞壁在合成过程中染料也有可能进入到细胞中与 DNA 结合，这种情况也导致了 DNA 扩增受到抑制而产生假阴性的结果。

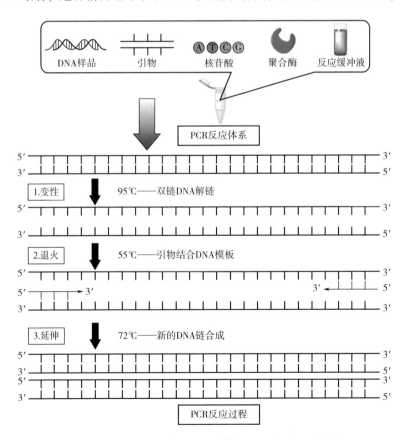

图 15-1　PCR 检测方法的反应体系和反应过程示意图

由于信使 RNA（messenger RNA，mRNA）只在代谢活性细胞中合成，因此，研究认为在食品微生物检测上 RNA 相对 DNA 是更好的细胞活力指标。逆转录 PCR（reverse transcription-PCR，RT-PCR）是最常用的基于 RNA 的分子技术之一。RT-PCR 检测过程先使用逆转录酶（reverse transcriptase enzyme）将提取的 mRNA 转化为互补 DNA（complementary DNA，cDNA）。然后将新合成的 cDNA 用作模板，使用常规 PCR 进行指数扩增，或使用 qPCR 进行定量检测。所以，RT-qPCR 是食品微生物的高效检测方法。但该方法也存在一定的局限性，例如，mRNA 提取耗时耗力，mRNA 易发生降解而导致假阴性结果出现。

2. 噬菌体检测法

噬菌体对宿主细胞的高度特异性和天然亲和力使基于噬菌体的检测方法成为一个新颖的食品微生物检测方法。噬菌体只能在活细胞内增殖，这意味着基于噬菌体的检测方法可以用于活性微生物细胞检测。大多数基于噬菌体的检测方法使用烈性噬菌体作为裂解剂，通过检测新的子代噬菌体或宿主细胞裂解后释放的细胞内容物呈现活的微生物指标。在噬菌体检测方法中，待测样品先与种子噬菌体一起孵育，以开始裂解循环。接着，在潜伏期结束之前，利用化学杀病毒剂或物理条件进行处理杀死所有外源噬菌体。在裂解期前，将处理的待测样品与指示菌（宿主菌或替代宿主菌）共同涂布于琼脂培养基平板中。在培养过程中，受噬菌体感染的宿主微生物细胞裂解，释放出新的噬菌体颗粒并对其周围的指示菌进行新一轮的感染并形成噬菌斑。样品中微生物的原始数量可通过噬菌斑的数量进行估算（噬斑形成单位/mL，plaque-forming units/mL，PFU/mL）。噬菌体检测法实施的关键是杀病毒处理，如果这一步骤处理不彻底，部分未被灭活的噬菌体就会引起检测试验的假阳性出现。为了克服这个问题，可以通过 PCR 检测对噬菌斑中心的 DNA 进行鉴定。如此，检测过程变得更为复杂，延长了检测时间，从食品快速检测角度来考虑并非理想的操作。

为了加快噬菌体检测法的速度可以适当地添加一定的终端分析，例如，通过免疫学或分子生物学实验来检测噬菌斑中噬菌体 DNA。此外，利用 qPCR 技术与噬菌体裂解实验相结合，可在 4~8h 内快速灵敏地检测不同样品（包括食品和临床样本）中的微生物。利用侧流免疫层析法结合噬菌体裂解实验同样可以在 8h 内快速检测样品中的单核细胞增生性李斯特菌。然而，噬菌体免疫测定试验的敏感性略低于噬菌体 qPCR 实验。

基于噬菌体检测的第三种方法是结合检测宿主细胞释放的内容物。噬菌体裂解后，通过使用酶和底物的生物发光分析来定量检测释放的宿主细胞标记化合物。典型的细胞标记物有 ATP 和 β-半乳糖苷酶。工程溶原性噬菌体的应用进一步拓宽了噬菌体检测法的应用，包括基于荧光素酶、蛋白酶和碱基磷酸酶等技术的噬菌体检测方法。此外，释放的细胞内容物具有高导电性，周围环境中的导电性变化可作为样本中活性微生物检测的信号。接着，借助特定微流控室的阻抗谱测试可检测溶解细胞产生的电导率变化。噬菌体检测法已实现在培养基、水源、饮用水等样本中快速、灵敏检测微生物。目前，该检测方法在食品样品中的检测和应用有待进一步完善和推广。

3. 流式细胞检测法

流式细胞技术是一种基于光学检测的方法，用于分析复杂基质中的单个细胞。该方法可视为自动荧光显微镜的一种形式，其中，待测样品通过仪器流量传感区域检测（图 15-2）。流式细胞技术的基本过程包括：①将微生物悬浮在液体待检测基质中；②使液体基质通过激光聚焦光束；③光束被目标微生物散射和吸收；④由于散射范围和性质由微生物和光源的固定特性决定，通过透镜和光电管系统收集散射光，分析后可确定微生物的数量、大小和形状。该检测方

法的优点是在短时间内实现高灵敏度检测。由
于该方法的高灵敏度，流式细胞技术适用于检
测液体、刮屑、冲洗液或整份液体样品中的少
量特定生物体。流式细胞仪不仅可以检测细
菌，还可以检测病毒。结合核酸特异性染料
SYBR Green-I 染色后，该方法能够成功地对海
水中的病毒进行计数检测。在典型实验中，样
品最初用戊二醛固定，然后在使用流式细胞
仪进行分析之前进行低温冷冻处理。虽然检测细
菌数量的首选方法是采用直接免疫荧光分析和

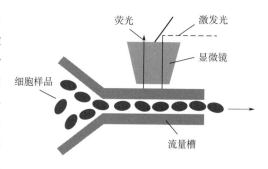

图 15-2　流式细胞技术

酶免疫分析技术，但研究认为，通过优化流式细胞技术可将检测灵敏度较上述方法提高 15 倍。
自 2011 年以来，流式细胞技术与 qPCR 和荧光生物传感器等联合使用获得了更精确的检测结
果。流式细胞技术在食品微生物检测上较少单独使用，主要原因是样品在检测分析前需要进行
较为烦琐的稀释步骤以降低碎片的浓度，从而使样品通过检测点时能达到单细胞水平分析。目
前，在食品微生物检测中，流式细胞技术有以下几方面亟待优化或解决：①检测过程中需将细
胞置于悬浮液中，导致组织或细胞结构难以检测；②具有相似标记表达的细胞亚群难以区分；
③流式细胞仪产生大量数据，使得结果分析较为烦琐。

三、新型微生物检测和计数方法

微生物单细胞检测和计数技术为食品加工和贮藏工艺提供了十分重要的指导意义。近年
来，研究人员开发了一些新技术，如光声学、惯性微流体和液滴微流体技术，用于检测样品中
的单个微生物细胞。例如，结合使用光声流式细胞术和快速横截面成像用于精确识别特定细
胞。该系统将目标细胞的形状、大小和光声强度与其检测图像整合成标准模式以区分不同的细
胞类型。由于荧光染料不理想的标记效率导致的背景自体荧光和高光散射严重影响流式细胞仪
的检测，研究人员尝试从光声技术角度克服流式细胞仪在检测单个细胞时的问题。如此，建立
了基于光触发和光声信号的检测的光声流式细胞术（photoacoustic flow cytometry，PAFC）。由
于这些声波的波长较长，能有效地抵抗生物介质中的散射和衰减。该项技术被证实可用于红细
胞和黑色素瘤细胞识别。因此，该技术可用于区分和识别食品样品中的微生物细胞。

为了解决菌体培养检测法速度慢问题，利用惯性微流控原理分离细菌技术识别和直接区分
样本中的靶向细菌，再利用杂交 RNA 检测技术进一步测定微生物对抗生素的敏感性，以建立
一种快速的基于惯性微流体的直接细菌检测方法。这种新型微流控技术可以直接从样本中分离
微生物细胞，特别是在识别病原微生物方面具有优势。此外，通过样品数字化、细胞裂解和探
针-靶点杂交后续荧光检测实现基于液滴微流控芯片的单个致病细胞无扩增检测。该检测技术
在使用肽核酸荧光共振能量转移探针的基础上实现了病原微生物细胞 16S rRNA 的检测。

PCR 检测法需要对 DNA 进行提取和回收，检测步骤较为复杂。研究者开发了一项基于液
滴的数字 PCR（droplet-based digital PCR，ddPCR）技术用于检测食源性病原微生物的单细胞。
该系统已成功地在单细胞水平上识别食源性病原微生物，如大肠杆菌 O157：H7 和沙门氏菌。
微流控系统有助于单分散细胞包裹的微滴用于单细胞的定量遗传学研究。ddPCR 无须纯化

DNA 即可达到单细胞水平的检测限，具有成本低、高效、快速和精确的微生物检测能力。

四、便携式微生物检测设备

随着食品行业的不断发展和人们对食品安全的日益重视，快速准确开展微生物检测的现场应用需求日益增长。例如，食品在运输过程中，不同地区货架上，甚至餐桌上的微生物，特别是病原微生物的现场检测，将节约大量人力成本和及时防止食品安全事件发生。然而，到目前为止，这些技术还没有商业化。相关技术研究正不断更新和发展，以求生产成本效益高、灵敏度高、易于操作的便携式设备，并能应用于现场检测。实现便携性现场检测的一种方法是使用荧光或红外光谱仪和商用电子鼻，这些电子鼻可以以不同的手持模式在现场检测微生物。免疫分析技术是目前市场上商业化最广的便携式微生物诊断设备。该技术应用主要基于已商业化的分子检测设备、横向流动检测设备和免疫印记试剂盒等。微流控装置因其具有成本低、使用简单等优点，在便携式免疫层析试纸条（immunochromatographic strips，ICS）的研制中受到越来越多的关注。横向流动检测设备因其简单和快速的直接分析，可用于检测多种食品微生物，包括细菌、病毒和真菌。但横向流动检测设备的弊端是成本高、对部分微生物的检测精确度低。

第二节　微生物控制

控制微生物繁殖在食品加工与贮运中至关重要。随着经济的发展，食品种类层出不穷，同时食品安全一直备受社会的关注。随着病原微生物，特别是耐药性微生物种类和数量不断增加，微生物的致病剂量不断降低，食品安全问题越显复杂。除了微生物相关问题外，社会层面上的消费者食品偏好的变化、缺乏足够的食品加工/处理训练、食源性疾病风险人群的增加、复杂的食品分销模式、国际贸易的增加等因素同样使食品安全复杂性增加。食品安全面临持续不断的问题和挑战将使其长时间受到人类社会的关注。每年只有小部分食源性致病事件被报道和调查，且只有一小部分报告的食源性疾病得到解决。因此，微生物控制的研究和应用在食品供应的安全性方面起到关键作用。近年来，越来越多的食源性疾病报告加剧了公众对食品供应安全的关注。目前，应用于食品保存中抑制或杀灭微生物病原体的传统栅栏技术主要有加热、辐照、冷冻、自然发酵或直接酸化、降低水分活度、气调和使用化学抗菌剂等。这些栅栏因子单独或组合使用能有效控制金黄色葡萄球菌和肉毒梭状芽孢杆菌等产毒素病原微生物的增殖，降低食品中致病毒素含量从而减少致病的可能性。抑制微生物生长的传统工艺的原理是减少病原微生物数量而有效降低其致病性，其中加热和辐照处理能够有效杀灭病原微生物。

一、微生物热失活

食品保存的宗旨是在保持食品的感官属性前提下提高或保证食品安全。食品保存有效且可接受的方法是抑制不良微生物生长或将其灭活。目前，食品加工的保存方法丰富多样，但利用适当的热处理来杀灭致病微生物和腐败微生物仍是当今最有效的食品保存方法。热处理灭活食源性病原微生物是食品加工过程中的关键步骤，它确保了热加工食品的保质期和微生物安全。

热处理过程的关键是确定目标食品微生物的耐热性。热处理过程中，虽然高温处理对食品的感官属性和营养质量有较大的影响，但温度不足会增加加工食品中的病原微生物存在风险。热处理不充分或烹饪时间不足是导致食物中毒的一个重要因素。

根据热处理范围的不同可将食品加工分为两类。①低热处理或巴氏杀菌：巴氏杀菌是指使用相对温和的热处理方式进行食品加工，它被广泛认为是杀灭所有无芽孢病原微生物和能显著减少自然腐败菌群数量的有效手段，从而延长巴氏杀菌产品的保质期。目前，巴氏杀菌在牛乳加工上已应用了几十年，通过 63℃下加热 30min、72℃下加热 15s 或等效的处理温度和时间来实现。巴氏杀菌足以杀灭如结核分枝杆菌和贝氏柯克斯体等目标病原微生物。根据处理温度和时间的不同，可将巴氏杀菌分为低温长时和高温短时杀菌法。巴氏杀菌产品的保质期取决于食品类型以及巴氏杀菌和后续贮藏条件。巴氏杀菌的缺点是不能灭活细菌芽孢和细胞内耐热性酶，降低了加工食品的保质期。②高温处理或灭菌：灭菌是指彻底杀灭食品中的微生物。嗜热脂肪芽孢杆菌芽孢具有极强的耐热性，通常用于评估食品加工过程的灭菌效果。商业无菌处理是通过高温短时间加热来实现，以使食品不含有安全意义上的有害微生物。达到这些灭菌效果的食品称为商业无菌食品。当然，这些货架稳定且微生物安全的商业无菌食品并不意味着完全没有活的微生物，其中可能存在少量逃逸了灭菌处理的细菌芽孢。热力杀菌因其可靠性已在食品工业中被广泛应用了 200 多年，但热灭菌的局限性主要体现在包装食品在热灭菌过程中的加热和冷却时间长，以及包装本身的压力耐受度有限。目前，在食品工业上结合无菌包装和连续流动热处理的超高温瞬时杀菌技术已被引入，作为一种可行的替代灭菌处理方法。例如，150℃处理牛奶 2~3s，可将其保质期延长至 3 个月。

二、微生物低温控制

所有微生物的生长都有一定的温度范围，通常不超过 40℃。根据微生物的最适和最高生长温度可将其分为五类（表 15-1）。在这些类型中，超嗜热微生物与地热环境相关，它们通常在接近或高于正常水沸点的温度下生长；自然界中在接近 0℃环境中生长的嗜冷细菌和酵母比较罕见，主要存在于南冰洋或陆地上的永久冻土区。食品中的微生物主要为嗜热微生物、嗜中温微生物和耐冷微生物三种类型。由于不同微生物的生长温度范围不一样，所以微生物低温控制的"低温"是一个相对的温度，是指微生物个体生长的最低温度。一般认为，嗜热微生物、嗜中温微生物和耐冷微生物三种类型微生物的最低生长温度依次为 40℃、5℃和 0℃，但每组内单个生物体生长的最低温度差异很大（表 15-2）。实际上，确定微生物的最低生长温度较困难，通常以微生物生长的最低温度范围来表示。例如，沙门氏菌菌株在实验室培养基中的最低生长温度范围为 4~8℃。随着培养条件（如营养情况、水分活度、盐浓度等）变化，微生物的最低生长温度较最适培养条件下的最低生长温度趋于升高（表 15-3）。因此，食品中微生物的最低生长温度有可能高于或低于实验室培养基中检测到的最低生长温度。此外，当微生物的生长温度包括 0℃以下时，冷冻引起的水分活度和溶质浓度的变化使微生物的最低生长温度监测变得更加复杂。理论上，应在过冷介质中确定耐冷微生物生长的最低温度。但是这样的做法不多，一般情况下通过监测耐冷微生物的干耐受性和对冷冻温度耐受性来反映其最低生长温度。例如，雅致枝霉不在冷冻肉或同等水分活度的冷冻培养基（低于-5℃）中生长，但其能在-7℃的过冷培养基中生长，在没有其他因素的影响下，该菌的最低生长温度可能低至-10℃。

因此，微生物低温控制的"低温"可分为接近特定生物体在特定未冻结基质上生长的最低温度（低温）、低于特定未冻结基质上生长的最低温度（冷却）以及低于基质开始冻结（冰冻）的温度三种。

表 15-1 微生物的最适和最高生长温度 单位:℃

类型	温度	
	最适	最高
超嗜热微生物	>80	>90
嗜热微生物	>50	<90
嗜中温微生物	>30	<50
耐冷微生物	<30	<35
嗜冷微生物	<15	<25

表 15-2 食品相关微生物生长的最低温度 单位:℃

微生物	食品中的角色	类型	最低生长温度
嗜热脂肪芽孢杆菌	食品腐败	嗜热微生物	40
空肠弯曲杆菌	致病菌	嗜中温微生物	32
热溶性梭菌	食品腐败	嗜热微生物	30
嗜热链球菌	食品发酵	嗜热微生物	19
产气荚膜梭菌	致病菌	嗜中温微生物	15
A 型肉毒梭状芽孢杆菌	致病菌	嗜中温微生物	10
大肠杆菌	指示菌	嗜中温微生物	7
嗜水气单胞菌	致病菌	嗜中温微生物	2
单核细胞增生性李斯特菌	致病菌	嗜中温微生物	0
弗拉基假单胞菌	食品腐败	耐冷微生物	-3
劳伦隐球菌	食品腐败	耐冷微生物	-5
雅致枝霉	食品腐败	耐冷微生物	-7

表 15-3 甘油或 NaCl 对大肠杆菌 K12 菌株生长最低温度的影响 单位:℃

培养基	添加物	最低生长温度
基本培养基	无	5
	甘油（20%）	10
	NaCl（20g/L）	13
完全培养基	无	5
	甘油（20%）	6
	NaCl（50g/L）	6

1. 冷却对食品微生物的影响

低温对任何微生物的影响与其在特定低温下的生理状态相关。开始冷却前，介质成分和温度会影响微生物生理状态。如果没有发生冻结，培养基成分可以确定微生物的最低生长温度。但是，冷却速率将确定生物体是否能够在经历低温之前以任何方式适应低温。此外，冷却过程可能使微生物受到低温以外的胁迫。微生物可以在低温下生长，只有当微生物暴露在能使其进入冷休克的低温时，其生存能力才会受到这种温度的影响。当微生物培养物用冷却的水或基本培养基稀释至较大体积来诱导冷休克，微生物细胞就会发生死亡和裂解。将温浴培养的培养物通过转移冷水浴中或利用冷却的完全培养基稀释培养物等方式获得更低的温度骤变却不会导致细胞死亡。如果低温在微生物生长温度范围内，大肠杆菌和沙门氏菌将被诱导进入一个数小时的延滞期。部分微生物经历冷休克后可能不进入延滞期，例如，乳酸乳球菌在冷休克后细胞可在低于或高于生长范围的温度下以一定的速率持续生长数小时。因此，将食品快速冷却至使微生物进入冷休克的温度能使微生物生长停止，但此方式不能将微生物杀死。冷休克能使微生物对生长抑制剂具有更强的耐受性（表15-4），但在冷却处理过程中同时改变培养基成分可以更有效地抑制微生物的生长。

表 15-4　丙烯酸和 Cu^{2+} 处理对冷休克大肠杆菌存活率的影响

菌株	存活率/%			
	丙烯酸处理		Cu^{2+} 处理	
	非冷休克处理	冷休克处理	非冷休克处理	冷休克处理
1	2	17	32	59
2	30	65	25	75
3	50	74	24	62
4	24	40	21	79
5	31	51	11	73
6	17	44	3	69

2. 低温对食品微生物的影响

微生物在低温条件下将进入一个生长停滞期，但生长停滞并不一定意味着代谢活动停止。微生物因饥饿胁迫而进入生长停滞期能促使其进行生理调节而增强生存能力。低温处理后，微生物生理状态的改变会影响其在持续低温下的生存。在低温处理下微生物数量呈指数下降。在大肠杆菌中，过表达热休克蛋白的突变体在低温下数量减少速度比野生型菌株快。相反，触发因子过表达菌株较野生型菌株在相同的低温下数量减少速度更慢（图15-3）。在抑制生长的 pH 下，低温比冷却更有效减少单核细胞增生性李斯特菌细胞数量。然而，酸性条件则增强鼠伤寒沙门氏菌在干酪中的低温存活率。低温下，在液体培养基或鸡肉中生长的弯曲杆菌（Campylobacter）数量减少的速度随着温度的升高而增加。同样的现象发生在胰蛋白胨大豆琼脂中生长的沙门氏菌和在牡蛎肉中生长的副溶血性弧菌。实际上，低温下微生物数量的减少是缓慢的甚至不会发生。在适当的培养基中，弯曲杆菌的数量在 4℃ 下贮藏 14d 期间保持不变，同时在低温贮藏的绞牛肉中各种嗜中温微生物数量没有发生显著变化。分析显示，在长达 18d 的分销和贮存期间，冷冻牛肉片中的大肠杆菌数量保持不变。在冷冻食品加工过程中，污染食品的微生物除了受到低温影响外，还可能受到操作过程中其他环境压力的影响。例如，在红肉冷冻处理过程中，由于没进行喷水处理，水分从温暖的尸体上蒸发而导致红肉表面失水和严重干燥，最终导致部分微生物数量减少。故此，在食品冷冻过程中可以结合施加压力应力以促进微生物数量的减少。

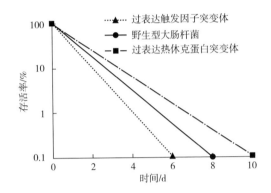

图 15-3　低温处理对热休克蛋白和触发因子过表达对大肠杆菌活性影响

3. 冻结对食品微生物的影响

　　与冷却到低温不同，冷冻总是会导致微生物承受除温度外的额外应力。食品中的水分主要以液体形式存在，结冰温度主要由水中的溶质浓度决定。当食品温度低于冰点时，其中冰组分就会迅速增加，但是随着水分中的溶质浓度在食品冻结过程中不断增加，后续冰组分的增加需要较大的温度下降处理。例如，肌肉组织在 -1℃ 开始冻结，其中一半水分在 -2℃ 冻结，但接着即使在 -40℃ 下与蛋白质结合的水分仍有 10% 未发生冻结。食品的冻结过程会对水分活度有影响，与相同温度下纯水的水分活度相同（表 15-5）。当冷冻食品中的水在某些区域干燥后升华时，这些区域的水分活度才会低于冰的水分活度。在食品冷冻过程中，微生物遭受细胞外结冰、细胞内结冰、未冷冻培养基中细胞外溶质浓度和微生物细胞脱水的影响。实际上，细胞外结冰对微生物的机械损伤似乎是有限的。细胞内冷冻造成的损害也有限，因为微生物细胞质在冷冻温度降至 -10℃ 左右时仍处于过冷状态。冷冻介质和过冷细胞质之间的渗透压差将导致细胞失水。细胞失水与其大小有关，具有较大比表面积的小细胞比大细胞更快失水。随着细胞失水，细胞质和环境间将达到渗透平衡，随着温度的不断降低，细胞内的溶质浓度不断增加，所以理论上只要冻结处理时间足够缓和，细胞内的水永远不会冻结。因此，1℃/min 或更低的冷却速度不能使微生物细胞的水分冻结。分析显示，细菌细胞内的水形成冰至少需要 10℃/min 的冷却速度。当食品冷却速度足够慢时，小部分的微生物可能被困在形成的纯冰晶体内部，但大部分微生物会转移至未冻结的水分中，这部分微生物周围的溶质浓度不断增高。因此，慢速冷冻可能比快速冷冻对微生物产生更严重的影响。

表 15-5　温度对冻肉中水的冰含量和水分活度的影响

温度/℃	冰含量/%	水分活度（A_w）
0	0	0.993
-1	2	0.990
-2	48	0.981

续表

温度/℃	冰含量/%	水分活度（A_w）
−3	64	0.971
−4	71	0.962
−5	74	0.953
−10	83	0.907
−20	88	0.823
−30	89	0.746

三、辐照灭菌

电磁波谱由至少六种在波长、频率和穿透力存在差异的辐射组成。其中，γ辐射、紫外线和微波在食品工业中应用相对较为广泛。辐照包括电离辐射应用的任何形式，包括α粒子、β射线或电子、机器产生的X射线或放射性同位素产生的γ射线。其中，食品加工中常用的是不超过2000nm波长X射线、β射线和γ射线。在加工过程中，这些射线具有足够的能量使分子电离，并能在不升高辐照食品温度的前提下使食源性微生物失活。X射线、β射线和γ射线穿透食物的能力不同。β射线穿透力差，不适合应用于食品保存。X射线的穿透力比β射线强，但难以集中作用于食品中，限制了它在食品保藏中的应用。γ射线由钴-60（^{60}Co）和铯-137（^{137}Cs）等放射性同位素发出，具有极高穿透力，使其在食品保藏中具有广阔的应用前景。γ射线的能量为100万~200万MeV，可以穿透厚度约为40cm的材料。一般情况下，^{60}Co主要应用于核医学上，当其衰变到不足以满足医疗需要的能量水平时，便可用于食品辐照。^{60}Co同位素比^{137}Cs更容易获得。能量相对较低的电子可用直线加速器或范德格拉夫发生器加速，产生10MeV或更高的能级。高能电子可以通过轰击钨等重金属来产生X射线。电离辐射剂量足以在食品中产生正负电荷以用于灭活食源性微生物。辐照剂量是食品辐照过程中最重要的因素。目前，吸收剂量使用的单位是格雷（Gray，Gy），一单位格雷相当于每千克辐照材料吸收1焦耳能量。

辐射在食品中的应用可分为低剂量、中等剂量或高剂量。这些不同的剂量辐射适合不同目的的食品处理过程。低剂量辐射（<1kGy）可用于杀灭谷物和水果中的昆虫，灭活新鲜肉类中的寄生虫，延缓水果成熟或蔬菜发芽。中等剂量辐射（1~10kGy）能够灭活大多数食源性病原体和腐败微生物，使食品加工达到巴氏杀菌效果，以提高冷藏食品的安全性和保质期。高剂量辐射（10~50kGy）可用于实现食品的商业灭菌，如商业罐装操作以及对食品中使用量非常小的香料和蔬菜调味品进行灭菌。此外，高剂量辐射可为各种用途食品进行杀菌，例如为太空任务期间的宇航员和对微生物感染高度敏感的免疫缺陷患者提供的食品。根据辐射水平的不同，可将食品辐射杀菌分为三种形式，分别是辐射选择性杀菌（radurization）、辐射针对性杀菌（radicidation）和辐射完全杀菌（radappertization）。辐射选择性杀菌使用0.75~2.5kGy的剂量以减少鲜肉、家禽、海鲜、蔬菜、水果和谷物等食品中的活腐败微生物数量。然而，这种方法对嗜冷病原体和嗜冷革兰氏阳性腐败菌的作用有限。辐射选择性杀菌食品应贮藏在≤4℃条件下以防止微生物生长。辐射针对性杀菌的典型剂量范围为2.5~10kGy，主要作用是杀灭食物中

食源致病菌繁殖体。这种杀菌方法与牛乳使用的巴氏杀菌方法相似，主要作用是将致病菌的繁殖体控制至低于标准检测法的检测限。此外，病毒、致病菌芽孢和部分辐射抗性微生物能逃逸辐射针对性杀菌。用这种方法处理的食品应贮藏在≤4℃条件下以防止肉毒梭状芽孢杆菌芽孢的萌发和生长。辐射完全杀菌方法利用了30~40kGy的高辐射剂量来破坏肉毒梭状芽孢杆菌芽孢，但不建议用在食品加工中。

四、食品抗菌剂

在食品加工过程中，添加某些符合食品安全标准的化合物能够有效抑制或杀灭微生物，这些化合物可以称为食品防腐剂或食品抗菌剂。食品抗菌剂的使用目的是通过抑制腐败微生物生长来延长食品货架期，或通过抑制致病微生物生长来改善食品安全。虽然大多数食品抗菌剂在一定浓度下足够使微生物失活，但在食品加工过程中其使用剂量往往降低至控制抑制微生物生长的较低水平。食品抗菌剂的使用浓度取决于目标微生物在食品中的初始数量和使用条件。食品抗菌剂对微生物的抑制作用是有限的，因此使用食品抗菌剂的食品不能无限期保存。一般情况下，食品抗菌剂对腐败微生物产生的有害代谢产物引起的食品腐败是无效的。食品抗菌剂抑制了微生物繁殖，所以处理食品不产生异味且质地不发生变化，能有效延长食品货架期。由于化学食品抗菌剂不会杀灭食品中的微生物，因此它们通常与其他食品保存方法（加热和冷藏等）结合使用。目前，在食品加工中使用的食品抗菌剂主要包括有机酸、二碳酸二甲酯、亚硝酸盐、对羟基苯甲酸酯、磷酸盐和亚硫酸盐。

不同食品抗菌剂对微生物活性的影响是存在差异的，除与其本身的化学结构有关外，食品抗菌剂的功效还与目标微生物敏感性、食品特性、贮存环境和使用的工艺类型等因素相关。影响抗菌剂效果的微生物因素主要有微生物的固有抗性、初始数量、生长阶段、细胞类型以及所处的环境条件等。例如，芽孢通常比营养细胞更耐化学抗菌剂；革兰氏阴性细菌由于具有外膜，往往比革兰氏阳性细菌更耐化学抗菌剂。影响食品相关化学抗菌剂活性的因素包括pH、产品成分、氧化还原电位和水分活度。pH对许多食品抗菌剂有重要影响，包括有机酸、亚硝酸盐和亚硫酸盐。弱酸性抗生素以未离解或质子化形式最有效，因为它们能够更有效地穿透微生物的细胞质膜。食物的pH越低，质子化形式的酸比例越大，抗菌活性越高。影响活动的另一个因素是食物成分。这与抗菌分子的疏水性有关。抗菌剂起作用必须亲脂性地吸附和穿透细胞膜，当然抗菌剂应至少部分可溶于食品的水相中。高脂肪食物会使抗菌剂溶解在食品脂相中，从而降低其抑制水相中微生物的可行性。影响抗菌剂活性的贮存因素包括时间、温度和空气。使用热、非热方法（例如高压、脉冲电场）加工食品会导致微生物数量减少和微生物群落变化，从而影响食品抗菌剂的有效性。一些非热加工方法将食品抗菌剂使用作为其加工过程的一个组成部分。目前，在食品加工过程中通常交互使用各种抑制或灭活微生物的方法。

第三节　食品微生物预测

"预测微生物学"最早于1983年提出，随着科学技术的发展和研究的不断深入，它已广泛应用于食品各个领域。预测食品微生物学（predictive food microbiology）是一门在微生物学、数学、统计学和应用计算机学的基础上建立起来的新兴交叉学科。其主要是通过设计和建立一套特定的预测数学模型，并用于预测和描述食品环境中微生物的生长和死亡，从而实现对食品的质量和安全性快速评估和预测。

一、预测微生物学的模型

根据生长模型的建立方式，又分为概率模型和动力学模型。概率模型用于预测一些特定事件发生的可能性，如在给定时间内芽孢萌发或者形成毒素的概率，可用于分析食品中致病菌出现的概率，也可用于食品安全性评估。动力学模型描述不同的培养和环境条件对微生物生长的影响，是建立有关微生物的比生长率和环境因素之间关系的数学模型，可用于食品品质预测。

1. 概率统计模型

预测微生物风险评估常采用概率模型，为了预测致病菌生长的可能性或毒素的产生，将最可能法（most probable number，MPN）应用于微生物的生长或者产毒，可得出微生物生长或者产毒的概率模型。

概率模型主要可用于预测致病菌生长的可能性或者致病菌毒素产生的情况，还能描述微生物死亡和存活情况。Lindroth 和 Genigeorgis 采用概率模型模拟了肉毒梭状芽孢杆菌（*Clostridium botulinum*）芽孢生长并产毒的概率，Khanipour 等构建了 *C. botulinum* 在不同 pH、NaCl 浓度、山梨酸以及乳酸链球菌肽条件下的生长概率。Presser 通过计算大肠杆菌在不同 pH、温度、水分活度以及乳酸浓度下的生长概率，得出了大肠杆菌的生长限值。McKellar 等构建了 pH、温度、NaCl 浓度、醋酸以及蔗糖浓度对胰酶大豆肉汤培养基中 *E. coli* O157∶H7 存活影响概率模型。通过建立不同腐败菌在不同条件下的生长概率模型，可用来指导和预测食品中致病菌出现的概率，科学指导食品的生产加工和贮存。

2. 动力学模型

根据微生物与温度、pH、水分活度、NaCl 等不同环境因素之间的关系，构建微生物在不同环境下的生长动力模型，通过检测食品中微生物生长的真实环境，可预测食品加工、销售、贮存过程中微生物生长繁殖的程度，这就是预测微生物学的动力学模型。1993 年，Whiting 和 Buchanan 将预测微生物动力学模型分为初级模型、二级模型和三级模型。

（1）初级模型　初级模型主要用来描述在特定生长环境和条件下微生物数量与时间的关系。初级模型主要包括：线性模型、Logistic、Monod、Gompertz、Baranyi 模型等（表 15-6）。不同模型有不同的特定和适用范围。

表 15-6　初级模型方程式及其主要参数

初级模型	方程式	参数
线性模型	$\lg N = M + kt$	M——随时间无限减少的对数值/初始菌落数；k——微生物的生长速率，%；$\lg N$——微生物在时间 t 时常用对数值/菌落对数值
Logistic 模型	$y = A / \left\{ 1 + \exp\left[\dfrac{4\mu\ (r-t)}{A} + 2 \right] \right\}$	A——相对最大菌浓度，通过 $\lg\ (N_{max}/N_0)$ 计算，%；μ——微生物生长速率，%；r——迟滞期时间/h；y——微生物在时间 t 时相对菌数的常用对数值/对数，即 $\lg\ (N_t/N_0)$

续表

初级模型	方程式	参数
Monod 模型	$\mu = \mu_{max} S / (K_s + S)$	μ——菌体的生长比速，h^{-1}；S——限制性基质浓度；K_s——半饱和常数；μ_{max}——最大比生长速度，h^{-1}
Gompertz 模型	$\lg N = A + C \times \exp\{-\exp[-K_1 (t-T)]\}$	$\lg N$——微生物在时间 t 时常用对数值；A——随着时间无限减小时微生物的对数值（相当于初始菌数）；C——随时间无限增加时菌增量的对数值；K_1——在时间 T 时相对最大生长速率，%；T——达到相对最大生长速率所需要的时间，h
Baranyi 模型	$N = N_{min} + (N_0 - N_{min}) e^{-k_{max}} (t - M_{(t)})$ $M_{(t)} = \int_0^t [1 + S^n] ds$	N——t 时微生物的生长数量，个；N_0——0 时微生物的数量，个；N_{min}——最小微生物数量，个；k_{max}——最大相对死亡率，%；s——常数

　　线性模型和 Logistic 模型较为简单，为很多模型提供了基础，但在环境因素复杂时准确性较低，因此比较适合在生长环境和影响因素单一时对微生物的预测。研究表明，对于一些呈弱酸性的食品，如牛乳、果汁类的饮料温度变化会对其影响显著，因此可以用线型和 Logistic 模型来对其进行微生物的预测。Monod 方程式是描述微生物细胞数量指数增加的最简单模型，其主要假设某个细菌数量的增长速率与这个细菌在种群里的数量成正比，Monod 主要应用于评估环境系统中有机物的生物降解动力学。

　　Gompertz 模型又称双指数函数，主要是基于微生物的比生长速率随营养及有毒代谢产物的变化而动态变化，比较适合用来预测适温条件下微生物的生长。由于 Gompertz 模型没有充分考虑延滞期的影响，因此其预测准确性存在一定的问题。目前，对于 Gompertz 模型应用很普遍的非线性模型，为进一步提高其准确率，有学者进一步提出来 Gompertz 模型变形式，例如，Zwietering 等在应用不同初级模型对植物乳植杆菌（*Lactiplantibacillus plantarum*）的生长进行建模，发现 Gompertz 模型能更加准确的描述了其生长过程，并进一步提出了 Gompertz 模型的变形式，Gompertz 模型的变形式也是目前应用最广泛的预测模型之一，如式（15-1）所示。

$$\lg\left(\frac{N_t}{N_0}\right) = \lg\left(\frac{N_{max}}{N_0}\right) \times \exp\left\{-\exp\left[\frac{\mu_{max} e}{A}(\lambda - t) + 1\right]\right\} \tag{15-1}$$

式中　A——通过 $\ln(N_{max}/N_0)$ 计算；

　　μ_{max}——最大生长速率；

　　λ——微生物生长延滞期；

　　N_0——微生物初始数量；

　　N_{max}——最大微生物数量（微生物稳定期数量）；

　　N_t——时间 t 时的微生物数量。

　　Baranyi 模型是以 Logistic 生长模型为基础的非线性微分方程。Baranyi 模型有一个对延滞期有很好的处理能力的附加函数，应用范围广，且具有生理学意义。由于准确性较好，简单且实用，能兼顾模型参数和准确性之间的关系，即能对微生物生长进行准确预测，又只使用较少参数。研究表明，对于一些食品组织比较密集的动物性食品，如猪肉及虾等，可通过 Baranyi 模型来预测其货架期。在近年的预测模型研究中，Baranyi 模型也越来越广泛地应用在预测食品微生物领域。

（2）二级模型 二级模型主要用来表征特定环境因子（如温度、pH、水分活度等）的变化如何影响一级模型中的参数。目前二级模型主要包括：平方根模型、Arrhenius 模型、响应面模型等（表 15-7）。

表 15-7 二级模型方程式及其主要参数

二级模型	方程式	参数
平方根模型	$\sqrt{\mu_{max}} = b(T - T_{min})$	b——模型常数；T——建模温度，℃；T_{min}——微生物最小生长温度
Arrhenius 模型	$\ln(k) = a + \dfrac{b}{T} + \dfrac{c}{T^2}$	k——比生长速率或者迟滞期；T——绝对温度，K；a、b、c——方程系数；
响应面模型	$y = a + b_1 x_1 + b_2 x_2 + \cdots + b_i x_i$ $+ b_n x_i^2 + \cdots + b_t x_i^2 + \cdots$ $+ b_v x_1 x_2 \cdots + b_m x_i x_j$	a、$b_1 \sim b_m$——回归系数；$x_1 \sim x_j$——温度、时间、pH、A_w 等因素

平方根模型是目前使用较多的二级模型，该方程式参数单一，使用简单，能很好地预测温度对微生物生长情况的影响，主要缺点是对于多个影响因素共同作用的微生物生长预测缺乏准确性。McMeekin 等进一步将 pH 和水分活度加入平方根模型，拓展后的变形式如式（15-2）所示。

$$k^{1/2} = \lambda(T - T_{min})(A_w - A_{w(min)})^{1/2}(pH - pH_{min})^{1/2} \tag{15-2}$$

式中　k——微生物生长率；

　　　λ——微生物生长延滞期；

　　　T——建模温度；

　　T_{min}——微生物最小生长温度；

　　　A_w——建模水分活度；

　$A_{w(min)}$——微生物最小水分活度；

　　　pH——建模 pH；

　　pH_{min}——微生物最小生长 pH。

Arrhenius 模型主要是基于假设微生物生长速率决定于一种食品中酶促反应的速度，能比较准确地描述温度对微生物生长的影响。Davey 发展了 Arrhenius 方程，能够描述温度以及水分活度的影响。拓展后的公式如式（15-3）所示。

$$\ln(k) = a + \frac{b}{T} + \frac{c}{T^2} + dA_w + eA_w^2 \tag{15-3}$$

式中　　　　k——微生物生长率；

a、b、c、d、e——模型参数。

响应面方程是一种多项式回归方程，它可以是线性的、二次的、立方的方程。响应面方程作为二级动力学模型常与初级模型中的 Gompertz 方程联合使用，Gompertz 变形式中的参数 λ 和 μ_{max} 可以由响应面方程计算得到。一般来讲，食品复杂体系中微生物的生长常受多种因素共同作用，响应面模型比其他二级模型要复杂但更有效。响应面模型需要处理大量数据，操作较复杂，但准确性很高。研究表明，响应面模型预测食品中微生物时，温度的变化对食品的影响很大，特别是对一些干制的食品如面包、饼干等，采用响应面模型进行微生物预测效果较好。

（3）三级模型 三级模型主要是将一级、二级模型进一步转换成计算机共享的软件程序，最终整合成计算机软件。三级模型一般是一种功能强大，并且操作简捷的微生物生长预测模型工具。通过三级模型系统，可以直接、快速地计算不同环境因子变化与微生物反应的对应关系，比较不同环境因子的影响或对比不同微生物之间生长的差别。常见的微生物生长三级模型有 Growth Predictor、ComBase Predictor、PMP、Sym' Previus 等（表 15-8）。

表 15-8 三级模型及其主要功能

三级模型	研发机构	主要功能
Growth Predictor	英国食品标准局	不同生长条件下常见食源性病原菌在营养肉汤中的生长情况与时间之间的函数关系
ComBase Predictor	英国食品研究所、美国农业部研究中心、澳大利亚食品安全研究中心	不同食品加工和贮藏条件下微生物生长速率及微生物数量的变化
PMP	美国农业部微生物食品安全研究机构	模拟和预测不同环境下致病菌的生长或失活
Sym' Previus	法国农业研究部	对模型输出结果进行综合分析和评价

二、预测微生物学的应用

1. 预测微生物学在畜禽肉产品中的应用

我国是肉类生产和消费大国。肉类在屠宰加工的过程中易受到微生物的污染，微生物是引起其腐败变质的最主要原因，常见的腐败微生物主要包括假单胞菌、希瓦氏菌、不动杆菌、莫拉克斯氏菌、嗜冷杆菌、产碱杆菌、肠杆菌、弧菌科中的气单胞菌和弧菌、黄杆菌、葡萄球菌、微球菌、梭菌、乳酸杆菌、明串珠菌、环丝菌、棒状杆菌等。其中，假单胞菌、肠杆菌以及肉毒梭状芽孢杆菌等是典型的肉类产品特定腐败菌。通过建立特定腐败菌的生长动力学，可以有效地实现肉类产品品质的预测（表 15-9）。通过单一菌种构建模型，容易忽视温度对致腐菌种类的影响。基于多菌种及菌落总数的货架期预测模型，可以较好地实现预测肉类产品货架期。

表 15-9 预测微生物模型在畜禽肉产品中的应用

样品名称	预测模型	预测内容或结果
冷却牛肉	Gompertz 模型	建立了冷却牛肉在 0~10℃条件下贮藏时牛肉中假单胞菌生长动力学模型与牛肉货架期预测模型
冷却猪肉	Gompertz 模型 平方根模型 预测软件（MFMG）	建立冷却肉假单胞菌的生长动力模型；开发了能快速准确预测冷却肉中假单胞菌生长情况的预测软件（MFMG）
肉糕	Gompertz 模型	建立了肉糕在 4~25℃条件下货架期预测模型
冷鲜鸡	Gompertz 模型	建立了 5~25℃条件下的冷鲜鸡货架期动力学模型

续表

样品名称	预测模型	预测内容或结果
生鲜鸭肉	Gompertz 模型	拟合了 4~25℃条件下生鲜鸭肉产品中假单胞菌、乳酸菌和荧光假单胞菌生长模型与货架期预测模型
西式熏煮火腿	Baraniy 模型	拟合了在 4~15℃条件下贮藏的真空包装西式熏煮火腿的预测货架期模型
预制牛肉	Gompertz 模型	拟合了室温贮藏下三种不同包装（真空包装、塑料盒包装、托盘保鲜膜）下的预制牛肉中五种微生物（大肠菌群、乳酸菌、金黄色葡萄球菌、霉菌、酵母）的生长规律模型
熟牛肉	修正的 Ratkowsky 平方根模型 Baranyi 模型	通过 Baranyi 模型和修正的 Ratkowsky 平方根模型预测熟牛肉中肉毒梭状芽孢杆菌产生和生长
鸡肉	Gompertz 模型	分别拟合了 8~33℃鸡肉中五种血清型沙门氏菌（德比、阿贡纳、肠炎、印第安纳、鼠伤寒）的生长规律模型
	Logistic 模型	
	Batkowsky 模型	
	Arrhenius 模型	
	Gompertz 模型	分别拟合了 13~33℃鸡肉中三种鸡肉中的沙门氏菌（阿贡纳、肠炎、鼠伤寒）生长规律模型
	Baraniy 模型	
	Huang 模型	
	Buchanan 模型	
	Batkowsky 模型	
	Arrhenius 模型	
	Cardinal 模型	
冷鲜猪肉	Gompertz 模型	拟合了不同贮藏温度下（0~20℃）、不同贮藏气体环境下（100%N_2、100%CO_2、100%O_2、22%O_2+78%CO_2、普包）、不同贮藏湿度环境（99%RH、57%RH、36%RH）下冷鲜猪肉假单胞菌的生长规律、猪肉品质、货架期的模型

在未来，可以在基于研究不同肉类产品菌群及理化特征变化的基础上，筛选关键的特征微生物和理化指标，并构建微生物预测模型，可以更加精准地实现不同肉类产品的货架期及品质预测。研究发现，假单胞菌、乳酸菌和荧光假单胞菌是生鲜鸭肉产品贮藏期间的主要特征微生物，基于此，采用修正的 Gompertz 模型构建其在不同温度下的生长模型，并使用 Belehradek 模型和 Arrhenius 方程描述温度对最大比生长速率和延滞期的影响，实现生鲜鸭肉产品的货架期的准确预测。先寻找特征污染微生物，在此基础上构建货架期预测模型，是未来的重点研究之一。

2. 预测微生物学在水产品中的应用

近年来，随着保鲜和加工水产品的消费比例逐渐上升，水产品的安全问题越来越受消费者关注。微生物是水产品腐败的重要因素，导致水产品中产生腐败臭味的菌群就是该产品的特定腐败菌。水产品中的特定腐败菌是造成水产品腐败的主要原因，评估特定腐败菌的代谢能力和菌体密度可知鱼的新鲜度，因此，对特定腐败菌的生长状况进行预测就可以判断水产品的货架期。

假单胞菌是许多鱼类的特定腐败菌。因此，国内外许多文献都通过构建假单胞菌的生长模型，以便预测鱼类水产品的货架期。除了微生物指标外，目前判断水产品质量与安全的指标还有物理指标、化学指标以及感官指标，综合这些指标来构建和验证预测模型将更有效。虾和贝类产品味道鲜美，营养丰富，深受人们的喜爱。新鲜度是虾和贝类产品品质的主要评价指标。目前，国内外也针对不同虾和贝类产品构建不同微生物预测模型，并应用于预测货架期及品质评价。例如，利用修正的 Gompertz 方程构建南美白对虾仁不同温度下微生物生长的动力学模型，发现修正的 Gompertz 方程能较好地拟合不同温度下南美白对虾仁特定腐败菌生长的 S 形曲线（图 15-4）。

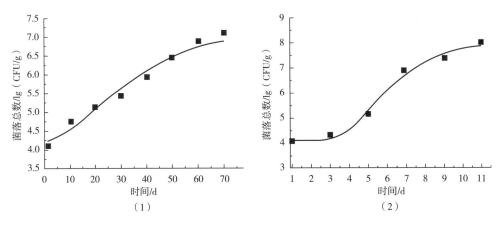

图 15-4　虾仁菌落总数生长的拟合曲线
（1）－18℃　（2）4℃

3. 预测微生物学在乳及乳制品中的应用

乳制品营养丰富，非常适合微生物的生长繁殖，如果生产加工和贮存条件不当，就会发生腐败菌和致病菌的生长，包括乳酸菌、假单胞菌、金黄色葡萄球菌、单核细胞增生性李斯特菌、大肠杆菌 O157：H7 和沙门氏菌等。其中，金黄色葡萄球菌是原料乳中最常见的一种致病微生物，有关原料乳中的金黄色葡萄球菌微生物预测模型研究相对较多。

随着冷藏设备及冷链运输的广泛应用，嗜冷菌成为影响保质期的主要因素。常见的嗜冷菌包括假单胞菌属、产碱杆菌属、无色杆菌属、黄杆菌属、克雷伯氏菌属等。使用 Gompertz 模型建立 4~14℃贮存的原料乳中总菌落和嗜冷菌的生长动力模型，构建的模型可以有效地预测原料乳中微生物的生长情况。针对典型嗜冷菌构建生长动力模型，也是乳制品品质控制和评价的有效方式。

4. 预测微生物学在果蔬产品中的应用

大多数新鲜果蔬原料含水量高，质地柔软，在采摘、运输和贮藏过程中易受机械损伤和微生物侵染而引起果实腐烂变质，失去食用和经济价值。微生物污染已成为影响果蔬货架期的主要因素之一。微生物在果蔬原料中生长情况多呈现 S 形增长趋势，因此，选择 Gompertz 模型、Logistic 模型和 Baranyi 模型来拟合果蔬产品中微生物生长曲线的情况较为常见。目前，预测微生物学主要应用于果蔬采后、鲜切果蔬及果蔬汁货架期预测及品质评估等方面。例如，蔡冲等采用 Gompertz 模型建立桑椹贮存过程中不同温度下微生物生长动力学的模型方程，并用于桑椹贮存过程的品质评价。

预测微生物学还可应用于果蔬产品的风险评估和质量安全管理。例如，利用 Baranyi 模型和 Ratkowsky 平方根模型能够对鲜切卷心莴苣中单核细胞增生性李斯特菌的受污染情况进行初步评估。利用 Baranyi 模型与 Square root 模型描述了鲜切莴苣中沙门氏菌和单核细胞增生性李斯特菌的生长速率与滞后期之间的关系，发现将鲜切莴苣贮藏于 5℃ 以下的环境中，两种食源性致病菌均无生长和繁殖能力，研究结果可用于指导鲜切莴苣的质量安全管理。考虑到多种环境因素（如 pH、温度、NaCl 浓度等）对微生物生长的综合影响，未来应在现有模型基础上，开发更为合适的预测模型，以实现更准确的预测微生物实际生长情况，同时也为果蔬产品中的货架期预测及品质评估提供更精准的预测。

5. 预测微生物学在益生菌研究中的应用

预测微生物学在益生菌产品研究中有广泛应用，主要是应用 Logistic 模型、响应面方程等对益生菌发酵工艺及冻干保护剂配方等进行优化。选用 Logistic 模型和 Luedeking-Piret 模型可模拟植物乳杆菌的生长和代谢，结合响应面模型分析了该菌生长条件和生长参数的相关性，从而预测该菌生长的最适温度和 pH。利用 Logistic 方程建立嗜酸乳杆菌、植物乳植杆菌、发酵乳杆菌复合菌株发酵苹果浊汁的菌体生长、产物生成和底物消耗动力学模型，建立的动力学模型能够较好地预测复合益生菌发酵苹果浊汁发酵过程变化。在未来，随着益生菌产业的发展，预测微生物学在益生菌制剂及功能产品开发方面将有更大更广的应用空间。

第十六章

食品供应链跟踪
追溯技术

学习指导：本章重点介绍了食品供应链的概念及追踪溯源技术的原理，系统介绍了食品供应链的风险分析及预防措施，重点介绍了食品供应链可追溯的关键技术及虹膜识别技术在生产中的应用。通过本章的学习，了解食品供应链的结构，掌握食品供应链可追溯关键技术研究现状，明晰虹膜识别技术在食品供应链可追溯的应用机制，从而提高对于食品加工与贮运安全保障的能力。

知识点：食品供应链，食品供应链风险类型，数字码标识技术，条形码标识技术，RFID 识别技术，胴体标签与编码技术，DNA 技术，虹膜鉴别技术，区块链追溯技术，近场通信，同位素溯源技术，矿物元素指纹图谱，有机成分指纹识别

关键词：食品供应链，风险分析，风险预防措施，跟踪追溯技术，虹膜识别技术

第一节　食品供应链

一、食品供应链定义

食品供应链是指以消费者需求为导向，通过物流、资金流、信息流的合理流通，以达到整体成本最小化和收益最大化的一个网状或链状结构。主要由食品供应商、食品生产商、食品分销商、食品零售商、消费者等组成（图 16-1）。

图 16-1　食品供应链结构图

二、食品供应链风险分析

（一）食品供应链风险分析定义

食品供应链风险分析主要包括对供应、制造、流通、回收等环节可能受到某些不确定性因素影响的分析和研究。

食品供应链风险概念强调了供应链风险来源于供应链的不确定性，是由一般供应链风险的概念演化而来。而食品供应链风险概念关注的是整个食品供应链可能遭受的多方面损失。因此，食品供应链风险关注的是各种内外生因素可能给整个食品供应链带来的损失。根据对已有文献的分析，一些文献在研究中并未明确给出食品供应链风险的定义，大多数学者认为食品供应链风险的概念是在一般供应链风险的基础上结合食品供应链的特点而形成的。还有一些文献虽然给出了食品供应链风险的定义，但互相存在一定差别，最终衍生出的食品供应链风险分类

和定义也不尽相同。

在无特殊说明的情况下，食品供应链安全一般是指食品供应链中的食品质量安全，同时这也是最关键的风险因素，因而在文献中经常出现的食品供应链风险问题，实质上是指食品供应链质量安全风险问题。

（二）食品供应链风险类型

对于食品供应链的风险分析，从供应链的整个流通过程来考虑，主要包括供应、制造、流通、回收四个环节的风险。为了从更加客观的角度考虑食品供应链风险，将从内部风险和外部风险两个角度对食品供应链风险进行分析。

1. 内部风险

内部风险是指食品原材料受到污染或在食品的加工、运输、流通、销售中，食品原料、食品企业内部原因所导致的风险，通常是由于各环节复杂、监管缺失、疏于管理等内部原因，导致食品供应链风险层层放大，最终引发灾难。

2. 外部风险

在竞争日益激烈的全球化进程中，食品供应链网络遭受到外部环境不确定因素带来的风险也必须得到重视，主要包括突发事件、经济因素、政策等外部影响干扰因素。由于这些因素都很难预测，故更应该给予高度的关注，从而针对外部风险做出相应的应对措施。

（三）食品供应链风险应对措施

食品供应链风险解决是一个持续的过程，根据食品供应链风险发生与否，可分为三大类，即发生前的预防措施、发生时的应急措施和发生后的完善措施。对于前两者，都应采取"预防为主、应急为辅"的方针，从源头抓起，才能更好地解决一系列问题；对正在发生的风险，相关部门要立即发出响应，将风险影响降低到最小值；对已经发生的风险，各部门要吸取教训、总结经验，针对不同环节和政策进行完善，尽可能将风险发生的概率降低。

1. 食品供应链风险预防措施

（1）建立完善的食品安全风险分析机制　食品安全风险分析在食品质量控制中有非常重要的应用。食品安全风险分析通过对食品内的各项与安全相关的风险因素进行分析，从而进一步了解食品的质量情况，对食品质量进行有效控制。无论是在食品加工还是在原材料筛选中，食品安全风险分析都在质量控制中发挥着举足轻重的作用。食品安全风险分析能够帮助人们了解食品的内在情况，包括食品成分、结构等很多无法从外观上进行分析和判断的食品质量，通过安全风险分析的系统检测能够更快地得出准确结果，食品安全风险分析可以为食品质量的评估提供可靠的依据。现阶段食品安全风险分析在食物的质量控制，特别是加工类食品质量控制方面具有良好的应用。加工单位通过食品安全风险分析能够了解加工产品的质量情况，从而筛选不合格产品以及提高生产质量。

食品安全风险分析可推进食品安全预警工作的进行。食品安全预警机制是食品安全质量管理的重点，特别在当今商业市场驱逐利益的大背景下，某些商家会触碰食品安全标准的红线，而食品安全预警机制在食品危机事件的预防和处理上发挥着重要作用。食品安全风险分析是食品安全预警中的重要检测手段和预警依据，通过对食品安全中的各项风险因素进行排查和分析，及时了解某一类食品或者某种食品中的成分构成问题、有毒有害危险因子等，对食品的危险程度进行评估，并尽早做出预警，避免食品威胁人类健康。

食品安全风险分析能够帮助食品质量管理制定良好标准，为其提供可靠依据，同时可用于食品监管与立法当中。近年来，食品监管与立法工作备受重视，各种食品安全问题引发了社会的广泛关注，食品监管与立法工作上的不足可通过有效的措施进行补充，而食品安全风险分析在这一过程中应用效果较为明显。在食品立法中安全风险分析能够通过风险的排查以及评估，帮助立法部门对食品的安全性进行科学分析，制定合理的食品法律法规。

（2）建立完整的可追溯体系　"可追溯性"被定义为：利用登记的记号对实体的历史、应用或位置进行跟踪的能力。食品追溯信息可以包括食品产成品、食品的原料、种养殖厂的肥料、饲料、牧场环境等信息，还可以包括食品的包装以及其他接触食品的物体的信息；食品可追溯性可以看作物流管理的组成部分，能够在食品供应链的所有环节获取、存储及传送食品、饲料、食品生产动物或物质的相关信息，以便监控和检查食品的安全性并进行安全控制。按照追溯的方向，可追溯性可以分为向后的可追溯性，即溯源，以及向前的可追溯性，即追踪。溯源是指根据记录的信息查找食品的来源，用于明确食品中的不安全因素来自于供应链的哪个环节，有利于明确责任；追踪是指根据记录的信息确定食品的流向，有利于食品的召回。一旦食品出现问题，相关部门能够快速追踪食品流向，回收存在问题的尚未被消费食品，并且能够追溯到问题食品的源头企业，从而对其进行相应的处罚，严重者撤销其上市许可，消除危害减少损失。

为配合可追溯体系的更好实施，有必要对食品的标签和包装进行完善，因为它们是系统信息依附的载体。另外，需完善与可追溯体系相关的质量管理体系，如 HACCP、GAP、GMP 体系等。构建公共的物流信息平台，通过降低交易成本，提高信息传递效率和质量等方法也可以使追溯体系更加完善。通过多方面的结合，才能更好发挥可追溯体系的作用。

（3）成立相关基金　食品企业在经营中应该在每年年末留取一部分收益作为食品供应链风险基金，以应对不期而遇的风险。对风险基金的管理应该有明确的章程，规定基金成立的目的，基金的使用条件，基金的使用规划、基金的管理办法等。另外，需有专业的管理人员进行基金管理，对每年的收益情况有总体的规划，在基金遭受损失时有应对的措施。最后，对基金管理有完善的监督机构。这要求监督人员与基金管理人员相互独立，站在公正客观的角度来处理问题，避免由于一人多岗造成包庇、窝藏隐瞒事实真相等问题。

（4）建立食品安全库存保障　建立食品安全库存的作用是在市场不景气的时候通过投入食品来缓解人们的需求，在供给过剩的时候，通过反向收购实行安全库存储备。站在食品供应链的角度考虑，安全库存的准备也很重要，如实施供应商和生产商的联合库存管理，或者通过期权、期货等金融衍生工具的对冲操作来减少库存带来的风险。

2. 食品供应链风险应急措施

（1）建立快速响应机制　控制风险最为有效的手段是快速响应能力。快速处理是降低风险的有效手段。食品供应链危机的快速处理机制包括：成立危机小组，确定问题的范围和危害的严重性，确认受影响的地区以及该地区人们对待问题食品的态度，建立食品召回制度。在发生问题的第一时间进行反应和处理，争取有效解决问题。

（2）建立有效的沟通　有效的沟通和及时的信息分享，对解决不良影响和风险至关重要，外部信息的沟通不仅可以防止谣言的传播，而且可以体现企业的社会责任心。随着时代的发展，沟通方式从原来的报纸、杂志等转变到现在的网络、媒体。对于发生的危机事件，采取有力措施，最好的莫过于借助网络的力量，快速完整进行信息共享和沟通，带来更大的影响力，减少危机事件造成的损失。

（3）积极参与各方的合作 食品供应链危机常有牵一发而动全身的效果，使得供应链上的各个节点企业都面临危机，节点上的企业互相帮助的同时，还可以通过相应的政府机构如国家市场监督管理总局等。在他们的监督下，通过采取严格的措施来防止事件的进一步恶化。

3. 食品供应链完善措施

（1）重视安全风险监督管理 为保证食品质量管理的准确性与规范性，应加强对安全风险监督和管理的重视程度。食品安全风险分析应当更加专业化和规范化，这就需要更加专业和规范的监督管理，以确保安全风险分析的正确性与准确性。应建立针对食品安全风险分析的监督管理部门，重点对食品安全风险分析的能力、客观性、公正性等进行监督，建立责任人制度，对出现问题的风险分析结果进行追责，从而减少食品安全风险分析中的人为和机械误差，保证安全分析结果的准确性，为食品质量管理提供更加可靠的依据。

（2）加强食品安全风险交流 食品安全风险分析对保障食品安全至关重要，但在食品安全风险分析完成后，还应该对安全风险的分析结果进行进一步的研究和交流，为食品质量管理提供帮助。2009 年以来，我国建立了可操作的国家风险评估体系，在方法论和程序开发、数据存储和人才培养等方面取得了显著成果，完成了一批定性和定量风险评估项目，服务于作为风险管理决策，特别是标准制定的重要科学依据。由于食品和化学工业的快速发展、新材料的使用、全球贸易的蓬勃发展以及由此产生的食品供应链的复杂性，中国的风险评估仍处于发展阶段。

当前，许多食品安全风险问题时常发生，为减少食品安全问题，相关食品安全风险分析机构应加强食品安全风险交流工作，及时掌握食品安全形势，公开食品安全信息，通过座谈会、公示制度及安全提示等方式开展工作，提高公众对食品安全的认识，利用食品安全风险交流帮助公众发现更多生活中常见的食品安全问题，有效防范风险，帮助公众解决各类食品安全疑惑。这也是发挥食品安全风险分析作用，提升其工作质量的重要措施。

（3）建立安全风险评估机制 保障食品安全风险分析的关键手段是安全风险评估机制。安全风险评估机制也是提升食品安全风险分析质量的重要措施，为避免盲目性与混乱性，保证食品安全风险分析有计划、有组织地完成相应工作，应当建立健全安全风险评估机制，通过对当前的安全风险评估机制进行分析，可以发现很多食品安全风险分析的流程不够科学规范，虽然其起到了一定的管控作用，但是有效性和管控效果仍有待提升。因此，在进行相关工作时，应进一步建立健全风险评估机制，建立系统化、体系化、规范化和标准化的安全风险评估体系。

风险评估机制的规范性建设，需要深入分析食品安全的国际标准及国家标准，将各行业内对安全风险评估的规范和标准作为风险评估机制建立的重要条件。同时，风险评估机制的建立同样需要将公众的食品安全诉求作为重点，对风险评估工作进行优化。在风险评估机制建立过程中，应充分发挥风险分析工作人员的专业水平和责任意识，工作人员在风险分析和评估中不放过、不忽略任何细节，认真负责，公平公正，完成相应的食品安全风险分析工作，保证工作中各项流程的规范与完善。

（4）完善食品安全法规 食品质量管理依靠法律法规进行约束，其在食品质量管理中的作用是无可替代的。我国现阶段的食品安全法律法规仍需要完善、健全，更适应社会需求，而食品安全风险分析常作为确保食品安全，保障食品质量的重要手段，同样要重视相关法律法规的完善。

第二节　跟踪追溯技术与应用

近年来，随着全球食品贸易的快速发展，食品安全及真伪性正在成为全球范围内的严重问题。为确保食品质量与安全以及应对消费者对食品来源信息的需求，食品可追溯性在许多国家都受到了前所未有的重视。欧盟通过制定法规（1760/2000/EC、1825/2000/EC）来强制要求所有成员国上市销售的牛肉产品必须具备可追溯性，标签上必须标明牛的出生地、饲养地、屠宰场和加工厂，否则不允许上市销售。美国FDA也要求食品具有可追溯性。日本、加拿大、澳大利亚等国家相继建立肉类追溯管理系统。在中国，食品追溯管理也逐渐受到重视。2011年，中国在上海金山区建立了云计算中心，以确保食品可追溯性，该中心可追溯部分或完全重建的供应链中的食品或成分，以便在出现质量问题时进行召回。

食品可追溯体系被认为是保障食品安全的有效手段。有效追溯系统的优势之一是精确召回和淘汰相关食品，并推动对食品安全问题原因的调查。另一个优势是其是保护品牌产品的有效方法，通过提供地理标志或产品原产地名称，促进公平竞争和保护消费者权益。可追溯性被认为是重建消费者信心的关键。此外，近年来，作为食品国际贸易的主要工具，动物识别和可追溯性已成为非关税壁垒。与没有此类系统的国家相比，拥有完善的追溯计划的国家将在产品出口方面享有竞争优势。

欧盟法规178/2002将可追溯性定义为在生产和分销的所有阶段追踪食品、饲料、动物和相关成分的能力。FDA将可追溯性定义为通过纸质或电子方式记录产品来源和目的地的能力。虽然不同国家和不同组织之间的可追踪性定义略有差别，但是主旨包括以下三个元素：动物个体识别，筛选和记录主信息，并记录从动物养殖到加工制品每个过程的具体信息。一种独特的标识符在出生时附在每个动物身上，并在其饲养、屠宰、运输、包装、贮存和销售过程中通过一种或多种可追溯技术进行持续识别。因此，一个有效的追溯系统应该在整个食品供应链中追溯和跟踪从个体动物到其相应肉类产品的完整相关信息。

近年来，随着溯源条例的建立及越来越受到重视，相关技术迅速发展。

一、食品供应链可追溯关键技术发展现状

1. 数字码标识技术

数字码标识是早期有关食品追溯的一项重要技术，由字母和数字组成，常黏贴在动物耳标或产品包装上。早期的数字耳标就是在此基础上设计的。数字码标识技术设计简单、成本十分低廉，但由于没有自动化，因此需要很多人力来管理、操作实施以及读写编码，且编码没有统一标准，可应用的范围有限，采用该方法识别信息，信息易混乱，不实信息误传的风险较大。

2. 条形码标识技术

条形码技术是指通过光电阅读器扫描一组排列规则的条以及对应字符组成的标识来读取信息的技术，其结合了编码、印刷、光传感等技术。目前的条形码可以分为一维条形码和二维条

形码。一维条形码的内容由条、空白及字符组成。其中条状部分的光反射率较空白部分高，可以通过改变条状排列和空白部分的宽度来决定信息中的内容。由于一维条形码存在容量较低、在无网络时无法使用等问题，二维条形码应运而生。二维条形码是由特定的几何图形按一定规律在二维方向上分布的黑白相间的图形，具有多种类型，如：堆积二维条形码、层排条形二维码等，只需通过直接扫描就可以读取内容。二维条形码实际上是对无线射频识别（RFID）技术的一种补充，可以对 RFID 技术实现数据完全对接转移，帮助消费者快速进行食品识别。相对于一维条形码，二维条形码的容量较高。而且一维码只能在单独方向上表达信息，实现对物品进行标记，而二维条形码则可以描述物品。条形码标识是目前畜禽及产品标识的主要方式之一。此前，采用一维条形码应用于猪的耳标以及二维条形码应用于牛的耳标均取得了较好的效果。研究结果表明，二维条形码印在畜禽嘴部读取效果最好。条形码技术具有使用效率高、稳定精准度高、成本低、构成简单等优势，随着条形码技术与计算机网络技术的结合，条形码技术表现出了巨大的应用前景。但同时仍存在一些问题需要改进，例如，条形码对印刷条件要求较高，且一旦印刷则不能更改。

3. RFID 技术

RFID 技术是一种非接触式自动识别技术，通过无线电磁场传输数据来识别目标物体，常用于畜禽识别。该系统主要包含三个组件：一个附加了被跟踪物体特定信息的标签、相应的信息读写器以及应用软件系统。标签可接收来自读写器发出的特殊射频信号，通过感应电流所获得的能量将储存的产品信息发送给读写器（无源标签），或者主动发送某一特定频率信号给读写器（有源标签），经由读写器读取信息和解码，传送至应用软件系统中进行数据处理。标签可以粘贴、附着或植入目标物体。目前常用的标签有：项圈电子标签、纽扣电子耳标、耳部注射式电子标签以及通过食道放置的瘤胃电子标签。动物识别中常采用纽扣耳标，其具有安全、易使用、损失率低等优势。近年来，研究人员将 RFID 系统与其他技术相结合，以此构建可追溯系统。例如，利用 RFID 对牛个体进行跟踪监控，并建立了基于网络和数据库技术跟踪系统，该系统嵌入了牛养殖和冷鲜牛肉生产的预警功能。

RFID 被认为是可以替代条形码技术的一项新兴技术，具有广阔的发展空间，但在实践中仍存在一些问题。第一，该技术的成本较高。2021 年，RFID 成本约为条形码技术的 100 多倍，单个价格在 20~50 美分。因此，并不适用于低价值产品。第二，由于数据格式存在多样性和不兼容性，不同标准 RFID 之间不能通用，导致产品流通中存在障碍。第三，某些应答器仍存在丢失问题，一旦动物被屠宰，形态特征丢失，RFID 标签与屠体分离，可能导致后续供应链信息丢失、中断或混乱，使得追溯信息不可靠。第四，无法保证追踪过程中的隐私保护。因此，需要一些辅助方法来进行产品原产地识别和监控。此外，RFID 系统的应用应根据养殖场的类型、动物的数量和动物品种的不同，最大限度地防止个体信息的相互影响。

4. 胴体标签与编码技术

胴体标签与编码技术是一种利用电子识别（electronic identification，EID）系统追踪动物胴体或动物屠宰加工过程的技术。畜禽屠宰以及运输过程的环境通常是阴暗潮湿的，且在整个过程中，胴体经常会遭到外力的作用，因此一般纸质标签（如条形码），很容易遭到破坏从而导致信息的损坏丢失。而胴体标签与编码技术则可较大程度避开这一问题。此外，为解决单个耳标与屠体识别号码匹配方面存在的问题，可以将全双工 EID 耳标应用在动物耳朵上。实际上，胴体标签与编码技术与 RFID 技术原理相似，因此，在某些方面可以优势互补。许多食品企业和农场通常会将上述两种技术结合起来使用。例如，一种牲畜屠宰胴体 RFID 标签系统实现了从养殖场到餐桌畜禽肉类食品全过程的信息采集、贮存、生产过程控制和可追溯管理。但与RFID技术一样，胴体标签与编码技术同样存在成本较高的问题，仅有大型食品企业和农场在采用这一技术。

5. DNA技术

DNA技术是根据特定的DNA序列或DNA分子标记而开发的，这些DNA序列或DNA分子标记具有动物个体或品种的先天特征，无论形态条件如何，都能提供准确、灵敏的信息，从而避免需要可区分的形态特征进行区分动物。由于独特的、不可修改的特征和不易丢失的优势，某些种类的DNA标记是电子耳标系统的有力补充。到目前为止，简单重复序列（simple sequence repeat，SSR）和单核苷酸多态性（single-nucleotide polymorphisms，SNP）是主要使用的DNA标记类型。具有众多等位基因的SSR具有更高的平均多态信息含量，这有利于区分标记数量较少的个体。大多数SNP只有两个等位基因，多态性相对较低，但SNP的基因分型相对简单且成本低，使其成为许多情况下的首选标记。近年来，人们广泛开展了基于SSR和SNP标记的可追溯性研究。

DNA溯源技术是最可靠的基因标记技术，其次是形态学标记、细胞学标记和生化标记。DNA多态性直接反映了个体基因构成的差异。每只动物都拥有独特的DNA密码，该密码是永久性的，并且在整个生命过程中保持完整。此外，DNA识别不需要任何外部产品标签系统。DNA可以在生产链的任何一个环节进行采集，并且可以与动物的历史进行匹配，从而为个体溯源提供信息。然而，DNA指纹识别的一个局限性在于它是一个多步骤的过程，需要提取DNA、设计特异性扩增引物、PCR扩增和识别相应的PCR片段，对技术要求较高。需要由大量科学家开发这些参考序列以丰富数据库中的参考信息，并建立可靠的共享数据库。因此，要补充参考DNA序列的数据信息，任重而道远。

6. 虹膜鉴别技术

虹膜鉴别技术主要基于虹膜的生理结构，利用虹膜存在的细丝、斑点、凹点、射线、皱纹和条纹等特征进行识别。虹膜在动物的整个生命中是不可改变的，因此它可以是眼睛的"指纹"。可注射的推注物或耳标可能会丢失，但动物虹膜图像永远不会丢失。在大型动物饲养阶段，采集该动物的虹膜图像并对其进行预处理，然后提取虹膜纹理特征信息后进行特征编码，把得到的虹膜图像编码录入到食品安全可追溯系统的虹膜数据库中，并与供应链的屠宰、加工、包装、配送等环节的相关信息进行关联。当肉类食品出现安全问题时，可以输入条码或电子标签和相关信息查找安全问题的来源，并找到肉类的个体来源。研究人员把牛的虹膜信息作为牛活体的唯一性身份验证，已将牛眼虹膜识别技术引入基于虹膜识别的肉食品安全可追溯系统中。

7. 区块链追溯技术

区块链技术（block chain technology，BCT）是一种利用块链式数据结构来验证与存储数据、利用分布式节点共识算法来生成和更新数据、利用密码学的技术保证数据传输和访问控制的安全、利用由自动化脚本代码组成的智能合约来编程和操作数据的全新的分布式基础架构与计算范式。可以帮助建立信任机制来解决透明度和安全问题，供应链中的任何一方都无法改变现有信息，被认为是一种有前途的技术。作为一种分布式和分散的技术，区块链是一组通过加密哈希链接的带时间戳的区块。它已被广泛接受为提高信息透明度和防止篡改的解决方案。它具有去中心化、公开透明、加密保护、信息防篡改等特点，因此可以为供应链提供更好的可见性和透明度，可用于实现供应链中的产品可追溯性。农产品的区块链追溯技术系统如图 16-2 所示。某企业应用区块链技术对美国的农产品和中国的猪肉进行信息追溯；2016 年，区块链创业公司为了展示区块链技术如何追踪印度尼西亚的黄鳍金枪鱼，包括从捕捉到餐桌整个过程，组织了为期 6 个月的试点项目，该项目旨在展示移动区块链技术和智能标记技术如何用于追踪渔民捕获物到达消费者手中的过程，并说明区块链技术是如何帮助创建开放的追溯系统的。这项研究不需要数据管理系统格式，又实现了食品追溯系统的安全性，可以安全地跟踪食品追溯系统。区块链技术在商业上具有潜力，但在供应链领域的普及仍面临两个障碍：一是消费者没有充分认识到区块链技术在信息溯源方面的优势；其次，区块链技术的使用复杂，涉及许多企业，成本高。为此，如果供应链采用区块链技术，供应商、制造商和零售商可能会担心其收入预期的实现。因此，供应链成员仍然对区块链技术的应用持怀疑态度。

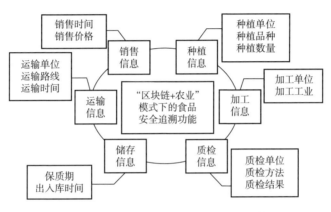

图 16-2 农产品区块链追溯系统功能示意图

8. 近场通信

近场通信（new field communication，NFC）是一种源自 RFID 技术的无线近距离（几厘米）连接技术。它允许两个设备之间的数据交易。NFC 和 RFID 之间的主要区别在于 NFC 已广泛集成到智能手机，平板电脑和笔记本电脑等移动设备中。这允许开发直接面向最终用户的应用程序。NFC 的工作频率 13.56MHz，速率范围为 106～424kbps。NFC 始终涉及启动器和目标，启动器主动产生射频，可以为无电源目标供电。NFC 和云存储用于食品供应链中生产、加工、分销、零售和消费等每个阶段。该技术允许参与同一生产链的农民、农产品供应商、政府机构和有关负责部门（支付机构、认证机构等）和最终消费者之间共享信息。其允许农民轻松管理数据，供内部使用，满足有关部门的要求。在从田间处理到包装的生产链中，从农民的智能手机到放置在物体中的标签，可以获得先前生产步骤的所有信息；其他信息被添加并存储在云数据库中，并写入另一个标记中。最终消费者只需将智能手机移动到食品标签上，就可以阅读有关供应链的所有信息。

9. 同位素溯源技术

稳定同位素产地溯源技术是在同位素自然分馏原理的基础上发展起来的一项新兴产地识别技术。分馏主要发生在以下几个环节：①来自大气的 CO_2 在穿过细胞壁进入叶绿体的扩散过程中，$^{12}CO_2$ 被优先吸收。②光合羧化反应总是有选择地优先利用 $^{12}CO_2$，使得 ^{12}C 更多的被固定在光合作用的初级产物中。③光合作用初级产物向中级产物转化的过程中也伴随着同位素分馏，植物组分的碳同位素丰度比主要受前两个环节的影响。同位素分子质量数不同，它们的理化性质也略有不同，而且在气候、海拔、纬度、生命系统代谢过程等因素的影响下，同位素丰度（δ）发生变化，从而能区分不同种类产品及其可能的来源地。常用的同位素指标包括：δ^2H、$\delta^{13}C$、$\delta^{15}N$、$\delta^{18}O$、$\delta^{34}S$ 和 $\delta^{87}Sr$。稳定的同位素丰度需要通过同位素质谱仪（isotope ratio mass spectrometer，IRMS）进行精确测量。在工作过程中，IRMS 将高温燃烧分解后的样品转化为气体。然后，气体在离子源中进一步电离，最后，使用电磁分析仪将离子束分解成具有不同质荷比的组分。仪器记录每个组分的离子强度，通过软件程序将强度转换为同位素丰度，然后将该值与标准值进行比较，得到相应的国际标准比。

动物体内稳定的同位素是动物的自然属性，它与动物的生长环境密切相关，是动物体的一个自然标签，它能为动物溯源提供科学的、不可改变的身份鉴定信息。动物组织中的 δ^2H 和 $\delta^{18}O$ 主要受饮用水的影响，C 同位素的组成与依赖不同光合作用的饲料成分密切相关，可以表征饲料中 C4 或 C3 植物。N 同位素组成受饲料种类、土壤状况、气候、肥料类型等多种因素的影响。影响 $\delta^{34}S$ 的因素比较复杂，相关变化并不遵循可预测的模式。最初，稳定同位素比分析通过使用单元素同位素组成来追踪肉类的地理来源，如 ^{18}O。而目前采用多元素同位素（^{13}C、^{15}N、^{18}O、^2H、^{34}S）作为指标。以 $\delta^{13}C$ 和 δ^2H 作为指标，可以很好地区分来自美国、墨西哥、澳大利亚、新西兰和韩国的牛肉。使用 O 和 C 同位素分析韩国本地和进口牛肉的产地，结果表明 $^{13}C/^{12}C$ 同位素比值成功区分了本地牛肉产品与从美国、新西兰等国家进口的牛肉产品，而 $^{18}O/^{16}O$ 比值则有效识别了澳大利亚牛肉。

同位素溯源技术主要与产地建立联系，它可以在实际应用中和其他追溯技术配合使用。但是，同位素追溯技术在动物源性食品的可追溯性和真实性方面也存在一些障碍。目前，对畜禽同位素溯源的最小地域范围还不清，混合饲料的使用可能会掩盖肉制品的地理来源信息，从而导致对地理来源的不准确识别，氢氧同位素不可避免地受降水、气候和地形的影响。

10. 矿物质元素指纹图谱

矿物质元素，包括人类和动物的必需和非必需元素，已被证明是确定食物地理来源的有效方法。矿物质元素指纹图谱建立的依据是植物和动物的矿物质元素组成与其生长环境有关，包括土壤、水的摄入量和饲料。因此，不同来源的生物体中矿物质元素含量及种类存在一定的差异。研究认为矿物元素是表征食品地理来源的良好指标。利用 Li、Ni、Pd、B、Ga、Rb、Sr、Ca、Tm、V、Yb、Cd、Cu、Dy、Eu、Te、Tl、和 Zn 等元素绘制不同国家牛肉干的指纹图谱，从中发现 ^{10}B、^{111}Cd、^{161}Dy、^{151}Eu、^{69}Ga、^7Li、^{60}Ni、^{104}Pd、^{85}Rb、^{128}Te、^{203}Tl、^{169}Tm、^{51}V、^{171}Yb 和 ^{68}Zn 存在显著差异。此外，加工后不同国家的肉制品的特征天然元素和元素谱也存在显著差异。与原材料相比，加工通常会增加元素浓度。矿物元素指纹图谱具有高灵敏度、低检测限的优点，是一种在食品供应链中很有前途的溯源技术。然而在实际应用中，该方法仍然存在一定的局限性。首先，由于动物组织具有不同的元素积累能力，因此实验材料的选择显得尤为重要。其次，不同的烹饪方式、动物品种和年龄也会影响肉类的元素组成。因此，应充分考虑这些因素来确保矿物元素指纹图谱技术的适用性和稳定性。

11. 有机成分指纹识别

近年来，基于有机成分的指纹识别分析技术已经成为国内外的研究热点。在动物和植物的地理来源认证方面，选择的有机成分往往不同。对于动物样品，有机成分主要包括蛋白质、脂肪、脂肪酸、维生素、碳水化合物和芳香成分。这些有机成分的含量和比例在不同的饲养条件下会有所不同，特别是在传统耕作、土壤、气候和季节变化的情况下。通过分析脂肪含量和脂肪酸组成以区分来自英格兰地区的四个羊肉样品，结果表明，不同样品的 $n-3$ 和 $n-6$ 多不饱和脂肪酸的含量不同，因此可用于区分产地。同样，基于脂肪酸组成和含量的分析，中国研究人员收集了中国四个地区的牛肉样品，结果表明，不同地区之间肌肉脂肪酸组成存在显著差异。同时，有机成分指纹识别也已广泛应用于植物性食品中，例如猕猴桃、鲜橙、白松露和番茄。采用有机成分指纹分析技术对猕猴桃产地来源进行判别，发现不同产地样品的有机成分指纹信息存在显著的地域性差异。近来，国际学者的一个研究热点是将有机成分指纹识别分析和其他的分析技术相结合，以此来对食品产品进行溯源。通过对来自阿根廷南北部的蜂蜜组分进行了分析，发现可利用 pH、Zn、Ca、葡萄糖和游离氨基酸来对其产地进行溯源，产地的判断正确率为 99%。未来，有机成分指纹识别将有更广泛的应用。目前，有机成分分析作为追踪地理来源和鉴定肉制品来源的有效方法，仍然存在一些缺陷。一方面，有机成分的含量受环境因素的影响，包括土壤、降雨和温度。另一方面，还应考虑饲料、动物品种、年龄、产品加工方法等因素。

二、虹膜识别技术发展现状

作为一个重要的研究领域，计算机视觉为许多安全问题提供了有效的解决方案，而模式识别主要用于从图像中自动识别不同的样本特征，模式识别是计算机视觉的逻辑支撑。计算机视觉在安全领域引起了广泛的关注，尤其是在识别方面。每个人都有独特的属性，比如形状和大小，现代安全科学利用这些特性来控制人们进入有保密要求的场所。安全领域对高效认证系统的需求日益增长，促使认证系统向更加安全高效发展。传统的识别方法（如钥匙或密码）在某些应用领域作用有限，因为这些方法很容易被遗忘、被盗或破解。为了克服以上缺点，使用生物识别技术的自动识别系统引起了人们的注意。

日益增长的可靠和安全性高的系统的需求日益增长的数据安全性的要求，促使生物识别系统中生理和行为模型的出现。这两种模型的保密系数高，其中生理模型的识别包括虹膜识别、指纹识别、人脸识别、视网膜识别和手势识别。行为模型中的识别技术包括签名识别、声音识别和步态识别。目前，虹膜识别系统（iris recognition system, IRS）是效率更高、检测真实性更可靠的系统，这是由于虹膜的稳定性，随时间的不变性（在衰老过程中保持稳定），以及唯一性（兄弟姐妹或双胞胎之间，虹膜结构信息也不同）。虹膜位于角膜后方，受其保护。可以使用非侵入性设备采集虹膜信息。由于虹膜技术的应用潜力巨大，近年来，人们对于虹膜识别技术开发研究投入了大量的人力和物力。

1. 虹膜识别系统

图 16-3 展示了虹膜识别系统 IRS 的标准结构。一般来讲，无论是基于传统算法和深度学习算法，虹膜识别系统 IRS 结构包括七个主要阶段，顺序如下：虹膜图像采集阶段、预处理阶段、图像分割阶段、归一化阶段、特征提取阶段、特征选择阶段，最后是虹膜分类匹配阶段。研究发现，目前缺乏对眼镜和其他类型噪声对 IRS 性能精度影响的量化研究。表 16-1 说明了不同噪声类型对 IRS 不同阶段的影响。其中，"＊"代表虹膜图像识别系统特定阶段的影响程度。当"＊"的数量增加时，这些噪声类型在相应阶段对算法的影响程度也会增加。

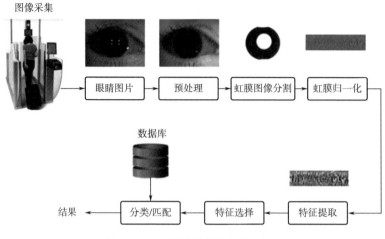

图 16-3　虹膜识别系统的基本组成

表 16-1　不同噪声类型对于虹膜识别系统不同阶段的影响

阶段	眼镜	晶状体	偏角	眼皮、睫毛	光	化妆	疾病	距离
图像分割	*****	**	****	***	****	****	*****	****
特征提取	****	*	***	**	***	**	*****	***
分类	****	**	*****	***	****	***	****	*****

（1）虹膜图像和标准数据库的获取　虹膜图像通常使用可见波长光谱或近红外光谱进行获取。虹膜图像采集的四个元件分别是照明、镜头、传感器和控制台。使用近红外光谱获得的图像倾向于处理虹膜区域的复杂纹理，而不是其色素沉淀。此外，与使用可见波长光谱捕获的虹膜图像相比，使用近红外捕获的虹膜图像更不容易受到噪声影响。它可以使虹膜纹理显现出来，从而提高虹膜识别的效率。

除了虹膜捕捉设备，世界各地还有许多虹膜图像数据库，以帮助研究人员测试他们的技术或算法，并验证其性能的准确性。大多数虹膜图像数据库是利用近红外光谱获取的，小部分数据库是利用可见波长光谱获取的。在数据库中，虹膜图像以压缩和非压缩格式存储。部分虹膜图像是在理想环境下获取的，而其他图像则是在非理想环境下获取的。

（2）预处理技术　建议在第一阶段使用预处理方法，以执行识别系统的技术或算法。这些技术可以帮助消除虹膜图像获取过程中出现的不同类型的噪声。通常，获得的虹膜图像受到不同类型的噪声影响，如眼睑或睫毛、照明、眼镜（如模糊，镜面反射，划痕）、变形的虹膜。通过预处理消除这些噪声的影响将提高 IRS 的性能精度。传统的图像预处理方法可分为 Hough 变换方法、直方图和滤波方法、形态学操作方法和融合方法四种。

（3）虹膜图像分割技术　预处理阶段结束后立即提取感兴趣区域（region of interest，ROI），这个过程称为分割或定位。虹膜分割阶段主要是将虹膜部分与无用的残余部分分离，即虹膜周围部分（巩膜、眼睑、皮肤）和瞳孔部分。虹膜识别技术依赖于被分割区域特征的质量，因此识别系统的性能精度主要取决于分割阶段的准确性。

（4）归一化技术　归一化是将圆形虹膜展开成矩形图案的过程。它出现在分割过程之后。分割的虹膜尺寸根据不同的光照程度、人与人之间的距离和对峙距离不同而不同。因此，以共同维数为目标，对特征提取过程进行归一化处理。归一化的方法大致可以分为线性方法和非线性方法。在虹膜和瞳孔非同心的情况下，非线性方法是首选。

（5）特征提取技术　在获得虹膜的边界并对该区域进行映射后，利用特征提取方法获取不同个体之间虹膜区域纹理的特征。特征提取阶段是一个非常重要的过程，以实现对一个人的高精度识别，因为每个人都必须提取其独特的征象。特征提取技术可以分为传统的特征提取技术和深度学习的特征提取技术两部分。

（6）特征选择技术　特征选择可以发现理想特征，在降低计算复杂度的同时，仍能保证精确的性能，从而减少需要保存在特征子集的特征数量。计算复杂度的降低有望提高 IRS 的速度。特征选择的主要目标是减少计算时间和操作算法所需的空间，通过消除噪声和不必要的特征来增强分类器，并选择与特定问题相关的特性。

（7）分类技术　分类阶段是识别系统（recognition system，RS）的最后阶段。分类的目的是寻找测试样本和虹膜图像数据库中样本之间的相似程度。通常，两种样本之间完全匹配是不可能的。因此，可以利用每个样本的近似程度来帮助识别系统识别人员。

2. 虹膜技术在食品中的应用及前景

目前，虹膜识别在人类身份鉴别中已经得到了广泛的应用，在动物识别中的应用主要集中大型动物虹膜识别技术。近年来，为实现动物个体的精确鉴别，提高肉食品的安全性，将大型动物虹膜识别技术引入到肉类食品安全溯源中，建立了基于虹膜识别的食品安全可追溯系统。

（1）虹膜技术应用于肉制品生产环节　主要是通过采集动物的虹膜图像并将采集到的图像进行处理，从而将虹膜信息编码并录入虹膜信息数据库中。消费者在购买肉制品时可通过相应的编码信息得到所购买的肉制品的相关信息，如动物的来源、身份识别编码和个体虹膜图像等。通过对牛眼的虹膜识别的相关算法进行研究，用改进的 Sobel 算子对图像进行边缘检测，引入二次 B 样条曲线算法实现了对虹膜进行精确定位。利用最小二乘原理对牛眼虹膜分别进行内外圆拟合，避免了外边缘点的噪声影响，最后利用几何方法进行了牛眼虹膜归一化。以牛眼虹膜为研究对象，根据其非同心椭圆的结构特征和图像仿制变换不变特征的原理，研究人员提出了一种牛眼虹膜快速定位方法。该方法避免了虹膜信息丢失的同时，减少了空间参数的选择运算。

（2）虹膜技术应用于肉制品加工环节　在加工环节中，主要将所有屠宰的个体及屠宰场的虹膜信息跟已有的信息进行匹配，消费者可以通过包装袋上的编码查询到动物在屠宰时所属的批号，进而可找到该批号对应的若干个个体的虹膜信息，如进出屠宰场的时间、检疫合格证明等。

（3）虹膜技术应用于肉类食品流通环节　通过包装袋上的编码信息，消费者可以查询到流通过程中的信息，如负责人信息、配送车辆信息等。当出现相应的食品安全问题时，可通过相应的编码跟踪追溯。

（4）虹膜技术应用于肉类食品销售过程　将经销商、超市、门店等信息录入数据系统中，通过编码技术与之前的生产环节、加工环节与流通环节的信息结合起来。当消费者购买到的商品出现安全问题时，可通过相应的编码快速找到安全问题来源的相关个体，实现对肉类食品生产全程的质量安全的控制与追溯。

但是，动物方面的虹膜识别仍存在很多技术难点，例如，镜头距离动物较近，容易受惊；头部，尤其是眼球难以固定，眼球的转动可能会增加实验的难度；样本量过大，采集难度高。

未来的研究应该以提高 IRS 的能力为目标，即使在包含大量样本、类别和受试者的数据库上也能保证准确性。一些在非理想条件下采集的近红外波长光谱虹膜图像数据库（IITD、CASIAIrisV4-1000、ND-Cross Sensor-Iris-2013、Bath800）以及其他在理想条件下采集的 VIS 可见光波长光谱虹膜图像数据库（VISOB、UBIRIS. V2.、MICHE-I、VSSIRIS 和 CSIP）应该用于研究虹膜图像在不同条件和传感器在眼部生物识别系统的使用。理想环境数据库中的图像是由志愿者自己拍摄的，这些图像受照明、阴影、散焦、姿态、分辨率、距离和图像质量（通常受条件光照的影响）相关的问题的影响。由于这些因素的影响，获得的虹膜成像结果并不可靠。因此，提出了一些利用眼周特征成像的方法，这些方法通常发生在可见光波长的理想条件下。为了评估文献中方法的可扩展性，研究新技术以及采集大量眼睛图像、类别和主题的新数据库显得尤为重要。这些新技术融合了图像中不同的生物特征，如整个面部、眼周和虹膜。在该方法中，对于人脸区域中存在的生物特征的检测/分割，以及从这些区域提取的特征融合到不同层次的技术，如先进行特征点提取和匹配，随后将得到的特征和经典的虹膜密码技术和深度学习结合起来，仍有巨大的发展潜力。

第十七章

食品加工与贮运过程品质监控技术

学习指导：本章介绍了食品加工与贮运过程中品质监控技术，系统介绍了光谱技术、光学成像技术、气味成像技术、高光谱显微镜成像技术、荧光技术、声振动技术及生物传感技术等在食品的无损检测中的应用。通过本章的学习，掌握食品在线无损检测技术的原理，并能针对不同类型食品选择并应用恰当的检测技术，从而提高对于食品加工与贮运安全保障的能力。

知识点：光谱技术，光学成像技术，气味成像技术，高光谱显微镜成像技术，荧光技术，声振动技术，生物传感技术

关键词：食品加工，食品贮运，品质监控，无损检测

目前，国内相关人员在食品加工及贮运过程中的检测技术和检测设备上投入了大量研发资金及精力，尤其是在光谱技术、光学成像技术、气味成像技术、高光谱显微镜成像技术及荧光技术等方面，这些技术和设备的完善能够进一步推动食品的无损检测，加速其在食品加工及贮运过程中的运用，使其逐步发展为主要的应用型技术。

第一节　食品加工过程品质监控技术

一、光谱技术

拉曼光谱技术广泛应用于各种食品样品的检测。作为红外光谱技术中一个重要的方向，可以评估分子中的化学键。然而，低灵敏度限制了它的实际应用。研究者对拉曼光谱设计进行了改进，其中表面增强拉曼光谱（surface-enhanced Raman spectroscopy，SERS）模式已成为一种有前景的分析研究工具。SERS 具有无损、无创、高灵敏度、检测范围广等特性，可以提供单个分子的指纹光谱，是传感器开发和食品科学研究领域的理想平台。此外，SERS 还继承了试剂消耗低、携带方便、不需要预处理等优点。

（一）表面增强拉曼光谱机制

1974 年，Fleishmann 等首次报道了表面增强拉曼光谱现象，即单层吡啶分子吸附在粗糙银电极表面，拉曼光谱信号显著增强。随着拉曼光谱技术和纳米技术的发展，表面增强拉曼光谱技术逐渐成为一种先进的分析技术 [见图 17-1 （1）]。20 世纪 70 年代末，研究发现，拉曼散射的增强效应与重金属纳米材料（包括银、金、铜）的局域表面等离子体共振（localized surface plasmonic resonance，LSPR）效应有关 [见图 17-1 （2）]，该现象被正式命名为 SERS。如图 17-1 （3） 所示，在 SERS 的基础上，当入射光与局域表面等离子体共振频率共振时，电磁增强现象产生强的局域电磁场，增强分析物的拉曼极化率，被认为是 SERS 的主要来源。值得注意的是，在粗糙的贵金属表面，电磁场分布并不均匀。在相邻的两个纳米粒子的间隙处可以观察到强的电磁场，这极大地增强邻近分子的拉曼信号。因此，这种具有 SERS 活性的独特

纳米结构往往被称为表面增强拉曼光谱"热点"。该效应的产生源于相邻金属纳米粒子之间的电磁相互作用。另一方面，SERS 基底和吸附分子之间的电荷转移引起化学增强，可以改变拉曼极化率、对称性和取向。纳米材料制备技术和拉曼光谱仪器的发展，极大地推动了 SERS 技术在分析化学中的发展，将 SERS 与其他分析技术（例如色谱、电化学传感器、荧光、微流体）相结合，可以大大提高 SERS 的性能。

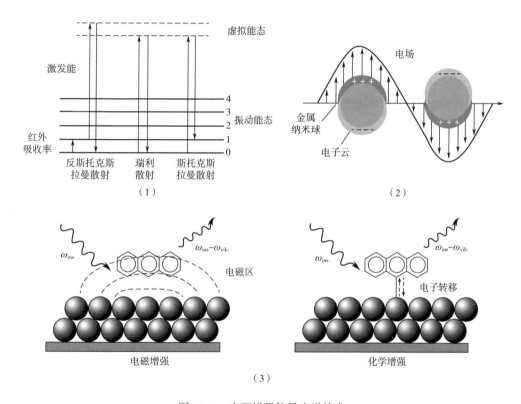

图 17-1 表面增强拉曼光谱技术

（1）拉曼散射的能级图 （2）局域表面等离子体共振（LSPR）激发示意图
（3）电磁原理图（左）和化学增强（右）吸附在重金属纳米颗粒表面的分子的拉曼散射信号

1. 非标记的拉曼光谱检测

SERS 技术的原理是建立在拉曼光谱的基础上，基于被分析物的分子振动提供特征光谱。因此，对霉菌毒素进行 SERS 检测最直接的方法是先采集预处理食品样品的 SERS 信号，然后识别霉菌毒素的特征信息。非标记的拉曼光谱检测的优点主要有：简化底物的制备，成本低，可直接检测被分析物信号，有效避免假阳性结果等。然而，为了获得准确可靠的结果，还需要解决一些问题，例如灵敏度、重现性、食物基质的干扰等。在过去的几年里，人们从不同的方面对这些问题进行了研究。首先，SERS 方法依赖于 SERS 底物的开发，其检测限（LOD）应低于目标真菌毒素的最大允许水平。其次，部分霉菌毒素与银或金表面的亲和力较弱，导致目标分子在 SERS 底物上吸附不足。因此，在 SERS 测量前，需要先通过不同种类的化学修饰对霉菌毒素分子进行捕捉和富集。最后，利用强大的化学计量模型从复杂的食物基质背景中区分霉菌毒素的 SERS 信号，可以实现对农产品中霉菌毒素污染的定量预测，并具有良好的准确性。

2. 特定识别的表面增强拉曼散射

尽管高灵敏度被认为是 SERS 的一个主要优点，但当被分析物与 SERS 分子层之间的距离很近时，SERS 分子层的作用就会减弱。之前的研究表明，只有当被测分子距离基底表面小于 10nm 时，才能观察到最大的 SERS 效应。为了提高靶真菌毒素对金或银表面的特异性，研究人员提出了几种解决办法，包括用抗体、适配体和亲和聚合物等识别元件对 SERS 底物进行表面修饰。因此，在 SERS 检测中插入识别元素，可能会有显著的效果。

（二）表面增强拉曼光谱在食品品质监控的应用

2010—2020 年，SERS 作为一种先进的分析技术得到不断发展，使得食品加工过程中针对食品中的霉菌毒素的快速检测能力得到显著的提升。黄曲霉毒素 B_1（AFB_1）、赭曲毒素 A（OTA）、脱氧雪腐镰刀菌烯醇（DON）等食品中主要真菌毒素的检测限已达到 fg/mL 水平。值得注意的是，将 SERS 与分离技术或适当的化学计量模型相结合，可以将检测目标扩展到更复杂的加标样品，而不局限于标准溶液。要将这些技术从实验室转化为现场分析平台，需要解决几个重要问题。

首先，批量生产具有均匀活性的 SERS 基质仍然是一个主要的挑战。尽管已经取得了一些有前景的进展，如具有三维结构的纳米阵列得以再现和稳定地产生 SERS 信号，但还需要更严格的实验来检验批量制备和大规模制备的可行性。值得注意的是，除了基于贵金属纳米材料的传统 SERS 基底外，石墨烯和二维过渡金属硫化物等其他类型的材料也发现了独特的 SERS 活性。虽然这些材料的电场效应无法与银和金基底相比，但通过与传统 SERS 基底结合，仍有可能获得其他优势。其次，特异性结合试剂的缺乏阻碍了真菌毒素检测技术的发展。寻找新的识别元件不应局限于适配体、抗体和分子印迹聚合物（MIPs），可进一步扩展到其他亲和剂，如分子受体、合成聚合物和多肽。最后，发展自动化光谱处理和化学计量算法，提高 SERS 数据稳定性和定量分析的准确性和可靠性是必要的。

二、光学成像技术

为了更好地控制食品加工过程中的品质安全，需要建立在加工过程中每个步骤能够系统分析食品材料和成分的方法。高效液相色谱法、液相色谱–质谱法、气相色谱–质谱法等传统方法常用于成分测定及鉴定，聚合酶链反应和酶联免疫吸附试验常用于微生物的检测。但是，传统的检测成本高、耗时长，并涉及与样品的直接接触，同时还需要复杂的样品制备，对食品生产中的实时和在线监测造成困难，而成像技术在食品无损质量监测方面显示了巨大潜力。

目前，新兴图像技术包括传统成像（traditional imaging，TI）、高光谱成像（hyperspectralimaging，HSI）、激光散射成像（laser backscattering imaging，LBI）、超声成像（ultrasound imaging，UI）、磁共振成像（magnetic resonance imaging，MRI）、X 射线成像（X-Ray imaging，XRI）、热成像（thermal imaging，TI）、荧光成像（fluorescence imaging，FI）、拉曼成像（Raman imaging，RI）、微波成像（microwave imaging，MI）和气味成像（odor imaging，OI）。表 17-1 阐述了上述成像技术的应用、优点和缺点。

表 17-1　成像技术在不同领域应用中的优缺点

成像技术	应用	优点	缺点
传统成像（TI）	食品工艺、医疗、安全、交通	算法处理速度快	系统难以适应样品的变化
高光谱成像（HSI）	航空航天、农业、天文学、医学、军事工业	非接触和非破坏性食品质量评估、快速	图像处理复杂，需要专业人员
激光散射成像（LBI）	食品质量与安全、园艺产品	经济、操作简单、仪器成本低、省时	需要进行光谱选择和特征提取的图像预处理
磁共振成像（MRI）	医学和实验室分析、食品质量与安全	比普通摄像机拍摄图像具有更清晰的对比度、可进行三维分析	昂贵、分析依赖于质子（^1H 核）或只含水的体系
微波成像（MI）	生物医学应用、工业测试、安全检测	易于实现、无须辐射和机械声波	对水敏感、辐射率问题
拉曼成像（RI）	园艺和食品产品、工业与生物分析	高分辨率、样品细节清晰	昂贵且缺乏有效基板
X 射线成像（XRI）	医学、食品科学、农业	便宜、易操作、提供可进行数字操作的三维信息	无法检测所有异物或物体，如头发、纸张、塑料等密度与水相似的较小物体
超声成像（UI）	医学技术、农产品和食品质量评估、包装	便宜、易操作、无须复杂的后期图像处理	取决于通过材料反射的能量大小
热成像（TI）	食品行业	显示一副可视图像，可以比较大范围的温度	大多数相机的温度测量精度为 ±2% 或更差，不像接触法那样精确
荧光成像（FI）	生物、微生物、食品质量与安全	可探测肉眼不可见的微小物质	在食品安全分析中具有局限性，因为不是所有的材料都能被荧光激发
气味成像（OI）	食品质量与安全	成本低、方便、可检测不可见物质	仅限于有气味的材料

随着计算机视觉技术及传感技术的发展，光学成像技术现在被广泛用于在线监测食品加工过程中的质量和安全特性。

（一）光学成像技术机制

食品加工过程中，光学成像技术在品质评价和安全检测方面得到了广泛应用，并且随着各种技术进步和发展，成为所有主要应用领域的一种有价值的技术。

机器视觉系统也被称为"传统成像（TI）"，是基于光学成像的领先学科之一，起源于 20 世纪 60 年代。一种无损分级技术，精度高，可以利用不同的相机来预测样品的长度、宽度、质量和内外缺陷。作为一种非破坏性的检测方式，TI 的机制是基于红-绿-蓝（RGB）彩色相机捕捉材料的图像，同时结合图像分析，评估各种农产品的品质。但是 TI 技术无法提供有关被检测食品样品成分的任何信息，而光谱技术本身几乎无法提供食品含量的空间特征，也无法以可视化形式显示信息。

高光谱成像（HSI）是一种获取食品样品的空间分布和化学成分的技术。HSI 是最常用的无损成像技术，它结合了光谱学和成像原理，在食品行业得到广泛应用。如图 17-2 所示，HSI 在一些研究应用中表现出较好的应用效果，如柑橘果实品质检测、蘑菇损伤检测、苹果污染分析、牛油果品质监测、鲑鱼鱼片水分分布分析、鲜切果蔬上异物的测定等。

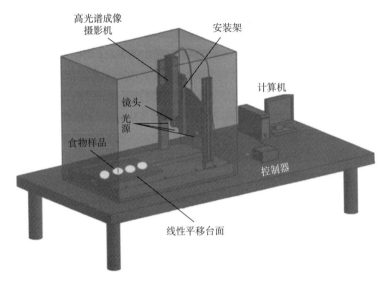

图 17-2　高光谱成像系统的原理图

除了 HSI 作为一种无损食品品质检测和安全评估技术以外，激光散射成像（LBI）技术也被逐渐引入作为新型光学成像技术，其具备低成本、速度快及精度高等特点。光散射技术采用捕获投射到食品中的光子散射光的原理，光子与内部细胞的相互作用后携带了产品内部特征和质量的重要信息。LBI 技术可以根据所使用的光源和成像单元获得每个样品中数千个光谱。如图 17-3 所示的 LBI 系统基本上由计算机、支撑架、电荷耦合器件摄像机、卤素灯、灯座、激光发射器、激光灯座、样品、控制箱和样品采集平台组成。

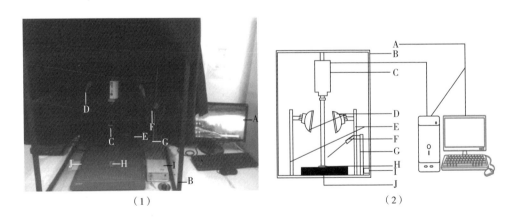

（1）　　　　　　　　　　　　　　　（2）

图 17-3　LBI 系统检测红薯

（1）红-绿-蓝数字后向散射成像系统　（2）红-绿-蓝数字后向散射成像系统组合原理图

A—计算机　B—支撑架　C—电荷耦合器件摄像机　D—卤素灯　E—灯座

F—激光发射器　G—激光灯座　H—样品　I—控制箱　J—样品采集平台

（二）光学成像技术的应用

近年来，机器视觉技术逐渐应用于食品品质的检测上。研究者将使用安装有深度摄像机的机器视觉系统，以180°旋转的角度围绕长度轴拍摄土豆样品图像。原始深度图像通过消除噪声和初始化阈值来计算长度和宽度用以增强（图17-4）。结果发现，基于体积法模型的正常和变形马铃薯样品的质量预测显示出90%的高精度，可用于正确的分级尺寸组。此外，通过深度图像处理，可以对二维和三维空间中的马铃薯形状缺陷进行分析，准确率高达88%。因此，该研究成功地进行了基于深度图像的马铃薯品质监测图像的处理。

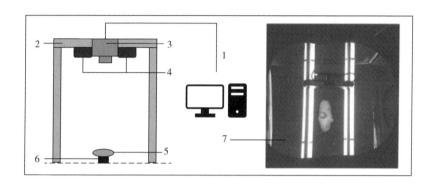

图 17-4　机器视觉系统

1—计算机　2—黑箱　3—摄像系统　4—光源　5—马铃薯　6—样品盒　7—系统俯视图

另一项综合研究应用光学成像技术预测干燥过程中甘薯的水分含量（MC）和颜色变化。这项研究探讨了使用计算机视觉系统和激光二极管在 $50\sim70℃$ 中不同干燥温度下监测和预测甘薯品质特性的可能性。采集每个样品（4mm）的后向散射图像［图17-5（2）］，同时测量破坏性参考质量参数，如 MC、L^*、a^*、b^* 在相同的干燥条件下，每小时测量一次颜色指标。为了获得 RGB 和后向散射图像特性，使用 MATLAB 软件提取和分割图像，然后借助偏最小二乘回归（partial least square regression，PLSR）关联干燥过程中质量参数随时间和温度的变化。分析表明，在所有应用的干燥温度下，刚开始干燥时和干燥 $1\sim4h$ 后的水分含量存在显著差异［图17-5（1）］。随着干燥时间和温度的增加，样品的含水量降低。这意味着甘薯在干燥过程中的水分含量直接受干燥时间和温度的影响。

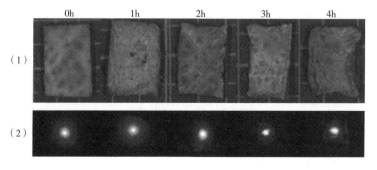

图 17-5　甘薯代表性样品在50℃不同干燥时间下的图像

（1）红绿蓝图像　（2）后向散射图像

彩图 17-5

三、高光谱显微成像技术

食品的质量主要受其加工技术的影响。在食品加工过程中，食品会产生一些细微变化，包括细胞形态的变化和复杂组分的生物结构变化，这些变化从宏观上是难以观察到的。光学显微镜成像分析技术虽然可以提供物体的超微结构图像和形态，但是其在测定过程中具有样品破坏性，耗时较长等缺点。高光谱成像通过综合成像技术和光谱学技术，可以同时获得样品的光谱和图像信息，是一种快速无损检测技术。高光谱显微成像（hyperspectral microscope imaging，HMI）技术通过将 HSI 与显微镜集成到一个系统中，可以同时收集有关样品的一维微观信息和二维光谱信息，从而生成更为信息化的三维数据立方体或"超立方体"。数据立方体的质量主要取决于 HMI 系统的光谱和空间分辨率。光谱分辨率由带宽决定，狭缝宽度直接影响狭缝宽度方向上的空间分辨率。

传统的 HSI 系统空间分辨率为毫米级，限制了其在营养结构、微生物形态和残留物检测领域的应用。而 HMI 技术空间分辨率可以达到微米水平（表 17-2），具有较高的信号敏感性，可用于分子水平的微观结构实时监测。

表 17-2　高光谱显微成像技术的性能参数

技术	波长（或波数）范围	光谱分辨率	空间分辨率
荧光高光谱显微成像（FHMI）	—	—	0.2μm
	500~800nm	3nm	0.25μm
	—	5.6nm	0.45μm
可见光/近红外高光谱显微成像（Vis/NIR HMI）	430~665nm	5nm	1.336μm
	450~650nm	2.5nm	0.25~0.3μm
	400~800nm	2nm	1.125μm
	400~1000nm	2.73nm	7.5μm
	450~800nm	1.5nm	0.45μm
	450~800nm	2nm	0.45μm
	450~800nm	1.5~4.0nm	0.45μm
拉曼高光谱显微成像（RHMI）	3500~500cm^{-1}	4cm^{-1}	2μm
	1800~600cm^{-1}	2.6cm^{-1}	8μm
	3100~300cm^{-1}	—	4~5μm
红外高光谱显微成像（IRHMI）	1900~800cm^{-1}	4cm^{-1}	10μm
	1800~950cm^{-1}	4cm^{-1}	10μm
	3050~2800cm^{-1}	4cm^{-1}	3.2μm

（一）高光谱显微成像技术的分类及机制

1. HMI 原理

典型的光谱显微成像系统包括带有电荷耦合器件（charge-coupled device，CCD）探测器的光谱仪、显微镜、光源和某些光学设备（图 17-6）。基于不同的光学配置，HMI 技术可分为荧光高光谱显微成像（fluorescence hyperspectral microscope imaging，FHMI）、可见/近红外光谱显微成像（visible/near-infrared hyperspectral microscope imaging，Vis/NIR HMI）、拉曼高光谱显微成像（raman hyperspectral microscope imaging，RHMI）和红外高光谱显微成像（infrared hyperspectral microscope imaging，IRHMI）。

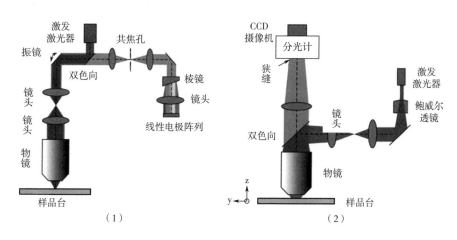

图 17-6　高光谱显微镜的典型光学设置
（1）高光谱共聚焦显微镜。在探测端，光子通过光谱色散单元（如棱镜）进行散射，并通过线性探测器阵列成像
（2）高光谱线扫描显微镜。Powell 透镜产生均匀的激发线

2. 荧光高光谱显微成像

许多有机物质拥有内在荧光，荧光化合物吸收一定波长的光（如紫外线或单色激光）的能量后，从基态进入激发态，在返回基态时发出荧光。荧光分析基于激发波长和发射波长之间的差异，通过荧光基团的产生量精确测量荧光强度。通常，高发光效率光源在荧光发射中很重要，高发光效率光源通过滤色系统发出一定波长的光作为激发光后通过物镜和目镜放大发射的荧光。

典型的 FHMI 系统通常由四个部分组成：显微镜物镜、照明光源、滤光片立方体和带 CCD 探测器的光谱仪。但光衍射的存在导致传统荧光显微镜空间分辨率低，因此，开发了许多超分辨率荧光显微镜，促进了 FHMI 技术的发展。

显微镜的物镜既是激发荧光的光源，也是收集荧光的光学元件。因此，它会影响荧光图像的获取。数值孔径（numerical aperture，NA）决定了 FHMI 系统的空间分辨率，是显微镜物镜的重要参数，其最小可分辨距离为 $0.61\lambda/NA$。

FHMI 采集的荧光高光谱显微镜数据/图像包含微观空间信息（x，y）和荧光光谱信息（λ）。FHMI 系统最重要的优点是它们能够分析带荧光标记的单个细胞的物理或化学信息。然而，由于荧光分子能量较弱，环境条件多变，样品的荧光强度可能不稳定。因此，在使用 FHMI 系统获取可靠的荧光数据之前，必须进行校准。在校准过程中，通常采用主成分分析（principal component analysis，PCA）、独立成分分析（independent component analysis，ICA）、投影寻踪法（projection persuit method）等化学计量算法降低荧光的背景噪声。

乳制品、肉类和肉类产品、食用油等食品，一般可以被认为是由许多荧光分子组成的复杂系统。食品蛋白质中的芳香族氨基、核酸、色氨酸、酪氨酸和苯丙氨酸，烟酰胺腺嘌呤二核苷酸和叶绿素以及食品中的维生素 A 和维生素 B_2 等拥有固有的荧光团，因此 FHMI 系统除了识别自发荧光微生物，在观察食品工业中蛋白质结构变化方面潜力无限。

3. 可见/近红外高光谱显微成像

水果和蔬菜等农产品在吸收紫外线辐射的能量后可以在可见/近红外区域发出荧光，但有些食品本身没有荧光团，或者很难通过其他方式发出荧光信号。另外，由于研究和发展的需要，检测目标物的方法不再局限于 FHMI，所以开发 Vis/NIR HMI 是有必要的。

Vis/NIR HMI 技术是将显微技术与 HSI 技术相结合的一种新技术。Vis/NIR HMI 波长范围是 $380 \sim 2500nm$，其可见光范围在 $380 \sim 780nm$，近红外范围在 $780 \sim 2500nm$。可见光谱的最大吸收与物体的结构、几何和对称性有关。值得注意的是，可见区域可反映出物质的颜色变化，例如，食物中色素蛋白（脱氧肌红蛋白、高铁肌红蛋白和氧合肌红蛋白等）的颜色变化，可能会影响在 $430 \sim 650nm$ 的光谱吸收。因此，监测色素相关分子的变化对光谱测量很重要。近红外光谱主要与化合物的 O—H、C—H、N—H 等分子键有关，可检测大多数含有氢键的分子，可以分析许多有机材料。Vis/NIR HMI 系统已经在生物和医学科学以及行星和空间科学方面应用。

4. 拉曼高光谱显微成像光谱

拉曼光谱就是散射光谱。样品的化学组成和分子结构可以在分子水平上反映出来，而化学键振动的能量大小是通过拉曼谱带的位置直接反映。因此，可以从拉曼的非弹性散射中获得分子的光谱信息，识别复杂食物中的单个组分。RHMI 将拉曼光谱仪与标准光学显微镜结合，可使用高倍镜在微级水平上生成样品信息。

5. 红外高光谱显微成像光谱

红外光谱的原理与拉曼光谱相似。红外光谱可反映化合物的分子结构信息，它的入射光和探测光均为红外光，可用于检测物质的振动和转动能级及测量光的吸收。然而，拉曼高光谱显微成像技术的入射光和探测光不仅包括红外光，还包括可见光，并可测量光的散射。有机和无机材料的吸收峰大部分集中在中红外区域，中红外光谱区域（$4000 \sim 400cm^{-1}$ 或 $2.5 \sim 25\mu m$）是目前研究和应用最多的区域。

IRHMI 将显微镜连接到红外光谱仪，使用光谱成像软件获取样品分子和官能团的图。通过收集每个像素的光谱信息并对其进行积分，最终可以得到样本某一选定区域的红外信息。

（二）高光谱显微成像技术的应用

HMI 可用于评估营养物质结构。水果和蔬菜细胞壁的主要成分是多糖，其中包括纤维素、半纤维素和果胶。植物细胞壁也含有非多糖成分，如蛋白质、脂类、酶和芳香化合物。纤维素是植物细胞壁的主要结构成分，通常与半纤维素、果胶、木质素结合。纤维素的结构组成对植物源食品的质地有很大的影响。纤维素大分子基环是由 $\beta-1,4$-糖苷键组成的大分子多糖。而果胶分子由 $\alpha-1,4$-糖苷键聚合，侧链含有由鼠李糖、阿拉伯糖、半乳糖和木糖的 D-半乳糖醛酸多糖链。研究人员利用 RHMI 来获取植物细胞壁的信息。采用带有 $20\times/0.40NA$ 物镜，激发光为 532nm，光谱分辨率为 $4cm^{-1}$ 的 RHMI 系统，获得光谱范围为 $3500 \sim 150cm^{-1}$ 的单波段拉曼图像，用于初步分析多糖在番茄细胞壁中的分布。多糖、纤维素、果胶在番茄细胞壁角的空间分布如图 17-7（1）所示。PCA 分析表明果胶和纤维素之间存在不同的 C—H 拉伸振动模式，并根据多元曲线分辨率（multivariate curve resolution，MCR）提供果胶和纤维素的位置和浓度信息。

采用配备 $50\times/0.5LWD$ 可见物镜的拉曼光谱仪以及在 $3100 \sim 300cm^{-1}$ 的光谱范围内组成的 RHMI 系统研究了被链格孢菌侵染后的梨果细胞壁中化学成分的变化。

　　结果反映了侵染细胞壁主要成分的变化：侵染后的纤维素和果胶在 1086cm^{-1} 和 871cm^{-1} 处的信号强度分别降低了 58.50% 和 58.67%。通过利用一系列的化学计量学方法，获得了鲜梨果实和染病梨果实细胞壁化学成分的空间分布图像和平均拉曼光谱，反映了染病梨细胞壁多糖含量和空间结构的变化，如图 17-7（2）所示。然而在这两项研究中，由于半纤维素和纤维素的拉曼光谱相似，很难对两种水果中的半纤维素进行定位。也就是说，两项研究都表明，RHMI可以在分子水平上分析农产品营养成分的空间分布，但当被测养分的化学结构非常相似时，RHMI 的应用受到限制。

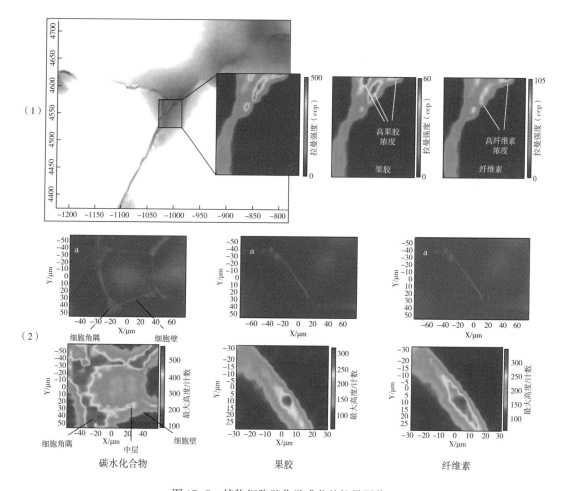

图 17-7　植物细胞壁化学成分的拉曼图像

（1）番茄细胞壁［多糖在 2940cm^{-1}，γ（CH）；α-异构体的（COC）骨架模式；纤维素在 1090cm^{-1}，γ（COC）糖苷］

（2）梨果细胞壁（碳水化合物、果胶和纤维素）

a—新鲜水果的细胞壁

彩图 17-7

四、气味成像技术

在食品的加工过程中，食品本身的新鲜度、外部环境等微生物（如真菌）的污染通常会使食品挥发出不同成分的气体。因此，气味是衡量食品质量和安全的重要指标。传统的检测方法包括人工感官评定法、色谱化学分析法等，但是其检测效率低、成本高，难以实现食品质量与安全的快速检测。

气味成像技术是目前全球范围内人工嗅觉技术研究领域的一个新分支。该技术是基于对挥发性气体敏感的化学响应染料组成的比色传感器来捕捉并以成像的形式表达和响应信息。因此，它是一种快速、经济、无损检测食品质量与安全的技术。更重要的是，基于化学响应染料的成像技术，可以让嗅觉信息转化为视觉信息，使气味信息直观可见，易于分析。与传统的电子嗅觉技术相比，基于化学响应染料的成像技术中所使用的气味传感技术更广泛、更具可持续性，而且检测结果更直观、生动。

（一）气味成像技术机制

气味成像技术（又称为比色传感器技术）起源于 2000 年，最早由伊利诺伊大学厄本那香槟分校的 Kenneth S. Suslick 教授提出。金属卟啉（M-卟啉）是 Suslick 研究小组用来定性和定量检测挥发性有机物的传感器。它为气味成像技术的应用奠定了基础。它利用化学染料在暴露于检测气体之前和之后的颜色变化来辅助气体定性和定量分析的可视化。传统的电子嗅觉技术依赖于物理吸附或范德华相互作用等弱作用力，而气味成像技术主要依赖于强共价键力。该技术对环境中水蒸气具有良好的抗干扰能力，很好地弥补了现有生物化学传感器技术的不足。

该比色传感器主要由一些具有特定识别能力的化学响应性染料组成。这些染料分子与被测物体相互作用后，染料分子的颜色会发生显著变化。通过计算机处理，形成 RGB 数据。并利用与气味相关的数据和化学指标建立识别模式，然后进行回归分析。随着材料处理技术和计算机数据处理技术的进步，图像检测技术在环境监测、食品饮料质量监测、疾病诊断等领域具有广阔的应用前景。目前的研究在基于化学响应染料的成像技术领域提出了着色机制的理论分析，如密度泛函理论（density functional theory，DFT）。通过对显色机制的分析，提高了化学响应型染料在气味成像技术中的选择性。近年来，一些新型化学反应材料用于气味成像技术。同时，可以对金属卟啉（M-卟啉）和硼-二吡咯亚甲基（boron-dipyrromethene，BODIPY）进行进一步修饰，以提高传感器的灵敏度和稳定性。此外，比色传感器阵列和图像检测系统的结合，以及各种信号处理和数据分析方法的应用，为基于化学响应性染料的气味成像技术在食品质量安全快速检测上带来了更广泛的应用。近年来，成像检测技术逐渐应用于醋、白酒、发霉谷物等高挥发性食品的气味检测。因此，为了客观地评估气味质量，研究人员需要找到一种新的方法来设计一种性能与人类鼻子相同的气味传感器。这种基于化学响应染料的气味成像技术可以通过数字成像模拟哺乳动物的嗅觉系统并量化气味。目前，研究人员在传感和成像过程中识别气味分子上进行了研究，如图17-8所示。

1. 化学响应染料

根据成像技术的基本原理，采用显色反应效率高的化学响应性染料并结合挥发性气体来进

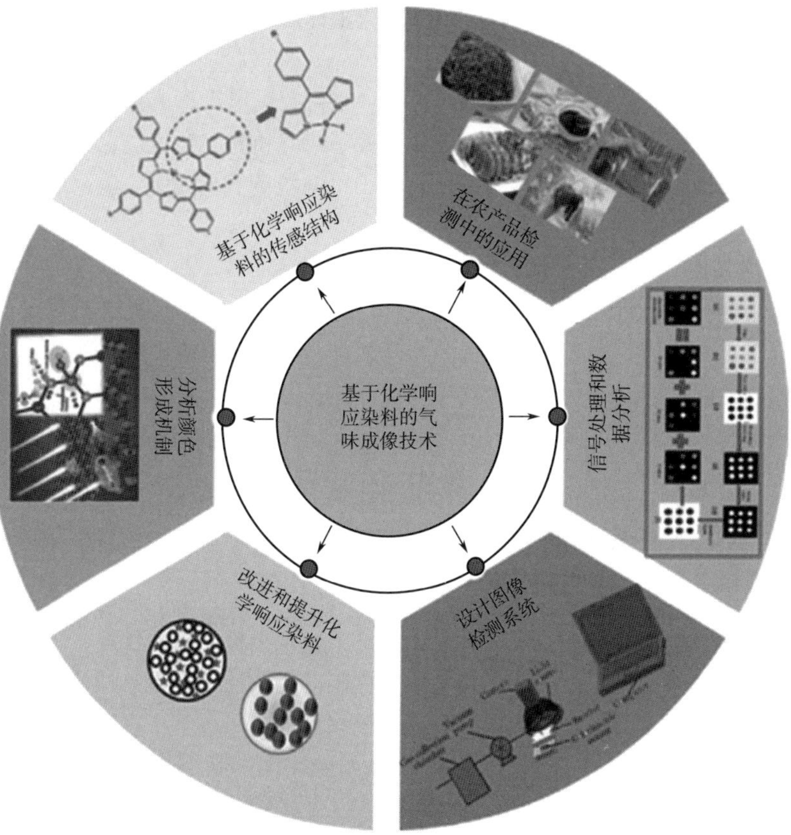

图 17-8　基于化学响应染料的成像技术设计

行成像分析。成像传感器检测挥发性物质的关键是分子间的相互作用，以及这些相互作用所涉及的化学键的形成和断裂。因此，传感器与被测物体反应前后数据信号的变化，本质上是由构成传感器的化学响应染料分子的物理化学性质决定的。相应地，化学响应染料成为成像技术的关键。用于成像传感器的材料必须满足以下两个基本条件：①染料应至少有一个涉及 π-π 分子颜色、酸碱相互作用、键形成和范德华相互作用等的相互作用中心；②化学响应性材料接触物质后，可能会发生一定的颜色变化。实验证明了相同数量的外部基团或不同数量的同一基团会产生不同的颜色变化，从而可以根据颜色变化的程度对挥发性有机化合物（volatile organic compounds，VOCs）进行定性或定量分析。

为了克服与气味分子特征相关的传感材料识别能力的障碍，有必要研究识别气味分子特征的传感技术。通常，M-卟啉、BODIPY、一些天然色素和 pH 指示剂可以满足这些要求，在实验中它们经常被用作化学响应性染料。

2. 化学响应染料的改性与改进

传统的化学响应染料对恒定气体有较好的检测效果，但对痕量气体的检测性能较差。这主要是小粒径的化学响应材料与被测气体缺乏有效和充分的接触。

M-卟啉和 BODIPY 化合物是由吡咯分子连接而成的具有 π-π 共轭结构的杂环化合物，位于—NH 亚氨基分子中心的氢原子可以被金属离子取代而形成 M-卟啉。由于 π-共轭体系具有良好的色敏性能、易修饰性和稳定的性质，化学响应材料通常在纳米分散体处理下，以增加比色介质基质与气体分子的结合力，最终提高其灵敏度。纳米材料是一种典型的介观系统，将宏观物体缩小到纳米尺度后会导致其光学、机械和化学性质发生明显变化。由于纳米材料具有较大的比表面积，纳米颗粒已成为固定和支持生化分子的良好选择。目前，M-卟啉和BODIPY被用于制备比色传感器。在应用方面它们可以进一步修改以提高传感器的灵敏度和稳定性。基于聚合物纳米球的比表面积效应、小尺寸效应、量子效应和界面效应，它可以与化学响应材料聚合形成具有更高灵敏度和化学活性的纳米材料，可与检测到的VOCs稳定地相互作用，增强显色效果。

3. 气味成像系统

通过成像检测技术，将气味信息转换成视觉信息，使气味变得可见，与传统的电子鼻技术相比，嗅觉成像技术更加直观和生动。传感器阵列是基于化学响应染料成像技术的主要工作单元。因此，传感器阵列的制作是成像检测系统设计的关键步骤。成像检测系统由集气室、真空泵、光源、图像采集装置和反应室组成。通常情况下，光源和图像采集设备的选择以及反应室的设计对成像系统的性能有重大影响。

(二) 气味成像在食品质量安全传感方面的应用

电子鼻技术是一种新型的基于化学响应染料制备的比色传感器的成像技术，应用于食品材料的挥发性有机化合物的检测和分类，它以检测结果直观、检测性能优异、检测范围广等优点受到了人们的广泛关注。事实上，基于化学响应染料的成像技术在食品质量和安全的快速无损检测中发挥着越来越重要的作用。国内外学者对该领域的应用进行了多方面的研究。基于化学响应染料的成像技术已被提出用于评估某些商品或农产品的状态，如谷物、酒醋味食品、禽肉、水产品、水果、蔬菜和茶叶。

在黄酒发酵过程中，监测酒精和芳香物质的动态变化等一些重要的理化指标是绝对必要的。气味成像系统不易受湿度变化的影响，适用于流质食品特征气味的分析检测。根据黄酒气味的特点，优选筛选出9种卟啉和6种pH指示剂作为气敏材料，形成具有良好选择性和灵敏度的传感器阵列。黄酒样品暴露在比色传感器阵列（colorimetric sensor arrays，CSA）上处理16min后，得到不同贮存时间样品的特征图像，如图17-9（1）所示。每种化学反应物质与不同贮藏时间的黄酒反应后，会发生不同程度的颜色变化。提取每个显色剂的RGB显色组分作为特征值，得到黄酒样品45个特征变量（15个色试剂×3个色组分）。对这些变量进行线性判别分析（linear discriminant analysis，LDA）处理，以区分不同贮藏时间的黄酒。图17-9（2）表示LD1和LD2的分数。两个判别函数包含整个信息的93.28%。如图所示，四种不同贮存时间的黄酒可以完全区分，不同类别之间不会有重叠。

(三) 基于化学响应染料的成像技术的优缺点

以比色传感器为探针的基于化学响应染料的成像技术在食品安全和质量评价中的应用具有诸多优势，具有选择性好、灵敏度高、成本低、操作简单、响应速度快等优点，且对环境友好，重现性好，并获得官方认可。它与人类感官在食品安全和质量监督中的特定应用具有良好的相关性。这种无损技术易于构建，提供挥发物的实时检测和在线监测，并且只需要非常短的分析时间。

虽然计算机视觉具有上述优点，但仍有一些未克服的局限性。基于化学响应染料的成像技术设备对于食品质量的在线监测还不够完善。基于化学响应染料的传感器阵列目前是不可回收的。

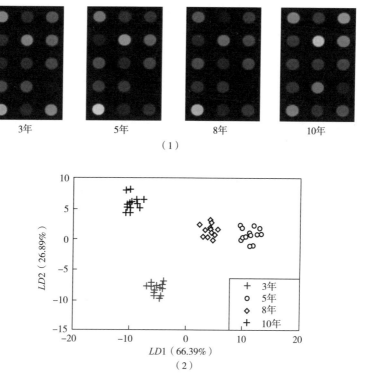

图 17-9　黄酒样品暴露在比色传感器陈列上处理后的特征图像

（1）不同贮藏年限黄酒的特征图像　（2）嗅觉成像传感器区分不同贮藏年限黄酒的线性判别分析结果

彩图 17-9

第二节　食品贮运过程品质监控技术

一、声振动技术

在贮运过程中，水果由于品质的劣变造成大量的损失。目前，对于水果品质的评价指标有外观、糖含量、酸度、内部缺陷、硬度等。其中，果实的硬度与其物理结构和力学性能密切相关，在食品供应链的不同阶段有着不同的意义。在收获阶段，硬度可用于预测成熟度和最佳采收时间。在分类过程中，硬度是分类的标准之一；在运输方面，可以利用硬度选择最佳的运输条件和包装方式；在贮存过程中，硬度有助于确定贮存的温度、湿度和时间。此外，硬度还可以用于估计货架期和最佳的食用时间。因此，果实的硬度对减少果实的损失有重要作用。

　　水果的硬度一般是通过破坏性的方式来测定的，最常用的是磁勒（magness-Taylor，MT）穿刺试验和压缩试验。穿刺试验测量探针以特定深度穿透样品时所需的力，压缩试验使用平板记录破碎载荷下的力信号。然而，这两种方法存在以下缺点：①极具破坏性、耗时、耗费大量劳动力，且依赖于使用者的技术水平；②采用局部测量；③可重复性差，并且必须在线使用；④测量结果取决于测试参数，如探针的大小和形状、加载速率和穿透深度。过去的几十年，大量无损技术被开发用于硬度测定，如振动、核磁共振、光谱学、超声波和光谱成像。在各种无损技术中，声振动技术受到研究人员的广泛关注，因为该方法获得的振动信息与水果的力学和物理性能（即弹性模量、泊松比、密度、质量、形状、湿度）直接相关。

（一）声振动技术的机制

1. 振动理论

　　将水果看作一个各向同性和均匀的系统，进行简单的谐波振荡分析。为了分析其动态特性，Abbott 率先提出将果实简化为两个重物和一个无质量弹簧的单度距离（single-degree-of-freedom，SDOF）振动系统。如图 17-10 所示，这个新系统由一个物体、一根无质量弹簧和一个阻尼器组成。

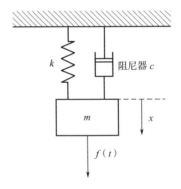

图 17-10　质量为 m 的弹性体的阻尼弹簧质量振动模型

　　在这个振动系统中，假设果实在进行一个简单的、具有共振频率（称为自然频率 f）的谐波运动。根据牛顿第二定律，该弹性系统的力学平衡方程可以表示为式（17-1）。

$$m\ddot{x} + c\dot{x} + kx = f(t) \qquad (17-1)$$

式中　m——样品质量；

　　　　c——阻尼常数；

　　　　k——弹簧常数；

　　　　x——偏差；

　　　　$\ddot{x}$——弹簧形变加速度；

　　　　$\dot{x}$——弹簧形变速度；

　$f(t)$——外力函数。

　　转换为二阶系统标准形式如式（17-2）所示：

$$\ddot{x} + \frac{c}{m}\dot{x} + \frac{k}{m}x = \frac{f(t)}{m} \qquad (17-2)$$

如果 $f(t)=0$ 且 $c=0$，则果实的振动模型只由一个物体和一个弹簧组成，相当于一个无阻尼弹簧–质量系统。运动时，将在自然频率 f 下发生自由无阻振动，计算如式（17-3）所示：

$$f = \frac{1}{2\pi}\sqrt{\frac{k}{m}} \tag{17-3}$$

如果 $f(t)=0$ 且 $c\neq0$，则会发生自由阻尼振动。当果实的阻尼系数 $c\leqslant2\sqrt{km}$ 时，阻尼很小。此时，振动振幅几乎是对称的，并呈现逐渐减小的趋势。阻尼固有频率 f_d 与 f 之间的关系如式（17-4）所示：

$$f_d = \sqrt{f^2-\left(\frac{c}{\pi m}\right)^2} \tag{17-4}$$

当 $f(t)$ 是谐波力 $F_0\sin(\omega t)$ 时，该运动将成为强制谐波振动。参数 ω 为外力的角频率，与频率 f 的关系为 $\omega=2\pi f$。当系统处于稳态时，振荡振幅（X）和相对于外力（φ）的相位按式（17-5）和式（17-6）计算：

$$X = \frac{F_0}{\sqrt{(k-m\omega^2)^2+(c\omega)^2}} \tag{17-5}$$

$$\varphi = \tan^{-1}\frac{c\omega}{k-m\omega^2} \tag{17-6}$$

在稳态下，强迫谐波振动系统的频率与激发力的频率相同。振幅和相位取决于系统特性（m、k 和 c）和激发力特性（F_0 和 ω）。当外力的频率接近系统的固有频率时，系统振动强烈，其振幅 X 达到相对最大值，这种现象被称为共振，对应的频率称为系统的共振频率。实际上，果实是一个具有一系列共振频率的阻尼多自由度（multi-degree-of-freedom，MDOF）系统。

2. 声学理论

声音是一种由振动引发的物理现象，通常以 $20\sim20000$Hz 通过气体、液体或固体等传输介质的进行传播。介质的物理性质对声学特性有很大的影响，如声速、频率和声压。当声音穿过水果时，会与水果的组织相互作用。传播速度将受到果实的密度和杨氏模量影响。一般来讲，传播速度与果实的密度和弹性模量之间的关系可以表示为式（17-7）：

$$v = \sqrt{\frac{G}{\rho}} = \sqrt{\frac{E}{2\rho(1+\mu)}} \tag{17-7}$$

式中　v——传播速度；

　　　G——剪切模量；

　　　ρ——介质密度；

　　　E——弹性模量；

　　　μ——泊松比。

此外，声音可以看作是一个时域信号，并表示为许多具有不同频率、振幅和相位的正弦信号的和。因此，声音信号通常通过式（17-8）——傅里叶变换从时域转换为频域：

$$F(f) = \int_{-\infty}^{+\infty}f(t)e^{-j2\pi ft}\mathrm{d}t \tag{17-8}$$

式中　$f(t)$——时域声音信号；

　　　f——频率；

　　　$F(f)$——$f(t)$ 的傅里叶变换。

然后，根据式（17-9）和式（17-10）可以得到 $F(f)$、$|F(f)|$ 和 $P(f)$ 的振幅谱和功率谱。$|F(f)|$ 和 $P(f)$ 的特性与传输介质的内部结构和物理性质有关，如 $|F(f)|$ 的峰值和质心位置，$P(f)$ 的面积等，这些特征用于水果的无损质量检验。

$$|F(f)| = \sqrt{\left[\int_{-\infty}^{+\infty} f(t)\cos(2\pi ft)\,dt\right]^2 + \left[\int_{-\infty}^{+\infty} f(t)\sin(2\pi ft)\,dt\right]^2} \qquad (17-9)$$

$$P(f) = |F(f)|^2 = \left[\int_{-\infty}^{+\infty} f(t)\cos(2\pi ft)\,dt\right]^2 + \left[\int_{-\infty}^{+\infty} f(t)\sin(2\pi ft)\,dt\right]^2 \qquad (17-10)$$

3. 声振动技术的微观基础

果实的成熟过程包含了复杂的物理和生化的变化。物理方面的变化与细胞的膨胀密切相关。研究发现，在果实成熟过程中，随着细胞水分的流失，细胞内的膨压下降，并影响果实的力学性能。此外，细胞壁的生化变化主要集中在成熟阶段。作为细胞膜外的一层刚性膜，细胞壁为支持植物生长提供了一个框架，并在植物遇到病原体时作为第一道防线。其主要成分是纤维素、半纤维素、果胶、木质素和蛋白质。由于酶和微生物的分解，细胞壁的含量和存在形式随着果实的成熟而发生变化。纤维素和半纤维素被溶解，这是软化过程的开始，由于纤维素酶的作用，其含量逐渐下降。果胶大多具有不溶性的特点，储存在果皮细胞中，在果实成熟前几乎完全以高甲基化果胶的形式存在。随着果实成熟，高甲基化果胶逐渐分解为可溶性果胶，导致果实质地由硬变为软。水果细胞中几乎没有蛋白质。当果实开始成熟时，随着细胞壁降解酶的活性升高，总蛋白含量呈现先增加，在完全成熟阶段逐渐下降的趋势。细胞壁成分的多样性导致了果实振动特性的变化，这些振动特性已被用来判定果实的硬度和描述成熟过程。

（二）声振动技术在水果质量评价中的应用

随着对水果质量快速无损检测需求的不断增加，基于声振动技术的一系列原型被开发用于在线应用。一般情况下，检测传感器独立安装在输送线中，实现在线检测。基于此设计了一种分类机器，能够对苹果、油桃、梨和猕猴桃按照硬度进行区分。该分类机器由刷辊输送系统、传感器手指和电动态摇床组成［图 17-11（1）］。传送机将水果运送到待检测位置。摇床被用来刺激水果的底部，驱动的往复手指可以感觉到来自水果顶部的响应信号。此外，为了更有效地提高效率，研究人员在激发装置中嵌入检测传感器，以简化检测系统。实验人员改进了冲击传感器来检测包装线的水果硬度。包装线由许多细的塑料管组成，可以传输单个水果。改进的冲击传感器主要由一个光学传感器、一个球形低质量加速度计和一个电磁铁组成［图 17-11（2）］。当光学传感器检测到果实时，电磁铁释放出冲击质量来撞击果实，加速度计可以检测到水果的振动。接着，重置冲击传感器，并重复上述步骤。仿真实验结果表明，改进后的冲击传感器可以根据其振动的最大加速度（A_{max}）对不同直径不同材料组成的球进行分类。随后，Vursavus 等在桃子分级线中安装了相同的冲击传感器，进行相同的检测，并在桃子表面产生一个较小的冲击力（2~4N），以避免损害果实组织。除最大加速度外，还有别的影响参数来评估果实硬度一直持续到最大加速度的冲击持续时间 t_{max}、接触过程中的影响持续时间 $t_{contact}$、A_{max}/t_{max}、$1/t_{max}$、$(1/t_{max})^{2.5}$、$(A_{max}/t_{max})^{1.25}$、$A_{max}^{2.5}$、$A_{max}/(t_{max})^2$ 和 $A_{max}/(t_{contact})^2$。结果表明，$A_{max}^{2.5}$ 与桃的 MT 硬度密切相关，利用逐步回归模型中的四个主要参数，包括 $t_{contact}$、$A_{max}^{2.5}$、$A_{max}/(t_{max})^2$ 和 $A_{max}/(t_{contact})^2$，提高了分类精度。另一个集成的 Sinclair IQ 硬度测试仪被设计并组装在输送线上，用于在线水果硬度检测。该测试仪主要由一个配有内置压电传感器的气动动力冲击头组成 [图 17-11（3）] 在测试过程中，将气动压力调整在 ±1.99kPa 内。通过压电传感器测量冲击力的加速度，并通过相关软件进行分析，Sinclair IQ 硬度评分（Sinclair IQ firmness score，*SFI*），*SFI* 为 0~100。评分为 0 时，硬度为软，评分为 100，硬度为硬。结果表明，*SFI* 与果实的弹性模量密切相关（$r_{牛油果} = 0.902$、$r_{桃} = 0.8288$、$r_{油桃} = 0.8432$、和 $r_{李子} = 0.8432$）。此外，有企业开发了一种特殊的无损声学硬度传感器（acoustic firmness sensor，AFS）来检测不同的果实硬度。在测量过程中，传感器击中水果的表面，并通过内置的麦克风收集水果的振动。随后，计算声学硬度指数（$AF = f_0^2 m^{2/3}$，其中 f_0 为谐振频率，m 为果实质量），以确定果实是否成熟。最近，研究者开发了在线检测系统检测"翠冠"梨硬度。该系统主要由一个闭环输送机、一个麦克风、一个扬声器、一个激光多普勒测振仪（laser doppler vibrometer，LDV）和分析软件组成 [图 17-11（4）]。通过顶升气缸、传动机构和传动链的联合实现自动输送过程。当水果传送到检测位置时，搅拌筒将托盘中的水果从传送带带走，以避免输送单元引起环境噪声。扬声器产生 50~20000Hz/s 的扫掠正弦波信号来刺激果实。同时，麦克风收集来自扬声器的声音信号作为输入信号，LDV 记录果实振动作为输出信号。随后，从频响函数（frequency response function，FRF）图谱中提取四个振动参数，包括峰值（*A*）、第二

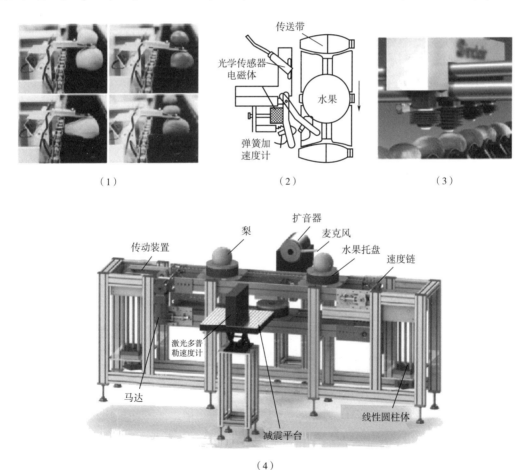

（1）　　　　　　　　　　（2）　　　　　　　　　　（3）

（4）

图 17-11　在线水果硬度检测系统

（1）基于传感器手指的系统　（2）改进的基于冲击器的系统　（3）气动头部系统　（4）基于扬声器的系统

共振频率（f_2）、半高点处的峰宽（w）和峰面积（S），并通过 f_2 和果实质量（m）计算两个硬度指数（$EI=f_2^2m^{2/3}$ 和 $SC=f_2^2m$）。结果表明，利用 EI、A、S 和形状指数作为输入变量（逐步多元线性回归方程拟合度 $r_p=0.832$，预测的均方根误差 RMSEP＝0.277N/mm），反向传播神经网络（back propagation neural network，BPNN）方法对梨硬度的预测性能最好。

声学振动技术是评价水果质量的关键技术之一，它的出现为感知果实的机械结构和物理性能提供了一种可行的途径。为了实现声学振动的测量，应激发水果进行自由振动或强迫振动。与自由振动法相比，强迫振动可以使谐波激发的能量集中在窄频带内，但更耗时。由于其安装方式的不同，接触式传感器会增加水果的质量或者使其损坏，从而影响水果的原有振动。相比之下，非接触式传感器更适合于在线检测。此外，激发点和检测点的相对位置以及水果的形态风格也会影响测量结果。通常对水果的响应信号进行时域或频域分析，提取声振动参数，可以直接用于预测水果质量或建立质量检测模型。

二、气味传感技术

采收后的水果和蔬菜仍保持活跃的新陈代谢以维持组织的生物完整性。水果和蔬菜在运输和贮存过程中品质容易发生下降。统计表明，将近一半的水果和蔬菜在收获后不是被食用，而是被丢弃。目前，冷链是减少采后蔬果损失的有效途径，因其可作为非生物胁迫源和激活特定通路来维持其代谢活动。

理想情况下，无损传感技术是维持水果和蔬菜冷链品质的有效手段，如条形码技术、数据记录器、无线传感器网络（wireless sensor network，WSN）、RFID 设备、时间温度指示器（time temperature indicator，TTI）和物联网应用软件等。质量检测以间接检测为基础，其基本过程包括以下三个步骤：①通过传感器获取冷链微环境参数信号，通过实验收集相关质量指标的数据；②建立信号与数据之间的相关模型；③利用已有的模型和传感器对质量进行在线预测和推演。研究表明，通过温度和湿度测量质量的方法已经较为成熟。

与温度和湿度相比，微环境气体（microenvironmental gas，MEG）对质量变化具有动态和不确定性的交互影响，因此，越来越多的人关注通过气体信号对冷链过程中果蔬的品质进行检测。

（一）气体传感技术机制

在过去的几十年里，人们根据不同的工作原理开发了多种气体传感器，这些传感器可以分为半导体气体传感器、催化燃烧气体传感器、电化学气体传感器、红外吸收气体传感器、表面声波（surface acoustic wave，SAW）气体传感器。

图 17-12（1）是以有机半导体（organic semiconductors，OSC）为基础的气体传感器，其具有制作工艺简单、重量轻、材料选择广泛、低温加工、机械灵活性以及有机半导体与气体分子之间的强相互作用等优点。图 17-12（2）中的电化学气体传感器具有灵敏度高、选择性好、功耗低、易于小型化等突出优势，在气体检测中具有巨大潜力。图 17-12（3）中的微型传感器是基于红外吸收而开发的用于测量 CO_2 气体浓度的传感器，它由一个红外源、一个空气室、一个红外接收装置和两个蓝宝石窗组成。在图 17-12（4）中，二氧化钛作为最近引起关注的一种氧化物半导体材料，可用于气体传感器。提出并研究了一种新的对策被：通过图 17-12（5）

中的单一催化式可燃物传感器在其线性范围内工作来识别气体。图 17-12 (6) 为使用基于溶胶-凝胶处理的多孔和纳米颗粒 CuO 薄膜的 SAW 传感器在室温下检测 H_2S。

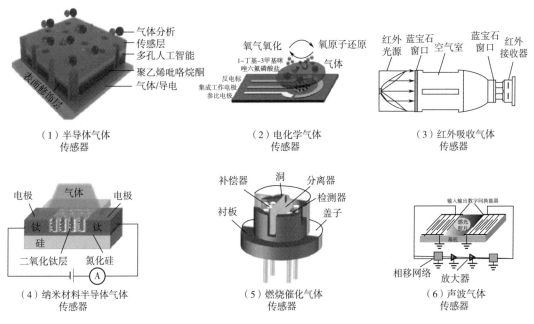

図 17-12　气体传感器的结构

气体传感器技术的发展趋势可被概括为以下三方面:

(1) 材料　人们正在努力寻找具有良好的表面和体积性能的材料,例如刚性和柔性结构材料。通过在材料中添加元素或各种催化剂来优化气体传感器的灵敏度、响应时间和交叉灵敏度参数,优化掺杂工艺和工艺水平;具有高灵敏度和良好稳定性的柔性材料气体传感器是可穿戴电子器件和电子外壳的重要组成部分。选择柔性基板和传感材料是研制柔性气体传感器平台过程中所面临的主要挑战。

(2) 结构　气体传感器已从单一单元、单一功能逐步发展到多个组件和功能,如智能气体传感器,从单参数发展到多参数。

(3) 制造技术　微机电系统 (micro-electrical mechanical system, MEMS) 技术、柔性电子技术和 3D 打印技术受到了众多研究者的关注。然而,对新型微结构气敏传感器的研究还不够深入,主要的研究集中在硅基微结构气体传感器的研究上。

(二) 冷链质量与 MEG 耦合模型及其应用

耦合模型能够模拟果蔬随时间的品质变化。与果蔬冷链保藏相关的质量指标包括微生物的腐败、呼吸速率、理化品质和感官质量的损失。其指标是多维度的,如可溶性固形物、好氧细菌计数、呼吸速率、颜色、香气、质地和一般外观。根据选取的质量指标和模型的主要目的,果蔬冷链质量与气体之间存在三种耦合模型:

1. 模型1

微生物与气体耦合模型,探讨果蔬产品在 MEG 影响下抗微生物腐败的机制。然而,没有微生物存在时,模型无法解释质量变化。

2. 模型2

呼吸速率和气体的耦合模型，可以详细描述果蔬冷链的呼吸代谢，但是不能有效反映果蔬质量和环境因素之间的关系，如其他质量指标和 O_2/CO_2 之间的关系、呼吸速率和其他气体之间的关系。

3. 模型3

其他质量指标与气体的耦合模型通常代表使用者满意度指标，影响果蔬值。但这种模型无法分析果蔬呼吸作用的内在机制。

气调保鲜技术（modified atmosphere packaging，MAP）在调节果蔬冷链的微环境气体方面广泛应用，但这些模型中采用的气体信号主要是 O_2 和 CO_2，很少有文献讨论如何在果蔬质量和其他气体（如防腐剂释放的 SO_2、ClO_2）之间建立模型。此外，生物差异也给果蔬与气体的耦合模型带来了一定的不确定性。如何整合误差修正方法是提高果蔬冷链质量检测的一个方向。例如，可以利用多层次交互算法和大量的实验数据确定各质量指标的统计权重。同时在统一果蔬质量指标体系的基础上，误差修正模型应考虑质量指标的差异性（图17-13）。

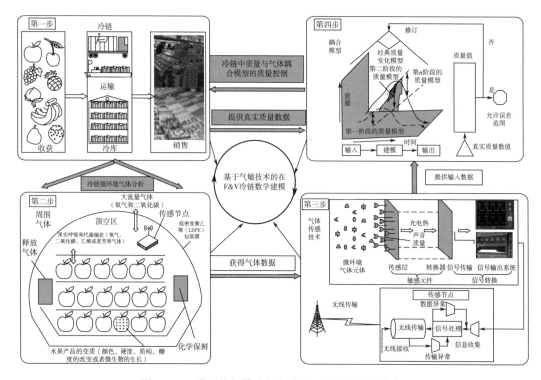

图17-13 微环境气体和果蔬冷链的质量的概念框架

（三）气体传感技术在食品行业的发展

通过微环境参数进行的质量检测是提高冷链透明度和质量控制的关键手段。这些参数逐渐从简单的温度和湿度变化为多气体参数。

①用于果蔬冷链质量传感的气体传感器应具有高精度分辨率和全尺寸、低功耗、低成本和体积小的特点，这将为揭示果蔬冷链的动态响应提供机制。这些反应包括通过果蔬冷链代谢池

的过程和信息流的变化。

②基于气体传感器技术的质量和 MEG 参数数学建模在定义果蔬冷链产品质量参数中起着至关重要的作用。气体传感器技术逐渐从单一气体探测器发展到多参数探测器（传感器阵列），从传统气体信号处理方法发展到智能方法。人们正在努力寻找更适合于气体传感器的刚性和柔性结构材料和制造工艺技术。

③现有的耦合模型可分为微生物与气体的耦合模型、呼吸速率与气体的耦合模型、其他质量指标与果蔬冷链气体的耦合模型。这些模型仅限应用于果蔬的不同属性。统一果蔬质量指标体系和误差–修正模型是改进现有耦合模型的一个方向，该模型涵盖了果蔬冷链的所有质量指标。

三、光学成像技术

果蔬在采后链中，机械损伤是不可避免的。尤其是在包装、贮存、运输和市场零售过程中，碰伤是最常见的机械损伤类型。当水果和蔬菜在动、静态载荷下的受力超过组织的破坏应力时，就会发生这种情况。碰伤的微观表现是细胞破裂。细胞膜破裂导致细胞质酶释放到与液泡内容物起反应的细胞间隙。碰伤的宏观表现是生理变化，如质量损失、水分损失、乙烯生成、颜色和硬度变化，因为碰伤会导致新陈代谢速度加快。碰伤还会恶化水果和蔬菜的感官质量，导致产品失去商业价值，这是潜在的食品安全问题。因此，目前最有效的方法是在淤青早期形成时就及时发现，并对淤青程度进行定量分析，以保证淤青果蔬的准确分级，减少不必要的经济损失。

目前，越来越多的新成像技术，如生物斑点成像（biospeckle imaging，BSI）、荧光成像（fluorescence imaging，FI）、结构照明反射成像（structural illumination reflectance imaging，SIRI）、高光谱/多光谱成像（hyperspectral/multispectral imaging，H/ MSI）、X 射线成像（X-ray imaging，XRI）、磁共振成像（magnetic resonance imaging，MRI）和热成像（thermal imaging，TI）正在应用于 CV 系统，使其能够准确检测碰伤。

光谱成像技术分类机制及应用介绍如下。

1. 生物散斑成像

生物斑点成像是基于相干激光照射活体生物样本产生干涉的光学现象。当相干激光照射样品时，它会被细胞壁和细胞中的粒子多次散射，反射光会形成随机的亮斑和暗斑，称为激光散斑。斑点将随时间变化，因为实时样品中有多种实时反应导致粒子运动，时间动态斑点称为生物斑点。如果样品中没有任何生理活性，生物斑点将是稳定的。特别是，BSI 是一个很好的工具来检测硬皮水果和蔬菜的碰伤，这是其他方法难以做到的。BSI 系统的主要成分如图 17-14所示。

2. 高光谱/多光谱成像

高光谱成像基于常规成像和光谱学。作为一个强大的工具，HSI 可以同时提供样品的空间和光谱信息。在实践中，需要通过机器学习对大量数据进行过滤，才能找到最具代表性的波长。发现的代表性波长将用于检测某种类型物体的特征，如碰伤。MSI 的原理与 HSI 相似，不同之处在于 HSI 可以提供 400~1000nm 或更宽的波长范围内的物体数据，而 MSI 只能获得几个固定波长的数据。

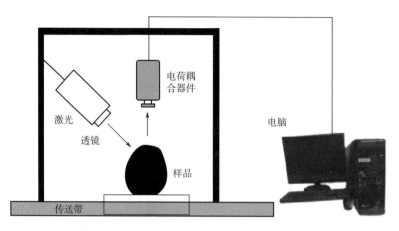

图 17-14　生物散斑成像系统的主要组成部分

3. 荧光成像

荧光成像（FI）是基于有机材料在特定的电磁辐射或可见光激发下发出独特荧光的基本原理。许多水果组织叶绿素含量高，可在 685nm 和 730nm 的峰附近发射出荧光。损伤的水果可以破坏叶绿素，因此与健康组织相比，损伤组织的荧光激发将减少。FI 获取的图像由于内容不同，其亮度也不同，通过阈值分割等图像处理方法来区分损伤组织。由于 FI 只能以叶绿素作为反映碰伤组织的指标，因此，FI 的应用仅限于检测叶绿素含量高、果皮薄的水果。FI 系统的主要组成部分如图 17-15 所示。

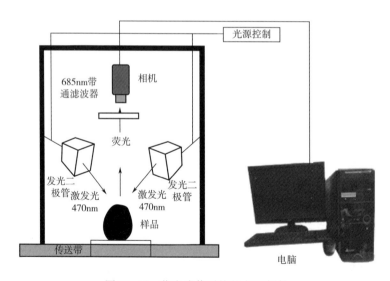

图 17-15　荧光成像系统的主要部件

4. 结构照明反射成像

结构照明反射成像（SIRI）系统使用由计算机控制的数字投影仪将相移正弦图案发射到样品上，并使用照相机捕捉样品的反射图像。这种非均匀照明的类型是 SIRI 专有的。根据式（17-11）对光进行正弦调制：

$$I(x, y) = I_{DC}(x, y) + I_{AC}(x, y)\cos(2\pi f_x x + \delta) \tag{17-11}$$

式中　　$(x、y)$——空间坐标；

I_{DC}——直接分量（direct component，DC）（或背景）；

I_{AC}——振幅分量（amplitude component，AC）（又称为调制深度或对比度）；

fx——沿 x 轴的空间频率；

δ——沿 x 轴的相位偏移量。

SIRI 系统的主要组件如图 17-16 所示。一项研究表明，光的穿透取决于照明模式的空间频率，低频穿透到更深的组织。因此，正弦照明模式的空间频率可以控制光穿透组织的深度，尽管较低的频率会降低检测分辨率。正弦调制光照射下物体的反射率图像可以通过特定的算法分解成直流和交流图像，直流图像代表漫射或均匀光照下获得的图像，交流图像具有更好的空间分辨率和图像对比度以及深度分辨特性。

由于碰伤组织和健康组织的光学性质不同，不同组织的光衰减和透光率也不同。SIRI 可以通过使用一组特定的正弦光空间频率来获得高对比度和分辨率的图像，因为它们可以达到一个合理的深度范围来检测碰伤。目前，SIRI 在碰伤检测中的应用主要集中在苹果上。研究有两个方面：一是对反射图像的处理，如快速解调方法和碰伤检测算法；另一方面是照明模式的优化。

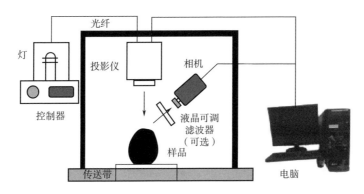

图 17-16　结构照明反射成像系统的主要部件

5. 磁共振成像

磁共振成像（MRI）是基于核磁学原理，利用原子核的磁性及其与射频和外加磁场的相互作用来产生图像。基于磁学性质，磁共振成像可以测量物体的各种性质，如质子密度、化学位移、弛豫时间、异核态和扩散常数，这使得 MRI 可以通过不同的对比机制来分析组织中的分子动力学。这就是 MRI 与其他成像技术的区别。此外，MRI 配备有磁梯度线圈，可以收集空间数据，从而能够获得物体的断层图像，创建二维和三维图像，根据不同的物理化学性质显示具有不同对比度的组织，用于碰伤检测和分级。

对于碰伤的检测，以往的研究主要是将弛豫时间和化学位移等可测量特性作为对比参数进行研究。由于微结构的破坏和水分子的重新分布，碰伤组织中的水分子运动与正常组织不同，这使得水中质子的弛豫时间可以作为磁共振成像的对比参数来反映是否有碰伤组织。化学位移作为核磁共振成像对比参数的潜力在苹果和李子碰伤中也有研究。

6. X 射线成像

X 射线成像（XRI）是基于不同组织中 X 射线衰减的差异。基于衰减差异的结果，可以得到一个可变灰度强度的图像。从多个角度拍摄图像时，这些图像可以用来通过数学算法重建物体的三维图像。这种方法被称为 X 射线计算机断层扫描（computed tomography，CT）。由于 X 射线穿透较深，局部组织密度和水分积累或消散的变化，导致碰伤组织与健康组织的 X 射线衰减不同，所以 X 射线能检测到碰伤。

7. 热成像

热成像（TI）是基于一种事实，即所有材料都发射红外辐射，而 TI 测量的是物体发出的红外辐射，而不是反射的红外光。不同的材料具有不同的物理化学性质，具有不同的热扩散率差异。热扩散率差是产生热图的对比参数。与光谱成像技术和核磁技术不同的是，TI 不需要外部照明，可以消除不均匀照明和散射的影响，但它需要稳定的环境温度，这需要长时间的加热或冷却处理来控制。

TI 系统有两种类型，被动式热像仪和主动式热像仪，后者在碰伤检测中更流行，需要对物体应用热能，例如，暖空气。碰伤组织和健康组织之间的热扩散率差异会导致热延迟，这可以作为分类的依据。产生热能的方法有几种，包括活性热学，如锁相热学、脉冲热学、脉冲相热学和振动热学。锁定热成像采用正弦热能刺激物体，脉冲热成像是短期能量脉冲刺激物体，而振动热成像是声波刺激物体。特别是脉冲相位热学，它是一种结合锁定热学和脉冲热学特征的正弦脉冲。TI 系统的主要部件如图 17-17 所示。

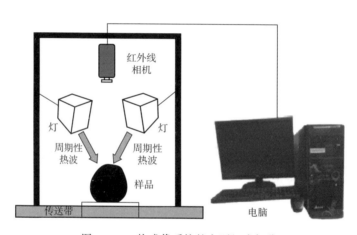

图 17-17　热成像系统的主要组成部分

四、生物传感技术

食品或其原料在采收、清洗、漂白、加工、包装和贮藏等任何一个加工过程中都有可能发生腐败变质。值得注意的是，腐败产生的原因是十分复杂的，因为食品是由脂肪、碳水化合物和蛋白质为基质组成的混合物，十分有利于微生物生长繁殖和加速腐败变质。为保证人类食品消费的安全，尤其需要在加工和贮藏过程中对食品所含微生物的种类和数量以及食品的卫生特性进行检查和监测。目前，对食品中微生物的种类进行鉴定，仍然采用生化法和培养法等常规的检测方法，但是这些方法具有费时费力等缺点。此外，一些鉴定腐败指标的分析技术已在相关文献中报道，如清洗和收集（purge and trap，PT）、质子转移反应质谱（proton transfer reaction mass spectrometry，PRT-MS）、二级电喷雾离子化质谱（secondary electrospray ionization mass spectrometry，SESI-MS）、固相微萃取（solid phase microextraction，SPME）、选择离子流管道质谱（selected ion flow tube mass spectrometry，SIFT-MS）、气相色谱 - 质谱联用（gas chromatography mass spectrometry，GC-MS）、气相色谱-飞行时间质谱联用（gas chromatography time of flight mass spectrometry，GC-TOFMS）等。这些分析方法大都需要特定的分析技术以及相对昂贵的制样成本，并不适用在工业生产中对食品进行连续监测。因此，有必要开发和应用新型的技术设备，作为快速、可靠、廉价的检测方法，用于食品腐败的表征。

1. 生物传感技术机制

生物传感器是一种将生物受体（酶、细胞器、活细胞、组织、核酸、适体等）整合在兼容转导系统中的分析设备，能够特异性地测定某些化合物。最常用的传感器有电化学传感器、光学传感器、质量传感器和热传感器，但也有其他类型。生物传感器通过对电子信号的捕获进而对物料进行检测，这种电子信号具有特异性，是通过分析物与生物组分之间特定的相互作用产生的。分析对象或者目标化合物包括了无机化合物、小分子有机化合物和蛋白质等大分子有机化合物。与传统的分析方法相比，生物传感器有许多优点，例如，具有极高的选择性，这意味着能够实现在复杂的样品中特异性的检测目标分子；测试的样品无须预处理；极短的检测时间（从几秒到几分钟）；相对较低的成本；具有转化成便携式设备小型化的可能性，这表明可以进行快速且精确的现场、在线或实时分析测定。

酶基生物传感器是食品分析中最常用的生物传感系统。该系统在实际应用中遵循两个基本原理，其一是直接检测酶反应过程产生的分析物（底物），另一个是抑制酶活性。氧化还原酶类（漆酶、酪氨酸酶、过氧化物酶、脱氢酶）可用于底物检测，这类酶基生物传感器检测到的主要是电活性化合物，包括邻醌衍生物、过氧化氢或还原态的烟酰胺腺嘌呤二核苷酸。酶的来源可以是纯化后的商品化酶，也可以是来自细胞器、细胞、组织、微生物中的酶。对于酶活性的检测鉴定，需要在含有抑制剂和没有抑制剂的情况下才能进行确定测定，并且可以根据抑制剂的浓度来确定酶活的抑制程度。

亲和生物传感器的检测原理是基于分子之间的相互识别作用，如 DNA 链之间的相互作用，抗原-抗体或激素-受体相互作用。分子标记聚合物也可用于生产这类生物传感器。

纳米生物传感器在食品分析领域具有广阔的应用前景。该感受器融合了物理学、生物学、化学、生物技术、分子工程和纳米技术等多个学科和技术的知识，与传统的生物化学方法相比，在选择性和灵敏度方面有显著提升。纳米生物传感器可用于微生物、食品污染物和食品新鲜程度的定量检测。

2. 生物传感器的应用

各种类型的生物传感器已被应用于与腐败过程直接相关的化合物的特异性检测。其中最重要的是生物胺和核酸的分解产物，还包括黄嘌呤、次黄嘌呤和其他代谢产物。采用最常用的生物传感器来进行腐败检测的食品是肉及肉制品。这类食品在变质的过程中会产生大量的有毒有害物质，如果人体大量摄入，可能导致中毒、过敏，甚至死亡。为了达到销售要求，牛肉需要经过一定时间的冷藏保存，这一过程被称为"老化"。在冷藏过程中，除了老化外，也有可能发生细菌引起的腐败变质。因此，为了使老化后的肉具有最佳的感官性状，在监测老化的过程中也必须对细菌所导致的腐败变质进行监控。腐胺和尸胺被认为是细菌腐败过程的标志物，因此，在监测过程中必须关注着两种生物胺的浓度。

研究者开发了一种可直接检测牛肉质量的传感系统。该生物传感器由 Ag/AgCl 电极和 Pt 电极组成，Pt 电极上固定了腐胺氧化酶和黄嘌呤氧化酶两种酶。检测方法采用电位-步进计时安培法，电位步进范围为 $0.3\sim0.6V$。在合适的实验条件下（如 pH 和电极选择性），可以对牛肉表面的目标化合物进行分析检测。这一传感器在腐胺、尸胺和次黄嘌呤的检测中表现出极佳的灵敏度、选择性和稳定性。实验结果表明，该生物传感技术可成功地应用于牛肉品质的无损检测。

实验人员开发应用了一款混合型的双通道生物催化传感器，实现了在既定位置上对两种挥发性物质的定量检测。该生物传感器是基于一种为促进构巢曲霉（*Aspergillus nidulans*）表达而构建的哺乳动物细胞系，能够在乙醛存在的情况下定量地触发基因表达。通过瓦克工艺（wacker process）氧化成乙醛的乙烯含量可以用这种生物传感器进行定量检测。通过对代谢产物的定量测定，对水果的品质进行精准分析，进一步将鲜果、过熟果和烂果区分开来。生物传感器具高灵敏度、选择性强、低检出限等优点，可用于与食品腐败相关的指标检测。这些优越的分析特性主要与纳米材料和纳米技术在生物传感器的开发应用有关。

参考文献

［1］ Selomulyo VO, Zhou W. Frozen bread dough：Effects of freezing storage and dough improvers［J］. Journal of Cereal Science, 2007, 45（1）：1-17.

［2］ 杨大恒, 赵宜范, 张丽红, 等. 物理场辅助渗透脱水技术及其在果蔬干燥中的应用［J］. 食品工业科技, 2021, 42（13）：435-440.

［3］ Wei S, Xiao X, Wei L, et al. Development and comprehensive HS-SPME/GC-MS analysis optimization, comparison, and evaluation of different cabbage cultivars（Brassica oleracea L. var. capitata L.）volatile components［J］. Food Chemistry, 2021, 340：128166.

［4］ Putnik P, Kresoja Ž, Bosiljkov T, et al. Comparing the effects of thermal and non-thermal technologies on pomegranate juice quality：A review［J］. Food Chemistry, 2019, 279：150-161.

［5］ Silva EK, Meireles MAA, Saldaña MDA. Supercritical carbon dioxide technology：A promising technique for the non-thermal processing of freshly fruit and vegetable juices［J］. Trends in Food Science & Technology, 2020, 97：381-390.

［6］ Bhattacharjee C, Saxena VK, Dutta S. Novel thermal and non-thermal processing of watermelon juice［J］. Trends in Food Science & Technology, 2019, 93：234-243.

［7］ Bassey EJ, Cheng JH, Sun DW. Novel nonthermal and thermal pretreatments for enhancing drying performance and improving quality of fruits and vegetables［J］. Trends in Food Science & Technology, 2021, 112：137-148.

［8］ Chen J, Zhang M, Xu B, et al. Artificial intelligence assisted technologies for controlling the drying of fruits and vegetables using physical fields：A review［J］. Trends in Food Science & Technology, 2020, 105：251-260.

［9］ Lv W, Li D, Lv H, et al. Recent development of microwave fluidization technology for drying of fresh fruits and vegetables［J］. Trends in Food Science & Technology, 2019, 86：59-67.

［10］ 马美湖. 蛋与蛋制品加工学［M］. 北京：中国农业出版社. 2019.

［11］ 郭绰, 郭玉蓉, 李安琪, 等. 基于海藻酸钠与鸡蛋黄静电聚集作用的低脂蛋黄酱制备［J］. 农业工程学报, 2020, 36（10）：269-276, 325.

［12］ 李晓东. 蛋品科学与技术［M］. 北京：化学工业出版社, 2005.

［13］ 李玉娜, 迟玉杰. 液态蛋高密度二氧化碳杀菌与紫外线杀菌［J］. 中国家禽, 2011, 33（23）：45, 7.

［14］ 黄东信. 液蛋加工自动化设备介绍［J］. 中国禽业导刊, 2007, 8：25-27, 3.

［15］ 沈青, 赵英, 迟玉杰, 等. 真空冷冻与喷雾干燥对鸡蛋全蛋粉理化性质及超微结构的影响［J］. 现代食品科技, 2015, 31（1）：147-152.

［16］ 王茂增, 智敏, 王磊. 蛋粉生产的HACCP管理［J］. 中国家禽, 2010, 32（24）：45-46.

［17］ 王喜琼, 刘旭明, 李凤宁, 等. 我国液蛋生产情况调研报告［J］. 中国畜牧杂志,

2018，54（10）：134-137.

[18] 王勇，朱静，王晓峰，等．江苏省蛋品深加工与品牌蛋产销现状调研分析［J］．中国家禽，2019，41（12）：75-80.

[19] 黄瑾，王鑫，吴海虹，等．卵磷脂的提取、鉴定与应用的研究进展［J］．食品工业科技，2020，41（24）：338-343+353.

[20] 全其根．液蛋加工技术展望［J］．农产品加工，2014，1：16-17.

[21] 范梅华，顾荣．液蛋生产技术与应用［J］．中国家禽，2009，31（24）：74-75.

[22] Guo Q, Sun DW, Cheng JH, et al. Microwave processing techniques and their recent applications in the food industry［J］. Trends in Food Science & Technology，2017，67：236-247.

[23] 吕玲．鸡蛋中重要功能蛋白的研究与应用展望［J］．中国家禽，2011，33（16）：34.

[24] 李梦倩，章海风，凌晓冬，等．模糊数学感官评价结合响应面法优化低脂蛋黄酱工艺配方［J］．中国调味品，2021，46（8）：82-87.

[25] 边吉荣，宋丽亚．基于 RFID 与二维码技术的农产品可追溯系统设计［J］．网络安全技术与应用，2010，10：39-41.

[26] 曹牧，李蓬实．食品供应链风险分析与应对措施［J］．物流技术，2012，31（1）：120-122.

[27] 谢晶．食品低温物流［M］．北京：中国农业出版社．2019.

[28] 谢晶．食品冷冻冷藏原理与技术［M］．北京：中国农业出版社．2015.

[29] 唐君言，邵双全，徐洪波，等．食品速冻方法与模拟技术研究进展［J］．制冷学报，2018，39（6）：1-9.

[30] 陈聪，杨大章，谢晶．速冻食品的冰晶形态及辅助冻结方法研究进展［J］．食品与机械，2019，35（8）：220-225.

[31] 伍志权，李唯正，何鑫平，等．荔枝速冻保鲜技术研究进展［J］．食品研究与开发，2017，38（9）：206-212.

[32] 程碧君，郭波莉，魏益民，等．不同地域来源牛肉中脂肪酸组成及含量特征分析［J］．核农学报，2012，26（3）：517-522.

[33] 万菡，刘良忠，李丁宁，等．我国蛋品资源的开发利用与研究进展［J］．武汉工业学院学报，2010，29（4）：8-12.

[34] 王虎虎，徐幸莲．畜禽及产品可追溯技术研究进展及应用［J］．食品工业科技，2010，31（8）：413-416.

[35] Brodowska M, Guzek D, Jozwik A, et al. The effect of high-CO_2 atmosphere in packaging of pork from pigs supplemented with rapeseed oil and antioxidants on oxidation processes［J］. LWT，2019，99：576-582.

[36] Liang R, Zhang W, Mao Y, et al. Effects of CO_2 on the physicochemical, microbial, and sensory properties of pork patties packaged under optimized O_2 levels［J］. Meat Science，2024，209：109422.

[37] Hou X, Zhao H, Yan L, et al. Effect of CO_2 on the preservation effectiveness of chilled fresh boneless beef knuckle in modified atmosphere packaging and microbial diversity analysis［J］. LWT，2023，187：115262.

[38] Wu Y, Chen Y. Food safety in China［J］. Journal of Epidemiology and Community Health,

2013, 67 (6): 478-479.

[39] Kerry JP, O'grady MN, Hogan SA. Past, current and potential utilisation of active and intelligent packaging systems for meat and muscle-based products: A review [J]. Meat Science, 2006, 74 (1): 113-130.

[40] 焦通, 申德荣, 聂铁铮, 等. 区块链数据库: 一种可查询且防篡改的数据库 [J]. 软件学报, 2019, 30 (09): 2671-2685.

[41] 孔强, 赵林度. 虹膜识别在肉类食品安全追溯系统中的应用及关键技术研究 [J]. 中国安全科学学报, 2009, 19 (3): 6.

[42] 李超, 赵林度. 牛眼虹膜定位算法研究及其在肉食品追溯系统中的应用 [J]. 中国安全科学学报, 2011, 21 (3): 7.

[43] 李嘉, 马元婧, 靳烨. 新型肉牛饲养及冷鲜牛肉生产全程可追溯系统的建立 [J]. 食品科技, 2014, 39 (1): 135-140.

[44] 李建森, 项偲. 基于随机采样的随机 Hough 变换快速圆检测算法 [J]. 科技创新与应用, 2021, 11 (29): 128-130.

[45] 陆昌华, 王立方, 胡肄农, 等. 动物及动物产品标识与可追溯体系的研究进展 [J]. 江苏农业学报, 2009, 25 (1): 197-202.

[46] 卢红科, 赵林度. 基于虹膜识别与编码技术的肉类食品可追溯系统研究 [J]. 物流技术, 2009, 10: 4.

[47] 罗忠亮, 段琢华, 戴经国. 虹膜识别在基于物联网的肉类食品溯源中的研究 [J]. 数学的实践与认识, 2013, 43 (5): 102-108.

[48] 马奕颜, 郭波莉, 魏益民, 等. 猕猴桃有机成分产地指纹特征及判别分析 [J]. 中国农业科学, 2013, 46 (18), 3864-3870.

[49] Li N, Liu Z. Risk assessment in China: capacity building and practices [J]. Food Safety in China: Science, Technology, Management and Regulation, 2017: 271-285.

[50] Wu Y, Liu P, Chen J. Food safety risk assessment in China: Past, present and future [J]. Food Control, 2018, 90: 212-221.

[51] 邵奇峰, 金澈清, 张召, 等. 区块链技术: 架构及进展 [J]. 计算机学报, 2018, 41 (5): 969-988.

[52] 盛大玮, 何孝富, 吕岳. 基于最小二乘原理的牛眼虹膜分割方法 [J]. 中国图象图形学报, 2009, 14 (10): 2132-2136.

[53] 赵维. 基于区块链技术的农业食品安全追溯体系研究 [J]. 技术经济与管理研究. 2019, 1: 16-20.

[54] 钟聪儿, 林宇洪, 邱荣祖. 基于 RFID、QR Code、NFC 建立肉食品供应链追溯系统 [J]. 福建农林大学学报 (自然科学版), 2016, 45 (4): 471-475.

[55] 庄嘉良. 基于虹膜技术的大型动物肉类食品溯源管理研究 [J]. 科技信息, 2013, 17: 91.

[56] Ahuja K, Islam R, Barbhuiya FA, et al. Convolutional neural networks for ocular smartphone-based biometrics [J]. Pattern Recognition Letters, 2017, 91: 17-26.

[57] Alvarez-Betancourt Y, Garcia-Silvente M. An overview of iris recognition: A bibliometric analysis of the period 2000-2012 [J]. Scientometrics, 2014, 101: 2003-2033.

［58］ Alvarez-Betancourt Y, Garcia-Silvente M. A keypoints-based feature extraction method for iris recognition under variable image quality conditions ［J］. Knowledge-Based Systems, 2016, 92: 169-182.

［59］ Baroni M V, Arrua C, Nores M L, et al. Composition of honey from Córdoba (Argentina): Assessment of North/South provenance by chemometrics ［J］. Food Chemistry, 2009, 114 (2): 727-733.

［60］ Fang B, Tang YY. Elastic registration for retinal images based on reconstructed vascular trees ［J］. IEEE Transactions on Biomedical Engineering, 2006, 53 (6): 1183-1187.

［61］ Feng J, Fu Z, Wang Z, et al. Development and evaluation on a RFID-based traceability system for cattle/beef quality safety in China ［J］. Food control, 2013, 31 (2): 314-325.

［62］ Hilal A, Beauseroy P, Daya B. Elastic strips normalisation model for higher iris recognition performance ［J］. Iet Biometrics, 2014, 3 (4): 190-197.

［63］ Menon, A, Stojceska V, Tassou SA. A systematic review on the recent advances of the energy efficiency improvements in non-conventional food drying technologies ［J］. Trends in Food Science & Technology, 2020, 100: 67-76.

［64］ Mohammed A, Wang Q, Li X. A study in integrity of an RFID-monitoring HMSC ［J］. International Journal of Food Properties, 2017, 20 (5): 1145-1158.

［65］ Raffei AFM, Asmuni H, Hassan R, et al. Fusing the line intensity profile and support vector machine for removing reflections in frontal RGB color eye images ［J］. Information Sciences, 2014, 276: 104-122.

［66］ Regattieri A, Gamberi M, Manzini R. Traceability of food products: General framework and experimental evidence ［J］. Journal ofFood Engineering, 2007, 81 (2): 347-356.

［67］ Roy K, Bhattacharya P, Suen CY. Towards nonideal iris recognition based on level set method, genetic algorithms and adaptive asymmetrical SVMs ［J］. Engineering Applications of Artificial Intelligence, 2011, 24 (3): 458-475.

［68］ Sahu B, Sa PK, Bakshi S, et al. Reducing dense local feature key-points for faster iris recognition ［J］. Computers & Electrical Engineering, 2018, 70: 939-949.

［69］ Santos G, Hoyle E. A fusion approach to unconstrained iris recognition ［J］. Pattern Recognition Letters, 2012, 33 (8): 984-990.

［70］ Sun S, Guo B, Wei Y, et al. Multi-element analysis for determining the geographical origin of mutton from different regions of China ［J］. Food Chemistry, 2011, 124 (3): 1151-1156.

［71］ Szewczyk R, Grabowski K, Napieralska M, et al. A reliable iris recognition algorithm based on reverse biorthogonal wavelet transform ［J］. Pattern Recognition Letters, 2012, 33 (8): 1019-1026.

［72］ Winston JJ, Hemanth DJ. A comprehensive review on iris image-based biometric system ［J］. Soft Computing, 2019, 23: 9361-9384.

［73］ Zhao J, Zhu C, Xu Z, et al. Microsatellite markers for animal identification and meat traceability of six beef cattle breeds in the Chinese market ［J］. Food Control, 2017, 78: 469-475.